光盘使用说明

U0148645

光盘主要内容

❶ 本书245个实例的素材文件；

❷ 本书22个职业应用案例的视频文件；

❸ Excel 2007与Excel 2003功能对照表；

❹ 万能输入法安装程序；

❺ 本书22个职业应用案例的效果文件；

❻ Excel 2007函数速查表；

❼ Office 2007技巧300招的电子书。

光盘使用说明

❶ 将光盘插入电脑光驱，自动运行光盘文件后，单击"浏览光盘"按钮，打开光盘的主界面如下图所示，单击其中的按钮图标会显示其相应内容的链接按钮。如单击"视频文件"图标，弹出"职业应用案例"；单击"附赠文件"图标，弹出"Office 2007技巧300招"、"Excel 2007函数速查表"、"Excel 2007与Excel 2003功能对照表"3个按钮。

❷ 单击"视频文件"按钮图标下的"职业应用案例"按钮，在打开的下一个窗口中单击"最终效果欣赏"按钮，显示所有视频文件按钮，单击相应的章序号会弹出两个安全警告对话框，单击"运行"按钮即可打开视频文件，如下图所示。

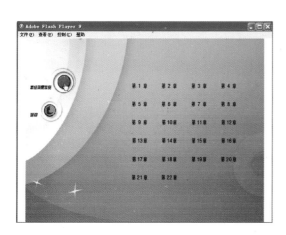

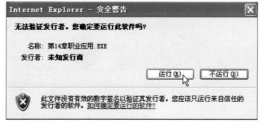

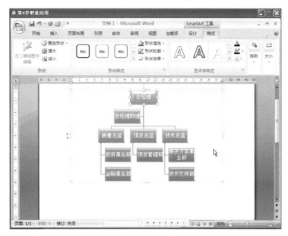

第4章职业应用——组织结构图

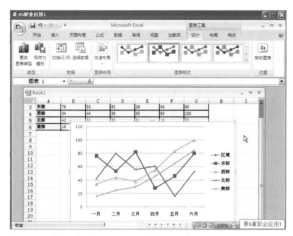

第5章职业应用——区域销量对比

第6章职业应用——文档的高级编排之一

第7章职业应用——文档的高级编排之二

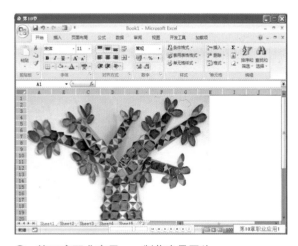

第10章职业应用——制作全景图片

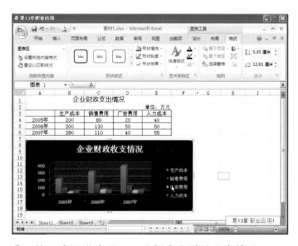

第13章职业应用——分析企业财政支出情况

Office 2007
典型应用
四合一

一线工作室　编著

电子工业出版社

Publishing House of Electronics Industry

北京·BEIJING

内容简介

　　本书内容非常全面,适合于各行业的日常办公人员学习和使用。覆盖面广,包括了 Word 2007、Excel 2007、PowerPoint 2007、Outlook 2007 共 4 大组件的使用方法、技巧和典型应用案例。为了便于读者练习,在配套光盘中还附带了全书使用到的部分素材文件,以及本书中所有职业应用的视频文件。

　　全书共分为 5 篇共 25 章。第一篇为 Office 入门,主要介绍 Office 2007 中的一些新特性;第二篇为 Word 文本处理,共 6 章,主要介绍 Word 2007 中的基础操作、Word 2007 中的初级排版等知识;第三篇为 Excel 数据处理,共 8 章,主要介绍 Excel 2007 的基本操作、Excel 2007 中表格的初期编辑等知识;第四篇为 PowerPoint 文稿演示,共 7 章,主要介绍 PowerPoint 2007 的基本操作、PowerPoint 2007 的初级编排等知识;第五篇为 Outlook 邮件处理,共 3 章,主要介绍 Outlook 2007 的邮件管理知识。

图书在版编目(CIP)数据

Office 2007 典型应用四合一 / 一线工作室编著. —北京:电子工业出版社,2009.1

(赢在职场)

ISBN 978-7-121-07462-2

I. O… 　Ⅱ. 一… 　Ⅲ. 办公室—自动化—应用软件,Office 2007 　Ⅳ. TP317.1

中国版本图书馆 CIP 数据核字(2008)第 151259 号

责任编辑:葛　娜

印　　刷:北京天宇星印刷厂

装　　订:三河市皇庄路通装订厂

出版发行:电子工业出版社

　　　　　北京市海淀区万寿路 173 信箱　邮编 100036

开　　本:850×1168　1/16　印张:32　字数:1030 千字　彩插:2

印　　次:2009 年 1 月第 1 次印刷

印　　数:4000 册　　定价:59.00 元(含光盘 1 张)

凡所购买电子工业出版社图书有缺损问题,请向购买书店调换。若书店售缺,请与本社发行部联系,联系及邮购电话:(010)88254888。

质量投诉请发邮件至 zlts@phei.com.cn,盗版侵权举报请发邮件至 dbqq@phei.com.cn。

服务热线:(010)88258888。

前　言

 本书含金量

本书内容非常全面，适合于各行各业日常办公人员学习和使用。含金量高，包括了 Word 2007、Excel 2007、PowerPoint 2007 和 Outlook 2007 共 4 大组件的使用方法、技巧和典型应用案例。全书内容共由 5 篇、25 章组成。

 本书独到之处

1. 案例典型、快速上手

本书的每一章内容都配有一个案例，并对每章所学内容结合实际职业应用进行讲解，真正达到学有所用，使读者学习完成后能即刻投身到相应的工作中，快速上手。在实例部分配有多个小的操作实例，以便达到时刻对所学知识进行练习，不断巩固和加深对知识的理解与实际应用。

2. 图文对照、轻松学习

在讲解知识时，都配有相关的界面图或效果图，并在代表操作过程的图中做了清晰的标注，可使读者从图中直观地获取最重要的信息，节省了大量查找某个菜单或某个说明文字的宝贵时间，有效地提高了学习效率，并且避免了大量文字堆砌所带来的枯燥乏味。

3. 体例多样、版式简洁

为了使读者明确每章的学习目标、学习过程以及学习结果，精心为本书设置了统一的多个体例，具体流程图如下。

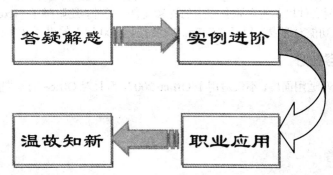

- **答疑解惑**：对于一个初学者来说，可能并不是很清楚地了解学习本章知识的重要性，或者对将要学习的内容存在某些疑问，因此，在这个体例中将对读者的一些常见疑问进行答疑，使读者以轻松的心态投入到学习中；

- **实例进阶**：在这个体例中，将对本章所涉及的每个知识点以一个小的实例进行示范操作，使读者达到学、练、会的效果；
- **职业应用**：在这个体例中，将以一个贯穿本章知识的实际办公综合案例进行讲解，使读者投身到实际的办公工作环境中，真正将所学知识应用到实际工作，提高自己在职场中的含金量，成为工作中的强者；
- **温故知新**：对本章所学的知识进行一个总结，并指出哪些知识是重点内容，在学习的过程中应该注意哪些事项。

其中"职业应用"综合案例又按照"案例分析>应用知识点拨>案例效果>案例步骤>拓展练习"这几个体例来讲解，具体流程如下。

- **案例分析**：分析本案例的应用背景，突出实用和典型。
- **拓展练习**：在这个栏目中，列举了2～3个典型案例，并在重要步骤里进行了相应的提示，目的是让读者亲自动手进行独立的制作，以便加深巩固本章所学的知识，并能扩大这些知识所能应用的范围，开拓自己的思路，能完成更多的办公工作。

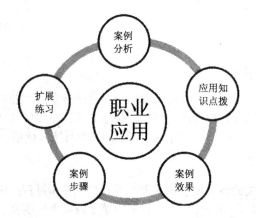

另外，本书将在适当的位置设置【温馨提示】、【经验揭晓】、【高手支招】等多个小栏目，便于读者在阅读过程中能抓住更多要点，更全面地掌握知识。

4. 配套光盘、便于学习

为了便于读者学习，并弥补同类 Office 2007 书籍中不带光盘或光盘内容不全的弊端，本书的配套光盘中附带了全书使用到的素材文件以及所有职业应用的视频文件。另外，还附赠了"Excel 2007 函数速查表"、"Excel 2007 与 Excel 2003 功能对照表"以及"Office 2007 技巧 300 招"的电子文件。

5. 适用面广、兼容性好

本书的 Office 2007 技巧适用面广，不仅适用于 Office 2007，而且对 Office 的早期版本都适用，如 Office 2003、Office 2000 等。

本书适合读者

经过对市场及读者进行细致地分析和考察后，本书适合以下人群阅读与学习：

- 专业从事电脑办公的人员，包括文秘和行政人员、财会人员、企业策划人员、企业项目经理等；
- 希望找到一份满意的工作而学习办公软件的读者；
- 对办公软件有强烈兴趣的读者；

- 想要扩充自己的知识面与各种技能，希望掌握各种办公软件使用方法的读者；
- 可作为大中专院校或社会培训的理想教材；
- 离退休及中老年朋友。

本书的售后服务

专用博客：我们特意开通了专用博客，广大读者可以互相交流、讨论 Office 问题。博客版主也会适时对读者的问题进行解答。博客地址：

http://blog.csdn.net/broadviewoffice

专用邮箱：凡是书中提到的知识点或问题，本书作者可以免费为读者朋友解答，读者可发邮件至 jsj@phei.com.cn。

致谢

经过紧张的策划，写作，编排，本书已经完稿。虽然在写作的过程中，遇到各种各样的困难，但是参与编写的各位老师，都尽心尽力，力争达到实用、易懂、严谨、高质量，为该书能够尽快与读者见面做出非常大的贡献。在此，我们对所有参与该书编写工作的同仁表示衷心的感谢。

编者

2008.9.16

目　　录

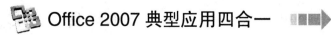

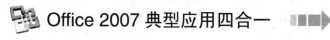

第1章
Office 2007 初体验

【知识概要】

Office 系列办公软件以其方便易学、简单易操作等特点，早已成为人们日常工作中必不可少的应用软件之一，它丰富的功能和极具人性化的界面为广大计算机使用者提供了极大的方便，目前微软公司又发布了最新版的 Office 2007。

本章将讲解关于 Office 2007 的新特性、安装方法、操作环境理等方面的知识，另外，还将举例介绍其环境设置方法，让我们一起开始 Office 2007 初体验。

1.1 答疑解惑

对于一个从未接触过 Office 2007，甚至从未接触过 Office 办公软件的初学者来说，可能对它的安装要求、组件构成以及一些新特性还不是很了解，本节将解答读者在学习之初的常见疑问，使读者能够轻松、快速地投入到后续的学习中。

1.1.1 安装 Office 2007 的硬件要求

在开始熟悉 Office 2007 的组件、新特性和运行环境之前，首先需要安装和运行该软件。所有软件的安装对硬件配置和系统环境都有一定的要求，Office 2007 也不例外。

对于一直关注微软公司新产品的读者一定注意到，在其软件界面越来越漂亮的同时，对硬件配置的要求也越来越高。Office 2007 的具体硬件要求如表 1-1 所示。

表 1-1

硬件配置	要 求
CPU	500 兆赫（MHz）或以上
内存	256 兆字节（MB）或更大
硬盘	1.5 千兆字节（GB）或以上
驱动器	CD-ROM 或 DVD 驱动器
显示器	1024×768 或更高分辨率
操作系统	Microsoft Windows XP、Windows Server 2003 或更高版本的操作系统

 温馨提示

以上仅是标准版 Office 2007 的基本配置要求，如果希望对 Office 2007 的硬件要求进一步了解、学习或者有任何疑问可参考微软官方网站。

1.1.2 Office 2007 的组件包括什么

依据版本不同，Office 包含的组件也不尽相同，下面将对部分版本包含的组件进行介绍。

标准版 Office 2007 适用于家庭和小型企业计算机用户，其包含的组件如下：

- Word 2007
- Excel 2007
- PowerPoint 2007
- Outlook 2007

家庭与学生版 Office 2007 适用于家庭用户，其包含的组件如下：

- Word 2007
- Excel 2007
- PowerPoint 2007
- OneNote 2007

中小企业版 Office 2007 适用于中小企业用户，其包含的组件如下：

- Word 2007
- Excel 2007
- PowerPoint 2007
- Outlook 2007
- Publisher 2007

专业版 Office 2007 包含的组件如下：

- Word 2007
- Excel 2007
- PowerPoint 2007
- Outlook 2007
- Publisher 2007
- Access 2007

除上述版本外，Office 2007 还有专业增强版和企业版。

 温馨提示

并不是软件中包含的组件越多越好，读者应根据自身的实际需要和硬件条件进行版本选择，牢记适合的才是最好的。

1.1.3 Office 2007 有哪些新特性

微软公司开发的 Office 2007 在注重外观设计的同时，也在易操作性和易掌握性方面做了很大的努力。增添的新特性，为提高用户工作效率带来了更多的方便和实惠。Excel、PowerPoint 等组件的新特性将在后续的对应章节中做详细介绍，本小节将重点以 Word 2007 为例，对其主要新增特性加以介绍。

Word 2007 的主要新特性如下：

- 文档保存格式
- 预设格式
- 隐藏工具栏
- 审阅选项卡
- 快速的文档版本比较
- 文档格式转换

● 文档保存格式

从 Office 97 到 Office 2003，使用其 Word 程序创建的文件后缀名为".doc"，而 Office 2007 改变了原有的这种文档格式，Word 2007 文档的默认保存格式变为".docx"。".docx"文档的优点是较".doc"文档所占用的空间更小了。文档的保存类型如图 1-1 所示。

● 预设格式

Word 2007 中添加了许多预设的基本模板和构件，供使用者在文档编辑过程中轻松地将这些预设格式内容添加其中。

例如制作一份公司简介，我们大可不必自己"一笔一画"地设计封面、页眉、页脚等部分，只需从预设格式库中挑选满意的样式，即可创建出一份精美的文档。

图 1-1

同时，还可以自定义预设格式内容，例如公司的标准信息等，并添加到预设格式库中。

各种预设模板如图 1-2 所示。

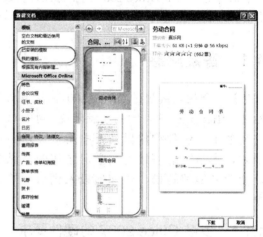

图 1-2

● 隐藏工具栏

在使用早期版本的 Office 程序进行文档编辑时，常常会用到一些字体和段落的修改功能，例如"文字加粗"、"字体和字号"、"增、减段落缩进量居中"和"格式刷"等功能。由于这些命令较高的使用频率，需要使用者通过鼠标在工具栏和文本区内来回点击，既无形中延长了文档的编辑时间，也易造成使用者的疲劳厌烦。

Office 2007 针对上述问题增加了"隐藏工具栏"的功能。使用者只需选中要修改的文字或段落，并将鼠标移向选中部分末字符的右上角，就会出现一个工具栏，这就是我们所说的"隐藏工具栏"，如图 1-3 所示。

● 审阅选项卡

Office 2007 在功能区中新增了"审阅"选项卡，将各种审阅功能集中于此。"审阅"选项卡中两个主要的功能选项是"新建批注"和"保护文档"。

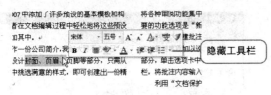

图 1-3

利用"新建批注"功能，可以对文档进行批注或对重要事项加以说明。使用者只需选中要批注的部分，单击选项卡中的"新建批注"，即会出现批注栏，将批注内容输入其中。

利用"文档保护"功能，能够设置访问权限，禁止对文档中的内容进行复制或修改，提高数据的安全性。

"审阅"选项卡如图 1-4 所示。

图 1-4

● 快速的文档版本比较

Word 2007 提供了快速文档比较的功能，让使用者不必再为查找原始文档和修订文档之间的区别而感到头疼，可以轻松查找出对文档所做的更改。

在进行文档比较时，可以同时看到三个文档和一个摘要：进行比较的两个文档，清楚标记了所做修改（删除、插入和移动等）的第三个文档版本和显示文档修订、批注的摘要，如图 1-5 所示。

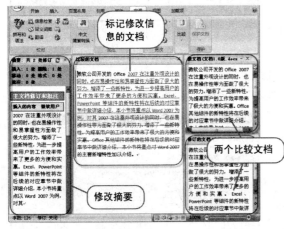

图 1-5

● 文档格式转换

对于早期 Word 版本创建的文档，可以在 Word 2007 的"兼容模式"下打开、编辑或者转换为该版本的文档格式。此时的文档即可访问 Word 2007 程序中新增或增强的功能。但是，再次使用早期版本的

Word 编辑此文档时，对于使用了 Word 2007 的新增或增强的功能部分将无法或很难进行编辑修改。

为了避免出现错误，还可以将 Word 2007 文件导出为 PDF 格式或 XPS 格式。

> **温馨提示**
>
> PDF 是英文 Portable Document Format 的缩写，翻译成中文即为"可移植文件格式"。PDF 是一种电子文件格式，它可以保留文档格式，并且在各种操作系统中都是通用的，而且文件中的数据不能轻易地被更改，具有较强的安全性。
>
> XPS 也是一种电子文件格式，同样具有严格保持原有固定格式，数据不能轻易被更改的特点。

除上述几点之外，Word 2007 还有一些其他的新特性，例如针对开发人员的新增功能等，本书作为面向 Office 办公软件一般使用者的书籍，在此不再做一一介绍，读者可以在今后的学习和使用过程中发现和总结，也可以参考其他书籍或在网络上进行查阅，以进一步学习相关内容。

1.2　实例进阶

本节将用实例讲解 Office 2007 的安装、启动和退出方法。

1.2.1　安装 Office 2007

在安装 Office 2007 之前，请确认你的计算机已经满足前面所介绍的硬件配置要求，否则将无法顺利完成安装过程，也就无法亲身体验其全新的操作环境。时代在发展，你的计算机也要跟上时代的步伐，该是升级的时候了。

1　首次安装 Office 2007

Office 2007 的安装过程其实并不复杂，在进入安装界面后，安装程序会自动引导安装过程，大部分过程都由安装程序自动完成，你只需依照屏幕上的安装说明单击"下一步"按钮，或在必要时进行一些选择和输入即可轻松完成。

启动 Office 2007 的安装程序通常有三种方法：

- 利用资源管理器
- 利用开始菜单中的运行命令
- 系统自动加载（此方法需要你的计算机支持在系统中运行 AutoPlay）

● 利用资源管理器

① 将安装光盘放入 CD-ROM 中。

② 打开"Windows 资源管理器"。

③ 找到光盘驱动器所在盘符。

④ 单击或双击盘符（依不同的系统设置而有所不同）展开光盘中的内容，如图 1-6 所示。

图 1-6

⑤ 双击 setup.exe 文件名或图标，即会启动安装程序，弹出"Microsoft Office Enterprise 2007"的安装对话框，进入安装向导。

● 利用"开始"菜单中的"运行"命令

① 将安装光盘放入 CD-ROM 中。

② 从"开始"菜单，选择"运行"命令，弹出"运行"对话框。

③ 在对话框窗口中输入"F:\setup"（此处假设光盘驱动器盘符为 F），如图 1-7 所示。

图 1-7

④ 单击"确定"按钮，即会启动安装程序，弹出"Microsoft Office Enterprise 2007"的安装对话框，进入安装向导。

通过上述任意一个方法启动安装程序后，即可根据屏幕上的提示逐步完成安装过程，具体步骤如下：

① 在安装向导中输入产品密钥，单击"继续"按钮。

② 进入"阅读 Microsoft 软件许可证条款"界面，勾选"我接受此协议的条款"复选框，单击"继续"按钮，如图 1-8 所示。

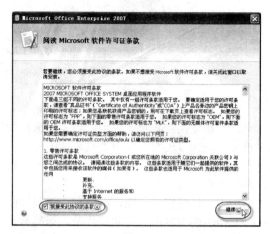

图 1-8

③ 选择所需的安装类型：升级和自定义（如计算机未安装过早期版本的 Office，则为典型和自定义）中的任一种。单击"自定义"按钮，如图 1-9 所示。

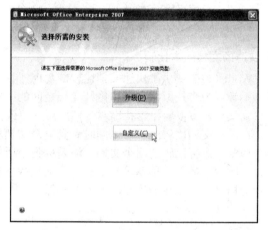

图 1-9

④ 进入安装设置界面，此界面中包含若干个选项卡。在"升级"选项卡中勾选"保留所有早期版本"单选框，如图 1-10 所示。

图 1-10

⑤ 选择"安装选项"选项卡，单击程序组件前的下拉按钮，设置安装方式为"从本机运行"、"从本机运行全部程序"、"首次使用时安装"和"不可用"中的任意一种，如图 1-11 所示。

图 1-11

⑥ 如不希望使用系统默认的安装路径，可以选择"文件位置"选项卡，然后通过单击"浏览"按钮选择合适的安装路径，如图 1-12 所示。

图 1-12

⑦ 选择"用户信息"选项卡，在此填写用户的基本信息。各选项卡设置完毕后，单击"立即安装"按钮，如图 1-13 所示。

⑧ 安装程序进入自动安装过程，显示正在安装的文件和进度，如图 1-14 所示。

⑨ 安装完成后会提示 Office 2007 的安装已经完成，单击"关闭"按钮即完成安装，如图 1-15 所示。

图 1-13

图 1-14

图 1-15

2　添加或删除 Office 2007 组件

Office 2007 的某个组件尚未安装，或者某个已安装的组件今后不再需要使用时，便需要对其进行添加或删除。

在初次使用某个尚未安装的功能时，Office

2007 通常会自动安装该功能。如果该功能未能实现自动安装，则需要执行以下操作。

① 在"开始"菜单，选择"设置"选项卡中"控制面板"选项组的"添加或删除程序"按钮，弹出"添加或删除程序"对话框。

② 单击对话框中"当前安装的程序"列表的"Microsoft Office Enterprise 2007"，然后单击"更改"按钮，如图 1-16 所示。

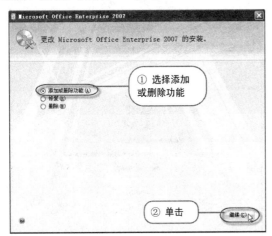

图 1-16

③ 在弹出的"Microsoft Office Enterprise 2007"对话框中，勾选"添加或删除功能"单选框，单击"继续"按钮，如图 1-17 所示。

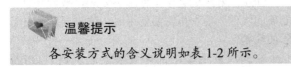

图 1-17

④ 弹出"安装选项"对话框，选择要添加的功能以及安装方式，单击"继续"按钮，执行自动安装过程，如图 1-18 所示。

温馨提示

各安装方式的含义说明如表 1-2 所示。

表 1-2

安装方式	含 义
从本机运行	执行安装过程，并将在硬盘上安装和存储该功能，子功能除外
从本机运行全部程序	执行安装过程，并将在硬盘上安装和存储该功能，包括其所有子功能
首次使用时安装	首次使用该功能时，在硬盘上安装该功能
不可用	不安装该功能

图 1-18

3 删除与重新安装 Office 2007

● **删除 Office 2007 安装程序**

① 在"开始"菜单，选择"设置"选项卡中"控制面板"选项组的"添加或删除程序"按钮，弹出"添加或删除程序"对话框。

② 单击对话框中"当前安装程序"列表的"Microsoft Office 2007"，然后单击"删除"按钮。

③ 在弹出的"安装"对话框中单击"是"按钮，确认删除。系统自动执行删除过程如图 1-19 所示。

图 1-19

● **重新安装 Office 2007**

重新安装 Office 2007 的操作与初次安装 Office 2007 的操作步骤相同。

4 启动与退出 Office 2007

结束安装过程后，便可以进入 Office 2007 的操作界面了，但问题也随之而来——如何启动与退出该套软件呢？

Windows 操作系统中执行任务的方法有很多，此处介绍三种 Office 2007 的启动方法：

- 利用开始菜单
- 利用"运行"窗口的命令
- 设置启动计算机时自动启动

● **利用"开始"菜单启动 Office 2007**

具体操作如下。

① 在"开始"菜单，选择"程序"命令，打开所有可用程序。

② 在程序菜单中选择" Microsoft Office> Microsoft Office Word（Excel\PowerPoint\Outlook） 2007"命令，即可启动 Microsoft Word（Excel\ PowerPoint\Outlook）系统，如图 1-20 所示。

温馨提示

如果桌面上有相应的快捷方式，可以双击实现快速启动。

图 1-20

● **利用"运行"窗口命令启动 Office 2007**

具体操作如下。

① 单击"开始"菜单，选择"运行"命令，打开"运行"窗口。

② 在"运行"窗口，输入"winword.exe"，或直接输入"winword"。

③ 按【Enter】键，即可启动 Microsoft Word 2007 系统，如图 1-21 所示。

● **设置启动计算机时自动启动 Office 2007**

具体操作如下。

① 在"开始"菜单，选择"程序"选项，打开所有可用程序。

② 在程序菜单中选择"Microsoft Office"，右击要自动启动的程序的图标或名称，弹出下拉菜单，单击下拉菜单中的"复制"命令。

③ 在"程序"选项中，右击"启动"文件夹，弹出下拉菜单，单击菜单中的"浏览所有用户"命令，

如图 1-22 所示，弹出快速启动的资源管理器窗口。

图 1-21

图 1-22

④ 在资源管理器窗口中右击"粘贴"命令，此后启动计算机时，复制到"启动"文件夹的程序便会自动运行，如图 1-23 所示。

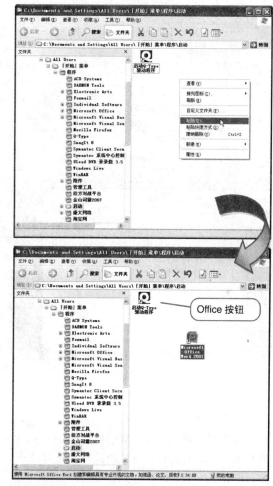

图 1-23

● **退出 Office 2007**

退出 Office 2007 的方法主要有四种：

- 通过"Office"按钮的"退出"命令；
- 直接单击"关闭"按钮 ×；
- 按"Ctrl+Alt+Del"组合键，进入"Windows 任务管理器"的"应用程序"窗口，选择要关闭的 Office 程序，单击"结束任务"按钮；
- 双击"Office"按钮。

1.2.2 熟悉操作环境

1 认识 Office 2007 的操作环境

Office 2007 操作界面的设计有了新的突破，海蓝与渐变结合的颜色，简洁紧凑的布局，一改原有各版本的传统风格，给使用者带来视觉上的冲击。

Office 2007 的操作环境由许多新的界面元素组成，大大提高了交互性和易操作性，如图 1-24 所示。Office 2007 的主要界面元素包括：

- "Office"按钮
- 快速访问工具栏
- 功能区
- 帮助按钮
- 文本区
- 状态栏

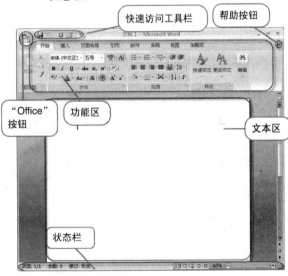

图 1-24

温馨提示

如果想了解 Office 2007 运行环境中各按钮的功能，可以将鼠标在指定的按钮上停留 1~2 秒，即会显示相关按钮的功能说明。例如鼠标在"Office"按钮上停留 1~2 秒后显示如图 1-25 所示。

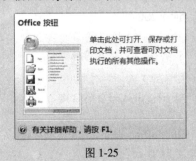

图 1-25

2 巧用"Office"按钮

"Office"按钮类似早期版本 Office 运行环境中的"文件"菜单，它替代了早期版本 Office 中的菜单、窗口等。通过"Office"按钮即可执行打开、保存或打印等操作，查看可对文档执行的所有其他操作。

单击"Office"按钮，显示如图 1-26 所示，其中包含：

- 基本命令菜单
- 最近使用文档的列表
- "Word（Excel\PowerPoint）选项"按钮
- "退出"按钮

图 1-26

功能区是 Office 2007 的命令中心，位于 Office 2007 各程序主窗口的顶部。功能区最主要的特点是将旧版本程序主窗口分散在菜单、工具栏等其他 UI（用户界面）组件中的命令中，大大方便了使用者的操作，提高了查找命令的速度。

状态栏位于 Office 2007 程序主窗口的底部，用于显示当前状态、属性和进度等。

3 设置快速访问工具栏

快速访问工具栏不仅可以放置常用命令，还可以将 Office 2007 所有命令中的任何一个或几个显示在工具栏中，命令的选择完全依据个人习惯或应用需求。工具栏中具体显示哪些命令，可以通过自定义进行选择。

例如，如果每天你的工作内容之一是审阅大量文档，并对其进行批注，而你不想每次都必须单击"审阅"选项卡才能访问"新建批注"命令，则可以将"新建批注"命令添加到快速访问工具栏上。

而操作方法非常简单，只需在"审阅"选项卡上右击"新建批注"命令，然后在弹出的菜单中单击"添加到快速访问工具栏"命令即可，如图 1-27 所示。

图 1-27

此外，要删除快速访问工具栏上的某个命令按钮，只需右击该按钮，然后在弹出的菜单中单击"从快速访问工具栏删除"命令即可，如图 1-28 所示。

图 1-28

4　设置功能区

功能区由不同的命令选项卡组成，每个命令选项卡都包含一组相关的命令项，如图 1-29 所示。

图 1-29

🎵 高手支招

如何使用快捷键访问 Word 2007 的功能区？

可按下【Alt】键再放开，当前视图的功能区上会显示各功能对应的字母键，如下图所示。然后，按提示键选择所需的功能，如此逐级操作。如果中途取消操作，只需按【Alt】键即可。如果要逐级返回上级操作，则需按【Esc】键。

当按【Alt】键后，利用向左或向右的箭头键切换不同的选项卡，在每个选项卡中可以利用上、下、左、右四个箭头键和【Tab】、【Shift+Tab】组合键来选择不同功能区中的控件。

利用快捷键实现快速访问常用命令或者操作，就像通常利用【Ctrl+C】和【Ctrl+V】组合键替代复制、粘贴操作一样，熟悉这些快捷键后可以进一步提高操作效率如图 1-30 所示。

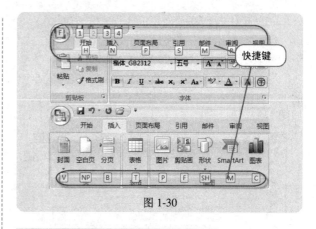

图 1-30

5　使用 Office 2007 帮助功能

Office 2007 中的每个程序都有自己的"帮助"主页，例如下图所示的 Word 2007 的帮助主页。在"帮助"主页上，可以通过搜索主题获得相应的帮助内容如图 1-31 所示。

图 1-31

若要打开"帮助"主页，只需在 Office 2007 各程序的主窗口中执行下列操作之一：

- 单击"帮助"按钮 ⑳
- 按【F1】键

6　设置文档打开与保存方式

在进行文档保存时，通常都有会一些默认的保存设置，那么如何修改这些默认设置呢？下面我们就来学习一下修改的具体操作步骤。

① 启动 Office 2007，单击"Office "按钮 ⑭，出现下拉菜单。

② 单击下拉菜单中的"Word（Excel\Power Point）选项"按钮，弹出"word（Excel\ PowerPoint）选项"对话框。

③ 单击对话框左栏中的"保存"选项。

④ 在对话框右栏中的"将文件保存为此格式"下拉列表框中，选择要使用的文件格式。

⑤ 单击对话框右栏中"默认文件位置"框右侧的"浏览"按钮，选择保存文件的目标文件夹。如图1-32所示。

图 1-32

 温馨提示

修改上述默认选项后，即改变了首次使用"打开"、"保存"或"另存为"命令时的默认设置。但每次保存文档时，仍可通过在"打开"、"保存"或"另存为"对话框中指定不同的位置或格式来替代这些设置。

7 诊断与修复 Office 2007

Office 2007 提供的诊断与修复功能，为程序因意外情况而被迫终止时，恢复之前所做的工作提供了极大的帮助。

● Office 2007 的诊断

在 Office 2007 程序中执行诊断操作的步骤。

● 针对 Word、Excel 或 PowerPoint

① 启动 Word（Excel\PowerPoint）2007，单击"Office"按钮，出现下拉菜单。

② 单击下拉菜单中的"Word（Excel\PowerPoint）选项"按钮，弹出"Word（Excel\PowerPoint）选项"对话框。

③ 单击对话框左栏中的"资源"选项。

④ 单击对话框右栏中的"诊断"按钮，弹出"诊断"对话框如图1-33所示。

⑤ 依次单击"诊断"对话框中的"继续"和"运行诊断"按钮如图1-34和图1-35所示。

图 1-33

图 1-34

图 1-35

● 针对 Outlook 等其他程序

① 单击"帮助"菜单上的"Office 诊断"命令，弹出"诊断"对话框。

② 依次单击对话框中的"继续"和"运行诊断"按钮。

 温馨提示

在运行 Office 诊断之前应注意以下两点，以保证所有测试都能成功运行：

（1）运行内存诊断时，避免使用系统。

（2）关闭运行中的其他程序。

● Office 2007 的恢复

Office 2007 的"自动恢复"和"自动保存"功能，能够实现程序异常关闭时避免工作成果的丢失，只要可能，在程序重新启动后，Office 都会尽力恢复程序原有状态。

假设我们正在同时处理若干个文件，每个文件都有特定的格式和数据。而此时发生程序崩溃，所有文件全部意外关闭。当重新启动程序时，会打开这些文件，并将文件恢复成程序崩溃之前的状态。

启用这两种功能的操作步骤如下。

● 针对 Word、Excel 或 PowerPoint

① 单击"Office "按钮 ，然后单击"Word（Excel\ PowerPoint）选项"，弹出"Word（Excel\ PowerPoint）选项"对话框。

② 单击对话框左栏中的"保存"选项。

③ 勾选"保存自动恢复信息时间间隔"复选框，根据所希望的保存频率，设置时间值（1 至 120 分钟）。

温馨提示

时间值设置越小，文件所恢复的状态越接近最后的文件状态。例如间隔设为 5 分钟，那么恢复的文件只会丢失最后 4 分钟所更新的内容。

● 针对 Outlook

① 在"工具"菜单上，单击"选项"，弹出"首选参数"选项卡。

② 在"首选参数"选项卡上，单击"电子邮件"选项，然后单击"高级电子邮件"选项。

③ 勾选"项目的自动保存间隔"复选框。

④ 在"分钟"列表中，根据所希望的保存频率，设置时间值（1 至 120 分钟）。

那么自动恢复的文件保存在哪里了呢？

别急，下面就来回答你的这个问题。也许细心的你已经找到了答案。对了，在"保存自动恢复信息时间间隔"的下面就是"自动恢复文件位置"，其中显示的路径便是自动恢复文件所保存到的文件夹。通过其右侧的"浏览"按钮可以改变它的默认设置，如图 1-36 所示。

图 1-36

1.3　职业应用——自定义 Office 操作环境

在大致了解 Office 2007 的运行环境之后，你是不是已经被它漂亮的外观和新鲜的布局所深深吸引，并且急不可待地想尝试一些其中的操作了呢？先别急，在你的实际工作是不是已经有了自己比较固定的操作习惯和风格呢？本节就将介绍如何对运行环境中的各个元素进行配置，以便更适应你的使用习惯。

1.3.1　案例分析

根据个人的使用习惯以及工作内容的不同，常用的功能和命令往往存在较大差别，所以，下面我们对 Office 操作环境进行自定义，以满足不同的需求。

1.3.2　应用知识点拨

本案例应用的知识点概括如下：
1．向快速访问工具栏中添加常用按钮
2．移动快速访问工具栏
3．隐藏功能区增大空间
4．设置默认打开文档位置
5．设置文档自动保存时间

1.3.3　案例效果

素材文件	CDROM\01\1.3\素材 1.docx
结果文件	CDROM\01\1.3\职业应用 1.docx
视频文件	CDROM\视频\第 1 章职业应用.exe
效果图	职业应用

1.3.4　制作步骤

1　向快速访问工具栏中添加常用按钮

① 启动 Word 2007，打开素材文件，单击快速访问工具栏的下拉按钮 ，出现下拉菜单。

② 单击下拉菜单中希望添加到快速访问工具栏的命令项，该命令项即显示在工具栏中，如图 1-37 所示。

2　移动快速访问工具栏

通过自定义快速访问工具栏也可以更改其在功能区上、下的显示位置，操作方法如下。

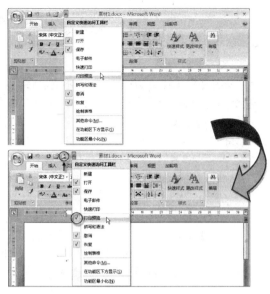

图 1-37

① 启动 Word 2007，打开素材文件，单击快速访问工具栏右侧的下拉按钮 ，出现下拉菜单。

② 单击下拉菜单中的"在功能区下方显示"命令，快速访问工具栏即移动到功能区的下方，如图 1-38 所示。

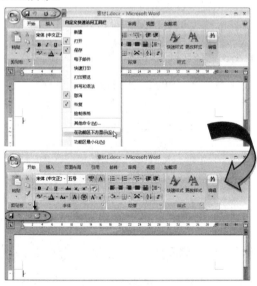

图 1-38

3 隐藏功能区增大空间

有时根据编辑操作的需要，扩大文本区的可视范围，需要暂时将功能区隐藏。下面介绍四种隐藏功能区的方法。

- 双击功能区中当前处于活动状态的命令选项卡的名称。
- 按【Ctrl+F1】组合键。
- 右击功能区上方，选择"功能区最小化"或

按【N】键，如图 1-39 所示。

图 1-39

- 单击快速启动工具栏上的下拉按钮，选择"功能区最小化"或者按【N】键，如图 1-40 所示。

图 1-40

温馨提示

重复隐藏功能区的操作，即可将隐藏的功能区重新显示出来。

4 设置默认保存文档位置

Office 2007 默认的保存文档位置是"我的文档"文件夹，它通常位于驱动器 C 的根目录，例如"C:\My Documents\"。它是 Office 程序中创建所有文档的默认工作文件夹。

但根据个人的工作习惯，很多文档需要固定存放在自己预先设置好的工作文件夹。为了避免每次打开文档时都需要通过"浏览"命令查找到工作文件夹下的文档，可以通过修改默认打开文档位置来进一步提高工作效率。

● **针对 Word、Excel 或 PowerPoint**

具体的操作步骤如下。

① 启动 Word（Excel\PowerPoint）2007，单击"Office"按钮 ，出现下拉菜单。

② 单击下拉菜单中的"Word（Excel\PowerPoint）选项"按钮，弹出"Word（Excel\PowerPoint）选项"对话框如图 1-41 所示。

③ 单击对话框左栏中的"保存"选项。

④ 单击"默认文件位置"的浏览按钮。

⑤ 通过浏览找到新的默认工作文件夹，然后单击"确定"按钮如图 1-42 所示。

图 1-41

图 1-42

● 针对 Outlook 程序的操作

① 启动 Outlook 2007，单击菜单栏中的"文件"按钮，出现下拉菜单，选择"存档"命令，如图 1-43 所示。

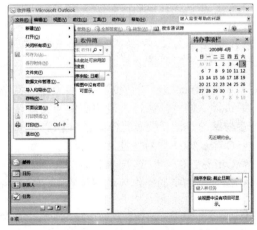

图 1-43

② 弹出"存档"对话框，单击下方的"浏览"按钮，更改默认的存档位置，然后单击"确定"按

钮，如图 1-44 所示。

● 针对 Word、Excel 或 PowerPoint 的操作

① 启动 Word（Excel\PowerPoint）2007，打开"Word（Excel \PowerPoint）选项"对话框。

图 1-44

② 单击对话框左栏中的"保存"项。修改"保存自动恢复信息时间间隔"的时间。时间设置范围为 1 至 120 分钟，如图 1-45 所示。

图 1-45

● 针对 Outlook 程序的操作

① 启动 Outlook 2007，单击"工具"菜单中的"选项"命令，如图 1-46 所示。

图 1-46

② 弹出"选项"对话框，选择"其他"选项卡，单击"自动存档"按钮如图 1-47 所示。

图 1-47

③ 弹出"自动存档"对话框,勾选"自动存档时间间隔"复选框。

④ 在文本框中输入或选择一个时间值,设置希望自动存档运行的频率,单击"确定"按钮,如图 1-48 所示。

图 1-48

1.3.5 拓展练习

为了使读者能够充分掌握本章所学知识,在此列举一个关于本章知识的应用实例,帮助读者做到举一反三。

1 设置最大的可用工作空间

在实际应用过程中,读者很可能会遇到在限制篇幅的情况下无法将文字或图表放置其中的尴尬情况,例如要求制作一份公司简介,文字大小和间距固定,并控制在一页以内,成文后无论怎样缩减,都还是多出两行,此时就可以通过扩张可用的工作空间来解决这一问题如图 1-49 所示。

结果文件: CDROM\01\1.3\职业应用 2.docx
在制作本例的过程中,需要注意以下几点:
(1)隐藏水平和垂直标尺的方法。
(2)隐藏功能区的方法。
(3)如何更改或设置页边距。

(4)是否还有其他可扩展的空间。

图 1-49

2 使用缩略视图

当我们所处理的文档过长时,在上下文中来回滚动鼠标滑轮,或者拖曳垂直标尺会非常麻烦,而且很容易错过要查找的内容,此时使用缩略视图就会非常方便如图 1-50 所示。

结果文件: CDROM\01\1.3\职业应用 3.docx

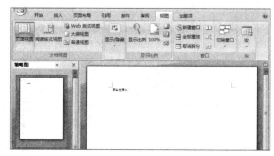

图 1-50

希望通过本例的操作过程,帮助读者进一步熟悉功能区中的各个控件。在制作本例的过程中,请注意以下几点:
(1)"视图"选项卡的位置。
(2)"缩略图"控件在"视图"选项卡中的位置。
(3)除"缩略图"控件,还有哪些种类的视图。
(4)如何返回普通视图。

1.4 温故知新

本章对 Office 2007 的安装方法和操作环境进行了详细讲解。同时,通过大量的实例和案例让读者充分参与练习。读者要重点掌握的知识点如下:

● Office 2007 的新特性
● Office 2007 的安装要求和方法
● Office 2007 的操作环境和设置

 学习笔记

第2章
Word 2007 中的基本操作

【知识概要】

Word 2007 是 Office 2007 套件中一个非常重要的组成部分，它提供了强大的文档制作与编辑功能，这些文档可以是一篇简单的文稿，也可以是一个包含复杂表格或图表的分析报告，只要你愿意去探索和发现，一定会收获更多意外的惊喜。但在此之前，首先需要了解 Word 2007 的基本操作，只有开好头，才能为后续的学习奠定良好的基础。

本章将讲解关于 Word 2007 中文档的创建和保存，基本的视图操作，输入和编辑内容以及文档保护等方面的知识，并结合实际案例，使读者进一步加深所学内容的印象。

2.1 答疑解惑

在完成 Office 2007 的安装之后，也许你第一个打开的就是 Word 2007 程序，因为它与我们日常工作的关系越来越密不可分。那么该从哪里入手？有哪些区别于早期版本 Word 程序的地方？之前的".doc"文档还能够打开和编辑吗？本节将解答读者的这些疑问。

2.1.1 Word 2007 的工作界面

Word 2007 的工作界面一改早期各版本 Word 的传统风格，由许多新的界面元素组成，大大提高了交互性和易操作性。Word 2007 的工作界面如图 2-1 所示，其主要界面元素包括：

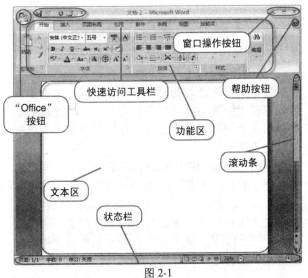

图 2-1

- "Office"按钮
- 快速访问工具栏
- 功能区
- 窗口操作按钮
- 帮助按钮
- 文本区
- 滚动条
- 状态栏

各界面元素的主要功能如表 2-1 所示。

表 2-1

名　称	功　能
"Office"按钮	打开、保存或打印文档，查看可对文档执行的所有其他操作
快速访问工具栏	包含一些常用命令按钮，实现这些命令的快速访问
功能区	Word 2007 的命令中心
窗口操作按钮	用于最大化、最小化和关闭窗口
帮助按钮	打开帮助文件
文本区	对文档内容进行编辑和制作
滚动条	浏览文档各页面的内容
状态栏	显示当前状态、属性、进度等，在不同视图间进行切换

2.1.2 Word 2007 中可输入什么内容

Word 2007 中除可以输入文本内容，例如字符、标点符号、特殊符号、公式以外，还可以插入各种图表和表格。在后续的章节中将详细介绍这些内容的输入方法。

2.1.3 Word 2007 中各视图模式有什么作用

Word 2007 共有五种视图模式：
- 页面视图
- 阅读版式视图
- Web 版式视图
- 大纲视图
- 普通视图

通过功能区的"视图"选项卡，可以实现各视图模式间的切换和选择。下面分别介绍上述这些视图模式。

● 页面视图

"页面视图"是最常用的编辑视图，也是 Word 2007 查看文档时的默认视图模式。它具有可以实时预览的特点，能够显示页面的大小，以及页眉、页脚等内容，如图 2-2 所示。

图 2-2

● 阅读版式视图

Word 2007 中的"阅读版式视图"类似于 Word 2003 的"阅读布局视图"，但它提供了更多的功能选项，如图 2-3 所示。

默认的"阅读版式视图"不允许对文档进行编辑，适合阅读篇幅较长的文章时使用。通过视图右上角的"关闭"按钮或直接按【Esc】键，可从"阅读版式视图"返回"页面视图"，如图 2-4 所示。

● Web 版式视图

"Web 版式视

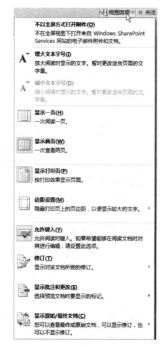

图 2-3

图"具有网页的效果，适用于编写和浏览无须打印的文档。此视图下的状态栏中没有页码等信息，整个文档从头到尾贯穿下来，没有了分页的概念。如果文档中包含超链接，则默认将超链接显示为带下画线的蓝色文本，如图 2-5 所示。

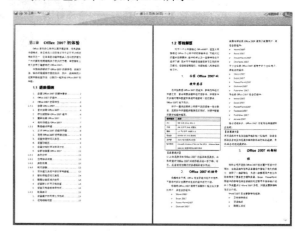

图 2-4

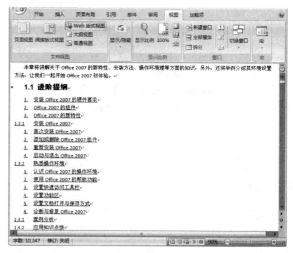

图 2-5

● 大纲视图

"大纲视图"对于编写和组织含有大量章节的文档而言，可以称之为功能最强大的工具。但由于多数人习惯了一开始就编写文档内容，而缺乏最初结构和层次上的基本架构设计，往往忽略了"大纲视图"的重要作用。

利用"大纲视图"，可以按标题级别显示文档内容，便于整体修改某一级别的格式和内容。通过标题的移动、复制等操作，可以重新组织文档的结构。

在"大纲视图"下，将光标定位在文档的任意位置，"大纲级别"文本框中即会显示当前文档内容的级别，如图 2-6 所示。

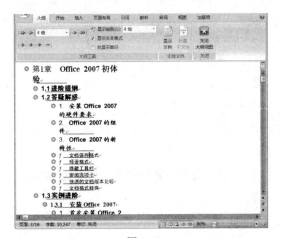

图 2-6

● 普通视图

"普通视图"可以说是简化了的"页面视图"，并能显示出绝大部分的排版信息，单虚线代表分页，双虚线代表分节。在该视图下同样可以对文档内容进行编辑，适用于大量的文字录入和插入图片等操作，如图 2-7 所示。

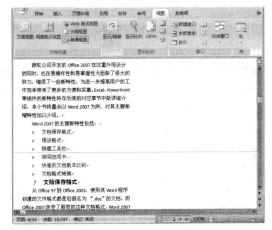

图 2-7

2.1.4　Word 2007 如何实现版本兼容

Word 2007 采用了基于可扩展标记语言（XML）的默认文件格式，新的文件格式通过在原有文件扩展名中添加一个"x"来体现，即".docx"。

微软公司开发的 Office 软件具有向下兼容的特性，即高版本软件能够处理低版本软件的数据。这也就意味着 Word 2007 能够打开和编辑早期 Word 版本创建的文档，此时 Word 2007 会自动启动"兼容模式"。"兼容模式"可确保使用 Word 2007 处理文档时，不能使用其新增或增强的功能，以保证使用早期版本打开时，仍对文件具有完全的编辑功能。

相反，如果你经常需要与使用早期版本 Word

的用户共享文件，那么则需确保使用 Word 2007 所创建的文档不包含任何早期版本 Word 所无法支持的新特性。例如处在兼容模式下的 Word 2007 将不能使用类似"SmartArt 图形"这样具有非兼容特性的工具。

如果无法确认 Word 2007 创建的文档是否具有早期版本 Word 所不能识别的新特性或格式时，可以通过运行兼容性检查器进行检查。在非兼容内容的列表中会显示出哪些内容在早期版本 Word 中可能无法进行完全编辑。兼容性检查器可以在将文档保存为旧格式时自动运行，也可以在"Office"按钮中的"准备"菜单中单击"运行兼容性检查器"来手动运行，如图 2-8 所示。

图 2-8

2.2　实例进阶

本节将用实例讲解 Word 2007 中文档的创建和保存、视图操作、输入和编辑内容等操作知识和方法。

2.2.1　基本操作

在 Word 2007 中，最为基本的操作就是创建和保存文档，在文档中添加内容，并对其进行基本的编辑操作。

💿 素材文件：CDROM\02\2.2\素材 1.docx

1　新建文档

在 Word 2007 中新建文档的方法主要有三种：
- 新建空白文档
- 利用模板新建文档
- 根据现有内容新建文档

下面我们将详细讲解三种方法的具体操作步骤。

● 新建空白文档

① 启动 Word 2007，单击"Office"按钮 。
② 单击"新建"命令，如图 2-9 所示，弹出

"新建文档"对话框。

图 2-9

③ 在对话框左栏的"模板"栏中单击"空白文档和最近使用的文档"选项。

④ 单击对话框中栏的"空白文档"。

⑤ 单击"创建"按钮，即完成空白文档新建操作，如图 2-10 所示。

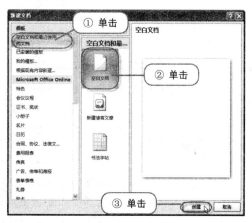

图 2-10

高手支招

直接双击"空白文档"，可一并完成第④步和第⑤步操作。

● **利用模板新建文档**

① 启动 Word 2007，单击"Office"按钮 。

② 单击"新建"命令，弹出"新建文档"对话框。

③ 在对话框左栏的"模板"栏中执行下列操作之一：

单击"已安装的模板"，选择计算机上的可用模板。

单击"Microsoft Office Online"中的某一模板链接，如"会议议程"或"名片"等。

④ 选择具体模板，单击"创建"按钮，如图 2-11 所示。

温馨提示

利用"Microsoft Office Online"中的模板创建文档时，要保证所使用的计算机与 Internet 的连通。

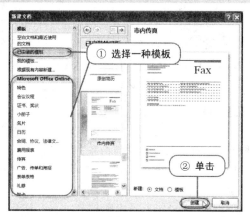

图 2-11

● **根据现有内容新建文档**

① 启动 Word 2007，单击"Office"按钮 。

② 单击"新建"命令，弹出"新建文档"对话框。

③ 在对话框左栏的"模板"栏中单击"根据现有内容新建"选项，如图 2-12 所示。弹出"根据现有内容新建"对话框。

图 2-12

④ 在对话框中选择目标文档"素材 1.docx"，然后单击"新建"按钮，如图 2-13 所示。

⑤ 根据该文档的模板新建文档。

2 保存文档

当文档编辑完毕或需要暂时退出执行其他操作

时，需要对文档进行保存。

图 2-13

对于已保存过的文件，只需单击快速访问工具栏中的"保存"按钮 ▣ 即可。对于未执行过保存操作的文档，执行过程也非常简单，主要包括以下几个步骤：

① 启动 Word 2007，单击"Office"按钮 ⬢。

② 单击"保存"命令，如图 2-14 弹出"另存为"对话框。

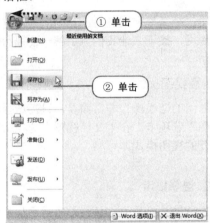

图 2-14

③ 在对话框中的"文件类型"下拉菜单中选择要保存的文件类型。

④ 在对话框的左栏"文件位置"中选择文件的保存位置。

⑤ 为文件命名后，单击"保存"按钮，如图 2-15 所示。

 高手支招

如果你的文档会有其他人阅读，则可以在保存文档之前使用"Office"按钮 ⬢ 中的"准备"菜单。"准备"菜单提供了一系列用于增强文档隐私性、安全性和可靠性的命令。

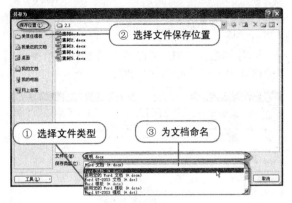

图 2-15

3 打开与关闭文档

在对文档进行编辑和修改之前，首先需要打开文档，编辑和修改之后，需要对文档进行保存，以防丢失。下面介绍几种常用的打开与关闭文档的方法。

● 打开文档

打开原有文档的操作如下：

① 启动 Word 2007，单击"Office"按钮 ⬢。

② 单击"打开"命令，如图 2-16 所示，弹出"打开"对话框。

图 2-16

③ 在弹出的"打开"对话框中，查找文档所在位置。

④ 单击"文件类型"文本框的下拉按钮 ☑，在下拉菜单中选择要打开的文件类型为"Word 文档（.docx）"。

⑤ 单击要打开的文件名称"素材 1.docx"，然后单击"打开"按钮（或者直接双击"素材 1.docx"），如图 2-17 所示。

当第二次打开某一文档时，不需要重复上面的步骤，只需单击"Office"按钮 ⬢，单击弹出菜单中的"最近使用的文档"列表中的文档名称，即可打开该文档。

利用 Office 2007 可以打开其文件类型中包括多种格式中的任一种格式文件。

图 2-17

● 关闭文档

关闭文档的方法主要有四种：

- 通过"Office"按钮的关闭命令；
- 直接单击"关闭"按钮 ✕ ；
- 按【Ctrl+Alt+Del】组合键，进入"Windows 任务管理器"的"应用程序"窗口，选择要关闭的文档，单击"结束任务"按钮；
- 双击"Office"按钮。

通过"Office"按钮关闭文档的操作如下。

① 单击"Office"按钮 。

② 在弹出的菜单中单击"关闭"命令，如图 2-18 所示。

图 2-18

4　另存为其他格式

文档的保存格式主要取决于日后文档的使用方式，因此有时需要重新设置文档的保存格式。

将文档保存为其他格式的操作如下。

① 单击"Office"按钮 。

② 单击"另存为"命令，弹出"另存为"对话框，如图 2-19 所示。

③ 在对话框中的"文件类型"下拉菜单中选择要另存为的文件类型。

图 2-19

④ 单击"保存"按钮。

2.2.2　视图操作

前面已经简单介绍过 Word 2007 的五种视图模式及其作用，接下来让我们再了解一下视图的一些基本操作。

1　切换视图

视图间的切换操作非常简单，只需选择功能区的"视图"选项卡，在"文档视图"选项组中单击所要打开的视图模式即可。

 温馨提示

除通过功能区的"视图"选项卡切换视图模式之外，还可以单击状态栏中的"视图按钮"进行切换。

2　显示标尺

 素材文件：CDROM\02\2.2\素材 1.docx

Word 2007 中的标尺可以用来测量和对齐文档中的对象，主要应用于表格的设计。显示标尺的操作如下。

① 启动 Word 2007，打开素材文件。

② 在功能区勾选"视图"选项卡中"显示/隐藏"选项组的"标尺"复选框。显示效果如图 2-20 所示。

 温馨提示

再次勾选"标尺"复选框，将隐藏标尺。

3 显示网格线

素材文件：CDROM\02\2.2\素材 1.docx

网格线的作用类似于标尺，可以使文档中的内容沿网格线对齐。

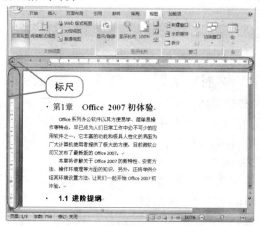

图 2-20

网格线的显示与隐藏同标尺的操作方法类似：

① 启动 Word 2007，打开素材文件。

② 在功能区勾选"视图"选项卡中"显示/隐藏"选项组的"网格线"复选框，如图 2-21 所示。

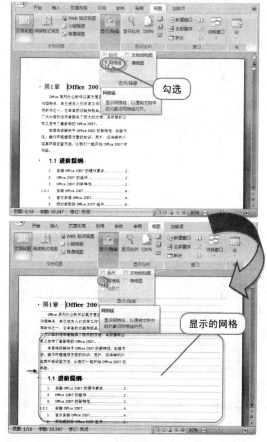

图 2-21

4 显示比例

素材文件：CDROM\02\2.2\素材 1.docx

① 启动 Word 2007，打开素材文件。

② 单击状态栏上的"显示比例"滑块，拖动到所需的百分比，如图 2-22 所示。

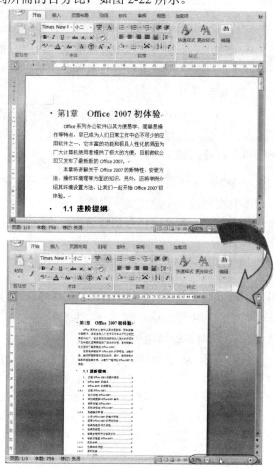

图 2-22

除通过拖动"显示比例"滑块外，还可以单击"缩放级别"按钮，打开"显示比例"对话框，在对话框中设置缩放比例，如图 2-23 所示。

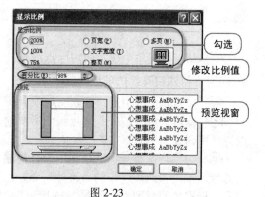

图 2-23

单击"百分比"右侧的▤按钮，修改百分比值，或者直接在文本框内输入需要的数值。"预览"栏内会显示调整后的显示效果。另外，"显示比例"列表中列出了常用的几种比例，勾选相应的复选框，单击"确定"按钮，可以更快速地调整显示比例。

2.2.3 输入内容

Word 2007 创建的文档中可以输入的内容有很多种，下面介绍几种常用内容的输入方法。

1 输入字符

启动 Word 2007，新建文档后，将光标定位在文本区内，选择习惯的输入法，通过键盘上的按键即可将字符输入到文本区内。

2 输入标点符号

编写文档过程中除了文字内容，通常还要输入一些标点符号，使文字内容能够通顺、流畅地表达出来。

💿 素材文件：CDROM\02\2.2\素材 2.docx

对于这些常用的标点符号，除可通过键盘输入外，还可以通过功能区里的"符号"和"特殊符号"选项组中的命令来完成。

● 利用"符号"选项组

① 启动 Word 2007，打开素材文件，在功能区选择"插入"选项卡中"符号"选项组的"符号"命令，弹出下拉菜单，如图 2-24 所示。

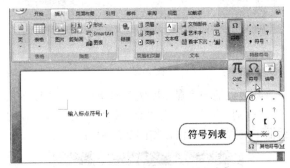

图 2-24

② 从下拉菜单中选择所需标点符号。

● 利用"特殊符号"选项组

① 单击功能区中的"插入"选项卡。

② 单击"特殊符号"选项组中所要输入的标点符号按钮。

③ 如"特殊符号"选项组中没有要输入的标点符号，单击该选项组中的"符号"命令，展开含有更多标点的符号列表，如图 2-25 所示。

图 2-25

3 插入特殊符号

除常用的标点符号外，文档编写过程中可能还会需要输入一些特殊符号，例如希腊字母、单引号、注册商标、货币单位等。下面介绍两种插入特殊符号的方法。

💿 素材文件：CDROM\02\2.2\素材 3.docx

● 利用"符号"选项组

① 在功能区选择"插入"选项卡中"符号"选项组的"符号"命令，弹出下拉菜单。

② 单击下拉菜单中的"其他符号"按钮，弹出"符号"对话框，如图 2-26 所示。

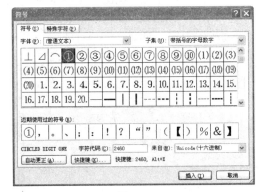

图 2-26

③ 选择对话框中的"特殊字符"选项卡。该选项卡中包括长画线、不间断空格、段落、单引号等特殊字符。从列表中选择所需的特殊字符，单击"插入"按钮，如图 2-27 所示。

图 2-27

符号全部选择完毕，单击"确定"按钮。此时"特殊符号"选项组中显示的特殊符号全部变为自定义的符号。

此方法可以在文档编辑过程快速插入所常用的特殊符号，减少了重复的单击操作。

温馨提示

双击"符号"对话框中的"近期使用过的符号"列表框中的符号，可以在文档中快速插入一个最近使用过的符号。

● 利用"特殊符号"选项组的操作方法如下：

① 启动 Word 2007，打开素材文件，在功能区选择"插入"选项卡中"特殊符号"选项组的"符号"命令，在弹出的下拉菜单中选择"更多"命令，如图 2-28 所示。

图 2-28

② 弹出"插入特殊符号"对话框，选择特殊符号所在的选项卡，在对应的选项卡中单击所需的特殊符号，单击"确定"按钮，该符号即插入到文档中，如图 2-29 所示。

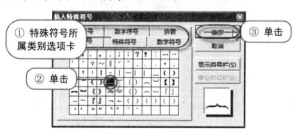

图 2-29

高手支招

"特殊符号"选项组中显示的常用符号可以通过自定义进行更改。

具体操作方法如下：

① 打开"插入特殊符号"对话框。

② 单击对话框中的"显示符号栏"按钮，进一步展开对话框。

③ 选择对话框上方的某一特殊符号，然后单击下方快捷按钮（A~Z，0~9）中的任一位置，该符号即出现在该按钮上。如图 2-30 所示。

④ 重复第③步，直到所要显示的特殊

温馨提示

通过单击"插入特殊符号"对话框中的"重设符号栏"按钮，将恢复为默认设置。

4 插入公式

Word 2007 提供了直接插入公式的功能，同时还内置了大量用于公式设计的符号，简化了公式的插入和编辑操作。

素材文件：CDROM\02\2.2\素材 4.docx

● 插入内置公式

Word 2007 中内置了多种公式，例如泰勒展开式、二次公式、勾股定理、圆的面积等，当文档中需要这些公式时，直接插入即可。

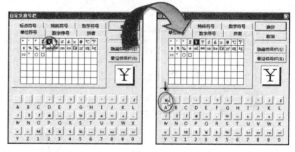

图 2-30

具体操作如下：

① 启动 Word 2007，打开素材文件，在功能区选择"插入"选项卡中"符号"选项组的"公式"下拉按钮，弹出下拉菜单。

② 单击下拉菜单中需要插入的公式，该公式即被插入到文档中，同时功能区中出现"公式工具"选项卡，如图 2-31 所示。

③ 单击所插入公式右下角的下拉按钮，弹出下拉菜单，菜单中包括公式的形状和对齐方式等，在此选择"线性"命令，公式即会以线性形状展开，如图 2-32 所示。

④ 利用"公式工具"选项卡中的"符号"选项组和"结构"选项组中的命令，可以进一步改变所插入的公式。

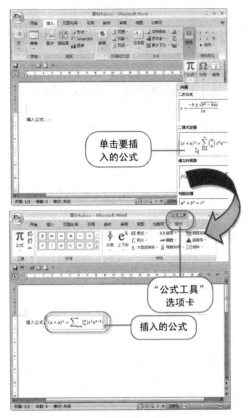

图 2-31

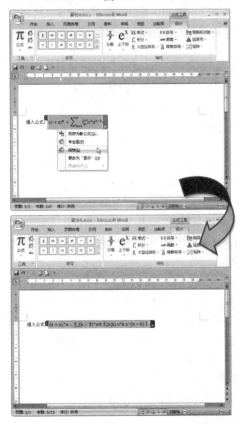

图 2-32

● 编辑公式

Word 2007 中内置的公式必定有限，那么如何在文档中输入所需要的公式呢？不知道在前面介绍插入内置公式的时候，你是否注意到了一个细节，那就是"公式"按钮的下拉菜单中的"插入新公式"命令。也许至此你已经猜到了，输入其他公式就从这个命令开始。

下面以梅林变换的反演公式为例，介绍编辑公式的操作方法。

$$f(x) = \frac{1}{2\pi i} \int_{c-i\infty}^{c+i\infty} M(z)x$$

① 启动 Word 2007，打开素材文件，在功能区选择"插入"选项卡中"符号"选项组的"公式"下拉按钮，在弹出的下拉菜单中选择"插入新公式"命令，如图 2-33 所示。

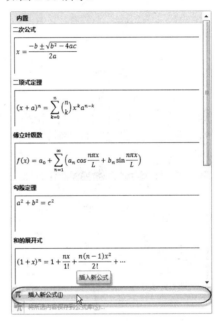

图 2-33

② 文档中出现"在此处输入公式"的提示信息。

③ 将光标定位在提示信息栏内，输入文本"f（x）="，如图 2-34 所示。

④ 在功能区选择"公式工具"选项卡中"结构"选项组的"分数"命令，在弹出的下拉菜单中选择"分数（竖式）"命令。

⑤ 将光标定位在分子上，输入"1"，然后将光标定位在分母上，输入"2"，在"符号"选项组中选择符号"π"，再继续输入"i"，如图 2-35 所示。

⑥ 将光标定位在分式之后，单击"结构"选项组中的"积分"命令，选择其中的第 2 种积分样式 $\int_{\square}^{\square}$。

⑦ 将光标定位在积分符号的上标，输入"c+i"，在"符号"选项组中选择符号"∞"。

图 2-34

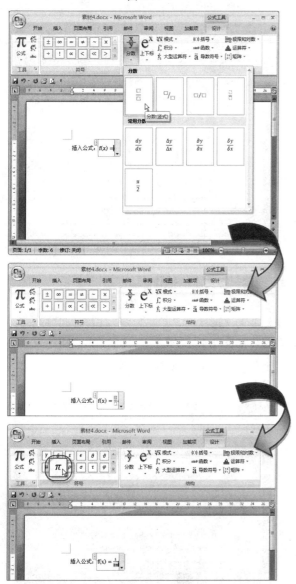

图 2-35

⑧ 将光标定位在积分符号的下标，输入"c-i"，在"符号"选项组中选择符号"∞"，如图 2-36 所示。

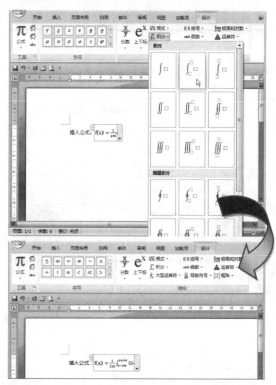

图 2-36

⑨ 将光标定位在积分符号的内容占位符，输入"M"，然后选择"结构"选项组中的"括号"按钮，在弹出的下拉菜单中选择"方括号"中的第一种样式"（）"，如图 2-37 所示。在"方括号"内输入"z"。

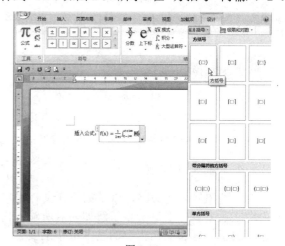

图 2-37

⑩ 将光标定位在方括号之后，选择"结构"选项组中的"上下标"按钮，在弹出的下拉菜单中选择第一种"上标"样式，在其中分别输入"x"和"-z"如图 2-38 所示。

⑪ 将光标定位在公式的末位，输入"dz"。整个公式编辑完毕，如图 2-39 所示。

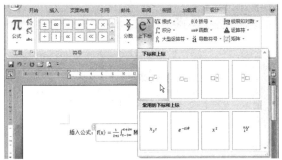

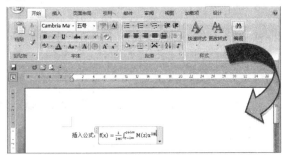

图 2-38

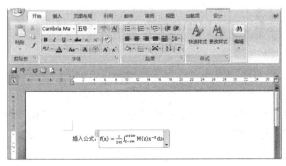

图 2-39

温馨提示

在"符号"选项组中选择某一符号后，该符号即会显示在当前的符号栏中，不必再通过向上按钮 ˄、向下按钮 ˅ 再次查找该符号。

2.2.4 编辑内容

学会了如何创建文档，以及如何在文档中输入内容之后，就需要进一步了解如何对所输入内容进行编辑。编辑文档内容的基本操作主要包括选定文本、复制与粘贴文本、查找与替换文本、删除文本和撤销与恢复操作。下面就从这几方面进行详细介绍。

素材文件：CDROM\02\2.2\素材 5.docx

1 选定文本

在对文档中的内容进行编辑之前，首先要选定准备修改的文本。选定文本的方法主要有 3 种：

- 利用鼠标选定
- 利用键盘选定
- 利用鼠标和键盘的配合选定

根据选定文本内容的多少和区域大小不同，选定的方法也不尽相同。下面就介绍如何用上述的 3 种方法选定不同的文本。

● **选定几个字符的操作**

① 启动 Word 2007，打开素材文件，在要选定的第一个字符前单击鼠标左键。

② 按住鼠标左键，拖动到要选定的最后一个字符，如图 2-40 所示。

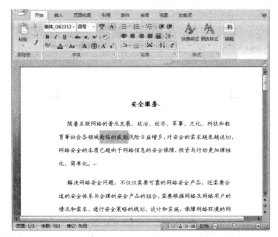

图 2-40

● **选定一行文本的操作**

将光标置于选定文本的最左侧空白区域，直到光标变为 ⌐ 形状时，单击鼠标左键，即完成一行的选定，如图 2-41 所示。

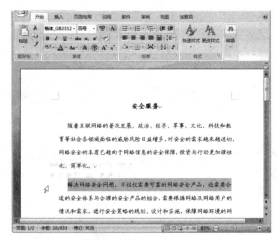

图 2-41

● **选定一句话的操作**

按住【Ctrl】键，单击一句话中的任意位置，即可将完整的一句话选定下来。

● 选定一个自然段

　　选定一个自然段的操作方法有两种：
- 将光标置于选定自然段最左侧的空白区域，直到光标变为 ⌷ 形状时，双击鼠标左键。
- 在选定自然段的任意位置单击鼠标 3 次。

● 选定一长段内容的操作

　　① 在要选定文本的第一个字符前单击鼠标左键。
　　② 拖动滚动条，找到要选定文本的最后一行。
　　③ 按住【Shift】键，单击要选定文本的最后一个字符。

● 选定矩形区域内容的操作

　　按住【Alt】键，同时按住鼠标左键，在要选定的文本处，拖出一个矩形区域，如图 2-42 所示。

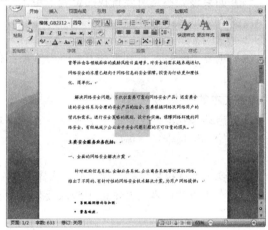

图 2-42

● 选定整篇文档的操作

　　将光标置于选定文本最左侧的空白区域，直到光标变为 ⌷ 形状时，三击鼠标左键，如图 2-43 所示。

高手支招

　　按住【Ctrl+A】组合键，也可实现整篇文档的选定操作。另外：

　　【Shift+Home】组合键，可以选定当前光标所在位置到行首的文本；

　　【Shift+End】组合键，可以选定当前光标所在位置到行末的文本；

　　【Shift+↑（↓）】组合键，可以选定光标所在位置到上（下）一行同一列的文本，每按一次 ↑（↓）键，选定范围即可向上（下）扩大一行；

　　【Shift+←（→）】组合键，可以选定当前光标所在位置左（右）侧一个字符，每按一次与第一次相同方向的键，选定范围即扩大一个字符。

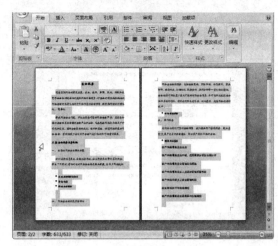

图 2-43

2　复制与粘贴文本

　　素材文件：CDROM\02\2.2\素材 5.docx

　　文本的复制与粘贴操作通常一同使用，而且可以跨文档进行。具体操作方法如下：

　　① 启动 Word 2007，打开素材文件，选定要复制的文本。

　　② 单击功能区"开始"选项卡中"剪贴板"选项组的"复制"命令，如图 2-44 所示。

　　③ 将光标移动到要粘贴文本的位置，单击功能区"开始"选项卡中"剪贴板"选项组的"粘贴"按钮。

　　④ 复制的文本被粘贴到指定位置，此时粘贴的文本旁出现"粘贴选项"图标 🔖，如图 2-45 所示。

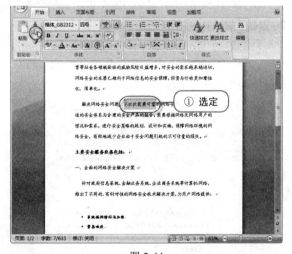

图 2-44

　　⑤ 单击 🔖 图标上的下拉按钮，此时弹出下拉菜单，勾选"仅保留文本"单选框，如图 2-46 所示。

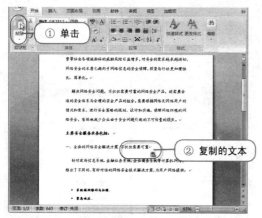

图 2-45

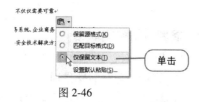

图 2-46

高手支招

利用【Ctrl+C】和【Ctrl+V】组合键可替代在功能区中的复制和粘贴操作。

3 查找与替换文本

文档的编辑过程中常常会查找某些内容，或者将某些内容替换掉，此时就会使用到 Word 2007 中的查找与替换功能，它们可以轻松的帮助使用者完成这些操作。

素材文件：CDROM\02\2.2\素材 5.docx

● 查找文本的操作

① 启动 Word 2007，打开素材文件，单击功能区 "开始" 选项卡中 "编辑" 选项组的 "查找" 命令，如图 2-47 所示。

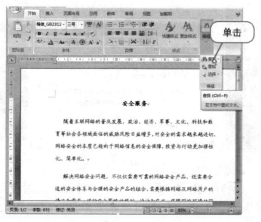

图 2-47

② 弹出 "查找和替换" 对话框，选择 "查找" 选项卡，在 "查找内容" 文本框中输入要查找的文本 "服务"，然后单击 "查找下一处" 按钮，如图 2-48 所示。

图 2-48

③ 系统自动搜索全文，查找含有 "服务" 的文本，首先查找到第一个目标文本 "服务" 所在的位置。

④ 如果该处不是所要查找的位置，单击 "查找下一处" 按钮，继续查找下一个目标文本 "服务"，如图 2-49 所示。

⑤ 重复第④步，直到查找到目标文本所在位置为止。

● 替换文本的操作

① 启动 Word 2007，打开素材文件，单击功能区 "开始" 选项卡中 "编辑" 选项组的 "替换" 命令。

② 弹出 "查找和替换" 对话框，选择 "替换" 选项卡，在 "查找内容" 文本框中输入要替换的文本 "服务"。

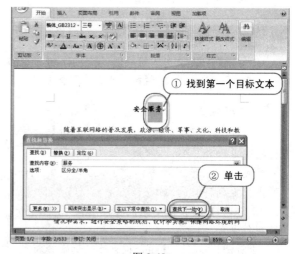

图 2-49

③ 在 "替换为" 文本框中输入 "管理"。如果只替换选定的文本，则单击 "替换" 按钮，如果要将全文中所有的 "服务"，则单击 "全部替换命令，如图 2-50 所示。

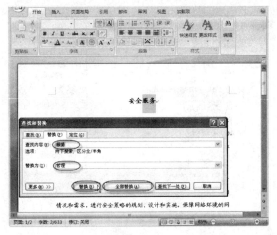

图 2-50

(4) 完成全文替换后，自动弹出提示框，提示共完成多少处的替换，单击"确定"按钮，完成全文替换，如图 2-51 所示。

图 2-51

高手支招

利用【Ctrl+F】组合键可以快速打开"查找和替换"对话框。

4　删除文本

文档编辑过程中，有时会删除某些不需要的文本，此时只需利用前面所介绍的选定文本的方法，选定要删除的文本，然后按键盘的【Backspace】键或【Delete】键即可完成删除操作。

5　撤销与恢复操作

编辑文档时难免会出现误操作，撤销与恢复操作可以便捷地解决这一问题。

● 撤销操作

当需要撤销前一步操作时，只需单击快速访问工具栏中的"撤销输入"按钮 ↶。

● 恢复操作

当需要恢复前一步操作时，只需单击快速访问工具栏中的"恢复输入"按钮 ↷。

温馨提示

重复单击"撤销输入"按钮 ↶ 或"恢复输

入"按钮 ，可以连续撤销或恢复前面的操作。

2.2.5　保护文档

现在是一个电子时代，越来越多的事物电子化，这在为人们提供方便的同时，问题也会随之而来，为了使文档不会被随便编辑、篡改或出于其他安全性的考虑，就需要对文档进行保护。Word 2007 提供了几种文档的保护方法，下面对此做一些简单的介绍。

1　设置密码

💿　素材文件：CDROM\02\2.2\素材 5.docx

为了保护文档不被随意查看、修改，最常用的方法就是为文档设置打开和修改密码。

(1) 启动 Word 2007，打开素材文件，在功能区选择"审阅"选项卡中"保护"选项组的"保护文档"命令，在弹出的下拉菜单中单击"限制格式和编辑"命令。

(2) 弹出"限制格式和编辑"任务窗格，勾选"限制对选定的样式设置格式"复选框。

(3) 单击"是，启动强制保护"按钮，如图 2-52 所示。

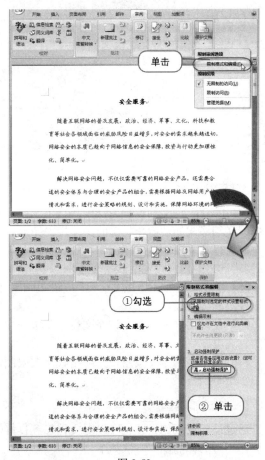

图 2-52

④ 弹出"启动强制保护"对话框，在"新密码"文本框中输入"123"，在"确认新密码"文本框中再次输入"123"，单击"确定"按钮，如图2-53所示。

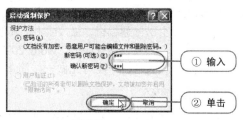

图 2-53

⑤ 如果要停止文档保护，则单击"停止保护"按钮，弹出"取消保护文档"对话框，在"密码"文本框中输入之前设置的密码"123"，单击"确定"按钮，文档密码即被取消，如图2-54所示。

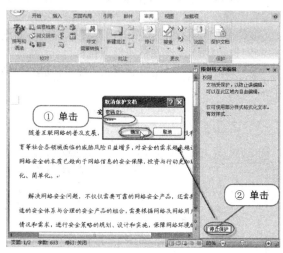

图 2-54

2 限制格式修改

Word 2007 的文档保护方法中还提供了限制他人修改文档格式的功能。具体的操作步骤如下。

① 打开"限制格式和编辑"任务窗格，勾选"限制对选定的样式设置格式"复选框。

② 单击复选框下方的"设置"按钮，弹出"格式设置限制"对话框。

③ 在对话框中勾选允许在文档中使用的样式前的复选框。

④ 单击"确定"按钮，完成格式修改限制。如图2-55所示。

3 限制编辑类型

通过访问权限的设置也可以对文档起到良好的保护作用。具体的操作方法如下。

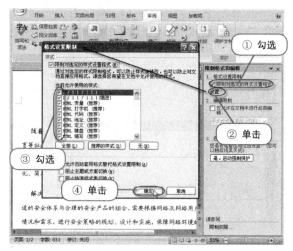

图 2-55

① 打开"限制格式和编辑"任务窗格，勾选"仅允许在文档中进行此类编辑"复选框。

② 单击"编辑限制"选项组中文本框的下拉按钮，从下拉菜单中选择允许执行的编辑操作"批注"，此时只能对文档进行批注操作，如图2-56所示。

图 2-56

4 限制访问权限

Word 2007 加入了"IRM 信息权限管理"，有效地保护文档的安全性，防止文档未经授权而被编辑或复制等。IRM 的权限分为只读、更改和完全控制三种。

素材文件：CDROM\02\2.2\素材 5.docx

① 启动 Word 2007，打开素材文件，在功能区选择"审阅"选项卡中"保护"选项组的"保护文档"命令，在弹出的下拉菜单中选择"限制访问"命令，如图2-57所示。

② 弹出要求安装 IRM 软件的对话框，单击"是"按钮，如图2-58所示。

③ 下载并安装该软件。安装后，再次单击"保护文档"命令。第一次使用 IRM 需要用.Net Passport账户来注册，弹出"服务注册"安装向导，如图2-59

所示。

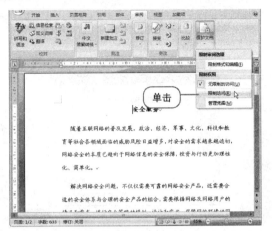

图 2-57

图 2-58

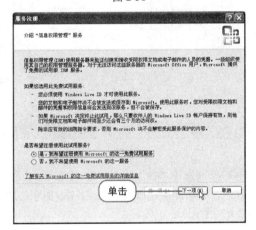

图 2-59

④ 按照向导完成 RM 帐户证书的下载，即可打开"权限"对话框，勾选"限制对此文档的权限"复选框。在"读取"和"更改"文本框中输入用户的电子邮件地址，单击"确定"按钮，如图 2-60 所示。

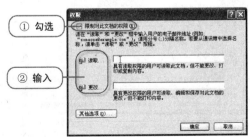

图 2-60

2.3 职业应用——公司会议记录

公司会议记录主要用来记录会议的时间、地点、参加人员、会议主题和讨论问题等信息，为日后的回顾和执行情况总结提供依据。

2.3.1 案例分析

会议是一种组织单位存在的体现，是一种非常有效的沟通方式。工作中的会议随时随地都在发生，都在召开。而有效的会议记录能够真实、全面地反映会议的原貌。

2.3.2 应用知识点拨

本案例应用的知识点概括如下：
1．新建文档
2．输入字符
3．选定文本
4．插入时间和日期
5．复制和粘贴文本
6．调整格式

2.3.3 案例效果

素材文件	CDROM\02\2.3\素材 1.docx
结果文件	CDROM\02\2.3\职业应用 1.docx
视频文件	CDROM\视频\第 2 章职业应用.exe
效果图	

2.3.4 制作步骤

1 新建会议记录

① 启动 Word 2007，单击"Office"按钮。
② 单击"新建"命令，在弹出的"新建文档"对话框中"模板"栏中选择"空白文档和最近使用的文档"。
③ 选择对话框中栏的"空白文档"，然后单击

"创建"按钮，完成空白会议记录的新建操作。

将素材中的内容粘贴到会议记录中。

2 输入会议主题

(1) 在文本区的光标起始位输入会议主题"产品部技术培训会议"。

(2) 将光标置于会议主题左侧空白区域，直到光标变为 ⌐ 形状时，单击，选定会议主题。

(3) 从功能区的"开始"选项卡选择"加粗"、"字体"、"字号"命令，将会议主题设置为"宋体、加粗、小三号字"，如图 2-61 所示。

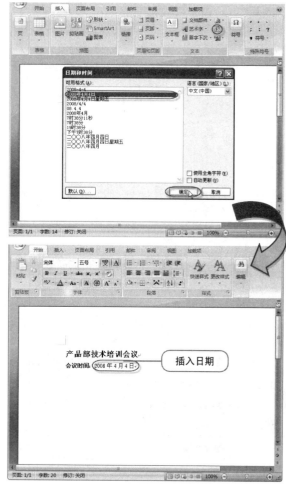

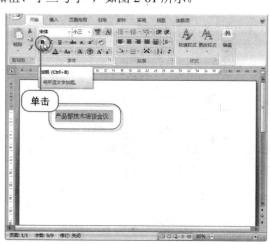

图 2-61

图 2-62

3 输入会议日期

(1) 将光标定位到会议主题的下一行，输入"会议日期："。

(2) 双击选中文本"会议时间："，从功能区选择"开始>加粗"，并将光标定位到"会议时间："。

(3) 从功能区选择"插入>文本>日期和时间"命令，在弹出的对话框中选择一种时间格式，单击"确定"按钮，完成会议日期的插入，如图 2-62 所示。

4 输入会议内容

(1) 打开素材文件，按【Ctrl+A】组合键选定整篇文档文本，从功能区选择"开始>复制"命令。

(2) 将光标定位到会议记录中"会议时间"下一行的行首，从功能区选择"开始>粘贴"命令，

(3) 分别选中"参加人员："、"主持人："和"会议内容："，从功能区选择"开始>字体>加粗"命令，如图 2-63 所示。

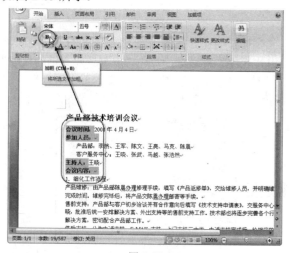

图 2-63

④ 会议内容输入修改完毕，保存文档，即完成会议记录的制作。

🖐 高手支招

按住【Ctrl】键，可以同时选中不同区域的文本。

2.3.5　拓展练习

本章的拓展练习通过制作两个文档实例，帮助读者进一步掌握本章所学知识，将所学知识点贯穿到完整的文档制作过程当中。

1　制作公司通知

运用本章所学知识，制作如下图所示的公司通知如图 2-64 所示。

结果文件：CDROM\02\2.3\职业应用 2.docx

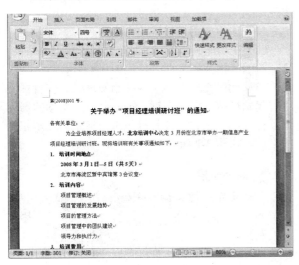

图 2-64

在制作本例的过程中，需要注意以下几点：

（1）根据文档内容的层次不同，选择合适的字体和字号用以区分。

（2）通知的主要组成部分。

（3）通知都具有时效性，应注意其中时间的合理性。

（4）为了最后通知的美观，可以在制作完成后使用阅读版式视图浏览整篇文档，再对其做进一步的处理。

2　制作公司合同

根据本章所学知识，制作公司合同，如图 2-65 所示。

结果文件：CDROM\02\2.3\职业应用 3.docx

图 2-65

在制作本例的过程中，需要注意以下几点：

（1）不可缺失合同的主要组成部分。

（2）尽量多使用几种文档的选定方法。

（3）调整文档格式，使文档尽量美观整洁。

（4）特殊符号的输入以及数字的大小写。

2.4　温故知新

本章对 Word 2007 的各种基本操作进行了详细讲解。同时，通过大量的实例和案例让读者充分参与练习。读者要重点掌握的知识点如下：

- 文档的创建方法
- 文档的保存方法
- 文档内容的编写方法
- 保护文档的方法

 学习笔记

第3章
Word 2007 中的初级排版

【知识概要】

Word 除具有基本的文字录入功能之外，还因其强大的排版功能，使得其所创建的文档既具有实用性，又具有美观性。只有掌握 Word 2007 的初级排版功能，才能为日后制作出"完美"的文档打下良好的基础。

本章将讲解关于 Word 2007 初级排版方面的知识，包括页面布局的设计、字体和段落格式的设置方法，以及基本的打印操作等内容，并通过实例讲解利用初级的排版方法，从而设计出漂亮的应用文档。

3.1 答疑解惑

"排版"一词看起来似乎有些高深，其实它包含的范围很广，其含义可深可浅，可以简单地用一句话概括为"将文字、图形等内容进行合理的排列，使版面达到美观的视觉效果"。本节主要介绍基础的排版操作，解答初级排版涉及的基本概念及其作用。

3.1.1 什么是格式

"格式"一词在字典中的解释是"官吏处事的规则法度；一定的规格样子"。显然我们此处介绍的格式取后者之义——"一定的规格样子"。

我们所写的文章、浏览的图片和网页，观看的影片，它们能够被打开、阅读或修改，都是因为具有各自特定的格式。格式是解释这些文件原始数据的重要特征。换句话说，格式就是这些原始数据的表示方式。

而具体到一篇文档中的格式，则包括了字体格式、段落格式和版面格式等内容。

3.1.2 字体的格式指什么

字体的格式主要包括：字体、字号、字形、字体颜色、增大和缩小字体、上标、下标、阴影、空心、字符间距、下画线、带圈字符和字符底纹。

3.1.3 格式刷有什么作用

格式刷的作用简单地说就是复制格式，它可以快速地将其他文本的格式完全复制到需要应用相同格式的文本上。这么神奇高效的工具，到底如何使用呢？

（1）选中要引用格式的文本。

（2）在功能区选择"开始"选项卡中"剪贴板"选项组的"格式刷"命令，如图 3-1 所示。

（3）此时光标在文本区变为 形状。在目标文本的起始位按住鼠标左键，拖动到目标文本的结束位后释放，目标文本即具有与引用格式的文本相同的格式，如图 3-2 所示。

> **高手支招**
>
> 如果目标文本不唯一，可以双击"格式刷"命令。使用完毕，按【Esc】键，或再次单击"格式刷"命令取消。如果中途执行其他命令或操作，也将自动停止使用格式刷。

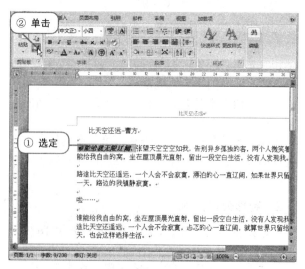

图 3-1

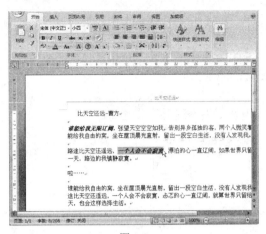

图 3-2

3.1.4　开本是指什么

开本是指书刊幅面的规格大小，它以全开纸裁开的张数作为标准来说明书的幅面大小的。我们日常生活中常见的有十六开本和三十二开本。

通常将一张按国家标准切好的印刷原纸称为全开纸。将全开纸裁成幅面相等的十六页，每页纸的大小就叫十六开，如果裁成三十二页，就叫三十二开，以此类推。

但由于全开纸的规格有所不同，裁切成的页大小也就有所不同。按规定将 787mm×1092mm 的全开纸切成的十六页纸叫小十六开或十六开，将 850mm×1168mm 的全开纸切成的十六页纸叫大十六开。

3.1.5　版心、页边距又是什么

● 什么是版心

版心是版面上放置文字图表（通常不包括书眉、中缝和页码）的区域，由文字、图表和图片（包括字空、行空和段空）等内容构成，即书刊印张中除去余白印有图文的部分。版心位置如图 3-3 所示。

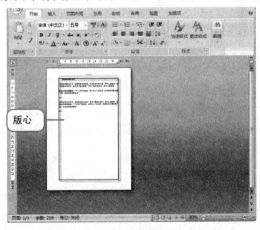

图 3-3

常用的书刊开本尺寸及版心尺寸如表 3-1 所示。

表 3-1

开本尺寸（单位 mm）	版心尺寸（单位 mm）
正 64 开　89*127	70*103
正 32 开　130*185	100*155
正 16 开　185*260	145*220
正 8 开　270*390	235*350
大 32 开　140*203	103*159
大 16 开　203*280	159*240
大 8 开　280*410	240*355
大 16 开　210*297	170*255
大 8 开　297*420	255*375
大 32 开　140*210	103*170
大 16 开　210*285	170*245
大 8 开　285*420	245*375

● 什么是页边距

页边距是指页面四周的空白区域。通俗理解是页面的边缘线到上下左右顶格写的文字的距离。通常，在页边距内部的可打印区域（即版心）中插入文字和图片等内容。但通常一些特定内容是放置在页边距区域中的，例如页眉、页脚和页码、文档标题、时间日期等。页边距区域即下图所示的两个红框之间的部分，如图 3-4 所示。

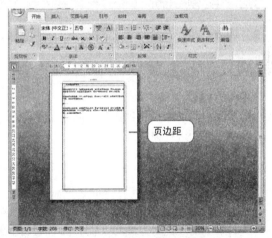

图 3-4

3.1.6　页眉页脚在哪里

页眉是页面顶端到页面上边距之间的区域，相反，页脚是页面底端到页面下边距之间的区域。页面和页脚既可以插入文本，也可以插入图片。通常页眉用来添加文档的标题、文件名称、版本信息和公司图标等内容，页脚则添加页码、时间日期等内容。页眉和页脚的位置如图 3-5 所示。

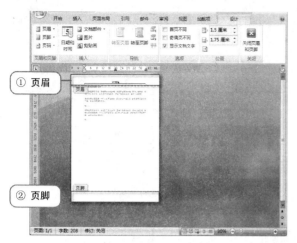

① 页眉
② 页脚

图 3-5

3.1.7 什么是节

"节"是文档设置某一排版格式范围的最大单位，"分节符"就是一个"节"的结束符号。默认情况下，Word 将整个文档视为一"节"，所以对文档的页面设置是应用于整篇文档的。如果需要在一页之内或多页之间采用不同的排版格式，只需插入"分节符"将文档分"节"，然后再根据需要设置每"节"的格式即可。

3.2 实例进阶

本节将用实例讲解在 Word 2007 中设置文档页面布局的方法。

3.2.1 页面布局

在 Word 2007 中对文档进行页面布局设计，主要从以下几方面进行调整：

- 设置纸张
- 设置页边距
- 设置页眉和页脚
- 设置文档网格

下面就从上述四个方面对文档页面布局调整的具体方法进行介绍。

1 设置纸张

Word 2007 提供了多种纸张类型，因此在编写文档之初，应该根据文档的内容和应用场合等因素，选择合适的纸张类型。

　素材文件：CDROM \03\3.2\素材 1.docx

● 设置纸张

① 启动 Word 2007，打开素材文件，在功能

区选择"页面布局"选项卡中"页面设置"选项组的"纸张大小"命令。

② 在弹出的下拉菜单中选择所需要的纸张类型，如图 3-6 所示。

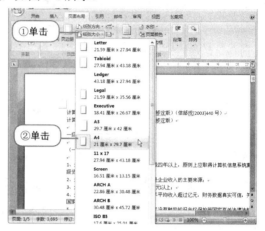

图 3-6

③ 如果下拉菜单中没有合适的纸张类型，单击下拉菜单下方的"其他页面大小"按钮，如图 3-7 所示。

④ 在弹出的"页面设置"对话框选择"纸张"选项卡并单击"纸张大小"文本框的下拉箭头，从弹出的下拉菜单中选择纸张类型，或选择自定义大小，在"宽度"和"高度"文本框中设置所需的纸张大小，如图 3-8 所示。

图 3-7

⑤ 单击"确定"按钮，完成纸张的设置。

温馨提示

在功能区的"页面布局"选项卡中单击"页面设置"选项组的对话框启动器按钮，可以快速打开"页面设置"对话框。

图 3-8

2　设置页边距

为了使页面中的内容分布的更合理，可以通过调整页边距来设置所需要的版心大小。

素材文件：CDROM \03\3.2\素材 1.docx

● 设置页边距

① 启动 Word 2007，打开素材文件，在功能区选择"页面布局"选项卡中"页面设置"选项组的"页边距"按钮。

② 在弹出的下拉菜单显示系统预定义的页边距，从中选择合适的一项，如图 3-9 所示。

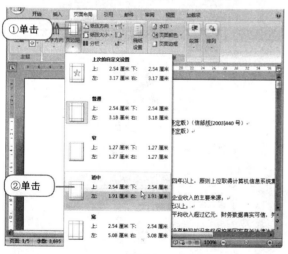

图 3-9

③ 如系统预定义的页边距不符合要求，单击下拉菜单下方的"自定义边距"按钮，如图 3-10 所示。

④ 在弹出的"页面设置"对话框的"页边距"选项卡中单击"上"、"下"、"左"、"右"文本框旁的微调按钮，调整页边距值，或直接在文本框中输入数值进行调整。

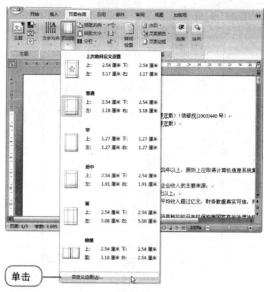

图 3-10

⑤ 单击"确定"按钮，即完成页边距的设置，如图 3-11 所示。

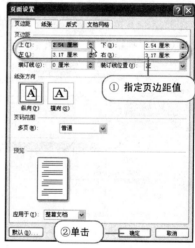

图 3-11

🖐 高手支招

如果需要设置对称的页边距，单击"页边距"选项卡中"页码范围"选项组的"多页"文本框的下拉箭头，在弹出的下拉菜单中选择"对称页边距"选项，此时"左"、"右"自动变为"内侧"和"外侧"，同时对应文本框中自动设置为相同的页边距值，如图 3-12 所示。

3　设置页眉和页脚

页眉和页脚的设置可以简单地选择 Word 2007 中预设的格式，也可以进行自定义设计特殊风格和内容的页面、页脚。下面就来介绍具体的操作方法。

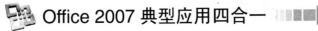
素材文件：CDROM \03\3.2\素材 1.docx

图 3-12

● 设置页眉和页脚

（1）启动 Word 2007，打开素材文件，在功能区选择"插入"选项卡中"页眉和页脚"选项组的"页眉"命令。

（2）在弹出的下拉菜单显示系统内置的页眉，从中选择合适的一项，如图 3-13 所示。

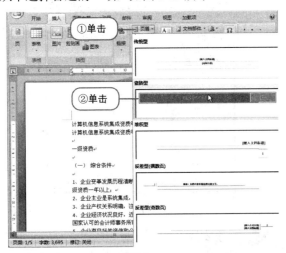

图 3-13

（3）文档处于页眉编辑状态，同时功能区中出现"页眉和页脚工具"选项卡，在所选样式的页眉中输入文本内容，如图 3-14 所示。

（4）如不选择内置的页眉，则单击下拉菜单中的"编辑页眉"命令，可对页眉进行自定义，如图 3-15 所示。

（5）此时光标定位在页眉区域中，即可输入页眉内容，并可对输入的文本进行格式设置，如图 3-16 所示。

（6）页眉内容设置完毕，在功能区选择"页眉

和页脚工具"选项卡中"导航"选项组的"转至页脚"命令，切换到页脚区域。

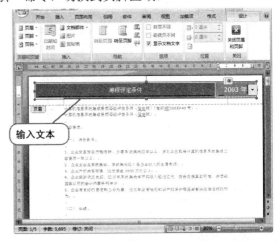

图 3-14

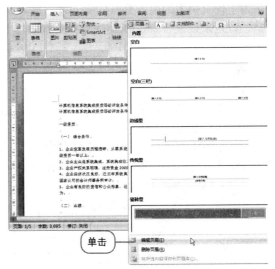

图 3-15

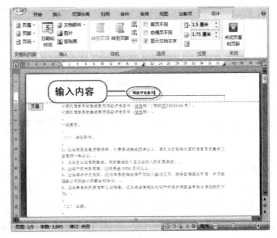

图 3-16

（7）在页脚区域中插入所需文本或图片，并对

其进行字体格式等设置。

⑧ 单击"页眉和页脚工具"选项卡中"关闭"选项组的"关闭页眉和页脚"命令，或在空白的文本区域双击，即退出页眉和页脚的编辑状态，如图 3-17 所示。

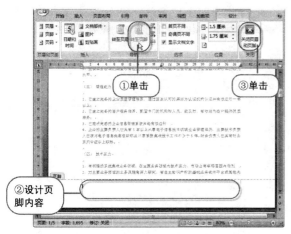

图 3-17

4 设置文档网格

通过设置文档网格，可以使文档排版位置更加清晰。

💿 素材文件：CDROM \03\3.2\素材 1.docx

● **设置文档网格**

① 启动 Word 2007，打开素材文件，在功能区的"页面布局"选项卡中单击"页面设置"选项组右下角的对话框启动器按钮 。

② 在弹出的"页面设置"对话框中选择"文档网格"选项卡，在"网格"选项组中勾选"指定行和字符网格"单选框。

③ 在"字符数"和"行数"选项组中单击各文本框旁的按钮 ，设置每行的字符数、字符间距以及每页的行数和行间距，如图 3-18 所示。

图 3-18

④ 单击"文档网格"选项卡下方的"绘图网格"按钮，在弹出的"绘图网格"对话框中勾选"在屏幕上显示网格线"和"垂直间隔"复选框，如图 3-19 所示。

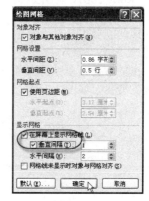

图 3-19

⑤ 单击"绘图网格"对话框中的"确定"按钮，返回到"页眉设置"对话框，单击其中的"确定"按钮，文本区中即会显示设置好的网格线，如图 3-20 所示。

图 3-20

3.2.2 字体格式

字体格式包括字体类型、字体效果、字符间距、字符的边框和底纹等，下面将逐一介绍这些字体格式的设置方法。

1 设置字体

设置字体的途径主要有三种：

- 利用隐藏工具栏
- 利用"字体"对话框
- 利用功能区的"开始"选项卡

通过上述三种方法均可快速的设置字体。

💿 素材文件：CDROM \03\3.2\素材 1.docx

● 利用隐藏工具栏

① 启动 Word 2007，打开素材文件，选定要设置字体的文本。

② 在出现的隐藏工具栏中单击"字体"文本框的下拉按钮。

③ 在弹出的下拉菜单中单击"华文琥珀"选项，字体即发生变化，如图 3-21 所示。

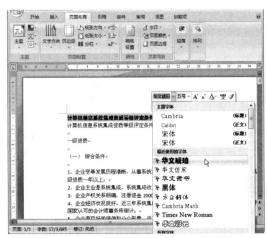

图 3-21

● 利用"字体"对话框

① 启动 Word 2007，打开素材文件，选定目标文本。

② 在功能区的"开始"选项卡中单击"字体"选项组右下角的对话框启动器按钮 📧，打开"字体"对话框。

③ 选择"字体"选项卡，单击"中文字体"文本框的下拉按钮，在弹出的下拉菜单中选择"华文新魏"。

④ 单击"确定"按钮，如图 3-22 所示。

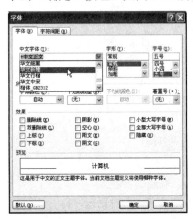

图 3-22

● 利用功能区的"开始"选项卡

① 启动 Word 2007，打开素材文件，选定目标文本。

② 在功能区单击"开始"选项卡中"字体"选项组的"字体"文本框的下拉按钮。

③ 在弹出的下拉菜单中单击"方正舒体"选项，字体即发生变化，如图 3-23 所示。

图 3-23

2 设置字体效果

字体效果包括的内容很多，下面对主要字体效果的设置方法进行介绍。

💿 素材文件：CDROM \03\3.2\素材 1.docx

● 设置字号

① 启动 Word 2007，打开素材文件，选定目标文本。

② 在出现的隐藏工具栏中单击"字号"文本框的下拉按钮。

③ 在弹出的下拉菜单中选择需要的字号，在此选择"三号"，目标文本的字号即会发生变化，如图 3-24 所示。

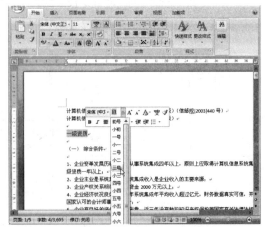

图 3-24

● 设置字形

① 启动 Word 2007，打开素材文件，选定目标文本。

② 在出现的隐藏工具栏中单击"加粗"按钮，选定的文本即从默认的"常规"字体变为粗体。

③ 单击"倾斜"按钮，选定的文本即变为斜体，如图 3-25 所示。

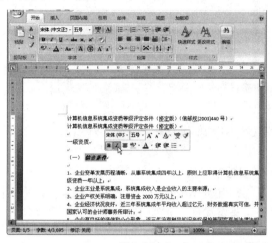

图 3-25

● 设置字体颜色

① 启动 Word 2007，打开素材文件，选定目标文本。

② 在功能区选择"开始"选项卡中"字体"选项组的"字体颜色"命令的下拉按钮。

③ 在弹出的下拉菜单中选择所需要的颜色，在此选择"紫色"，文本即从默认的黑色变为紫色，如图 3-26 所示。

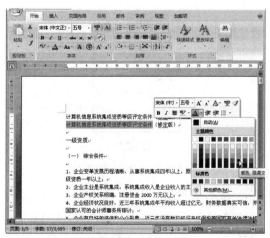

图 3-26

● 增大和缩小字体

① 启动 Word 2007，打开素材文件，选定目

标文本。

② 在功能区选择"开始"选项卡中"字体"选项组的"增大字体"命令，字体即增大，每单击一次字体增大一号，如图 3-27 所示。

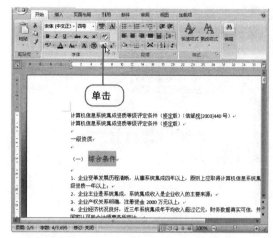

图 3-27

③ 同样，在功能区选择"开始"选项卡中"字体"选项组的"缩小字体"按钮，字体即缩小，每单击一次字体缩小一号。

● 设置下画线

① 启动 Word 2007，打开素材文件，选定目标文本。

② 在功能区选择"开始"选项卡中"字体"选项组"下画线"命令的下拉按钮。

③ 在弹出的下拉菜单中选择所需要的线型，在此选择"粗线"，如图 3-28 所示。

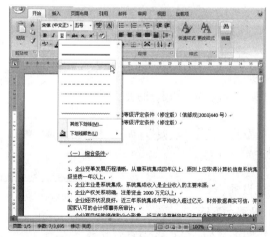

图 3-28

● 设置缩放比例

① 启动 Word 2007，打开素材文件，选定目标文本。

② 在功能区选择"开始"选项卡中"段落"选项组的"中文版式"命令。

③ 在弹出的下拉菜单中选择"字符缩放"命令，在其展开的下拉列表中选择缩放比例为"150%"，如图 3-29 所示。

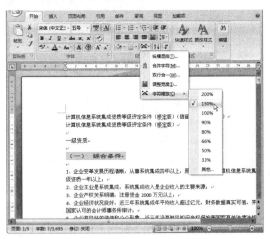

图 3-29

 温馨提示

"字符缩放"功能虽然也能改变字符大小，但只是在水平方向放大或缩小字符，与"改变字号"的功能有所区别，"改变字号"功能是对整个字符进行整体调整。

● 设置带圈字符

① 启动 Word 2007，打开素材文件，选定目标文本。

② 在功能区选择"开始"选项卡中"字体"选项组的"带圈字符"命令 ⊕。

③ 在弹出的"带圈字符"对话框的"样式"选项组中选择带圈字符的样式"增大圈号"，在"圈号"选项组中选择圈的形状为"圆圈"，如图 3-30 所示。

④ 单击"确定"按钮，完成设置。

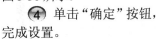

图 3-30

● 设置上下标

① 启动 Word 2007，打开素材文件，选定目标文本。

② 在功能区单击"开始"选项卡中"字体"选项组的"下标"命令，目标文本即变为下标，如图 3-31 所示。

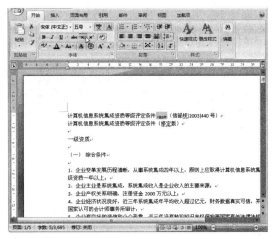

图 3-31

③ 在功能区选择"开始"选项卡中"字体"选项组的"上标"命令，文本即变为上标。

● 设置首字下沉

① 启动 Word 2007，打开素材文件，将光标定位在要设置首字下沉的段落中的任意位置。

② 在功能区选择"插入"选项卡中"文本"选项组的"首字下沉"命令。

③ 在弹出的下拉菜单中选择"首字下沉选项"命令。

④ 在弹出的"首字下沉"对话框中单击"位置"选项组的"下沉"命令。

⑤ 在"选项"选项组中单击"字体"文本框的下拉按钮，设置首字字体，单击"下沉行数"文本框的按钮，设置下沉行数，单击"距正文"文本框的按钮，设置首字和正文间的距离，如图 3-32 所示。

图 3-32

⑥ 单击"确定"按钮，完成设置。

3 设置字符间距

素材文件：CDROM \03\3.2\素材 1.docx

① 启动 Word 2007，打开素材文件，选定目标文本。

② 在功能区的"开始"选项卡中单击"字体"选项组右下角的对话框启动器按钮 。

③ 在弹出的"字体"对话框选择"字符间距"选项卡，单击"间距"文本框旁的下拉按钮，在下拉菜单中选择"标准"、"加宽"或"紧缩"，然后单击其右侧"磅值（B）"文本框的按钮 ，设置间距值。

④ 单击"位置"文本框旁的下拉按钮，在下拉菜单中选择"标准"、"提升"或"降低"，单击其右侧"磅值（Y）"文本框的按钮 ，设置字符垂直方向上的位置，如图 3-33 所示。

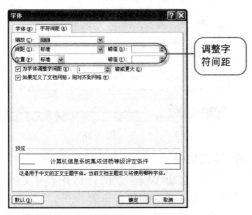

图 3-33

⑤ 单击"确定"按钮，完成字符间距的设置。

4 设置突出显示文本

素材文件：CDROM \03\3.2\素材 1.docx

① 启动 Word 2007，打开素材文件，选定目标文本。

② 在功能区的"开始"选项卡中单击"字体"选项组的"以不同颜色突出显示文本"命令的下拉按钮。

③ 在弹出的下拉菜单中单击要使用的颜色，选定的文本即被以选择的颜色为底色突出显示出来，如图 3-34 所示。

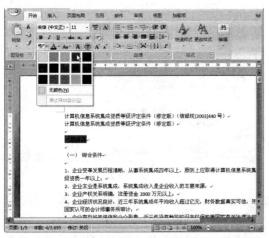

图 3-34

高手支招

设置突出显示文本时，也可以先按照前述的第②和第③步选择颜色，光标在文本区域变为 ，再选定要突出显示的文本即可，如图 3-35 所示。再次单击"以不同颜色突出显示文本"按钮，即可退出突出显示文本状态。

图 3-35

5 设置字符边框和底纹

素材文件：CDROM \03\3.2\素材 1.docx

① 启动 Word 2007，打开素材文件，选定目标文本。

② 在功能区单击"开始"选项卡中"字体"选项组的"字符边框"命令，文本即被加上边框，如图 3-36 所示。

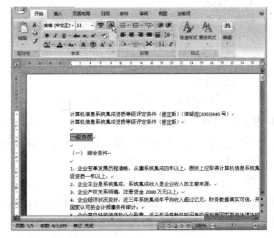

图 3-36

③ 在功能区选择"开始"选项卡中"字体"选项组的"字符底纹"命令，文本即被加上灰色的底纹，如图 3-37 所示。

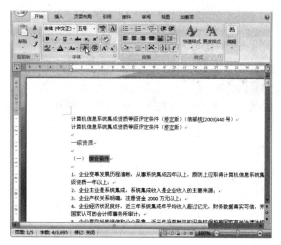

图 3-37

 温馨提示

选定添加了边框的字符后，再次单击"字符边框"命令 Ａ，可取消边框，同样，再次单击"字符底纹"命令 Ａ，可取消底纹。

3.2.3 段落格式

段落格式包括段落的对齐方式、段落的缩进、段落间距、行距、段落的边框和底纹、在文档中插入项目符号、文档的换行与分页等内容，下面将分别介绍各种段落格式的设置方法。

1 设置段落对齐方式

段落的对齐方式有五种：

- 左对齐
- 右对齐
- 居中
- 两端对齐
- 分散对齐

素材文件：CDROM \03\3.2\素材 2.docx

● **设置左对齐**

① 启动 Word 2007，打开素材文件，将光标定位在目标段落的任意位置。

② 在功能区选择"开始"选项卡中"段落"选项组的"文本左对齐"命令，或按【Ctrl+L】组合键，即实现文本的左对齐。

● **设置右对齐**

① 启动 Word 2007，打开素材文件，将光标定位在目标段落的任意位置。

② 在功能区选择"开始"选项卡中"段落"

选项组的"文本右对齐"命令，或按【Ctrl+R】组合键，即实现文本的右对齐，如图 3-38 所示。

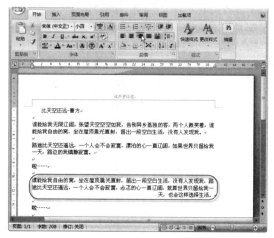

图 3-38

● **设置居中**

① 启动 Word 2007，打开素材文件，将光标定位在目标段落的任意位置。

② 在功能区选择"开始"选项卡中"段落"选项组的"居中"命令，或按【Ctrl+E】组合键，即实现文本的居中对齐，如图 3-39 所示。

● **设置两端对齐**

① 启动 Word 2007，打开素材文件，将光标定位在目标段落的任意位置。

② 在功能区选择"开始"选项卡中"段落"选项组的"两端对齐"命令，或按【Ctrl+J】组合键，即实现文本的两端对齐。

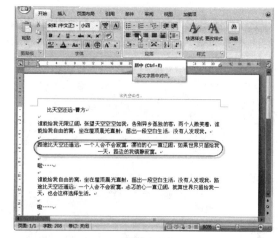

图 3-39

 温馨提示

"两端对齐"是 Word 2007 默认的段落对齐

方式，它能同时将段落每行的左右两端对齐，并根据需要增加字间距，使页面左右两侧具有整齐的外观。

● **设置分散对齐**

分散对齐实现段落在页面中的整行排列，设置方法如下。

① 启动 Word 2007，打开素材文件，将光标定位在目标段落的任意位置。

② 在功能区选择"开始"选项卡中"段落"选项组的"分散对齐"命令，或按【Ctrl+Shift+J】组合键，即实现文本的分散对齐，如图 3-40 所示。

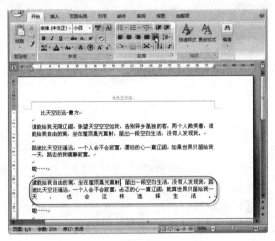

图 3-40

2　设置段落缩进方式

段落缩进就是将段落左右两侧空出几个字符位置的格式，共有四种缩进方式：

- 首行缩进
- 悬挂缩进
- 左缩进
- 右缩进

设置段落缩进的方法有两种：

- 利用"段落"对话框
- 利用标尺

　素材文件：CDROM \03\3.2\素材 1.docx

● **利用"段落"对话框**

① 启动 Word 2007，打开素材文件，选定要设置缩进的段落。

② 在功能区的"开始"选项卡中单击"段落"选项组右下角的对话框启动器按钮　。

③ 在弹出的"段落"对话框中选择"缩进和间距"选项卡，分别单击"缩进"选项组中"左侧"

和"右侧"文本框的按钮　，设置左侧和右侧缩进的字符数，如图 3-41 所示。

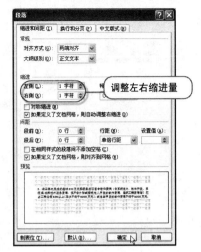

图 3-41

④ 单击"确定"按钮，完成选定段落左右缩进设置，如图 3-42 所示。

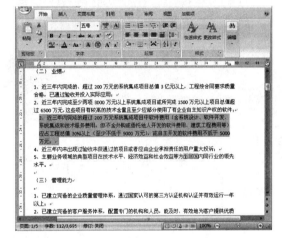

图 3-42

⑤ 在"段落"对话框单击"缩进和间距"选项卡中"特殊格式"文本框的下拉按钮，在弹出的下拉菜单中选择"首行缩进"命令，然后单击"磅值"文本框的按钮　，设置首行缩进的字符数，如图 3-43 所示。

⑥ 单击"确定"按钮，完成首行缩进设置的段落格式，如图 3-44 所示。

⑦ 在"段落"对话框单击"缩进和间距"选项卡中"特殊格式"文本框的下拉按钮，在弹出的下拉菜单中选择"悬挂缩进"命令，然后单击"磅值"文本框的按钮　，设置悬挂缩进的字符数，如图 3-45 所示。

图 3-43

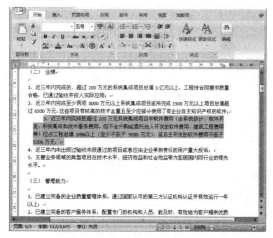

图 3-44

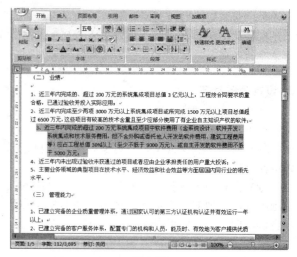

图 3-46

图 3-47

利用标尺设置段落缩进方式的具体操作方法如下。

① 启动 Word 2007，打开素材文件，将光标定位在需要设置缩进的段落中的任意位置。

② 拖动"首行缩进"滑块，调整当前段落的首行缩进位置，如图 3-48 所示。

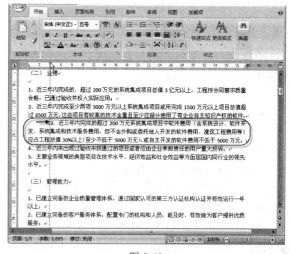

图 3-48

③ 拖动"悬挂缩进"滑块，调整当前段落除首行以外各行的缩进位置，如图 3-49 所示。

④ 拖动"左缩进"滑块，调整当前段落左边距缩进的位置，如图 3-50 所示。

⑤ 拖动"右缩进"滑块，调整当前段落右边距缩进的位置如图 3-51 所示。

图 3-45

⑧ 单击"确定"按钮，完成悬挂缩进设置的段落格式如图 3-46 所示。

● 利用标尺

标尺栏上共有四个滑块，分别对应段落缩进的四种方式，如图 3-47 所示。

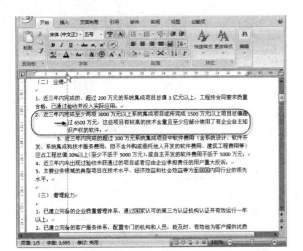

图 3-49

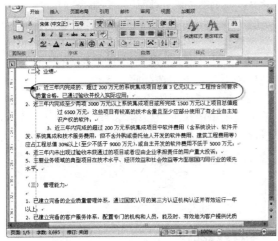

图 3-50

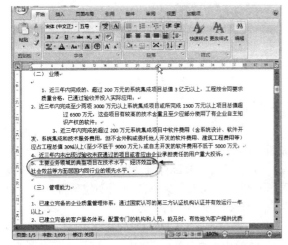

图 3-51

3　设置段间距与行间距

　　段间距是指相邻段落之间的距离，行间距是相邻行之间的距离。

素材文件：CDROM \03\3.2\素材 1.docx

● **设置段间距**

　　① 启动 Word 2007，打开素材文件，将光标定位在需要设置段间距的段落中的任意位置。

　　② 在功能区的"开始"选项卡中单击"段落"选项组右下角的对话框启动器按钮 　。

　　③ 在弹出的"段落"对话框中选择"缩进和间距"选项卡，分别单击"间距"选项组中"段前"和"段后"文本框的按钮 　，设置段前和段后的间距为"1 行"，如图 3-52 所示。

图 3-52

　　④ 单击"确定"按钮，选定段落的前后均增加一个空行。

● **设置行间距**

　　① 启动 Word 2007，打开素材文件，将光标定位在需要设置行间距的段落中的任意位置，或选定要设置行间距的文本。

　　② 在功能区的"开始"选项卡中单击"段落"选项组右下角的对话框启动器按钮 　。

　　③ 在弹出的"段落"对话框中选择"缩进和间距"选项卡，单击"间距"选项组中"行距"文本框的下拉按钮，在弹出的下拉菜单中选择"2 倍行距"，如图 3-53 所示。

　　④ 单击"确定"按钮，设置结果如图 3-54 所示。

4　设置段落边框和底纹

　　段落边框和底纹的设置能够使段落间的层次更加分明，突出重点段落的内容。

素材文件：CDROM \03\3.2\素材 1.docx

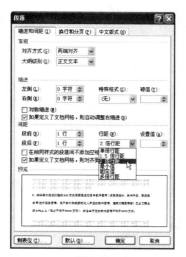

图 3-53

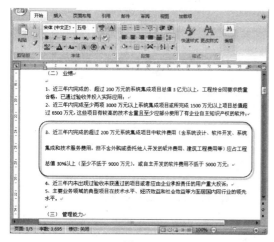

图 3-54

● **设置段落边框**

① 启动 Word 2007，打开素材文件，选定要设置边框的段落。

② 在功能区选择"页面布局"选项卡中"页面背景"选项组的"页面边框"命令。

③ 在弹出的"边框和底纹"对话框中选择"边框"选项卡。

④ 在"设置"选项组中选择边框的类型，然后在"样式"选择组中选择边框的样式。

⑤ 单击"颜色"文本框的下拉按钮，在下拉菜单中选择边框线条的颜色。

⑥ 单击"宽度"文本框的下拉按钮，在下拉菜单中选择边框线条的宽度。

⑦ 单击"确定"按钮，完成段落边框的设置。如图 3-55 所示。

● **设置段落底纹**

① 启动 Word 2007，打开素材文件，将光标

定位在要设置底纹的段落中的任意位置。

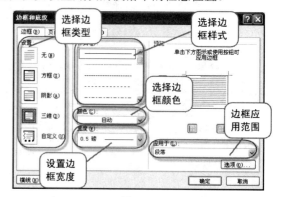

图 3-55

② 在功能区选择"页面布局"选项卡中"页面背景"选项组的"页面边框"命令。

③ 在弹出的"边框和底纹"对话框中选择"底纹"选项卡。

④ 单击"填充"选项组中文本框的下拉按钮，在弹出的下拉菜单中选择底纹颜色。

⑤ 单击"应用于"文本框的下拉按钮，在弹出的下拉菜单中选择"段落"，单击"确定"按钮，完成段落底纹设置，如图 3-56 所示。

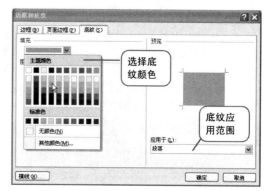

图 3-56

5 设置项目符号

在文档中设置项目符号，可以使文档的结构更加清晰，层次更加鲜明，对于条理性较强的文档来说，Word 提供的项目符号功能显得更为重要。下面就来介绍如何在输入文本时自动创建项目符号，以及为现有文档添加项目符号。

素材文件：CDROM \03\3.2\素材 1.docx

● **自动创建项目符号**

① 启动 Word 2007，在空白文档中输入"*"，然后按空格键或【Tab】键，创建一个默认样式的项目符号列表，然后输入文本。

② 按【Enter】键，文档中即会自动插入第 2

个项目符号，接着输入文本。

③ 重复第②步操作，添加第 3 个、第 4 个……以此类推，如图 3-57 所示。

④ 按两次【Enter】键即可结束项目符号列表。

图 3-57

 温馨提示

利用上述方法自动创建项目符号时，需要保证已经设置了"自动项目符号列表"功能。具体设置方法如下：

① 打开"Word 选项"对话框，选择"校对"选项卡。

② 单击"自动更正选项"选项组的"自动更正选项"按钮。

③ 在弹出的"自动更正"对话框中选择"输入时自动套用格式"选项卡。

④ 勾选"输入时自动应用"选项组的"自动项目符号列表"复选框，如图 3-58 所示。

⑤ 单击"确定"按钮，然后单击"Word 选项"对话框的"确定"按钮，完成设置。

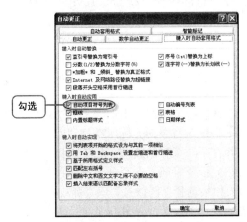

图 3-58

● 为原有文档添加项目符号

① 启动 Word 2007，打开素材文件，选定要添加项目符号的段落。

② 在功能区的"开始"选项卡中单击"段落"选项组的"项目符号"命令的下拉按钮。

③ 在弹出的下拉列表中单击"项目符号库"选项组中要使用的项目符号的样式，选定的段落前即会添加该样式的项目符号，如图 3-59 所示。

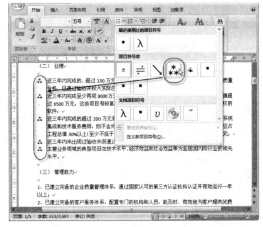

图 3-59

6　设置换行与分页

素材文件：CDROM \03\3.2\素材 1.docx

除了正常的文本内容填满页面时，Word 自动插入分页符以外，有时还需要在文档的特定位置设置分页，具体的操作方法如下：

① 启动 Word 2007，打开素材文件，将光标定位在要设置分页的段落中的任意位置。

② 在功能区的"开始"选项卡中单击"段落"选项组右下角的对话框启动器按钮，打开"段落"对话框。

③ 选择"换行和分页"选项卡，勾选"分页"选项组的"段前分页"复选框。

④ 单击"确定"按钮，如图 3-60 所示。

图 3-60

7 设置中文版式

1 启动 Word 2007，在功能区的"开始"选项卡中单击"段落"选项组右下角的对话框启动器按钮 📭，打开"段落"对话框。

2 选择"中文版式"选项卡，勾选"字符间距"选项组中的全部复选框，即可实现自动压缩行首标点，自动调整中文和西文、数字的间距，如图 3-61 所示。

图 3-61

3 单击"选项"按钮，弹出"Word 选项"对话框，在"版式"选项卡中可以进行"首尾字符设置"、"字距调整"和"字符间距控制"的设置，如图 3-62 所示。

图 3-62

4 单击"确定"按钮，然后单击"段落"对话框的"确定"按钮，完成中文版式的设置。

3.2.4 节的设置

1 设置分页

除了前面介绍过的段前分页方法外，还可以在文档中的任意位置分页，此时就用到了分隔符。分隔符分为分页符和分节符。

🌐 素材文件：CDROM \03\3.2\素材 1.docx

● 设置分页符

1 启动 Word 2007，打开素材文件，将光标定位在要设置分页的位置。

2 在功能区选择"页面布局"选项卡中"页面设置"选项组的"分隔符"命令。

3 在弹出的下拉菜单中单击"分页符"选项组中的"分页符"命令，光标所在位置即插入一个分页符，光标前后的文本被自动分开成两页，如图 3-63 所示。

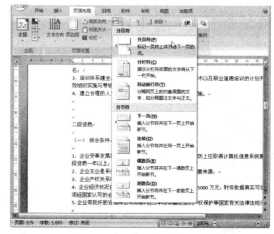

图 3-63

2 设置分节

🌐 素材文件：CDROM \03\3.2\素材 1.docx

设置分节符的操作方法与设置分页符的方法类似。

1 启动 Word 2007，打开素材文件，将光标定位在要设置分节的位置。

2 在功能区选择"页面布局"选项卡中"页面设置"选项组的"分隔符"命令。

3 在弹出的下拉菜单中选择"分节符"选项组中的"下一页"命令，光标所在位置即插入一个分节符，并在下一页开始新节。如果选择"连续"命令，则在光标位置插入一个分节符，并在同一页开始新节。如果选择"偶数页"或"奇数页"，则在光标位置插入一个分节符，并在下一个"偶数页"或"奇数页"开始新节，如图 3-64 所示。

3 设置分栏

本书的排版格式即采用了分栏的样式，其实除了这种简单的两栏设置，Word 的分栏功能还提供了其他的分栏类型。

　　　素材文件：CDROM \03\3.2\素材 1.docx

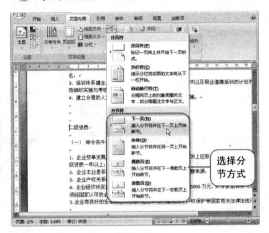

图 3-64

● 设置分栏

①　启动 Word 2007，打开素材文件。

②　在功能区选择"页面布局"选项卡中"页面设置"选项组的"分栏"命令。

③　在弹出的下拉菜单中选择预设的分栏类型"两栏"，设置效果如图 3-65 所示。

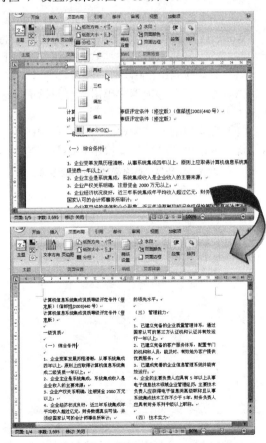

图 3-65

④　当需要设置更多的分栏效果时，在弹出的下拉菜单中选择"更多分栏"命令。

⑤　在弹出的"分栏"对话框中单击"列数"文本框的按钮，设置栏数。

⑥　勾选"分隔线"复选框，可以在文档中显示分隔线。

⑦　需要设置不等宽的栏时，取消勾选"栏宽相等"复选框，在"宽度和间距"选项组中单击"宽度"和"间距"文本框的按钮，设置每栏的宽度和间距，如图 3-66 所示。

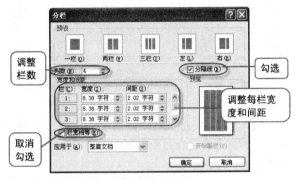

图 3-66

⑧　单击"确定"按钮，完成分栏设置。

4　设置相同的页眉和页脚

　　由于 Word 中默认的页眉和页脚设置是与"上一节相同"，因此无论文档是否分节，只要按照 3.2.1 节中的"设置页眉和页脚"的方法插入页眉和页脚，关闭页眉和页脚的编辑状态后，文档中的每一页都具有相同的页眉和页脚。

5　设置奇偶页不同的页眉和页脚

　　　素材文件：　CDROM \03\3.2\素材 1.docx

　　前面已经介绍过页眉和页脚的设置方法，但有时根据排版的要求，需要设置奇偶页具有不同的页眉和页脚，具体的操作方法如下。

①　启动 Word 2007，打开素材文件，在页眉区域双击，进入页眉的编辑状态。

②　在"设计"选项卡中勾选"选项"选项组中的"奇偶页不同"复选框，如图 3-67 所示。

③　在第一个奇数页和第一个偶数页内分别添加不同的页眉和页脚内容。

④　在文本区内双击，关闭页眉和页脚的编辑状态，此时的文档即具有奇偶页不同的页眉和页脚。

6　设置每页都不相同的页眉和页脚

　　　素材文件：CDROM \03\3.2\素材 1.docx

　　要在文档中设置每页不同的页眉和页脚，就需要在每页间插入分节符，然后在设置每节的页眉和页脚，操作方法如下。

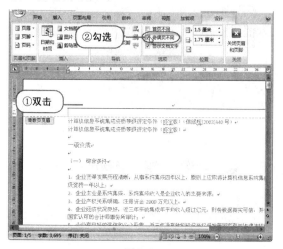

图 3-67

① 启动 Word 2007，打开素材文件。利用前面介绍的分节方法在每页间插入分节符，使每页变为单独的一节。

② 在首页的页眉区域双击，进入页眉和页脚的编辑状态，页眉和页脚处出现不同的分节，显示当前是第几节以及"与上一节相同"的提示，如图3-68所示。

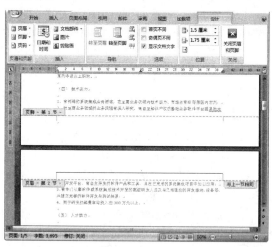

图 3-68

③ 在第一页的页眉处插入页眉内容，将光标定位在第二页（即第二节）的页眉处，在功能区选择"设计"选项卡中"导航"选项组的"链接到前一条页眉"命令，取消同前一页的页眉之间的链接和"与上一节相同"的提示，重新插入新的页眉内容，如图3-69所示。

④ 在第一页的页脚处插入页脚内容，将光标定位在第二页（即第二节）的页脚处，在功能区选择"设计"选项卡中 "导航"选项组的"链接到前一条页眉"命令，取消同前一页的页脚之间的链接，并重新插入新的页脚内容。

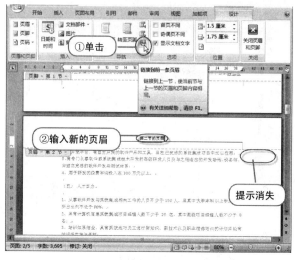

图 3-69

⑤ 重复第③步和第④步操作，依次完成后续每页的页眉和页脚的设置。

7 自动编列行号

素材文件：CDROM \03\3.2\素材 1.docx

Word 具有自动编列文档中文本所在行号的功能，并可将行号显示出来，具体的操作方法如下：

① 启动 Word 2007，打开素材文件，在功能区的"页面布局"选项卡中单击"页面设置"选项组右下角的对话框启动器按钮 ⬚。

② 在弹出的"页面设置"对话框中选择"版式"选项卡，单击"行号"按钮，如图3-70所示。

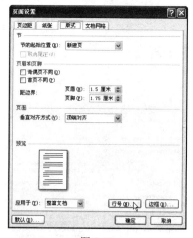

图 3-70

③ 在弹出的"行号"对话框中勾选"添加行号"复选框，然后设置行号的起始编号、与正

文间的距离、行号间隔以及编号方式如图 3-71 所示。

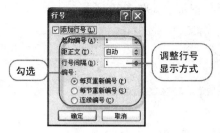

图 3-71

④ 依次单击"行号"和"页眉设置"对话框的"确定"按钮，文档中的每行前即被自动添加上行号。

3.2.5　插入页码

对于较长篇幅的文档，通常需要为其添加页码，便于前后翻阅、查找。下面就介绍如何为文档添加页码以及如何设置页码的格式。

1　设置页码格式

◎ 素材文件：CDROM \03\3.2\素材 1.docx

① 启动 Word 2007，打开素材文件，在功能区选择"插入"选项卡中"页眉和页脚"选项组的"页码"命令。

② 在弹出的下拉菜单中选择"在页面底端"选项，在其弹出的下拉菜单中选择一种预设的页码样式，如图 3-72 所示。

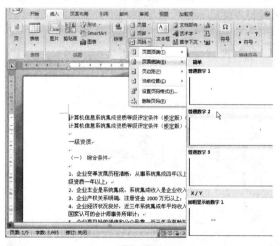

图 3-72

③ 文档中的页脚处即插入所选样式的页码，功能区出现"页码和页脚工具"选项卡。

④ 在"设计"选项卡中选择"页眉和页脚"选项组的"页码"命令，在弹出的下拉菜单中选择

"设计页码格式"命令，如图 3-73 所示。

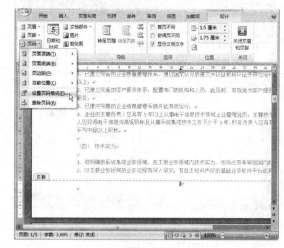

图 3-73

⑤ 在弹出"页码格式"对话框中，单击"编号格式"文本框的下拉按钮，在弹出的下拉菜单中选择编号类型，如图 3-74 所示。

图 3-74

⑥ 单击"确定"按钮，完成页码的插入和格式设置。

2　页眉处的横线

在文档中插入页眉时，页眉区域会自动出现一条横线，那么如何清除它呢？

◎ 素材文件：CDROM \03\3.2\素材 2.docx

清除页眉处横线的具体操作方法如下。

① 启动 Word 2007，打开素材文件，在页眉区域双击，进入页眉编辑状态。

② 在功能区的"开始"选项卡中单击"样式"选项组的"快速样式"命令，在弹出的下拉菜单中选择"应用样式"命令，如图 3-75 所示。

③ 在弹出的"应用样式"对话框中单击"修改"按钮，如图 3-76 所示。

④ 在弹出的"修改样式"对话框中单击"格式"按钮，在弹出的下拉菜单中选择"边框"命令，如图 3-77 所示。

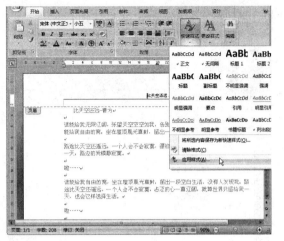

图 3-75

图 3-76

图 3-77

⑤ 在弹出的"边框和底纹"对话框的"边框"选项卡中单击"设置"选项组的"无"命令，如图3-78 所示。

图 3-78

⑥ 单击"确定"按钮，返回文档中，在文本区双击，退出页眉的编辑状态，即会看到页眉的横线已被取消，如图 3-79 所示。

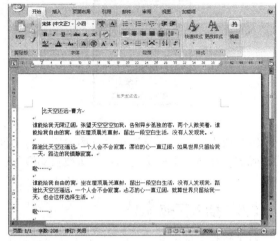

图 3-79

3.2.6 页面主题

1 设置页面主题

素材文件：CDROM \03\3.2\素材 2.docx

页面主题由主题颜色、主题字体和主题效果（包括线条和填充效果）组成。应用 Word 2007 提供的多种预设的页面主题，可以使文档轻松拥有一个规范而又典雅的外观。设置页面主题的操作方法如下。

① 启动 Word 2007，打开素材文件，在功能区选择"页面布局"选项卡中"主题"选项组的"主题"命令。

② 在弹出的下拉菜单中的"内置"选项组中选择一种预设的页面主题，如图 3-80 所示。

图 3-80

③ 在功能区选择"页面布局"选项卡中"主题"选项组的"主题颜色"命令，可以单独设置页面的主题颜色。同样，选择主题"字体"命令，可以单独设置页面的主题字体，包括标题和正文。选择"主题效果"命令，可以单独设置页面中线条和填充的主题效果。

温馨提示

如果对预设的主题并不十分满意，可以自行设计文档主题，然后单击"主题"按钮的下拉菜单中的"保存当前主题"命令，保存当前的主题样式，如下图所示。以后只需通过"主题"按钮的下拉菜单中的"浏览主题"命令，找到该主题并应用即可，省去了再重新设置的麻烦，如图 3-81 所示。

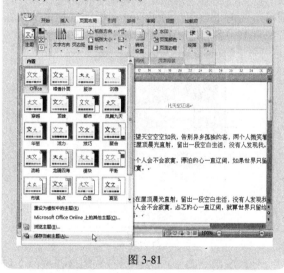

图 3-81

2　设置页面背景颜色

💿 素材文件：CDROM \03\3.2\素材 2.docx

页面的背景颜色不仅仅包括简单的各种纯色设置，还可以设置成渐变、纹理、图案和图片等样式，下面就具体介绍各种背景颜色的设置方法。

● 设置背景颜色

① 启动 Word 2007，打开素材文件，在功能区选择"页面布局"选项卡中"页面背景"选项组的"页面颜色"命令。

② 在弹出的下拉菜单中选择背景颜色，如图 3-82 所示。

③ 如果没有合适的颜色，可单击"其他颜色"命令，在弹出的"颜色"对话框中选择，如图 3-83 所示。

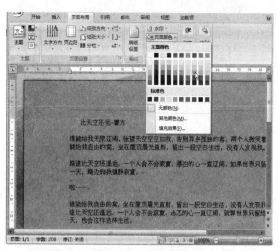

图 3-82

图 3-83

④ 单击"确定"按钮，完成颜色的设置。

● 设置填充效果

① 背景颜色选定后，在"页面颜色"命令的下拉菜单中选择"填充效果"命令，如图 3-84 所示。

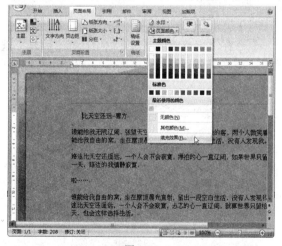

图 3-84

② 在弹出的"填充效果"对话框的"渐变"选项卡中的"底纹样式"选项组中选择一种样式，在"变形"选项组中一种更具体的渐变样式，如图 3-85 所示。

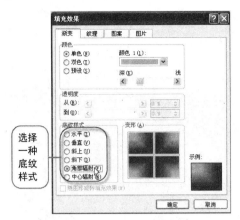

图 3-85

③ 单击"确定"按钮，设置"角部辐射"渐变效果的文档如图 3-86 所示。

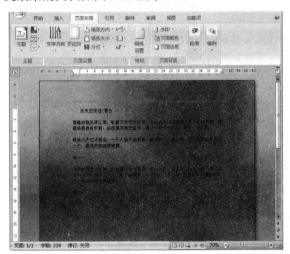

图 3-86

④ 在"填充效果"对话框中选择"纹理"选项卡，在"纹理"选项组中选择一种纹理样式，如图 3-87 所示。

图 3-87

⑤ 单击"确定"按钮，设置"水滴"纹理背景的文档如图 3-88 所示。

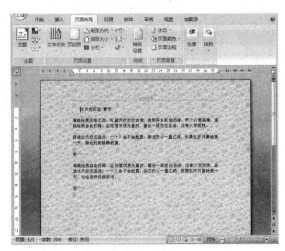

图 3-88

⑥ 在"填充效果"对话框中选择"图案"选项卡，在"图案"选项组中选择一种图案样式，分别单击"前景"和"背景"文本框的下拉箭头，在下拉菜单中各自选一种颜色，如图 3-89 所示。

图 3-89

⑦ 单击"确定"按钮，设置图案背景的文档如图 3-90 所示。

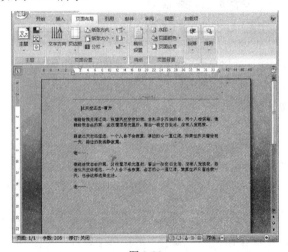

图 3-90

⑧ 在"填充效果"对话框中选择"图片"选项卡，单击"选择图片"按钮，如图 3-91 所示。

图 3-91

⑨ 在弹出的"选择图片"对话框中选择作为页面背景的图片，单击"插入"按钮，如图 3-92 所示。

图 3-92

⑩ 返回到"填充效果"对话框，选择的图片出现在预览框中，如图 3-93 所示。

图 3-93

⑪ 单击"确定"按钮，设置图片背景的文档如图 3-94 所示。

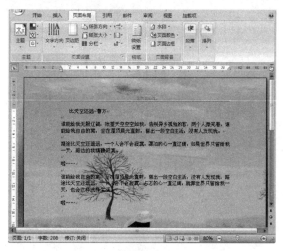

图 3-94

3.2.7　打印操作

打印文档时主要执行三步操作：预览、打印设置和打印输出。

1　预览文档

素材文件：CDROM \03\3.2\素材 1.docx

为了保证文档打印出来的效果，通常在打印前需要先进行预览。

执行预览的操作方法如下。

① 启动 Word 2007，打开素材文件。

② 单击"Office "按钮，在弹出的下拉菜单中选择"打印"命令，在弹出的下拉菜单中选择"打印预览"命令，如图 3-95 所示。

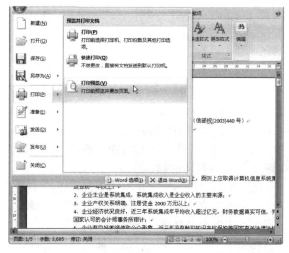

图 3-95

③ 文档即进入打印预览模式。在功能区的"打印预览"选项卡中的"显示比例"选项组中可以设置单页或双页的预览效果，如图 3-96 所示。

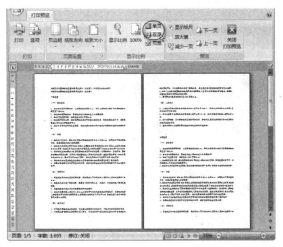

图 3-96

2 打印设置和输出

素材文件：CDROM \03\3.2\素材 2.docx

① 启动 Word 2007，打开素材文件。

② 单击"Office"按钮 ，在弹出的下拉菜单中选择"打印"按钮，在弹出的下拉菜单中单击"打印"命令，如图 3-97 所示。

图 3-97

③ 在弹出的"打印"对话框中的"页面范围"选项组中勾选相应的复选按钮，设置打印范围。

④ 单击"副本"选项组的"份数"文本框的按钮 ，设置打印份数。

⑤ 单击"打印"文本框的下拉按钮，在弹出的下拉菜单中进一步设置打印范围，即第③步所选打印范围内的全部页面、奇数页或偶数页。

⑥ 单击"缩放"选项组中的"每页的版数"文本框的下拉按钮，设置每张打印纸上打印的页数。

⑦ 当打印纸不是标准 A4 纸时，可以单击"缩放"选项组中的"按纸张大小缩放"文本框的下拉箭头，选择对应的纸张类型，使文档每页中的内容

按纸张类型进行适当的缩放，如图 3-98 所示。

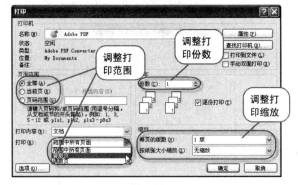

图 3-98

⑧ 单击"选项"按钮，弹出"Word 选项"对话框，在"显示"选项卡中的"打印选项"选项组中可以勾选相应的复选框，进行打印背景色和图像等设置，如图 3-99 所示设置完后单击"确定"按钮。

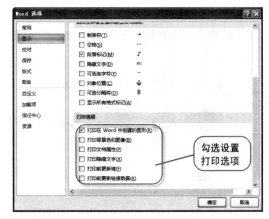

图 3-99

⑨ 完成上述设置，单击"打印"对话框的"确定"按钮，文档即会以设置好的格式打印出来。

3.3 职业应用——存储论坛邀请函

存储论坛的主办方通过发送邀请函的形式，邀请 IT 界各类人士参与会议，帮助了解最新存储技术，同业界领先厂商的技术专家进行当面交流，与同行建立联系。

3.3.1 案例分析

存储论坛会议的召开，为 IT 界人士和生产厂商提供了一个近距离接触和交流的机会。而制作一个条理清晰、内容全面的邀请函也就成了大会成功与否的关键性的前期工作。下面我们就来介绍如何制作一份存储论坛邀请函。

3.3.2　应用知识点拨

本案例应用的知识点概括如下：

1. 新建文档
2. 设置纸张类型
3. 设置页边距
4. 设置字体格式
5. 设置项目符号
6. 设置段落间距和缩进
7. 设置页眉和页脚
8. 设置页面背景

3.3.3　案例效果

结果文件	CDROM\03\3.3\职业应用 1.docx
视频文件	CDROM\\视频\第 3 章职业应用.exe
效果图	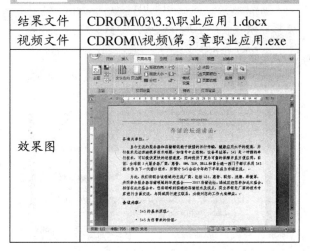

3.3.4　制作步骤

1　新建文档

启动 Word 2007 时，即完成一个空白文档的创建过程。

2　调整页面布局

● **设置纸张类型**

从功能区选择"页面布局>纸张大小>Letter"命令，将纸张设置为 Letter 类型，如图 3-100 所示。

● **设置页边距**

从功能区选择"页面布局>页边距>适中"命令，将页边距设为系统预设的边距值，即"上、下：2.54厘米；左、右：1.91 厘米"，如图 3-101 所示。

3　输入文本

① 从功能区选择"开始>字体"命令，将字体设为"仿宋_GB2312"。

② 从功能区选择"开始>字体>字号"命令，将字号设为"四号"。

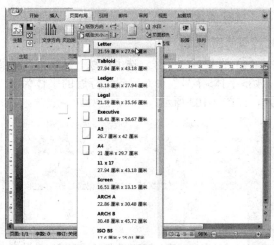

图 3-100

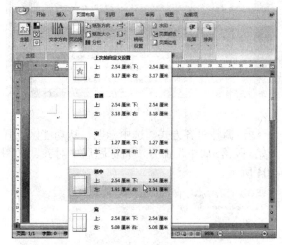

图 3-101

③ 在空白文档中输入邀请函的内容，包括标题、会议内容、时间、地点、注意事项等，输入完成后如图 3-102 所示。

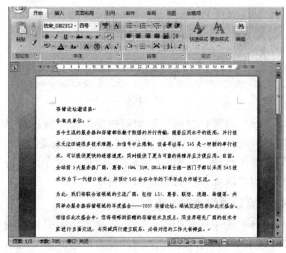

图 3-102

4 美化文本

● 设置标题格式

① 设置标题字号。选中标题，从功能区选择"开始>字体>字号"命令，设置标题的字体为"二号"，如图 3-103 所示。

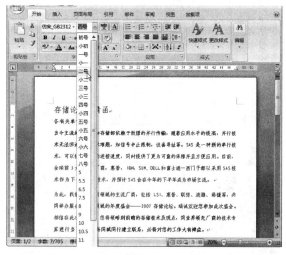

图 3-103

② 调整对齐方式。选中标题，从功能区选择"开始>段落>居中"命令，将标题居中对齐，如图 3-104 所示。

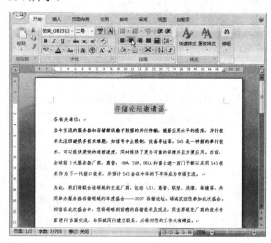

图 3-104

③ 设置标题颜色和加粗效果。选中标题，从功能区选择"开始>字体>加粗"命令，将标题加粗。从功能区选择"开始>字体>字体颜色"命令，将标题设为"深蓝"，如图 3-105 所示。

● 设置段落缩进和间距

① 选中正文中的一、二段文本，用鼠标拖曳标尺栏的"首行缩进"滑块，设置段落的首行缩进格式，如图 3-106 所示。

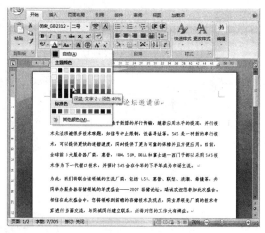

图 3-105

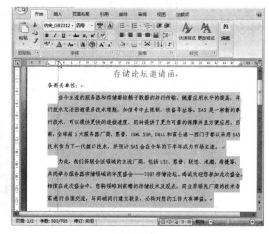

图 3-106

② 打开"段落"对话框，单击"间距"文本框的下拉按钮，选择"固定值"，单击"设置值"文本框的按钮，将值设为"20 磅"，如图 3-107 所示。

③ 单击"确定"按钮，完成设置，调整后的段落格式如图 3-108 所示。

● 设置小标题的格式

利用【Ctrl】键选中文档中的所有小标题，从功能区选择"开始>字体>加粗"命令，

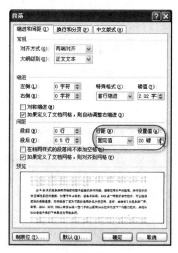

图 3-107

将所有小标题设置为加粗格式，如图 3-109 所示。

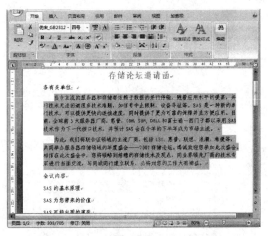

图 3-108

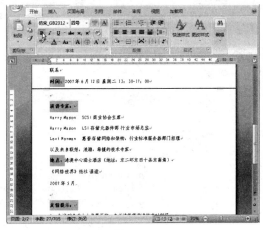

图 3-109

● 设置项目符号

① 选中"会议内容"部分的文本，从功能区选择"开始>段落>项目符号"命令，从下拉菜单中选择项目符号的样式，如图 3-110 所示。

图 3-110

② 用鼠标拖曳标尺栏的"左缩进"滑块，设置缩进格式，如图 3-111 所示。

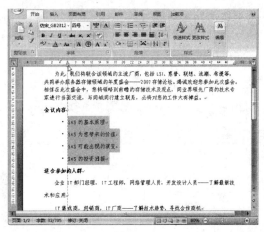

图 3-111

③ 用同样的方法选中"演讲专家"部分的文本，为其添加项目符号，并设置缩进格式。完成效果如图 3-112 所示。

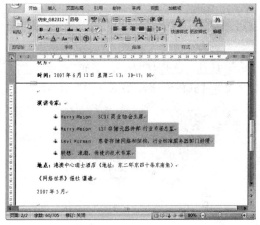

图 3-112

● 设置落款对齐方式

选中落款文本，从功能区选择"开始>文本>右对齐"命令，如图 3-113 所示。

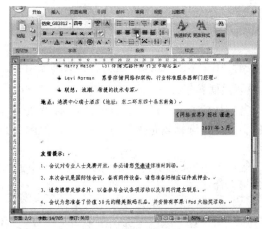

图 3-113

● 设置页眉和页脚

① 双击页眉区域，进入页眉和页脚编辑状态，输入文本内容，如图 3-114 所示。

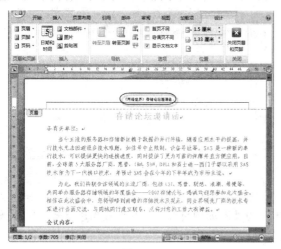

图 3-114

② 从功能区选择"设计>导航>转至页脚"命令，切换到页脚区域。

③ 从功能区选择"插入>页码"命令，选择"普通数字 2"样式的页码，如图 3-115 所示。

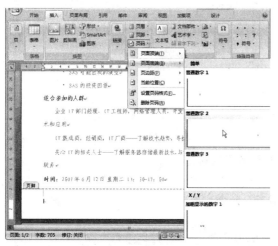

图 3-115

④ 在文本区双击，退出页眉和页脚编辑状态。

● 设置页面背景

① 从功能区选择"页面布局>页面背景>页面颜色"命令，选择填充颜色为"紫色"，如图 3-116 所示。

② 单击"页面颜色"命令的下拉菜单中的"填充效果"命令。

③ 在弹出的"填充效果"对话框中选择"渐变"选项卡，在"颜色"选项组中勾选"双色"单选框。

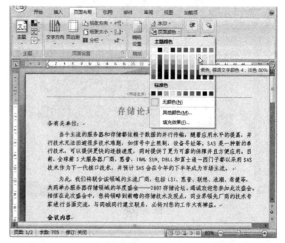

图 3-116

④ 单击"颜色 2"文本框的下拉箭头，选择"白色"命令，如图 3-117 所示。

图 3-117

⑤ 单击"确定"按钮，完成页眉颜色设置的文档效果如图 3-118 所示。

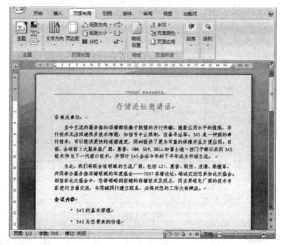

图 3-118

3.3.5　拓展练习

本章所介绍的基础排版知识较多，为了使读者能够充分、全面掌握本章所学的内容，在此列举两个关于本章知识的应用实例，帮助读者做到举一反三。

1　制作人员简介

灵活应用本章所学知识，制作如图 3-119 所示的人员简介。

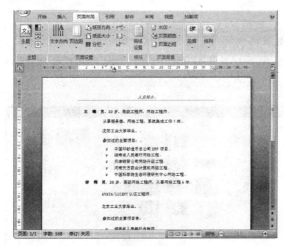

图 3-119

结果文件：CDROM\03\3.3\职业应用 2.docx

在制作本例的过程中，需要注意以下几点：

（1）纸张类型的设置。

（2）页面背景的设置。

（3）项目符号的设置。

（4）段落间距的设置。

2　制作公司内部管理规定

灵活应用本章所学知识，制作如图 3-120 所示的管理规定。

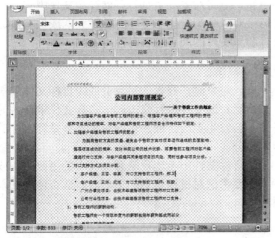

图 3-120

结果文件：CDROM\03\3.3\职业应用 3.docx

希望通过本例的制作过程，帮助读者进一步熟悉基础排版所应用到的各个工具。在制作本例的过程中，请注意以下几点：

（1）页面背景图案的设置方法。

（2）页眉字体格式的设置。

（3）插入页码的方法。

3.4　温故知新

本章对 Word 2007 的基础排版所涉及的概念和操作方法进行了详细讲解。同时，通过大量的实例和案例让读者充分参与练习。读者要重点掌握的知识点如下：

- 字体格式的设置
- 段落格式的设置
- 节的设置
- 页眉和页脚的设置

学习笔记

第4章
Word 2007 中的图文混排

【知识概要】

Word 的图文混排功能使其制作的文档更具表现力。本章将讲解关于 Word 2007 图文混排方面的知识，包括文档支持的图片格式、各种图片和艺术字的插入方法、SmartArt 工具的使用等内容，并通过实例讲解，全面、立体地介绍图文混排的具体操作方法。

4.1 答疑解惑

对于一个从未接触过制作图文混排的初学者来说，可能对涉及的一些基本概念还不是很清楚，在本节中将解答读者在学习前的常见疑问，使读者能够快速地投入到后续的学习中。

4.1.1 Word 2007 支持哪些图片格式

Word 2007 支持的图片格式达到了 23 种之多，它们包括：

.emf/.wmf/.jpg/.jpeg/.jfif/.jpe/.png/.bmp/.dib/.rle/.bmz/.gif/.gfa/.wmz/.pcz/.tif/.tiff/.cdr/.cgm/.eps/.pct/.pict/.wpg

4.1.2 什么是 SmartArt 图形

Word 2007 增加了"SmartArt"工具，它的作用是在文档中插入 SmartArt 图形，用来演示流程、层次结构、循环或者关系。掌握这一工具，可以方便快捷地制作出生动形象的文档，从而快速而有效地表达文档信息。

4.1.3 SmartArt 图形有哪些类型

SmartArt 图形包括水平列表、垂直列表、组织结构图、射线图和维恩图。

在 Word 2007 的 SmartArt 图形库中提供了 80 种不同类型的模板，包括列表、流程、循环、层次结构、关系、矩阵和棱锥图七大类，如图 4-1 所示。

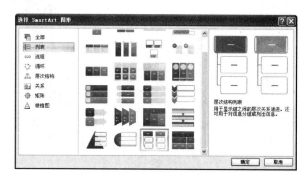

图 4-1

4.1.4 嵌入和链接有什么区别

链接对象与嵌入对象之间的主要区别在于将对象插入目标文件后，对象的存储位置和更新方式不同。

● 链接对象

链接对象时，目标文件只存储源文件的位置，如果源文件发生更改，在目标文件中也会进行相应的更新，链接对象的数据是存储在源文件中的。通常链接对象适用于担心目标文件过大，或保持目标文件和源文件的同步更新时使用。

● 嵌入对象

嵌入对象时，嵌入的对象会成为目标文件的一部分，当对源文件进行修改时，目标文件中嵌入的对象不会发生更改。嵌入后的对象不再是源文件的组成部分。

当目标文件不希望反映源文件中的更改时，或者不需要考虑对链接信息的更新时，适合使用嵌入对象。

4.2　实例进阶

本节将用实例讲解在 Word 2007 中插入各种图片、图形、文本框、艺术字的操作方法以及设计方法。

4.2.1　插入图片

将图片插入到文档中的操作方法如下：

① 启动 Word 2007，打开一个空白文档，在功能区选择"插入"选项卡中"插图"选项组的"图片"命令，如图 4-2 所示。

图 4-2

② 在弹出的"插入图片"对话框中单击"查找范围"文本框的下拉按钮，选择插入图片的存放位置，如图 4-3 所示。

③ 在显示的图片中单击要插入的图片，然后单击"插入"按钮，或者直接双击要插入的图片，如图 4-4 所示。

图 4-3

图 4-4

④ 完成插入图片的效果如图 4-5 所示。

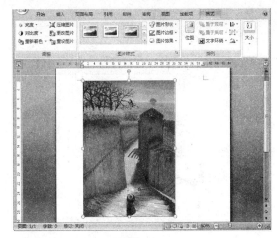

图 4-5

1　设置图片大小

对于插入到文档中的图片，通常需要调整其大小，以满足文档的排版需要。

素材文件：CDROM \04\4.2\素材 1.docx

设置图片大小的操作方法如下：

① 启动 Word 2007，打开素材文件，选中图片，如图 4-6 所示。

图 4-6

② 将光标移动到图片四周的控制点上，当光标变为双箭头时，拖曳鼠标到目标位置后释放，如图 4-7 所示。

③ 当需要精确调整图片大小时，在功能区的"格式"选项卡中"大小"选项组的"高度"和"宽度"文本框中输入高度和宽度值即可，如图 4-8 所示。

2　设置图片显示模式

为了使插入的图片看起来更美观，需要设置图片的显示模式。

素材文件：CDROM \04\4.2\素材 2.docx

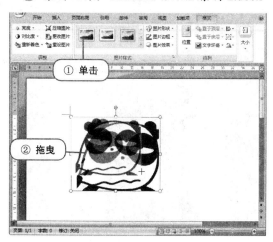

图 4-7

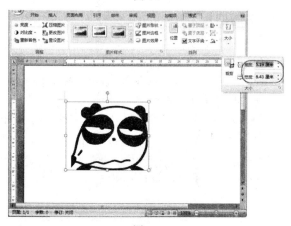

图 4-8

图片的显示模式包括：
- 图片形状
- 图片边框
- 图片效果

● **设置图片形状**

① 启动 Word 2007，打开素材文件，选中图片。

② 在功能区的"格式"选项卡"图片样式"选项组选择"图片形状"命令。

③ 在弹出的下拉菜单中选择一种图片形状"泪滴形"即可，如图 4-9 所示。

● **设置图片边框**

① 启动 Word 2007，打开素材文件，选中图片。

② 在功能区的"格式"选项卡"图片样式"选项组中选择"图片边框"命令。

③ 在弹出的下拉菜单中选择边框颜色"橙色"如图 4-10 所示。

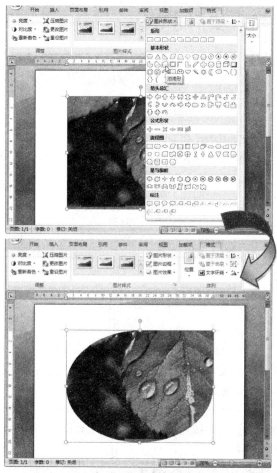

图 4-9

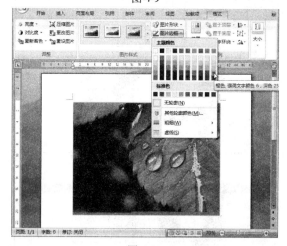

图 4-10

④ 在"图片边框"命令的下拉菜单中选择"粗细"，在弹出的下拉菜单中选择"4.5 磅"的线条，如图 4-11 所示。

⑤ 在"图片边框"命令的下拉菜单中选择"虚线"，在其弹出的下拉菜单中选择"短画线"，如图 4-12 所示。

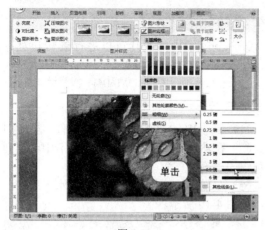

图 4-11

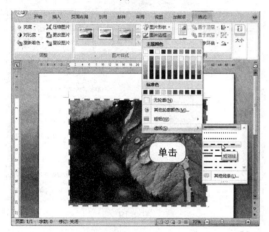

图 4-12

● 设置图片效果

①　启动 Word 2007，打开素材文件，选中图片。

②　在功能区的"格式"选项卡"图片效果"选项组中选择"图片形状"命令。

③　在弹出的下拉菜单中选择"预设"选项，在其弹出的下拉菜单中单击"预设 9"的图片效果，如图 4-13 所示。

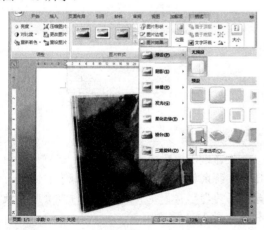

图 4-13

④　再单击"预设"命令下拉菜单中的"三维选项"命令，在弹出的"设置图片格式"对话框中对所选的图片效果进行进一步的设置，如图 4-14 所示。

图 4-14

⑤　在功能区选择"格式"选项卡中"调整"选项组的"亮度"命令，在弹出的下拉菜单中选择"+30%"，提高图片亮度，如图 4-15 所示。

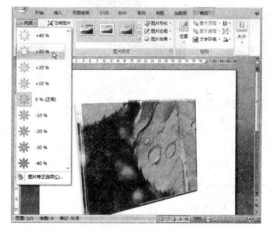

图 4-15

⑥　在功能区选择"格式"选项卡"调整"选项组中选择"对比度"命令，在弹出的下拉菜单中选择"+40%"，提高图片对比度，如图 4-16 所示。

⑦　在功能区选择"格式"选项卡"调整"选项组中选择"重新着色"命令，在弹出的下拉菜单中选择一种预设的颜色模式，如图 4-17 所示。

温馨提示

Word 2007 提供的图片效果除"预设"选项中的各种效果外，还包括阴影、映像、发光、柔和边缘、棱台和三维旋转，可以根据需要选择不同的效果选项对图片进行设置。

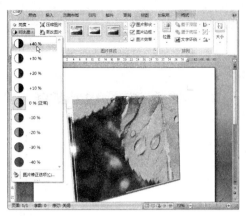

图 4-16

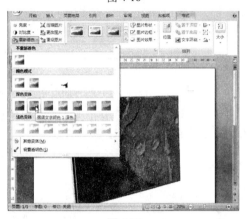

图 4-17

3 选择图片样式

Word 2007 中设置了多种图片样式，只需轻松单击鼠标，即可完成漂亮的图片样式设计。

素材文件：CDROM \04\4.2\素材 3.docx

● 选择图片样式

① 启动 Word 2007，打开素材文件，选中图片。

② 在功能区的"格式"选项卡"图片样式"选项组中选择"图片样式"列表框中的一种预设图片样式，如图 4-18 所示。

图 4-18

4 旋转与对齐图片

插入到文档中的图片可以进行旋转和对齐设置，使其适应文档布局格式。

素材文件：CDROM \04\4.2\素材 4.docx

● 旋转图片

① 启动 Word 2007，打开素材文件，选中图片。

② 在功能区选择"格式"选项卡中"排列"选项组的"旋转"命令。

③ 在弹出的下拉菜单中单击"水平旋转"命令，如图 4-19 所示。

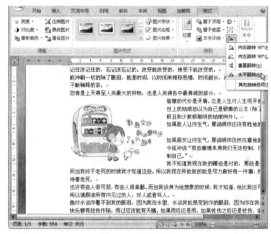

图 4-19

④ 单击下拉菜单下方的"其他旋转选项"按钮，在弹出的"大小"对话框的"大小"选项卡中单击"旋转"数值框的调整按钮，设置特殊的旋转角度，如图 4-20 所示。

图 4-20

高手支招

除通过上述方法旋转图片外，还可以选中图片，将鼠标移动到图片上方的绿色控点处，光标变为 形状，拖曳鼠标，图片即会随之旋转，如图 4-21 所示。

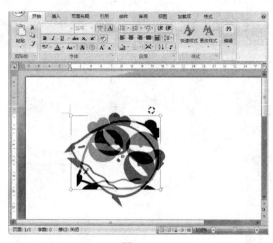

图 4-21

● 对齐图片

① 启动 Word 2007，打开素材文件，选中图片。

② 在功能区选择"格式"选项卡中"排列"选项组的"对齐"命令。

③ 在弹出的下拉菜单中列出了 6 种对齐方式，单击"左右居中"命令。设置效果如图 4-22 所示。

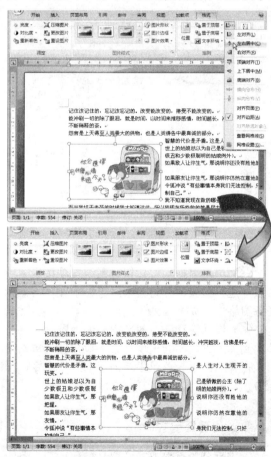

图 4-22

5　设置图文混排格式

素材文件：CDROM\04\4.2\素材 5.docx

① 启动 Word 2007，打开素材文件，选中第一个图片。

② 在功能区选择"格式"选项卡中"排列"选项组的"位置"命令。

③ 在弹出的下拉菜单中选择图片的位置，在此单击"顶端居左，四周型文字环绕"，如图 4-23 所示。

④ 在功能区选择"格式"选项卡中"排列"选项组的"文字环绕"命令。

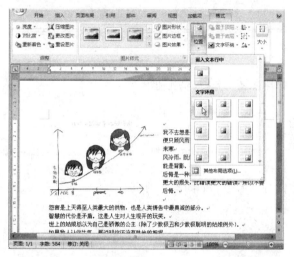

图 4-23

⑤ 在弹出的下拉菜单中选择"紧密型环绕"命令，如图 4-24 所示。

图 4-24

⑥ 此时，在文档中任意拖曳图片，文字都会紧密环绕在图片的周围，如图 4-25 所示。

图 4-25

4.2.2 插入剪贴画

Word 2007 提供了大量丰富的剪贴画，可以将其直接插入到文档当中。具体的操作方法如下。

① 启动 Word 2007，打开一个空白文档。在功能区选择"开始"选项卡中"插图"选项组的"剪贴画"命令，如图 4-25 所示。

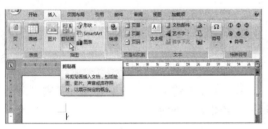

图 4-25

② 在窗口的右侧弹出一个"剪贴画"任务窗格。在窗格中的"搜索文字"文本框中输入剪贴画的关键字"人物"，如图 4-26 所示。

图 4-26

③ 单击"搜索范围"列表框的下拉按钮，在弹出的下拉菜单中勾选"搜索所有收藏集范围"复选框，设置搜索范围，如图 4-27 所示。

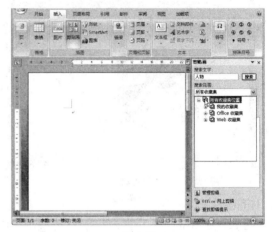

图 4-27

④ 单击"结果类型"列表框的下拉按钮，在弹出的下拉菜单中勾选"剪贴画"复选框，设置搜索类型，如图 4-28 所示。

图 4-28

⑤ 单击"搜索"按钮。系统自动按设置的搜索条件进行搜索，并将搜索结果显示在"剪贴画"任务窗格中，如图 4-29 所示。

⑥ 拖动滚动条，找到需要的剪贴画，将光标移动到其上方，即会出现一个下拉按钮，单击该按钮，在弹出的下拉菜单中单击"插入"命令，如图 4-30 所示。

 温馨提示

单击或双击需要插入的剪贴画，也可实现插入操作。

图 4-29

图 4-30

4.2.3　插入艺术字

文档中除可以插入图片外，还可以插入艺术字，提高文档的表现能力。在 Word 2007 中还可以将现有文字转换为艺术字。

1　添加艺术字

在文档中添加艺术字的操作方法如下。

①　启动 Word 2007，打开一个空白文档，将光标定位要添加艺术字的位置。

②　在功能区选择"开始"选项卡中"文本"选项组的"艺术字"命令。

③　在弹出的下拉菜单中选择一种艺术字样式，如图 4-31 所示。

④　在弹出的"编辑艺术字文字"对话框中输入要添加的艺术字的内容。在"字体"和"字号"列表框中分别设置艺术字的字体和字号，如图 4-32 所示。

⑤　单击"确定"按钮，插入的艺术字效果如图 4-33 所示。

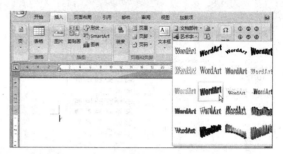

图 4-31

图 4-32

图 4-33

2　修改艺术字

对于插入文档的艺术字，可以对其形状、颜色、大小进行设置。

素材文件：CDROM\04\4.2\素材 6.docx

修改艺术字的操作方法如下。

①　启动 Word 2007，打开素材文件，选中要修改的艺术字。

②　在功能区选择"格式"选项卡中"艺术字样式"选项组的"更改形状"命令，在弹出的下拉菜单中选择"右牛角形"形状，如图 4-34 所示。

③　在功能区选择"格式"选项卡中"艺术字样式"选项组的"形状轮廓"命令，在弹出的下拉菜单中选择一种轮廓颜色"蓝色"，如图 4-35 所示。

④　在功能区选择"格式"选项卡中"艺术字样式"选项组的"形状填充"命令，在弹出的下拉菜单中选择一种填充颜色"深蓝"，如图 4-36 所示。

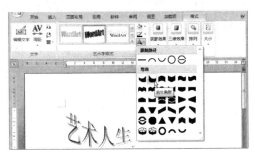

图 4-34

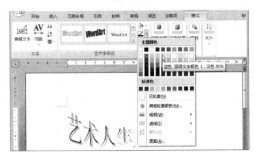

图 4-35

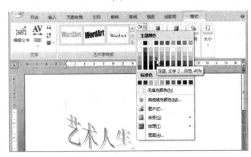

图 4-36

⑤ 选中艺术字，其周围出现八个控点，拖曳任意一个控点到目标位置后释放，即可改变艺术字的大小，如图 4-37 所示。

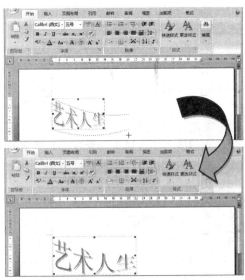

图 4-37

⑥ 在功能区选择"格式"选项卡中"文字"选项组的"间距"命令，在弹出的下拉菜单中选择"很松"间距，即可改变文字之间的间距，如图 4-38 所示。

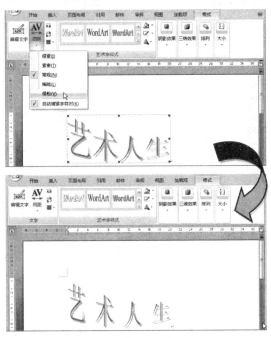

图 4-38

⑦ 在功能区选择"格式"选项卡中"文字"选项组的"艺术字竖排文字"命令，即可改变文字的排列方式，如图 4-39 所示。

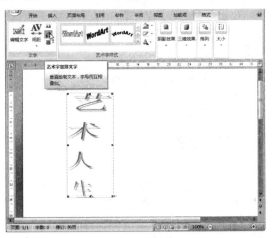

图 4-39

4.2.4 插入文本框

在文档中插入的文本框，可以对其进行边框、颜色、大小等格式设定，而且能够编辑其中输入的文本，当移动文本框的位置时，其中填充的内容可以一起移动，格式不会发生改变。

将文本框插入到文档中的操作方法如下。

① 启动 Word 2007，打开一个空白文档，在功能区选择"插入"选项卡中"文本"选项组的"文本框"命令。

② 在弹出的下拉菜单中单击"绘制文本框"命令，如图 4-40 所示。

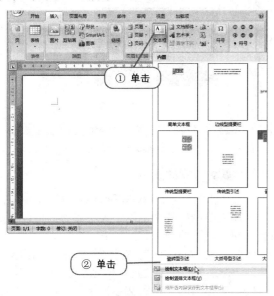

图 4-40

③ 光标变为＋形状，在文本区内拖曳鼠标，如图 4-41 所示。

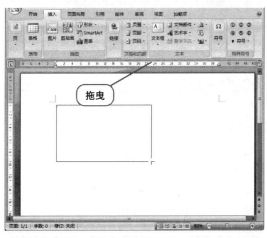

图 4-41

④ 鼠标拖曳到目标位置后释放，即在文档中绘制出一个文本框，如图 4-42 所示。

温馨提示

在"文本框"命令的下拉菜单中直接单击"内置"选项组中的文本框，可以快速绘制出具有一定样式的文本框。

单击"文本框"命令的下拉菜单中的"绘制竖排文本框"命令，绘制出的文本框中的文本即具有竖排的格式。

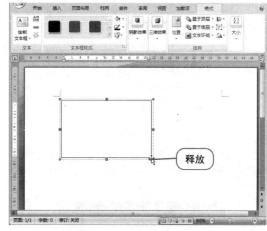

图 4-42

1 设置文本框的边框与填充

初始绘制好的文本框由简单的四个线条组成，可以设置其边框格式，使其更美观。

素材文件：CDROM \04\4.2\素材 7.docx

设置文本框的边框与填充颜色的方法如下。

① 启动 Word 2007，打开素材文件，右击文本框，从快捷菜单选择"设置文本框格式"命令，如图 4-43 所示。

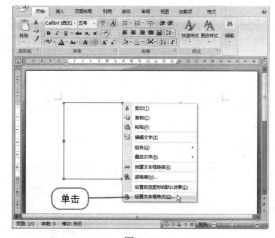

图 4-43

② 在弹出的"设置文本框格式"对话框中选择"颜色与线条"选项卡，在"填充"选项组中单击"颜色"文本框的下拉箭头，从中选择填充颜色，如图 4-44 所示。

③ 单击"填充效果"按钮，在弹出的"填充效果"对话框中选择"渐变"选项卡，选择"底纹

样式"选项组中的底纹样式,例如勾选"垂直"单选框,如图 4-45 所示。

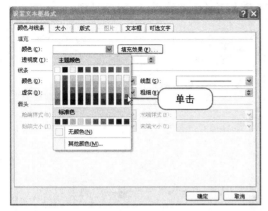

图 4-44

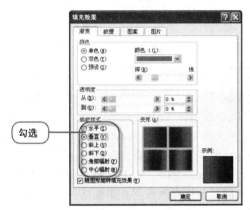

图 4-45

④ 单击"填充效果"对话框的"确定"按钮,返回到"设置文本框格式"对话框。选择"颜色与线条"选项卡"线条"选项组中的命令设置边框的颜色、线型、虚实和粗细,如图 4-46 所示。

图 4-46

⑤ 单击"设置文本框格式"对话框中的"确定"按钮。完成设置的效果如图 4-47 所示。

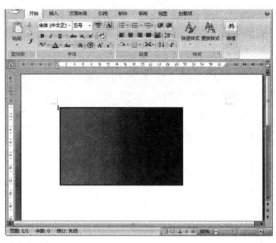

图 4-47

2 设置文本框的大小

素材文件:CDROM\04\4.2\素材 7.docx

文档中绘制好的文本框的大小和方向可以后期重新调整,具体的操作方法如下:

① 启动 Word 2007,打开素材文件,右击文本框,从快捷菜单选择"设置文本框格式"命令。

② 在弹出的"设置文本框格式"对话框中选择"大小"选项卡。

③ 在"宽度"和"高度"选项组中设置文本框的高度和宽度。在此可以指定高度和宽度值,设置文本框的绝对大小,也可以根据页面的大小,设置其相对于页面的大小比例,如图 4-48 所示。

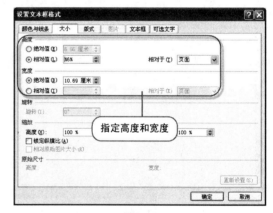

图 4-48

3 设置文本框的排版方式

素材文件:CDROM\04\4.2\素材 8.docx

设置文本框排版方式的操作方法如下。

① 启动 Word 2007,打开素材文件,选中第一个文本框。

② 在功能区选择"格式"选项卡中"排列"选项组的"位置"命令。

③ 在弹出的下拉菜单中选择文本框的位置，在此单击"中间居中，四周型文字环绕"命令，如图 4-49 所示。

图 4-49

④ 在功能区选择"格式"选项卡中"排列"选项组的"文字环绕"命令。

⑤ 在弹出的下拉菜单中显示了多种内置的环绕格式，直接单击即可。

⑥ 如需设置更多的排版方式时，单击下拉菜单中的"其他布局选项"命令，如图 4-50 所示。

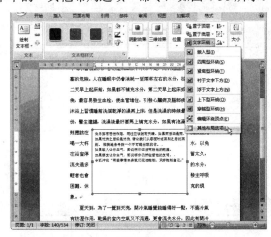

图 4-50

⑦ 在弹出的"高级版式"对话框中选择"图片位置"选项卡，可在"水平"和"垂直"选项组中勾选各种单选框，进一步设置图形在水平和垂直方向上的位置，如图 4-51 所示。

⑧ 在"高级版式"对话框中选择"文字环绕"选项卡，在"自动换行"和"距正文"选项组中勾选各种单选框，进一步设置文本与图形之间的环绕方式，如图 4-52 所示。

图 4-51

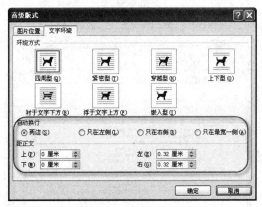

图 4-52

⑨ 单击"确定"按钮，完成设置。

4　设置文本框的边距与对齐方式

◎ 素材文件：CDROM\04\4.2\素材 8.docx

文本框中的文字与边框之间有一个默认的距离值，为了改变文本框中的可用空间，可以调整它们之间的距离范围。

● 设置文本框边距

① 启动 Word 2007，打开素材文件，右击第一个文本框，从快捷菜单选择"设置文本框格式"命令。

② 在弹出的"设置文本框格式"对话框中选择"文本框"选项卡，在"内部边距"选项组中单击"上"、"下"、"左"、"右"数值框的调整数值按钮，将边距值分别调整为"1 厘米"、"0.13 厘米"、"0.05 厘米"、"0.25 厘米"，如图 4-53 所示。

③ 单击"确定"按钮，完成边距设置的效果如图 4-54 所示。

文本框的对齐方式包括其中文本内容的对齐方式和多个文本框的对齐。下面介绍这两部分对齐方式的设置方法。

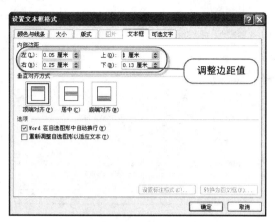

图 4-53

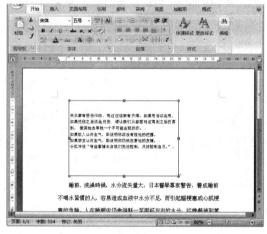

图 4-54

● **设置文本框中文本的对齐方式**

① 打开素材文件同时也打开第一个文本框的"设置文本框格式"对话框，选择"文本框"选项卡。

② 在"垂直对齐方式"选项组中选择文本框中文本内容的对齐方式，单击"底端对齐"命令，如图 4-55 所示。

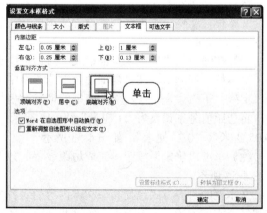

图 4-55

③ 单击"确定"按钮，完成文本对齐方式设

置后的效果如图 4-56 所示。

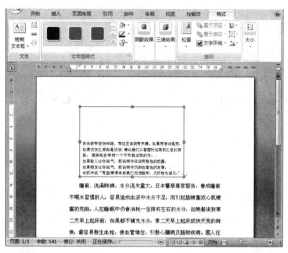

图 4-56

● **设置多个文本框间的对齐方式**

① 启动 Word 2007，打开素材文件，同时选中第二页中的两个文本框。

② 在功能区选择"格式"选项卡中"排列"选项组的"对齐"命令。在弹出的下拉菜单中单击"右对齐"命令，如图 4-57 所示。

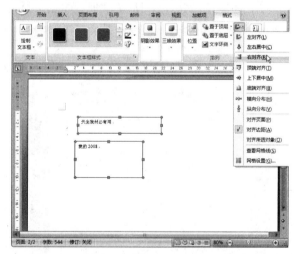

图 4-57

③ 完成右对齐设置的效果如图 4-58 所示。

4.2.5 插入自选图形

Word 2007 提供了大量的图形，包括各种基本形状、箭头、线条、流程图、标志、星和旗帜，并且可以设置这些图形的颜色、大小等效果。利用这些自选图形可以设计出漂亮的流程图、标志图片等图形。

在介绍插入自选图形的方法之前，要首先介绍一个非常实用的工具——"绘图画布"。

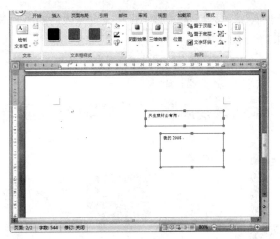

图 4-58

"绘图画布"实际上是文档中放置图形对象的一个特殊区域,用户可以在其中绘制一个或多个图形,相当于一个图形容器。包含在绘图画布内的所有图形,可作为一个整体移动或调整大小,能够避免因文本中断或分页时出现的图形异常。

下面就来介绍在文档中插入绘图画布和自选图形的方法。

① 启动 Word 2007,打开一个空白文档。

② 在功能区选择"插入"选项卡中"插图"选项组的"形状"命令,在弹出的下拉菜单中单击"新建绘图画布"命令。文档中即插入了一个绘图画布,如图 4-59 所示。

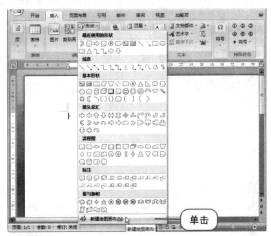

图 4-59

③ 在功能区选择"插入"选项卡中"插图"选项组的"形状"命令,在弹出的下拉菜单中的 6 组自选图形中选择一种自选图形,例如单击"笑脸"图形,如图 4-60 所示。

④ 光标变为＋形状,在"绘图画布"中拖曳鼠标绘制所选的图形释放鼠标后,即插入一个笑脸图形,如图 4-61 所示。

图 4-60

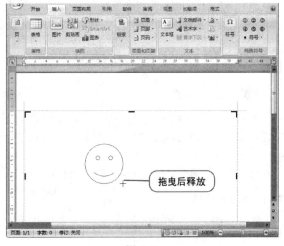

图 4-61

温馨提示

选择图形后直接在绘图画布中单击鼠标,可快速绘制出一个默认大小的所选图形。

当文档中需要插入多个相同的图形时,只需先插入一个图形,然后选中该图形,按【Ctrl+C】组合键,然后将鼠标定位在目标位置,按【Ctrl+V】组合键,即可在文档中复制出一个完全相同的图形。重复按【Ctrl+V】组合键,可插入多个相同的图形。

1 设置图形大小

素材文件:CDROM\04\4.2\素材 9.docx

① 启动 Word 2007,打开素材文件,选中图形。

② 在功能区的"格式"选项卡"大小"选项组中选择"形状高度"和"形状宽度"数值框,然后在其中输入高度值和宽度值即可,如图 4-62 所示。

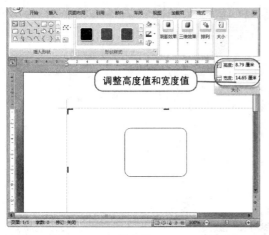

图 4-62

温馨提示

与设置图片大小的方法一样，也可以在选中图形后，通过拖曳图形上的控点调整其大小。

2 设置图形样式

设置图形样式的方法有两种，一种是利用内置样式，另一种是自行设计样式。下面就从这两方面进行介绍。

　　素材文件：CDROM\04\4.2\素材 9.docx

● 利用内置样式

Word 2007 内置了多种图形样式供使用者选择，操作方法如下。

①　启动 Word 2007，打开素材文件，选中图形，功能区中出现"绘图工具"选项卡。

②　单击"格式"选项卡中"形状样式"选项组的"形状样式"列表框的"其他"下拉按钮，在弹出的下拉菜单中选择一种预设的图形样式，如图 4-63 所示。

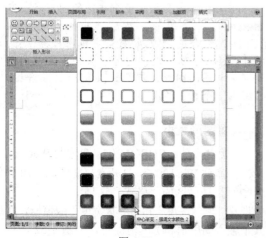

图 4-63

③　单击所选图形样式，设置完成后的显示效果如图 4-64 所示。

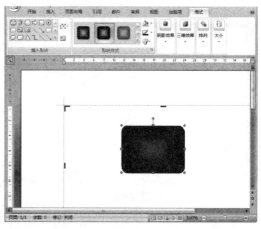

图 4-64

● 自行设计样式

除了利用 Word 内置的样式以外，还可以根据自己的需求自行设计图形的样式，包括图形的边框、填充效果、阴影和三维效果。下面以设计流程图形的样式为例，介绍自行设计图形样式的操作方法。

具体操作步骤如下。

①　启动 Word 2007，打开素材文件，选中图形。

②　在功能区选择"格式"选项卡中"形状样式"选项组的"形状填充"命令下拉按钮，在弹出的下拉菜单中选择"渐变"命令在其下拉菜单中选择"其他渐变"命令，如图 4-65 所示。

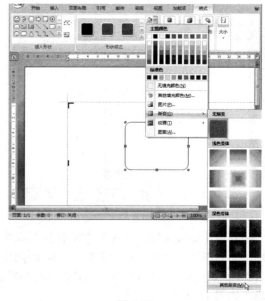

图 4-65

③　在弹出的"填充效果"对话框中从"渐变"选项卡的"颜色"选项组中勾选"双色"选项，在"颜

色1"和"颜色2"中设置两种颜色，在"底纹样式"选项组中勾选"斜上"单选框，如图4-66所示。

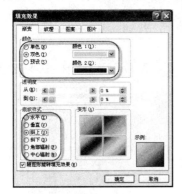

图 4-66

④ 单击"确定"按钮，完成样式设置后的效果如图4-67所示。

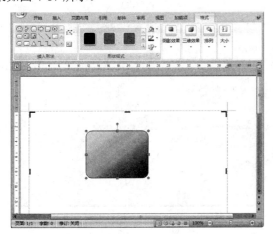

图 4-67

⑤ 在功能区选择"格式"选项卡中"形状样式"选项组的"形状轮廓"命令的下拉按钮，在弹出的下拉菜单中选择"虚线"命令在其下拉菜单中选择"划线—点"命令，如图4-68所示。

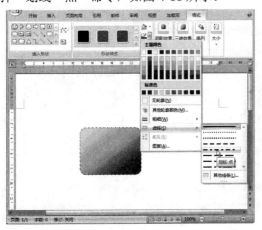

图 4-68

⑥ 在功能区选择"格式"选项卡中"阴影效果"选项组的"阴影效果"命令。在弹出的下拉菜单中选择"阴影样式6"，如图4-69所示。

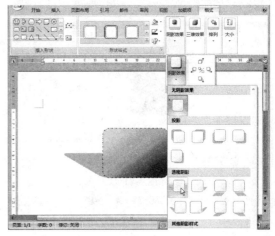

图 4-69

⑦ 单击"阴影效果"选项组中"阴影效果"按钮旁的五个命令，可以对阴影向某个方向微调或取消阴影效果，如图4-70。

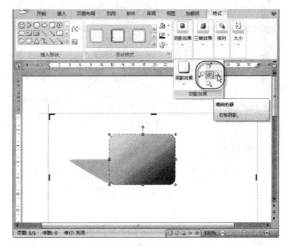

图 4-70

⑧ 在功能区选择"格式"选项卡中"三维效果"选项组的"三维效果"命令。在弹出的下拉菜单中选择"三维样式2"，如图4-71所示。

⑨ 单击"三维效果"选项组中"三维效果"按钮旁的五个命令，可以设置三维效果的角度或取消三维效果，如图4-72所示。

 温馨提示

绘图画布与自选图形一样，可以利用前面介绍的方法，设置其大小、线条和填充效果等格式。

图 4-71

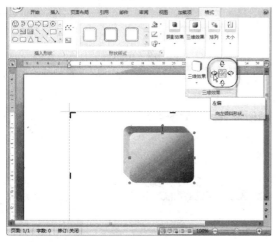

图 4-72

3 旋转图形

💿 素材文件：CDROM\04\4.2\素材 9.docx

插入文档中的自选图形同样可以设置其旋转角度，具体操作方法如下：

① 启动 Word 2007，打开素材文件，选中图形。

② 在功能区选择"格式"选项卡中"排列"选项组的"旋转"命令。

③ 在弹出的下拉菜单中单击"向左旋转 90°"命令，如图 4-73 所示。

④ 单击下拉菜单下方的"其他旋转选项"命令，在弹出的"设置自选图形格式"对话框中的"大小"选项卡中单击"旋转"数值框的调整数值按钮 ⬍，可以设置更多的旋转角度，如图 4-74 所示。

4 更改图形形状

💿 素材文件：CDROM\04\4.2\素材 9.docx

如果对文档中插入的自选图形不满意，或者不符合实际的图形需求，不必将原有的图形删除，再

重新插入新的图形，只需更改图形形状即可，其操作方法也非常简单。具体操作步骤如下：

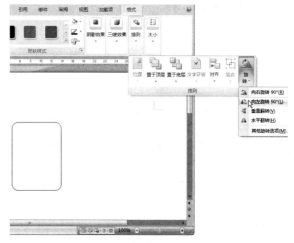

图 4-73

图 4-74

① 启动 Word 2007，打开素材文件，选中图形。

② 在功能区选择"格式"选项卡中"形状样式"选项组的"更改形状"命令，在弹出的下拉菜单中单击需要的目标图形即可，如图 4-75 所示。

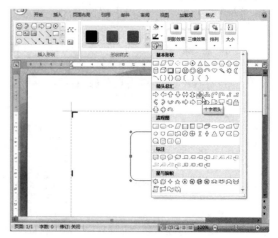

图 4-75

5　输入图形文字

💿　素材文件：CDROM\04\4.2\素材 9.docx

自选图形一个特殊的功能就是可以在其中添加文本内容，并可对文本进行格式设置，操作方法如下：

① 启动 Word 2007，打开素材文件，右击图形，从快捷菜单选择"添加文字"命令，如图 4-76 所示。

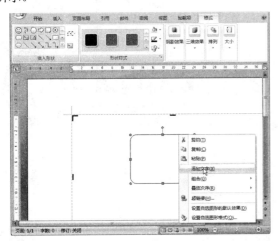

图 4-76

② 图形中出现闪烁的光标，输入需要的文本内容，利用功能区"开始"选项卡中的各种命令，设置文本格式，如图 4-77 所示。

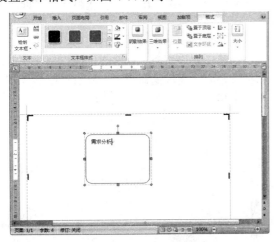

图 4-77

🎷 高手支招

在图形中输入文字时可能会出现图形不够大的情况，此时除调整图形大小之外，还可以在文档中插入多个图形，然后将它们链接起来，输入文本时，第一个图形容纳不下的文本会自动链接到下一个图形当中。

在图形间创建链接的操作方法如下：

① 启动 Word 2007，打开一个空白文档。
② 在文档中插入 3 个图形，如图 4-78 所示。

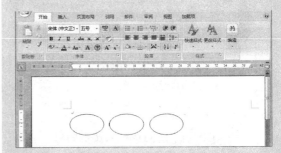

图 4-78

③ 依次右击每个图形，从快捷菜单中选择"添加文字"命令，如图 4-79 所示。

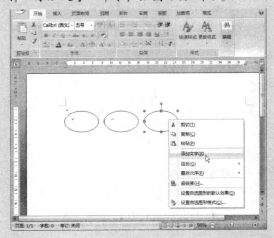

图 4-79

④ 选中第 1 个图形，在功能区单击"格式"选项卡中"文本"选项组的"创建链接"命令，如图 4-80 所示。

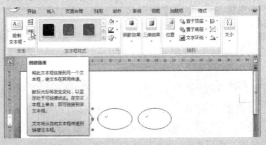

图 4-80

⑤ 当光标变为 🔫 形状，将光标移动到第 2 个图形中，光标变为 🔖 形状，单击鼠标，即在第 1 个和第 2 个图形之间创建了链接，如图 4-81 所示。

⑥ 利用同样的方法，选中第 2 个图形，单击"创建链接"命令，光标变为 🔫 形状，单击第

3 个图形,为第 2 个和第 3 个图形之间创建链接。

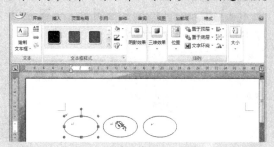

图 4-81

⑦ 在第 1 个图形中输入文本内容,当输入满时,光标自动转移到第 2 个图形中,然后依序会转移到第 3 个图形中,如图 4-82 所示。

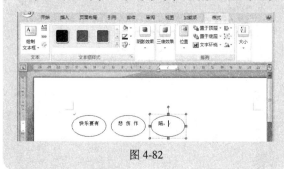

图 4-82

6 对齐多个图形

对于文档中插入的多个图形,通常需要设置其对齐方式,使其合理、整齐地排列在文档当中。

素材文件:CDROM\04\4.2\素材 10.docx

通过鼠标拖曳图形可以对齐或移动图形,但这种方法的对齐效果并不理想,通常位置都不够精确。下面介绍如何用 Word 提供的"对齐"命令,实现多个图形的精确对齐方法。

具体操作步骤如下:

① 启动 Word 2007,打开素材文件。按住【Ctrl】键,依次单击上方的 2 个图形,完成同时选中多个图形的操作。

② 在功能区选择"格式"选项卡中"排列"选项组的"对齐"命令。在弹出的下拉菜单中选择一种对齐方式,在此单击"顶端对齐"命令,如图 4-83 所示。

7 设置多个图形的叠放次序

文档中有多个图形时,有时候它们之间的摆放会有重合的部分,这就需要设置叠放次序,避免需要显示出来的部分被遮挡。

素材文件:CDROM\04\4.2\素材 11.docx

设置多个图形的叠放次序操作方法如下。

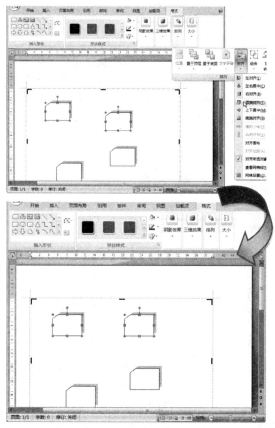

图 4-83

① 启动 Word 2007,打开素材文件,四个图片是依序叠放起来的。

② 右击要调整叠放次序的图形,从快捷菜单中选择"叠放次序"命令,在弹出的下拉菜单中选择一种调整叠放层次的命令。在此右击图形"2",单击"上移一层"命令,如图 4-84 所示。

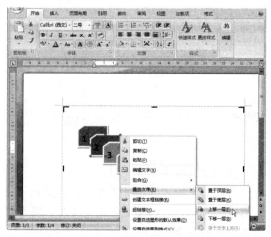

图 4-84

③ 设置完成后,图形"2"即会上移一层,如图 4-85 所示。

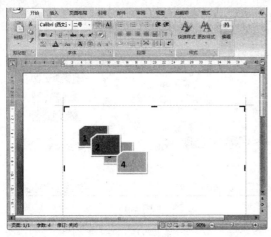

图 4-85

8　组合与拆分多个图形

　素材文件：CDROM\04\4.2\素材 12.docx

很多时候文档中插入的某部分图形构成一个整体，当需要对这个整体执行某种操作时，例如移动到另一个位置，如果逐个的执行移动操作，不仅费时费力，而且会破坏原来已经调整好的图形间的相对位置。而图形的组合功能则能够很好地解决这一问题。

● 组合多个图形

① 启动 Word 2007，打开素材文件，利用【Ctrl】键，同时选中文档左侧的 2 个图形。

② 右击选中的 2 个图形，从快捷菜单选择"组合"命令，在弹出的下拉菜单中单击"组合"命令，如图 4-86 所示。2 个图形即组合为一个整体图形。

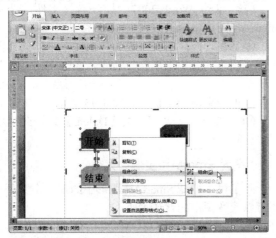

图 4-86

当需要对组合图形中的某个图形进行设置时，则需要先将组合图形拆分开来。

● 拆分多个图形

① 启动 Word 2007，打开素材文件。

② 右击文档右侧的组合图形，从快捷菜单选择"组合"命令，在弹出的下拉菜单中单击"取消组合"命令，如图 4-87 所示。组合图形即被拆分为 2 个单独的图形。

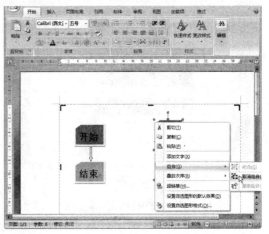

图 4-87

4.2.6　插入 SmartArt 图形

在本章的答疑解惑部分中已经对 SmartArt 做了简单的介绍，下面就来学习一下这种图形的插入和设置方法吧。

首先介绍 SmartArt 图形的插入方法。

① 启动 Word 2007，打开一个空白文档。

② 在功能区选择"插入"选项卡中"插图"选项组的"SmartArt"命令。

③ 在弹出的"选择 SmartArt 图形"对话框中间的"列表"选项组中选择一种 SmartArt 图形，在此单击"垂直框列表"图形，如图 4-88 所示。

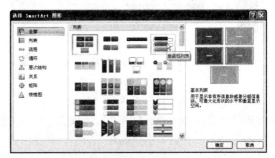

图 4-88

④ 单击"确定"按钮，选择的 SmartArt 图形即插入到文档当中。同时在功能区中出现"SmartArt 工具"选项卡，其中包括"设计"和"格式"选项卡，如图 4-89 所示。

1　更改 SmartArt 图形的布局和类型

下面介绍更改 SmartArt 图形的布局和类型的操

作方法。

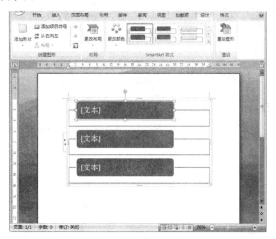

图 4-89

素材文件：CDROM\04\4.2\素材 13.docx

① 启动 Word 2007，打开素材文件，选中 SmartArt 图形。

② 在功能区选择"设计"选项卡中"布局"选项组的"更改布局"命令，在弹出的下拉菜单中选择要更改为的布局格式即可，如图 4-90 所示。

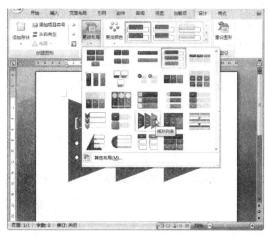

图 4-90

③ 也可单击下拉菜单中的"其他布局"命令，在弹出的"选择 SmartArt 图形"对话框的左栏中选择一种图形类型，在此单击"循环"类型，并在所列出的循环类型中单击"连续循环"命令，如图 4-91 所示。

④ 单击"确定"按钮，文档中的 SmartArt 图形即由"列表"类型更改为"循环"类型，如图 4-92 所示。

2 向 SmartArt 图形中添加或删除形状

插入文档中的 SmartArt 图形中都有默认的形状个数，但通常情况下这种默认设置并不符合实际的需求，因此可以通过添加或删除形状，设计满足要

求的 SmartArt 图形。

素材文件：CDROM\04\4.2\素材 14.docx

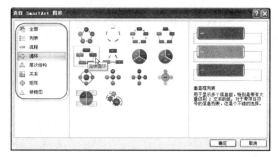

图 4-91

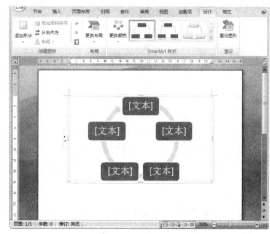

图 4-92

向 SmartArt 图形中添加或删除形状的操作方法如下。

① 启动 Word 2007，打开素材文件，选中 SmartArt 图形中形状"4"。

② 在功能区选择"设计"选项卡中"创建图形"选项组的"添加形状"命令，在弹出的下拉菜单中单击"在前面添加形状"命令，形状"4"的前面即添加一个新的形状，如图 4-93 所示。

③ 选中形状"2"，按【Delete】键，此形状即被删除。

3 设置 SmartArt 图形的大小

除了可以增减 SmartArt 图形中的形状个数外，还可以改变图形的默认大小。

素材文件：CDROM\04\4.2\素材 15.docx
操作方法如下。

① 启动 Word 2007，打开素材文件，选中 SmartArt 图形。

② 在功能区单击"格式"选项卡中"大小"选项组的"形状宽度"和"形状高度"数值框的调整数值按钮，即可改变 SmartArt 图形的整体大小，

如图 4-94 所示。

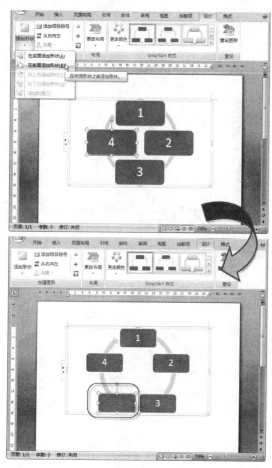

图 4-93

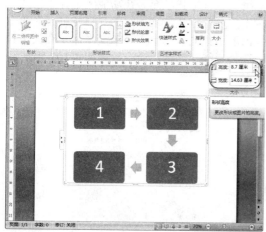

图 4-94

温馨提示

　　除可以调整 SmartArt 图形的整体大小外，还可以单独对某个形状的大小加以调整。例如选中 SmartArt 图形中的形状"1"，拖曳形状周

围的控制点，到目标位置后释放，即可单独改变形状"1"的大小，如图 4-95 所示。

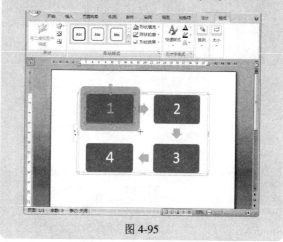

图 4-95

4 在 SmartArt 图形中输入文本内容

　　SmartArt 图形与自选图形一样，可以在其中添加文本内容。

　　素材文件：CDROM\04\4.2\素材 16.docx

　　在 SmartArt 图形中添加文本的操作方法如下。

　　① 启动 Word 2007，打开素材文件，右击 SmartArt 图形中要添加文本内容的形状"1"，从快捷菜单选择"编辑文字"命令，如图 4-96 所示。

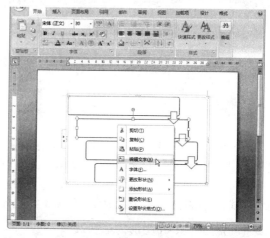

图 4-96

　　② 形状中出现闪烁的光标，输入文本内容，并利用"开始"选项卡中的字体设置工具设置文本格式即可，如图 4-97 所示。

5 设置 SmartArt 图形整体颜色及样式

　　素材文件：CDROM\04\4.2\素材 17.docx

　　下面介绍 SmartArt 图形整体颜色及样式的设置方法。

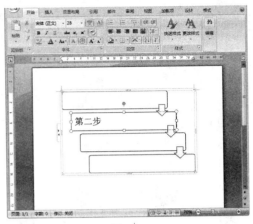

图 4-97

① 启动 Word 2007，打开素材文件，选中 SmartArt 图形。

② 在功能区选择"设计"选项卡中"SmartArt 样式"选项组的"更改颜色"命令，在弹出的下拉菜单中单击"彩色"命令，图形的颜色即会发生改变，如图 4-98 所示。

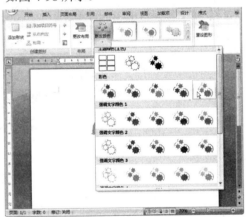

图 4-98

③ 在功能区选择"设计"选项卡中"SmartArt 样式"选项组的"SmartArt 样式"列表框，单击"其他"下拉按钮，在弹出的下拉菜单中，单击"砖块场景"样式，图形的样式即发生改变，如图 4-99 所示。

6 设置 SmartArt 图形的形状效果

SmartArt 图形中的每个形状都可以设置不同的显示效果，下面介绍具体的设置方法。

　素材文件：CDROM\04\4.2\素材 18.docx

设置形状效果的操作方法如下。

① 启动 Word 2007，打开素材文件，选中需要设置效果的形状。

② 设置形状效果。在功能区选择"格式"选项卡中"形状样式"选项组的"形状效果"命令，在弹出的下拉菜单中，单击"映像"选项下拉菜单

中的"紧密映像"命令，如图 4-100 所示。

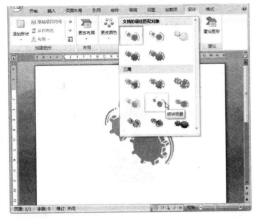

图 4-99

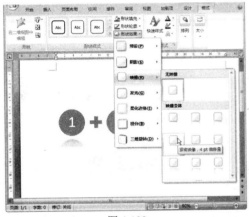

图 4-100

③ 设置形状填充。在功能区选择"格式"选项卡中"形状样式"选项组的"形状填充"命令，在弹出的下拉菜单中单击"渐变"命令在其下拉菜单中选择"线性向上"命令，如图 4-101 所示。

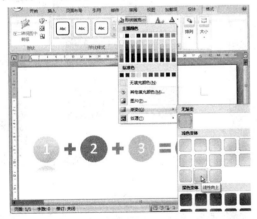

图 4-101

④ 设置边框颜色。在功能区选择"格式"选项卡中"形状样式"选项组的"形状轮廓"命令，在弹出的下拉菜单中单击"蓝色"，如图 4-102 所示。

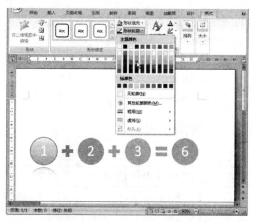

图 4-102

⑤ 设置边框粗细。在功能区选择"格式"选项卡中"形状样式"选项组的"形状轮廓"命令，在弹出的下拉菜单中单击"粗细"命令，在其下拉菜单中选择"4.5 磅"命令，如图 4-103 所示。

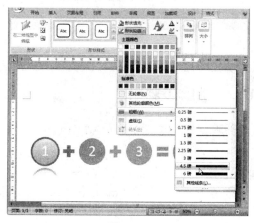

图 4-103

⑥ 设置边框线型。在功能区选择"格式"选项卡中"形状样式"选项组的"形状轮廓"命令，在弹出的下拉菜单中选择"虚线"命令在其下拉菜单中选择"长画线-点"命令，如图 4-104 所示。

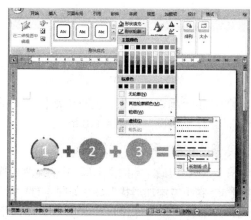

图 4-104

温馨提示

形状效果共有6种：阴影、映像、发光、柔化边缘、棱台和三维旋转效果。只需根据需要，利用前面介绍的设置方法，选择不同的效果命令即可。

7　设置 SmartArt 图形的文本效果

下面介绍 SmartArt 图形中的文本内容效果的设置方法。

💿 素材文件：CDROM\04\4.2\素材 19.docx

① 启动 Word 2007，打开素材文件，选中 SmartArt 图形中的文本"向右走"。

② 在功能区选择"格式"选项卡中"艺术字样式"选项组的"文本填充"命令，在弹出的下拉菜单中单击"红色"命令，选中的文本即变为红色，如图 4-105 所示。

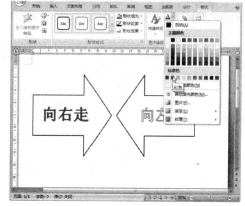

图 4-105

③ 选中文本"向左走"。在功能区选择"格式"选项卡中"艺术字样式"选项组的"文本轮廓"命令，在弹出的下拉菜单中单击"橙色"命令，选中的文本轮廓即变为橙色，如图 4-106 所示。

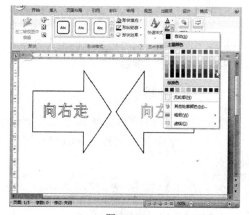

图 4-106

④ 在"文本轮廓"命令的下拉菜单中，选择"粗细"和"虚线"的下拉菜单中命令，设置文本轮廓的线型和粗细，如图 4-107 所示。

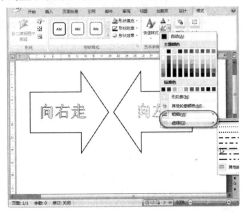

图 4-107

⑤ 选中文本"向左走"。在功能区选择"格式"选项卡中"艺术字样式"选项组的"文本效果"命令，在弹出的下拉菜单中选择"转换"选项中的"左牛角形"命令，如图 4-108 所示。

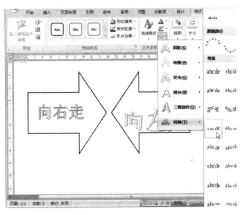

图 4-108

4.3 职业应用——组织结构图

组织结构图具有反应一个企业内部的职能划分，明确各组织内的工作，反应组织结构是否合理，查看晋升的渠道是否畅通，增强组织的协调性等作用。

4.3.1 案例分析

一个企业要想有好的发展，就必须要有健全畅通的组织结构。下面我们就利用 SmartArt 图形工具来制作一个组织结构图。

4.3.2 应用知识点拨

本案例应用的知识点概括如下：

1. 插入 SmartArt 图形
2. 在 SmartArt 图形中输入文本
3. 向 SmartArt 图形中添加形状
4. 设置 SmartArt 图形的形状效果
5. 设置 SmartArt 图形的文本效果

4.3.3 案例效果

结果文件	CDROM\04\4.3\职业应用 1.docx
视频文件	CDROM\视频\第 4 章职业应用.exe
效果图	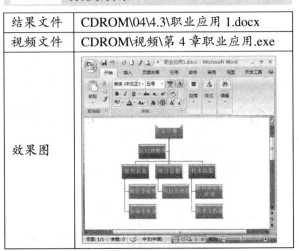

4.3.4 制作步骤

1 新建文档，插入 SmartArt 图形

① 启动 Word 2007，打开一个空白文档，从功能区选择"插入>SmartArt"命令。

② 在弹出的"选择 SmartArt 图形"对话框的左栏单击"层次结构"类型，然后在中栏单击"组织结构图"类型，如图 4-109 所示。

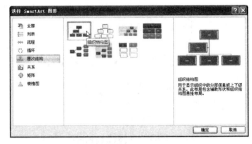

图 4-109

③ 单击"确定"按钮，文档中即插入一个默认格式的组织结构图，如图 4-110 所示。

2 向 SmartArt 图形中添加形状

① 右击底层最左侧的文本框，从快捷菜单选择"添加形式>在下方添加形状"命令如图 4-111 所示。

② 重复第①步操作，在其下方添加两个形状，如图 4-112 所示。

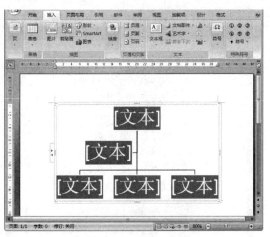

图 4-110

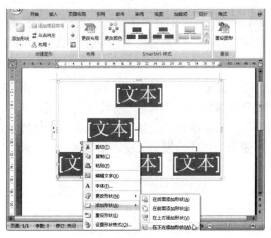

图 4-111

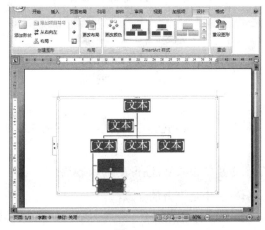

图 4-112

③ 继续为第三层中的其他两个文本框的下方添加形状。完成后的效果如图 4-113 所示。

3　输入文本

① 单击最上方的文本框，在其中输入"总经理"，如图 4-114 所示。

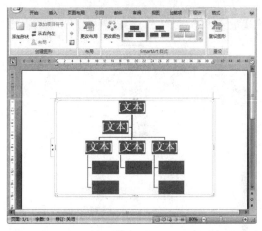

图 4-113

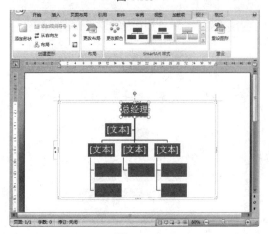

图 4-114

② 单击第二层的文本框，在其中输入"总经理助理"，同样的方法为第三层的所有的文本框输入文本内容，如图 4-115 所示。

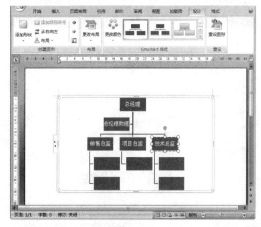

图 4-115

③ 右击自行添加的形状，从快捷菜单单击"编辑文字"命令，如图 4-116 所示。

④ 形状中出现闪烁的光标，输入文字"政府

事业部",如图 4-117 所示。

图 4-116

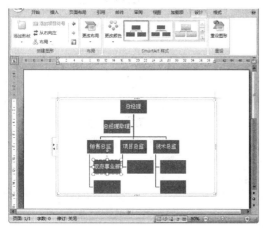

图 4-117

⑤ 重复第③步和第④步操作,为所有自行添加的形状输入文本内容,如图 4-18 所示。

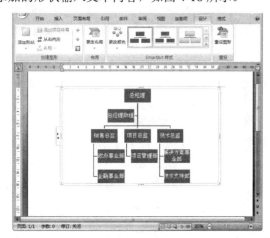

图 4-118

4 设置 SmartArt 图形的颜色及样式

① 设置颜色。从功能区选择"设计>SmartArt>

更改颜色"命令,在弹出的下拉菜单中单击"彩色"选项组中的命令,图形的颜色即会发生改变,如图 4-119 所示。

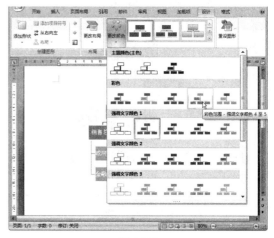

图 4-119

② 设置样式。在功能区单击"设计>SmartArt样式"选项组中的"其他"命令下拉按钮,在弹出的下拉菜单中单击"三维"选项组中的"优雅"命令,图形的样式即发生改变,如图 4-120 所示。

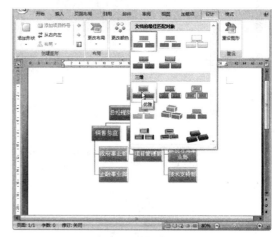

图 4-120

5 设置 SmartArt 图形的形状效果

① 选中最上方的文本框。

② 从功能区选择"格式>形状样式>形状效果"命令,在弹出的下拉菜单中,单击"棱台"选项下拉菜单中的"角度"命令,如图 4-121 所示。

6 设置 SmartArt 图形的文本效果

从功能区选择"格式>艺术字样式>快速样式"命令,在弹出的下拉菜单中选择一种快速样式,如图 4-122 所示。

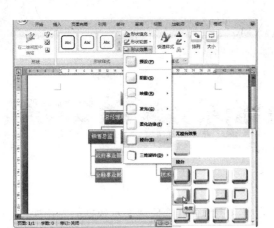

图 4-121

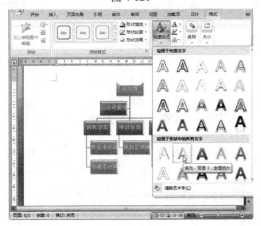

图 4-122

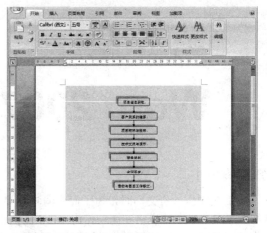

图 4-123

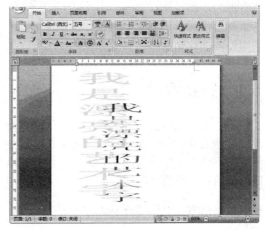

图 4-124

4.3.5　拓展练习

本章所介绍的插入各种图形、图片和艺术字的方法较多，为了使读者能够充分、全面掌握本章所学的内容，在此列举两个关于本章知识的应用实例，帮助读者做到举一反三。

1　制作流程图

灵活应用本章所学知识，利用插入自选图形，制作如图 4-123 所示的流程图。

结果文件：CDROM\04\4.3\职业应用 2.docx

在制作本例的过程中，需要注意以下几点：

（1）如何绘制绘图画布。

（2）如何快速插入多个相同的自选图形。

（3）如何设置多个自选图形的对齐效果。

（4）如何设置自选图形的阴影效果。

（5）如何为绘图画布设置背景效果。

2　制作艺术字

灵活应用本章所学知识，制作如图 4-124 所示的管理规定。

结果文件：CDROM\04\4.3\职业应用 3.docx

希望通过本例的制作过程，帮助读者进一步熟悉艺术字的设计方法。在制作本例的过程中，请注意以下几点：

（1）文字的排列方式。

（2）如何利用微调工具，调整艺术字的阴影位置。

（3）艺术字轮廓线条的粗细和线型的设计方法。

4.4　温故知新

本章对 Word 2007 的图文混排所涉及的概念和操作方法进行了详细讲解。同时，通过大量的实例和案例让读者充分参与练习。读者要重点掌握的知识点如下：

- 插入图片的方法
- 插入剪贴画的方法
- 艺术字的插入和设计方法
- 文本框的插入和排版方法
- 自选图形的插入和设计方法
- SmartArt 图形工具的应用方法

第5章
Word 2007 中的表格和图表

【知识概要】

通常在制作一份文档时，为了简明清晰地显示出各种数据，更加直观形象地展示数据的内在规律，表格和图表是必要的。表格和图表作为 Word 文档中不可缺少的元素，Word 2007 中提供了强大的表格和图表制作与编辑功能。在表格中，我们不但可以插入数字和文字，还可以根据需要插入图片，并加以设计编辑，创建有趣的文档页面。

本章将讲解关于 Word 2007 中表格的创建、设计、编辑以及数据管理等方面的知识，另外，还将讲解关于图表的创建和修改。

5.1 答疑解惑

对于一个从未接触过表格和图表制作的初学者来说，可能对它们的一些基本概念还不是很清楚，本节将解答读者在学习前的常见疑问，使读者以最轻松的心情投入到后面的学习。

5.1.1 表格由哪些元素构成

表格一般都由行、列和单元格构成，其中单元格是表格的最小构成单元，多个单元格又可以构成行与列，如图 5-1 所示为一般表格的外观。

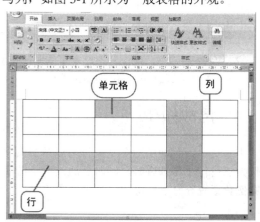

图 5-1

5.1.2 图表有哪些类型

在功能区选择"插入"选项卡中"插图"选项组的"图表"命令，打开"插入图表"对话框，如图 5-2 所示，左边显示所有可用的图表类型，右边显示各图表类型对应的图表形状。

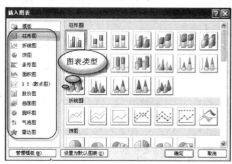

图 5-2

日常工作中用得比较多的图表为柱形图、折线图、饼图、条形图、面积图。像散点图、股价图、曲面图、圆环图、气泡图、雷达图被应用于特殊行业的情况更多。

5.1.3 图表的组成元素

图表的组成元素主要由图表区、绘图区、数据系列、坐标轴、标题和图例组成，如图 5-3 所示，各个元素功能说明如表 5-1 所示。

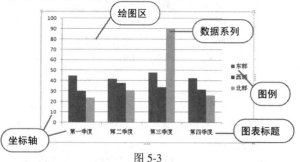

图 5-3

表 5-1

组成元素	功能说明
图表区	指整个图表及其全部元素
绘图区	在二维图表中指通过轴来界定的区域，包括所有数据系列；在三维图表中指通过轴来界定的区域，包括所有数据系列、分类名、刻度线标志和坐标轴标题
数据系列	在图表中绘制的相关数据点，这些数据源自数据表的行或列。图表中的每个数据系列具有唯一的颜色或图案并且在图表的图例中表示
图表标题	图表标题是说明性的文本，可以自动与坐标轴对齐或在图表顶部居中
图例	图例是一个方框，用于标识图表中的数据系列或分类指定的图案或颜色

5.1.4　图表有什么特点

不同的图表类型有不同的适用范围，也各有优缺点，下面是几个典型图表类型特点：

- 堆积柱形图适于展示特定类别中各数值间的比例关系，如图 5-4 所示。

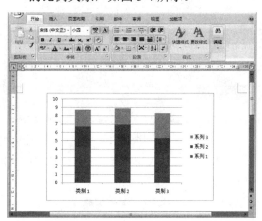

图 5-4

- 折线图既可以展示数据的变化规律，也可以较精确地展示特定数值的大小，如图 5-5 所示。

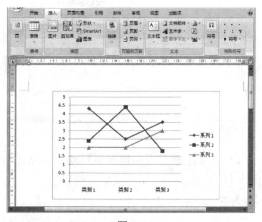

图 5-5

- 饼图则最适于展示各数据项在数据总和中的比例，或展示部分与整体之间的关系，如图 5-6 所示。

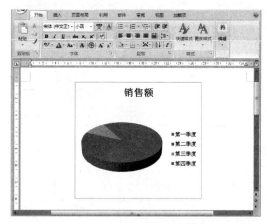

图 5-6

5.2　实例进阶

本节将用实例讲解 Word 2007 中表格的创建、设计、编辑以及数据管理等操作知识，还有关于图表的创建和修改操作。

5.2.1　创建和调整表格

在 Word 2007 中，为创建表格提供了多种方法，其中最常用的方法如下：

- 可视拖动法
- 使用"插入表格"对话框
- 手动绘制表格
- 插入 Excel 表格

调整表格是对表格的基础操作，像选择表格中的行、列和单元格等。

1　创建表格

前面提到创建表格的方法比较多，但最常用的只有 4 种，下面我们将详细讲解这 4 种方法的具体操作。

　素材文件：CDROM \05\5.2\素材 1.docx

● 可视拖动法

在"表格"下拉菜单中通过拖动直观地创建表格，具体操作如下：

① 启动 Word 2007，在功能区选择"插入"选项卡中"表格"选项组的"表格"命令。

② 在弹出的下拉菜单表格上拖曳鼠标，其中表格上方将显示当前鼠标划过的表格的列数和行

数，如图 5-7 所示插入的为一个 5 列 5 行的表格。

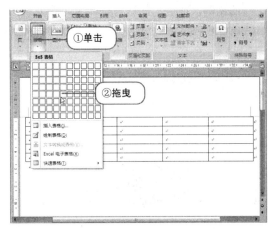

图 5-7

● 使用"插入表格"对话框

为了创建更多行列数的表格，则需要使用"插入表格"对话框进行创建，具体操作如下：

① 启动 Word 2007，在功能区选择"插入"选项卡中"表格"选项组的"表格"命令，在弹出的下拉菜单中选择"插入表格"命令。

② 弹出"插入表格"对话框，根据需要在"列数"和"行数"文本框中输入所需数值，然后在"'自动调整'操作"选项组中选择列宽设定方式，然后单击"确定"按钮，即可创建表格，如图 5-8 所示。

图 5-8

温馨提示

在"插入表格"对话框的"自动调整"操作组中，各选项的作用如下：

"固定列宽"表示创建出的表格列宽是以"厘米"为单位，当调整某列宽度时，其他列宽度不变，但是整个表格的总宽度将改变。

"根据内容调整表格"表示新创建表格会根据表格内容来调整列宽，创建的初始表格不包含任何内容。

"根据窗口调整表格"表示创建出的表格列宽是以百分比为单位，当调整某列宽度时，其

他列的列宽将动态改变，但是整个表格的总宽度保持不变。

● 手动绘制法

如果希望创建出结构灵活的表格，那么可以通过手动绘制实现，这往往用于对表格进行一些灵活性的修补。例如绘制一个斜线表头，完全可以使用"绘制表格法"实现。具体操作如下：

① 启动 Word 2007，在功能区选择"插入"选项卡中"表格"选项组的"表格"命令，在弹出的下拉菜单中选择"绘制表格"命令。

② 光标将变为 $\mathscr{O}$ 形状，按住鼠标左键并拖曳鼠标到表格的外边框，如图 5-9 所示。

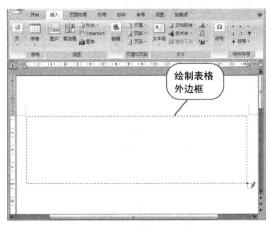

图 5-9

③ 水平方向拖曳鼠标，绘制表格的行，如图 5-10 所示。

图 5-10

④ 继续在垂直方向拖曳鼠标绘制表格的列，如图 5-11 所示。

● 插入 Excel 表格法

除了使用前面 3 种方法在 Word 文档中创建表

格外，还可以在 Word 文档中插入 Excel 表格，具体操作如下。

图 5-11

　　① 启动 Word 2007，在功能区选择"插入"选项卡中"表格"选项组的"表格"命令，在弹出的下拉菜单中选择"Excel 电子表格"命令。

　　② 将在 Word 文档中插入一个空白的 Excel 表格，功能区自动转变为 Excel 2007 的工作环境，并进入 Excel 表格编辑状态，可在 Excel 工作表中输入数据，如图 5-12 所示。表格编辑完毕后，单击 Excel 表格外的任意区域即可退出 Excel 工作环境，返回到 Word 工作环境。

图 5-12

温馨提示

　　如果想再次编辑 Excel 表格中的内容，直接双击 Word 文档中的 Excel 表格即可。

 选择表格中的行

　　对表格中的行进行操作时，需要先选择要操作的一行或多个行，选择表格中的行可分为以下几种情况。

　　🔘 素材文件：CDROM\05\5.2 \素材 2.docx

● **选择单独的一行**

　　将光标置于准备选择行的左侧，直到光标变为⇗形状后单击，即可选择光标所指向的行如图 5-13 所示。

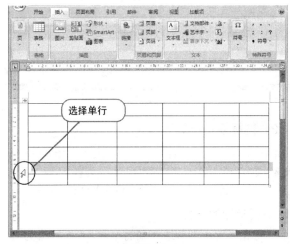

图 5-13

● **选择连续的多个行**

　　将光标置于准备选择行的左侧，直到光标变为⇗形状后向下或向上拖曳鼠标，选择所需的多个行后释放鼠标左键即可，如图 5-14 所示。

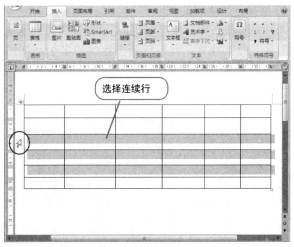

图 5-14

● **选择不连续的多个行**

　　先选择一行，然后按住【Ctrl】键的同时继续依次选择其他行，即可选择不连续的多个行如图 5-15 所示。

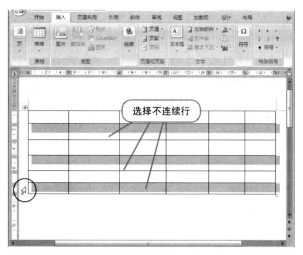

图 5-15

3 选择表格中的列

对表格中的列进行操作时，需要先选择要操作的一列或多个列，选择表格中的列可分为以下几种情况。

素材文件：CDROM\05\5.2\素材 3.docx

● **选择单独的一列**

将光标置于准备选择列的上方，当光标变为 ↓ 时单击，即可选中光标所指的列。

● **选择连续的多个列**

将光标置于准备选择列的上方，直到光标变为 ↓ 时向左或向右拖曳鼠标，选择多个列后释放鼠标左键即可。

● **选择不连续的多个列**

先选择一列，然后按住【Ctrl】键的同时继续依次选择其他列，即可选择不连续的多个列如图 5-16 所示。

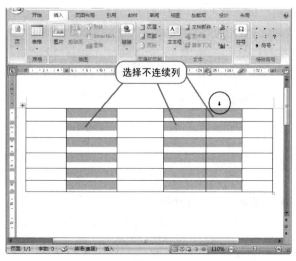

图 5-16

4 选择表格中的单元格

当对表格中的单元格进行操作时，需要先选择要操作的一个单元格或多个单元格，选择表格中的单元格可分为以下几种情况。

素材文件：CDROM\05\5.2\素材 4.docx

● **选择一个单元格**

将光标置于准备选择单元格内的左边缘，直到光标变为 ➚ 时单击，即可选中该单元格。

● **选择连续的多个单元格**

单击某个单元格，然后向上、下、左、右拖曳鼠标，就会选中相应方向上连续的多个单元格。

● **选择不连续的多个单元格**

先选择一个单元格，然后按住【Ctrl】键的同时继续依次选择其他不相邻的单元格，即可同时选中不连续的多个单元格，如图 5-17 所示。

🔄 高手支招

如果要选择整个表格，只要将光标移动到表格区域内，当表格左上角出现 ⊞ 图标时，单击该图标即可选中整个表格；也可采用选择行或选择列的方法，选择所有行或所有列。

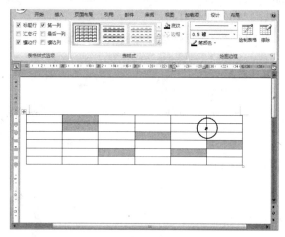

图 5-17

5.2.2 调整表格结构

在实际应用中，设计一个表格时往往不能一步到位，需要根据实际情况做出调整才能满足要求，下面将具体讨论包括插入与删除、拆分与合并和对齐方式等修改表格的操作方法。

1 插入与删除行

在表格中插入整行的操作步骤如下。

● 插入行

①　在表格中，将光标移至待插入行的位置，所插入行将会在所选行的上方或者下方。

②　在功能区选择"布局"选项卡中"行和列"选项组的"在上方插入"命令或"在下方插入"命令即可在表中插入一行，如图 5-18 所示。也可以右击，在弹出的快捷菜单中选择"插入>在下方插入行（在上方插入）"命令。

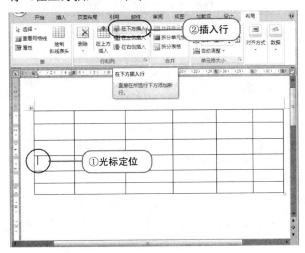

图 5-18

高手支招

若需同时插入多行，不必一行一行地插入。下面以插入两行为例，选中原始表格中的两行，然后进行上面第 ② 步操作即可。以此类推，插入多行可以在第 ② 步操作前选择多行，这样对提高工作效率很有帮助。

● 删除行

选定需要删除的行或将光标移至需要删除的行，在功能区选择"布局"选项卡中"删除"选项组的"删除"命令，在弹出下拉菜单中选择"删除行"命令即可。

或者，通过右键单击需要删除的行，然后从快捷菜单选择"删除行"命令。

2　插入与删除列

在表格中的插入整列的操作步骤如下。

● 插入列

①　在表格中，将光标移至待插入列的位置，所插入的列将会在所选列的左方或者右方。

②　在功能区选择"布局"选项卡中"行和列"选项组的"在左方插入"命令或"在右方插入"命令，即可在表中插入一列表格，如图 5-19 所示。还可以右击，在弹出的快捷菜单中选择"插入>在左方插入（在右方插入）"命令。

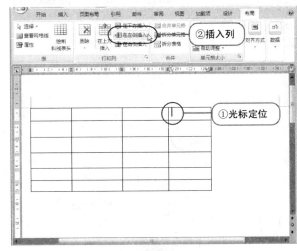

图 5-19

● 删除列

选定需要删除的列或将光标移至需要删除的列，在功能区选择"布局"选项卡中"行和列"选项组的"删除"命令，在弹出下拉菜单中选择"删除列"命令。

或者，通过右键单击需要删除的列，然后从快捷菜单选择"删除列"命令。

3　插入与删除单元格

在表格中插入单元格的操作如下。

● 插入单元格

①　在表格中选定要插入单元格的位置。

②　在功能区选择"布局"选项卡中"行和列"选项组的对话框启动器按钮 🔲，弹出"插入单元格"对话框，根据需要选择相应的操作方式，单击"确定"按钮即可，如图 5-20 所示。

图 5-20

● 删除单元格

①　将光标移至需要删除的单元格，在功能区选择"布局"选项卡中"行和列"选项组的"删除"命令，在弹出下拉菜单中选择"删除单元格"命令，如图 5-21 所示。

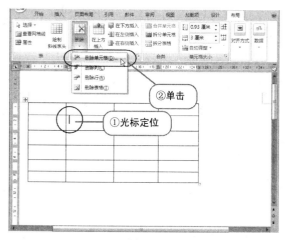

图 5-21

②弹出"删除单元格"对话框，选择相应的操作方式，单击"确定"按钮即可，如图 5-22 所示。

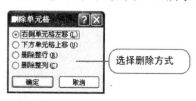

图 5-22

4 插入与删除表格

● 插入表格

前面曾经讲解过如何创建表格，这一部分将从插入嵌套表格和插入特殊表格这两方面详细讲解。

①插入嵌套表格。如前面创建表格一节所述，可以在一个文档中插入表格，除此之外，还可以在表格中插入嵌套表格以创建更复杂的表格。

具体操作是：将光标移至需要插入嵌套表格的单元格，选择"插入"选项卡中"表格"选项组的"表格"命令，在弹出的下拉菜单中选择"3×3"的表格，如图 5-23 所示。

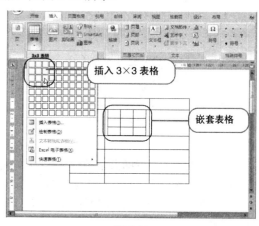

图 5-23

②快速插入表格。使用表格模板能更方便快捷的插入一组预先设好格式的表格，帮助使用者想象添加数据时表格的外观。

具体操作如下：

- 在要插入表格的位置单击。
- 选择"插入"选项卡中"表格"选项组的"表格"命令。
- 在弹出的下拉菜单中选择"快速表格"命令，查看所有的内置表格格式如图 5-24 所示。

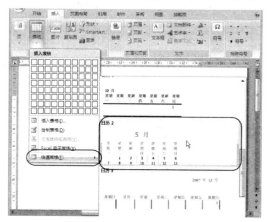

图 5-24

这样可方便地插入包括"矩阵"、"日历"等内置表格模板。如图 5-25 所示是在文档中插入日历。

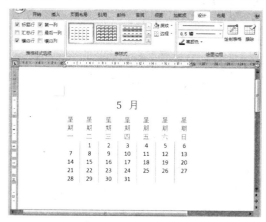

图 5-25

● 删除表格

删除表格有两种方法。

①将光标移至表格区域内，当表格左上角出现田图标时，单击该图标即可选中整个表格，按【Backspace】键即可删除整个表格。按【Delete】键可删除表格中的所有内容，如图 5-26 所示。

②将光标移至要删除表格的任意单元格，在功能区选择"布局"选项卡中"删除"选项组的"删除"命令，在弹出下拉菜单中选择"删除表格"命

令，即可删除整个表格，如图 5-27 所示。

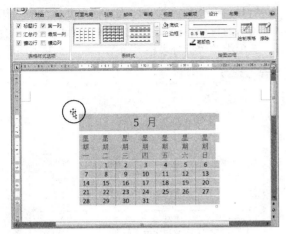

图 5-26

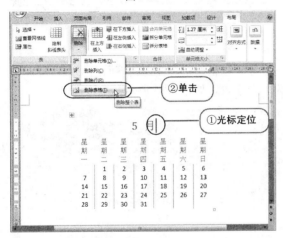

图 5-27

5 合并与拆分单元格

在实际工作中，通常需要将同一行或列中的多个单元格进行合并，必要时还会对它们进行拆分。

素材文件：CDROM\05\5.2\素材 5.docx

● 合并单元格

① 选定要合并的一个或多个单元格。

② 在功能区选择"布局"选项卡中"合并"选项组的"合并单元格"命令，删除表格中多余重复的内容即可，图 5-28 是合并前后的效果所示。

● 拆分单元格

① 选定要拆分的一个或多个连续单元格。在功能区选择"布局"选项卡中"合并"选项组的"拆分单元格"命令，如图 5-29 所示也可以右键单击，在弹出的快捷菜单中选择"拆分单元格"命令。

② 打开如图 5-30 所示的对话框，根据需要指定拆分行、列数。

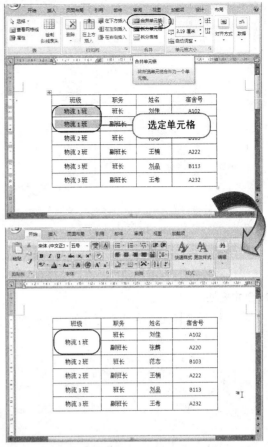

图 5-28

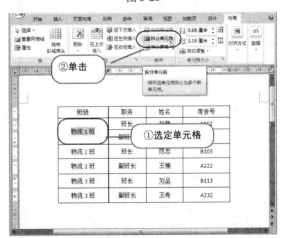

图 5-29

图 5-30

③ 设定"2 行 1 列"，图 5-31 是拆分后的效果图，在单元格中输入适当文本即可。

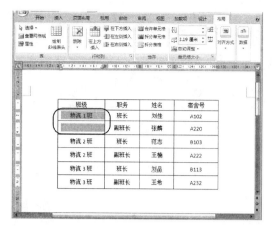

图 5-31

6 合并与拆分表格

素材文件：CDROM \05\5.2\素材 6.docx

● 合并表格

① 打开素材文件选定要合并的两个表格中间的空白如图 5-32 所示。

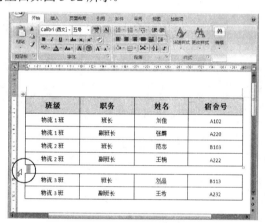

图 5-32

② 按【Delete】键删除空白，两个表格即可合并在一起，如图 5-33 所示。

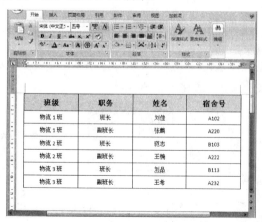

图 5-33

● 拆分表格

① 打开素材文件，将光标移至要拆分成为第二个表格的首行，在功能区选择"布局"选项卡中"合并"选项组的"拆分表格"命令，如图 5-34 所示。

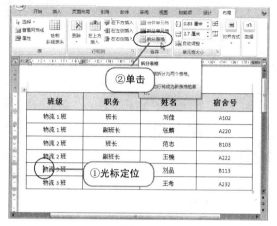

图 5-34

② 包括选定行在内的下面的所有行被拆分成为一个新表，如图 5-35 所示。

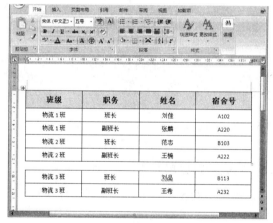

图 5-35

高手支招

若要将拆分后的两个表格分别放在两个页面上，可以将光标移至拆分后的两个表格的空白处，按下【Ctrl+Enter】组合键即可。

7 设置文字对齐方式

为了进一步美化表格，需要根据表格大小和表格里的内容，设置文字对齐方式。

素材文件：CDROM\05\5.2\素材 7.docx

Word 2007 提供 9 种文字对齐方式，如居中、左端对齐等具体如图 5-36 所示。

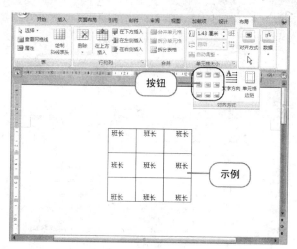

图 5-36

下面是设置文字对齐方式的操作步骤。

① 选定要设置的单元格、行、列或表格。

② 在功能区选择"布局"选项卡中"对齐方式"选项组的"水平居中"命令，也可以右击，在弹出的快捷菜单中选择"单元格对齐方式>水平居中"命令 $\equiv$，如图 5-37 所示。

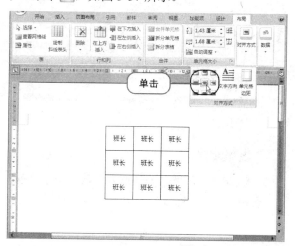

图 5-37

5.2.3　表格尺寸和外观

直接创建的表格没有经过进一步设置往往是不能满足个性化输入要求的，调整表格的尺寸和外观可以使表格在整个文档中更加协调和美观。

1　设置表格的行高

素材文件：CDROM\05\5.2\素材 8.docx

表格行高可以通过直接拖动鼠标和表格属性两种方法来设置。

● 直接拖动法

将光标移至需要设置的行线上，待光标指针变

为 $\div$ 形状时，在此时的页面上上下拖曳鼠标即可，如图 5-38 所示。

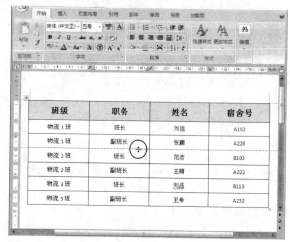

图 5-38

● 通过设置表格属性

① 选定要调整行高的单元格或行，在功能区选择"布局"选项卡中"单元格大小"选项组的对话框启动器 按钮，启动"表格属性"对话框。

② 在"表格属性"对话框中选择"行"选项卡，在"尺寸"下可以根据需要对每一行输入指定行高，还可以单击"上一行"和"下一行"按钮对其他行进行调整，如图 5-39 所示。

图 5-39

2　设置表格的列宽

素材文件：CDROM \05\5.2\素材 8.docx

表格列宽可以通过直接拖动鼠标和表格属性两种方法来设置。

● 直接拖动法

将光标移至需要设置的列线上，待光标指针变为 $\cdot\|\cdot$ 形状时，在页面上左右拖曳鼠标即可，如图 5-40 所示。

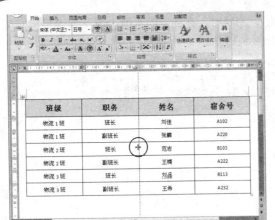

图 5-40

● 通过设置表格属性

① 选定要调整列宽的单元格或列，在功能区选择"布局"选项卡中"单元格大小"选项组的对话框启动器按钮 ⬚，启动"表格属性"对话框。

② 在"表格属性"对话框中选择"列"选项卡，在"字号"下根据需要对每一列输入指定列宽，还可以单击"前一列"和"后一列"按钮对其他列进行调整如图 5-41 所示。

图 5-41

3 自动调整表格大小

在创建的表格中插入数据时，由于每个数据元的长度不一致，因此需要对表格进行调整，前面所讲的调整行高和列宽能够实现目标，但是精确度不高，Word 2007 提供的自动调整功能是一个很好的解决方案。

🔘 素材文件：CDROM\05\5.2\素材 8.docx

① 选定要调整的表格，调整前的表格如图 5-42 所示。

② 在功能区中选择"布局"选项卡中"单元格大小"选项组的"自动调整"命令，在弹出的下拉菜单中选择"根据内容自动调整表格"命令即可，结果如图 5-43 所示。

图 5-42

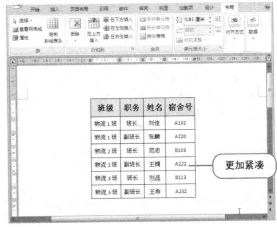

更加紧凑

图 5-43

温馨提示

Word 2007 提供了 5 个自动调整命令，如图 5-44 所示。

图 5-44

各命令的作用如下：

"根据内容自动调整表格"表示表格自动根据内容的多少来调整单元格的大小。

"根据窗口自动调整表格"表示表格自动根据内容的多少和窗口的大小来调整单元格大小。

"固定列宽"表示表格的列宽保持不变，但行高会根据内容的多少发生变化。

"平均分布各行"表示被选中的各行以相等的

行高分布，但列宽会根据内容的多少发生变化。
"平均分布各列"表示被选中的各列以相等的列宽分布，但行高会根据内容的多少发生变化。

4　设置表格的边框和底纹

如果对创建的表格样式不满意，可以通过设置表格的边框和底纹来美化表格，达到更好的显示效果。

素材文件：CDROM \05\5.2\素材 8.docx

● 设置表格边框

① 选定要设置边框的单元格、表格、行或列。

② 在功能区中选择"设计"选项卡中"表样式"选项组的"边框"命令，在弹出的下拉菜单中选择合适的边框线，如图 5-45 所示。

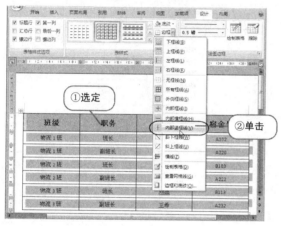

图 5-45

● 设置表格底纹

① 选定要设置底纹的单元格、表格、行或列。

② 在功能区中选择"设计"选项卡中"表样式"选项组的"底纹"命令，在弹出的下拉菜单中选择合适的颜色，如图 5-46 所示。

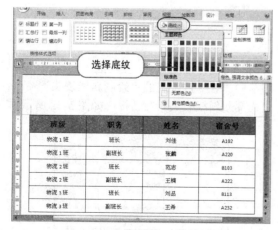

图 5-46

● "边框和底纹"对话框

设置表格的边框和底纹还可以通过"边框和底纹"对话框来实现，具体操作如下。

① 选定要设置的对象，在"表格工具"下，选择"设计"选项卡中"绘图边框"选项组的对话框启动器按钮，启动"边框和底纹"对话框。

② 在"边框"选项卡的"预览"选项区选择需要的边框，设置"样式"、"颜色"和"宽度"值如图 5-47 所示。

③ 在"底纹"选项卡下的"填充"和"图案"选择适合的颜色和样式可以设置底纹。

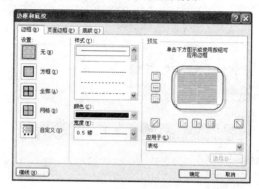

图 5-47

温馨提示

上面的设置可以应用于表格、文字、段落或单元格，用户可以在对话框的右下角"应用于"列表框中进行设置。

5　为表格套用样式

Word 2007 提供了许多丰富的表格样式，使用系统内置的表格套用样式可以使表格更加专业美观，为表格套用样式的具体操作如下。

素材文件：CDROM\05\5.2\素材 8.docx

① 选定要设置的表格，在功能区选择"设计"选项卡中"表样式"选项组提供了几种简单的表样式，单击列表框旁的调整按钮可以浏览其他样式，单击"其他"下拉按钮并滚动鼠标滑轮可浏览所有样式，如图 5-48 所示。

② 光标在样式上滑动，可即时从文档中预览到表格的效果。单击选定的样式，文档中的表格就自动套用相应的样式。为表格任选一款样式，如图 5-49 所示。

除此之外，还可以通过"设计"选项卡中"表格样式选项"组中的命令来进行个性化地调整表格样式。

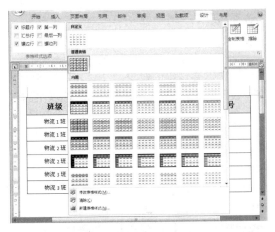

图 5-48

图 5-49

温馨提示

在单击"表格样式"列表框旁的"其他"下拉按钮 □ 浏览所有样式并且在下拉菜单底部有 3 个命令，分别是：

修改表格样式：根据现有的表格样式创建自己的表格样式并保存，方便以后的使用。

清除：清除表格样式。

新建表格样式：可以根据自己的需求创建个性化的表格样式，并命名保存。

6 多页表格标题行

由于页面限制，在工作中我们常常会碰到一个大型的表格被分割后显示在多个页面的情况。被分割后的表格从下一页开始就没有标题行。

素材文件：CDROM\05\5.2\素材 9.docx

为了方便阅读，我们可以利用"标题行重复"功能实现每页表格都有相同的表格标题。具体操作如下。

① 选定要设置的表格的标题行（即表格第一行开始的一行或多行）如图 5-50 所示。

② 在功能区中选择"布局"选项卡中"数据"选项组的"标题行重复"命令。效果如图 5-51 所示。

7 制作斜线表头

表头即是位于表格第一行和第一列交叉的单元格中，在很多公文报表中会用到带斜线表头的表格。Word 2007 提供了自动绘制斜线表头的方法。

素材文件：CDROM\05\5.2\素材 10.docx

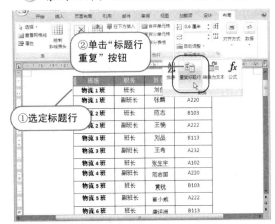

图 5-50

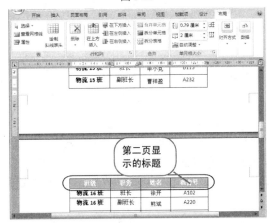

图 5-51

● **自动绘制**

① 将光标移至表头，在功能区中选择"布局"选项卡中"表"选项组的"绘制斜线表头"命令，弹出"插入斜线表头"对话框，如图 5-52 所示。

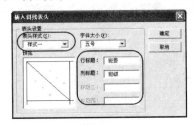

图 5-52

② 在弹出的对话框中选择表头样式，每选一种都会在下面的预览框中显示，然后进行表头"字号大小"、"行标题"和"列标题"的设置，设置完成后，单击"确定"按钮即可，如图 5-53 所示。

图 5-53

温馨提示

在使用"插入斜线表头"编辑表头时，原表格的表头要有足够大的空间来容纳新输入的表头内容，如果标题内容较多则会出现如图 5-54 的警告信息，请根据提示进行必要调节。

图 5-54

● 手动绘制

① 将光标移至表头。

② 在功能区中选择"设计"选项卡中"表样式"选项组的"边框"命令，在弹出的下拉菜单中选择"斜下框线"命令，如图 5-55 所示。

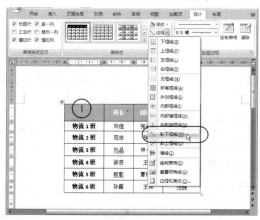

图 5-55

③ 在表头输入标题，调整标题位置，如图 5-56 所示。

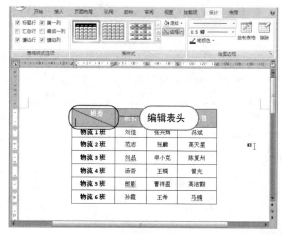

图 5-56

5.2.4 管理表格数据

在 Word 2007 的表格中，具有 Excel 表格的部分功能，这些功能支持在 Word 表格中对数据进行简单地运算、排序等操作。

1 对表格数据进行排序

Word 2007 能方便地按照表格中内容的数字、笔画、日期、字母或拼音顺序进行排序。

素材文件：CDROM \05\5.2\素材 11.docx

① 选定要排序的列，在功能区中选择"布局"选项卡中"数据"选项组的"排序"命令，如图 5-57 所示。

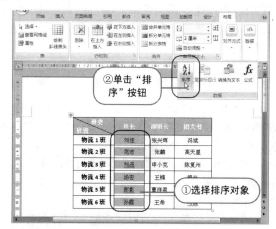

图 5-57

② 弹出"排序"对话框，从"主要关键字"下拉菜单中选择要参加排序的"主要关键字"，从"类型"下拉列表中选择排序的依据，如拼音、数字和日期等，然后单击"确定"按钮，如图 5-58 所示。

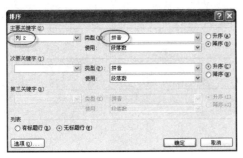

图 5-58

③ 图 5-59 是以第 2 列为主要关键字，以拼音作为排序依据的效果图。

图 5-59

温馨提示

Word 2007 支持对表格的 3 组关键字进行排序，除此之外，还可以通过"排序"对话框左下角的"选项"按钮设置是否区分大小写和排序语言等选项。

2 计算表格中的数据

在表格中，Word 2007 提供了包括 SUM、ABS、AVERAGE、IF 等的多个函数，同时还可以在表格中输入带有 +、-、×、÷ 等运算符的公式来进行计算。

素材文件：CDROM\05\5.2\素材 12.docx

现有如图 5-60 所示的成绩表，需要计算表格中的空白项目。

下面通过两种不同的方法介绍如何计算表格中的数据。

● 直接输入函数

① 将光标移至第 2 行第 6 列，在功能区中选择"布局"选项卡中"数据"选项组的"公式"命令，弹出"公式"对话框，如图 5-61 所示。

图 5-60

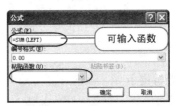

图 5-61

② 弹出"公式"对话框，在"公式"文本框中输入"=SUM（LEFT）"，表示计算第 2 行第 6 列以左所有数字的总和；在"编号格式"下拉列表中选择"0.00"格式，单击"确定"按钮即可，效果如图 5-62 所示。

图 5-62

③ 使用同样的方法计算其他同学的总分成绩，如图 5-63 所示。

● 使用粘贴函数

① 将光标移至第 6 行第 2 列，在功能区下，选择"布局"选项卡中"数据"选项组的"公式"命令，弹出"公式"对话框，如图 5-64 所示。

图 5-63

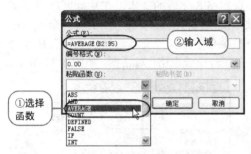

图 5-64

(2) 在弹出对话框的"粘贴函数"下拉列表中选择"AVERAGE"函数，然后在"公式"文本框的"=AVERAGE（）"括号内输入计算域"B2:B5"，表示计算从 B2 到 B5 单元格中数字的平均数；最后在"编号格式"下拉列表中选择"0.00"格式，单击"确定"按钮即可，如图 5-65 所示。

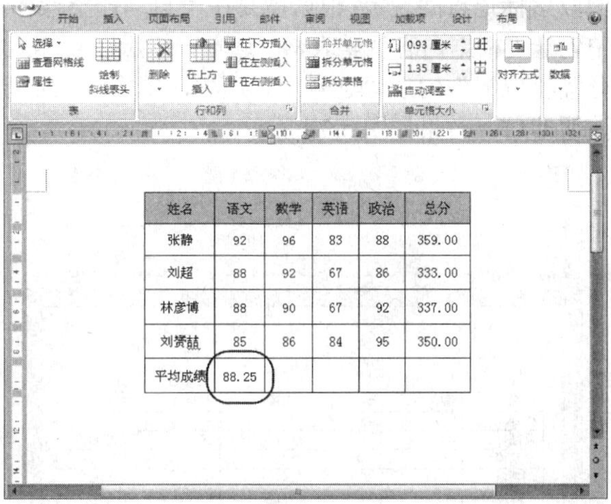

图 5-65

(3) 使用同样的方法计算其他同学的平均成绩以及平均总分，效果如图 5-66 所示。

图 5-66

温馨提示

　　在向函数中输入计算域时，如果计算域不是连续的单元格，那么可将它们一一写出来并用逗号（，）隔开，如果计算域是连续的，那么可以只写整个计算域最左端和最右端的两个单元格，中间用分号（；）隔开。

　　需要特别注意的是：计算域的输入必须保证输入法是在纯英文的状态下进行，否则会出现语法错误，无法进行计算。

　　此外，关于单元格的引用如图 5-67 所示。

	A	B
1	A1	B1
2	A2	B2

图 5-67

3　文本与表格的互换

　　Word 支持文本和表格之间的相互转换。

　　素材文件：CDROM\05\5.2\素材 13.docx

● 将表格转为文本

　　将表格转为文本是指将选定的表格转换为排列整齐的文档，转换过程中将使用分隔符（如逗号、制表符和段落标记等）取代原先表格中的单元格。将表格转化为文本格式的具体操作如下。

　　(1) 将光标移至表格的任意位置。在功能区中选择"布局"选项卡中"数据"选项组的"转换为文本"命令，如图 5-68 所示。

　　(2) 弹出"表格转换成文本"对话框，在对话框中选择文字分隔符。有"段落标记"、"制表符"和"逗号"三种分隔符可供选择，除此之外还可以自己输入其他字符，然后单击"确定"按钮，如图 5-69 所示。

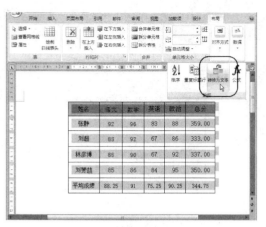

图 5-68

图 5-69

③ 图 5-70 是以"制表符"作分隔符的转换效果图，读者可以尝试其他分隔符的操作效果。

图 5-70

● **将文本转为表格**

将文本转为表格时，对原始文本的要求相对较高，要对原始文本进行必要的格式化。现将刚才转化得到的文本转化为表格。

① 进行文本格式化：文本中每一行要用段落标记隔开，每一列要用分隔符隔开，可供选择的分隔符有逗号、制表符和段落标记等如图 5-71 所示。

> **温馨提示**
>
> 分隔符"逗号"的输入必须保证输入法是在纯英文的状态下进行，否则系统对输入的分隔符不予认定。

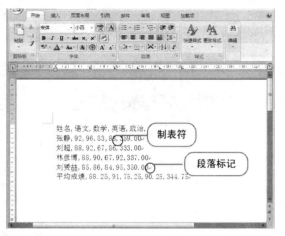

图 5-71

② 选定格式化后的文本，在功能区选择"插入"选项卡中"表格"选项组的"表格"命令，在弹出的下拉菜单中选择"文本转换成表格"命令，弹出"将文字转换成表格"对话框，如图 5-72 所示。

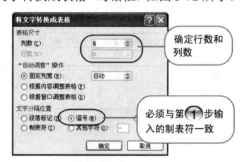

图 5-72

③ 在对话框"表格尺寸"下的"列数"文本框中输入 6，一般情况下"行数"是根据原始文本的段落标记自动设定；根据需要在"自动调整操作"中勾选"根据内容调整表格"选项；然后在"文字分隔符位置"勾选"逗号"单选框，单击"确定"按钮即可，效果如图 5-73 所示。

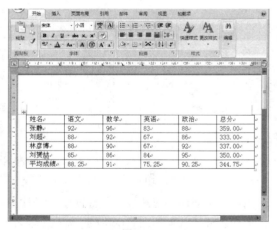

图 5-73

5.2.5 创建与调整图表

如本章 5.1 所述，Word 2007 提供了丰富多样的图表，应用这些图表将使你的文档更加专业化，可以为读者呈现更加美观的页面，提供更加便捷的信息获取方式。

🔘 素材文件：CDROM \05\5.2\素材 14.docx

1 创建图表

①　打开带有数据表格的 Word 文档。将光标移至表格后面的下一个段落标记。

②　在功能区选择"插入"选项卡中"插图"选项组的"图表"命令，弹出"插入图表"对话框，如图 5-74 所示。

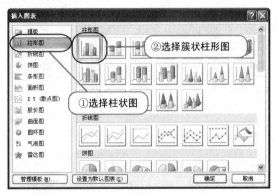

图 5-74

③　在"插入图表"对话框中选择"柱状图"类型，在右侧的"柱状图"选项区中选择"簇状柱形图"，单击"确定"按钮，图表被插入在 Word 文档中，同时在显示器上显示两个并排的窗体，分别是 Word 2007 和 Excel 2007，如图 5-75 所示。

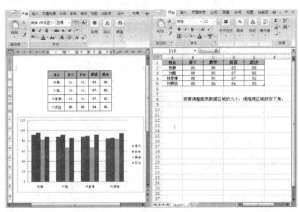

图 5-75

④　在 Excel 2007 窗体中，对数据进行编辑。将 Word 窗体中的表格数据复制到 Excel 数据表中，图 5-76 是 Excel 窗体中对应于 Word 表格的数据表。

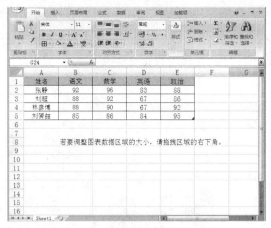

图 5-76

⑤　Excel 数据表中的数据编辑完成后，关闭 Excel 2007 窗体，Word 2007 窗体中显示相应的图表，如图 5-77 所示。

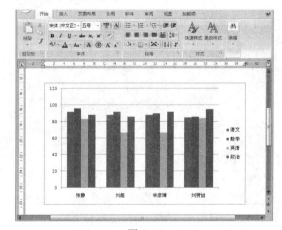

图 5-77

🐍 **高手支招**

创建图表还可以通过另外一种方法实现，即启动 Excel 2007，先将 Word 2007 中的所有数据复制到 Excel 2007 中，然后在 Excel 2007 中插入图表，在 Excel 2007 中完成图表编辑后，复制图表，最后直接粘贴到 Word 2007 中即可，读者可以自己尝试一下。

2 移动并调整图表大小

● 移动图表

刚刚创建的图表是嵌入文本行中的，不可随意移动，为满足文档的特殊要求，需要调动图表的位置，现在我们来学习如何操作。

①　单击图表任意位置。

②　在功能区选择"格式"选项卡中"排列"

选项组的"位置"命令，在弹出的下拉菜单中选择"文字环绕"下的"中间居中，四周型文字环绕"命令，此时图表可以自由移动，如图 5-78 所示。

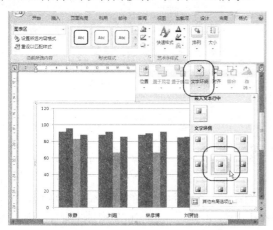

图 5-78

● 调整图表大小

图表中有多处可以调节图表的大小，分别位于图表边框上。如图 5-79 所示，将光标移至边框处，当指针变为双箭头指针时，拖曳鼠标光标变为"十"形状，此时可以任意拖动光标来调整图表的大小。

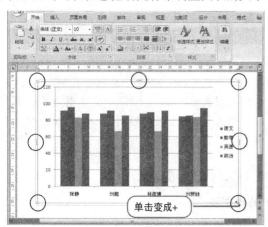

图 5-79

3 套用默认图表样式

创建图表后，你可以无须手动添加或更改图表元素或设置图表格式，就能立即更改它的外观。

Word 2007 提供多种默认图表样式，你只要从中选择就可以快速将一个预定义的样式应用到图表中。操作步骤如下。

① 单击图表任意位置。

② 在功能区的"设计"选项卡中，"图表样式"选项组提供了几种简单的图表样式，单击调整按钮可以浏览其他样式，单击"其他"下拉按钮 可浏览所有的图表样式，如图 5-80 所示。

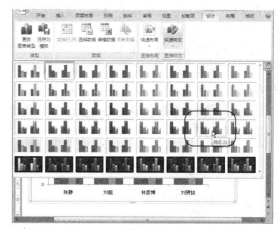

图 5-80

③ 将光标移至"样式 31"，单击，原图标变成"样式 31"对应的图表样式，如图 5-81 所示。

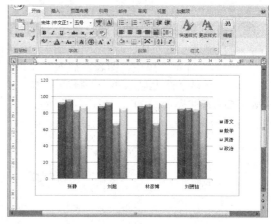

图 5-81

当然，也可以通过手动更改单个图表元素的样式来进一步自定义样式。自定义布局或格式不能保存，但是如果希望再次使用相同的布局或格式，可以将图表另存为图表模板。

4 修改图表标题

Word 2007 中，为使图表更易于理解，可为图表添加标题和编辑标题。图表标题是说明性的文本，可以自动与坐标轴对齐或在图表顶部居中。图表标题可以从 Excel 工作表链接生成，也可以通过手动添加。其中，手动添加也有两种方式，一是通过改变图表布局实现；另一种是通过手动插入图表标题实现，下面分别介绍。

● **自动链接生成标题**

这是在创建图表时从 Excel 工作表中自动链接生成的。如果标题链接到了 Excel 工作表数据上，可以在相应的工作表单元格中编辑数据。所进行的更改将自动显示在图表中的标题和数据标签中。相反，如果对图表中链接的标题进行了编辑，则该标题将无法再链接到相应的 Excel 工作表单元格中，而且所进行的更改也不会显示在工作表中。如果需要，可以重新建立标题与工作表单元格之间的链接。

● **应用图表布局编辑标题**

① 单击 Word 文档中图表的任意区域。

② 在功能区"设计"选项卡中，"图表布局"选项组提供了几种简单的图表布局，单击调整按钮可以浏览其他样式，单击"其他"下拉按钮 可浏览所有的图表样式，如图 5-82 所示。

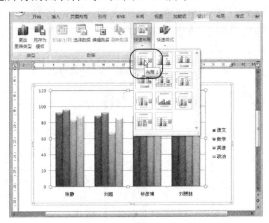

图 5-82

③ 将光标移至左下角"布局 1"，单击，原图标变成"布局 1"对应的图表布局，在图表的顶端出现"图表标题"文本框，右击在快捷菜单中选择"编辑文本"命令（或者双击文本框）进入编辑状态，输入"学生成绩表"，如图 5-83 所示。

● **手动插入标题**

① 单击图表任意位置。

② 在功能区中选择"布局"选项卡中"标签"选项组的"图表标题"命令，在弹出的下拉菜单中选择"图表上方"命令，在图表的顶端出现"图表标题"文本框，右击"图表标题"文本框，从快捷菜单选择"编辑文本"命令，（或者双击文本框）进入编辑状态，将其改写为"学生成绩表"，如图 5-84 所示。

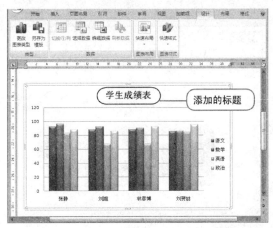

图 5-83

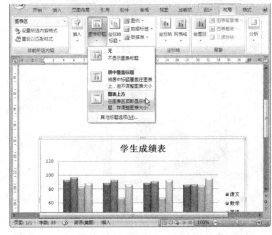

图 5-84

5　设置图表背景

前面章节讲过，图表主要由图表区、绘图区、数据系列、坐标轴、标题、图例等元素组成。设置图表背景分为设置图表区背景和设置绘图区背景。在默认状态下，图表区和绘图区的背景由"套用默认图表样式"而定。选择不同的默认图表样式将会呈现不同的背景，有时甚至没有背景，这就需要进行修改设置。

● **设置图表区背景**

对图表区设置背景具体操作如下。

① 单击图表任意位置。将光标移至图表的图表区，光标变成 形状，在 下有"图表区"文本框提示，如图 5-85 所示。

② 在功能区选择"格式"选项卡中"形状样式"选项组的"形状填充"命令，在弹出的下拉菜单中，使光标在标准色和主题色上移动，可即时预览到图表区的效果。单击选定的背景格式，文档中的表格就自动套用相应的背景，如图 5-86 所示。

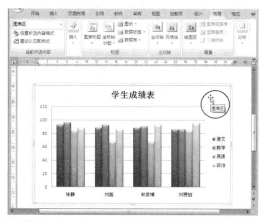

图 5-85

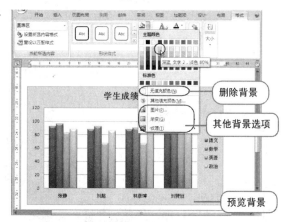

图 5-86

可以在下拉菜单中选择"无填充颜色"来删除背景颜色。除了选择标准色和主题色之外，还可以自己尝试其他背景选项，如"其他填充颜色"、"渐变"、"纹理"、"图片"等，运用这些选项可以制作出精美的背景效果。

> **高手支招**
>
> 图表区的背景设置还可以通过右击来完成，具体操作如下。
>
> ◇ 单击图表任意位置，将光标移至图表的图表区，光标变成 ✛ 形状，在鼠标下有"图表区"文本框提示。
>
> ◇ 右键单击"图表区"，在弹出的快捷菜单选择"设置图表区域格式"命令，弹出"设置图表区域格式"对话框，在对话框中设置各种背景格式。
>
> 同样地，绘图区的背景设置也可以通过以上操作来完成。

● 设置绘图区背景

对绘图区设置背景具体操作如下。

① 单击图表任意位置。将光标移至图表的绘图区，光标变成 ✛ 形状，在鼠标下有"绘图区"文本框提示，如图 5-87 所示。

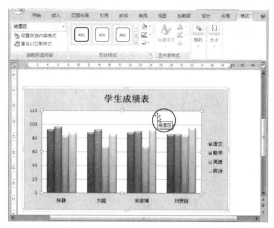

图 5-87

② 在功能区中选择"格式"选项卡中"形状样式"选项组的"形状填充"命令，在弹出的下拉菜单中，使光标在标准色和主题色上移动，可即时预览到绘图区的效果。单击选定的背景格式，文档中的表格就自动套用相应的背景，如图 5-88 所示。

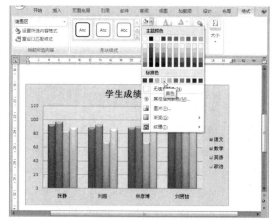

图 5-88

除了选择标准色和主题色之外，读者还可以自己尝试其他背景选项，如"其他填充颜色"、"渐变"、"纹理"、"图片"等，运用这些选项可以制作出精美的背景效果。

同样，也可以在下拉菜单中选择"无填充颜色"来删除背景颜色。

6 更改图表类型

对于大多数二维图表，可以更改整个图表的类型以赋予其完全不同的外观，也可以为任何单个数据系列选择另一种图表类型，使图表转换为组合图表。

图表中的每个数据系列具有唯一的颜色或图案并且在图表的图例中表示。可以在图表中绘制一个或多个数据系列。操作步骤如下：

① 单击图表的任意位置。

② 在功能区中选择"设计"选项卡中"类型"选项组的"更改图表类型"命令，弹出"更改图表类型"对话框。在弹出的对话框中，左边显示图表类型，右边显示图表形状，如图 5-89 所示。

图 5-89

③ 选择合适的图表类型，单击"确定"按钮即可，效果如图 5-90 所示。

然而对于某些图表类型，如气泡图、股价图和大多数三维图表等并不是都能与普通二维图表兼容相互转换的，因此在更改图表类型时尤其要注意，有可能出现信息丢失。

除此之外，还可以对图表中的某一数据系列的类型进行更改，使图表转换为组合图表。其操作与更改整个图表类型相似，只是在选定时要选择绘图区的某一数据系列。

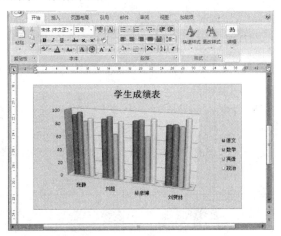

图 5-90

7 使用图表模板

如果要重复使用自定义图表，可以通过创建图

表模板来实现。将自定义图表作为图表模板（*.crtx）保存在图表模板文件夹中。下次再创建图表时，就可像使用其他内置图表类型一样来使用该图表模板。实际上，图表模板是真正的图表类型，并且也可以使用它们更改现有图表的图表类型。

🌐 素材文件：CDROM \05\5.2\素材 15.docx

● 创建图表模板

如图 5-91 所示的图表，要将它创建为模板以供日后重复使用。

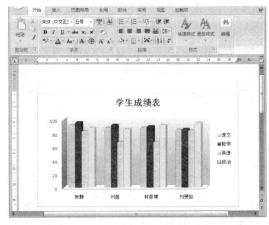

图 5-91

具体操作如下。

① 单击图表任意位置。在功能区中选择"设计"选项卡中"类型"选项组的"另存为模板"命令，如图 5-92 所示。

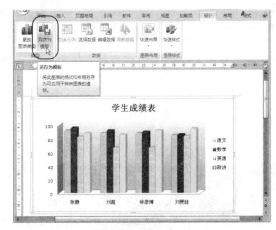

图 5-92

② 在弹出的"保存图表模板"对话框，在"保存位置"下拉列表中选择模板要保存的路径，在"文件名"文本框中输入要保存模板的文件名"学生成绩表模板"。单击"保存"按钮即可，如图 5-93 所示。

● 使用图表模板

现有一份数据表格需要处理成图表，下面我们通过使用图表模板来完成它。

图 5-93

① 打开需处理的带有数据表格的 Word 文档。将光标移至表格后面的下一个段落标记。

② 在功能区选择"插入"选项卡中"插入"选项组的"图表"命令,弹出"插入图表"对话框,如图 5-94 所示。

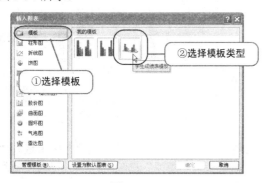

图 5-94

③ 在"插入图表"对话框中单击"模板"类型,在右边显示图表形状的框中选择要使用的模板文件。单击"确定"按钮,图表模板被插入在 Word 文档中,同时在显示器上显示两个并排的窗体,分别是 Word 2007 和 Excel 2007,将 Word 中的数据复制到 Excel 表格中,后面的操作与 5.2.5 中"创建图表"的操作一样。

温馨提示

因为系统默认的模板存放在"Charts"文件夹,若读者在保存模板时将其放在别的文件夹,使用时可以单击"插入图表"对话框左下角的"管理模板",找到图表模板,然后将其复制或移动到"Charts"文件夹。

5.3 职业应用——区域销量对比

区域销量对比:希望利用表格统计产品在各区域的销量,然后再使用图表更直观地对比各区域销售情况。这是商务办公中比较常见的工作事务,也是较为典型的案例。

5.3.1 案例分析

随着企业销售市场的不断扩大,必然会在全国各区域设立分公司。总公司要精确了解和对比各区域的销售近况,就必须依靠每个月、每季度的区域销量表。同时,要更好地把握好企业销售市场的趋势,还缺少不了各区域销量的纵向对比。所以,下面我们就某食品 2007 年上半年的各区域销量做一个对比表。

5.3.2 应用知识点拨

本案例应用的知识点概括如下:

1. 新建表格
2. 合并单元格
3. 绘制斜线表头
4. 输入数据
5. 调整格式
6. 去掉边框
7. 添加底纹
8. 生成图表

5.3.3 案例效果

结果文件	CDROM\05\5.3\职业应用 1.docx
视屏文件	CDROM\视频\第 5 章职业应用.exe
效果图	

5.3.4 制作步骤

1 新建表格

从功能区选择"插入>表格"命令,使用"可视拖动法"拖曳出一个 6 行 7 列的表格。

2　调整布局

● 合并单元格

①　将光标移动到表格首行，当光标变为形状时单击选中它。

②　右击选中首行，从快捷菜单选择"合并单元格"命令，完成单元格的合并，如图 5-95 所示。

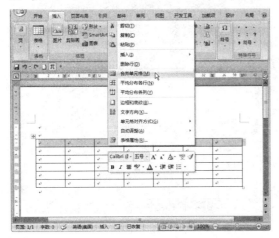

图 5-95

● 绘制斜线表头

从功能区选择"插入>表格>绘制表格"命令，将鼠标移动到绘制斜线的单元格，当光标变为形状时，拖曳鼠标，从单元格的左上角到右下角，松开鼠标，斜线绘制完成，如图 5-96 所示。

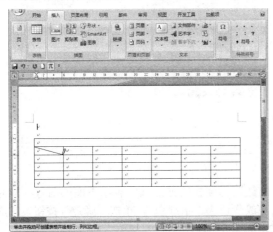

图 5-96

3　输入数据

①　在首行单元格输入"2007 年上半年某食品区域销量对比"和"（单位：箱）"，在有斜线的表头中输入"月份"和"区域"。

②　将"区域"换行到"月份"的下一行，如图 5-97 所示。

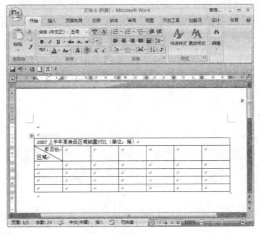

图 5-97

③　在月份对应的行中输入月份，在区域对应的列中输入"东部"、"西部"、"北部"、"南部" 4 个区域，并在其对应的单元格输入每个区域当月的销量数据，如图 5-98 所示。

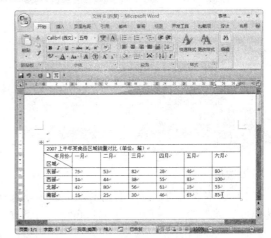

图 5-98

4　美化表格

● 调整格式

①　设置表格字号。将鼠标移动到表格区域，当光标变为形状时，单击它选中整个表格，然后选择"开始>字体>字号"命令的下拉按钮选择"小五"，设置表格的字体为"小五"号，如图 5-99 所示。

②　调整对齐方式。选中表格首行文字，从"开始>段落>居中"命令，将首行文字居中对齐，并通过空行，一直将"（单位：箱）"放到最右端；然后再选中"一月"到"六月"这几个单元格，对齐方式设置为"文本右对齐"，同时，分别将"一月"到"六月"这几个单元格的内容换行，放到表格的底部，如图 5-100 所示。

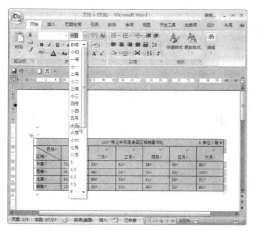

图 5-99

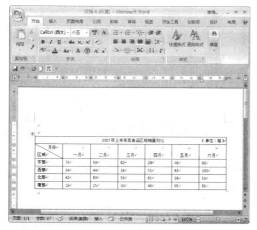

图 5-100

● 去掉边框

① 选中表格的首行，右击，从快捷菜单选择"边框和底纹"命令，打开"边框和底纹"对话框，在"边框"选项卡下的"预览"选项区中，用鼠标分别单击"边框"的上边、左边和右边，这样就去掉了表格的上边框、左边框和右边框如图 5-101 所示。

图 5-101

温馨提示

添加和去掉边框的方法比较灵活，在预览

区单击表格边框的边和单击它四周的各边按钮效果是一样的。有兴趣的读者可以试试，多单击几下，看看它们有什么变化。

② 单击"确定"按钮，完成设置，去掉首行的部分边框效果如图 5-102 所示。

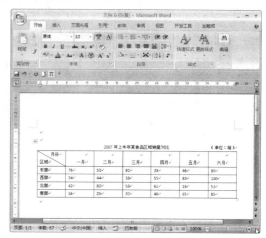

图 5-102

● 添加底纹

① 选中表格的标题行，然后右击，从快捷菜单选择"边框和底纹"命令，打开"边框和底纹"对话框，从"底纹"选项卡下选择填充颜色为"橙色"，如图 5-103 所示。

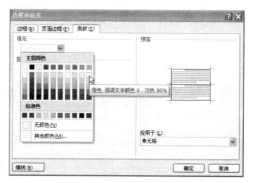

图 5-103

② 用同样的方法选中表格下面的四行，填充其底纹颜色为"水绿色"，单击"确定"按钮，完成效果如图 5-104 所示。

③ 修改标题格式。选中标题"2007 年上半年某食品区域销量对比"这几个字，然后在功能区"开始"选项卡的"字体"选项组中选择"加粗"和"红色字体"命令，如图 5-105 所示。同样，选中标题行，选择"加粗"命令。

5 生成图表

① 复制 Word 文件中的表格数据，将其粘贴

到 Excel 表格里，然后选中除首行的所有数据，再从功能区选择"插入"选项卡中"折线图"下"二维折线图"中的一种，如图 5-106 所示。

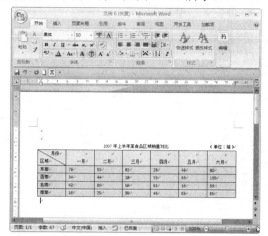

图 5-104

图 5-105

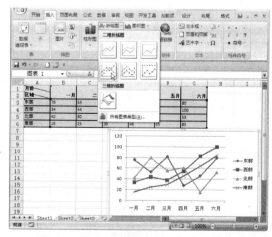

图 5-106

② 复制 Excel 中生成的图表到 Word 文件中。这样就可以在 Word 文件中轻松地观察数据的对比。

5.3.5 拓展练习

为了使读者能够充分应用本章所学知识，在工作中发挥更大作用，因此，在这里将列举两个关于本章知识的其他应用实例，以便开拓读者思路，起到举一反三的效果。

1 员工考勤表

灵活运用本章所学知识，制作如图 5-107 所示的公司员工考勤表。

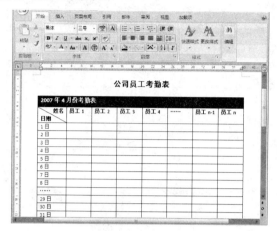

图 5-107

结果文件：CDROM\05\5.3\职业应用 2.docx

在制作本例的过程中，需要注意以下几点：

（1）根据公司员工数量的多少，确定考勤表的列数。

（2）由于每个月份的天数都不相同，因此应注意每个月考勤表具有不同的行数。

（3）由于考勤表具有列标题和行标题两种标题，因此，在列标题与行标题的交会处，需要制作斜线表头。

（4）在表头的上一行填写不同的月份数，需要进行合并单元格。

（5）为了最后考勤表的美观，可以在制作完成后对其套用表样式，或做自由处理。

2 经济数据分析

运用表格和图表的相关知识，以"2000—2007年我国经济相关数据汇总表"进行经济数据分析。

结果文件：CDROM\05\5.3\职业应用 3.docx

2000—2007 年我国经济相关数据汇总表如图 5-108 所示。

完成的图表效果如图 5-109 所示。

在本练习的操作过程中需要注意以下几点：

（1）根据前面的讲解，请分别用两种不同的方法创建图表，合理套用图表样式。

（2）需要手动插入图表标题，并编辑标题内容。

（3）设置图表背景是需分别设置绘图区背景和图表区背景。

（4）更改图表类型，保存模板以便日后重复使用该种样式。

图 5-108

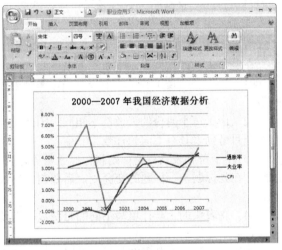

图 5-109

5.4 温故知新

本章对 Word 2007 中表格和图表的各种操作进行了详细讲解。同时，通过大量的实例和案例让读者充分参与练习。读者要重点掌握的知识点如下：

- 创建表格的方法
- 选择表格元素的方法
- 调整表格结构的方法
- 在表格中输入文本内容

- 设置表格中文本的对齐方式
- 设置表格的尺寸和外观
- 创建图表的方法
- 调整表格结构的方法

 学习笔记

第 6 章
Word 2007 的高级排版

【知识概要】

我们通常看到一些比较专业的 Word 文档，虽然篇幅很长，但是版面整洁、样式丰富、条理清晰。这些文档熟练地运用了样式、模板、批注和修订功能，读者可以结合 Word 2007 提供的丰富的视图工具，方便快速地浏览、编辑文档内容，优化文档格式。

本章将讲解在 Word 2007 中如何使用样式、模板、批注、修订以及快速浏览文档等方面的知识。

6.1　答疑解惑

我们在制作一个较长篇幅的文档时，如何做到版面整洁、样式丰富和条理清晰？制作完成后如何才能方便快速地浏览、编辑文档内容，优化文档格式？在此之前需要了解 Word 2007 高级排版的一些基本常识。

6.1.1　什么是样式

样式是一套预选设置好的，由字号、字体、段落、项目符号等在内的若干种格式组成的文本格式集，是修饰文本的一组参数。

样式分为两种：即内置样式和自定义样式。内置样式是 Word 2007 自带的样式，自定义样式是用户在使用 Word 2007 的过程中将自己常用的多种格式定义而成的样式。运用样式能够快速、便捷、高效地设置文字格式和段落格式。

它具有如下特点：

- 利用样式可以把段落、文字等格式组合成一个整体，方便用户的使用，还可以方便地将一个文档的样式应用到另一个文档。
- 当修改某样式中的格式时，整个文档中用该样式定义的文本格式都可以自动更改为新格式，而不必分别更改每处格式，能减轻修改的工作量。

6.1.2　样式有哪些类型

样式大体上分为以下 4 类：

- 字符样式：包括各种字体格式，如字体、字号、字符底纹和字体颜色等。

- 段落样式：包括各种段落格式，如文本对齐、行距和段落缩进等。
- 表格样式：可以为文档中的表格提供一致的如边框、阴影、对齐方式和字体等样式的外观。
- 列表样式：可以为列表运用相似的多级对齐、项目符号和编号的字符以及字体。

6.1.3　内建样式有什么用

在 Word 2007 中提供了许多内建的常用样式，如"标题"、"项目编号"及各种"内文"等，称为内建样式。内建样式在编排长篇文档的过程中极其有用，是极富价值的重要工具。

Word 提供的内置样式中虽然大部分设定不适合用户，但只要用户稍微修改就可以，而且内建样式的名称也是可以修改的，内建样式的名称是使用 Word 2007 进行高级排版时的依据。

此外，Word 2007 还可以自动化抽取标题成为目录、自动化抽取索引项目成为索引，自动化变更图标号和表标号，并自动化抽取图标号成为图目录、自动化抽取表标号成为表目录。例如，Word 2007 可以自动收集文档中的样式为标题 1~标题 9 的字符，生成目录，并以目录 1~目录 9 的样式表现多达 9 层的目录列表。Word 2007 还可以收集文档中的索引项目，并以索引 1~索引 9 的样式表现多达 9 层的索引。

6.1.4　模板是什么

模板又称样式库，是一群样式的集合，包含页面布局，如纸张、页边距、版式和文档网格等。通常，在工作中需要重复使用某一常用样式的文档时，不必每次都对文档中的样式进行设置，只需通过创建模板把样式信息保存起来，以便在多个文档中重复使用这些样式。

在创建一个新文档时，只要加载某个模板，便可将其中所有的样式设定套用于新文档上。在 Word 2007 中，模板的扩展名是.dotx。启用宏的模板的扩展名是.dotm。

例如，商务策划案是在 Word 中编写的一种常用文档。您可以使用具有预定义页面版式、字体、边距和样式的模板，而不必从零开始创建商务策划案的结构。您只需打开一个模板，然后填充特定于您的文档的文本和信息即可。在将文档保存为.dotx 或.dotm 文件时，文档会与文档基于的模板分开保存。

6.1.5 Normal.dotx 是什么

Normal.dotx 其实就是一个特殊模板，该模板中包含了决定文档基本外观的默认样式和自定义设置。Normal.dotx 模板和文档的层次关系如图 6-1 所示。

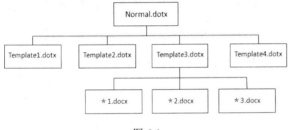

图 6-1

模板分为共用模板和文档模板。共用模板包含 Normal.dotx 模板中的所有设置，并适用于所有文档，运行 Word 2007 时的空白文档就基于 Normal.dotx 模板；文档模板所含的样式仅适用于以该模板为基础的文档，是 Template 级的模板。

用户在操作 Word 2007 时，若将样式保存于 Normal.dotx 中，那么这些更改样式将会在所有后继开启的 Word 文档中出现。

6.1.6 批注和修订有什么作用

Word 2007 提供的批注和修订功能使多个用户协作编辑或审阅文档的工作变得方便简单。

文档建立者在建立好文档后，一般会在一定范围内进行传阅、修改。利用 Word 2007 中的批注功能，可以在不修改原始文档的情况下对文章进行建议性审阅，而且可以多人对一个文档加入不同的批注，最后由文档建立者统一阅读批注，考虑审阅者

的意见，对文档进行修改，这就大大减少了文档修改的工作量，缩短了审阅周期。如图 6-2 所示是带有批注和修订的文档。

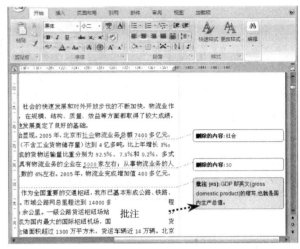

图 6-2

6.2 实例进阶

本节将通过实际例子对 Word 2007 中的样式、模板、视图、批注和修订进行由浅入深的详细讲解。

6.2.1 使用样式

Word 2007 提供了多种样式，用户可以直接使用系统内置样式，也可以在此基础上作修改，还可以根据需要创建新的样式，满足高级编辑排版的需要。

💿 素材文件：CDROM \06\6.2\素材 1.docx

1 使用现有样式

如前所述，Word 2007 提供的段落样式、字符样式、表格样式和列表样式，这些样式多达数十种，使用现有样式能方便地编辑出准专业的文档。使用现有样式也有多种，下面将分别介绍。

● 通过任务窗格

使用样式最简单的方式就是通过任务窗格设置。具体操作步骤如下：

① 选定文档中需要更改或设置的字符、段落、表格和列表。

② 在功能区"开始"选项卡的"样式"选项组中，提供了几种简单的样式，单击调整按钮可以浏览其他样式，单击"其他"下拉列表按钮可浏览所有的图表样式，光标在样式上拖动，可即刻从文档中预览到选定文本的效果，如图 6-3 所示。

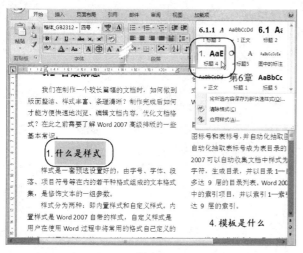

图 6-3

也可以单击"样式"选项组右下角的对话框启动器按钮 ，在弹出的"样式"任务窗格中选择所需的样式，如图 6-4 所示。

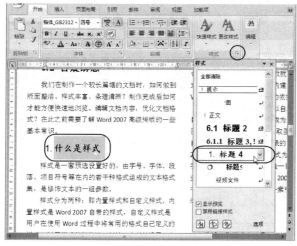

图 6-4

赠送两招

用段落样式定义文本时，如果只定义当前段落，不需要选择，只要把光标放在段落中，如果要定义多个段落，需要先选定这些段落，然后在"格式"工具栏的下拉式列表框中选择需要的样式。

用字符样式定义文本时，需要先选定要定义的文字，然后在"格式"工具栏的下拉式列表框中选择需要的样式。

● 通过格式任务窗格

在 Word 2003 中，格式任务窗格显示在 Word 界面的工具栏，如图 6-5 所示。

图 6-5

而在 Word 2007 中需要用户手动添加到"快速访问工具栏"，具体操作是：

① 单击 Word 2007 界面左上角的"Office 按钮" ，在弹出的下拉列表中单击位于右下角的"Word 选项"按钮，弹出"Word 选项"对话框，在对话框中作如图 6-6 所示的操作。

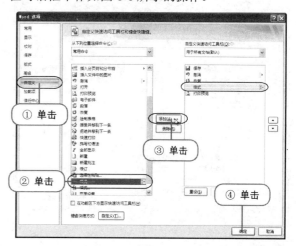

图 6-6

② "样式"被添加到"快速访问工具栏"。在应用样式时只需选定文档中的内容，单击"快速访问工具栏"上"样式"下拉按钮 ，在下拉列表中单击需要的样式即可，如图 6-7 所示。

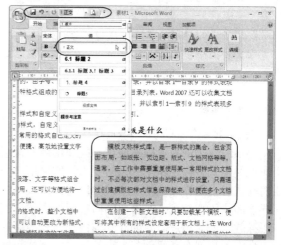

图 6-7

● 通过格式刷

通过"格式刷"命令可以复制一个位置的样式，然后将其应用到另一个位置，具体操作如下：

① 选定带有样式的文本，该文本的样式将要被复制到另外的文本中。

② 在功能区选择"开始"选项卡中"剪贴板"选项组的"格式刷"命令 ，光标变成 形状。此步骤可以由快捷键【Ctrl+Shift+C】组合键来代替，若要多次复制样式，可以双击格式刷命令 。

③ 将光标移至需要该种样式的文本处，选定这些文本拖曳鼠标，这些文本立即变成指定格式，如图 6-8 所示。

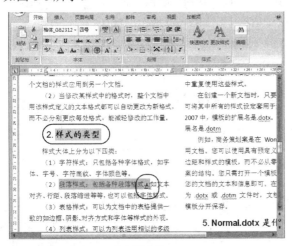

图 6-8

🎯 **高手支招**

除了上面介绍的几种方法之外，通过"重复"按钮同样可以方便地应用样式。

首先对要格式化的某一段落应用样式。

将光标移至下一个需要格式化的段落，单击"快速访问工具栏"的"重复"按钮 ，可以看到该段的应用了前一段的样式。

重复上一步操作，直到所有段落都应用此样式。

2 创建新样式

🌐 素材文件：CDROM \06\6.2\素材 1.docx

Word 2007 的内置样式通常不能满足用户排版工作中对样式多样化和个性化的要求。如果用户需要的样式与内置样式相差不多，可以适当修改内置样式以满足用户要求，在后面的内容中将讲述如何修改样式；如果用户需要的样式与内置样式相差甚远，那么用户就有必要创建一个新样式，创建新样式有两种方法：

● **根据样式设置创建新样式**

在已有样式的基础上创建新样式，具体方法如下：

① 将光标定位在任何位置，将以光标所在位置的样式（如"正文"）为基础创建新样式。

② 在功能区单击"开始"选项卡中"样式"选项组右下角的对话框启动器按钮 ，弹出"样式"任务窗格，如图 6-9 所示。

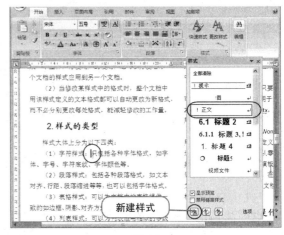

图 6-9

③ 在"样式"任务窗格左下角单击"新建样式"按钮，弹出"根据样式设置创建新样式"对话框，如图 6-10 所示。

图 6-10

④ 可以在"属性"和"格式"下进行必要的设置，如果需要更多设置，可单击对话框左下角的"格式"按钮，可以在弹出的格式菜单中选择要设置的选项。设置完后单击"确定"按钮即可。

⑤ 在"根据样式设置创建新样式"对话框中有很多供用户自主设置的选项，下面对它们一一作介绍：

● "名称"文本框：输入用户创建样式的自定义名称，如"正标题"，默认情况下是"样式"后面跟着数字。

- "样式类型"列表框：制定所创建的样式类型。可以根据需要从下拉列表框中选择包括"段落"、"字符"、"表格"和"列表"在内的多种类型。
- "样式基准"列表框：简单地说就是"以什么作为创建新样式的基准"。用户可以在下拉列表中选择任何一种样式，以此为基础创建新的样式，新样式将继承所选样式的所有格式，用户只需对不同部分进行修改即可。
- "后续段落样式"列表框：设置正在创建的新样式（如"正标题"）的下一段的样式。从下拉列表中选择一种样式，如选择"正文"，那么在文档中使用"正标题"的段落按回车键，下一段落就是"正文"样式。
- "格式"工具栏：可以在此设置文字的字体、字号、颜色、对齐方式、行间距等，如果这些设置不能满足用户的要求，还可以单击对话框左下角"格式"按钮来设置更多格式。
- 此外，还有"基于该模板的新文档"复选框和"自动更新"复选框。选择"基于该模板的新文档"复选框可以使任何使用该模板的文档使用此种样式。选择"自动更新"复选框可以简单地通过更新格式段落，用已有的样式来修饰样式。

● 根据格式设置创建新样式

在已有格式的基础上创建新样式，具体方法如下：

① 根据用户对文档的需求，对示例对象（如："段落"、"字符"、"表格"和"列表"）进行格式设置，形成已有格式的示例。

② 选定第①步设置好的示例，右击，在弹出的快捷菜单中选择"样式>将所选内容保存为新快速样式"命令，如图6-11所示。

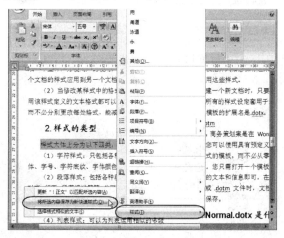

图 6-11

③ 弹出"根据格式设置创建新样式"对话框，在对话框的"名称"文本框中输入样式名称即可，如图6-12所示。

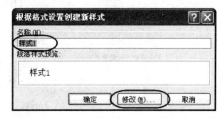

图 6-12

④ 若需进一步修改，则单击"修改"按钮，弹出"根据格式设置创建新样式"对话框，其操作与前面讲述的方法一样，如图6-13所示。

图 6-13

温馨提示

如果在"根据格式设置创建新样式"对话框的"名称"文本框中输入的名称与现有样式名称冲突，系统会提示用户修改名称。

创建新样式完成后，选定需要应用样式的段落，可以快速地完成文档的格式化工作。图6-14是应用样式后的效果图。

③　设置样式快捷键

可以通过快捷键应用样式，在此之前，需要用户自己根据操作习惯为样式添加快捷键，这是在编排长篇文档的时候最节省时间的方式。

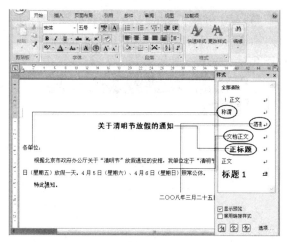

图 6-14

① 在"样式"窗格中，将光标移至某一样式，单击该样式最右端的下拉按钮，选择"修改"命令，弹出"修改样式"对话框，如图 6-15 所示。

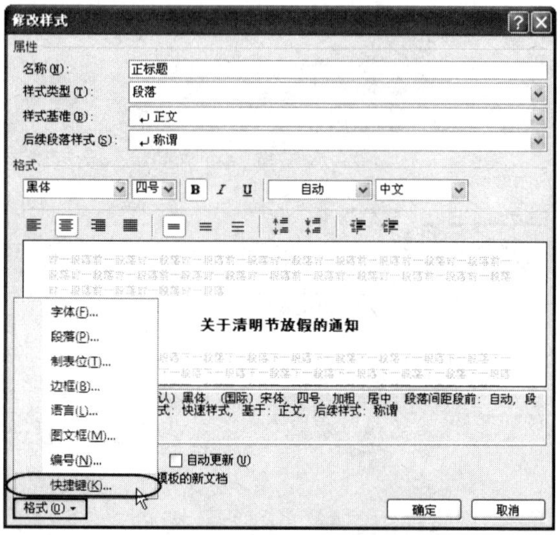

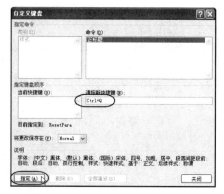

图 6-16

② 在"修改样式"对话框中，单击位于左下角的"格式"按钮，在弹出菜单中选择"快捷键"，弹出"自定义键盘"对话框，按下要设置的组合快捷键，它们将会显示在对话框的"请按新快捷键"文本框中，单击对话框左下角的"指定"按钮，按下的组合快捷键在"当前快捷键"文本框显示，关闭对话框即可通过设置的快捷键来对文档中所选内容应用样式了，如图 6-16 所示。

图 6-15

4 修改与删除样式

尽管我们在前面用了很大的篇幅来讲解如何创建样式，但难免创建的样式不能满足用户的需求，因此需要我们修改样式，无论是 Word 2007 的内置

样式还是用户自己创建的样式都可以修改，但内置样式不能删除。

● 修改样式

修改样式的常用操作方法如下：

① 在功能区单击"开始"选项卡中"样式"选项组右下角的对话框启动器按钮 ，弹出"样式"任务窗格。光标移至需要修改的样式，右键单击或该样式右端的下拉按钮 ，在弹出的快捷菜单中单击"修改"命令，如图 6-47 所示。

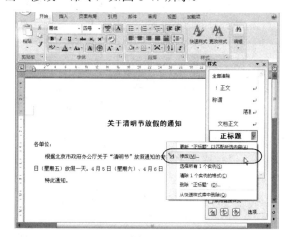

图 6-17

② 弹出"修改样式"对话框，修改方法与前面所述的"根据格式设置创建新样式"方法一样，如图 6-18 所示。

 高手支招

修改样式的另一种方法如下：

① 打开"样式"窗格。

② 选定文档中的文本、段落、列表或表格，并对它们进行格式设定。

③ 修改完后，右键单击"样式"窗格中原来的样式名称，在弹出的快捷菜单中单击"更新'××'以匹配所选内容"命令。

图 6-18

● 删除样式

可以从 Word 2007 中删除暂时无用的样式，但内置样式以及在内置样式基础上创建的样式不能被删除，具体操作如下。

① 打开"样式"窗格。将光标移至需要删除的样式上，右击，在弹出的下拉菜单中选择"删除××样式"命令，如图 6-19 所示。

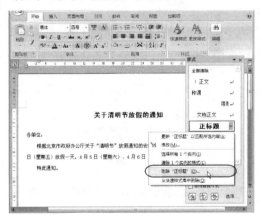

图 6-19

② 在弹出的信息提示框中，单击"是"按钮即删除该样式，如图 6-20 所示。

图 6-20

6.2.2　使用模板

如前面所述，模板是一群样式的集合，当用户在编辑多篇格式相同的文档时，不必每篇文档都分别设置样式，可以使用模板来统一文档风格，高效快捷地展开工作。

1　新建模板

新建模板有 3 种方法可以实现。

● 根据现有模板新建模板

在 Word 2007 中提供了形式多样的模板，允许用户以现有模板为基础创建新的模板。

① 启动 Word 2007，单击"Office"按钮 ，然后在弹出的菜单中单击"新建"命令，弹出"新建文档"对话框，如图 6-21 所示。

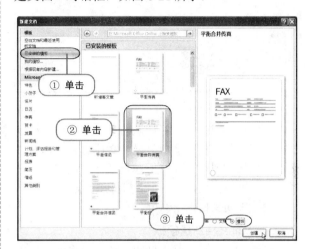

图 6-21

② 在"新建文档"对话框的"模板"下单击"已安装的模板"选项，在位于任务窗格中部的"已安装的模板"选项区中选择与要创建的新模板相似的模板，在任务窗格右侧可以预览所选模板，单击底部"新建"后的"模板"单选框，最后单击"创建"按钮，创建一个新模板，如图 6-22 所示。

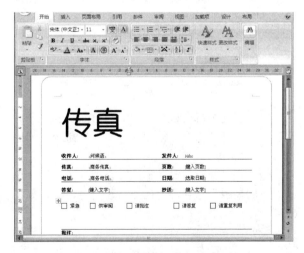

图 6-22

③ 在新建模板进行个性化编辑，用户可以改变模板的布局，在模板中任意添加文本、图片等并

设置它们的样式。完成编辑后，单击"快速访问工具栏"中的"保存"按钮 💾 保存模板，弹出"另存为"对话框，如图 6-23 所示。

图 6-23

④ 在"另存为"对话框的"保存位置"框中单击"受信任模板"选项，在"文件名"文本框中输入新模板的名称，在"保存类型"下拉列表中选择 Word 模板。这样，一个新模板就创建完成。

⑤ 关闭文档退出即可。

● **根据现有文档新建模板**

当用户在编辑一个文档时，若希望将该文档中的样式和设置保存以便日后再用，可根据该文档新建模板，具体操作如下。

① 文档设置好后，单击"Office"按钮 🔘，然后单击打开的命令窗格中的"另存为"命令。弹出"另存为"对话框。

② 在"另存为"对话框的"保存位置"框中单击"受信任模板"，在"文件名"文本框中输入新模板的名称，在"保存类型"下拉列表中选择"Word模板"。这样，一个新模板就创建完成。

● **通过自主定义新建模板**

可以通过自主定义来创建新模板，具体步骤如下。

① 启动 Word 2007，单击"Office"按钮 🔘，然后单击打开的命令窗格中的"新建"命令。弹出"新建"对话框。

② 在"新建"对话框的"模板"选项组下单击"我的模板"选项，弹出"新建"对话框，如图6-24 所示。

③ 在"新建"对话框的"我的模板"下选择"空白文档"，在右下角"新建"选项区选择"模板"单选框，单击"确定"按钮，打开一个可编辑的模板界面，如图 6-25 所示。

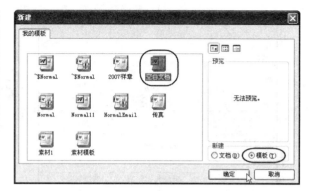

图 6-24

图 6-25

④ 在模板编辑区，可以根据需要改变模板的布局，任意添加文本、图片等并设置它们的样式。完成编辑后，单击"快速访问工具栏"中的"保存"按钮 💾 保存模板，弹出"另存为"对话框，如图 6-26 所示。

图 6-26

⑤ 在"另存为"对话框的"保存位置"列表框中单击"受信任模板"，在"文件名"文本框中输入新模板的名称，在"保存类型"下拉列表中选择"Word 模板"。

⑥ 这样，一个自主定义的新模板就创建完成，关闭文档退出即可。

2　使用已有模板

前面讲解了新建模板的多种方法，那么如何使用模板呢？下面的内容将着重解决这个问题。适用模板有两种情况，一种是直接建立带模板的文档，为一种是文档创建好后加载模板。

● 创建带模板的文档

使用 Word 2007 已有的模板创建文档，具体操作如下：

① 启动 Word 2007，单击"Office"按钮 📋，然后单击打开的命令窗格中的"新建"命令。弹出"新建文档"对话框，如图 6-27 所示。

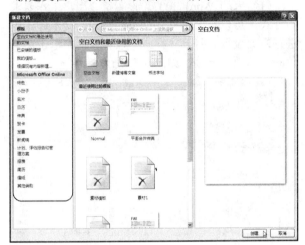

图 6-27

② 在"新建文档"对话框中，可以看到 Word 2007 通过多种方式为用户提供了丰富的模板，用户可以使用"空白文档和最近使用的文档"、"已安装的模板"以及"我的模板"等，用户还可以通过 Microsoft Office Online 在线搜索极富特色的模板。系统默认的是"空白文档"。选择所需模板，单击"新建"或"新建"后的"文档"，然后单击"创建"按钮即创建一个带模板的文档。

● 为文档加载模板

用户可以为创建好的文档加载模板，具体操作步骤如下。

① 打开创建好的文档。

② 单击"Office"按钮 📋，在弹出的菜单中单击"Word 选项"按钮，弹出"Word 选项"对话框，如图 6-28 所示。

③ 在"Word 选项"对话框中，单击"加载项"选项。在对话框底端的"管理"下拉列表中选择

"Word 加载项"，然后单击旁边的"转到"按钮，弹出"模板和加载项"对话框，如图 6-29 所示。

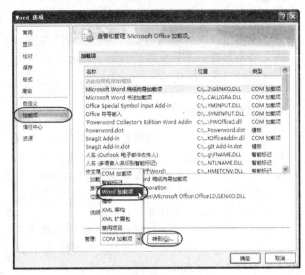

图 6-28

图 6-29

④ 在"模板和加载项"对话框中单击"选用"按钮，弹出如图 6-30 所示的"选用模板"对话框，选择合适的模板后确定，单击"模板和加载项"对话框中的"确定"按钮即可。

图 6-30

温馨提示

在使用"为文档加载模板"功能时，由于创建的文档与模板相差甚远，例如一篇纯文字的文档要加载一个带表格的模板，这时就达不到理想的效果。

3 将样式保存到模板

用户如果在一个文档或模板中运用了某一种或几种样式，默认状态下，这些样式只能在这个文档或模板中出现，可以将样式保存到 Normal.dotx 模板或别的模板中，避免每建立一个新文档都要再建立一遍样式的情况，具体操作如下。

① 文档或模板设置好样式后，打开"样式"任务窗格，单击左下角的"管理样式"按钮 <img>，弹出"管理样式"对话框，如图 6-31 所示。

图 6-31

② 在"管理样式"对话框中，单击"基于该模板的新文档"单选框，以后凡是基于该模板的文档都可以运用这些样式。

③ 单击"导入/导出"按钮，弹出"管理器"对话框，如图 6-32 所示。

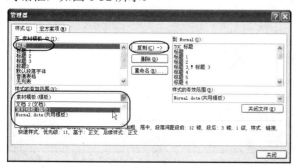

图 6-32

在"管理器"对话框的"样式"选项卡下，可以将左侧当前文档（如 Doc1 文档）的样式复制到 Normal.dotx 模板，"在 Doc1 中"选择样式，单击"复制"按钮，直到所有样式都复制完成，关闭对话框即可。这样 Normal.dotx 模板（当然也可以不是 Normal.dotx 模板，而是用户自己设置的其他模板）中就有了用户为 Doc1 文档设置的样式。

4 修改 Normal.dotx 模板

用户每次启动 Word 2007 时系统自动打开的空白文档实际上就是 Normal 模板，Normal 模板对字体、页面布局、文本格式等都有默认设置，用户可以根据实际工作需要修改 Normal.dotx 模板。具体操作步骤如下。

① 启动 Word 2007，设置符合用户工作要求的样式，可以对段落样式、页面布局、文本样式等进行修改设置。打开"样式"任务窗格，单击左下角的"选项"链接，如图 6-33 所示。

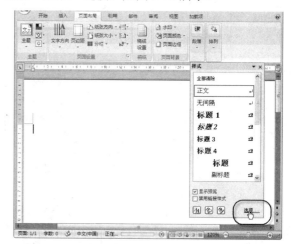

图 6-33

② 弹出"样式窗格选项"对话框，在对话框右下角单击"基于该模板的新文档"单选框，单击"确定"按钮即可，如图 6-34 所示。

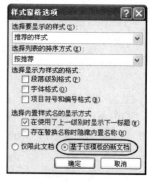

图 6-34

③ 修改文本样式。在功能区单击"开始"选项卡中"字体"选项组的右下角的对话框启动器按钮 ，弹出"字体"对话框，在对话框中选择"字体"和"字符间距"选项卡下的样式进行文本设置，如图 6-35 所示。最后单击"默认"按钮，将会弹出"是否将此更改应用于所有基于该 NORMAL 模板的新文档？"提示对话框，单击"是""按钮"即可。

图 6-35

④ 修改段落样式。在功能区单击"开始"选项卡中"段落"选项组的右下角的对话框启动器按钮 ，弹出"段落"对话框，在对话框中选择"缩进和间距"、"换行和分页"和"中文版式"选项卡的样式进行段落设置，最后单击"默认"按钮，将会弹出"是否希望此更改影响所有基于该 NORMAL 模板的新文档？"提示对话框，单击"是"按钮即可，如图 6-36 所示。

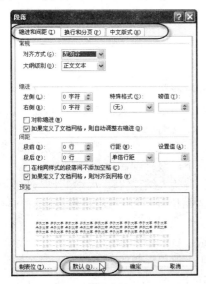

图 6-36

⑤ 修改页面布局。在功能区单击"页面布局"选项卡中"页面设置"选项组的右下角的对话框启动器按钮 ，弹出"页面设置"对话框，同样，在对话框中对"页边距""纸张""版式""文档网格"选项卡下的样式进行页面布局设置，最后单击"默认"按钮，将会弹出"此更改影响所有基于该 NORMAL 模板的所有新文档？"提示对话框，单击"是"按钮即可，如图 6-37 所示。

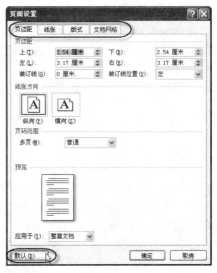

图 6-37

赠送两招

不仅可以修改 Normal.dotx 模板的样式，还可将暂时不用的样式删除，步骤具体如下：

（1）打开"样式"任务窗格，单击"管理样式"按钮，弹出"管理样式"对话框。

（2）在"管理样式"对话框中，勾选"基于该模板的新文档"单选框，单击"导入导出"按钮，弹出"管理器"对话框，如图 6-38 所示。

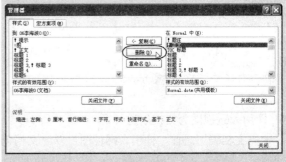

图 6-38

（3）单击"在 Normal 中"下文本框中的样式，然后单击"删除"按钮即可。

6.2.3 快速浏览文档

用户在编辑一个多章节的复杂的长篇文档时，常规的编排方法很难对付这么一个庞然大物，Word 2007 提供的文档视图、窗口等快速浏览功能大大地节省了用户编辑和浏览文档的时间。

1 使用大纲视图

读者通常都有这样的体会，当拿到一本图书时，首先翻开目录，以此了解图书的整体框架；同样地，当我们打开一份长篇 Word 文档时，如何才能了解其整个文档框架呢？大纲视图结合文档结构图能够很好地解决这个问题。

使用大纲视图之前，有必要了解一下大纲的基本情况。

素材文件：CDROM \06\6.2\素材 3.docx

● 大纲是什么

大纲就是文档中标题的分级，是标题的分层结构。用户可以通过大纲视图浏览整个文档结构，然后迅速定位到自己的兴趣所在点以便仔细阅读。此外，还可以通过大纲视图方便地书写大纲。

打开 Word 2007 文档。在功能区勾选"视图"选项卡中"文档视图"选项组的"大纲视图"复选框，进入"大纲视图"，图 6-39 所示就是在"大纲视图"下的一个大纲。

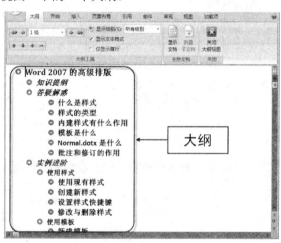

图 6-39

● 使用大纲视图为文档创建大纲

在文档编写之前，使用大纲视图可以为文档创建大纲，最多可创建 9 级大纲。具体操作步骤如下：

① 打开 Word 2007 文档新建一个空白文档，单击"快速访问工具栏"的"保存"按钮 ，弹出"另存为"对话框，保存文档，命名为"Word 2007 的高级排版"。在功能区勾选"视图"选项卡中"文档

视图"选项组的"大纲视图"复选框，切换到大纲视图，如图 6-40 所示。

图 6-40

② 创建大纲。用户在创作一篇文档时，可以先在大纲视图中列出文档的提纲和各级标题，然后再根据大纲逐步充实文档的内容。在"大纲视图"下的编辑区输入文档的大纲，如图 6-41 所示。

③ 调整大纲级别。在功能区"大纲"选项卡的"大纲工具"选项组中，有调整大纲级别的工具按钮 。 和 分别表示将所选项目提升为大纲的最高级别（即 1 级标题）和降低为大纲的最低级别（即 9 级标题）； 和 分别表示将所选项目提升 1 级和降低 1 级别。用户还可以直接单击下拉按钮 为项目选择级别。

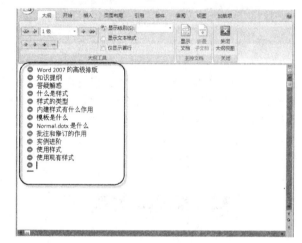

图 6-41

将光标移至需要调整大纲级别的标题处，单击工具按钮为所选项目调整大纲级别。在"大纲视图"中，每个标题的左边都有一个符号： 表示该标题带有下一级标题，如子标题或者正文； 表示该标题下没有下一级标题，如图 6-42 所示。

④ 调整大纲位置。"大纲工具"选项组中，还有调整大纲位置的工具按钮 。 和 表示将所选项目上移或下移。 和 表示展开或折叠所选项目。将光标移至需要调整的标题，单击 和 可调整标题的上下位置，将光标移至前面带 的标题上，单击 和 按钮可展开和折叠所选标题，如图 6-43 所示。

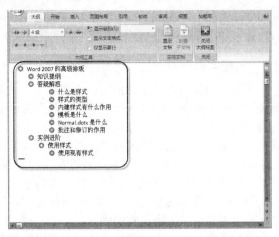

图 6-42

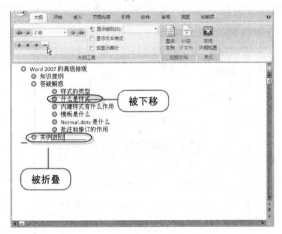

被下移

被折叠

图 6-43

⑤ "设置显示级别"、"显示文本格式"和"仅显示首行"。用户可以从"显示级别"的下拉列表中为大纲设置显示级别；可以单击"显示文本格式"复选框显示事先设置好格式的标题；当标题下有正文时用户还可以通过"仅显示首行"复选框来决定是否只显示正文的首行，如图 6-44 所示。

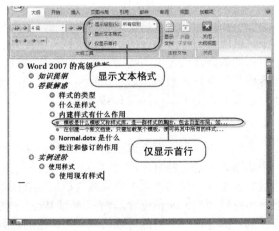

显示文本格式

仅显示首行

图 6-44

2 使用文档结构图

通过大纲视图为文档建立大纲后编写的文档，可以方便地了解文档层次结构，快速定位长篇文档，节省阅读时间。

素材文件：CDROM \06\6.2\素材 4.docx

● 打开文档结构图

在功能区勾选"视图"选项卡的"显示/隐藏"选项组中"文档结构图"复选框，即可出现文档结构图，如图 6-45 所示，当用户单击文档结构图中某个标题时就跳转到文档的相应位置。

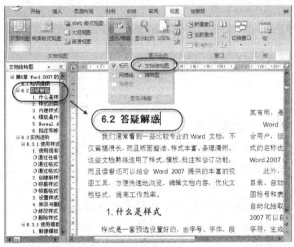

图 6-45

赠送两招

用户可能常常会遇到这样的情况，文档结构图中的标题因为太长不能完全显示，解决这个问题有以下两个方法：

调整文档结构图的窗格大小：将光标指向窗格右边，当光标变为 ◄‖► 形状时，向右拖曳鼠标即可。

将光标在标题上稍作停留，即可看到整个标题。

● 切换导航窗口

在文档结构图窗格除了可以显示标题之外，还可以切换导航窗口，显示每页文档的缩微图。具体操作是：在文档结构图窗格顶部的"切换导航窗口"，单击下拉按钮 ，在下拉列表中选择"缩微图"命令，在文档结构图窗格出现文档的缩微图，如图 6-46 所示。

● 调整窗格显示比例

若需调整文档结构图窗格的显示比例，可将光标箭头移至文档结构图窗格，滚动滑轮即可调整窗格显示比例。

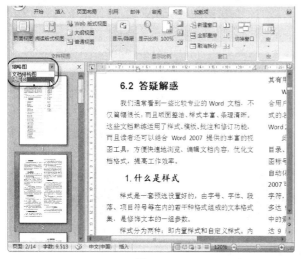

图 6-46

● **窗格显示级别**

为方便阅读，Word 2007 可对窗格中的标题进行灵活地折叠和展开。

如果要折叠某标题的下一级标题，可单击该标题旁边的折叠按钮 ⊟，如果要再次打开该标题的下一级标题，可以单击该标题旁边的打开按钮 ⊞。

用户可以自主选择窗格显示标题的级别。将光标移至标题前面的打开按钮 ⊞ 或 ⊟ 折叠按钮上，右击，可以在下拉菜单中选择显示级别，如图 6-47 所示。

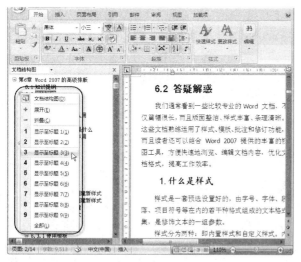

图 6-47

● **关闭窗格**

如果要关闭文档结构图窗格，可以在功能区"视图"选项卡的"显示/隐藏"选项组中，取消"文档结构图"复选框；也可以单击文档结构图窗格右上

角的关闭按钮 ×；还可以将光标指向窗格右边，当光标变为 ↔ 形状时，双击。

3 调整大纲级别

调整大纲级别可以参见前面讲述的通过在"大纲视图"下"大纲"选项卡的"大纲工具"选项组中的 ⇔ ⇔ 4级 ▾ ⇒ ⇒ 来调整。此外，还有一种调整大纲级别的方法，即通过"段落"对话框为段落指定大纲级别，这种调整方式只改变段落的级别，并不改变文字的显示格式。具体操作步骤如下。

① 打开需要调整大纲的 Word 2007 文档，将光标移至需要调整大纲级别的段落。

② 在功能区单击"开始"选项卡中"段落"选项组的右下角的对话框启动器按钮 ⬚，弹出"段落"对话框，如图 6-48 所示。

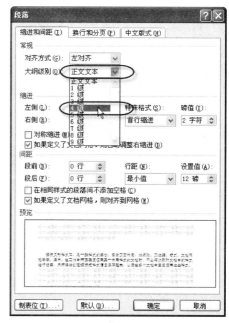

图 6-48

③ 在"段落"对话框的"缩进和间距"选项卡下，从"常规"选项区的"大纲级别"下拉列表中为所选的段落设置大纲级别，单击"确定"按钮。为各段落设置好大纲级别后，切换到大纲视图，可预览各段的大纲级别，如图 6-49 所示。

4 拆分窗口

我们的工作中有时会遇到这样的情况：在编辑一个篇幅较长的文档时，需要引用或查看文档前面的数据或文字，我们不得不定位到文档前方查找，然后再返回到当前编辑位置。现在，通过 Word 2007 提供的"拆分窗口"功能可以帮助我们快速的达到目的。

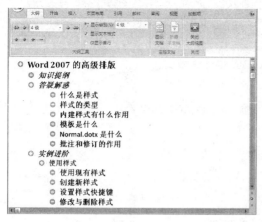

图 6-49

● 拆分窗口

① 打开文档，在功能区选择"视图"选项卡"窗口"选项组中"拆分"命令，光标指针变成 ⇵ 形状并出现一条贯穿屏幕的线条，如图 6-50 所示。

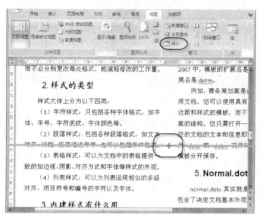

图 6-50

② 上下移动光标，线条跟着运动，根据用户要求在合适的位置单击，Word 窗口被拆分成两部分，每个窗口的内容是独立的，但仍然是同一篇文档，如图 6-51 所示。

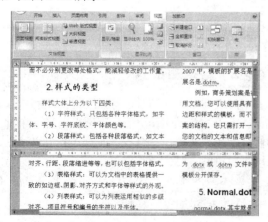

图 6-51

● 调整窗口

① 如果窗口大小不适合，即使在拆分后用户也可以对其作调整，将光标移至两个窗口的交界处，光标指针变成 ⇵ 形状时，拖曳鼠标上下移动调整窗口大小，在合适的位置松开鼠标即可，如图 6-52 所示。

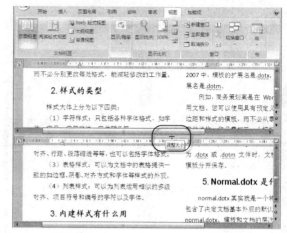

图 6-52

② 取消拆分窗口。在功能区选择"视图"选项卡"窗口"选项组中"取消拆分"命令，如图 6-53 所示。

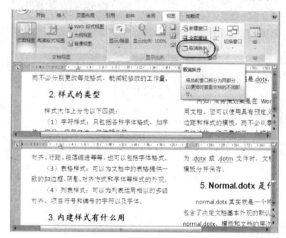

图 6-53

🔖 赠送两招

取消拆分窗口还有一个简便的方法，将光标移至两个窗口的交界处，光标指针变成 ⇵ 形状时，双击即可关闭拆分窗口。

5 并排查看窗口内容

当用户在编辑一个文档时，不仅需要查看或引用本文档前面的内容，还有可能查看或引用其他文档的内容，为方便快速阅读浏览，Word 2007 提供"并排查看窗口内容"功能。

打开另外一个或多个需要查看或引用的文档，然后切换到当前编辑的窗口。在功能区选择"视图"选项卡"窗口"选项组中"并排查看"命令。

① 如果当前打开的 Word 文档只有两个，则两个文档即刻并排显示在屏幕上，如图 6-54 所示。

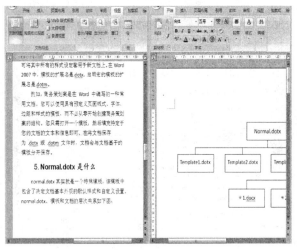

图 6-54

② 如果当前打开的 Word 文档不止两个，而是多个，则弹出"并排比较"对话框，如图 6-55 所示。

图 6-55

在对话框中选择需要查看或引用的文档，单击"确定"按钮即可。

6 取消同步滚动窗口功能

默认状态下，滚动滑轮，两个并排的窗口的内容可以同时滚动。用户可以取消同步滚动窗口，具体操作步骤是：在功能区选择"视图"选项卡下"窗口"选项组"窗口"命令，打开下拉菜单，单击"同步滚动"命令，可以取消同步滚动，如图 6-56 所示。

7 取消并排查看

在功能区选择"视图"选项卡下"窗口"选项组的"窗口"命令，打开下拉菜单，单击"并排查看"命令，可以取消并排查看。

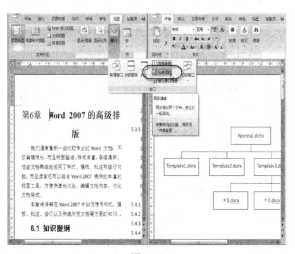

图 6-56

8 切换窗口

Word 2007 提供"切换窗口"功能来满足用户在多个 Word 文档之间自由切换。

在功能区选择"视图"选项卡下"窗口"选项组"切换窗口"命令，打开下拉列表，下拉列表中有用户打开的所有 Word 文档文件名，文件名前面带 ☑ 标志的表示当前文档，单击需要切换的文件名即可，如图 6-57 所示。

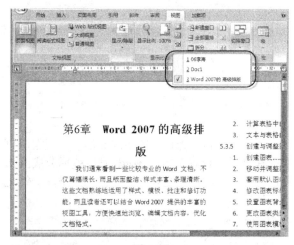

图 6-57

6.2.4 批注和修订

审阅者在审阅文档时，可以通过批注和修订来对文档提出注解说明和更改，审阅者的每一个批注和修订都能被文档作者查看，而且作者可以接受或拒绝来自审阅者对文档的更改。

素材文件：CDROM \06\6.2\素材 5.docx

1 为文档添加批注和修订

批注是附加到文档上的注释，既不会影响文档的格式，也不会被打印出来。

● 为文档添加批注

为文档添加批注的具体操作步骤如下。

①　选定需要添加批注的对象或将光标移至段落的尾部。

②　在功能区选择"审阅"选项卡中"批注"选项组的"新建批注"命令，在文档的右侧空白区域出现一个批注框，向批注框中添加批注内容，如图 6-58 所示。

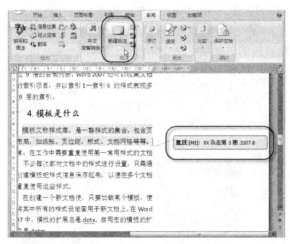

图 6-58

● 为文档添加修订

设置审阅者用户名。

审阅同一篇文档时，为了与其他审阅者的修订区分开来，方便作者了解文档中的修订和批注来自何处，在此之前需设置审阅者用户名。具体操作是：在功能区选择"审阅"选项卡中"修订"选项组的"修订"命令，在弹出的下拉菜单中单击"更改用户名"命令，在弹出的"Word 选项"对话框中修改用户名，如图 6-59 所示。

图 6-59

为文档添加修订。

前面的准备工作做好之后，现在开始为文档添加修订。

①　打开需要修订的文档。

②　在功能区选择"审阅"选项卡中"修订"选项组的"修订"命令，在弹出的下拉菜档中单击"修订"命令，如图 6-60 所示。

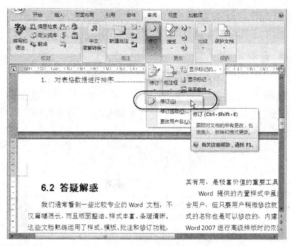

图 6-60

③　启动修订功能后"修订"按钮突出显示。现在开始对文档进行插入、删除、移动和格式更改等操作，这些操作将即时在文中显示，如图 6-61 所示。

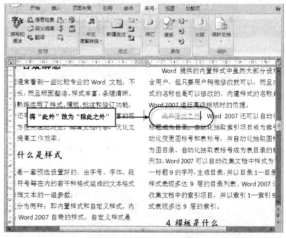

图 6-61

> **温馨提示**
>
> 审阅者为文档插入批注后，批注框有 3 种显示方式，在"修订"选项组中的"批注框"下拉菜单中可以选择，分别是：
>
> 在批注框中显示修订：所有的修订将在批注框中显示，包括对文档的批注。

以嵌入方式显示所有修订：所有的修订将直接在文档的修订处显示，包括对文档的批注。

仅在批注框中显示批注和格式：在批注框中只有对文档的批注和格式更改才显示，其余更改直接显示在文档的修订处。

2 查看已有的批注和修订

由于显示方式不一样，有时可能在屏幕上看不到批注和修订，要查看批注和修订，可以如下操作：

● 查看批注

在功能区选择"审阅"选项卡中"批注"选项组的"上一条"命令或"下一条"命令，可以很方便地查看各个批注，并可上下移动，如图6-62所示。

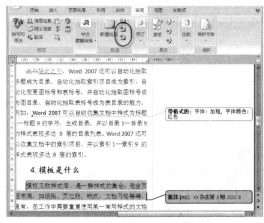

图 6-62

● 查看修订

在功能区选择"审阅"选项卡中"修订"选项组的"审阅窗格"下拉按钮，在弹出的下拉菜单中单击"垂直审阅窗口"或"水平审阅窗口"命令，文档左侧或下侧将出现审阅窗口，在此窗口可以看到文档的所有批注和修订，如图6-63所示。

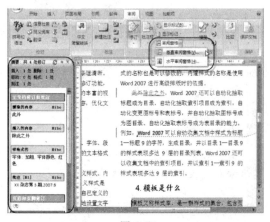

图 6-63

3 修改已有的批注和修订内容

文档审阅者和作者可以在批注框或审阅窗格内修改编辑已有的批注和修订内容。还可以更改内容的格式，也可以使用样式。

4 接受或拒绝批注和修订

文档作者在查看文档的审阅情况时，可以考虑是否接受来自审阅者的批注和修订。

● 接受批注和修订

① 将光标定位在文档的批注和修订位置。

② 在功能区选择"审阅"选项卡中"更改"选项组的"接受"命令，在弹出的下拉菜单中有四个命令，作者可以单个查阅接受批注和修订，还可以接受文档中所有的批注和修订，并可以单击"上一条"命令或"下一条"命令移动定位文档中的批注和修订位置，如图6-64所示。

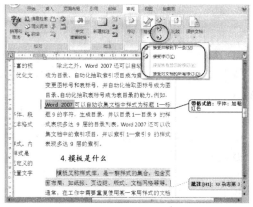

图 6-64

● 拒绝批注和修订

操作方法与接受批注和修订相似，不同的是在"更改"选项组中要单击与"拒绝"相关的命令如图6-65所示。

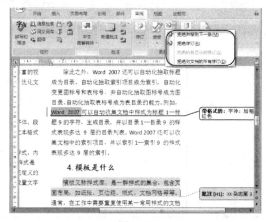

图 6-65

5　设置批注和修订的样式

审阅者在审阅文章时，可以通过设置修订选项来设置批注和修订的样式，这样可以较为方便地区分同一审阅者不同的批注和修订以及不同审阅者对文档的批注和修订。具体操作步骤是：

① 在功能区选择"审阅"选项卡中"修订"选项组的"修订"命令，在弹出的下拉菜单中单击"修订选项"命令，弹出"修订选项"对话框，如图6-66 所示。

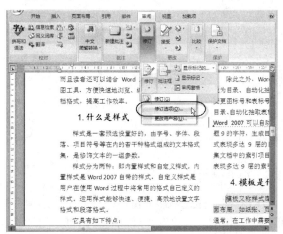

图 6-66

② 在"修订选项"对话框中，用户可以对在审阅中会遇到的各种情况进行标记设置，如插入、删除、移动和格式更改等操作，如图6-67 所示。

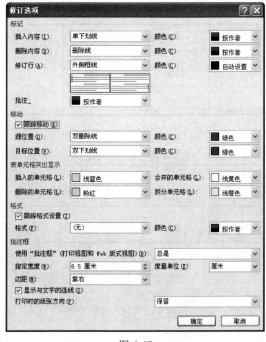

图 6-67

6.3　职业应用——文档的高级编排

任何一个办公人员不可避免地会遇到长篇文档的处理，这对很多读者看来处理长篇文档是一个比较头疼的事情，本节将通过一个实际工作例子，详细介绍办公人员在工作中应该如何处理如发展规划书、产品说明书、汇报材料、评审材料和投（招）标书等一类的长篇文档，通过掌握相关技巧，提高工作效率。

6.3.1　案例分析

本节将以编排《北京市"十一五"时期物流业发展规划》为例，从技术的角度，讲解如何编排长篇文档，以及对长篇文档的浏览和修订。

6.3.2　应用知识点拨

本案例应用的知识点概括如下：
1．创建样式
2．保存模板
3．创建大纲
4．添加文本
5．快速浏览文档
6．添加批注
7．添加修订

6.3.3　案例效果

结果文件	CDROM\06\6.3\职业应用 1.docx
视屏文件	CDROM\视频\第 6 章职业应用.exe
效果图	

6.3.4　制作步骤

1　创建样式

① 启动 Word 2007，在功能区单击"开始>样式"命令对话框启动器按钮 打开"样式"窗格，如图6-68 所示。

② 通过现有"标题"样式创建新样式。在"样式"窗格中，选择"标题"，右击，在弹出的菜单中单击"修改"命令，打开"修改样式"对话框，选

择"格式>字体"命令，设置为"黑体，三号，加粗，居中"，如图 6-69 所示。

（3）在标题 1 和标题 2 的基础上修改样式，分别设置为"宋体，三号，加粗，左对齐"和"宋体，小三，加粗，左对齐"。然后分别为其设置编号，在"修改样式"对话框选择"格式>编号"命令，在弹出的"项目和符号"对话框中单击"定义新编号格式"按钮，弹出"定义新编号格式"对话框，如图 6-70 所示。

图 6-68

图 6-69

图 6-70

（4）创建新样式。在"样式"任务窗格中选中单击"新建样式"按钮，创建标题 3，设置为"宋体，四号，左对齐"，编号格式为"（一）"。创建好的 4 级标题样式如图 6-71 所示。

图 6-71

2 保存模板

（1）在"样式"任务窗格中，单击"选项"按钮，在弹出的"样式窗格选项"对话框中勾选"基于该模板的新文档"单选框，如图 6-72 所示。

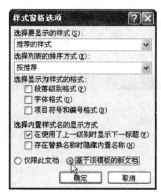

图 6-72

（2）在 Word 2007 窗口，单击"Office"按钮在弹出菜单中选择"另存为>Word 模板"命令，弹出"另存为"对话框，将文件另存为"素材模板"，如图 6-73 所示。

3 创建大纲

（1）启动 Word 2007，单击"Office"按钮在弹出的菜单中选择"新建"命令，将在"素材模板"基础上新建的文档另存为"素材 1.docx"。

（2）打开"素材 1.docx"，在功能区选择"视图>文档视图>大纲视图>"命令，切换到"大纲视图"，输入文档的大纲，如图 6-74 所示。

图 6-73

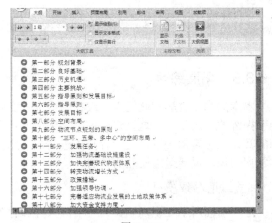

图 6-74

③ 调整大纲级别。选择除"规划背景"、"指导原则和发展目标"、"空间布局"、"发展任务"、"政策措施"之外的所有标题，并将它们的大纲级别调整为 2 级，如图 6-75 所示。

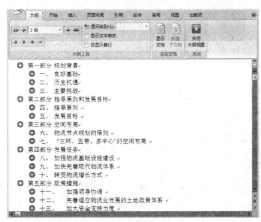

图 6-75

④ 调整编号。在大纲视图中，2 级标题是续接前一章节的标题的，如"第二部分"下的标题续接"第一部分"2 级标题。将光标移至编号上，右击，选择"重新开始于一"命令，效果如图 6-76 所示。

4 添加文本

① 关闭大纲视图，切换到页面视图。

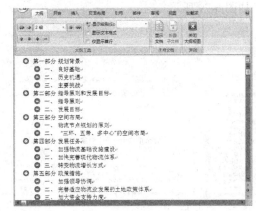

图 6-76

② 在页面视图下添加文档标题，应用"标题"样式，然后为每一个章节添加正文文本，如图 6-77 所示。

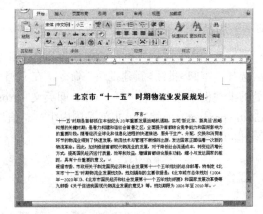

图 6-77

5 快速浏览文档

① 拆分窗口。在功能区选择"视图>窗口>拆分"命令，光标移动选择拆分位置，单击即可，如图 6-78 所示。

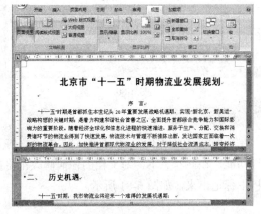

图 6-78

② 使用文档结构图。在功能区选择"视图>显示/隐藏>文档结构图"命令，即可打开文档结构图，如图 6-79 所示。

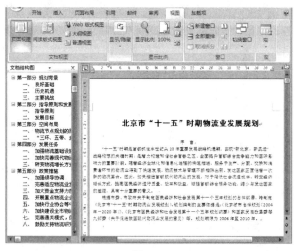

图 6-79

6 添加批注

选定文档中需要插入批注的内容"GDP"，在功能区选择"审阅>批注>新建批注"命令，在文档空白处的批注框中输入批注内容"GDP 即英文（gross domestic product）的缩写，也就是国内生产总值"，如图 6-80 所示。

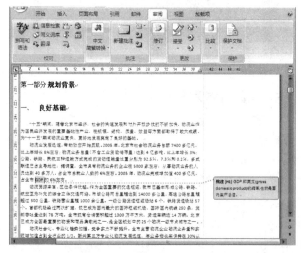

图 6-80

7 添加修订

在功能区选择"审阅>修订>修订"命令，打开修订功能，在此状态下，对文档的任何修改都将在文档中标记出来，如图 6-81 所示。

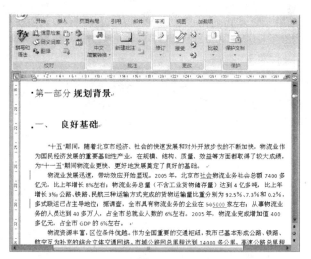

图 6-81

6.3.5 拓展练习

本章的知识讲解到此结束，现在是该读者实际动手操练的时候了，在这里将列举两个关于本章知识的其他应用实例，旨在使读者开拓思路，达到扎实掌握知识，灵活运用技能的目的。

1 员工请假条模板

运用前面所学知识，制作公司请假条并保存为模板，以便日后重复使用如图 6-82 所示。

结果文件：CDROM\06\6.3\职业应用 2.docx

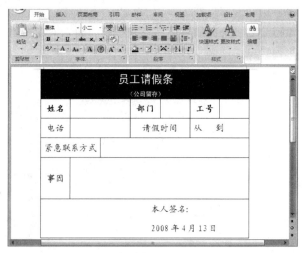

图 6-82

在制作员工请假条模板的过程中需要注意以下几点：

（1）制作请假条需要运用第 5 章 Word 2007 中表格的知识。

（2）将请假条的页面设置成 B5 大小。

（3）读者可以通过两种方法创建模板，即"根据现有文档新建模板"和"通过自主定义新建模板"，这两种方法创建出来的模板效果是一样的。

（4）读者创建好模板后，在工作中只需直接调模板添加数据即可，而模板中的数据不会改变。

2　编排一份文档

下面的例子是在工作中经常会遇到的：将一篇杂乱无章的文档编排好后交给领导批阅如图 6-83 所示。

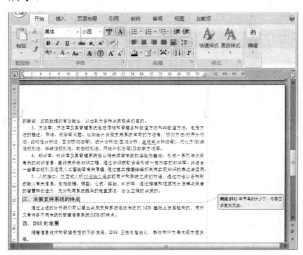

图 6-83

结果文件：CDROM\06\6.3\职业应用 3.docx

在本练习的操作过程中需要注意以下几点：

（1）在"正文"样式的基础上，修改成首行缩距 2 个字符，并命名为"正文@"样式。

（2）为文档创建"主题"新样式（黑体，小三，居中，首行缩距 0）和"样式 1"新样式（黑体，小四，左对齐，首行缩距 0，1.5 倍行距）。

（3）为文档中的正文、主标题和一级标题使用样式。

（4）运用文档结构图、拆分窗口、切换窗口等快速浏览文档。

（5）领导在批阅文档时会对文档批注和修改，读者可以领导的身份批阅文档。

6.4　温故知新

本章对 Word 2007 高级排版的各种操作进行了详细讲解。同时，通过大量的实例和案例让读者充分参与练习。读者要重点掌握的知识点如下：

- 使用样式的方法
- 创建样式的方法

- 创建模板的方法
- 快速浏览文档的方法
- 使用大纲视图为文档创建大纲的方法
- 为文档插入批注和修订的方法
- 查看、拒绝或接受批注和修订的方法

学习笔记

第7章
Word 2007 的自动化

【知识概要】

在我们的工作中会经常遇到长篇文档，如果您对 Word 2007 的自动化功能了解不多，那么长篇文档进行编排、浏览、信息提取等工作是十分让人头疼的。因此，办公人员掌握一定的 Word 2007 自动化操作技能对提高工作效率是非常有帮助的。

本章将详细讲解题注、自动编号、索引、目录和引用等方面的知识，帮助您轻松地完成工作。

7.1 答疑解惑

Word 2007 的自动化功能到底体现在什么地方？Word 2007 的自动化功能是如何实现的？一个普通用户如何快速掌握 Word 2007 的自动化操作技能？在回答这些问题之前我们有必要了解以下知识。

7.1.1 Word 2007 中自动编号

Word 2007 提供了项目符号、编号和多级列表三种自动编号。

项目符号是为了强调文档中的观点、条目和段落而在它们前面添加的特殊符号，用户还可以自定义符号形状，图 7-1 是 Word 2007 中的项目符号。

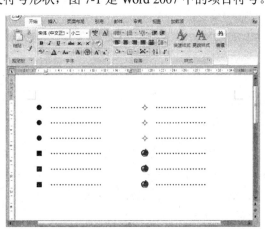

图 7-1

编号，在描述一个问题时，为了层次更加清晰明了而在每段路、章节和项目前面添加的编号，Word 2007 中常用的编号如图 7-2 所示。

多级列表是在段落缩进的基础上使用项目符号和编号的。

图 7-2

7.1.2 怎么理解题注

题注是一种编号标签，可添加到图片、表格、图表和公式等对象的上方或下方，以描述对象的属性。我们在阅读图书时常常能看到，一幅图片下方标注的"图 3 经济分析模型图"就是所谓的题注。

7.1.3 交叉引用是什么

交叉引用就是在文档的当前位置引用另一位置的内容。用户在编写一个长篇文档时，如果需要提及某个内容，可以在当前编辑点插入"本条例的注释详见文后的第 92 页附录 B"的字样，其中的"92"是根据"附录 B"在文档中的位置自动生成的。

由此可见，交叉引用可以实现同一文档中相互引用并自动更新页码或编号等内容。交叉引用还可以在一个主控文档下的子文档间相互引用。如果以超级链接方式插入交叉引用，那么用户在阅读文档时，可以通过单击交叉引用直接查看所引用的内容。

7.1.4　索引又是什么

索引是在打印文档中出现的单词和短语的列表，以及它们所在的页码。根据一定需要，把书刊中的主要概念或各种题名摘录下来，标明出处、页码，按一定次序分条排列，以供人查阅。设计科学编辑合理的索引不但可以方便阅读者，而且也是图书质量的重要标志之一。图 7-3 是索引的一个实例。

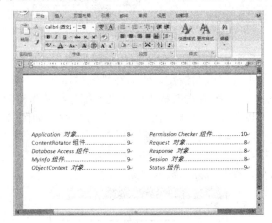

图 7-3

7.1.5　域是什么

Word 中"域"的英文意思是范围，相当于文档中可能在一定范围内发生变化的数据。实际上域有另外一种解释：域是 Word 中的一种特殊命令，是引导 Word 在文档中自动插入日期和时间、页码、脚注和尾注号码、数据计算或其他信息的一组代码。

例如，在文档中插入"日期和时间"，插入的"日期和时间"作为文档中可能改变的数据的占位符，会在文档中随时更新。

7.2　实例进阶

在这一节里，我们将着重学习如何使用题注、自动化编号、交叉引用、书签、超链接、目录和索引等方面的知识，帮助您快速掌握 Word 2007 自动化功能的基本操作。

7.2.1　使用题注

假设您编写了一篇 300 页的文档，其中插图 100 幅，要求在插图上添加"图 1 XX"、"图 2 XX"之类的图片标注，您会怎么做？是否需要为每一幅图手动添加标注呢？若要在编辑好的文档中间插入一幅图，是否需要手动更改每一幅图的标注呢？答案是"不需要"，使用"题注"能方便快捷地搞定这一切。

1　插入题注

Word 2007 可为图片、表格、图表和公式等对象插入题注，下面以"为图表插入题注"为例讲解如何插入题注。

　　素材文件：CDROM \07\7.2\素材 1.docx

① 选定文档中需要插入题注的对象。

② 在功能区选择"引用"选项卡中"文档题注"选项组的"插入题注"命令，弹出"题注"对话框，如图 7-4 所示。

图 7-4

③ 在"题注"对话框的"题注"文本框中输入对图表的描述，在"选项"下的"标签"下拉列表中选择"图表"，在"选项"下的"位置"下拉列表中选择"所选项目上方"或者"所选项目下方"，然后单击"确定"按钮，效果如图 7-5 所示。

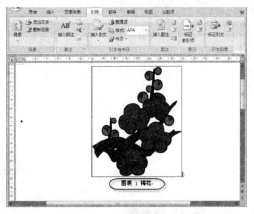

图 7-5

2　修改题注标签

Word 2007 自带了表格、图表和公式等几种标签类型，如果在使用过程认为这几种类型不太贴切，用户可以根据内容自行新建标签，具体操作步骤如下：

① 打开"题注"对话框。

② 在"题注"对话框中单击"新建标签"，弹出"新建标签"对话框，在对话框中输入自定义的标签内容，然后依次单击两个对话框的"确定"按

钮即可，如图 7-6 所示。

图 7-6

7.2.2 自动化编号

使用自动化编号增强了文档的层次感，同时也为用户减少了大量的重复性劳动。

1 认识多级列表

多级列表是为列表或文档设置层次结构而创建的列表，可以用不同的级别来显示不同的列表项。

实际上多级列表与加项目符号或编号列表相似，但是多级列表中每段的项目符号或编号根据段落的缩进范围而变化。多级列表是在段落缩进的基础上使用项目符号和编号的，多级列表功能可以自动地生成最多达 9 个层次的项目符号或编号。图 7-7 是 Word 中"多级列表"命令下的"列表库"下拉菜单。

图 7-7

2 定义新的多级列表

通常情况下，系统默认的多级列表不能满足我们的要求，虽然可以逐项定义，但重复的工作量很大，严重降低了工作效率。最好用户自定义一种中意的多级列表，以便随时调用。

(1) 在功能区选择"开始"选项卡中"段落"选项组的"多级列表"命令，在弹出的下拉列表中选择一种与需要最接近的样式，然后再打开下拉列表单击"定义新的多级列表"命令，如图 7-8 所示。

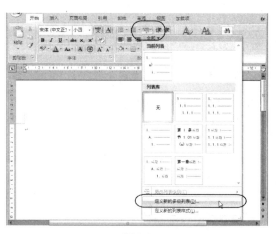

图 7-8

(2) 在弹出的"定义新的多级列表"对话框中，先单击要修改的级别，然后在"编号格式"下设置"输入编号的格式"和"此级别的编号样式"，用户还可以单击"字体"按钮设置编号属性。如图 7-9 所示，"输入编号的格式"文本框中，"第 1 章"的字样，其中"1"是自动编号，因此用户只需在"1"的左边和右边分别输入"第"和"章"。

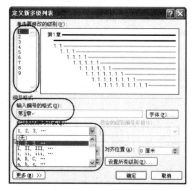

图 7-9

(3) 单击需要设置的每一个级别进行设置，并能即时预览，最多可以设置 9 级，设置完后单击"确定"按钮即可，图 7-10 是设置 4 级列表的对话框。

图 7-10

3 插入章节编号

上一讲中我们讲解了如何自定义多级列表，下面的内容将以上一讲定义的多级列表为例，讲解如何在文章中插入章节号。

素材文件：CDROM \07\7.2\素材 2.docx

● 为标题插入章节编号

① 在 Word 2007 中输入层次标题，如图 7-11 所示。

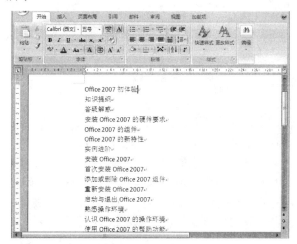

图 7-11

② 选定需要设置的层次标题，在功能区选择"开始"选项卡中"段落"选项组的"多级列表"命令，在弹出的下拉列表中单击设置好的多级列表样式，如图 7-12 所示。

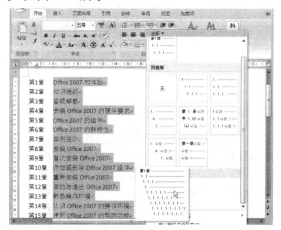

图 7-12

● 更改标题级别

选定的内容被设置成所选多级列表的 1 级标题样式，用户可更改标题级别。

① 选定某一标题，在功能区选择"开始"选项卡中"段落"选项组的"多级列表"命令，在弹出的

下拉列表中选择"更改列表级别"，在下拉菜单中显示了 9 个级别，单击其中任意级别即可，如图 7-13 所示。

图 7-13

② 依次为文档中的层次标题设置级别。如果连续几个标题属于同一级别，则可以同时选定，一次性设置，设置好的效果如图 7-14 所示。

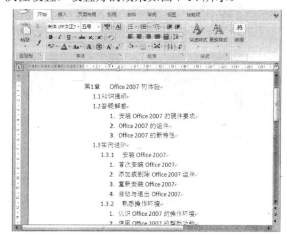

图 7-14

7.2.3 使用交叉引用

通过插入交叉引用，可引用本文档的另一个位置的内容，如果被引用的内容移至其他位置，则将自动更新交叉引用。下面将讲解交叉引用的创建和修改。

1 创建交叉引用

素材文件：CDROM \07\7.2\素材 3.docx

在文档中引用其他部分的信息，创建交叉引用能减轻工作量，减少差错。创建交叉引用的具体步骤如下。

① 打开素材文件，将光标移至需要插入交叉引用的位置，如图 7-15 所示。

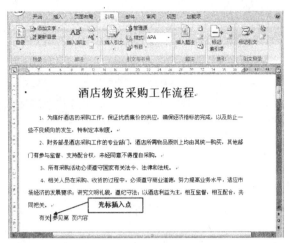

图 7-15

② 在功能区选择"引用"选项卡中"题注"选项组的"交叉引用"命令，弹出 "交叉引用"对话框，在对话框中可以引用编号项、标题、图表、公式等类型，以及这些类型的页码、段落编号、标题文字等内容，如图 7-16 所示。

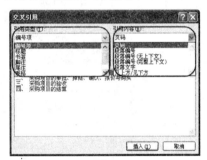

图 7-16

③ 以素材文件为例设置"交叉引用"对话框。在"引用类型"下拉列表中选择"标题"，在"引用内容"下拉列表中选择"标题文字"，然后在"引用哪一个标题"列表框下选择"一、采购项目的申请"，单击"插入"按钮即可，如图 7-17 所示。

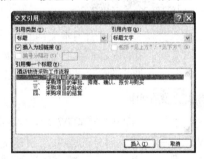

图 7-17

④ 依次为文档设置交叉引用，最后设置完成的效果如图 7-18 所示。

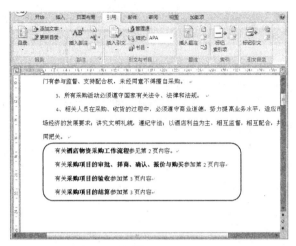

图 7-18

温馨提示

如果在"交叉引用"对话框中勾选"插入为超链接"复选框，那么设置完成后的交叉引用有超链接的功能，读者只需将光标移至该处，按【Ctrl】键，光标变成 形状，单击即可链接到引用的位置。

2 修改交叉引用

素材文件：CDROM \07\7.2\素材 3.docx

在完成交叉引用设置后，有时需要修改交叉引用的内容，如因内容调整，要将素材文件中原来的"详情参见错误！未找到引用源。"改为"详情参见采购项目结算"，则具体操作步骤如下。

① 选定文档中的交叉引用"采购项目的验收"。

② 在功能区选择"引用"选项卡中"题注"选项组的"交叉引用"命令，弹出 "交叉引用"对话框，在"交叉引用"对话框中选择新引进的项目"采购项目结算"，单击"插入"按钮即可，如图 7-19 所示。

图 7-19

7.2.4 插入书签

书签是指以引用为目的而加以标记和命名的位

置或者选择的文本范围。在 Word 2007 中，可以使用书签命名文档中指定的点或区域，以识别章、节、图形和表格的开始处，或者定位到特定的位置。这对用户浏览编辑长篇文档尤其方便。

1 添加书签

素材文件：CDROM \07\7.2\素材 4.docx

在 Word 2007 中，用户可以在文档的特定位置或区域插入书签，具体操作步骤如下。

① 打开素材文件，将光标移至需要添加书签的位置或选定某一对象，如图表、表格和文字等。

② 在功能区选择"插入"选项卡中"链接"选项组的"书签"命令，弹出"书签"对话框，如图 7-20 所示。

图 7-20

③ 在对话框的"书签名"文本框中输入用户自定义的书签名，单击"添加"按钮即关闭对话框，完成该书签的添加。

2 显示书签

默认状态下，添加完成的书签并不显示在文档中，设置显示书签功能可以使用户更有效的使用书签。

① 单击 Word 2007 界面左上角的"Office"按钮，在弹出的菜单中单击"Word 选项"按钮，弹出"Word 选项"对话框。

② 在"Word 选项"对话框，单击"高级"选项卡，在"显示文档内容"选项区勾选"显示书签"前的复选框，然后单击"确定"按钮即可，如图 7-21 所示。

③ 如果是为某一特定位置添加书签，书签会显示为Ⅰ符号，如果是为某一区域添加书签，则书签会显示为方括号[]。书签只显示在屏幕，不打印出来，如图 7-22 所示。

3 定位书签

有两种方法定位书签，分别是通过"书签"对话框来定位书签和通过"定位"对话框来定位书签。

素材文件：CDROM \07\7.2\素材 4.docx

图 7-21

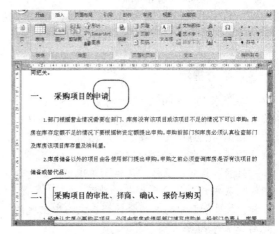

图 7-22

● 通过"书签"对话框来定位书签

① 打开需要定位的文档，如素材文件。

② 在功能区选择"插入"选项卡中"链接"选项组的"书签"命令，弹出 "书签"对话框。

③ 在对话框的"书签名"列表框中，单击要定位的书签名，然后单击"定位"按钮即可定为到书签指定位置，如图 7-23 所示。

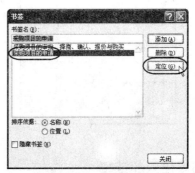

图 7-23

● 通过"定位"对话框来定位书签

① 打开需要定位的文档，如素材文件。

② 在功能区选择"开始"选项卡中"编辑"

选项组的"查找"命令，弹出"查找和替换"对话框，单击"定位"选项卡，或者按【Ctrl+G】组合键打开"定位"选项卡，如图7-24所示。

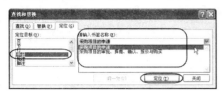

图 7-24

 在对话框的"定位目标"下拉列表中选择"书签"，在"请输入书签名称"下拉列表中列出该文档的所有书签，选择需要定位的书签，单击"定位"按钮即可定位到书签指定位置。

温馨提示

在很长的文档中如果使用了大量的书签，就会变得十分杂乱，而且给查找定位带来一定困难。在Word 2007的"书签"对话框中提供了对书签的排序功能，分别可以依据书签的"名称"和"位置"排序，选择"名称"单选框，则对话框的列表中的书签按名称进行排序，选择"位置"按钮，则对话框中的书签会按照在文档中出现的先后位置来排序。

4 删除书签

删除书签的具体操作如下。

① 在功能区选择"插入"选项卡中"链接"选项组的"书签"命令，弹出"书签"对话框。

② 在对话框中，单击"书签名"列表框中要删除的书签，然后单击"删除"按钮即可，如图7-25所示。

图 7-25

7.2.5 插入超链接

超链接就是将不同文档、对象和网络之间的数据和信息通过一定的手段链接在一起的链接方式。超链接以特殊编码的文本或图形的形式来实现链接，如果单击该链接，则相当于指示浏览器移至同页面的某个位置，或打开一个新的对象。

1 插入超链接

素材文件：CDROM \07\7.2\素材 5.docx

在 Word 文档中可以插入超链接，也可以为现有内容设置超链接。

● 直接插入超链接

① 将光标移至需要插入超链接的位置。

② 在功能区选择"插入"选项卡中"链接"选项组的"超链接"命令，弹出"插入超链接"对话框，如图7-26所示。

图 7-26

③ 在"插入超链接"对话框中，单击"链接到"选项区的"原有文件或网页"，在"要显示文字"文本框中输入"www.17u.net/news/newsinfo_15214.html"，在"地址"列表框中输入"http://www.17u.net/news/newsinfo_15214.html"。单击"确定"按钮，超链接插入文档中，效果如图7-27所示。

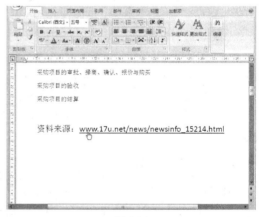

图 7-27

● 为现有内容插入超链接

① 选定文档中需要插入超链接的内容。

② 在功能区选择"插入"选项卡中"链接"选项组的"超链接"命令，弹出"插入超链接"对话框，如图7-28所示。

③ 在"插入超链接"对话框中，单击"链接到"选项区的"本文档中的位置"，在"要显示文字"文本框中输入"采购项目的申请"，在"请选择文档中

的位置"列表框中选择"采购项目的申请"。单击"确定"按钮，超链接插入文档中，效果如图 7-29 所示。

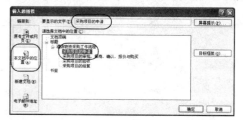

图 7-28

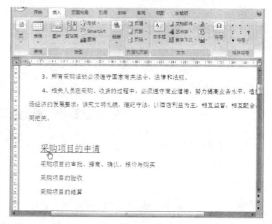

图 7-29

④ 将光标移至超链接处，按住【Ctrl】键，光标变为 ♨ 形状，单击即可链接到网页。注意，要链接至网页，必须保证计算机与网络相连接。

温馨提示

为了提醒阅读文章的读者注意文档中的超链接，用户可以在设置超链接屏幕显示。在"插入超链接"对话框右上角处单击"屏幕显示"按钮，弹出如图 7-30 所示的对话框，输入提示文字即可。当光标移至超链接时屏幕上方会有提示信息。

图 7-30

2　编辑超链接

在 Word 2007 中，可以编辑超链接的链接，也可以编辑超链接的外观格式。

● 编辑超链接的链接

① 选定或将光标移至文档中需要编辑的超链接。

② 在功能区选择"插入"选项卡中"链接"选项组的"超链接"命令，或者单击右键弹出 "编辑超链接"对话框，在对话框中更改超链接设置，最后单击"确定"按钮即可，如图 7-31 所示。

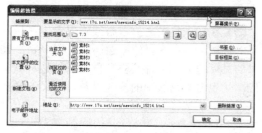

图 7-31

● 编辑超链接的外观

编辑超链接的外观和设置文档其他内容的外观一样，不但可以使用功能区"开始"选项卡下的"字体"和"段落"选项组，还可以为超链接应用样式。

3　取消超链接

取消超链接有两种方法，分别是：

① 打开"编辑超链接"对话框，单击"删除链接"按钮即可，如图 7-32 所示。

图 7-32

② 右击，在快捷菜单中单击"取消超链接"命令即可取消超链接。

高手支招

在一篇文档中大量使用了超链接，如果要取消左右超链接，一个一个取消工作量很大。如何批量取消超链接呢？先按【Ctrl+A】组合键全选，再【Ctrl+Shift+F9】组合键可取消所有链接。

7.2.6　自动化目录

目录通常是长文档不可缺少的部分，有了目录，用户就能很容易地把握文档的整体结构，很容易地知道文档中有什么内容。Word 2007 提供了自动生成目录的功能，使目录的制作变得非常简便，而且当文档发生了改变，还可以利用更新目录的功能来适应文档的变化。

1 自动插入目录

在 Word 2007 中，一般可以利用文档的标题或大纲级别来创建目录，下面讲解 Word 2007 的自动插入目录功能。

💿 素材文件：CDROM \07\7.2\素材 6.docx

① 在插入目录之前，必须确保希望在目录中显示的标题应用了内置的标题样式，即 Word 2007 提供的"标题 1"到"标题 9"的 9 种标题样式。或者应用了包含大纲级别的样式以及自定义的样式。如果没有，需选择标题应用样式，如图 7-33 所示。

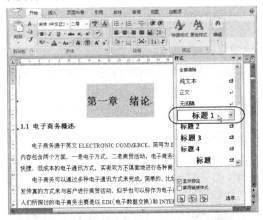

图 7-33

② 将光标移至文档中需要插入目录的位置。

③ 在功能区选择"引用"选项卡中"目录"选项组的"目录"命令，在弹出的下拉菜单中单击"自动目录 1"或"自动目录 2"，如图 7-34 所示。

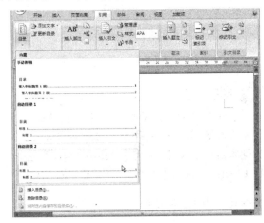

图 7-34

④ 自动生成的目录效果如图 7-35 所示。

2 自动更新目录

如果 Word 文档中的内容发生了变化，就需要个更新目录，使目录与文档内容保持一致。

① 将光标移至目录区域。

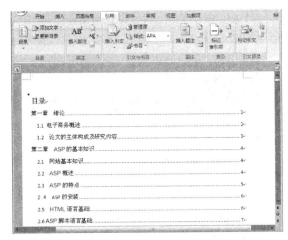

图 7-35

② 在功能区选择"引用"选项卡中"目录"选项组的"更新目录"命令，或者右击在快捷菜单中单击"更新域"命令，弹出"更新目录"对话框如图 7-36 所示。

图 7-36

③ 在对话框中，如果确认文档中为添加或修改任何标题，那么勾选"只更新页码"单选框即可，否则需"更新整个目录"。

高手支招

用户可以在选择目录后，按【F9】键来快速更新目录。

3 制作图表目录

图表目录是一种常见的目录，可以列出图片、图表和图形等在文档中的位置。题注标签或用户自定义的图表标签是创建图表目录的依据。

① 在创建图表目录之前，必须确保要创建图表目录的图片、图表和图形都有题注或图表标签。

② 将光标移至文档中需要插入图标目录的位置。

③ 在功能区选择"引用"选项卡中"题注"选项组的"插入图表目录"命令，弹出"图表目录"对话框，如图 7-37 所示。

④ 从对话框中的"题注标签"下拉列表中选择要建立目录的题注，如表格、公式、图标等，还可以从"格式"下拉列表中选择一种格式，单击"确定"按钮即可，创建的图标目录如图 7-38 所示。

⑤ 将光标移至超目录处，按住【Ctrl】键，光标变为 👆 形状，单击即可链接到目录对应的对象。

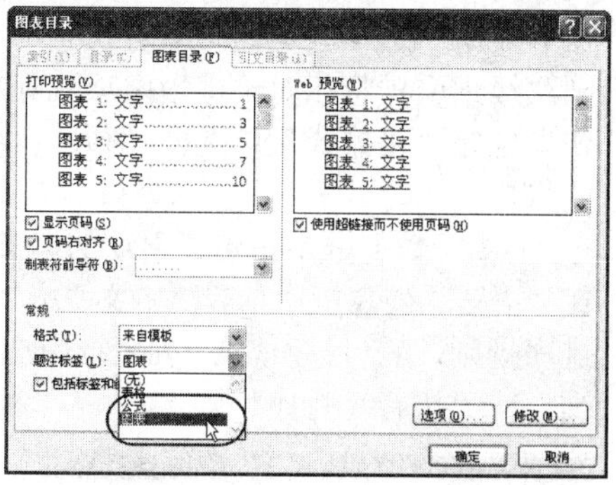

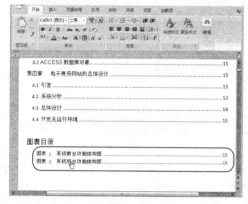

图 7-37

图 7-38

7.2.7　自动化索引

索引就是文档中用于罗列出现的单词、公式、术语、短语和主题等关键字，并指出它们所在页码的列表。在一篇长文档中创建索引可以方便读者对文档中的某些特定信息进行查找。

1　标记索引项

📀 素材文件：CDROM \07\7.2\素材 7.docx

在创建索引之前，必须标记文档中的索引项，Word 2007 可以为以下内容标记索引项：

- 单个单词、短语、符号
- 包含延续数页的主题
- 引用另一个索引项，如 " 'Database Access' 请参阅 '错误！未找到引用源。' "

● 为单词、短语和符号标记索引项

① 将光标移至需要插入索引项的位置，若要使用原有文本作为索引项，则选择该文本。

② 在功能区选择"引用"选项卡中"索引"选项组的"标记索引项"命令，弹出"标记索引项"对话框，如图 7-39 所示。

③ 在"标记索引项"对话框"索引"选项区下的"主索引项"文本框中输入文本，用户可以在"次索引项"文本框中创建次索引项。在"页码格式"区，

勾选"加粗"和"倾斜"复选框可设置页码格式；此外，在"主索引项"文本框中输入文本时，还可以右击，在下拉菜单中单击"字体"为文本选择显示格式。

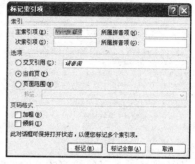

图 7-39

④ 设置完成后单击"标记"按钮，此时"取消"按钮变成"关闭"按钮，单击"关闭"按钮即可。若要标记文档中所有与此相同的文本，可单击"标记全部"按钮。标记索引项后 Word 会添加一个特殊的 XE（索引项）域，只能在"显示所有格式标记"的情况下才会显示，效果如图 7-40 所示。

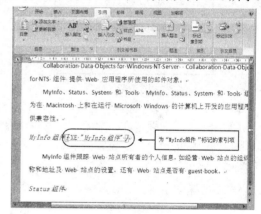

图 7-40

> **温馨提示**
>
> 标记完一个索引项后，如果需要标记下一个索引项，先不用关闭"标记索引项"对话框，直到标记完后单击"关闭"按钮即可。

● 为延续数页的主题标记索引项

在为延续数页的主题标记索引项时，首先须为主题添加书签，然后再标记索引项，具体操作步骤如下：

① 选择需要标记索引项的文本范围。

② 在功能区选择"插入"选项卡中"链接"选项组的"书签"命令，弹出"书签"对话框，具体设置参见"7.2.4　插入书签"，设置完成后的效果如图 7-41 所示。

151

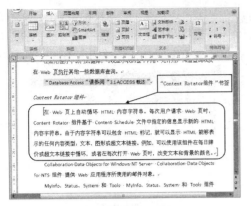

图 7-41

③ 在文档中单击书签标记的开始处。在功能区选择"引用"选项卡中"索引"选项组的"标记索引项"命令，打开"标记索引项"对话框，如图7-42所示。

图 7-42

④ 在对话框中输入索引名，在"选项"区勾选"页面范围"单选框，在"书签"文本框中输入或从下拉列表中选择上一步设置的书签名，然后单击"标记"按钮。

2 手工创建索引

💿 素材文件：CDROM \07\7.2\素材 7.docx

将文档中需要创建索引的对象标记完索引项后，用户现在可以手工创建索引。

① 将光标移至要插入创建索引的位置。

② 在功能区选择"引用"选项卡中"索引"选项组的"插入索引"命令，弹出"索引"对话框，如图 7-43 所示。

③ 在"索引"对话框中设置索引的格式，各设置区分别介绍如下：

- 勾选"页码右对齐"复选框，页码将排在最右边，否则页码紧跟在索引项后面。
- 在"制表符前导符"列表框中可选择不同格式的前导符。
- 在"格式"列表框中可为索引选择不同的格式，如果选择"来自模板"，则可以单击"修改"按钮在弹出的"样式"中为索引选择样式。

- 在"类型"选项区勾选"缩进式"单选框，则次级索引项将相对于主索引项跳行缩进，如果选定"接排式"单选框，则主、次索引项将排在一行。
- 在"栏数"数值框中指定索引项的编排栏数。
- 在"语言"列表框中选择"中文"或"英文"排序规则，在"排序依据"列表框中选择"笔画"或"拼音"排序规则。

图 7-43

设置完成后单击"确定"按钮即可，图 7-44 是为素材文件创建的索引。

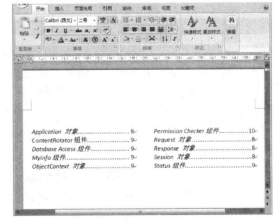

图 7-44

3 自动创建索引

💿 素材文件：CDROM \07\7.2\素材 7.docx

在长篇文档中使用自动创建索引功能可以使工作变得简单快捷。

① 新建一个文档，在文档中插入一个两列多行的表格。

② 在表格的第一列输入文档（如素材 7.docx）中要标记索引的文字，在表格的第 2 列输入索引项，若要标记次级索引项，要以"："分隔开，而且冒号"："必须以半角形式输入，新建的"素材 7 的索引文件"如图 7-45 所示。

③ 打开素材文件，在功能区选择"引用"选

项卡中"索引"选项组的"插入索引"命令，弹出"索引"对话框，如图 7-46 所示。

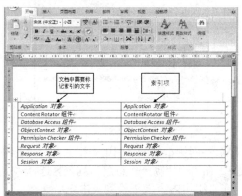

图 7-45

图 7-46

④ 在对话框中单击"自动标记"按钮，弹出"打开索引自动标记文件"对话框，选定第②步所创建的"素材 7 的索引文件"，单击"打开"按钮，如图 7-47 所示。

图 7-47

⑤ 自动标记索引完成后，将光标移至要插入创建索引的位置。在功能区选择"引用"选项卡中"索引"选项组的"插入索引"命令，弹出"索引"对话框，格式设置完成后，单击"确定"按钮创建索引，效果如图 7-48 所示。

4　自动更新索引

在索引项或索引项所在的页码发生改变的情况下，用户需要更新索引来适应由于索引项所引起的变化。更新索引有 3 种方法，分别是如下所示。

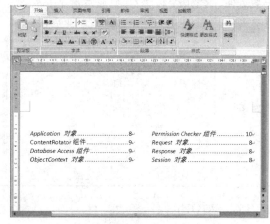

图 7-48

① 单击索引，在功能区选择"引用"选项卡中"索引"选项组的"更新索引"命令。

② 单击索引，然后右击，在弹出的快捷菜单中单击"更新域"命令。

③ 单击索引，然后按【F9】键自动更新索引。

5　删除索引及索引项

① 单击要删除的索引或索引项。

② 如果看不到，请按【Shift+F9】组合键。

③ 选定域代码（包括大括号 {}），然后按【Delete】键。

7.3　职业应用——文档的高级编排

在第 6 章的"职业应用"的基础上，本节继续讲解如何编排《北京市"十一五"时期物流业发展规划》，以实际案例讲授 Word 2007 的高级编排。

7.3.1　案例分析

在前一章的"职业应用"中，我们讲解了如何创建大纲、应用样式以及批注和修订等内容，本节将进一步深入地讲解如何在文档中使用题注、交叉引用、书签、目录和索引等功能。

7.3.2　应用知识点拨

本案例应用的知识点概括如下：

1．插入题注	2．交叉引用
3．插入书签	4．插入超链接
5．生成目录	6．生成图表目录
7．创建索引	

7.3.3 案例效果

结果文件	CDROM\07\7.3\职业应用 1.docx
视屏文件	CDROM\视频\第 7 章职业应用.exe
效果图	

7.3.4 制作步骤

1 插入题注

① 选定需要添加题注的图片。

② 在功能区选择"引用>题注>插入题注"命令，打开"题注"对话框，如图 7-49 所示。

图 7-49

③ 在对话框新建标签"图"，为图片添加题注"物流流量示意图"，依次为其他几幅图添加题注，效果如图 7-50 所示。

图 7-50

2 交叉引用

① 将光标移至"详情参见"后，需要在此插入交叉引用。

② 在功能区选择"插入>链接>交叉引用"命

令，打开"交叉引用"对话框，如图 7-51 所示。

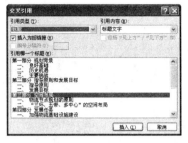

图 7-51

③ 在对话框中的"引用类型"下拉列表中选择"标题"，在"引用哪一个标题"列表区选择"空间布局"，在"引用内容"下拉列表中先后选择"标题编号"和"标题文字"，设置好后的效果如图 7-52 所示。

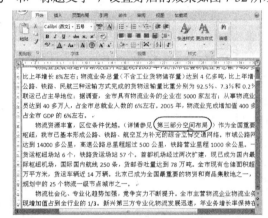

图 7-52

3 插入书签

① 选定第一部分第三节的"主要挑战"，为其插入书签。

② 在功能区选择"插入>链接>书签"命令，打开"书签"对话框，如图 7-53 所示。

③ 在"书签名"文本框中输入"主要挑战"，单击"添加"按钮。添加完成后，若要查找定位某一书签，可以打开"书签"对话框，单击要查找的书签名，然后单击"定位"按钮即可，如图 7-54 所示。

图 7-53 　　　　　　　　 图 7-54

4 插入超链接

① 选定序言中的《北京城市总体规划（2004

年—2020 年)》，为其插入超链接。

（2）在功能区选择"插入>链接>超链接"命令，打开"插入超链接"对话框，如图 7-55 所示。

图 7-55

（3）在对话框选择"当前文件夹"下的"《北京城市总体规划（2004 年—2020 年）》"文件，单击"确定"按钮即可，插入后的效果如图 7-56 所示。

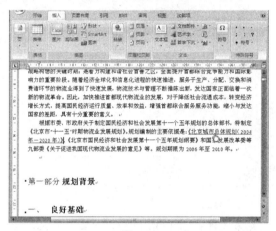

图 7-56

5 生成目录

（1）将光标移至大标题的下一行。

（2）在功能区选择"引用>目录>目录"命令，在下拉列表中选择"自动目录 1"，目录自动插入文档中，如图 7-57 所示。

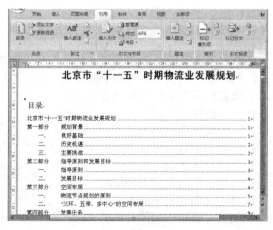

图 7-57

6 生成图表目录

（1）将光标移至自动生成目录的下一行，输入"图表目录"，按【Enter】键。

（2）在功能区选择"引用>题注>插入图表目录"命令，打开"图表目录"对话框，如图 7-58 所示。

图 7-58

（3）在对话框中的"常规"选项区下的"题注标签"选择"图"，单击"确定"按钮，插入图表目录，效果如图 7-59 所示。

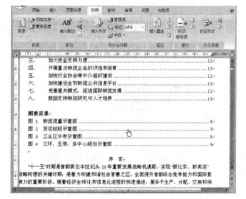

图 7-59

7 创建索引

（1）标记索引项。在功能区选择"引用>索引>标记索引项"命令，打开"标记索引项"对话框，如图 7-60 所示。为"TNT"、"中铁快运"等多个重要术语标记索引项。

图 7-60

（2）创建索引。将光标移至图表目录的下一行，输入"索引"。在功能区选择"引用>索引>插入索引"命令，打开"索引"对话框，如图 7-61 所示。

图 7-61

③ 在对话框中单击选定"页码右对齐"复选框，然后单击"确定"按钮，所以被插入指定的位置，效果如图 7-62 所示。

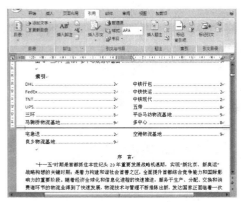

图 7-62

7.3.5 拓展练习

本章先后讲解了如何使用 Word 2007 提供的自动化功能来提高我们在日常工作中的效率，下面将向读者列举两个在实际工作中的其他应用案例，供读者实际操练，使读者在实战操练中牢固地掌握知识，达到知识与技能融会贯通的目的。

1 为文档添加图表目录

在一篇文档中，为每幅图中插入题注并生成图表目录如图 7-63 所示。

结果文件：CDROM\07\7.3\职业应用 2.docx

在为文档添加图表目录时须注意以下问题：

① 添加图表目录之前要为文中所有图片添加题注。

② 系统默认的题注标签中没有"图"标签，读者需自行新建。

③ 当文档中的图片被移动、添加或删除时，要及时更新图表目录。

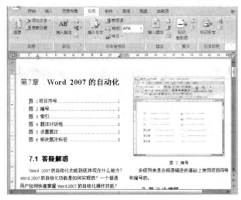

图 7-63

2 编辑毕业论文

对一篇 34 页的论文进行编辑如图 7-64 所示。

图 7-64

结果文件：CDROM\07\7.3\职业应用 3.docx

在编辑的过程中需要注意以下几点：

① 为图表插入题注，便于生成图表目录。

② 创建交叉引用，适当引用文中其他部分的信息。

③ 标记索引项并创建索引。

④ 为论文创建目录。

7.4 温故知新

本章对 Word 2007 的自动化功能进行了详细讲解。同时，通过大量的实例和案例让读者充分参与练习。读者要重点掌握的知识点如下：

- 使用题注的方法
- 使用交叉引用的方法
- 创建书签以及通过书签定位的方法
- 使用超链接的方法
- 自动化编号的设置和应用
- 自动化创建目录的方法
- 创建及使用索引的各种的方法

第8章
Excel 2007 的基本操作

【知识概要】

工作簿与工作表在 Excel 2007 中是重要的组成部分。

本章主要学习工作簿与工作表的基本操作，其中包括创建工作簿与工作表、删除工作表、设置工作簿和工作表等操作，另外还讲解了单元格的一些基本操作。

8.1 答疑解惑

对于一个从未接触过 Excel 初学者来说，理解工作表与工作簿基本概念是很重要的，在本节中将解答初学者对于 Excel 的常见问题，使您更好地学习后面的知识。

8.1.1 Excel 2007 新特性

Excel 2007 增加了一些新功能，使得操作界面更美观，使用更方便。通过本节对 Excel 2007 新增功能的介绍，可帮助具有 Excel 2003 基础的读者迅速习惯 Excel 2007 界面，以便更好地使用 Excel 2007。新增功能主要有：面向结果的用户界面、更多行和列以及其他新限制、Office 主题和 Excel 样式等。

● 面向结果的用户界面

Excel 2007 一改以往的菜单式界面，向大家展示了崭新的用户界面，如图 8-1 所示。它将大部分命令以按钮的形式存放于选项卡中，使用户可以轻松地在 Excel 2007 中工作。

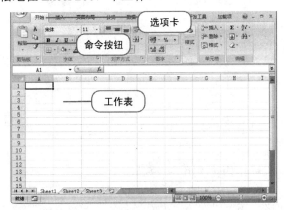

图 8-1

以往的 Excel 版本中，命令和功能深藏在复杂的菜单和工具栏中。Excel 2007 将这些命令和功能进行分类并整合在选项卡中，在选项卡的下拉库中显示了这些命令和功能，从而替代了以前版本中的许多对话框。现在可以在选项卡中轻松快速地找到这些命令和功能。此外选项卡还提供了工具使用方法提示和示例预览，从而快速选择正确的命令选项。

● 更多行和列以及其他新限制

您可以在工作表中浏览更大量的数据了。Excel 2007 每个工作表支持 1 048 576 行和 16 384 列，即 171 多亿个的单元格。您会惊奇地发现，现在工作表中的列以 XFD 而不是 IV 结束了。与 Excel 2003 相比，Excel 2007 提供的可用行增加了 15 倍，可用列增加了 63 倍，如图 8-2 所示。

图 8-2

还可以在同一个工作表中使用无限多的格式类型，而不再仅限于 Excel 2003 中的 4 000 种；并且每个单元格可引用其他单元格的数量从 Excel 2003 中的 8 000 增加到了任意数量。因此唯一的限制就是您的计算机的可用内存了！

内存管理已从 Excel 2003 中的 1GB 内存增加到 Excel 2007 中的 2GB，因此改进后的 Excel 性能更优越。

Excel 2007 添加了支持双处理器和多线程芯片集的技术，所以即使处理的工作表中包含大量公式，依然可以体验到飞快的运算速度。

Excel 2007 还支持最多 1600 万种颜色，可以满足您对美化工作表任何苛刻的要求。

● Office 主题和 Excel 样式

在 Excel 2007 中，可以通过应用主题和使用特定样式在工作表中快速设置数据格式。普普通通的数据表经过设置后，可以变得突出、漂亮，如图 8-3 所示。

餐馆名单	味道	服务	环境	等级
渔公渔婆	70	85	80	
青年餐厅	80	60	73	
黄记煌	70	65	60	
海底捞	60	90	70	
晋阳饭庄	75	80	70	
湘临天下	90	85	95	
毛家菜	70	67	72	
蜀味浓	60	65	65	
澳门豆捞	80	65	60	

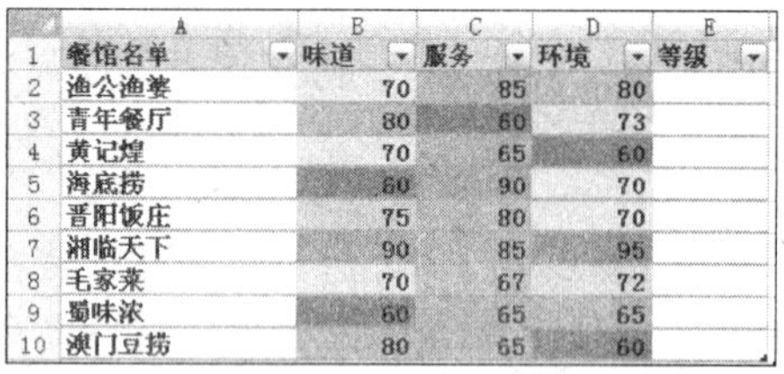

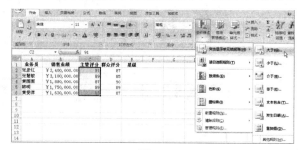

图 8-3

- 应用主题

主题是一组预定义的颜色、字体、线条和填充效果，可应用于整个工作簿或特定项目，例如图表或表格。Excel 2007 提供了许多漂亮的预定义主题，您可以自由选择。此外还可以使用公司提供的统一的公司主题，或者自己动手，通过“颜色”、“字体”和“效果”等命令按钮来制作自己的主题。

- 使用样式

样式是基于主题的预定义格式，用于更改 Excel 表格、图表、数据透视表、形状或图的外观。Excel 2007 提供了多种预定义样式，可以自由选择，如果内置的预定义样式不符合您的要求，还可以在“开始”选项卡的“单元格样式>新建单元格样式”中自定义属于自己风格的样式。

温馨提示

对于图表来说，只能从多个预定义样式中进行选择，不能创建自己的图表样式。主题可以与其他 2007 Office 版本程序（例如 Microsoft Office Word 和 Microsoft Office PowerPoint）共享，而样式只用于更改特定于 Excel 的项目（如 Excel 表格、图表、数据透视表、形状或图）的格式。

● 丰富的条件格式

在 Excel 2007 版本中，可以使用条件格式直观地注释数据以供分析和演示使用。比如将主管评分大于 90 的单元格以突出颜色显示，如图 8-4 所示。

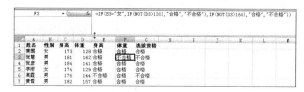

图 8-4

这样，您就可以在数据中轻松地查找例外或发现重要趋势。条件格式的规则以渐变色、数据柱线和图标集的形式将可视性极强的格式应用到符合这些规则的数据。

● 轻松编写公式

Excel 2007 对公式编辑功能进行了改进，在 Excel 2007 中编写公式会更为轻松。

- 可调整的编辑栏

编辑栏会自动调整以容纳长而复杂的公式，从而避免了以往版本中公式覆盖工作表中的其他数据的现象，如图 8-5 所示。

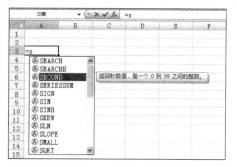

图 8-5

- 函数记忆式输入

使用函数记忆式输入，可以快速正确地写入函数。它不仅可以自动检测您将要使用的函数，还提供该函数的返回参数类型和范围，确保自始至终选择和输入正确的公式，如图 8-6 所示。

图 8-6

- 结构化引用

在 Excel 2007 中，您不仅可以在公式中引用单元格，还可以在公式中引用命名区域和表格。

8.1.2 Excel 2007 的文档格式类型

● 基于 XML 的文件格式

在 2007 Microsoft Office system 中，Microsoft 为 Word、Excel 和 PowerPoint 引入了新的文件格式，称为"Office Open XML 格式"。这些新文件格式不仅使得 Excel 2007 便于与外部数据源结合，还改进了数据恢复功能，减小了文件大小。在 Excel 2007 中文件格式有以下几种：

- 基于 Office Excel 2007 XML 的文件格式（.xlsx）。这也是 Excel 2007 工作簿的默认格式。
- 基于 Office Excel 2007 XML 和启用了宏的文件格式（.xlsm）。
- 用于 Excel 模板的 Office Excel 2007 文件格式（.xltx）。
- 用于 Excel 模板的 Office Excel 2007 启用了宏的文件格式（.xltm）。

● Excel 2007 二进制文件格式

Excel 2007 还引入了二进制文件格式（.xls）。这种文件格式可用于大型或复杂工作簿的分段压缩，也能满足向后兼容的要求。

温馨提示

将文件另存为其他文件格式时，它的某些格式、数据和功能可能会丢失。

8.1.3 工作簿与工作表之间的区别与联系

工作表是组成工作簿的基本元素，一张工作簿可以包含多张工作表。工作簿实际上就是一个文件，在 Excel 环境下存储并处理数据。

工作簿是 Excel 2007 中保存表格内容的文件，它的后缀名为.xlsx，每个工作簿都是一个独立的文件。

在默认情况下，打开 Excel 工作簿会自动打开三张工作表，分别命名为 Sheet1、Sheet2 和 Sheet3。同时也可根据需要在工作簿中创建多个工作表，如图 8-7 所示。

一般情况下，工作簿中至少含有一张可视工作表。

图 8-7

8.1.4 工作表的组成结构

在 Excel 中工作表主要由名称栏、编辑栏、行号、列号、工作区、工作表标签等组成，如图 8-8 所示。

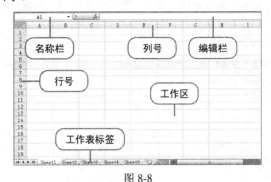

图 8-8

8.2 实例进阶

本节将用实例讲解 Excel 2007 中工作簿的主要操作知识，还有组成工作簿元素的工作表和单元格操作知识。

8.2.1 工作簿与工作表的操作

工作簿和工作表的操作是学习 Excel 2007 的基础，其中工作簿的操作包括：

- 新建与保存工作簿；
- 打开与关闭工作簿；
- 设置工作簿中工作表的默认数量。

工作表的操作主要包括：

- 选择工作表；
- 插入工作表；
- 移动工作表；
- 复制工作表；
- 重命名工作表；
- 删除工作表；
- 隐藏或显示工作表；
- 拆分工作表；
- 冻结工作表。

调整表格是对表格的基础操作，例如选择表格中的行、列和单元格等。

1 新建与保存工作簿

在编辑 Excel 之前，首先需要新建工作簿，对工作簿编辑完成后需要将工作簿保存起来。

● 新建工作簿

单击"Office"按钮可直接新建工作簿，具体操作如下。

①启动 Excel 2007，在功能区中单击"Office"按钮，在弹出的菜单中选择"新建"命令（或直接按【Ctrl+N】组合键新建工作簿）。

②此时弹出"新建工作簿"对话框，如图 8-9 在对话框中选择要创建的工作簿类型，单击"确定"按钮即可，如图 8-9 所示。

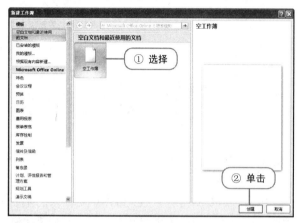

图 8-9

温馨提示

在启动 Excel 时，系统将自动创建一个名为"Book1"的工作簿。

● **直接保存工作簿**

保存工作簿是必不可少的步骤，也有很多种方法具体操作如下。

单击"Office"按钮，在弹出的菜单中选择"保存"或者"另存为"命令。

温馨提示

如果想直接保存工作簿可选择"保存"命令，如果想将格式保存为其他格式可选择"另存为"对话框。

②如果选择"另存为"命令，此时会弹出"另存为"对话框，在"保存类型"的下拉菜单中选择要保存工作簿格式，然后单击"确定"按钮即可，如图 8-10 所示。

● **快速保存工作簿**

快速保存工作簿可直接单击菜单栏上的"保存"按钮，或者直接按【Ctrl+S】组合键，都可以保存当前的工作簿。

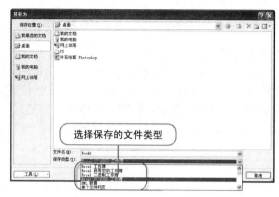

图 8-10

2 打开与关闭工作簿

打开与关闭工作簿是最常用到的操作，并且可通过多种路径打开和关闭工作簿，具体操作步骤如下。

● **从"打开"命令中打开工作簿**

①在功能区中单击"Office"按钮，在弹出的菜单中选择"打开"命令。

②此时弹出的"打开"对话框中选择工作簿，单击"打开"按钮，如图 8-11 所示。

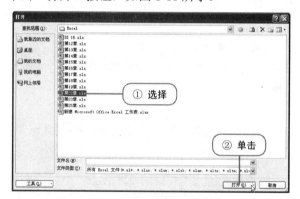

图 8-11

温馨提示

在"打开"对话框中双击工作簿名，也可以直接打开。

● **直接打开工作簿**

打开工作簿所在的文件夹，双击工作簿图标即可打开。

● **关闭当前工作簿**

关闭当前工作簿可单击"Office"按钮，在弹出的菜单中选择"关闭"命令。

也可直接单击工作簿上面的"关闭"按钮，如图 8-12 所示。

图 8-12

● 关闭所有工作簿

单击"Office"按钮，在弹出的菜单中选择"退出 Excel"命令，如图 8-13 所示。

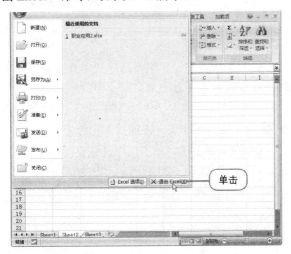

图 8-13

高手支招

双击"Office"按钮也可直接关闭所有打开的工作簿。

温馨提示

当关闭工作簿时会弹出保存工作簿提示对话框，如图 8-14 所示，提醒是否要保存工作簿的更改！

图 8-14

3　设置工作簿中工作表的默认数量

在 Excel 的默认情况下，一个工作簿包含 3 个工作表，分别是 Sheet1，Sheet2 和 Sheet3，这通常

无法满足用户的需要，下面具体介绍。

● 设置默认工作表数量

设置工作簿默认数据表数量与在工作簿中插入数据表的方法不相同，在每次创建新的工作表以后都会直接包含所设置工作表的数量。具体步骤如下：

① 启动 Excel 2007 后，单击"Office"按钮，在弹出的菜单中单击"Excel 选项"按钮。

② 此时弹出"Excel 选项"对话框，如图 8-15 所示，选择"常用"选项，根据需要设置"包含工作表数"，单击"确定"按钮。

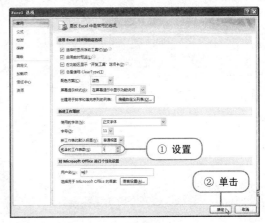

图 8-15

③ 在创建新的工作簿以后，工作簿会自动包含所设个数的工作表。

4　选择工作表

选择工作表是对表进行操作的一切前提，选择工作表的方法可以分以下几种情况。

素材文件：CDROM \08\8.2\素材 1.xlsx

● 选择一个工作表

在当前打开的工作簿下单击窗口底部的标签，可以快速选择不同的工作表，如图 8-16 所示。

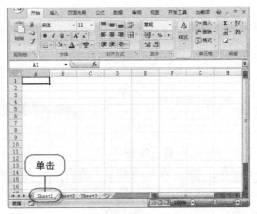

图 8-16

温馨提示

如果看不到所需标签，请单击标签滚动按钮以显示所需标签，然后单击该标签。

● **选择多张相邻的工作表**

单击第一张工作表的标签，然后在按住【Shift】键的同时单击要选择的最后一张工作表的标签，即可选择多张相邻的工作表，如图 8-17 所示。

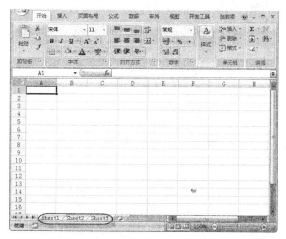

图 8-17

● **选择多张不相邻的工作表**

单击第一张工作表的标签，然后在按住【Ctrl】键的同时单击要选择的其他工作表的标签即可选择不相邻的工作表，如图 8-18 所示。

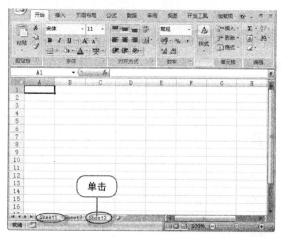

图 8-18

● **工作簿中的所有工作表**

在当前选中的工作表标签上右击，然后在弹出的快捷菜单选择"选定全部工作表"命令，即可选中全部的工作表，如图 8-19 所示。

图 8-19

5 插入工作表

插入工作表与设置工作簿默认工作表数量不相同，可以选择如下方法来完成操作。

💿 素材文件：CDROM \08\8.2\素材 1.xlsx

● **使用"插入工作表"按钮插入工作表**

启动 Excel 2007，单击工作表标签栏中的"新建工作表"按钮，如图 8-20 所示。即可插入新的工作表。

图 8-20

高手支招

也可选用此命令的快捷键【Shift+F11】。

● **使用"插入工作表"命令插入工作表**

启动 Excel 2007，在功能区中选择"开始"选项卡"单元格"选项组中的"插入>插入工作表"命令插入新的工作表。

● **使用快捷菜单插入工作表**

① 启动 Excel 2007，选中某一个工作表，右击，在弹出的快捷菜单中选择"插入"命令。

此时弹出"插入"对话框,在对话框的"常用"选项卡中选择"工作表"选项,单击"确定"按钮,插入新的工作表,如图 8-21 所示。

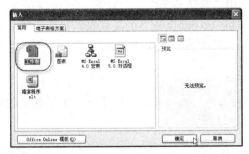

图 8-21

温馨提示

使用"插入工作表"按钮总是在最后面插入工作表。

使用【Shift+F11】组合键,"插入工作表"命令或者快捷菜单插入工作表则是在选中的工作表前面插入新的工作表。

● 一次性插入多个工作表

当想要一次插入多个工作表的时候,可在打开的工作簿中按【Shift】键选中多个表,然后再使用【Shift+F11】组合键,"插入工作表"命令或者快捷菜单 3 种方法中的任意一种,插入与所选择工作表数量相同的工作表。

6　移动工作表

Excel 中的工作表并不是固定不变的,当想要改变工作表的位置时候可以移动工作表到工作簿内的其他位置或其他工作表中。

🔘 素材文件:CDROM \08\8.2\素材 2.xlsx

● 在同一工作簿中移动工作表

 选中要移动的工作表,从功能区中选择"开始"选项卡"单元格"选项组中的"格式>移动或复制工作表"命令。

此时弹出"移动或复制工作表"对话框,在"下列选定工作表之前"列表框选定要移动工作表所到的位置,单击"确定"按钮,即可移动工作表到选定的位置中,如图 8-22 所示。

图 8-22

高手支招

在同一工作簿中移动工作表可直接在工作表标签栏中拖曳要移动的工作表标签到新的位置,如图 8-23 所示,但要记住,最后一个工作表可以向前任意拖曳,而前后的工作表不可以拖曳到最后。

图 8-23

● 在不同工作簿中移动工作表

在不同的工作簿中移动与在同一工作簿中移动工作表的方法类似。

不同的是在"移动或复制工作表"对话框中要先从"工作簿"下拉列表中选择将要移动到的工作簿名称,单击"确定"按钮即可,如图 8-24 所示。

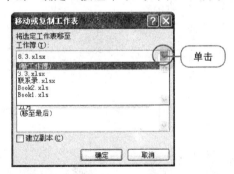

图 8-24

经验揭晓

在移动工作表时应该注意。如果移动了工作表,则基于工作表数据的计算或图表可能变得不准确。同理,如果将经过移动或复制的工作表插入由三维公式组成的两个数据表之间,则计算中可能会包含该工作表上的数据。

7 复制工作表

复制工作表与移动工作表方法类似也有 3 种方法，下面分别进行讲解。

素材文件：CDROM \08\8.2\素材 3.xlsx

● **使用"移动或复制工作表"命令复制工作表**

① 与上面的移动工作表操作类似，首先选择一个工作表，从功能区中选择"开始"选项卡"单元格"选项组中的"格式>移动或复制工作表"命令。

② 此时就会弹出"移动或复制工作表"对话框，选择要复制到的位置，并勾选"建立副本"复选框，单击"确定"按钮，这样就实现了工作表的复制，如图 8-25 所示。

图 8-25

● **使用快捷键复制工作表**

选择一个工作表，然后按住【Ctrl】键拖动鼠标。这样也能实现工作表的复制，如果拖动的是标签为 sheet1，则复制的工作表默认标签为 sheet1（2），如图 8-26 所示。

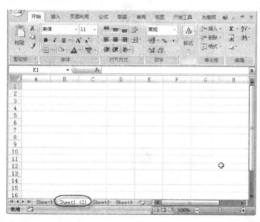

图 8-26

● **使用快捷键复制工作表**

在选择的工作表上右击，在弹出的快捷菜单中选择"移动或复制工作表"命令，这样同样会弹出"移动或复制工作表"对话框，下面的步骤可参照第一种方法进行操作。

8 重命名工作表

素材文件：CDROM \08\8.2\素材 4.xlsx

● **使用"重命名工作表"命令**

① 选中要重命名的工作表，在功能区中选择"开始"选项卡"单元格"选项组中的"格式>重命名工作表"命令。

② 此时选中的工作表处于编辑的状态，输入工作表名称，输入完后，按【Enter】键确定即可，如图 8-27 所示。

图 8-27

● **使用快捷菜单**

选中要重命名的工作表，右击，在弹出的快捷菜单中选择"重命名"命令，即可为工作表输入新的名称。

● **快速重命名工作表**

直接双击要重命名的工作表，即可为工作表输入新的名称。

9 删除工作表

删除工作表的操作相对比较简单，主要有以下两种方法。

素材文件：CDROM \08\8.2\素材 5.xlsx

● **使用"删除工作表"命令**

选择要删除的工作表，然后在功能区选择"开始"选项卡中的"单元格"选项组中的"删除>删除工作表"命令，即可删除选中的工作表。

● **使用快捷菜单命令**

选择要删除的工作表，右击，在弹出的快捷菜单中选择"删除"命令，即可删除选中的工作表。

10 隐藏或显示工作表

当不想将工作表中的内容显示出来，可以隐藏整个工作表,同时也可以将隐藏起来的工作表恢复。

　　　素材文件:CDROM \08\8.2\素材 6.xlsx

● 隐藏工作表

　　① 选中要隐藏的工作表,这里选择"一月"表,在功能区中选择"开始"选项卡"格式"选项组中的"隐藏和取消隐藏>隐藏工作表"命令,如图 8-28 所示。

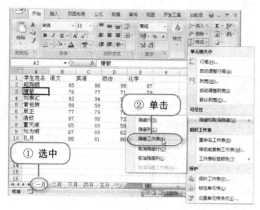

图 8-28

　　② 此时在工作表标签栏中看不到"一月"表了,如图 8-29 所示。

图 8-29

　　高手支招

　　隐藏工作表还可以通过在选中工作表上右击,在弹出的快捷菜单中选择"隐藏"命令实现。

● 显示工作表

　　① 显示工作表与隐藏工作表的操作类似,在功能区中"开始"选项卡"格式"选项组中选择"隐藏和取消隐藏"命令,在其下拉菜单中选择"取消隐藏工作表"命令,如图 8-30 所示。

　　② 此时弹出"取消隐藏"对话框,选择要显示的工作表,单击"确定"按钮,如图 8-31 所示。

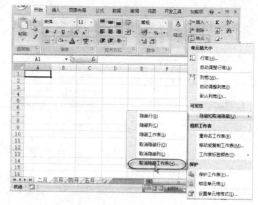

图 8-30

图 8-31

　　③ 此时在工作表标签栏中显示"一月"表。如图 8-32 所示。

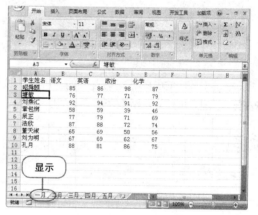

图 8-32

11　拆分工作表

　　将工作表进行拆分后移动当前的窗格中的内容不影响其他窗格的内容,拆分窗口一般最多可以拆分为 4 个窗格,具体操作步骤如下。

　　　素材文件:CDROM \08\8.2\素材 7.xlsx

● 快速拆分工作表

　　① 打开要拆分的工作表,将鼠标放在垂直滚动条上方的"拆分"按钮处此时光标变为 ÷ 形状,向下拖曳鼠标,会出现一条黑色的参考线,如图 8-33 所示。

　　② 释放鼠标,此时会显示已经创建好了的分隔线,如图 8-34 所示。

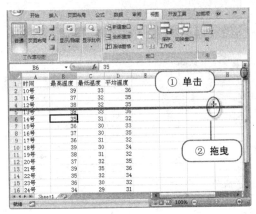

图 8-33

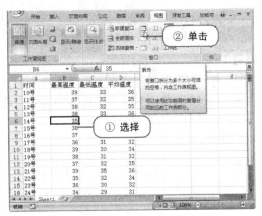

图 8-36

图 8-34

图 8-37

③ 同样,在水平滚动条右方的"拆分"按钮,向左拖曳鼠标可将单元格数值拆分,如图 8-35 所示。

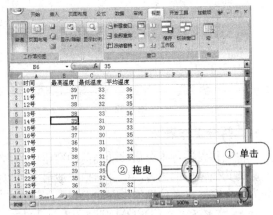

图 8-35

● 使用"拆分"命令

① 选定要拆分窗口中的单元格,在功能区中选择"视图"选项卡"窗口"选项组的"拆分"命令,如图 8-36 所示。

② 此时工作表将以选中的单元格为参照拆分成 4 个窗口的工作表,其效果如图 8-37 所示。

● 快速取消拆分工作表

当想取消拆分工作表时,可依然在工作簿中的功能区"视图"选项卡"窗口"选项组中选择"拆分"按钮,则将取消整个工作表的拆分。

高手支招

要取消拆分工作表也可以在某一个分隔线双击,即可取消对工作表的拆分。

12 冻结工作表

很多工作表因为内容太多,不得不滚动查看,有的时候,因为滚动的缘故,就没法查看表头中内容。为了避免这种情况,可以使用冻结工作表首行功能。

素材文件:CDROM \08\8.2\素材 8.xlsx

● 冻结工作表

① 要锁定行(作用是当滚动工作表时,首行保持始终出现),那首先要选择它。要锁定列(作用是当滚动工作表时,首列保持始终出现),同样也选定它。

② 在功能区中选择"视图"选项卡"窗口"选项组的"冻结窗格>冻结首行"命令,如图 8-38 所示。

温馨提示

在冻结窗格中有以下 3 个选项，具体含义如下：

冻结拆分窗格：选择此命令可在滚动工作表其余部分时，保持行和列可见（基于当前的选择）；

冻结首行：选择此命令可在滚动工作表其余部分时，保持首行可见；

冻结首列：选择此命令可在滚动工作表其余部分时，保持首列可见。

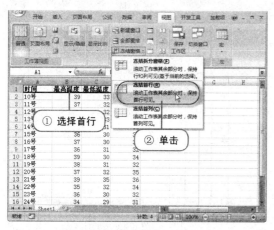

图 8-38

3 在设置之前当滚动窗口时，首行会无法看到，但当我们设置冻结首行后，效果如图 8-39 所示，即显示首行。

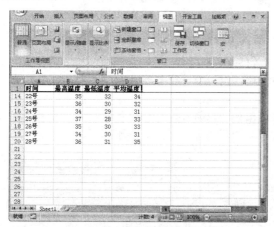

图 8-39

8.2.2 工作表中的行和列操作

工作表中的行和列的操作是学习 Excel 的基础，主要包括：

- 选择工作表中的行；
- 选择工作表中的列；

- 插入行与列；
- 删除行与列；
- 调整行高与列宽；
- 显示或隐藏行与列。

1 选择工作表中的行

素材文件：CDROM \08\8.2\素材 9.xlsx

对工作表中进行操作时，首先要选择行与列，可分为以下几种情况：

● **选择单独的一行**

在工作表中单击要选择的行所对应的行号即可选择该行如图 8-40 所示。

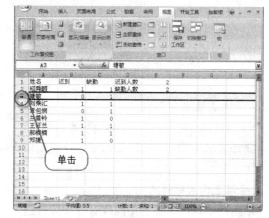

图 8-40

高手支招

选择该行的第一个单元格，按【Shift+Ctrl+→】组合键也可以选中该单元格所在的整行。

● **选择连续的多个行**

在选择了单独一个行（或列）的前提下将鼠标放在工作表的行号上，当鼠标显示为 ➡ 向下拖曳鼠标，可选择连续的多个行如图 8-41 所示。

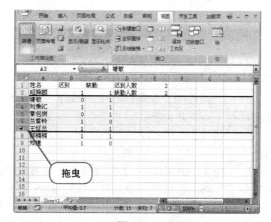

图 8-41

● 选择不连续的多个行

　　在选择了单独一个行或列的前提下，将鼠标放在要选择的工作表行所对应的行号上，当鼠标显示为 按【Ctrl】键同时在其他要选择的行号上单击鼠标，即可选中多个行，如图 8-42 所示。

图 8-42

2　选择工作表中的列

　　素材文件：CDROM \08\8.2\素材 10.xlsx

　　选择表格中的行与列操作相似，下面简单介绍具体操作步骤。

● 选择带工作表标题的列

　　单击所要选择工作表中的列对应的列标题，即可选中带工作表标题的整列，如图 8-43 所示。

图 8-43

● 选择不带表格标题的列

　　① 当选择除了表格标题以外的列时，可单击表格标题下方的单元格，这里选择单元格 B2。

　　② 按【Ctrl+Shift+↓】组合键，按一次即可选择表格列中的数据，如图 8-44 所示。

　　③ 按【Ctrl+Shift+↓】组合键两次则可选择包括当前单元格中以后的列单元格，如图 8-45 所示。

　　选择工作表中的连续列及不连续列与选择行的方法相似，这里就不再赘述了。

图 8-44

图 8-45

3　插入行与列

　　在编辑工作表的时候，经常会遇到插入工作表中的行与列，具体步骤如下所示。

　　素材文件：CDROM \08\8.2\素材 11.xlsx

● 插入单行或单列

　　① 在需要插入新行或列的位置选定任意一个单元格，也可以选择整行或整列。

　　② 在功能区中选择"开始"选项卡"单元格"选项组的"插入>插入工作表行"命令或者"插入工作表列"命令，如图 8-46 所示。

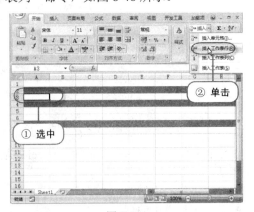

图 8-46

③ 在单元格的上方插入整行，或者在单元格的左侧插入整列。

● **插入多行或者多列**

① 要插入多行或多列，首先可直接拖曳鼠标或者可按【Ctrl】键来选择行或列，这里选择第 3 行和第 6 行。

② 在功能区中选择"开始"选项卡"单元格"选项组的"插入>插入工作表行"命令，如图 8-47 所示。

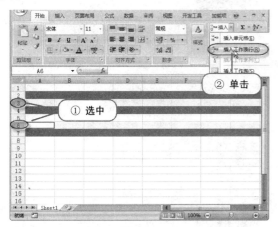

图 8-47

③ 结果如图 8-48 所示。

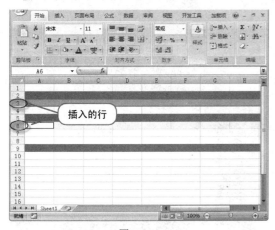

图 8-48

● **使用快捷菜单插入行与列**

选定一行或者一列，右击，在弹出的快捷菜单中选择"插入"命令。此时即可在选定的行上面插入新的行，或者在选定的列的左侧插入新的列。

> **温馨提示**
>
> 如果对插入的行或者列的格式有要求，在插入完行或列后，单击行或列中显示的，在

其下拉列表中选择所要设置的行或列的格式，如图 8-49 所示。

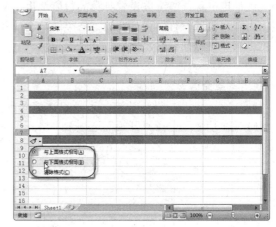

图 8-49

4　删除行与列

删除工作表中的行与列可以分为不同的方法，具体操作步骤如下。

● **使用"删除"命令**

① 选择要删除的行或列，或者要删除行或列所在的单元格。

② 在功能区选择"开始"选项卡"单元格"选项组中的"删除"命令。

③ 如果当前在工作表中选中是整行或者是整列，可直接在"删除"命令的下拉列表中选中"删除工作表行"或"删除工作表列"命令即可。

④ 如果选中的是单元格，可在"删除"命令的下拉列表中选中"删除单元格"命令。此时将会弹出"删除"对话框，通过勾选相应的复选框也可删除工作表所在的行或列，如图 8-50 所示。

图 8-50

● **使用快捷菜单删除**

① 选择要删除的行或列，或者要删除行或列所在的单元格。

② 右击，在弹出的快捷菜单中选择"删除"命令即可删除直接删除选中行或列。

③ 如果选中的是单元格，会弹出与上图相同的"删除"对话框，具体操作这里就不再赘述了。

5 调整行高和列宽

设置行高和列宽的方法很多，可以使用菜单，也可以使用鼠标，既可以设置具体的数值，也可以根据内容来设置。行高和列宽的方法类似，下面我们就来具体讲解列宽的设置。

🔘 素材文件：CDROM \08\8.2\素材 12.xlsx

● **使用菜单命令设置列宽**

① 选择要重新设置列宽的列，这里选择 A 列。

② 在功能区选择"开始"选项卡"格式"选项组中的"列宽"命令，如图 8-51 所示。

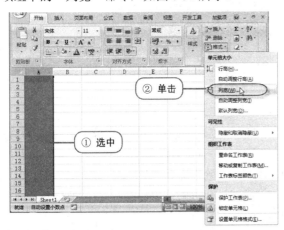

图 8-51

③ 在弹出的"列宽"对话框中输入列宽的精确数值，如图 8-52 所示。

图 8-52

🔶 **温馨提示**

 列宽可定义的数值范围为 0～255，如果列宽设置为 0，则会隐藏该列。

④ 调整后 A 列的列宽如图 8-53 所示。

● **使用鼠标设置列宽**

① 如果要更改某一列的宽度，把鼠标放到列标题的右侧边界，当鼠标变为 ↔ 形状时，进行拖曳，直到达到想要的列宽，如图 8-54 所示。

② 想要改变多个列的宽度，就要选择这些要更改的列，然后拖动列右侧的边界，如这里选择 A 列和 B 列，当鼠标变为 ↔ 形状时，进行拖曳，如图 8-55 所示。

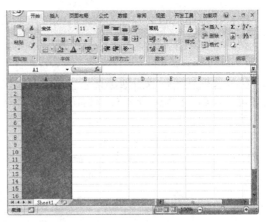

图 8-53

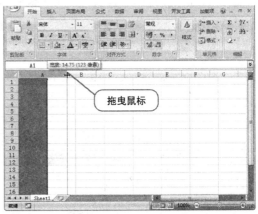

图 8-54

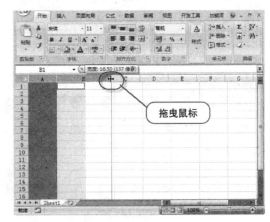

图 8-55

🔘 素材文件：CDROM \08\8.2\素材 13.xlsx

● **更改列宽以适应内容**

① 选择要更改列宽的列。

② 在功能区选择"开始"选项卡"单元格"选项组的"格式>自动调整列宽"命令，如图 8-56 所示。

③ 这样程序就会自动按照内容来调整列宽，如图 8-57 所示。

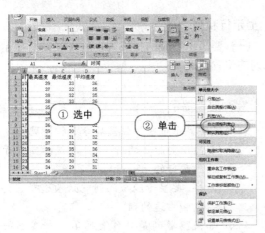

图 8-56

图 8-57

④ 另外，也可以通过双击列右面的边界来达到更改列宽以适应内容的目的如图 8-58 所示。

图 8-58

素材文件：CDROM \08\8.2\素材 14.xlsx

● 设置默认列宽

① 单击工作表中的任一单元格，在功能区选择 "开始" 选项卡 "格式" 选项组中的 "默认列宽" 命令，如图 8-59 所示。

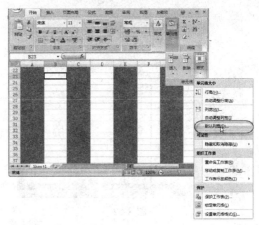

图 8-59

② 在弹出的对话框里，设置 "标准列宽" 即可，如图 8-60 所示。

图 8-60

③ 设置完毕，单击 "确定" 按钮，那么所有列的宽度都会改变为上面的设置，如图 8-61 所示。

图 8-61

6　隐藏或显示表格的行或列

有时，为了方便和美观，可能要隐藏特定的行和列，如果内容较少可以通过把行高或者列宽改为零的方式来达到这一目的。但是如果要隐藏或者显示的内容比较多，那可就不是简单的工作了，下面具体讲解隐藏与显示行和列的命令。

素材文件：CDROM \08\8.2\素材 15.xlsx

● 隐藏行和列

① 首先单击选择要隐藏的行和列，这里选择 D 列，如图 8-62 所示。

图 8-62

 温馨提示

也可以按【Ctrl】键或【Shift】键选择多个行和列。

② 在功能区选择"开始"选项卡"格式"选项组的"隐藏和取消隐藏"命令，根据需要在其下拉菜单中选择"隐藏行"或"隐藏列"命令，如图8-63 所示。

图 8-63

③ 此时，表格中的 D 列已经隐藏起来，如图 8-64 所示。

图 8-64

● 显示行和列

① 要显示隐藏的行或列，首先确定要显示行或列的位置。

 温馨提示

确定要显示行或列位置后分三种情况：

◇ 要显示要隐藏的行，首先要选择要显示的隐藏行的上一行以及下一行。

◇ 同样，要显示隐藏的列就必须选择它得左边和右边的列。

◇ 如果隐藏的是工作表的第一行或第一列，那么我们就要编辑栏旁的"名称框"中键入"A1"来选择它。

② 如上面的例子中，要显示已经隐藏的 D 列，可选中 C 列和 E 列，如图 8-65 所示。

图 8-65

③ 在功能区选择"开始"选项卡"格式"选项组的"隐藏和取消隐藏>取消隐藏列"命令，如图 8-66 所示。

图 8-66

④ 这样就可以显示已经隐藏的 D 列了，如图8-67 所示。

图 8-67

8.2.3　工作表中的单元格操作

　　工作表中的单元格的操作有很多种，主要包括以下几种：

- 选择单元格
- 插入与删除单元格
- 合并与拆分单元格

1　选择单元格

　　🌐 素材文件：CDROM \08\8.2\素材 16.xlsx

● 选择单个单元格

　　选择单个单元格的方法有两种，具体操作步骤如下。

　　① 直接在单元格上单击，就能选中单元格，此时选中的单元格会出现黑色的边框，表明单元格处于活动的状态，如图 8-68 所示，A5 处于被编辑的状态。

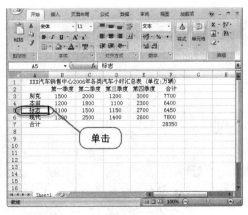

图 8-68

　　② 也可在地址栏中输入需要选择的单元格名称，这里要选择单元格 A3，在地址栏中输入 A3，按【Enter】键确定就可以了，如图 8-69 所示。

图 8-69

● 选择连续单元格

　　选择连续的单元格与选择单个单元格方法类似，也有两种方法。

　　① 直接在工作表区域中拖动矩形区域，这里要选择 A3：D7 单元格区域，首先要选中 A3 单元格，然后向右下方拖曳鼠标到 D7，松开鼠标即可选择单元格区域 A3：D7，如图 8-70 所示。

图 8-70

温馨提示

　　也可以选中 D7 单元格向左上方拖曳鼠标，直到选中 A3：D7 单元格区域。

　　② 直接在名称栏中输入要选择的单元格区域也可，如要选择 A3：C5 区域，即可直接在地址栏中输入"A3：C5"按【Enter】键确定即可选择相应区域的单元格，如图 8-71 所示。

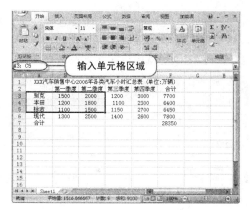

图 8-71

● 选择不连续单元格

选择不连续的单元格的方法也有两种，具体操作步骤如下。

① 首先拖动鼠标选择第一个单元格或区域，按【Ctrl】键继续选择其他单元格或区域即可，如图 8-72 所示。

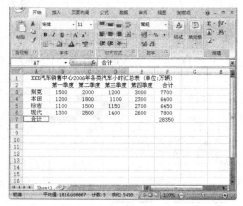

图 8-72

② 也可直接在地址栏中输入要选择的单元格地址，用逗号将不连续的单元格隔开即可，如在地址栏中输入"A1，B3:B5"按【Enter】键确定即可选中 A1 单元格和 B3:B5 区域，如图 8-73 所示。

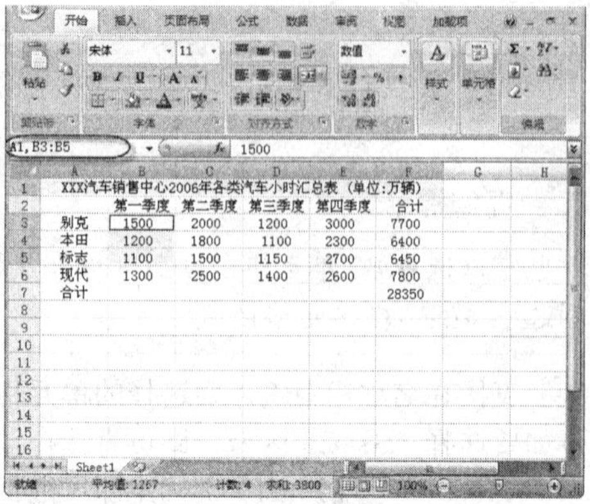

图 8-73

2 插入与删除单元格

当工作表要添加或删除内容时，可通过添加与删除单元格来实现，具体步骤如下。

🔘 素材文件：CDROM \08\8.2\素材 16.xlsx

● 使用右键快捷菜单插入单元格

① 选取要插入的单元格或单元格区域，这里要在 A2 上方插入一个单元格，选中 A2 单击鼠标右键。在弹出的快捷菜单中选择"插入"命令，如图 8-74 所示。

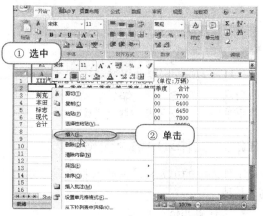

图 8-74

② 此时弹出"插入"对话框，根据需要勾选复选框，这里只在 A2 上方插入一个单元格，所以勾选"活动单元格下移"复选框，单击"确定"按钮即可，如图 8-75 所示。

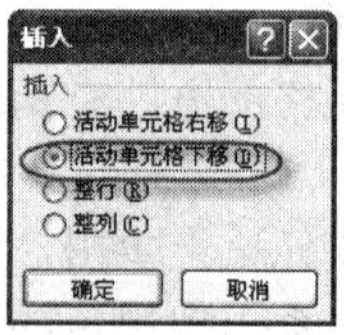

图 8-75

③ 插入单元格后，效果如图 8-76 所示。

> **温馨提示**
>
> 在"插入"对话框中各个选项含义如下：
> ◇ 勾选"活动单元格右移"复选框，可在当前选中的单元格左侧插入一个单元格。
> ◇ 勾选"活动单元格下移"复选框，可在当前选中的单元格上方插入一个单元格。
> ◇ 勾选"整行"复选框，可在当前选中的单元格上方插入整行的单元格。

◇ 勾选"整列"复选框，可在当前选中的单元格左侧插入整列的单元格。

图 8-76

● **使用"插入单元格"命令**

与上面的方法类似，具体步骤如下所示：

① 选中要插入单元格的位置，在功能区选择"开始"选项卡"单元格"选项组中的"插入>插入单元格"命令。

② 此时弹出"插入"对话框，根据需要勾选如下复选框，单击"确定"按钮即可，如图 8-77 所示。

图 8-77

 温馨提示

当然也可以同时插入多个单元格，但是选中单元格数量应与要插入的单元格数量相同。

● **删除单元格**

删除单元格与删除整行与整列类似，具体操作步骤如下。

① 选中要删除的单元格，在功能区中选择"开始"选项卡单元格选项卡中的"删除>删除单元格"命令，如图 8-78 所示。

② 此时弹出"删除"对话框，如图 8-79 所示。勾选相应的复选框即可删除单元格。

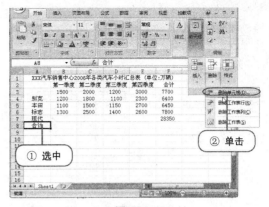

图 8-78

图 8-79

 高手支招

选中要删除的单元格，右击，在弹出的快捷菜单中选择"删除"命令也可直接删除单元格。

3 合并与拆分单元格

素材文件：CDROM \08\8.2\素材 17.xlsx

在 Excel 中，可以将跨越几行或几列的相邻的单元格合并为一个大的单元格，且只把选定区域左上角单元格中的数据放入到合并后所得的大单元格中。对于合并的大单元格可以重新拆分成多个单元格，但是不能拆分未合并过的单元格。

● **合并相邻的单元格**

① 选择两个或更多要合并的相邻单元格，这里以 E2:G2 区域为例。

② 在功能区选择"开始"选项卡"对齐方式"选项组中的"合并单元格"命令，如图 8-80 所示。

温馨提示

在"合并并居中"按钮的下拉菜单中主要有 3 种合并方式，具体作用如下：

◇ 合并单元格：选择此命令可合并选中的单元格；

◇ 合并并居中：选择此命令可将合并后的单元格中的内容居中显示；

◇ 跨越合并：选择此命令只能合并在同一行上的单元格。

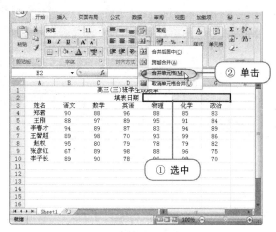

图 8-80

③ 显示结果如图 8-81 所示。

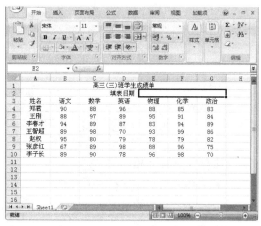

图 8-81

● 拆分合并的单元格

选择要合并的单元格，在功能区选择"开始"选项卡"对齐方式"选项组中的"取消合并单元格"命令，即可取消单元格拆分。

8.3 职业应用——制作网络查询表

在网络上我们查询资料的时候经常会见到一些与本案例相似的表格。它是怎么制作的呢？下面我们就来学习。

8.3.1 案例分析

随着网络的普及，通过上网进行查询资料已经成为人们普遍的习惯了。在查询的时候，经常会有大量的信息，不便于管理，所以将信息放在一个有序的表格中进行查看和上传，会大大提高我们的工作效率。

8.3.2 应用知识点拨

本案例应用的知识点概括如下：

1. 创建表格
2. 设置单元格
3. 设置内容
4. 设置工作表

8.3.3 案例效果

素材文件	CDROM\08\8.3\素材 1.xlsx
结果文件	CDROM\08\8.3\职业应用 1.xlsx
视频文件	CDROM\视频\第 8 章职业应用.exe
效果图	

8.3.4 制作步骤

1 创建表格

① 启动 Excel 程序，新建一个工作簿。

② 在工作表中输入各种内容，如图 8-82 所示。

图 8-82

2 设置单元格

① 选择填充内容的单元格区域，然后在功能区选择"开始"选项卡中"格式>自动调整行高"命令和"格式>自动调整列宽"命令。

② 选择所有单元格，在功能区选择"开始"选项卡中"对齐方式>垂直居中"命令，效果如图 8-83 所示。

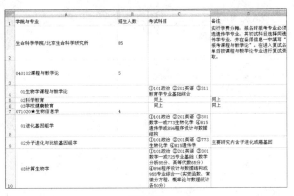

图 8-83

3 设置内容

① 选中工作表中的第一行,在功能区选择"开始"选项卡"字体"选项组,设置第一行的内容格式为"华文行楷、16 号字、加粗",效果如图 8-84 所示。

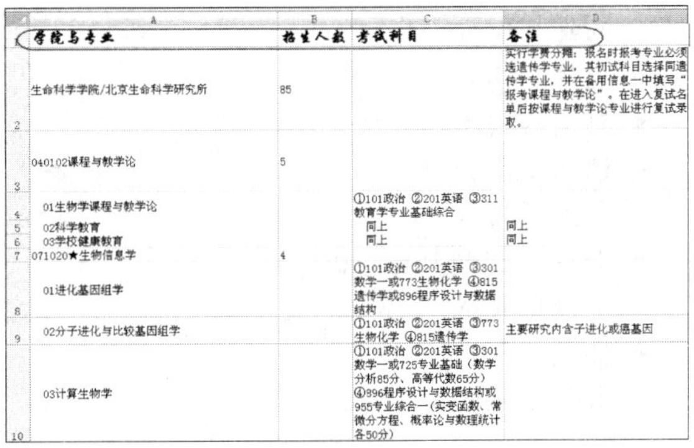

图 8-84

② 然后在功能区中选择"开始"选项卡"样式"选项组中的"单元格样式>标题 1"命令,如图 8-85 所示。

图 8-85

③ 设置完毕后的效果如图 8-86 所示。

④ 选择学院和专业项目,按照步骤 1 的方法设置字体格式为"宋体、12 号字、加粗和红色",效果如图 8-87 所示。

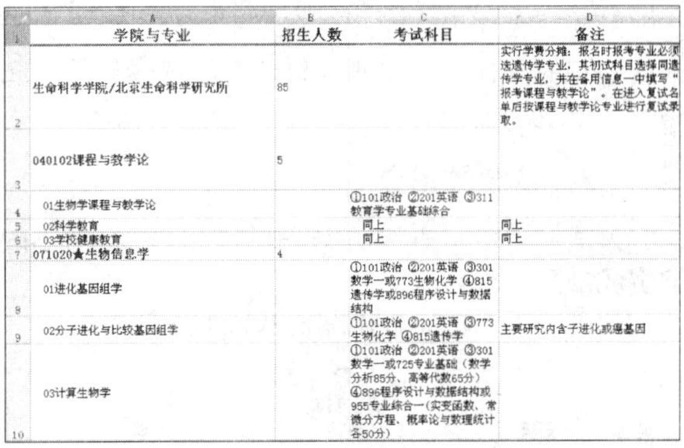

图 8-87

⑤ 选择 D54:D60 单元格,在功能区选择"开始"选项卡"对齐方式>合并后居中>合并单元格"命令,最后效果如图 8-88 所示。

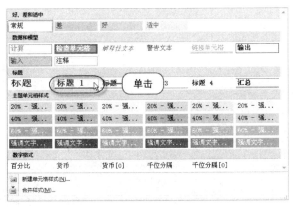

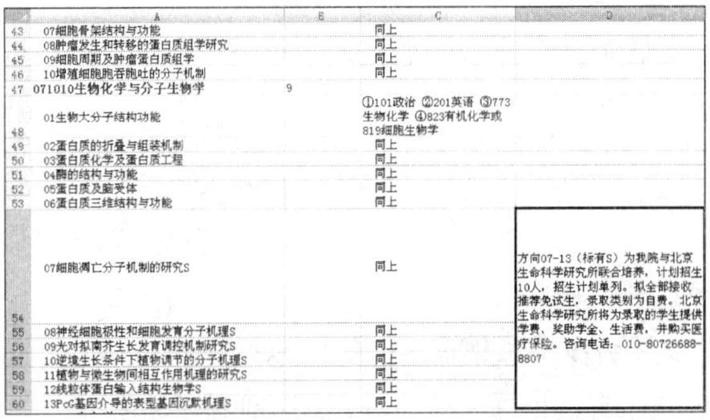

图 8-88

4 设置工作表

① 最后我们选择工作表的首行,在功能区选择"视图"选项卡"窗口>冻结窗格>冻结首行"命令。

② 应用后效果如图 8-89 所示。这便是我们开始所要实现的效果了。

	A	B	C	D
1	学院与专业	招生人数	考试科目	备注
35	03植物细胞工程		同上	
36	071009细胞生物学	18		
37	01细胞衰老及无限增殖化的分子机理		①101政治 ②201英语 ③773生物化学 ④819细胞生物学	
38	02程序性细胞死亡调控的分子机理研究		同上	
39	03脂类组学与肿瘤早期诊断		同上	
40	04细胞周期调控的分子机理研究		同上	
41	05抑癌作用相关基因的细胞生物学研究		同上	
42	06分泌细胞的信号转导		同上	
43	07细胞骨架结构与功能		同上	
44	08肿瘤发生和转移的蛋白质组学研究		同上	
45	09细胞周期及肿瘤蛋白质组学		同上	
46	10增殖细胞胞吞胞吐的分子机制		同上	
47	071010生物化学与分子生物学	9		
48	01生物大分子结构功能		①101政治 ②201英语 ③773生物化学 ④823有机化学或819细胞生物学	
49	02蛋白质的折叠与组装机制		同上	
50	03蛋白质化学及蛋白质工程		同上	
51	04酶的结构与功能		同上	
52	05蛋白质及脂受体		同上	
53	06蛋白质三维结构与功能		同上	
54	07细胞凋亡分子机制的研究S		同上	方向07-13（标有S）为我院与北京生命科学研究所联合培养，计划招生10人，招生计划单列。拟全部接收推荐免试生，录取类别为自费。北京生命科学研究所将为录取的学生提供学费、奖助学金、生活费，并购买医疗保险。咨询电话：010-80726688-8807

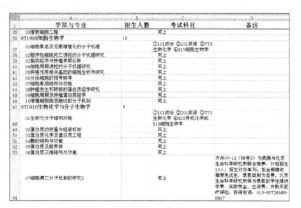

图 8-89

8.3.5 拓展练习

为了使读者能够充分应用本章所学知识，在工作中发挥更大作用，因此，在这里将列举两个关于本章知识的其他应用实例，以便开拓读者思路，起到举一反三的效果。

1 学生成绩登记表

灵活运用本章所学知识，制作如图 8-90 所示的学生成绩登记表。

结果文件：CDROM\08\8.3\职业应用 2.xlsx

高三（三）班学生成绩单						
			填表日期			
姓名	语文	数学	英语	物理	化学	政治

图 8-90

在制作学生成绩登记表的过程中，需要注意以下几点：

（1）根据学生数量的多少，确定成绩表的行数，根据开课的数量确定成绩表的行数。

（2）为了最后成绩表的美观，可以在制作完成后对其处理。

2 制作员工信息表

还可以根据本章知识，灵活地制作如图 8-91 所示的员工信息表。

结果文件：CDROM\08\8.3\职业应用 3.xlsx

在制作员工信息表的过程中，需要注意以下几点：

（1）根据员工数量的多少，确定信息表的行数，根据统计的项目确定表的行数。

（2）可根据统计的项目，灵活地加减表格中的行数和列数。

（3）为了最后员工信息表的美观，可以在制作完成后对其处理。

公司员工信息表							
序号	部门名称	姓名	职称	学历	专业	毕业时间	从事岗位

图 8-91

8.4 温故知新

本章对 Excel 2007 中工作簿和工作表的各种操作进行了详细讲解。同时，通过大量的实例和案例让读者充分参与练习。读者要重点掌握的知识点如下：

- 新建与保存工作簿
- 选择工作表
- 打开与关闭单元格
- 插入工作表
- 插入行与列
- 选择工作表中的行和列
- 选择单元格
- 插入单元格
- 拆分单元格

学习笔记

第 9 章
Excel 2007 中表格的初期编辑

【知识概要】

本章主要讲解表格的初期编辑操作。表格的初期编辑是学习 Excel 2007 的基础，主要包括在工作表中输入数据，设置数据格式，编辑工作表中数据和使用批注等内容。

学好本章内容，可快速而灵活地在工作中使用 Excel 提高我们的工作效率。

9.1 答疑解惑

本节主要讲解关于 Excel 表格的初期编辑的知识。对于刚刚接触 Excel 表格得读者来说，可能对于某些概念还不能理解，下面具体介绍在本章中出现的概念。

9.1.1 批注

批注是作者或审阅者添加的注释或批注。在 Excel 中插入批注可以将一些特殊的数据进行强调说明，其中批注主要分为批注框，批注内容和用户名，如图 9-1 所示。

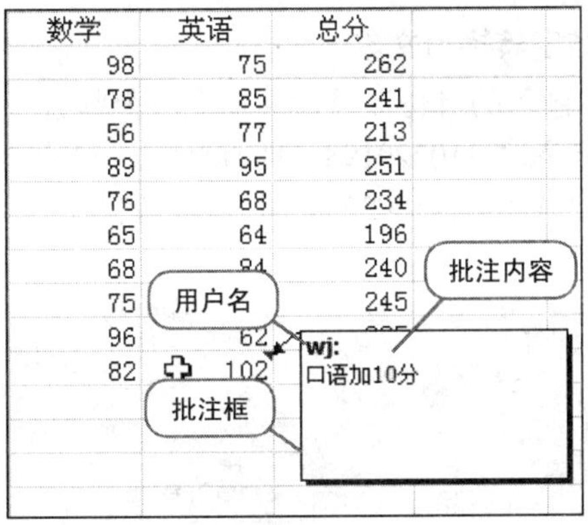

图 9-1

9.1.2 序列类型

在 Excel 中经常要输入序列，事实上，只要有规律的数据，就可以用填充数据的方法让 Excel 帮我们自动输入，而且保证不会出错，这在输入等差、等比、公式或相同数据时很有用，也可自定义数据类型，例如：数字或日期序列或者日、工作日、月

或年的内置序列。可填充的序列类型如表 9-1 所示，同样还可举一反三，定义不同的序列。

表 9-1

初始选择	扩展序列
1，2，3	4，5，6，…
9:00	10:00，11:00，12:00，…
周一	周二，周三，周四，…
星期一	星期二，星期三，星期四，…
Mon	Tue，Web，Thu，…
一月	二月，三月，四月，…
Jan	Feb，Mar，Apr，…
1999 年 1 月，1999 年 4 月	1999 年 7 月，1999 年 10 月，2000 年 1 月，…
1 月 15 日，4 月 15 日	7 月 15 日，10 月 15 日，…
1999，2000	2001，2002，2003，…
Qtr3（或 Q3 或 Quarter3）	Qtr4，Qtr1，Qtr2，…
文本 1，文本 A	文本 2，文本 A，文本 3，文本 A，…
第 1 阶段	第 2 阶段，第 3 阶段，…
产品 1	产品 2，产品 3，…

9.1.3 数据有效性

数据有效性是 Excel 中的一项重要应用，它主要有两大功能。

- 首先是通过设定一定的数值范围或特定要求，如必须是小数、必须是小于 1 的数，当输入的数值超过这个范围或者不满足所设定的要求时，Excel 会自动阻止并提醒用户。

- 其次是通过设置一系列的下拉列表，然后通过设置可以强制输入特定的下拉列表中的内容，这样可以减少重复输入，提高效率。

9.2 实例进阶

本节将用实例讲解 Excel 2007 中表格数据输入的设置数据格式，编辑数据和设置批注等操作知识。

9.2.1 输入工作表数据

在 Excel 2007 中，单元格是具体存放数据的基本单位。

也许您会奇怪：数据输入还需要学吗？这难道不是很简单的工作？直接将信息输入到工作表中不就可以了吗？

其实数据的输入工作有很多技巧蕴涵其中，不只是简单地输入数据，掌握这些技巧，能帮助我们事半功倍，更加高效、正确地完成任务。

1 手动输入数据或文本

在 Excel 中输入数据时候，手动输入数据是最常用也是最基本的方法，具体步骤如下。

💿 素材文件：CDROM \09\9.2\素材 1.xlsx

● **手动输入数字或文本**

①　选中要编辑的单元格，双击，在里面输入数据或文本。

②　输入完后可直接按【Enter】键确定即可。

2 输入数值

在数值输入部分，普通数值可在单元格中直接输入，但是经常碰到特殊数值输入情形，下面具体介绍操作步骤。

💿 素材文件：CDROM\09\9.2\素材 2.xlsx

● **负数输入**

可以直接输入负号和数字外，还可以用"（ ）"来完成负数的输入，例如，在 C2 中输入"（21）"显示结果如图 9-2 所示。

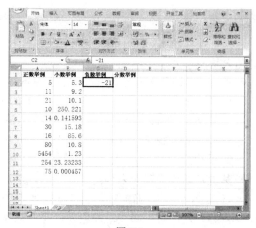

图 9-2

● **分数输入**

一般情况，如果直接在单元格中输入分数形式的数据时，Excel 会将单元格中的数据更改为日期格式，所以要想直接输入分数形式的数据，可在输入分数前先输入"0"以及一个空格，即可正确地显示分数，如图 9-3 所示。

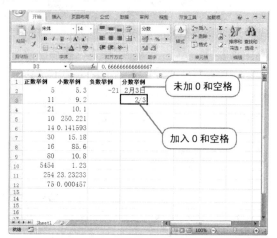

图 9-3

3 输入身份证号码

一般情况下，在 Excel 中输入身份证号或者其他大于 11 位的数字，Excel 默认以科学计数法来表示。将身份证号码或者其他位数较多的数据显示出来，有两种方法。

💿 素材文件：CDROM\09\9.2\素材 3.xlsx

● **把数字转换为文本**

在输入的身份证号前面加上一个单引号"'"，如要输入"110229198411110022"，可直接输入"'110229198411110022"，即可显示完整数据，如图 9-4 所示。

图 9-4

温馨提示

单引号"'"只是起到标识符的作用，表示其后面的内容是文本字符串，而符号本身没有任何意义。

● **设置单元格格式**

① 选中要输入数据的单元格，右击，在弹出的快捷菜单中选择"设置单元格格式"命令。

② 在弹出的"设置单元格格式"对话框中，在"数字"选项卡中的"分类"列表框中选择"文本"选项，单击"确定"按钮，如图 9-5 所示，此方法也可正确显示单元格中的身份证。

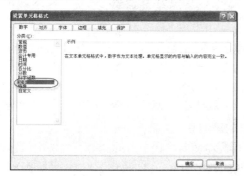

图 9-5

4　输入日期与时间

在 Excel 2007 中，通常会将日期和时间视为数字处理，工作表中的日期或时间的显示方式取决于所在单元格的数字格式。

素材文件：CDROM \09\9.2\素材 4.xlsx

● **使用快捷键输入当前日期和时间**

① 选中要输入日期或时间的单元格。

② 如果要输入当前的日期，可按【Ctrl+:】组合键，系统便自动输入当前日期，结果如图 9-6 所示。

图 9-6

③ 如果要输入当前的时间，可按【Ctrl+Shift+:】组合键，系统便自动输入当前时间，结果如图 9-7 所示。

图 9-7

● **直接输入日期或时间**

当想直接输入日期或时间的时候，可先选中要编辑的单元格，在功能区中选择"开始"选项卡"数字"选项组中的"单元格格式"列表框，在其下拉列表中可以将单元格格式设置为日期或时间格式，如图 9-8 所示，即可输入日期或时间形式的数据。

图 9-8

5　输入特殊符号

除了上述的基本输入外，Excel 2007 还可以在单元格中加入各种符号，这些符号也是文本数据的一种，唯一不同的是这些符号不能通过键盘输入，如：¼、©、—等。还可以插入 Unicode 字符。

温馨提示

Unicode 字符是：Unicode Consortium 开发的一种字符编码标准，该标准采用多个（多于一）字节代表每一字符，实现了使用单个字符集表达世界上几乎所有书面语言。

素材文件：CDROM \09\9.2\素材 5.xlsx

● 输入特殊符号

① 打开素材文件，如图 9-9 所示，单击要输入符号的单元格。

图 9-9

② 在功能区选择"插入"选项卡上的"文本"选项组的"符号"命令。

③ 此时弹出"符号"对话框，单击要插入的符号，如图 9-10 所示。

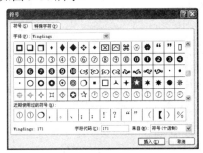

图 9-10

高手支招

如果要插入的符号不在列表中，可在"字体"下拉列表框中选择其他字体，然后单击要插入的符号。

④ 单击"插入"按钮，即可插入不同的符号，结果如图 9-11 所示。

高手支招

如果使用的是扩展字体（如 Arial 或 Times New Roman），则会出现"子集"列表。使用此列表可以从语言字符的扩展列表中进行选择，其中包括希腊语和俄语（西里尔文）（如果有的话）。

要通过特殊字符的说明快速查找并插入特殊字符，单击"符号"对话框中的"特殊字符"选项卡，单击要插入的特殊字符，然后单击"插入"按钮。

图 9-11

6 输入以 0 开头的数字

在使用工作表时中经常会遇到要输入以 0 为开头的数据，一般情况下，工作表会隐藏前面的 0，必须进行设置才能显示以 0 开头的数据，具体操作步骤如下。

素材文件：CDROM \09\9.2\素材 6.xlsx

● 自动添加 0

① 在如图 9-12 所示的表格中，选中要输入以 0 开头的数字的单元格，如 E2。右击，在弹出的快捷菜单中选择"设置单元格格式"命令。

图 9-12

② 此时弹出"设置单元格格式"对话框，在"数字"选项卡中的"分类"列表框中选择"自定义"选项，在右侧"类型"文本框中输入比单元格中的数据位数多 1 位的"0"的个数，单击"确定"按钮，如图 9-13 所示。

温馨提示

0 的个数代表单元格数值位数。

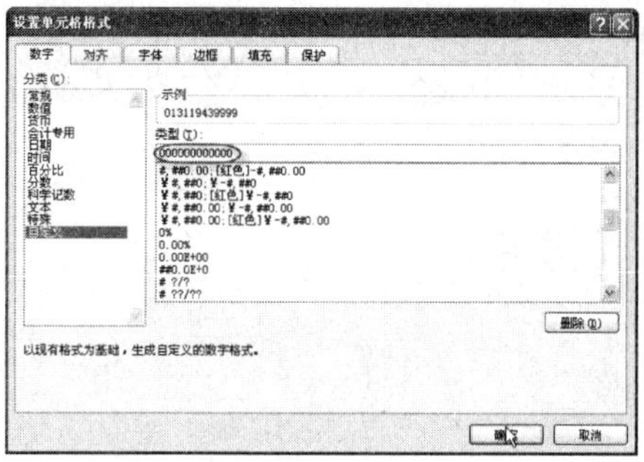

图 9-13

3 设置完后在单元格中输入数值后，系统可根据设置的数字位数自动加上若干个相应 0 的个数，这里在 A1 单元格中输入手机号，按【Enter】键确定后，系统即可根据设置数字位数自动加上相应"0"的个数，如图 9-14 所示。

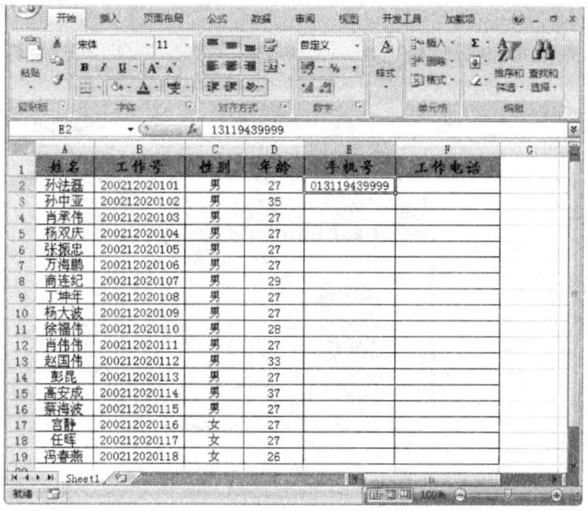

图 9-14

温馨提示

在输入以 0 开头数据的前面加上"'"也可显示完整数据。如要输入电话号码"01088228822"，可直接输入"'01088228822"。

9.2.2　快速输入工作表数据

在使用 Excel 中经常会遇到多个单元格输入相同内容的情况，在工作表中快速输入数据可提高工作效率，具体操作步骤如下。

素材文件：CDROM \09\9.2\素材 7.xlsx

1　快速在同一张工作表中输入相同数据

● **使用快捷键**

1 选择多个单元格。

2 在编辑栏中输入数据，这里输入数字"365"，如图 9-15 所示。

3 按【Ctrl+Enter】组合键，即可将选中的单元格快速填充相同的内容，如图 9-16 所示。

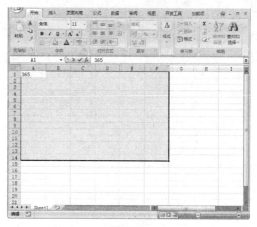

图 9-15

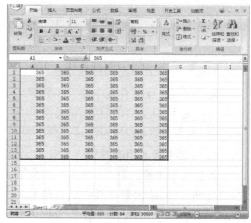

图 9-16

● **使用快速填充句柄**

此外，也可以通过拖动快速填充句柄的方法在几个单元格中输入相同数据。

1 首先在任意单元格中输入数据，这里在 A1 单元格中输入数字"0"。

2 拖动 A1 单元格中的快速填充句柄，如图 9-17 所示。

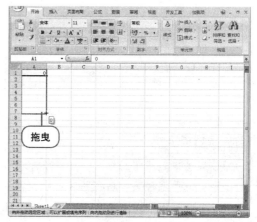

图 9-17

③ 也可以横向拖动快速填充句柄，如图9-18所示。

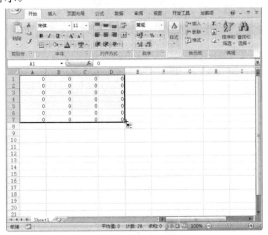

图 9-18

2 在其他工作表中输入相同数据

如果我们已在一张工作表中输入了数据，可快速将该数据填充到其他工作表相应单元格中。

素材文件：CDROM \09\9.2\素材 8.xlsx

● 在其他工作表中输入相同数据

① 单击包含该数据的工作表标签。然后再按住【Ctrl】键的同时单击要在其中填充数据的工作表的标签，如图9-19所示，Sheet3 和 Sheet4 建立了一个工作组。

图 9-19

温馨提示

如果看不到所需的标签，可单击标签滚动按钮以显示该标签，然后单击它。

② 在工作表中，选择包含已输入的数据的单元格。

③ 在功能区中选择"开始"选项卡中的"编辑"选项组中"填充>成组工作表"命令，如图9-20所示。

图 9-20

④ 此时弹出"填充成组工作表"对话框，如图9-21所示，可根据需要勾选不同的复选框。

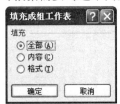

图 9-21

此外，也可以通过复制、粘贴操作将一个工作表中的数据复制到另一个工作表中的相同位置，至于包含公式的数据如何操作，将在以后的章节中进行介绍。

温馨提示

"填充成组工作表"对话框各选项说明如下：

勾选"全部"复选框，可将当前工作表中的所有内容复制到另一张工作表；

勾选"内容"复选框，可将当前工作表选定的内容复制到当前的工作表中；

勾选"格式"复选框，可将当前工作表中的格式复制到另一张工作表中。

3 快速输入序列数据

在 Excel 中经常要用到输入序列的情况，使用"自动填充"功能，可以对一组数据序列进行自动填充。

素材文件：CDROM \09\9.2\素材 9.xlsx

● 快速输入序列数据

① 在第一个单元格中输入一个序号，这里输入序号形式为01，可在A1单元格中输入"'01"。

② 单击鼠标右键拖动 A1 单元格下方的自动填充句柄，如图 9-22 所示。

图 9-22

③ 拖动结果如图 9-23 所示，即可自动填充序列。

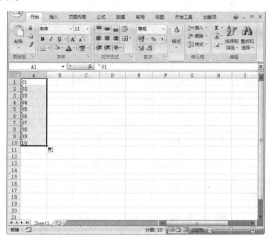

图 9-23

 温馨提示

如果填充后的结果是复制 A1 中的数据，可单击单元格右下角下拉按钮，在弹出的下拉列表中选择"填充序号"单选框，如图 9-24 所示，即可填充为序列。

4　设置自定义填充序列

为了更轻松地输入特定的数据序列（如名称或销售区域的列表），我们可以创建自定义填充序列。自定义填充序列可以基于工作表中已有项目的列表，也可以从头开始输入列表。虽然不能编辑或删除内置填充序列（如月和日的填充序列），但是可以编辑或删除自定义填充序列。

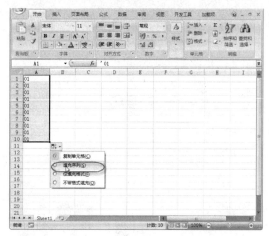

图 9-24

素材文件：CDROM \09\9.2 \素材 10.xlsx

● **自定义填充序列填充数据**

以自定义填充序列进行填充时需要将数字设置为文本格式，方法如下。

① 为要设置为文本格式的数字列表选择足够的单元格，如图 9-25 所示，这里选择 A1：G1。

图 9-25

② 在功能区中单击"Office"按钮，在弹出的菜单中单击"Excel 选项"按钮，此时弹出"Excel 选项"对话框，选择"常用"选项卡，单击"编辑自定义列表"按钮，如图 9-26 所示。

③ 此时弹出"自定义序列"对话框，确认所选项目列表的单元格引用显示在"从单元格中导入序列"框中，然后单击"导入"按钮。所选的列表中的项目将添加到"自定义序列"框中，如图 9-27 所示，单击"确定"按钮。

④ 在单元格 A6 中输入"张兰"，然后拖动填充句柄，即可快速输入其他同学的姓名，如图 9-28 所示。

图 9-26

图 9-27

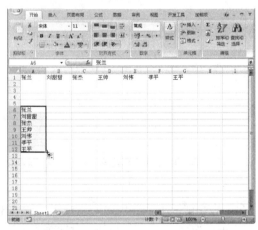

图 9-28

9.2.3 输入工作表数据的其他方式

向工作表中输入数据的方式有很多种，通过数据记录单等形式，还可以通过设置数据有效性限制输入数据的类型。

1 设置数据有效性

设定数据有效性可以通过对要输入的数值的类型、样式和内容进行规定，从而最大可能地避免输入一些无效数值，具体步骤如下。

📀 素材文件：CDROM\09\9.2\素材 11.xlsx

● 设定一定的数值范围或特定要求

① 选中 C5 单元格，在功能区中选择"数据"选项卡"数据工具"选项组中"数据有效性>数据有效性"命令，如图 9-29 所示。

图 9-29

② 此时弹出"数据有效性"对话框，如图 9-30 所示，我们可以选择允许输入的内容。这里在"允许"下拉列表中选择"序列"；在"来源"文本框中输入"男,女"，输入完后单击"确定"按钮，如图 9-30 所示。

图 9-30

③ 复制单元格 C5，选定需要重复设置的单元格 C6：C14，在功能区中选择"开始"选项卡中的

"剪贴板"选项组中的"粘贴>选择性粘贴"命令，如图 9-31 所示。

图 9-31

④ 在弹出"选择性粘贴"对话框中，勾选"有效性验证"单选框，单击"确定"按钮，如图 9-32 所示。

图 9-32

⑤ 此时，即可将其他选中的单元格数据有效性设置与"C5"相同了。

多学两招

　　如果想在输入错误数据时，警告用户，可先选中要设置的单元格，然后在弹出的"数据有效性"对话框中的"出错警告"选项卡中设置警告信息如图 9-33 所示。

图 9-33

　　如果在所设置的单元格中输入错误错误的数据，会自动弹出错误提示对话框，如图 9-34 所示。

图 9-34

2　使用数据记录单

　　一般情况下大家都习惯于使用原始方式直接在工作界面中创建所需要的二维表格，即由行与列组成的普通表格，在这种表格中，当行数、列数较多时，会给用户输入数据带来很多麻烦。在输入数据时，因为不能完整地看到行或列的信息，所以往往造成输入数据串行或串列的现象。利用 Excel "数据"菜单中的"记录单"输入数据就可避免类似的事情发生。

　　素材文件：CDROM \09\9.2\素材 12.xlsx

● 创建数据记录单

① 用原始方式输入表的标题和数据，在需要添加记录的第一行中任意列内输入对应的数据，如图 9-35 所示。

图 9-35

② 在功能区单击"Office"按钮，在弹出的菜单中单击"Excel 选项"按钮。

③ 在弹出的"Excel 选项"对话框中选"自定义"选项卡，在"所有命令"位置中找到"记录单"并单击，然后单击"添加"按钮，将"记录单"命令添加到自定义快速访问工具栏中，最后单击"确定"按钮即可，如图 9-36 所示。

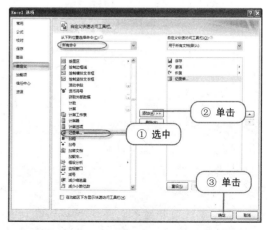

图 9-36

④ 选中 A2 到 G2 单元格区域，在自定义快速访问工具栏中单击"记录单"命令，如图 9-37 所示。

图 9-37

⑤ 此时弹出名为"Sheet1"的记录单对话框，如图 9-38 所示，单击"新建"按钮，可添加数据，在每输入完一条完整信息之后，可单击"新建"按钮来创建下一条新记录。填完所有数据后单击"关闭"按钮即可。

图 9-38

⑥ 此时，数据即可添加在工作表中，如图 9-39 所示。

图 9-39

 经验揭晓

这种方法适合输入大量有规律的原始数据，此记录表的形式与 Access 数据库的表的非

常相似，用法也类似，我们在输入数据时不会出现串行或串列的现象。

9.2.4 编辑 Excel 工作表中的数据

编辑 Excel 工作表中的数据可以包括修改数据、移动数据、复制数据、删除数据等。下面具体介绍编辑工作表的步骤。

1 修改表格数据

素材文件：CDROM \09\9.2\素材 13.xlsx

● **在单元格内修改单元格内容**

① 选定需要修改的单元格，使其成为活动单元格，如图 9-40 所示，这里选择 B3 单元格。

② 双击该单元格或按【F2】键，将插入点移动至单元格内。

图 9-40

③ 在单元格内按方向键将插入点移动至编辑位置，然后按【Delete】键删除插入点右边的字符，或按【Backspace】键将插入点左边的字符删除，如图 9-41 所示。

图 9-41

④ 输入正确的字符后，再按【Enter】键确定此次修改。若要取消则按【Esc】键，修改后的结果如图 9-42 所示。

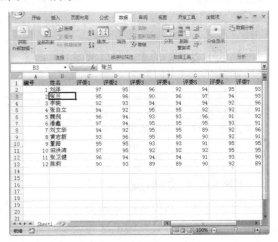

图 9-42

 温馨提示

仅当处于编辑模式时，才可以打开或关闭改写模式。当改写模式处于打开状态时，插入点右侧的字符会在编辑栏中突出显示，在输入时会覆盖该字符。

● 在编辑栏中修改单元格内容

① 选定需要修改的单元格，使其成为活动单元格，此时单元格中的内容也显示于编辑栏中。

② 将鼠标指针指向编辑栏，当鼠标指针变为"I"形时，在编辑栏内所需的位置单击，插入点就会出现在该位置。

③ 在编辑栏中输入要更改的内容如图 9-43 所示。

图 9-43

④ 修改完毕后，单击"输入"按钮，或按【Enter】键确定此次修改。

2　移动表格数据

Excel 中的工作表并不是固定不变的，有时候可根据需要移动或复制工作表，这样就可以大大提高制作表格的效率。

💿 素材文件：CDROM \09\9.2\素材 14.xlsx

● 直接移动单元格内容

① 选中要移动数据的单元格。当鼠标显示为 形状时，即可拖曳鼠标到要移动的地方，如图 9-44 所示。

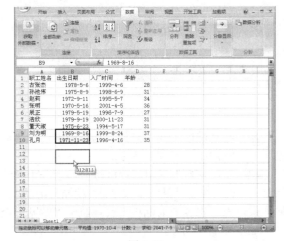

图 9-44

② 松开鼠标，即可完成移动单元格中的数据，如图 9-45 所示。

● 剪切单元格中的内容

① 选中要移动数据的单元格。在功能区选择"开始"选项卡中"剪贴板"选项组中"剪贴"命令。

图 9-45

② 在工作表中选中要粘贴的单元格，在功能区中选择"开始"选项卡中"剪贴板"选项组的"粘贴"命令，即可将单元格中内容粘贴上去。

3 复制表格数据

复制数据与快速输入相同数据的目的都是为了重复输入许多数据，这里介绍使用复制粘贴数据的方法，具体步骤如下：

素材文件：CDROM\09\9.2\素材 15.xlsx

● 使用"复制"命令

① 选择要复制的单元格区域，如图9-46所示，选择 A1:H2 区域。

图 9-46

② 在功能区中的"开始"选项卡中选择"剪贴板"选项组中"复制"命令。

③ 此时被复制的单元格区域会显示一个虚线边框，然后选择要粘贴的单元格，在功能区中的"开始"选项卡中选择"剪贴板"选项组中"粘贴"命令，如图9-47所示。

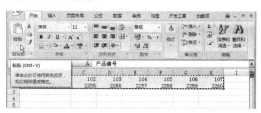

图 9-47

④ 此时将 A1:H2 区域中的内容复制到下面的单元格中，如图9-48所示。

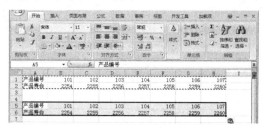

图 9-48

● 使用快捷菜单命令

① 选择要复制的单元格区域，右击，在弹出的快捷菜单中选择"复制"命令。

② 选中要粘贴的单元格，同样右击，在弹出的快捷菜单中选择"粘贴"命令即可。

● 使用快捷键

① 与上面的案例相同选择要复制的单元格区域，按【Ctrl+C】组合键复制数据。

② 选中要粘贴的单元格，按【Ctrl+V】组合键即可粘贴。

> **高手支招**
>
> 如果想取消已经复制的内容，可按【Esc】键即可。

4 删除单元格数据格式

当对单元格或其内容进行编辑并已保存后，可以通过清除单元格格式来撤销这些编辑。如：合并后的单元格被重新拆分，单元格内容对齐方式重新变为右对齐，字体变为默认的宋体格式等。

素材文件：CDROM \09\9.2\素材 16.xlsx

● 清除单元格数据格式

① 选中需要清除数据格式的单元格。

② 在功能区选择"开始"选项卡"编辑"选项组中的"清除>清除格式"命令，如图9-49所示。

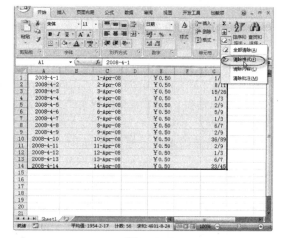

图 9-49

③ 显示结果如图9-50所示。

5 删除单元格内容

在 Excel 里，可以直接在单元格中编辑单元格内容，也可以在编辑栏中编辑单元格内容，并对内容进行控制。

素材文件：CDROM\09\9.2\素材 17.xlsx

● 使用"清除内容"命令

① 选中需要清除单元格的内容。

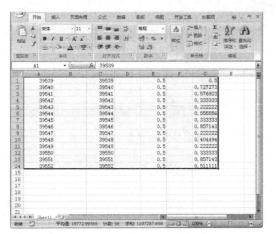

图 9-50

② 在功能区中选择"开始"选项卡"编辑"选项组中"清除>清除内容"命令，如图 9-51 所示，即可清除单元格中的内容。

图 9-51

● 使用快捷菜单命令

① 选中需要清除单元格的内容。

② 右击在弹出的快捷菜单中选择"清除内容"命令，如图 9-52 所示，即可清除单元格中内容。

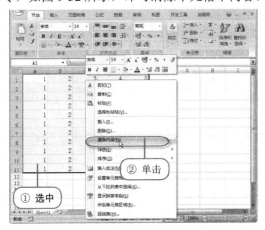

图 9-52

🖐 高手支招

选中单元格中的内容，按【Delete】键或者按【Backspace】键也可删除单元格中的内容。

6　查找与替换表格数据

在进行文本编辑时，使用查找和替换命令可以对工作表中的指定字符、文本、公式或批注自动进行定位和改动，进一步地提高了工作效率。下面我们来介绍文本和数字的查找与替换。

💿 素材文件：CDROM \09\9.2\素材 18.xlsx

● 查找文本或数字

① 在功能区中选择"开始"选项卡上的"编辑"选项组中"查找和选择>查找"命令，将显示"查找和替换"对话框，如图 9-53 所示。

图 9-53

🖐 高手支招

或者使用【Ctrl+F】组合键，也可弹出"查找和替换对话框"。

② 在弹出的"查找和替换"对话框中单击"查找下一个"按钮，在工作表中符合查找条件的单元格将被选中，成为活动单元格。单击"查找全部"按钮后，所有符合查找条件的单元格的信息将列表显示于"查找和替换"对话框内，如图 9-54 所示。

③ 单击"查找和替换"对话框中的"选项"按钮后，将进入"查找和替换"对话框的扩展模式，我们可以进一步确定搜索条件，比如搜索范围、查找对象或匹配条件等，如图 9-55 所示。

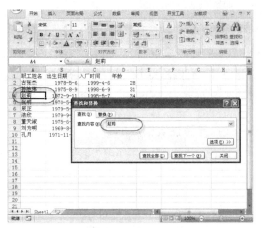

图 9-54

图 9-55

 温馨提示

在"查找和替换"对话框的"查找内容"文本框中，可以使用通配符。

◇ 通配符"？"代表单个的任意字符。
◇ 通配符"*"代表一个或多个任意字符。
如"sm?th"可查找"smith"和"smyth"，"*east"可查找"Northeast"和"Southeast"。

● **替换文本或数字**

① 打开要编辑的工作表在功能区中选择"开始"选项卡上"编辑"选项组的"查找和选择>替换"命令，或者按【Ctrl+H】组合键，打开"查找和替换"对话框。

② 在"查找内容"和"替换为"文本框中分别输入要查找和替换的数据或文本，并可对其进行格式设置，如图 9-56 所示。

 温馨提示

在对话框中单击不同的按钮，可起到不同的作用，具体功能如下：

单击"替换"按钮，则将替换查找到的单元格数据或文本；

单击"全部替换"按钮，则将替换整个工作表中所有符合搜索条件的单元格数据或文本。

图 9-56

9.2.5 在 Excel 中使用批注

Excel 中的批注功能可是对单元格内容注解的一种方法。

1 插入批注

在 Excel 中插入批注可以将一些特殊的数据进行强调说明。具体方法和步骤如下所示。

素材文件：CDROM \09\9.2\素材 19.xlsx

● **使用"新建批注"命令**

① 选中要加入批注的单元格，在工作区中的"审阅"选项卡选择"批注"选项组中的"新建批注"命令，如图 9-57 所示。

图 9-57

② 此时在单元格中出现批注框，可在里面输入要设置的内容，如图 9-58 所示。

● **使用快捷菜单命令**

与上面的方法类似，选中要加入批注的单元格，右击，在弹出的快捷菜单中选择"插入批注"命令，即可在单元格中插入批注。

图 9-58

2　编辑批注

当批注中的内容需要修改时，就需要编辑批注。编辑批注的具体操作步骤如下。

🌐 素材文件：CDROM\09\9.2\素材 20.xlsx

● 使用"编辑批注"命令

选中要编辑批注所在的单元格，在功能区中的"审阅"选项卡中选择"批注"选项组中的"编辑批注"命令，如图 9-59 所示，即可直接在批注中进行编辑。

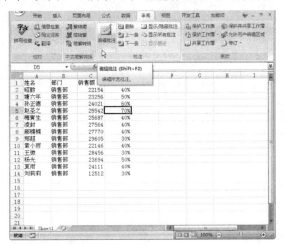

图 9-59

● 使用快捷菜单命令

选中要编辑批注所在的单元格，右击，在弹出的快捷菜单中选择"编辑批注"命令，即可直接在批注中进行编辑。

3　设置批注格式

批注的格式不是一成不变的，可根据自身需要设置批注格式。

🌐 素材文件：CDROM \09\9.2\素材 21.xlsx

● 使用"设置批注格式"命令

① 选中批注框中要设置的文本格式。在功能区中的"审阅"选项卡选择"批注"选项组中的"格式"命令，在其下拉菜单中选择"设置批注格式"命令，如图 9-60 所示。

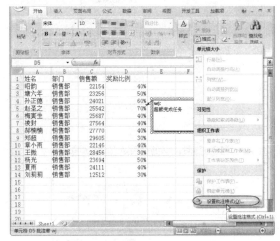

图 9-60

② 此时弹出"设置批注格式"对话框，在此对话框中可设置字体，字形，字号等设置，如图 9-61 所示，这里将批注框中的字体设置为"隶书"、字形设置为"加粗"，字号设置为"12"，设置完后单击"确定"按钮即可。

图 9-61

③ 设置后的结果如图 9-62 所示。

● 使用快捷菜单命令

① 选中批注框中要设置的文本。右击，在弹出的快捷菜单中选择"设置批注格式"命令。

② 此时弹出"设置批注格式"对话框，具体设置与上面相同，这里就不再赘述了如图 9-63 所示。

4　删除批注

如果不需要单元格中的批注时，将批注删除，具体操作步骤如下所示。

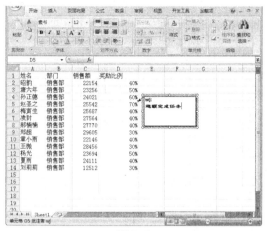

图 9-62

图 9-63

素材文件：CDROM\09\9.2\素材 22.xlsx

● 使用"删除"命令

选中要删除批注的单元格，在功能区中的"审阅"选项卡中选择"批注"选项组中的"删除"命令，即可将批注删除，如图 9-64 所示。

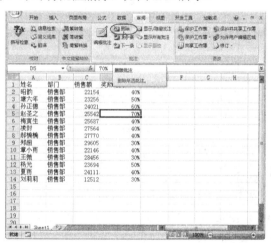

图 9-64

● 使用快捷菜单命令

选中要删除批注的单元格，右击，在弹出的快捷菜单中选择"删除批注"命令，也可将批注删除。

9.3 职业应用——学生成绩登记表

在学生管理中，经常会遇到对学生成绩进行统计，制作合理的学生成绩统计表可快速提高工作效率。

9.3.1 案例分析

学生成绩统计表，主要针对学生成绩的管理，通过学生统计表可快速查找学生成绩信息，并快速统计学生总成绩。

9.3.2 应用知识点拨

本案例应用的知识点概括如下：
1. 制作标题和表头　　　2. 数据输入
3. 为单元格添加批注

9.3.3 案例效果

素材文件	CDROM\09\9.3\素材 1.xlsx
结果文件	CDROM\09\9.3\职业应用 1.xlsx
视频文件	CDROM\视频\第 9 章职业应用.exe
效果图	高三（三）班学生成绩登记表

9.3.4 制作步骤

建立一个空白工作簿后，我们可以制作学生成绩登记表，主要步骤如下。

1　制作标题和表头

● 制作表头

① 登记表的表头需要包含的信息包括：标题、日期、学生姓名和考试科目等。

② 选中 G3 单元格，在功能区选择"开始"选项卡"数字"选项组中的"单元格格式"文本框，在其下拉菜单中选择"短日期"命令。

③ 在 G3 中输入"4-1"，这时系统会自动以短日期的形式显示输入日期，如图 9-65 所示。

● 制作标题

① 用选中标题栏 A1:G2，在"开始"选项卡上的"对齐方式>合并后居中"命令，如图 9-66 所示。

② 用鼠标选中单元格 A4:G4，在"开始"选项卡上选择"对齐方式>居中"命令，如图 9-67 所示。

图 9-65

图 9-66

图 9-67

2　学生成绩输入

● 输入序列

① 在 A5 表中输入学生的学号"2001060301"。

② 因为 Excel 默认把数字作为数值处理，所以当单元格宽的不够时，就显示为该数字的科学计算法格式，如图 9-68 所示。选中 A5，在功能区中选择"开始"选项卡"数字>单元格格式>文本"命令。

图 9-68

③ 单元格中的内容正常显示，拖动单元格 A5 的快速填充句柄到单元格 A14，将学号填充完毕，如图 9-69 所示。

图 9-69

④ 在工作表中将其他单元格中的数据进行填充，如图 9-70 所示。至此，一张学生成绩登记表已基本完成。

图 9-70

3 为单元格添加批注

当然还可根据实际情况，为成绩表添加批注。具体操作步骤如下所示。

① 选中单元格 F14，如图 9-71 所示。在功能区选择"审阅"选项卡"批注>新建批注"命令。

图 9-71

② 此时在 F14 中新出现的批注框中输入文字，如图 9-72 所示。

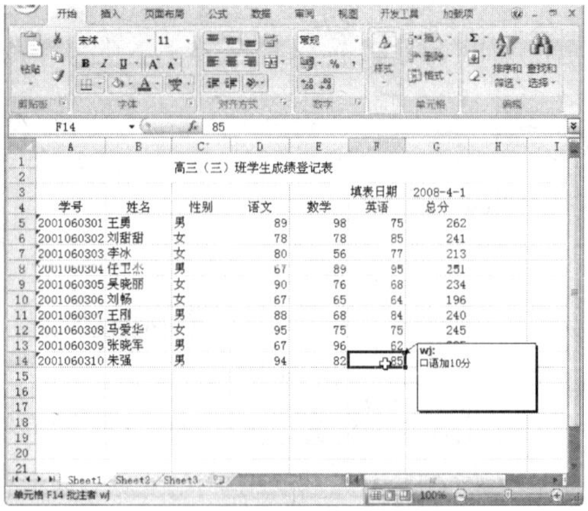

图 9-72

此时学生成绩管理表已经制作完成，可根据实际情况，制作类似的表格。

9.3.5 拓展练习

为了使读者能够充分应用本章所学知识，在工作中发挥更大作用，因此，在这里将列举两个关于本章知识的其他应用实例，以便开拓读者思路，起到举一反三的效果。

1 员工工作表现反馈表

灵活运用本章所学知识，制作如图 9-73 所示的公司员工工作表现反馈表。

结果文件：CDROM\09\9.3\职业应用 2.xlsx

员工工作表现反馈表					
姓名	工作号	性别	年龄	级别	客户满意程度
孙法磊	200212020101	男	27	★★★★	☺
孙中亚	200212020102	男	35	★★★	☺
肖承伟	200212020103	男	27	★★★★★	☺
杨双庆	200212020104	男	27	★★★	☺
张据忠	200212020105	男	27	★★★	☺
万海鹏	200212020106	男	27	★★★★	☺
商连纪	200212020107	男	29	★★★★★	☺
丁坤年	200212020108	男	27	★★★★★	☺
杨大波	200212020109	男	27	★★	☺
徐福伟	200212020110	男	28	★★★★★	☺
肖伟伟	200212020111	男	27	★★★	☺
赵国伟	200212020112	男	33	★★	☺
彭昆	200212020113	男	27	★★★	☺
高安成	200212020114	男	37	★	☺
蔡海波	200212020115	男	27	★★★★★	☺
宫静	200212020116	女	27	★★	☺
任晖	200212020117	女	27	★★★★★	☺
冯春燕	200212020118	女	26	★	☺

图 9-73

在制作本例的过程中，需要注意以下几点：

（1）根据公司员工数量的多少，确定反馈表的行数。

（2）级别和客户满意程度可根据自身的需求设置不同的符号表示。

（3）可根据自身要求，添加或删除表格中的标题。

（4）为了最后表格的美观，可以在制作完成后对其套用表样式，或做自由处理。

2 样书申请管理表

还可根据本章的内容制作如图 9-74 所示的图书管理表。

结果文件：CDROM\09\9.3\职业应用 3.xlsx

在制作本例的过程中，需要注意以下几点：

（1）可根据自身要求，添加或删除表格中的标题。

（2）为了最后表格的美观，可以在制作完成后对其套用表样式，或做自由处理。

样书申请						
申请人	日期	书号	书名		数量	单价	用途

图 9-74

9.4 温故知新

本章对 Excel 2007 中表格的初期编辑进行了详细地讲解。同时，通过大量的实例和案例让读者充分参与练习。读者要重点掌握的知识点如下：

- 输入工作表数据
- 快速输入工作表数据
- 输入工作表数据的其他方式
- 编辑 Excel 工作表中的数据
- 在 Excel 工作表中使用批注

第 10 章
Excel 2007 的表格美化

【知识概要】

当我们在使用 Excel 的时候，可能会想到利用一些图形和图片来美化一下我们的 Excel 工作表。在这一章中，我们就来学习如何向 Excel 工作表中添加图形和图片，从而使我们的 Excel 工作表变得更加生动有趣。

10.1 答疑解惑

我们都知道 Excel 是一款有关电子表格处理的软件，一般用来进行一些电子表格的处理。此外我们还可以在 Excel 中插入一些相关的图片，对于图形和图片的概念，您可能并不熟悉，下面我们就来介绍下有关 Excel 数据和图片相关概念。

10.1.1 数字格式类型

Excel 2007 单元格中的数字格式类型有很多种，认清含义和特性，以及操作方法会给我们的工作带来很大的方便。表 10-1 为 Excel 的数字格式类型。

表 10-1

组成元素	功能说明
常规	Excel 应用的默认数字格式。一般情况下，"常规"格式的数字以键入的方式显示。如果单元格的宽度不够显示整个数字，"常规"格式会用小数点对数字进行四舍五入。"常规"数字格式还对较大的数字（12 位或更多位）使用科学计数（指数）表示法
数值	用于数字的一般表示。可以指定要使用的小数位数、是否使用千位分隔符以及如何显示负数
货币	用于一般货币值并显示带有数字的默认货币符号。可以指定要使用的小数位数、是否使用千位分隔符以及如何显示负数
会计专用	也用于货币值，但是它会在一列中对齐货币符号和数字的小数点
日期	根据指定的类型和区域设置（国家/地区），将日期和时间系列数值显示为日期值。以星号（*）开头的日期格式响应在 Windows "控制面板"中指定的区域日期和时间设置的更改。不带星号的格式不受"控制面板"设置的影响

续表

组成元素	功能说明
时间	根据指定的类型和区域设置（国家/地区），将日期和时间系列数显示为时间值。以星号（*）开头的时间格式响应在 Windows "控制面板"中指定的区域日期和时间设置的更改。不带星号的格式不受"控制面板"设置的影响
百分比	以百分数形式显示单元格的值。可以指定要使用的小数位数
分数	根据指定的分数类型以分数形式显示数字
科学计数	以指数表示法显示数字，用 E+n 替代数字的一部分，其中用 10 的 n 次幂乘以 E（代表指数）前面的数字。例如，2 位小数的"科学记数"格式将 12345678901 显示为 1.23E+10，即用 1.23 乘 10 的 10 次幂。可以指定要使用的小数位数
文本	这种格式将单元格的内容视为文本，并在键入时准确显示内容，即使键入数字
特殊	将数字显示为邮政编码、电话号码或社会保险号码
自定义	允许修改现有数字格式代码的副本。这会创建一个自定义数字格式并将其添加到数字格式代码的列表中。可以添加 200 到 250 个自定义数字格式，具体取决于您安装的 Excel 的语言版本

10.1.2 关于图形文件

在工作表中经常要插入各种图片，这里图片的相关知识。

目前在计算机中使用的图形文件有两种类型，即位图和矢量图。

- 位图：由不同亮度和颜色的像素所组成，适合表现大量的图像细节，可以很好地反映明暗的变化、复杂的场景和颜色，它的特点是能表现逼真的图像效果，但是文件比较大，并且缩放时清晰度会降低并出现锯齿。位图有种类繁多的文件格式，常见的有 JPEG、

PCX、BMP、PSD、PIC、GIF 和 TIFF 等格式。

- 矢量图：使用直线和曲线来描述图形，这些图形的元素是一些点、线、矩形、多边形、圆和弧线等，它们都是通过数学公式计算获得的，所以矢量图形文件一般较小。矢量图形的优点是无论放大、缩小或旋转等都不会失真；缺点是难以表现色彩层次丰富的逼真图像效果，而且显示矢量图也需要花费一些时间。矢量图形主要用于插图、文字和可以自由缩放的徽标等图形。
一般常见的文件格式有 AI、WMF、CGM、EPS、DRW 等格式。

它们最简单的区别就是：矢量图可以无限放大，而且不会失真；而位图在不断放大的过程中，随着图像的不断变大，会出现越来越明显的失真现象。

 温馨提示

我们可以在互联网上查找到很多免费的图形文件。但是，也有一些图形文件是有版权限制的。在使用这些图形文件的时候要多多注意。

 多学两招

如果在工作表中使用一些位图图像会大大增加工作簿文件的尺寸，从而导致要使用更多的内存和更长的时间来打开和保存这些个工作簿文件，那就要求我们要对图形文件进行压缩。

10.1.3 Excel 现有形状概述

在 Excel 中不仅可以插入图片还可以插入图形，绘制不同的形状。

Excel 2007 为我们提供了十分丰富的形状选择，如图 10-1 所示。

在"形状"列表中，出现了很多的绘图对象，它们看上去很直观，使用起来也很容易。在"形状"列表中出现的每一个图标都代表着一种形状的类型。

10.1.4 SmartArt 图形

SmartArt 图形是我们的信息的视觉表示形式，我们可以从多种不同布局中进行选择，从而快速轻松地创建所需形式，以便有效地传达信息或观点。

在"选择 SmartArt 图形"对话框显示了全部的 SmartArt 图形类型，如图 10-2 所示。

图 10-1

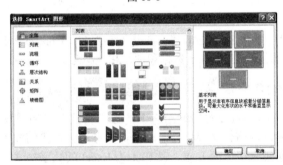

图 10-2

不同类型的 SmartArt 图形的功能也不相同，具体说明如表 10-2 所示。

表 10-2

组成类型	功能说明
全部	SmartArt 图形可用的所有布局都出现在"全部"类型中
列表	如果想使项目符号文字更加醒目，可以轻松地将文字转换为可以着色、设定其尺寸以及使用视觉效果或动画强调的形状。通过使用"列表"类型中的布局，用强调其重要性的各色形状显示的要点会更直观，更具影响力。"列表"布局对不遵循分步或有序流程的信息进行分组。与"流程"布局不同，"列表"布局通常不包含箭头或方向流
流程	"流程"类型中的布局通常包含一个方向流，并且用来对流程或工作流中的步骤或阶段进行图解。例如，完成某项任务的有序步骤、开发某个产品的一般阶段或者时间线或计划。如果希望显示如何按部就班地完成步骤或阶段来产生某一结果，可以使用"流程"布局。"流程"布局可用来显示垂直步骤、水平步骤或蛇形组合中的流程

续表

组成类型	功能说明
循环	"循环"类型中的布局通常用来对循环流程或重复性流程进行图解。可以使用"循环"布局显示产品或动物的生命周期、教学周期、重复性或正在进行的流程（例如，网站的连续编写和发布周期），或某个员工的年度目标制定和业绩审查周期
层次结构	"层次结构"类型中最常用的布局就是公司组织结构图。但是"层次结构"布局还可用于显示决策树或产品系列
关系	"关系"类型中的布局显示各部分（如连锁或重叠的概念）之间非渐进的非层次关系，并且通常说明两组或更多组事物之间的概念关系或联系。"关系"布局的几个很好的示例是维恩图、目标布局和射线布局，维恩图显示区域或概念如何重叠以及如何集中在一个中心交点处；目标布局显示包含关系；射线布局显示与中心核心或概念之间的关系
矩阵	"矩阵"类型中的布局通常对信息进行分类，并且它们是二维布局。它们用来显示各部分与整体或与中心概念之间的关系。如果要传达四个或更少的要点以及大量文字，"矩阵"布局是一个不错的选择
棱锥图	"棱锥图"类型中的布局显示通常向上发展的比例关系或层次关系。它们最适合需要自上而下或自下而上显示的信息

10.2　实例进阶

本节将用实例讲解 Excel 2007 中单元格数字格式设置和工作表外观设置等操作知识，还有关于图形和艺术字的创建和修改操作。

10.2.1　设置单元格格式

在 Excel 2007 中单元格格式设置可直接通过"设置单元格格式"对话框中进行，其中包括数字格式，对齐格式、字体格式、边框格式、填充格式和保护格式，如图 10-3 所示。下面具体介绍单元格格式的设置方式。

图 10-3

1　设置单元格数字格式

在前面已经介绍了单元格中数字格式的类型，下面我们主要介绍如何设置单元格数字格式。

💿 素材文件：CDROM \10\10.2\素材 1.xlsx

● 设置单元格数字格式

①　选中要设置的单元格，右击，在弹出的快捷菜单中选择"设置单元格格式"命令。

②　在弹出的"设置单元格格式"对话框中，这里选择"数值"选项卡，选择要设置的数值类型，也可在"小数位数"文本框中设置小数位数。单击"确定"按钮即可如图 10-4 所示。

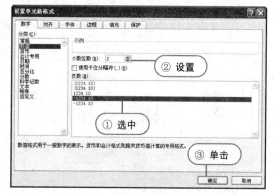

图 10-4

2　设置日期和时间格式

时间和日期格式是在 Excel 表中经常要用到的格式，具体步骤如下。

💿 素材文件：CDROM \10\10.2\素材 2.xlsx

● 设置日期格式

①　选中要输入日期或时间的单元格，这里选择 C2，右击，在弹出的快捷菜单中选择"设置单元格格式"命令，如图 10-5 所示。

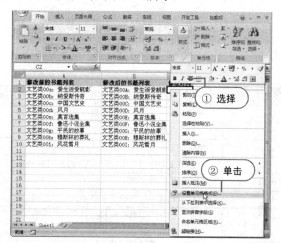

图 10-5

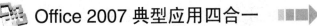

② 此时弹出"设置单元格格式"对话框，在"数字"选项卡中选择"日期"选项。在右侧的"类型"下的列表框中选择需要设置的日期格式，如图10-6所示，单击"确定"按钮即可。

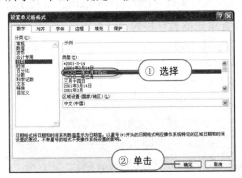

图 10-6

③ 在 C2 中输入"4-5"后，单元格显示如图10-7 所示。

图 10-7

高手支招

Excel 也内置了许多日期与时间类的格式，在单元格中的插入方法与插入数字格式相似。我们也可以自定义日期与时间类的数字格式如表 10-3 所示。

表 10-3

代　码	注　释
m	使用没有前导零的数字来显示月份（1～12）
mm	使用有前导零的数字来显示月份（01～12）
mmm	使用英文缩写来显示月份（Jan～Dec）
mmmm	使用英文全称来显示月份（January～December）
mmmmm	显示月份的英文首字母（J～D）
d	使用没有前导零的数字来显示日期（1～31）
dd	使用有前导零的数字来显示日期（01～31）
ddd	使用英文缩写来显示星期几（Sun～Sat）
dddd	使用英文全称来显示星期几（Sunday～Saturday）

续表

代　码	注　释
aaaa	使用中文来显示星期几（星期一～星期日）
aaa	使用中文显示星期几（一～日），不显示"星期"两字
yy	使用两位数显示年份（00～99）
yyyy	使用 4 位数显示年份（1900～9999）
h	使用没有前导零的数字来显示小时（0～23）
hh	使用有前导零的数字来显示小时（00～23）
m	使用没有前导零的数字来显示分钟（0～59）
mm	使用有前导零的数字来显示分钟（00～59）
s	使用没有前导零的数字来显示秒钟（0～59）
ss	使用有前导零的数字来显示秒钟（00～59）
[ ]	显示超出进制的时间（如大于 24 的小时数或大于 60 的分与秒）
AM/PM（上午/下午）	使用 12 小时制显示小时

3 设置货币格式

货币格式在 Excel 中经常用到的格式，而且不同种类的货币显示方式也不相同，可根据需要设置不同的货币格式具体设置如下。

素材文件：CDROM \10\10.2\素材 3.xlsx

● **设置货币格式**

① 选中要输入日期或时间的单元格，这里选择 C2，右击，在弹出的快捷菜单中选择"设置单元格格式"命令。

② 在弹出的"设置单元格格式"对话框中选择"货币"数值类型，可在数据类型中选择需要显示的类型，也可在"货币符号"的下拉列表中选择货币符号，具体设置如图 10-8 所示。

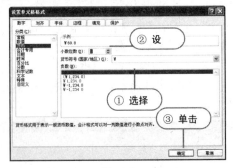

图 10-8

③ 设置完后单击"确定"按钮即可，显示结果如图 10-9 所示。

4 设置单元格的字体

对单元格字体的设置，包括对字体、字形、字号以及颜色的设置，这些都关系到单元格的美观，下面我们就来学习如何设置单元格的字体。

图 10-9

素材文件：CDROM \10\10.2\素材 4.xlsx

● 在"设置单元格格式"对话框中设置

① 选中要设置的字体的单元格，右击，在弹出的菜单中选中"设置单元格格式"命令如图 10-10所示。

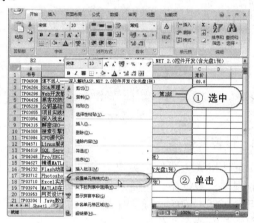

图 10-10

② 在弹出的"设置单元格格式"对话框中的"字体"选项卡，就可以对单元格内的字体进行设置了，这里可以设置单元格的字体、字形、字号、颜色等进行设置，具体设置如图 10-11 所示。

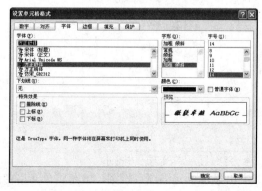

图 10-11

③ 此时单元格中的字体显示结果如图 10-12所示。

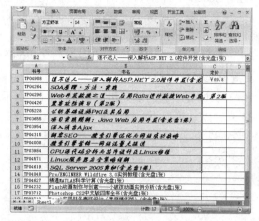

图 10-12

● 在功能区中设置

① 在功能区选择"开始"选项卡中"字体"选项组。

温馨提示

如果单击"字体"右下角的对话框启动器按钮，也可以打开"设置单元格格式"对话框。

② 在这儿可以设置字体、字形、字号、颜色、是否有下画线，以及其他特殊效果（包括删除线、上标和下标）如图 10-13 所示。

图 10-13

高手支招

Excel 默认的字体为"宋体"，字形为"常规"，字号为"11"，默认下画线为"无"，默认颜色为"自动"，默认特殊效果不采用。可根据自己的需要灵活选择，争取做到既实用又美观。

5 设置单元格数据的对齐方式

在 Exce2007 中默认情况下文本靠左，数字靠右，这样有时就会显得不美观，这就要用到我们下面要讲解的单元格中数据的"对齐"设置。

素材文件：CDROM \10\10.2\素材 5.xlsx

● 设置单元格数据的对齐方式

① 选中要设置的单元格，如图 10-14 所示，此时 Excel 默认情况下，文本靠左，数字靠右。

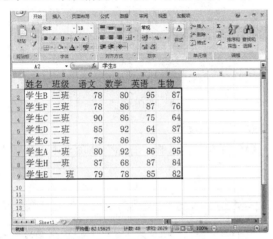

图 10-14

② 单击"设置单元格格式"对话框中的"对齐"选项卡，就可以对单元格的项目进行对齐设置，如图 10-15 所示。

图 10-15

温馨提示

在"对齐"选项卡中，有不同选项，具体设置作用如下：

◇ 在"水平对齐"列表框中，可以选择或更改单元格内容的对齐方式；

◇ 在"垂直对齐"列表框中，可以根据需要选择垂直对齐方式；

◇ "缩进"设置是指从单元格的任一边缘缩进单元格内容，具体怎样缩进取决于"水平对齐"和"垂直对齐"的设置，具体包括靠左缩进、靠右缩进和分散对齐缩进等；

◇ "方向"设置则是允许根据自己的特定需要来改变单元格中内容的方向。如果要设置文本旋转的度数，可以填入度数或者旋转手柄进行设置。

③ 设置结果如图 10-16 所示。

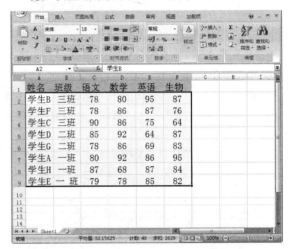

图 10-16

6 设置条件格式

条件格式主要包括突出显示单元格规则、项目选取规则、数据条、色阶和图标集等。其中每一个项目又包括不同的选项，如图 10-17 所示。下面具体介绍各个选项的作用。

图 10-17

● 突出显示单元项目规则

突出显示单元格项目规则，就是将单元格中的数据用不同的颜色显示出来。

● 项目选取规则

项目选取规则与上面的突出显示单元项目规则类似，知识选取内容的规则不一样。

● 数据条

数据条可帮助查看某个单元格相对于其他单元格的值。数据条的长度代表单元格中的值。数据条越长，表示值越高，数据条越短，表示值越低。在观察大量数据（如节假日销售报表中最畅销和最滞销的玩具）中的较高值和较低值时，数据条尤其有用。

● 色阶

色阶作为一种直观的指示，可以帮助我们了解数据分布和数据变化。双色刻度可以使用两种颜色的深浅程度表示值的高低。

● 图标集

使用图标集可以对数据进行注释，并可以按阈值将数据分为 3～5 个类别。每个图标代表一个值的范围。

💿 素材文件：CDROM \10\10.2\素材 6.xlsx

● 设置条件格式

① 选中要设置条件格式的单元格，在功能区中选择"开始"选项卡"条件格式"选项组中的"突出显示单元格规则>大于"命令，如图 10-18 所示。

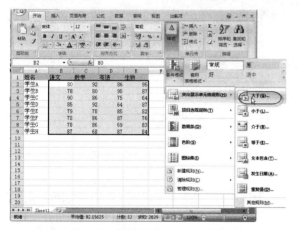

图 10-18

② 可根据自己的需要选择一个条件，比如可以选择"大于"，这样会出现如图 10-19 所示的对话框，在这里可以输入条件数值，并设置显示单元格样式，这里设置条件数值为"78"，设置为"浅红填充色深红色文本"，设置完后，单击"确定"按钮。

图 10-19

③ 此时单元格根据条件设置，显示不同的格式如图 10-20 所示。

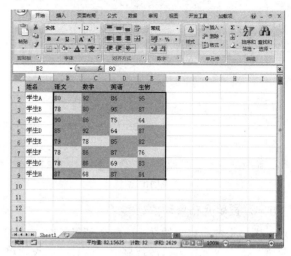

图 10-20

7　使用格式刷复制格式

在 Excel 中可以使用格式刷复制快速将复制某个单元格格式到其他单元格中，具体操作步骤如下。

💿 素材文件：CDROM \10\10.2\素材 7.xlsx

● 使用格式复制格式

① 选中要复制格式的单元格 B3，在功能区中选择"开始"选项卡"剪贴板"选项组中的"格式刷"命令，如图 10-21 所示。

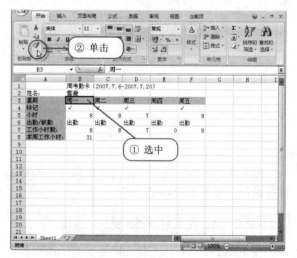

图 10-21

② 此时，鼠标指针显示为 ✛❧ 形状，在要复制的单元格 G3 中单击，即可复制单元格格式，此时 G3 的单元格已经和 B3 的单元格相同了，如图 10-22 所示。

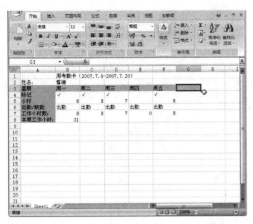

图 10-22

8 设置单元格自动换行

当一个单元格中的文本不能全部显示时，就需要将文本在单元格内以多行显示，这时可以设置单元格格式自动换行。

素材文件：CDROM \10\10.2\素材 8.xlsx

● **在单元格中自动换行**

① 在工作表中，选择要设置格式的单元格 B6。在功能区中选择"开始"选项卡"对齐方式"选项组中的"自动换行"命令，如图 10-23 所示。

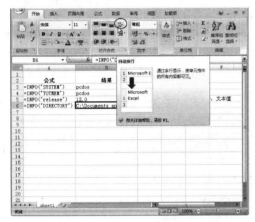

图 10-23

② 此时即可将原来单元格中显示较长的文本进行换行，如图 10-24 所示。

10.2.2 设置工作表外观

在 Excel 中工作表不是一成不变的，可根据需要灵活设置工作表外观。具体设置工作表外观如下所示。

1 设置表格的边框

单元格的边框，在 Excel 2007 中默认是没有的，我们在操作时可以看到边框，但在打印时却是没有

的，可以通过具体设置，为单元格添加边框，同时还可以为边框选择不同的线条。

图 10-24

素材文件：CDROM \10\10.2\素材 9.xlsx

● **设置单元格边框和线条**

① 选中要设置的单元格，右击，在弹出的快捷菜单中选择"设置单元格格式"命令，如图 10-25 所示。

图 10-25

② 选择"设置单元格格式"对话框中的"边框"选项卡，就可以对单元格的边框以及线条进行设置，如图 10-26 所示，设置完后单击"确定"按钮即可。

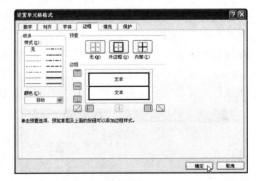

图 10-26

温馨提示

在"线条"栏中，通过对"样式"的选择，可以选定需要的边框的线条（包括粗细和样式）。

◇ 在"预置"选项栏中，可以根据自己的需要，将边框应用于所选单元格的外边框或者内边框，或者从所选单元格中删除边框。

◇ 通过"颜色"选项，可以方便地选择或者更改所选单元格的边框颜色，这和其他的颜色设置是一样的，比较简单。

③ 下面的这个表格就是设置了边框后的效果，如图 10-27 所示。

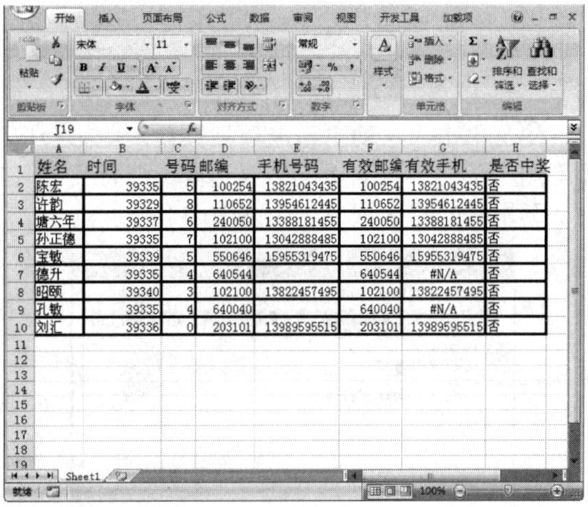

图 10-28

图 10-29

② 此时弹出"设置单元格格式"对话框，单击"填充"选项卡，在对话框设置完后，单击"确定"按钮，如图 10-30 所示。

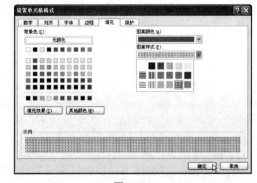

图 10-30

温馨提示

"设置单元格格式"对话框各选项如下所示：

◇ "背景色"选项，在其下拉列表中可以选择要填充的颜色；

（左栏下半部分）

图 10-27

2 设置表格的填充效果

在 Excel 2007 中可以通过使用纯色或特定图案填充单元格，同时不需要时可以删除，具体步骤如下所示。

素材文件：CDROM \10\10.2\素材 10.xlsx

● 使用纯色填充单元格

选择要填充纯色的单元格。在功能区中选择"开始"选项卡"字体"选项组中的"填充颜色"命令，单击其下拉按钮，在调色板上单击需要填充的颜色即可在选中的单元格中显示填充效果，如图 10-28 所示。

● 使用图案填充单元格

① 选中要填充的单元格，在功能区选择"开始"选项卡上"字体"选项组旁边的对话框启动器按钮 （或右击，在弹出的快捷菜单中选择"设置单元格格式"命令），如图 10-29 所示。

◇ "图案样式"中设置单元格填充图案样式；

◇ "图案颜色"选项，在其下拉列表中选择填充图案的颜色；

◇ "填充效果"选项，单击此按钮在弹出的"填充效果"对话框中可以选择设置底纹效果和颜色填充渐变的效果和颜色，如图 10-31 所示。

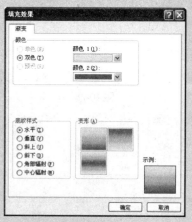

图 10-31

③ 此时，设置填充效果的单元格如图 10-32 所示。

图 10-32

3 选择自动套用格式

"自动套用格式"可以方便快捷地完成单元格的设置，比如制作一系列的单元格，它们的样式都是相同的，这样为了避免每次设置而浪费时间，我们就可以使用自动套用格式。

素材文件：CDROM \10\10.2\素材 11.xlsx

● 设置自动套用格式

① 打开工作表，在功能区中单击"Office"按

钮，在弹出的菜单中选择"Excel 选项"按钮。

② 此时弹出"Excel 选项"对话框，选择"校对"选项卡，如图 10-33 所示。

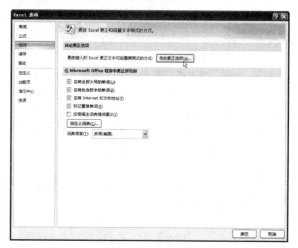

图 10-33

③ 单击"自动更正选项"按钮，此时会出现如下图所示的"自动更正"对话框。选择"键入时自动套用格式"选项卡，如图 10-34 所示。

图 10-34

④ 勾选要启用的选项的复选框，最后单击"确定"按钮即可。

4 设置工作表背景图

在面对枯燥的数据和文字时有个合适的背景，可以达到赏心悦目的目的，具体操作步骤如下。

素材文件：CDROM \10\10.2\素材 12.xlsx

● 增加工作表背景

① 选择要设置背景的工作表，在功能区选择"页面布局"选项卡"页面设置"选项组的"背景"命令，如图 10-35 所示。

② 此时弹出"工作表背景"对话框，选中需要的图片，单击"插入"按钮（或直接双击要插入的图片）如图 10-36 所示。

图 10-35

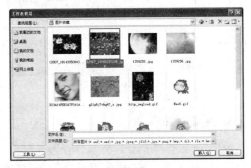

图 10-36

 此时工作表中插入背景图片，如图 10-37 所示。

温馨提示

为工作表设置的背景图片只能在计算机的屏幕上显示出来，到需要打印工作表的时候，这些背景图片是打印不出来的。

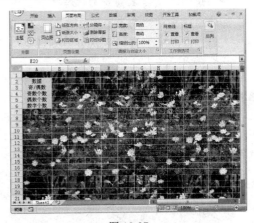

图 10-37

● 删除工作表背景

选择设置了工作表背景的工作表。选择"页面布局"选项卡中"页面设置"选项组的"删除背景"

命令，如图 10-38 所示，即可删除背景。

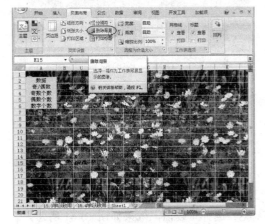

图 10-38

温馨提示

一旦为工作表添加了背景，功能区中的"背景"命令会自动变为"删除背景"命令。

5　设置工作表主题

工作表主题由一组格式选项构成，其中由一组主题颜色、一组主题字体和一组效果组成。

每个工作表主题都包含一个主题，即使是新建的空白文档也不例外。默认主题是 Office 主题，具有白色背景，同时显示各种细微差别的深色。在应用新主题时，Office 将替换为新的外观。

素材文件：CDROM \10\10.2\素材 13.xlsx

● 设置工作表主题

 选中要设置的工作表，在功能区选择"页面布局"选项卡中"主题"命令，如图 10-39 所示。

图 10-39

 单击选项组下拉列表按钮，在弹出的下拉菜单中选择需要的主题，如图 10-40 所示。

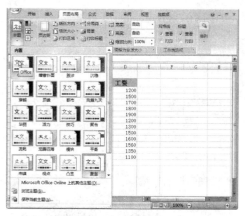

图 10-40

③ 选择主题后，效果如图 10-41 所示。

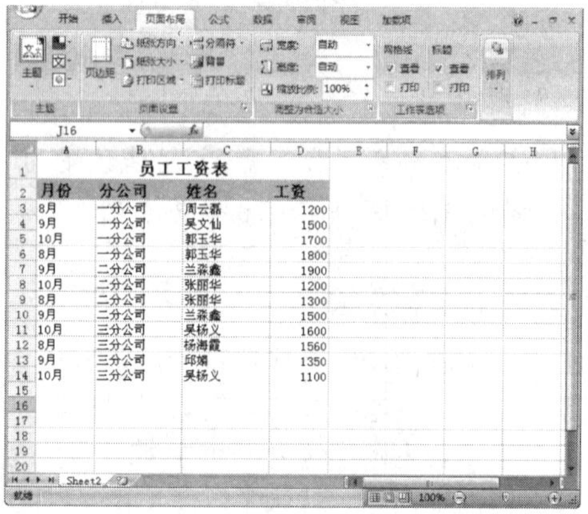

图 10-41

高手支招

可根据需要设置在工作表中设置字体字号，颜色等内容，然后在“主题”下拉菜单中选择“保存当前主题”即可。

10.2.3 在表格中插入图片和图形

当我们在使用 Excel 的时候，可能会想到利用一些图形和图片来美化一下 Excel 工作表。在这一张中，我们就来学习如何向 Excel 工作表中添加图形和图片，从而使我们的 Excel 工作表变得更加生动有趣。

1 插入剪贴画

Excel 2007 中出现的剪辑管理器是一个共享的程序，我们也可以从微软的 Office 中的其他应用程序组件中访问到剪辑管理器。

素材文件：CDROM\10\10.2\素材 14.xlsx

● **插入剪贴画**

① 选择要插入剪贴画的工作表，在功能区选择“插图”选项组的“剪贴画”命令，此时在工作表的右侧弹出“剪贴画”任务窗格。

② 可以使用其中的搜索功能来找到我们所需要的剪贴画，这里在“搜索文字”中输入“飞机”后，单击“搜索”按钮，将会为我们搜索出剪贴画中有关飞机的内容，如图 10-42 所示。

图 10-42

温馨提示

Microsoft 剪辑管理器将媒体分为 4 种收藏集：“我的收藏集”、“Office 收藏集”和其他两种收藏集（共享收藏集和 Web 收藏集），前 2 种始终出现在收藏集列表中，而后 2 种只在特定的情况下出现。

◇ 我的收藏集

默认情况下，当我们创建了自己的收藏集之后，该收藏集将放在“我的收藏集”下。例如，可以指示剪辑管理器在硬盘上搜索现有的相片。如果剪辑管理器在硬盘的文件夹中发现图片，将在您的驱动器上创建名称与现有文件夹相匹配的新收藏集。如果在驱动器的根目录中发现了剪辑并且这些剪辑无关联的文件夹，则剪辑管理器将这些剪辑添加到“未分类的剪辑”文件夹中。然后，您可以将此内容移动到一个名称更相符的文件夹中。

当我们从 Microsoft Office Online 剪贴画和多媒体网站下载剪辑时，剪辑将存储在专为来自此网站的剪辑创建的“下载的剪贴画”文件夹中。

可以使用“收藏夹”集合存储以便于查找您喜欢的媒体文件。

◇ Office 收藏集

“Office 收藏集”包含 Microsoft Office 附带的所有媒体文件。

◇ 共享收藏集

此集合收藏由多个用户共享的剪辑，例如组

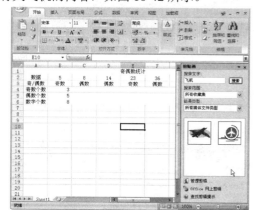

织共用的企业剪辑。通常，此收藏集中的剪辑位于文件服务器或共用的工作站中。只有当网络管理员创建并导出了要在共享的网络设备上使用的收藏集后，这些类型的收藏集才能存在。

◇ Web 收藏集

在"Web 收藏集"文件夹内，可以找到 Microsoft Office Online 集合。通过浏览此集合或将其包括在搜索中，可以选择"剪贴画和多媒体"主页上提供的成千上万个剪辑中的任意一个。

必须具有活动的 Internet 链接才能查看 Microsoft Office Online 网站的剪辑。

（3）单击搜索出的缩略图，即可将其插入到 Excel 工作表中去，结果如图 10-43 所示。

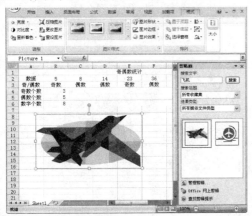

图 10-43

经验揭晓

通过使用剪辑管理器，也可以访问到需要的文件。

单击"剪贴画"任务窗口底部的"管理剪辑"按钮。

此时打开如图 10-44 所示的"收藏夹—Microsoft 剪辑管理器"对话框，通过这个对话框也能够找到我们需要的剪辑。

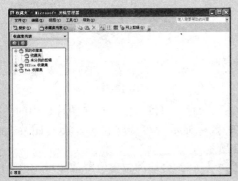

图 10-44

2　插入自选图片

有的时候 Excel 自带的剪贴画并不能满足我们的需要，在这里可以插入其他图片，具体步骤如下。

　素材文件：CDROM\10\10.2\素材 15.xlsx

● 插入图形文件

（1）选中要插入图片的工作表，在功能区中选择"插入"选项卡中的"插图"选项组"图片"命令，此时将为我们打开如图 10-45 所示的"插入图片"对话框。

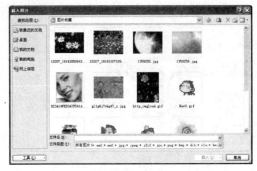

图 10-45

（2）找到需要插入到工作表中的图片后，单击"插入"按钮即可完成图片的插入，效果图 10-46 所示。

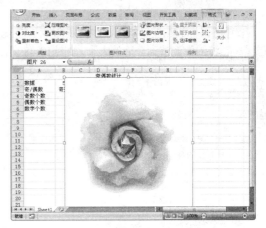

图 10-46

经验揭晓

如果插入的自选图形文件 Excel 不支持，可将 Excel 不支持的文件格式进行转换，转换为 Excel 支持的文件格式。可以使用一些软件打开转换后的图形文件。例如，可以使用"画图"程序，单击"开始>程序>附件>画图"命令，启动"画图"程序后，单击"编辑>复制"命令，这样就可以把图像复制到剪贴板。

打开 Excel，在功能区选择"开始"选项卡"剪贴板"选项组的"粘贴"命令，即可导入文件。

3 调整图片

在插入图片后，常常图片的位置、大小不能满足我们的需求，这里可以通过图片格式进行设置以达到我们的需求。

素材文件：CDROM \10\10.2\素材 16.xlsx

● 设置图片大小

① 选中要调整的图片，此时图片的边框出现控制点，如图 10-47 所示。

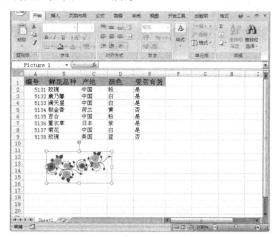

图 10-47

② 将鼠标放在控制点处，此时鼠标显示为 ↖，拖曳鼠标，将图像调整到合适的大小，如图 10-48 所示。

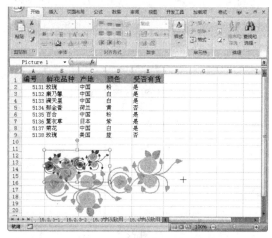

图 10-48

③ 释放鼠标后图像的效果如图 10-49 所示。

● 设置图片位置

① 选中要调整的图片，将鼠标放在图片区域内，此时鼠标显示为 ，拖曳鼠标，将图片拖动到合适的位置，如图 10-50 所示。

② 释放鼠标，此时图片被拖动到合适的位置，如图 10-51。

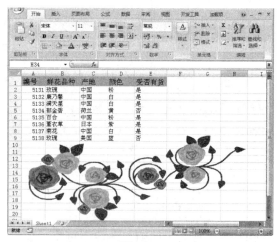

图 10-49

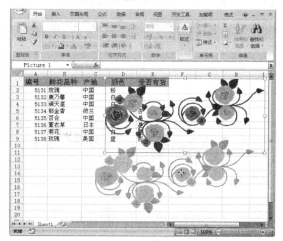

图 10-50

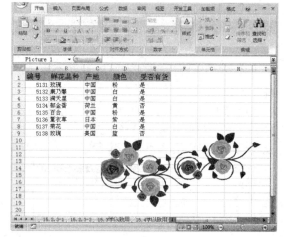

图 10-51

③ 同时，可以将鼠标放在图片最中间的控制点此时鼠标显示为可旋转状态，旋转图片，如图 10-52 所示。

④ 旋转到合适的位置可释放鼠标，如图 10-53 所示。

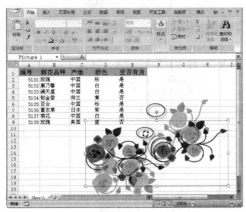

图 10-52

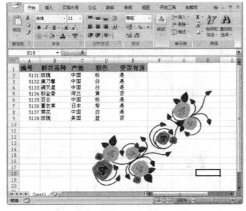

图 10-53

● 设置图片效果

图片效果设置主要包括预设、阴影、映像、发光、柔化边缘、棱台和三维旋转效果，具体操作步骤如下。

选中要设置效果的图片，在功能区中选择"格式"选项卡"图片样式"选项组中的"图片效果"命令，在其下拉菜单中选择要设置的图片效果，这里选择"柔化边缘>2.5 磅"命令，效果如图 10-54 所示。

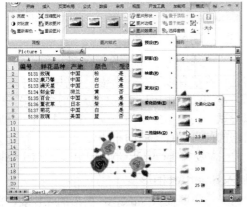

图 10-54

4　绘制工作表的图形

在编辑工作表时，还可以通过绘制工作表的图

形来美化图。Excel 为我们提供了十分丰富的形状选择。在"形状"列表中，出现了很多的绘图对象，它们看上去很直观，使用起来也很容易。在"形状"列表中出现的每一个按钮都代表着一种形状的类型。

　　素材文件：CDROM \10\10.2\素材 17.xlsx

● 绘制工作表图形

① 选中需要插入形状的工作表，选择"插入"选项卡中的"形状"命令，然后选择类型，最后选择一个图形类型。这里选择"矩形"中的"圆角矩形"类型，如图 10-55 所示。

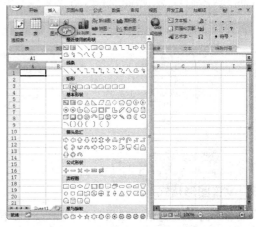

图 10-55

温馨提示

当我们将鼠标放置在一个图形类型上面的时候，会显示出这个图形类型的名称。

---

② 在单元格或工作表中，进行拖曳，到我们需要的大小后，释放鼠标，将会创建一个我们选择的图形类型。此时在"名称框"内将出现图形类型的名称及编号，结果如图 10-56 所示。

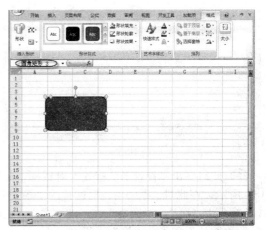

图 10-56

温馨提示

如果我们经常使用"形状"列表的话，会发现在"形状"列表的最上边会出现一个"最近使用的形状"，里面有我们最近经常使用的一些图形类型。

Excel 会记住我们经常使用的一些图形类型，然后将它们放置在"最近使用的形状"里面，这样便于我们再次使用时能够快速地找到这些图形类型，如图 10-57 所示。

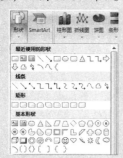

图 10-57

5 设置图形格式

在插入了图形之后，如果对插入图形效果不满意还可以对其进行设置，具体步骤如下。

素材文件：CDROM \10\10.2\素材 18.xlsx

① 选中插入的图形，在功能区"格式"选项卡"形状样式"选项组中可以设置图形格式，单击对话框启动器按钮如图 10-58 所示。

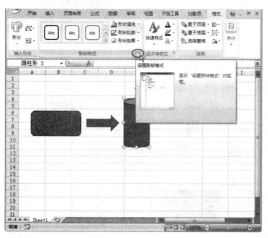

图 10-58

② 此时弹出"设置形状格式"对话框，如图 10-59 所示，在此对话框中可以对图片的"填充"、"线条颜色"、"线型"、"阴影"、"三维格式"、"三维旋转"、"图片"和"文本框"进行设置。

图 10-59

 温馨提示

选中我们已经插入的图形类型，单击"格式"选项卡中的"形状样式"命令，可以对刚刚插入的图形类型进行一些美化工作，结果如图 10-60 所示。

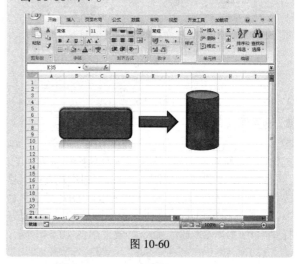

图 10-60

6 插入 SmartArt 图形

在为 SmartArt 图形选择布局时，首先要明确需要传达什么信息以及是否希望信息以某种特定方式显示。在 Excel 中可以快速轻松地切换布局，因此可以尝试不同类型的不同布局，直至找到一个最适合对您的信息进行图解的布局为止。

素材文件：CDROM \10\10.2\素材 19.xlsx

● 插入 SmartArt 图形

① 选中要插入 SmartArt 图形的工作表，在功能区选择"插入"选项卡中"插图"选项组的"SmartArt 图形"命令，此时弹出"选择 SmartArt 图形"对话框，如图 10-61 所示。

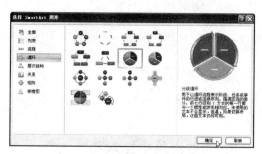

图 10-61

（2）在对话框中选择一种图示类型，单击"确定"按钮，Excel 将会为我们插入选定的图式模板，同时打开该模板的自定义设置。这里选择"循环"选项卡中的"分段循环"类型后，单击"确定"按钮，此时将会打开"分段循环"的图形，单击图形边框左侧的按钮，即可弹出文本窗格，如图 10-62 所示。

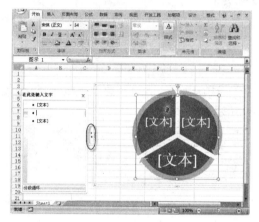

图 10-62

高手支招

在图示区域中直接单击需要进行修改的文本也可弹出文本窗格。

（3）我们可以根据自己的情况在自定义设置中输入相关的内容，最后，效果如图 10-63 所示。

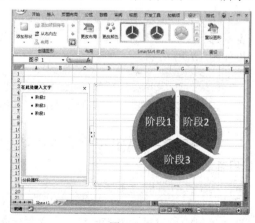

图 10-63

7　设置 SmartArt 图形格式

直接插入的 SmartArt 图形并不能满足我们的需求，通过设置可以使插入的 SmartArt 图形更加美观。

素材文件：CDROM \10\10.2\素材 19.xlsx

● **添加形状**

（1）选中已经插入的 SmartArt 图形，在功能区中选择"设计"选项卡"创建图形"选项组中的"添加形状"命令。

（2）在其下拉菜单中一共有 5 种插入方式可以选择，因为图形不同，图形可用的插入方式不一样，这里只有 2 种方式可用，这里选择"在后面添加形状"命令，如图 10-64 所示。

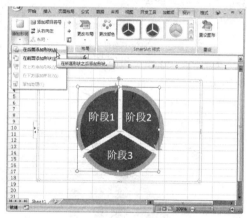

图 10-64

（3）插入完后的效果如图 10-65 所示。

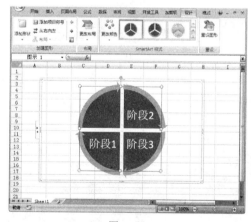

图 10-65

● **设置布局**

选中已经插入的 SmartArt 图形，在功能区中选择"设计"选项卡"布局"选项组中的"更改布局"命令，在其下拉菜单中可选择要更改的 SmartArt 图形布局，则 SmartArt 图形布局修改为相应的图形，如图 10-66 所示。

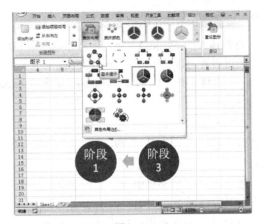

图 10-66

● 设置 SmartArt 样式

① 选中已经插入的 SmartArt 图形，在功能区中"设计"选项卡"SmartArt 样式"选项组中单击"样式"选项框，选择要设置的 SmartArt 样式，如图 10-67 所示。

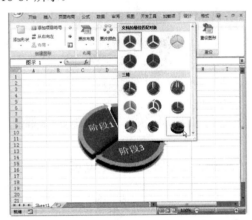

图 10-67

② 然后在功能区中选择"设计"选项卡"SmartArt 样式"选项组的"更改颜色"命令，选择要设置的颜色即可，如图 10-68 所示。

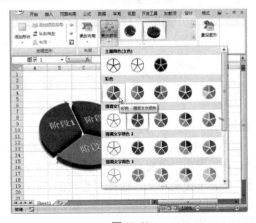

图 10-68

温馨提示

若想恢复 SmartArt 图形的初始样式，在功能区选择"设计"选项卡中"重设"选项组的"重设图形"命令即可。

10.2.4　在表格中插入其他对象

除了在表格中可插入其他对象外，还可以插入艺术字、文本框等对象，通过插入这些对象可以使我们的工作表内容更加丰富和美观。

1　插入艺术字

在工作表中插入"艺术字"可以使工作表的标题更加突出。

素材文件：CDROM \10\10.2\素材 20.xlsx

① 选中要插入艺术字的工作表，在功能区中选择"插入"选项卡"文本"选项组中的"艺术字"命令，在其下拉列表中选择一种艺术字样式。

② 选择完后，在工作表中出现文本框，如图 10-69 所示。

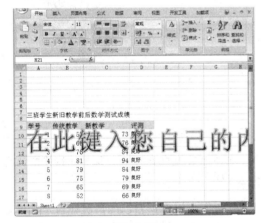

图 10-69

③ 在文本对话框中输入文本，在文本框区域中拖曳鼠标将文本框移动到合适区域，最终艺术字的效果如图 10-70 所示。

2　设置艺术字格式

我们可以对艺术字进行一些美化工作，具体步骤如下。

素材文件：CDROM \10\10.2\素材 21.xlsx

● 使用菜单命令设置

① 选中要设置的艺术字。

② 在功能区中选择"格式"选项卡"艺术字样式"选项组中可以设置艺术字样式、文本填充文

本轮廓和文本效果，选择任一种效果即可设置艺术字，如图 10-71 所示。

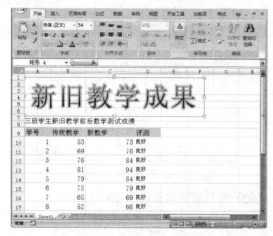

图 10-70

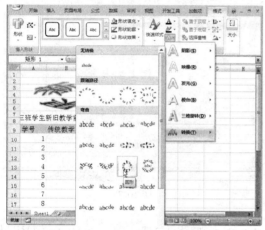

图 10-71

● **使用快捷菜单设置**

选中艺术字右击，在弹出的快捷菜单中选择"设置文字效果格式"命令，在弹出的"设置文本效果格式"对话框中可以通过设置参数来美化艺术字，如图 10-72 所示。

图 10-72

3　插入文本框

在 Excel 中经常要插入文本框，具体步骤如下。
　　素材文件：CDROM \10\10.2\素材 22.xlsx

● **插入文本框**

① 选中要插入的工作表，在功能区选择"插入"选项卡"文本"选项组中"文本框>横排文本框"命令。拖曳鼠标，在工作表中创建文本框，如图 10-73 所示。

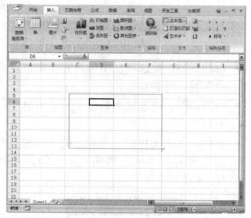

图 10-73

② 创建后，可直接在双击文本框中输入文字，如图 10-74 所示。

图 10-74

4　设置文本框格式

文本框的格式设置，都可在"设置形状格式"对话框中的"文本框"选项卡中进行设置，如图 10-75 所示。

在"文本框"选项卡中可设置文字格式、自动调整、内部边距及分栏选项设置。

具体设置作用说明如下。

● 文字版式：在此选项栏中可设置文字的对齐方式和文字版式。

图 10-75

- 自动调整：此选项栏中可设置文本框是否根据内容进行调整。
- 内部边距：通过输入数值调整文本框中四周的边距。
- 分栏：单击此按钮，在弹出的"分栏"对话框中设置文本框分栏的数量及间距，如图 10-76 所示。

图 10-76

素材文件：CDROM \10\10.2\素材 23.xlsx

● 设置文本框格式

① 选择要设置的文本框，右击，在弹出的快捷菜单中选择"设置形状格式"命令，如图 10-77 所示。

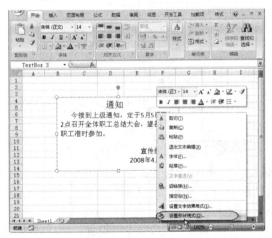

图 10-77

② 此时弹出"设置形状格式"对话框，选择"文本框"选项卡，设置如图 10-78 所示，单击"确定"按钮。

③ 设置后的效果如图 10-79 所示。

图 10-78

图 10-79

10.3 职业应用——制作全景图片

我们都知道 Excel 是一款有关电子表格处理的软件，一般用来进行一些电子表格的处理。我们可以在 Excel 中插入一些相关的图片，并修改这些图片的特性，还可以用 Excel 来合成图片，并通过这些图片制作出一张全景照片。

10.3.1 案例分析

通过 Excel 插入图片，可以合成图片从而使照片处理更加轻松易学。

10.3.2 应用知识点拨

本案例应用的知识点概括如下：
1. 插入图片
2. 调整图片
3. 合成图片

10.3.3　案例效果

素材文件	CDROM\10\10.3\素材文件 1
结果文件	CDROM\1010.3\职业应用 1.jpg
视频文件	CDROM\视频\第 10 章职业应用.exe
效果图	 

10.3.4　制作步骤

在根据多级分类数据制作图表时，使用双层图饼更能表达各分类的比例关系。制作双层图饼的步骤如下。

1　插入图片

① 在功能区选择"插入>插入>图片"命令，依次导入需要合成的一些图片。因为想要制作出垂直全景，所以就垂直排列这些图片，如图 10-80 所示。

图 10-80

温馨提示

为了导入时方便一些，建议将要进行合成的所有照片都放入一个文件夹中，并且以分图 1、分图 2 等或其他便于进行相关操作的文件名为名。

② 如图 10-81 所示，在这里可以进行相关图片显示大小的调整，可以将图片显示的大小调整到一个合适数值，使得所有的图片都能够显示在我们的屏幕上，这样便于对图片的大小进行相关的调整。

图 10-81

经验揭晓

导入的图片尺寸有大有小，为了便于今后对这些图片进行调整，这个显示比例的调整十分有用。

③ 分别选中导入的图片，把鼠标先后移动到图片上方、右方，当鼠标指针变为上下箭头时拉动鼠标来调整图片的大小，并将上下重复景色重叠，同时使它们在可视时能够进行无缝的衔接。

高手支招

为了使得图片尽可能地重叠好，我们可以通过不断地放大显示比例来进行观察。

当两个图片之间仅差一小部分就重叠时，我们还可以通过方向键来进行图片的小幅度移动。

2　调整图片

① 分别选中我们导入的图片，在功能区选择"格式>格式>亮度"命令，可以对图片的亮度进行调整。

② 在功能区选择"格式>格式>对比度"命令，可以对图片的对比度进行调整。尽可能对导入的图片进行调整后，使得它们的亮度、对比度等保持一致，如图 10-82 所示。

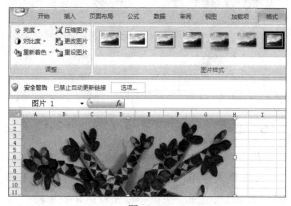

图 10-82

③ 为了使图片的背景能够单纯一些，可以用鼠标选中所有行、列，右击，然后在弹出的快捷菜单中选择"设置单元格格式"命令。

④ 在弹出的"设置单元格格式"对话框中，选择"对齐"选项卡，在"文本控制"中，选择"合并单元格"，如图 10-83 所示。

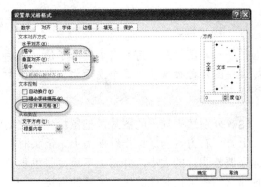

图 10-83

3 合成照片

① 按住【Ctrl】键依次选中这三张图片，单击"开始>复制"命令，进行复制操作，如图 10-84 所示。

② 在电脑中选择"开始>程序>附件>画图"命令，启动画图程序后，单击"编辑>粘贴"命令，这时就可以看到合成的图片了。当然，也可以将合成的图片粘贴到其他的应用软件中来观看最后的合成结果。如果这时候会发现合成图片中有些地方还存在参差不齐的现象，还可以用其他的应用软件来对图片进行相关的编辑操作。最后的合成结果如图 10-85 所示。

图 10-84　　　　　图 10-85

10.3.5 拓展练习

为了使读者能够充分应用本章所学知识，在工作中发挥更大作用，因此，在这里将列举两个关于本章知识的其他应用实例，以便开拓读者思路，起到举一反三的效果。

1 制作五星红旗

灵活运用本章所学知识，制作如图 10-86 所示的五星红旗。

在制作本例的过程中，需要注意以下几点：

（1）在填充国旗背景时，可根据需求不同的填充效果。

（2）五角星可直接在插入形状。

（3）注意每个五角星的旋转角度。

（4）为了图片的美观，可以在制作完成后对其套用表样式，或做自由处理。

图 10-86

2 制作组织结构图

灵活运用本章所学知识，制作如图 10-87 所示组织结构图。

结果文件：CDROM\10\10.3\职业应用 3.xlsx

图 10-87

在制作本例的过程中，需要注意以下几点：

（1）根据公司管理结构，在图形中输入相应的内容。

（2）可根据实际设计需要，选择不同的 SmartArt 图形样式。

（3）在美化 SmartArt 图形时，自由处理。

10.4 温故知新

本章对 Excel 2007 中数据格式设置和插入图片的各种操作进行了详细讲解。同时，通过大量的实例和案例让读者充分参与练习。读者要重点掌握的知识点如下：

- 设置单元格格式
- 设置工作表外观
- 在表格中插入图片和图形
- 在表格中插入其他对象

第 11 章
Excel 公式与函数

【知识概要】

在配合相关图表进行数据分析、统计、计算等过程中，Excel 函数起着举足轻重的作用。本章将主要介绍与 Excel 函数相关的基础知识。

11.1 答疑解惑

11.1.1 公式是由什么组成

在 Excel 中，公式是可以进行＋、－、×、÷等运算，也可以引用数据进行计算、比较等，公式是以 "=" 开始，比如 "=IF(F5>=270,"及格","不及格")" 就是一个公式。

在 Excel 中，公式包含下列基本元素。

- 运算符：运算符完成对公式元素的特定计算，比如 ">"、"="、"+"、"－" 等。
- 单元格引用：公式是对单元格中的基本数据进行运算的，所以在公式中需要用一种方式对单元格中的数据进行引用。
- 值或者常量：在一些公式中会有一些常量，例如系数、每周的天数等，这些值由用户直接输入。
- 工作表函数：这是 Excel 中的一些基本函数，可以返回一定的函数值，比如 TRUE()、TODAY()。

11.1.2 公式中的运算符及优先级是怎么回事

● 运算符

公式的运算符分为 4 类：算术运算符、比较运算符、文本运算符和引用运算符。下面详细介绍各种运算符的组成和功能。

● 算术运算符

算术运算符用于数学计算，其组成和功能如表11-1 所示。

表 11-1

名　　称	运　算　符	功能说明
加号	+	加
减号	－	"减" 及负数
斜杠	/	除
星号	*	乘
百分号	%	显示为百分比
脱字符	^	乘方

● 比较运算符

比较运算符用于数值比较，其组成和功能如表11-2 所示。

表 11-2

名　　称	运　算　符	功能说明
等号	=	等于
大于号	>	大于
小于号	<	小于
大于等于号	>=	大于等于
小于等于号	<=	小于等于
不等于号	<>	不等于

● 文本运算符

文本运算符只有一个文本串联符 "&"，用于将两个或者多个字符串连接起来。例如：单元格 B2 包含 "数学"，单元格 B3 包含 "成绩"，若要显示 "数学成绩" 则输入公式："=B2&B3" 如表 11-3 所示。

表 11-3

名　　称	运　算　符	功能说明
文本串联符	&	将两个或者多个字符串连接起来

● 引用运算符

引用运算符用于合并单元格区域，其组成和功能如表 11-4 所示。

表 11-4

名　称	运　算　符	功能说明
冒号	:	引用单元格区域
逗号	,	合并多个单元格区域
空格		取两个单元格区域的交集

● 优先级

在某些情况中，执行计算的次序会影响公式的返回值，因此，了解如何确定计算次序以及如何更改次序以获得所需结果非常重要，运算符的运算优先级如表 11-5 所示。

表 11-5

优　先　级	运　算　符
1	：（冒号）
2	（空格）
3	，（逗号）
4	%（百分号）
5	^（脱字符）
6	*或/（乘号或除号）
7	+或–（加号或减号）
8	&（文本运算符）
9	=、>、<、>=、<=（比较运算符）

11.1.3 公式与函数有什么关系

先看下表 11-6，感受一下什么是函数。

表 11-6

函数的典型结构	函数举例	实际应用
函数名(参数 1，参数 2，……)	IF(logical_test,value_if_true, value_if_false)	=IF(B1>60,"及格","不及格")

函数强化了公式的功能，使得公式的使用更加简化。函数一般会有一个或者多个参数，并有返回值。

在 Excel 中输入公式必须以等号开始，如"=A1+A2"，可以这样说函数是简化的公式。使用函数可以提高编辑速度，允许"有条件地"运行公式，使之具备基本的判断能力。

11.1.4 公式使用时如果产生错误，该如何解决

Excel 中共提供了 8 类错误提示，读者可了解一下这 8 类错误提示的含义，这样处理问题时感觉会更敏锐。下面是这 8 种错误提示，具体产生原因和解决方法如下。

● #####

产生错误原因：列不够宽；或者使用了负的日期或负的时间。

解决方法：增加列宽；缩小字体填充；应用不同的数字格式。

● #VALUE!

产生错误原因：使用的参数或操作数类型错误。公式需要数字或逻辑值（例如 TRUE 或 FALSE），却输入了文本；输入或编辑了数组公式，然后按了【Enter】键；将单元格引用、公式或函数作为数组常量输入；为需要单个值（而不是区域）的运算符或函数提供了区域；在某个矩阵工作表函数中使用了无效的矩阵；运行的宏程序所输入的函数返回#VALUE!。

解决方法：确认公式或函数所需的运算符或参数正确，并且公式引用的单元格中包含有效的数值；选定包含数组公式的单元格或单元格区域，按【F2】键编辑公式，然后按【Ctrl+Shift+Enter】组合键；确认数组常量不是单元格引用、公式或函数；将区域更改为单个值，更改数值区域，使其包含公式所在的数据行或列；确认矩阵的维数对矩阵参数是正确的；确认函数没有使用不正确的参数。

● #DIV/0!

产生错误原因：数字被零（0）除。输入的公式中包含被零除，例如=5/0；使用对空白单元格或包含零的单元格的引用做除数。

解决方法：将除数更改为非零值；将单元格引用更改到另一个单元格；在单元格中输入一个非零的数值作为除数；可以在作为除数引用的单元格中输入值#N/A，这样就会将公式的结果从#DIV/0!更改为#N/A，表示除数不可用；确认函数或公式中的除数不为零或不是空值。

● #NAME?

产生错误原因：Excel 未识别公式中的文本。使用"分析工具库"加载宏部分的函数，而没有装载加载宏；正在使用不存在的名称；名称拼写错误；在公式中使用了禁止使用的标志；函数名称拼写错误；公式中输入文本时没有使用双引号；漏掉了区域引用中的冒号；引用了其他未包含在单引号中的工作表。

解决方法：安装和加载"分析工具库"加载宏；确保使用的名称存在；更正拼写；在公式中使用标志；更正拼写；将公式中的文本用双引号括起来；请确保公式中的所有区域引用都使用了冒号（:）；如果公式中引用了其他工作表或工作簿中的值或单元格，且那些工作簿或工作表的名字中包含非字母字符或空格，那么您必须用单引号（'）将这个字符括起来。

● #N/A

产生错误原因：数值对函数或公式不可用。遗漏数据，取而代之的是#N/A或NA()；为HLOOKUP、LOOKUP、MATCH 或 VLOOKUP 工作表函数的

lookup_value 参数赋予了不适当的值；在未排序的数据表中，使用 VLOOKUP、HLOOKUP 或 MATCH 工作表函数来定位值；数组公式中使用的参数的行数或列数与包含数组公式的区域的行数或列数不一致；内部函数或自定义工作表函数中缺少一个或多个必要参数；使用的自定义工作表函数不可用；运行的宏程序所输入的函数返回#N/A。

解决方法：用新数据取代#N/A；确保 lookup_value 参数值的类型正确。例如，应该引用值或单元格，而不应引用区域；在默认情况下，使用这些函数在其中查找信息的数据表必须按升序排序。但是 VLOOKUP 和 HLOOKUP 工作表函数还包含一个 range_lookup 参数，允许函数在没有排序的数据表中查找完全匹配的值。若要查找完全匹配值，请将 range_lookup 参数设置为 FALSE。MATCH 工作表函数包含 match_type 参数，该参数指定被排序列表的顺序以查找匹配结果。如果函数找不到匹配结果，请更改 match_type 参数。若要查找完全匹配的结果，请将 match_type 参数设置为 0；如果要在多个单元格中输入数组公式，请确认被公式引用的区域与数组公式占用的区域具有相同的行数和列数，或者减少包含数组公式的单元格；在函数中输入全部参数；确认包含此工作表函数的工作簿已经打开，并且函数工作正常；确认函数中的参数正确，并且位于正确的位置。

- #REF!

产生错误原因：单元格引用无效。删除其他公式所引用的单元格，或将已移动的单元格粘贴到其他公式所引用的单元格上；使用的链接所指向的程序未处于运行状态；链接到了不可用的动态数据交换（DDE）主题，如"系统"；运行的宏程序所输入的函数返回#REF!。

解决方法：更改公式，或者在删除或粘贴单元格之后立即单击"撤销"以恢复工作表中的单元格；启动该程序；确保使用的是正确的 DDE 主题；检查函数以确定参数是否引用了无效的单元格或单元格区域。

- #NUM!

产生错误原因：公式或函数中使用无效数字值。在需要数字参数的函数中使用了无法接受的参数；使用了迭代计算的工作表函数，如 IRR 或 RATE，并且函数无法得到有效的结果；由公式产生的数字太大或太小，Microsoft Excel 不能表示。

解决方法：确保函数中使用的参数是数字。例如，即使需要输入的值是$1,000，也应在公式中输入 1,000；为工作表函数使用不同的初始值。更改 Excel 迭代公式的次数。

- #NULL!

产生错误原因：指定并不相交的两个区域的交点。用空格表示两个引用单元格之间的相交运算符。使用了不正确的区域运算符；区域不相交。

解决方法：若要引用连续的单元格区域，请使用冒号（:）分隔引用区域中的第一个单元格和最后一个单元格。如果要引用不相交的两个区域，则请使用联合运算符，即逗号（,）；更改引用以使其相交。

Excel 有一套错误检查设置，可以设置这些错误检查的规则。单击右上角的"Office"按钮，在弹出的菜单中选择"Excel 选项"，在弹出"Excel 选项"对话框左侧选择"公式"选项。

在右侧的"错误检查规则"选项区中，可以进行一些规则设置，如图 11-1 所示。

图 11-1

温馨提示

当在"错误检查规则"选项区中取消勾选某个选项，就不能进行相应的错误检查。

11.1.5 Excel 中单元格引用方式

在输入公式时，经常牵涉到相对引用和绝对引用。下面首先介绍这几种引用间的关系，然后介绍它们彼此间快速切换的方法。

单元格引用是这样的，比如 A1+B2 就是一组单元格引用，表示第 A 列第 1 行的单元格与第 B 列第 2 行的单元格相加，如图 11-2 所示，结果是 31。

图 11-2

关于单元格引用，从引用样式上一般可以分为 A1 引用样式和 R1C1 引用样式，从引用类型上可以分为相对引用、绝对引用、混合引用。

● A1 引用样式

在默认情况下，Excel 中的引用样式是 A1 引用样式，在这种引用样式中，用字母和数字标识单元格；用区域左上角单元格的标识符、冒号、区域右下角单元格的标识符来共同标识单元格区域。表 11-7 中列出了常用的几种引用格式和对应的引用区域。

表 11-7

引用格式举例	对应区域说明
D7	第 D 列和第 7 行交叉处的单元格
F1:F124	第 F 列中第 1 行到第 124 行的单元格
C7:H7	第 7 行中第 C 列到第 H 列的单元格
Q:Q	第 Q 列全部单元格
F:G	第 F 列到第 G 列全部单元格
102:102	第 102 行的全部单元格
3:10	第 3 行到第 10 行的全部单元格
C1:E5	第 C 列第 1 行到第 E 列第 5 行的单元格，该引用格式对应的实图如图 11-3 所示

图 11-3

● R1C1 引用样式

可以根据需要采用R1C1引用样式，但在使用R1C1引用样式之前用户需要修改 Excel 中的默认设置。

单击 Excel 2007 左上角的"Office"按钮，在弹出菜单中单击"Excel 选项"按钮。

在弹出"Excel 选项"对话框，选择"公式"选项，在右侧的区域中勾选"R1C1 引用样式"复选项，如图 11-4 所示，完成后单击"确定"按钮。

图 11-4

在 R1C1 引用样式中，R 代表行数字，C 代表列数字（这与 A1 引用不同，A1 引用列是用字母表示），用行和列数字共同指示单元格的位置，如图 11-5 所示。

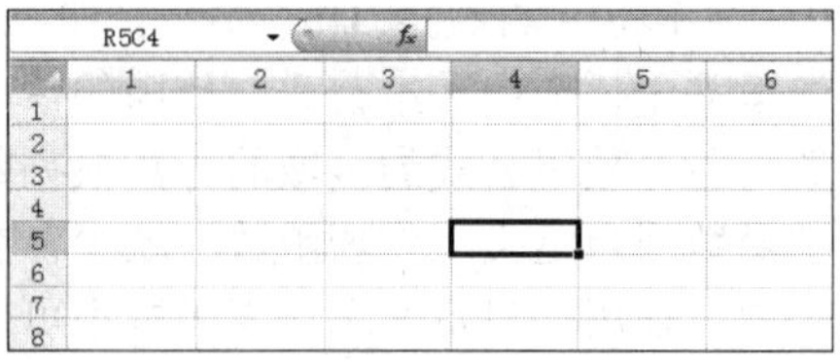

图 11-5

表 11-8 所示的是 R1C1 引用样式的引用格式及其对应的引用区域。

表 11-8

引用格式	对应区域
R5C4	工作表中第 5 行第 4 列的单元格
R[5]C[1]	引用处在下面 5 行右面 1 列的单元格
R[3]	引用处在下面 3 行的单元格
R[-4]C[2]	引用处在上面 4 行右面 2 列的单元格
C	引用处在当前列的单元格

● 相对引用

在 Excel 中，函数引用数据在默认情况下都是使用相对引用样式，这里的相对引用是指函数计算的单元格和引用数据的单元格的相对位置。通过下面的实例感受一下。

● 绝对引用

绝对引用就是对特定位置的单元格的引用，即单元格的精确地址。

使用绝对引用的方法是在行号和列标前面加上"$"符号，比如$A4、$B4。在 R1C1 引用样式中，直接在 R 和 C 后面接上行号和列号就可以了。

● 混合引用

混合引用就是公式中既有相对引用，又有绝对引用，其实，表 11-9 中的公式就是混合引用方式。

表 11-9

混合引用公式	说　　明
=B6-B6*C1	C1 为绝对引用
=B7-B7*C1	B7 为相对引用

11.1.6 嵌套函数

在某一个函数中使用另一个函数时，称为函数的嵌套。在同一个函数公式中，嵌套函数使用一个函数作为另一个函数的其中一个参数。最多可以嵌套 64 个级别的函数，如函数"=IF(AND(C5>=85,D5>=85),"优","不优")"，就是一个函数嵌套的例子，在 IF 函数中嵌套了 AND 函数。

在某一个函数中使用另一个函数时，称为函数的嵌套。一个函数最多可嵌套七层。

温馨提示

直接在编辑栏中输入函数，如果函数有嵌套，很容易输错，例如少输入一个括号，此种情况下，Excel 一般会弹出提示对话框，提示错误，如图 11-6 所示。

图 11-6

11.2　实例进阶

本节将用实例讲解 Excel 2007 中公式与函数等基本操作知识，另外还讲解了关于函数的基本操作知识。

11.2.1　公式与函数基本操作

在日常办公时，经常会在 Excel 中使用公式和函数帮助我们提高工作效率，因此掌握公式与函数的基本操作是学习 Excel 的基础。

1　输入与修改公式

在输入公式的时候，必须以"="开头，然后输入公式中的全部内容。当在一个空单元格中输入"="时，Excel 就认为在输入一个公式。

通常，输入函数有两种方法：一种是直接手工输入，另外一种是使用"插入函数"对话框输入。具体操作步骤如下。

🔘 素材文件：CDROM \11\11.2\素材 1.xlsx

● **直接手工输入公式**

① 双击要输入公式的单元格，这里要计算商品的销售额，在单元格 D4 中输入公式"=B4*C4"，如图 11-7 所示。

图 11-7

经验揭晓

此方法比较适用于常见的函数。假如用户对直接输入的函数名称、参数较熟悉，那么就可以在单元格中直接输入。

也可选中单元格后在编辑栏中输入公式，按【Enter】键确定。

② 按【Enter】键确定后，在单元格中会自动显示计算结果，如图 11-8 所示。

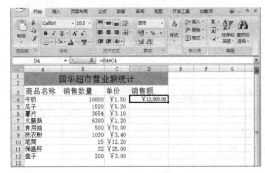

图 11-8

● **在编辑栏中修改公式**

选中要修改公式的单元格，单击编辑栏，在其中修改公式，完成后按【Enter】键确定。

高手支招

选中要编辑公式所在的单元格，然后按【F2】键，此时公式呈编辑状态。按【→】或【←】键，将光标移到适当位置进行修改，完成后按【Enter】键。

2　移动与复制公式

移动与复制单元格在工作表的操作中经常会用到，下面介绍具体操作。

🔘 素材文件：CDROM \11\11.2\素材 2.xlsx

● **移动公式**

① 选中要移动公式的单元格，当将鼠标放在单元格边框上，此时鼠标显示为 ⇱ 形状拖曳鼠标，如图 11-9 所示，将 D4 单元格中的公式拖动到 E4 单元格中。

② 显示结果如图 11-10 所示。

● **使用菜单命令复制公式**

① 选中要复制的公式，右击，在弹出的快捷菜单中选择"复制"命令（或直接按【Ctrl+C】组合键）。

图 11-9

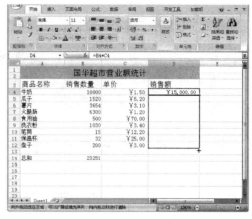

图 11-12

图 11-10

② 在要粘贴的单元格 D5 中，右击，在弹出的快捷菜单中选择"粘贴"命令（或直接按【Ctrl+V】组合键），如图 11-11 所示，此时可以看到 D5 单元格中并没有显示出公式，而是直接显示计算结果。

图 11-13

● 禁止公式在编辑栏上显示

一般情况下，我们在单元格中输入的公式，编辑栏中都可以显示出来，如图 11-14 所示。

图 11-11

● 使用快速填充句柄复制公式

① 选中要复制公式的单元格，将鼠标放在单元格的右下角，此时单元格显示为 ✛ 形状，拖曳鼠标，直到要填充的最后一个单元格，如图 11-12 所示。

② 此时即可快速复制 D4 中的公式到其他单元格中，如图 11-13 所示。

3 显示与隐藏公式

有时候为了保护工作表安全或保密，不想要将工作表某个公式显示；或者，您可能正在审核公式，并需要查看工作表上的所有公式。可以按照下列过程来控制公式的隐藏或显示。

📀 素材文件：CDROM \11\11.2\素材 3.xlsx

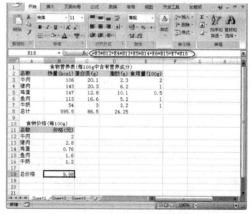

图 11-14

如果不想显示编辑栏中的公式，可以通过设置使其隐藏起来，具体操作步骤如下。

① 选定要隐藏的公式所在的单元格区域。还可以根据需要选定非相邻区域或整个工作表。

② 在功能区选择"开始"选项卡"单元格"选项组的中"格式>设置单元格格式"命令,如图11-15所示。

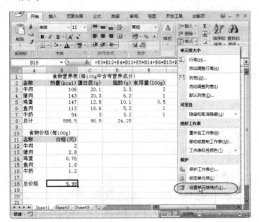

图 11-15

③ 此时弹出"设置单元格格式"对话框,在"保护"选项卡下勾选"隐藏"复选框,单击"确定"按钮,如图 11-16 所示。

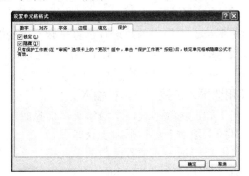

图 11-16

④ 在功能区选择"开始"选项卡"单元格"选项组中"格式>保护工作表"命令。

⑤ 在弹出的"保护工作表"对话框中勾选"保护工作表及锁定的单元格内容"复选框,如图 11-17所示。

⑥ 如果想要对工作表进行保护,在"取消工作表保护时使用的密码"文本框中输入密码,单击"确定"按钮后,弹出"确认密码"对话框,再次输入密码以确认密码,单击"确定"按钮,如图 11-18 所示。

图 11-17　　　　图 11-18

⑦ 此时,单元格 B18 中的公式已经隐藏起来,如图 11-19 所示。

图 11-19

温馨提示

该过程还将禁止编辑包含公式的单元格,当要编辑受保护单元格中的内容时,会弹出提示对话框如图 11-20 所示。

图 11-20

● 通过取消保护显示隐藏的公式

① 选中受保护的单元格,在功能区选择"审阅"选项卡"更改"选项组中的"撤销工作表保护"命令,如果设置了"撤销工作表保护"密码,此时会弹出信息提示对话框,如图 11-21 所示。

图 11-21

② 在功能区选择"开始"选项卡"单元格"选项组中"格式>设置单元格格式"命令。在弹出的"设置单元格格式"对话框中选择"保护"选项卡,取消勾选"隐藏"复选框,单击"确定"按钮,结果如图 11-22 所示。

高手支招

在工作表上显示的公式和其值之间切换按【Ctrl+`】(重音符)组合键。

225

图 11-22

4 公式的循环引用

如果公式引用自己所在的单元格，则不论是直接引用还是间接引用，都称为循环引用。

只要打开的工作簿中有一个包含循环引用，Excel 都将无法自动计算所有打开的工作簿。这时可取消循环引用，或者让 Excel 利用先前的迭代计算结果计算循环引用中涉及的每个单元格一次。除非更改默认的迭代设置，否则，Excel 将在 100 次迭代后或者循环引用中的所有值在两次相邻迭代之间的差异小于 0.001 时（无论哪个迭代在前），停止运算。

💿 素材文件：CDROM \11\11.2\素材 4.xlsx

● **定位循环引用**

① 选中要查找公式引用区域，在功能区选择"公式"选项卡"公式审核"选项组中的"错误检查>循环引用"命令，然后单击下拉菜单中列出的第一个单元格，如图 11-23 所示。

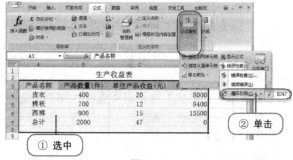

图 11-23

② 单击 D7 单元格，如图 11-24 所示，在编辑栏可以看到 D7 中的单元格的公式为循环引用。

图 11-24

温馨提示

紧跟在状态栏中的"循环"一词后面显示是循环引用中的某个单元格的引用。如果在"循环"一词后面没有单元格引用，说明活动工作表中不含循环引用。

③ 继续检查并更正循环引用，直到在状态栏中不再显示"循环"一词。

5 输入函数

在 Excel 中使用函数进行计算是必不可少的，因此输入函数是掌握 Excel 的基础，具体步骤如下。

💿 素材文件：CDROM \11\11.2\素材 5.xlsx

● **使用"插入函数"对话框输入**

当不知道函数格式、参数等具体信息时，可以使用"插入函数"对话框。步骤如下。

① 单击选中要插入函数的单元格，单击"插入函数"按钮，如图 11-25 所示。

图 11-25

② 打开"插入函数"对话框，如图 11-26 所示。选择合适的函数，然后单击"确定"按钮。

图 11-26

 温馨提示

在"搜索函数"文本框中输入需要函数所做的工作，然后单击"转到"按钮，就可以在"选择函数"框中返回一些用于完成该工作的推荐函数。比如，输入"数值相乘"，单击"转到"按钮，就可以出现相应的推荐函数。

在"或选择类别"下拉列表中选择函数类别，按类别分组的函数名将出现在下面的"选择函数"选项框中。

③ 接着打开"函数参数"对话框，在其中设置相应的参数即可，如图 11-27 所示。

图 11-27

 温馨提示

如果需要对单元格进行引用，单击参数后面的引用切换按钮，直接到工作表中进行选择。设置参数以后，单击"确定"按钮完成函数的输入。

 高手支招

如果函数的参数多于一个，每个参数之间要用逗号（半角）隔开。在输入正确的函数名和括号后，Excel 会出现一个条形屏幕提示，用于显示函数的所有参数。

11.2.2　管理单元格名称

工作表、单元格、常量、图表或者公式都可以有名称，它是工作簿中某些项目的标识符。当某个项目被定义为名称后，就可以在公式中引用，而且是绝对引用。下面介绍如何定义和使用名称。

1　通过"新建名称"对话框命名

通过新建名称对话框可以创建单元格名称，具体步骤如下。

　素材文件：CDROM \11\11.2\素材 6.xlsx

① 选中要创建名称的单元格，如图 11-28 所示。

图 11-28

② 在功能区中选择"公式"选项卡"定义的名称"选项组中"定义名称"命令。此时弹出"新建名称"对话框。

③ 在"新建名称"对话框的"名称"文本框中，输入要用于引用的名称。名称最多可以有 255 个字符长。

要指定名称的范围，可在"范围"下拉列表框中选择"工作簿"或工作簿中工作表的名称。

还可以选择输入最多 255 个字符的说明性备注如图 11-29 所示。

图 11-29

④ 输入完后，单击"确定"按钮，此时 D3 单元格中的名称框中显示了名称如图 11-30 所示。

图 11-30

2 通过名称框创建名称

可直接在单元格的名称框中创建名称。

素材文件：CDROM \11\11.2\素材 7.xlsx

① 单击单元格 C1，然后在名称框中输入名称"zhekou"，按【Enter】键确定如图 11-31 所示。

图 11-31

② 将 C1 命名为"zhekou"后，以后在公式中就可以以绝对引用形式引用 C1 了。在 C6 中输入"=B6-B6*zhekou"，如图 11-32 所示。

图 11-32

温馨提示

在名称框中输入单元格名称，单击该下拉按钮，会显示命名后的单元格名称。

③ 拖动 C6 的下拉手柄至 C8，快速计算出其他图书的折扣价，如图 11-33 所示。

图 11-33

温馨提示

在 Excel 中定义名称具有一定的规则。通常，名称的第一个字符必须是字符、中文字或下画线，不能和单元格相同。名称中不能有空格，长度最多为 255 个字符，同时不区分大小写。用户在定义名称时要注意这些规则。

3 通过"名称管理器"命名

通过名称管理器也为单元格创建名称，具体步骤如下。

素材文件：CDROM \11\11.2\素材 8.xlsx

通过如下步骤来实现对名称管理器的使用。

① 选择待定义的单元格或单元格区域，在"公式"选项卡下"定义的名称"选项组选择"名称管理器"命令，或按【Ctrl+F3】组合键，如图 11-34 所示。

② 在弹出的"名称管理器"中单击"新建"按钮，如图 11-35 所示。

③ 此时弹出"新建名称"对话框，在"名称"文本框中输入创建的名称字符，在"备注"文本框中输入该名称的备注内容，如图 11-36 所示，单击"确定"按钮完成名称的创建。

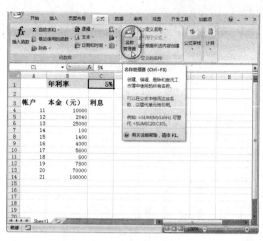

图 11-34

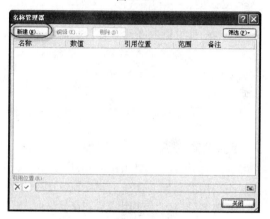

图 11-35

图 11-36

 温馨提示

"新建名称"对话框中"备注"文本框可以不填写;"引用位置"的值可以根据需要进行更改。

(4) 此时在"名称管理器"对话框中,显示了刚刚创建单元格名称的信息,如图 11-37 所示,单击"关闭"按钮。

(5) 在单元格 C4 中输入公式"=B4*年利率",按【Enter】键确定,显示结果如图 11-38 所示。

(6) 拖动单元格 C4 中的快速填充句柄,将公式复制到其他单元格中,如图 11-39 所示。

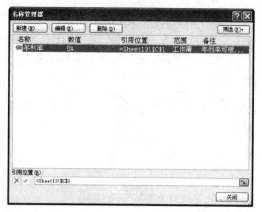

图 11-37

图 11-38

图 11-39

4　利用名称进行查询

使用"名称管理器"对话框可以处理工作簿中的所有已定义名称和表名称。例如,您可能希望查找有错误的名称,确认名称的值和引用,查看或编辑说明性备注,或者确定适用范围。还可以排序和筛选名称列表,在一个位置轻松地添加、更改或删除名称。

素材文件:CDROM \11\11.2\素材 9.xlsx

① 打开素材文件，选择单元格 A4：C9 区域，在功能区选择"公式"选项卡"定义的名称"选项组中的"根据所选内容创建"命令，如图 11-40 所示。

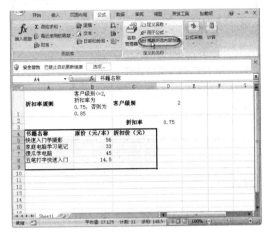

图 11-40

② 在弹出的"以选定区域创建名称"对话框中勾选"首行"和"最左列"复选框，如图 11-41 所示。

③ 单击"确定"按钮，按【Ctrl+F3】组合键弹出"名称管理器"对话框，查看新建名称，如图 11-42 所示。

图 11-41

图 11-42

④ 如果要查询《傻瓜学电脑》这本书的折扣价，选取一个空白单元格 B11 输入"=傻瓜学电脑折扣价_元"，按【Enter】键后得到《傻瓜学电脑》这本书的折扣价，如图 11-43 所示。

温馨提示

在编辑栏单击名称栏右侧的下拉箭头快速选取名称所对应的单元格区域。

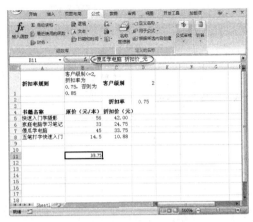

图 11-43

高手支招

在单元格中输入查询条件时，输入名称不加双引号，可直接输入名称，如果输入"=傻瓜学电脑折扣价_元"；而输入如"=〞傻瓜学电脑〞〞折扣价_元〞"或"=〞傻瓜学电脑折扣价_元〞"是不能实现查询的。

5 定义公式名称

Excel 中的名称，不只为单元格或单元格区域提供方便而引用的名字，创建名称实际上是创建命名公式，创建名称时可以使用常量和函数。

素材文件：CDROM \11\11.2\素材 10.xlsx

① 根据上面的案例，打开素材文件，选择单元格区域 B5:B8，在功能区选择"公式"选项卡中"定义的名称"选项组的"名称管理器"命令，或按【Ctrl+F3】组合键如图 11-44 所示。

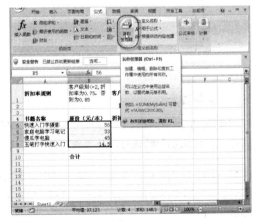

图 11-44

② 弹出"名称管理器"对话框，单击"新建"按钮，在弹出的"新建名称"对话框中输入名称，如图 11-45 所示。

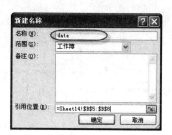

图 11-45

③ 单击"确定"按钮，在"名称管理器"对话框中，可以看到新添加的名称，单击"关闭"按钮，如图 11-46 所示。

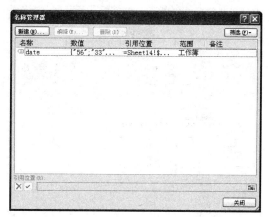

图 11-46

④ 同样的方法，选择单元格 D1，在"新建名称"对话框中在"名称"文本框中输入要创建的名称"cut"，在"引用位置"文本框中输入公式"=IF(Sheet1!\$D\$1<3,0.75,0.85)"，单击"确定"按钮，如图 11-47 所示。

图 11-47

⑤ 在单元格 D2 中输入公式"=cut"按【Enter】键确定后，显示结果如图 11-48 所示。

⑥ 在单元格"C5"中输入"=data*cut"计算结果，如图 11-49 所示。

⑦ 按【Enter】键，单元格 C5 得到第一本书籍的折扣价，利用自动填充功能得到其他书籍的折扣价，如图 11-50 所示。

⑧ 按【Ctrl+F3】组合键弹出"名称管理器"对话框，单击"新建"按钮，在弹出的对话框中在

"名称"文本框中输入创建名称"合计"，在"引用位置"文本框中输入公式"=SUM(Sheet1!\$C\$5: Sheet1!\$C\$8)"，单击"确定"按钮，关闭"名称管理器"对话框。

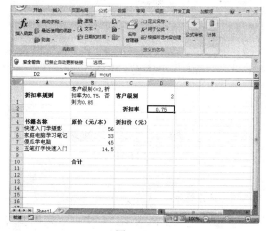

图 11-48

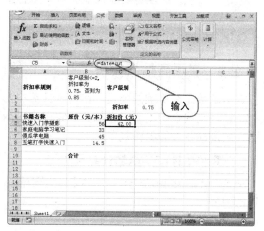

图 11-49

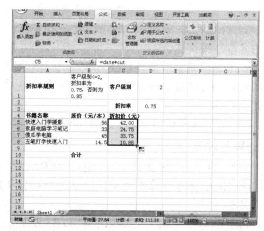

图 11-50

⑨ 在单元格 C10 中输入"=合计"，按【Enter】键确定，如图 11-51 所示。

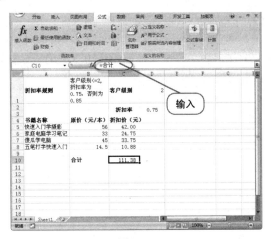

图 11-51

图 11-52

温馨提示

为避免在不同的工作表中由于名称相同引起的混乱，则在公式输入中引用单元格或名称时前加"Sheet1!"表示所选的单元格名称是"Sheet1"表中的。

11.2.3 实用函数的使用

实用函数是最基础的公式，在许多计算中都会用到，并且与我们的工作息息相关，掌握实用函数可以大大提高我们的工作效率。

1 使用 AVERAGE 函数计算平均值

AVERAGE 函数功能是返回参数的平均值（算术平均值）。

AVERAGE 函数的表达式如下：

AVERAGE(number1,number2,...)

其中 Number1, number2, ...为需要计算平均值的 1 到 30 个参数。参数可以是数字，或者是包含数字的名称、数组或引用。

如果数组或引用参数包含文本、逻辑值或空白单元格，则这些值将被忽略；但包含零值的单元格将计算在内。

🖭 素材文件：CDROM \11\11.2\素材 11.xlsx

● **计算平均值**

① 打开素材文件，可用 AVERAGE 和 AVERAGEA 函数计算参加考试同学的平均分和班级平均分。

② 在 B12 中输入"=AVERAGE(B3:B9)"，如图 11-52 所示。

③ 用相同的方法计算下面的学科的平均分，计算结果如图 11-53 所示。

图 11-53

2 使用 ABS 函数计算绝对值

ABS 函数的功能是返回数字的绝对值，绝对值没有符号。

ABS 函数功能的表达式如下：

ABS(number)

其中参数 Number 为需要计算其绝对值的实数。

🖭 素材文件：CDROM \11\11.2\素材 12.xlsx

● **计算绝对值**

① 打开素材文件。单击 B4 单元格，在单元格中输入公式"=ABS(A4)"按【Enter】键确定即可，显示结果如图 11-54 所示。

② 拖动单元格 B4 的填充句柄，将公式快速填充至单元格 B8，显示结果如图 11-55 所示。

3 使用 SUM 函数求和

SUM 函数的功能是返回某一单元格区域中所有数字之和。

SUM 函数表达式如下：

SUM(number1,number2,...)

Number1, number2, ...表示要对其求和的 1 到 255 个参数。

💿 素材文件：CDROM \11\11.2\素材 13.xlsx

图 11-54

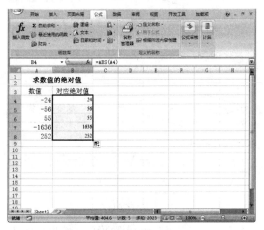

图 11-55

● 利用 SUM 函数求和

① 打开素材文件，如图 11-56 所示。

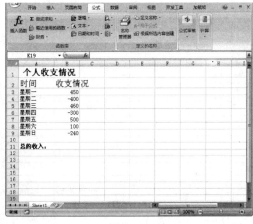

图 11-56

② 单击单元格 B11，在单元格中输入公式

"=SUM(B3:B9)"后按【Enter】键确定即可，显示结果如图 11-57 所示。

图 11-57

4 使用 MAX 和 MIN 函数求最大值和最小值

MAX 函数的功能是返回一组值中的最大值。

函数的表达式是：MAX (number1,number2,…)。

Number1, number2, ...是要从中查找最大值的 1 到 255 个数字。

MIN 函数的功能是返回一组值中的最小值。

函数的表达式如下：

MIN(number1,number2,...)

Number1, number2, ...是要从中查找最小值的 1 到 255 个数字。

💿 素材文件：CDROM \11\11.2\素材 14.xlsx

● 求最大值和最小值

① 打开素材文件，如图 11-58 所示。

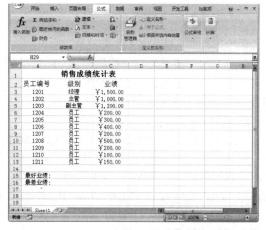

图 11-58

② 单击单元格 B15，在单元格中输入公式 "=MAX(C4:C14)"后按【Enter】键确定即可，显示结果如图 11-59 所示。

图 11-59

③ 单击单元格 B16，在单元格中输入公式 "=MIN(C4:C14)"后按【Enter】键确定即可，显示结果如图 11-60 所示。

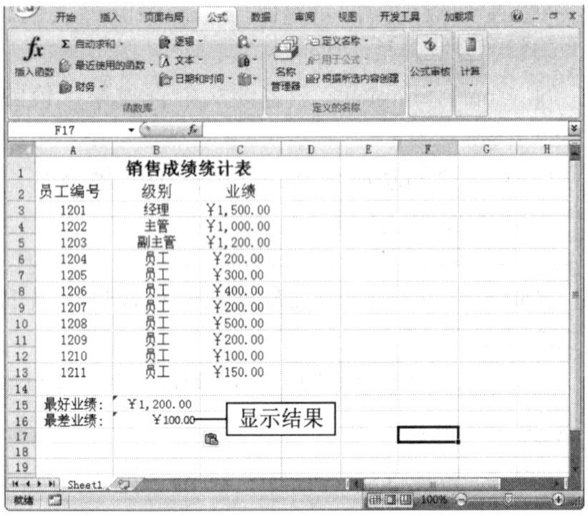

图 11-60

5 使用 IF 函数判断真假

IF 函数可以说是最常用的逻辑函数，在处理问题时，我们经常碰到各种各样的条件，这就需要用到 IF 函数，对数值和公式进行条件检测。

IF 函数的表达式如下：

```
IF(logical_test,value_if_true,value_if_false)
```

IF 函数的功能是执行真假值判断，根据逻辑计算的真假值返回不同结果，即如果 logical_test 为真，则返回 value_if_true，否则返回 value_if_false。在计算参数 value_if_true 和 value_if_false 后，函数 IF 返回相应语句执行后的返回值。

函数 IF 可以嵌套 7 层，所以用 value_if_false 及 value_if_true 参数可以构造复杂的检测条件。如上面例子中就嵌套了一个 IF。

温馨提示

在使用嵌套 IF 时，括号一定要匹配（经常因漏掉右括号而导致错误结果）。

素材文件：CDROM \11\11.2\素材 15.xlsx

● 使用 IF 函数判断真假

可以根据条件的成立与否来决定单元格的显示格式。比如，下面的例子想将单科大于 90 分的单元格的填充色变为浅红，文本变为深红色。

① 在单元格 F3 中输入公式 "=IF(C3>=85,(IF(D3>=85,"优","不优")),"不优")"，这个公式表示的含义如图 11-61 所示。

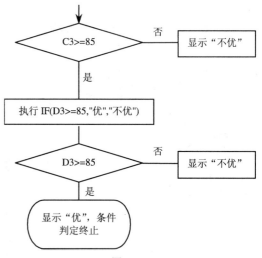

图 11-61

输入完后。按【Enter】键确定，结果如图 11-62 所示。

图 11-62

② 拖动单元格 F3 的快速填充句柄，将公式快速填充至单元格 F9，如图 11-63 所示。

图 11-63

6 使用 DAY 函数计算日期天数

DAY 函数的功能是返回以序列号表示的某日期的天数，用整数 1～31 表示。

函数的表达式如下：

`DAY(serial_number)`

Serial_number 表示要查找的那一天的日期。应使用 DATE 函数输入日期，或者将函数作为其他公式或函数的结果输入。例如，使用函数 DATE(2008, 5,23)输入 2008 年 5 月 23 日。如果日期以文本形式输入，则会出现问题。

素材文件：CDROM \11\11.2\素材 16.xlsx

● 计算日期天数

① 打开素材文件，如图 11-64 所示。

图 11-64

② 在单元格 D3 中输入公式 "=DAY(C3)"，按【Enter】键确定即可，如图 11-65 所示。

③ 拖动单元格 D3 中填充句柄将公式快速填充至单元格 D16，结果如图 11-66 所示。

温馨提示

单元格 D3 显示天数为 "5" 表示对应型号手机的销售天数。

图 11-65

图 11-66

7 使用 YEAR 函数计算年份

YEAR 函数的功能是返回某日期对应的年份，返回值为 1900 到 9999 之间的整数。

函数的表达式如下：

`YEAR(serial_number)`。

Serial_number 为一个日期值，其中包含要查找年份的日期。应使用 DATE 等函数来输入日期，或者将日期作为其他公式或函数的结果输入。例如，使用 DATE(2008,5,23)输入 2008 年 5 月 23 日。

素材文件：CDROM \11\11.2\素材 17.xlsx

● 统计员工上岗年份

① 打开素材文件，如图 11-67 所示。

② 单击单元格 D3，在单元格中输入公式

"=YEAR(C3)"后按【Enter】键确定即可，显示结果如图 11-68 所示。

图 11-67

图 11-68

③ 拖动单元格 D3 的填充句柄，复制公式至单元格 D13，如图 11-69 所示。

图 11-69

8 使用 MONTH 函数计算月份

MONTH 函数的功能是返回某日期对应的月份，

月份是介于 1（一月）到 12（十二月）之间的整数。

函数的表达式如下：

`MONTH(serial_number)`

Serial_number 的意义和 YEAR 函数中的相同。

💿 素材文件：CDROM \11\11.2\素材 18.xlsx

● 计算月份

① 打开素材文件，如图 11-70 所示。

图 11-70

② 单击单元格 D3，在单元格中输入公式"=MONTH(C3)"后按【Enter】键确定即可，显示结果如图 11-71 所示。

图 11-71

③ 拖动单元格 D3 的填充句柄，复制公式至单元格 D13，如图 11-72 所示。

9 使用 HOUR 函数计算小时数

HOUR 函数的功能是返回时间值的小时数，即一个介于 0(12:00 A.M.)到 23(11:00 P.M.)之间的整数。

HOUR 函数表达式如下：

`HOUR(serial_number)`

💿 素材文件：CDROM \11\11.2\素材 19.xlsx

图 11-72

● 计算小时数

① 打开素材文件，如图 11-73 所示。

图 11-73

② 单击单元格 D3，在单元格中输入公式 "=HOUR(C3-B3)" 后按【Enter】键确定即可，如图 11-74 所示。

图 11-74

③ 拖动单元格 D3 的填充句柄复制公式至 D8，结果如图 11-75 所示。

图 11-75

10 TIME 函数计算时间

TIME 函数的功能是将指定的时、分、秒合成为时间。

TIME 函数表达式如下：

```
TIME(hour,minute,second)
```

💿 素材文件：CDROM \11\11.2\素材 20.xlsx

● 计算时间

① 打开素材文件，如图 11-76 所示。

图 11-76

② 在单元格 E3 中输入公式 "=TIME(A3,B7,C3)" 后按【Enter】键确定即可如图 11-77 所示。

③ 拖动单元格 E3 中的快速填充句柄复制公式至 E12，结果如图 11-78 所示。

11 使用 TODAY 函数计算当前日期

TODAY 函数的功能是返回当前的日期。

TODAY 函数表达式如下：

TODAY()

素材文件：CDROM \11\11.2\素材 21.xlsx

图 11-77

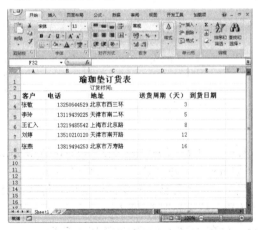

图 11-78

● 计算当前日期

① 打开素材文件，如图 11-79 所示。

图 11-79

② 在单元格 D2 输入公式 "=TODAY()" 后按【Enter】键确定即可。

③ 此时单元格根据函数计算显示结果如图 11-80 所示。

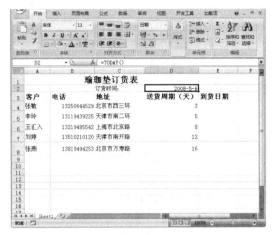

图 11-80

12　使用 NOW 函数计算当前时间

NOW 函数的功能是返回计算机系统内部时钟的当前日期和时间。

它的表达式如下：

NOW()

括号里没有参数。函数 NOW 只有在重新计算工作表，或执行含有此函数的宏时才会改变。它并不会随时更新。

 温馨提示

实际上，Excel 内的日期和时间是以数值形式存储的，Excel 可将日期和时间存储为可用于计算的序列号，所以日期和时间才可以参与计算。Excel 在默认情况下，1900 年 1 月 1 日的序列号是 1，而 2008 年 1 月 1 日的序列号是 39448，这是因为它距 1900 年 1 月 1 日有 39448 天。

高手支招

Microsoft Excel for Macintosh 默认的日期系统是 1904 年日期系统。可以更改日期系统。选择 "Microsoft Office>Excel 选项" 命令，在弹出的 "Excel 选项" 对话框中选择 "高级" 类别，在 "计算此工作簿时" 选项中，选择所需要的工作簿，选中或清除 "使用 1904 日期系统" 复选框。当从另外一个平台打开文档时，日期系统会自动转换。例如，在使用 Excel for Windows 时，打开一个由 Excel for Macintosh 创建的文档，则 "1904 年日期系统" 复选框会自动选中。

◎ 素材文件：CDROM \11\11.2\素材 22.xlsx

● 计算当前时间

① 打开素材文件，如图 11-81 所示。

图 11-81

② 在单元格 B5 输入公式"=NOW()"后按【Enter】键确定即可。

③ 此时单元格 B5 根据函数显示当前时间如图 11-82。

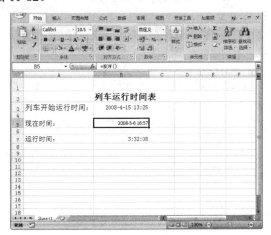

图 11-82

 温馨提示

Excel 将时间存储为小数，因为时间被看做天的一部分。日期和时间都是数值，因此也可以进行加、减等各种运算。通过将包含日期或时间的单元格格式设置为"常规"格式，可以查看以系列值显示的日期和以小数值显示的时间。

11.3 职业应用——员工加班统计表

在企业管理中经常会对员工的工作时间等各个方面信息进行统计。

11.3.1 案例分析

本案例中公司每一个季度统计一次，下面以员工李某的加班统计表为例讲解，具体步骤如下。

11.3.2 应用知识点拨

本案例应用的知识点概括如下：
1. 新建表格
2. 输入公式

11.3.3 案例效果

素材文件	CDROM\11\11.3\素材 1.xlsx
结果文件	CDROM\11\11.3\职业应用 1.xlsx
视频文件	CDROM\视频\第 11 章职业应用.exe
效果图	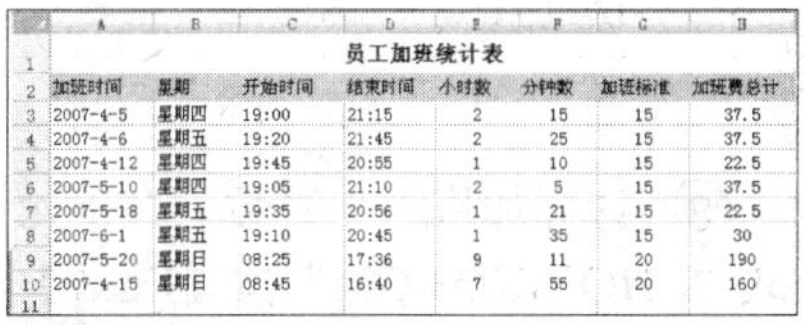

11.3.4 制作步骤

1 新建表格

新建员工信息表，如图 11-83 所示，在信息表中输入要统计的信息。

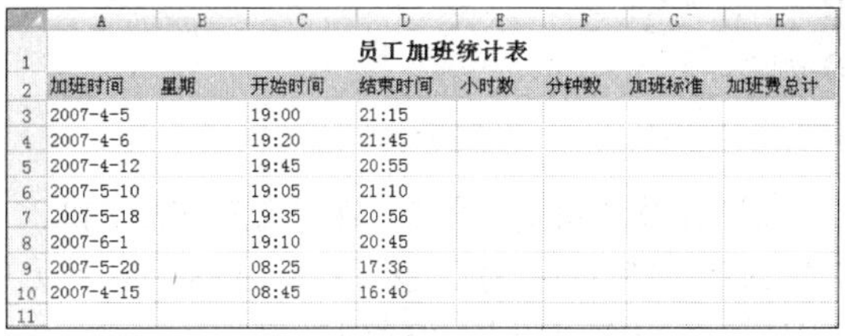

图 11-83

2 输入公式

① 计算加班时间为星期几，可以在单元格 B3 中输入公式"=WEEKDAY(A3,1)"

 温馨提示

显示单元格 A3 对应的星期数，因为返回值类型为"1"，所以返回的数字为 1~7，代表的值为星期日～星期六

按【Enter】键，显示返回值为"5"，更改单元格格式为星期数名称后则显示"星期四"，如图 11-84 所示。

239

图 11-84

(2) 复制公式,用快速填充工具复制单元格 B3 的公式到其他单元格,计算其他时间对应为星期几,如图 11-85 所示。

图 11-85

(3) 计算加班的小时数,在单元格 E3 中输入公式 "=HOUR(D3-C3)" 按【Enter】键后在单元格 E3 中显示小时数为 2,如图 11-86 所示。

图 11-86

(4) 计算加班的分钟数,在单元格 F3 中输入公式 "=MINUTE(D3-C3)"。按【Enter】键后在单元格 F3 中显示分钟数为 15,如图 11-87 所示。

图 11-87

(5) 输入加班标准,在单元格 G3 中输入公式 "=IF(OR(B3=7,B3=1),"20","15")"。

按【Enter】键后在单元格 G3 中显示加班标准为 15,如图 11-88 所示。

温馨提示

OR(B3=7,B3=1)表示的是如果这两个条件任意一个成立则返回 "TRUE",如果都不成立则返回 "FALSE"。

图 11-88

(6) 计算加班费。加班费等于加班的总小时乘以加班标准,所以在单元格 H3 中输入公式 "=(E3+IF(F3=0,0,IF(F3>30,1,0.5)))*G3"。

温馨提示

F3=0,0 表示如果分钟数为 0 则返回 0;
IF(F3>30,1,0.5)表示如果 F3>30 则返回 1,否则返回 0.5;
E3+IF(F3=0,0,IF(F3>30,1,0.5))表示计算加班总的小时数。

按【Enter】键后在单元格 H3 中显示加班费总计为 37.5,如图 11-89 所示。

图 11-89

(7) 复制在第 3 行的所有公式到其他单元格,计算其他的加班时间和加班费等,最后的计算结果如图 11-90 所示。

图 11-90

11.3.5　拓展练习

为了使读者能够充分应用本章所学知识,因此,在这里将列举两个关于本章知识的其他应用实例,以便开拓读者思路,起到举一反三的效果。

1　加盟店投资报酬率计算表

灵活运用本章所学知识,制作如图 11-91 所示的加盟店投资报酬率计算表。

结果文件:CDROM\11\11.3\职业应用 2.xlsx

加盟店投资报酬率计算表

加盟店	加盟费用	店面费用	投资额	物品进价	卖出价格	年销售量	年销售总额	年利润	投资报酬率	精确投资
9元服装店	50000	100000	618000	30	99	15600	1544400	926400	1.499029126	1.4
2元店	10000	50000	182500	0.5	2	245000	490000	307500	1.684931507	1.6
38元牛仔裤店	30000	60000	591800	13	38	38600	1466800	875000	1.478540047	1.4
自制巧克力店	20000	80000	327000	5	20	45600	908000	581000	1.77675841	1.7
冰晶花店	35000	70000	310800	3	24	68600	1646400	1335600	4.297297684	4.2
10元首饰店	40000	90000	380000	2	10	125000	1250000	870000	2.289473684	2.2
瑞丽服饰店	50000	100000	1779000	30	100	54300	5430000	3651000	2.05227656	2.0
冰激凌店	25000	85000	235600	1	5	125600	628000	392400	1.665534805	1.6
自助餐	30000	65000	551000	10	30	45600	1368000	817000	1.482758621	1.4
								最大投资报酬率	4.297297297	

图 11-91

在制作本例的过程中,需要注意以下几点:

(1)根据公司加盟店的统计资料确定工作表列数。

(2)由于加盟店数量变化,可增加或减少表格行数。

(3)为了最后表格的美观,可以在制作完成后对其套用表样式,或做自由处理。

2　研究生入学考试成绩评判系统

灵活运用本章所学知识,制作如图 11-92 所示研究生入学考试成绩评判系统。

结果文件:CDROM\11\11.3\职业应用 3.xlsx

研究生入学考试成绩评判系统

姓名	初试成绩	初试成绩是否合格	复试成绩	复试成绩是否合格	总成绩	总成绩是否合格	成绩是否稳定
薛世伟	352	1	99	1	451	1	0
周一凡	320	1	76	1	396	1	0
小小	225	0	0	0	225	0	0
宫范淋	300	1	62	1	362	1	1
董世凡	395	1	35	0	430	1	0
贺小林	370	1	75	1	445	1	1
赵剑	335	1	78	1	413	1	0

图 11-92

在制作本例的过程中,需要注意以下几点:

(1)根据考试科目的数量确定工作表列数。

(2)可根据实际情况,确定表格的标题。

(3)为了最后表格的美观,可以在制作完成后对其套用表样式,或做自由处理。

11.4　温故知新

本章对 Excel 2007 中函数的各种操作进行了详细讲解。同时,通过大量的实例和案例让读者充分参与练习。读者要重点掌握的知识点如下:

- 公式与函数的基本操作
- 管理单元格名称
- 调整表格结构的方法
- 实用函数的使用

学习笔记

第 12 章
排序、筛选与分类汇总

【知识概要】

Excel 作为数据处理类的电子表格软件，拥有着强大的分析、共享和管理数据功能。而 Excel 2007 针对以前的版本，增强了对数据进行排序和筛选功能。通过使用这些功能，会让您的数据处理工作变得更加轻松和快捷。

本章将讲解在 Excel 2007 中如何对数据进行排序、筛选和分类汇总。在本章最后，将前面的知识再结合职业应用版块，您将快速并牢固地掌握本章知识点。

12.1 答疑解惑

从未接触过 Excel 数据处理的您，对于一些基本概念可能还不是很清楚，本节将着重解答您在学习前的常见疑问，使您以最轻松的心情投入到后续的学习中。

12.1.1 排序的依据是什么

在 Excel 2007 中，可以以数值、单元格颜色、字体颜色和单元格图标 4 种依据对数据进行排序。其中数值又包括文本、数字、日期和时间 3 种。

在您对数据以格式进行排序时，Excel 2007 中没有默认的单元格颜色、字体颜色和单元格图标的排序次序，您必须为每个排序操作定义顺序。

12.1.2 默认排序次序又是什么

在 Excel 2007 中，相关值的默认排序次序如表12-1 所示。

表 12-1

值	说　明
数字	以负数到正数的顺序从小到大排序
日期	从古至今以由远及近排序
文本	包含字母数字文本的数据，从左至右按字符顺序排序 文本数据，按先数字再符号后字母的顺序排序
逻辑	先排 False，后排 True
错误	所有错误值具有相同的排序次序
空白单元格	空白单元格排在序列的最后（不分升、降序）

以上表格中的排序次序仅适用于"升序"排序，

"降序"排序以相反的次序排列。

12.1.3 通配符怎么使用

当您在对数据进行筛选时，可能会查找不特定的数值，或者说是模糊查找。这时，就会用到通配符。在 Excel 2007 中，通配符有 3 种，其功能及使用说明如表 12-2 所示。

表 12-2

符　号	说　明
?（问号）	用于代表任意单个字符
*（星号）	用于代表任意数量的字符
～?、～*、～～	用于代表?、*、～符号

12.2 实例进阶

本节将用实例讲解在 Excel 2007 中对数据进行排序、筛选和分类汇总的操作方法及相关知识点。

12.2.1 对数据进行排序

在 Excel 2007 中，对数据进行分析的第一步就是对数据进行整理，而对数据进行整理最基本的一项工作就是对数据进行排序。Excel 表格是由行和列组成的，表格中最基本的单位是单元格。

无论对什么样的数据、以何种规则进行排序，在 Excel 中都有以下 3 种方法可以实现对数据的排序。

- 使用"开始"选项卡
- 使用"数据"选项卡
- 使用快捷菜单

下面我们从对列数据排序、行数据排序、多关键字排序和自定义排序 4 个方面来介绍对数据进行排序，每个方面将结合一种数据排序方法。

1　列数据排序

前面提到 Excel 表格是由行和列组成的，而对列数据进行排序是最常用的排序方式。本实例将通过使用 Excel 2007 功能区"开始"选项卡中"编辑"选项组的"排序和筛选"命令，实现对列数据进行排序。

　素材文件：CDROM\12\12.2\素材 1.xlsx

● **使用"开始"选项卡**

在 Excel 2007 中，使用"开始"选项卡对数据进行列数据排序的步骤如下。

①　启动 Excel 2007，打开素材文件，选取单元格区域 A2:D13。

②　在功能区选择"开始"选项卡中"编辑"选项组的"排序和筛选"命令，在弹出的下拉菜单中选择"自定义排序"命令，如图 12-1 所示。

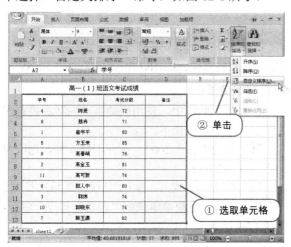

图 12-1

③　弹出"排序"对话框，单击"选项"按钮，在弹出的"排序选项"对话框中，选择方向为"按列排序"，排序方法为"字母排序"，如图 12-2 所示，然后单击"确定"按钮。

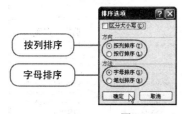

图 12-2

④　在"排序"对话框中，选择排序的"主要关键字"为"学号"，"排序依据"为"数值"，"排

序次序"为"升序"，并勾选"数据包含标题"复选框，如图 12-3 所示，单击"确定"按钮。

图 12-3

⑤　排序完成后，结果如图 12-4 所示。

图 12-4

> **经验揭晓**
>
> 在 Excel 2007 中，使用"升序"、"降序"命令对所选取的数据区域进行排序时，Excel 将默认对所选取数据区域中第一个可以排序的列进行"升序"或"降序"排列。

2　行数据排序

在对数据进行排序时，还有一种方法是使用 Excel 2007 功能区"数据"选项卡中"排序和筛选"选项组的"排序"命令。本实例将通过使用"数据"选项卡的途径实现对行数据进行排序。

　素材文件：CDROM\12\12.2\素材 2.xlsx

● **使用"数据"选项卡**

在 Excel 2007 中，使用"数据"选项卡对数据进行行数据排序的步骤如下。

①　启动 Excel 2007，打开素材文件，选取单元格区域 B2:F4。

②　在功能区选择"数据"选项卡中"排序和筛选"选项组的"排序"命令，如图 12-5 所示。

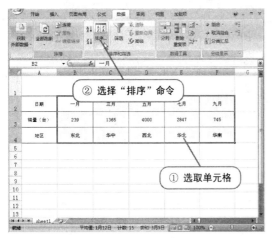

图 12-5

③ 弹出"排序"对话框,单击"选项"按钮,在弹出的"排序选项"对话框中,选择方向为"按行排序",排序方法为"字母排序",如图12-6所示,然后单击"确定"按钮。

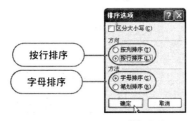

图 12-6

 温馨提示

在"排序选项"对话框的"方法"选项组中,各选项的作用如下。

◇ "字母排序"表示在升序时,以26个英文字母A~Z为顺序进行排序;降序时,则以相反的顺序进行排序。

◇ "笔画排序"表示在升序时,以笔画数目由少到多排序;降序时,则以相反的顺序进行排序。

④ 在"排序"对话框中,选择排序的"主要关键字"为"行3","排序依据"为"数值","排序次序"为"降序",如图12-7所示,单击"确定"按钮。

⑤ 排序完成后,结果如图12-8所示。

3 多关键字排序

在对复杂数据进行处理时,就需要对多个数值进行排序,而 Excel 2007 中的"多关键字排序"功能就能解决这个问题。本实例将结合使用"快捷菜单"的方法实现对数据进行多关键字的排序。

图 12-7

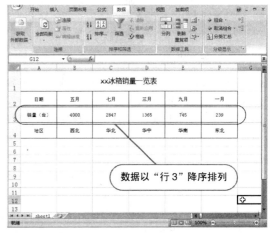

图 12-8

💿 素材文件:CDROM\12\12.2\素材 3.xlsx

● **使用快捷菜单**

在 Excel 2007 中,使用快捷菜单对数据进行多关键字排序的步骤如下。

① 启动 Excel 2007,打开素材文件,选取单元格区域 A2:D12。

② 在选取区域内,右击,从快捷菜单选择"排序"命令,再从下拉菜单选择"自定义排序"命令,如图12-9所示。

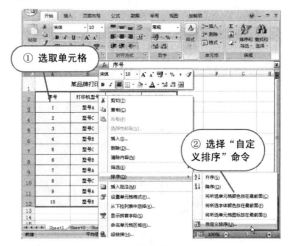

图 12-9

③ 弹出"排序"对话框,选择排序的"主要

关键字"为"打印机型号","排序依据"为"数值","次序"为"升序",并勾选"数据包含标题"复选框,如图 12-10 所示。

图 12-10

 温馨提示

如果选取的数据区域中包含标题行,则进行排序操作时,需要勾选"数据包含标题"复选框;反之,如果选取的数据区域中不包含标题行,则进行排序操作时,需要取消勾选"数据包含标题"复选框。

④ 单击"排序"对话框中的"添加条件"按钮,增加一条"次要关键字"记录。设置排序的"次要关键字"为"价格(元)","排序依据"为"数值","次序"为"升序",如图 12-11 所示,单击"确定"按钮。

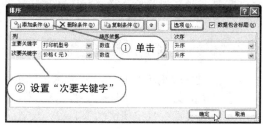

图 12-11

 高手支招

选中"次要关键字"条目,单击"上移"按钮[↑],即可使该排序条目的优先级升高一级,即"次要关键字"变为"主要关键字";反之选中"主要关键字"条目,单击"下移"按钮[↓],即可使该排序条目的优先级降低一级,即"主要关键字"变为"次要关键字"。

⑤ 排序完成后,如图 12-12 所示,选中区域中的数据先按"打印机型号"进行升序排列,同样型号的数据又按"价格(元)"进行升序排列。

4 自定义序列排序

讲了上述的排序方法,您可能会问,数据只能

以"升序"或"降序"方式排列吗?"自定义序列排序"这个功能就能解决您的疑问。使用此功能,数据会以"自定义"的方式进行排序,突显了 Excel 2007 的人性化。

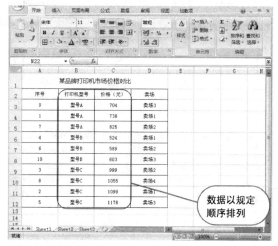

图 12-12

素材文件:CDROM\12\12.2\素材 4.xlsx

在 Excel 2007 中,对数据进行自定义序列排序的步骤如下。

① 启动 Excel 2007,打开素材文件,选取单元格区域 A2:E12。

② 在功能区选择"数据"选项卡中"排序和筛选"选项组的"排序"命令,如图 12-13 所示。

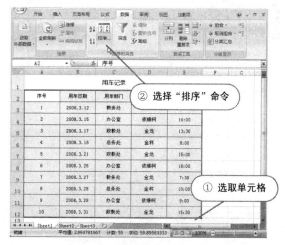

图 12-13

③ 弹出"排序"对话框,勾选"数据包含标题"复选框,并选择排序的"主要关键字"为"用车部门","排序依据"为"数值","次序"为"自定义序列",如图 12-14 所示。

④ 弹出"自定义序列"对话框,单击"添加"按钮,在"输入序列"文本框内输入"办公室、教

务处、政教处、总务处"4 个列表条目,并以【Enter】键分隔列表条目,如图 12-15 所示。输入完成后,单击"确定"按钮。

图 12-14

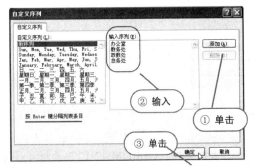

图 12-15

⑤ 如图 12-16 所示,"排序"对话框中的"排序次序"变为"办公室,教务处,政教处,总务处",单击"确定"按钮。

图 12-16

⑥ 排序完成后,结果如图 12-17 所示。

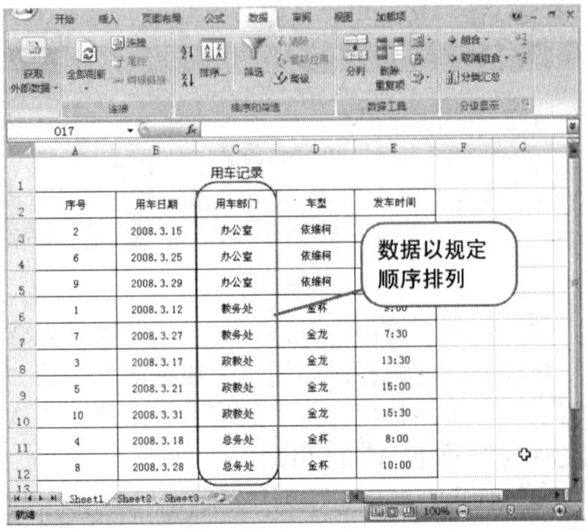

图 12-17

高手支招

您还可以通过"Office"按钮中的"Excel 选项"命令添加自定义序列。

在"Excel 选项"对话框中,选择"常用"选项卡,单击对话框右部"使用 Excel 时采用的首选项"组中的"编辑自定义列表"按钮,如图 12-18 所示。

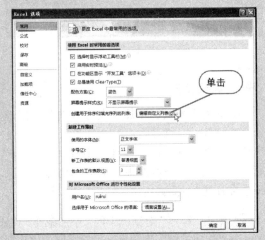

图 12-18

在弹出的"自定义序列"对话框中,按照上面实例中第 4 步的讲述操作,即可添加自定义序列。

12.2.2 对数据进行筛选

"筛选"是 Excel 2007 中又一项强大的功能。当面对纷繁芜杂的数据时,您只需使用"筛选"功能,即可从大量的数据中找出所需数据。

在 Excel 2007 中,筛选主要分为 3 种:自动筛选、自定义筛选和高级筛选。而使用筛选功能,主要通过以下 3 种途径:

- 使用"开始"选项卡
- 使用"数据"选项卡
- 使用快捷菜单

下面从 3 种不同的途径讲述如何使用自动筛选、自定义筛选和高级筛选。

1 使用自动筛选

自动筛选是最简便、最快捷的数据筛选方法。在 Excel 2007 中可以创建 3 种类型的筛选,按列表值、按格式和按条件筛选。

本实例通过使用"开始"选项卡,创建按列表值的自动筛选和按格式的自动筛选。

素材文件:CDROM\12\12.2\素材 5.xlsx

● 按列表值自动筛选

在 Excel 2007 中，使用"开始"选项卡对数据进行按列表值自动筛选的步骤如下。

① 启动 Excel 2007，打开素材文件，选取单元格区域 A2:F2。

② 在功能区选择"开始"选项卡中"编辑"选项组的"排序和筛选"命令，在弹出的下拉菜单中选择"筛选"命令，如图 12-19 所示。

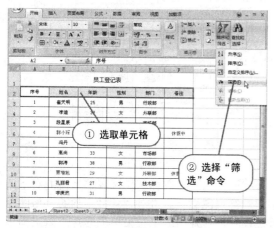

图 12-19

③ 此时，选取标题栏区域单元格的右下角出现自动筛选图标 。单击"部门"列右下角的自动筛选图标，在弹出的下拉菜单中先取消勾选"全选"选项，再勾选"行政部"选项，如图 12-20 所示。

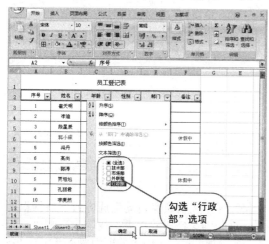

图 12-20

④ 单击"确定"按钮后，显示部门为"行政部"的筛选结果，如图 12-21 所示。

温馨提示

当单元格右下角显示 图标时，则表示

可以应用自动筛选的数据列；当单元格右下角显示 图标时，则表示当前显示的是应用筛选后的数据筛选结果。

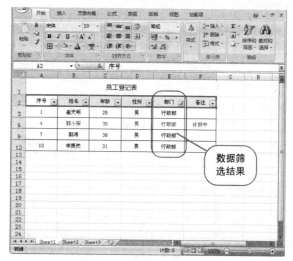

图 12-21

● 按格式自动筛选

在 Excel 2007 中，使用"开始"选项卡对数据进行按格式自动筛选的步骤如下。

① 启动 Excel 2007，打开素材文件，选取单元格区域 A2:F2。

② 在功能区选择"开始"选项卡中"编辑"选项组的"排序和筛选"命令，在弹出的下拉菜单中选择"筛选"命令，如图 12-22 所示。

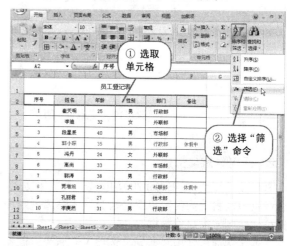

图 12-22

③ 此时，选取标题栏区域单元格的右下角出现自动筛选图标 。单击"性别"列右下角的自动筛选图标，在弹出的下拉菜单中选择"按颜色筛选"中的"红色"命令，如图 12-23 所示。

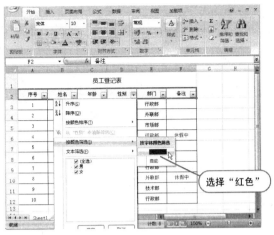

图 12-23

④ 单击"确定"按钮后,显示"性别"列文本颜色为"红色"的数据筛选结果,如图 12-24 所示。

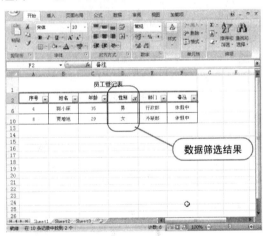

图 12-24

2 使用自定义筛选

自定义筛选,是 Excel 2007 中又一人性化功能,您可以根据自己的需要设置筛选类型、筛选规则,真正地做到按需显示数据。

本实例通过使用"数据"选项卡的途径,创建按条件的自定义筛选。

💿 素材文件:CDROM\12\12.2\素材 5.xlsx

● 按条件自定义筛选

在 Excel 2007 中,使用"数据"选项卡对数据进行按条件自定义筛选的步骤如下。

① 启动 Excel 2007,打开素材文件,选取单元格区域 A2:F2。

② 在功能区选择"数据"选项卡中"排序和筛选"选项组的"筛选"命令,如图 12-25 所示。

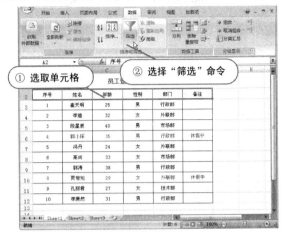

图 12-25

③ 此时,选取标题栏区域单元格的右下角出现自动筛选图标。单击"年龄"列右下角的自动筛选图标,在弹出的下拉菜单中选择"数字筛选"中的"自定义筛选"命令,如图 12-26 所示。

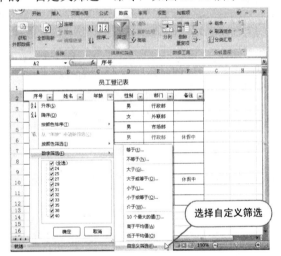

图 12-26

④ 弹出"自定义自动筛选方式"对话框,在左侧区域分别选择年龄"大于或等于"和"小于或等于"列表值,并在右侧数值框中输入"25"、"35",勾选"与"单选框,如图 12-27 所示,即筛选年龄介于 25 到 35 之间的数据。

图 12-27

⑤ 单击"确定"按钮后，显示年龄介于 25 到 35 之间的筛选结果，如图 12-28 所示。

3　使用高级筛选

当您在进行复杂的数据筛选时，就需要使用 Excel 2007 中的高级筛选功能。高级筛选可以对数据同时进行多种复杂条件的筛选，本实例将使用"数据"选项卡对数据高级筛选。

◎ 素材文件：CDROM\12\12.2\素材 6.xlsx

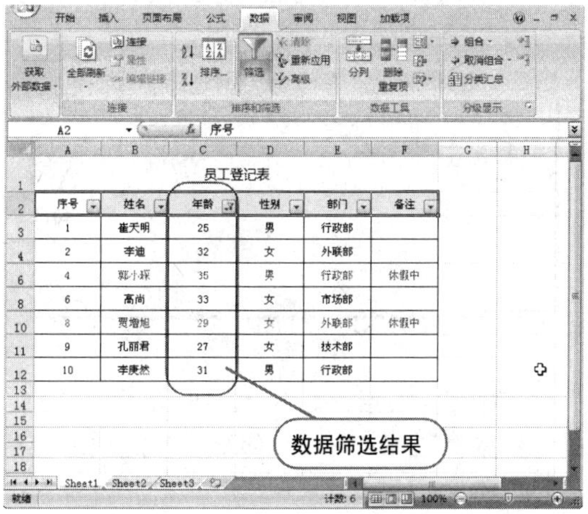

图 12-28

在 Excel 2007 中，使用"数据"选项卡对数据进行高级筛选的步骤如下。

① 启动 Excel 2007，打开素材文件，在功能区选择"数据"选项卡中"排序和筛选"选项组的"高级"命令，如图 12-29 所示。

② 弹出"高级筛选"对话框，勾选"在原有区域显示筛选结果"单选框，如图 12-30 所示。并单击列表区域的 图 图标，选择列表区域 A2:F10。

温馨提示

若勾选"高级筛选"对话框中"方式"选项组的"将筛选结果复制到其他位置"单选框，则需要再选取一项"复制到"的区域，筛选结果将在指定位置显示。

③ 单击"高级筛选—列表区域"对话框中的

按钮，返回到"高级筛选"对话框，再单击条件区域的 图 图标，选取条件区域为 A13:F14，如图 12-31 所示。选取完成后单击"高级筛选—条件区域"对话框中的 图 按钮，返回到"高级筛选"对话框。

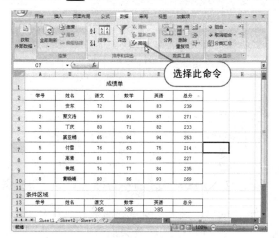

图 12-29

图 12-30

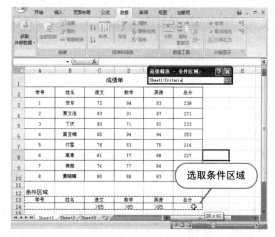

图 12-31

④ 列表区域和条件区域都选择完成后，单击"确定"按钮，显示筛选结果，如图 12-32 所示。

高手支招

对数据进行高级筛选后，使用功能区"数据"选项卡中"排序和筛选"选项组的"清除"按钮可以清除对数据进行的高级筛选。

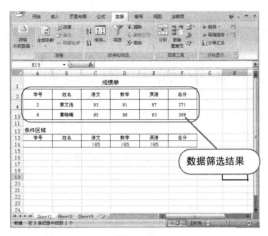

图 12-32

12.2.3 对数据进行分类汇总

分类汇总，顾名思义就是对数据进行分类的汇总统计。在对数据进行分类汇总时，主要是通过 SUBTOTAL 函数利用汇总函数计算而得到的。

SUBTOTAL 函数的作用就是，返回列表或数据库中的分类汇总。

下文将从创建简单、高级分类汇总；分级、分页显示分类汇总；以及嵌套、删除分类汇总几方面来介绍对数据进行分类汇总。

1 创建简单分类汇总

对数据进行分类汇总的第一步就是创建简单分类汇总。在 Excel 2007 中，有以下 2 种创建简单分类汇总的方法：

- 使用"分类汇总"命令
- 使用"组合"命令

下面使用 2 种方法分别讲述如何创建简单分类汇总。

🌐 素材文件：CDROM\12\12.2\素材 7.xlsx

● 使用"分类汇总"命令

在 Excel 2007 中，使用"分类汇总"命令创建简单分类汇总的步骤如下。

① 启动 Excel 2007，打开素材文件，选取单元格区域 A2:F18。

② 在功能区选择"开始"选项卡中"编辑"选项组的"排序和筛选"命令，在弹出的下拉菜单中选择"自定义排序"命令，如图 12-33 所示。

经验揭晓

在 Excel 2007 中，对数据进行分类汇总前，应对数据按指定顺序进行排序，即使用排序功能把相似的数据放在一起，方便进行分类汇总。

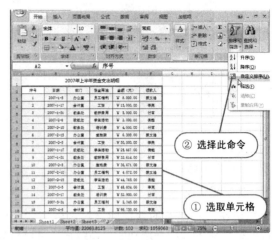

图 12-33

③ 弹出"排序"对话框，选择排序的"主要关键字"为"部门"，"排序依据"为"数值"，"排序次序"为"升序"，并勾选"数据包含标题"复选框，如图 12-34 所示，单击"确定"按钮。

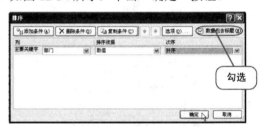

图 12-34

④ 排序完成后，如图 12-35 所示，在功能区选择"数据"选项卡中"分级显示"选项组的"分类汇总"命令。

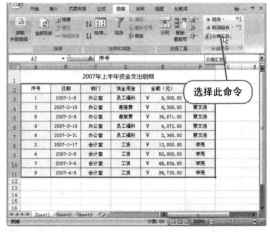

图 12-35

⑤ 弹出"分类汇总"对话框，选择"分类字段"为"部门"，"汇总方式"为"求和"，勾选"选定汇总项"选项为"金额（元）"，并勾选"替换当前分类汇总"以及"汇总结果显示在数据下方"复

选框，如图 12-36 所示。

图 12-36

⑥ 设置完成后，单击"确定"按钮，对数据进行按部门分类汇总的结果如图 12-37 所示。

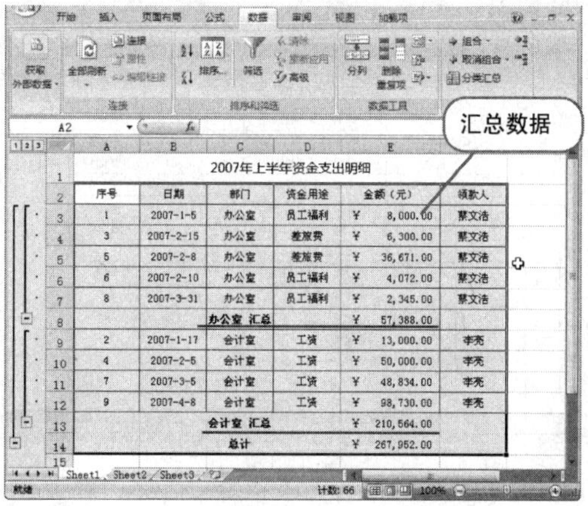

图 12-37

温馨提示

对数据进行分类汇总后，不仅对汇总项进行汇总，还会对所有数据进行总汇总，即上图中的"总计"行。

● 使用"组合"命令

在 Excel 2007 中，使用"组合"命令创建简单分类汇总的步骤如下。

① 启动 Excel 2007，打开素材文件，选取单元格区域 A2:F11。

② 在功能区选择"数据"选项卡中"排序和筛选"选项组的"排序"命令，如图 12-38 所示。

③ 弹出"排序"对话框，选择排序的"主要关键字"为"部门"，"排序依据"为"数值"，"排序次序"为"升序"，并勾选"数据包含标题"复选框，如图 12-39 所示，单击"确定"按钮。

④ 按"部门"排序完成后，分别在各部门数据下方插入一行汇总行，分别在 C8、C13、C14 单元格内输入"办公室总计"、"会计室总计"以及"全

部总计"文本。在 E8、E13 单元格内分别使用 SUM 函数计算各部门金额汇总，并在 E14 单元格内计算全部金额汇总，如图 12-40 所示。

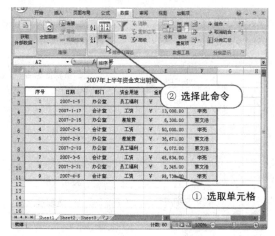

图 12-38

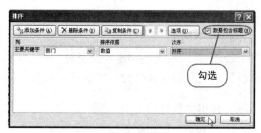

图 12-39

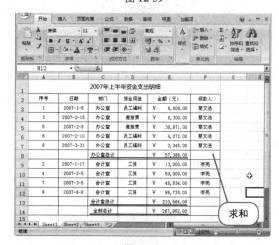

图 12-40

高手支招

以 E8 单元格为例，介绍如何对办公室的数据列进行金额汇总。

在 E8 单元格内输入公式"=SUM（E3:E7）"，即可对办公室的数据列进行金额求和，E3:E7 为求和的单元格区域，以此类推可计算其他部门的金额汇总。

⑤ 选择单元格区域 A3:F13，在功能区选择"数据"选项卡中"分级显示"选项组的"组合"命令，如图 12-41 所示。

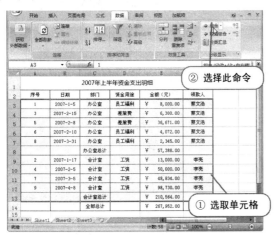

图 12-41

温馨提示

由于第 14 行为全部金额的总计，故选取单元格区域进行组合操作时，不能选取此行。

⑥ 弹出"创建组"对话框，选中"行"单选框，单击"确定"按钮，如图 12-42 所示。

图 12-42

⑦ 如图 12-43 所示，左侧显示出分级显示符号，选取单元格区域 A3:F7。再次在功能区选择"数据"选项卡中"分级显示"选项组的"组合"命令。

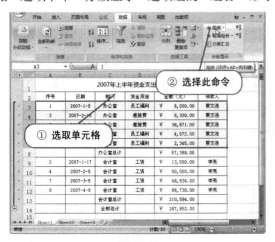

图 12-43

⑧ 弹出"创建组"对话框，选中"行"单选框，单击"确定"按钮，如图 12-44 所示。

图 12-44

⑨ 创建出办公室的分类汇总之后，依次选择各部门数据区域，重复第⑦、⑧步，创建各部门分类汇总，如图 12-45 所示。

图 12-45

⑩ 选中单元格区域 A8:F13，在功能区选择"数据"选项卡中"分级显示"选项组的"隐藏明细数据"命令，如图 12-46 所示，显示出 2 级分类汇总数据。

图 12-46

2 创建高级分类汇总

分类汇总不仅仅能创建针对数据的"求和"汇总，还能够创建针对数据的"计数"、"平均值"、"最大值"、"最小值"等功能的分类汇总。下面以创建"计数"汇总为例，介绍如何创建高级分类汇总。

在 Excel 2007 中，创建高级分类汇总的步骤如下。

⊚ 素材文件：CDROM\12\12.2\素材 7.xlsx

① 启动 Excel 2007，打开素材文件，选取单元格区域 A2:F11。

② 在选取区域内，右击，从快捷菜单选择"排序"命令，再从下拉菜单选择"自定义排序"命令，如图 12-47 所示。

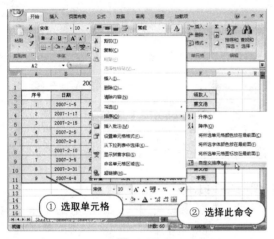

图 12-47

③ 弹出"排序"对话框，选择排序的"主要关键字"为"资金用途"，"排序依据"为"数值"，"次序"为"升序"，并勾选"数据包含标题"复选框，如图 12-48 所示，单击"确定"按钮。

图 12-48

④ 数据按"资金用途"排序，在功能区选择"数据"选项卡中"分级显示"选项组的"分类汇总"命令，如图 12-49 所示。

⑤ 弹出"分类汇总"对话框，选择"分类字段"为"资金用途"，"汇总方式"为"计数"，勾选"选定汇总项"选项框为"金额（元）"，并勾选"替换当前分类汇总"以及"汇总结果显示在数据下方"复选框，如图 12-50 所示。

⑥ 单击"确定"按钮后，显示对数据进行分类汇总后的结果。选取单元格区域 A2:F15，单击"数据"选项卡"分级显示"选项组中的对话框启动器

按钮，如图 12-51 所示。

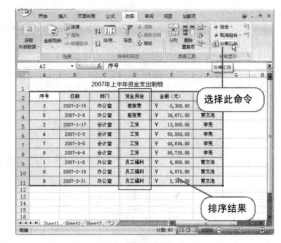

图 12-49

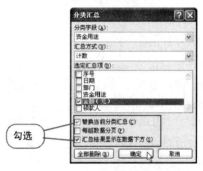

图 12-50

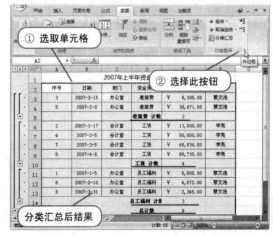

图 12-51

⑦ 弹出"设置"对话框，单击对话框下方的"应用样式"按钮，如图 12-52 所示。

图 12-52

⑧ 对分类汇总数据应用样式后的结果如图 12-53 所示。

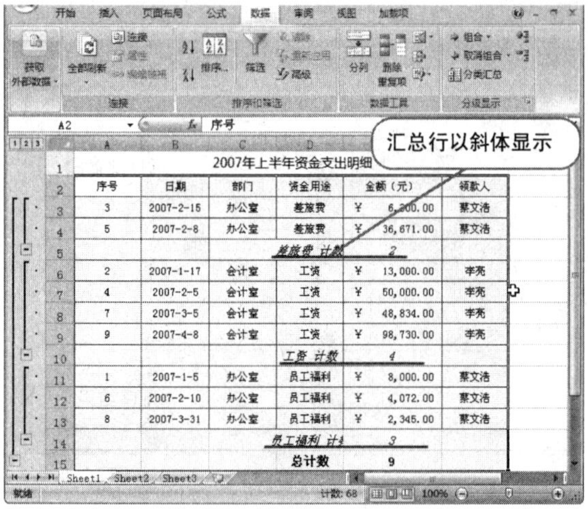

图 12-53

3 分级显示分类汇总

分类汇总是一种很方便的对数据进行汇总统计方法。使用分级显示分类汇总可以快速显示摘要行或摘要列，或者显示每组的明细数据。

素材文件：CDROM \12\12.2\素材 7.xlsx

下面分 3 种方法介绍如何分级显示分类汇总。

● 使用"显示/隐藏数据"按钮

① 选取需要进行分级显示的数据区域，如图 12-54 所示，选取单元格区域 A2:F14。在功能区选择"数据"选项卡中"分级显示"选项组的"隐藏明细数据"命令 ▤。

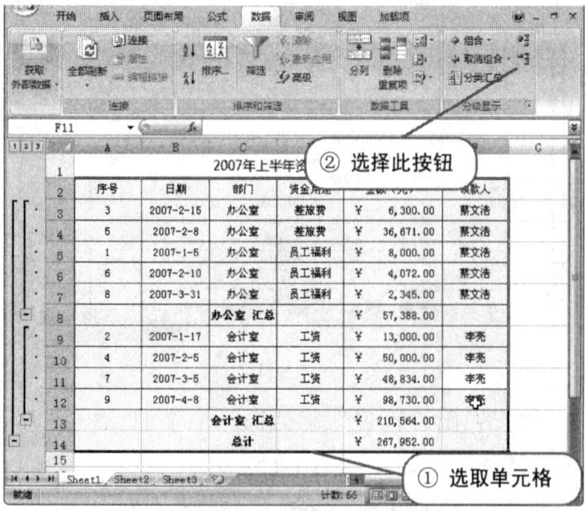

图 12-54

② 执行"隐藏明细数据"命令后，数据分级显示如图 12-55 所示。

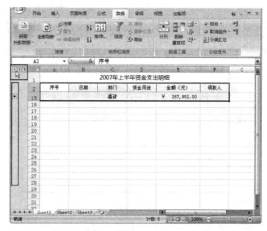

图 12-55

高手支招

选取需要显示明细数据的单元格区域，单击"数据"选项卡中"分级显示"选项组的"显示明细数据"命令 ▤，即可显示分类汇总的明细数据。

● 使用分级显示符号

① 选取需要进行分级显示的数据区域 A2:F15，单击分级显示符号 **1 2 3** 中的"1"，即显示 1 级分类汇总数据，如图 12-56 所示。

图 12-56

② 单击分级显示符号 **1 2 3** 中的"2"，即显示 2 级分类汇总数据，如图 12-57 所示。

③ 单击分级显示符号 **1 2 3** 中的"3"，即显示 3 级分类汇总数据，如图 12-58 所示。

经验揭晓

当想显示全部分类汇总数据时，可以单击分级显示符号 **1 2 3** 中的"3"，也可以达到显示全部数据的目的。

图 12-57

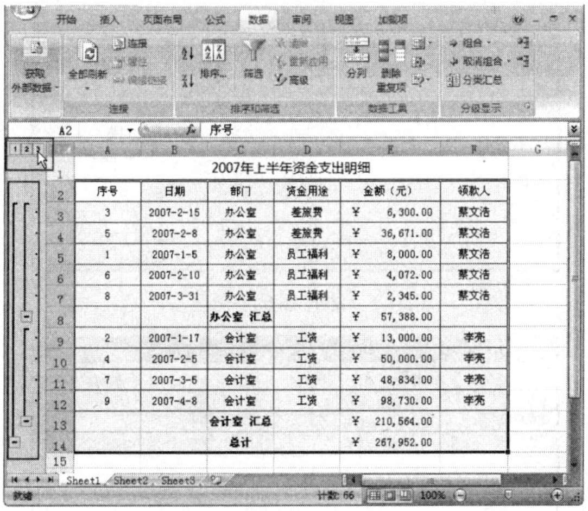

图 12-58

● **使用"展开/折叠"按钮**

使用数据区域左侧的展开 ▬ 和折叠 ➕ 按钮，也可以对数据区域进行分级显示分类汇总数据，如图 12-59 所示。

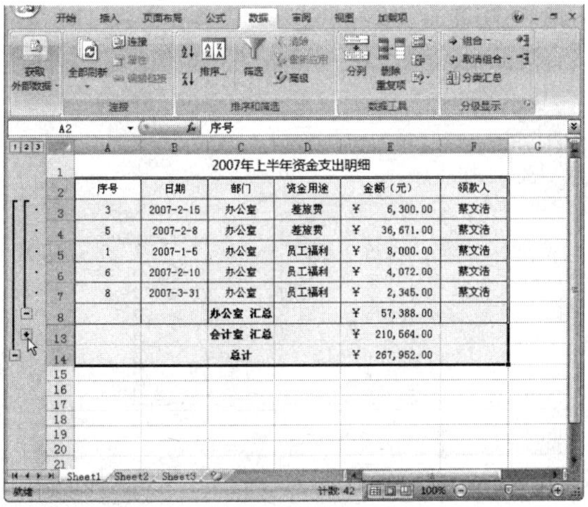

图 12-59

图 12-60

在弹出的"Excel 选项"对话框中，选择左侧的"高级"选项卡，勾选"此工作表的显示选项"组中的"如果应用了分级显示，则显示分级显示符号"复选框，如图 12-61 所示，单击"确定"按钮。

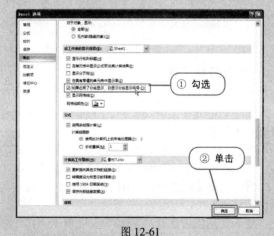

① 勾选

② 单击

图 12-61

4　分页显示分类汇总

在 Excel 2007 中，另一种显示分类汇总的方法是分页显示分类汇总。

💿 素材文件：CDROM \12\12.2\素材 7.xlsx

① 为素材文件创建分类汇总时，在"分类汇总"对话框中勾选"每组数据分页"复选框，如图 12-62 所示，即可实现分页显示分类汇总。

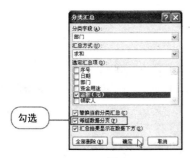

图 12-62

② 创建分页显示分类汇总的结果如图 12-63 所示，在每组分类汇总数据间插入了分页符。

温馨提示

上图中的虚线即为分页符。

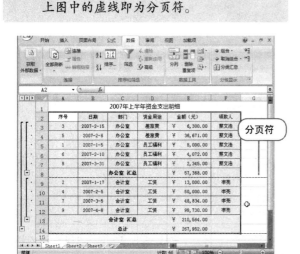

图 12-63

5 嵌套分类汇总

前面介绍的是创建一层分类汇总，在实际应用中，可能会创建多层分类汇总，下面介绍如何创建嵌套分类汇总。

在 Excel 2007 中，创建嵌套分类汇总的步骤如下。

素材文件：CDROM\12\12.2\素材 7.xlsx

① 启动 Excel 2007，打开素材文件，选取单元格区域 A2:F11。

② 在功能区选择"数据"选项卡中"排序和筛选"选项组的"排序"命令，如图 12-64 所示。

③ 弹出"排序"对话框，选择排序的"主要关键字"为"部门"，"排序依据"为"数值"，"排序次序"为"升序"，并勾选"数据包含标题"复选框，如图 12-65 所示，单击对话框左上角的"添加条件"按钮。

④ "排序"对话框中增加一条"次要关键字"记录，选择排序的"次要关键字"为"资金用途"，"排序依据"为"数值"，"排序次序"为"升序"，

如图 12-66 所示，单击"确定"按钮。

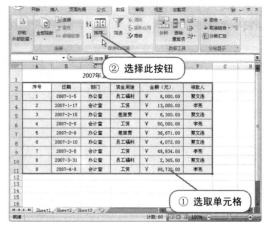

图 12-64

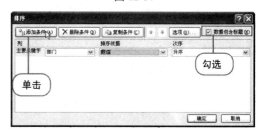

图 12-65

图 12-66

⑤ 排序完成后，在功能区选择"数据"选项卡中"分级显示"选项组的"分类汇总"命令，如图 12-67 所示。

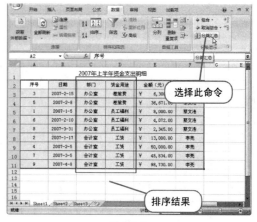

图 12-67

⑥ 弹出"分类汇总"对话框,选择"分类字段"为"部门","汇总方式"为"求和",勾选"选定汇总项"选项框为"金额(元)",并勾选"替换当前分类汇总"以及"汇总结果显示在数据下方"复选框,如图 12-68 所示。

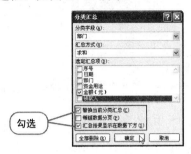

图 12-68

⑦ 单击"确定"按钮后,数据分类汇总如图 12-69 所示。添加嵌套分类汇总,再次在功能区选择"数据"选项卡中"分级显示"选项组的"分类汇总"命令。

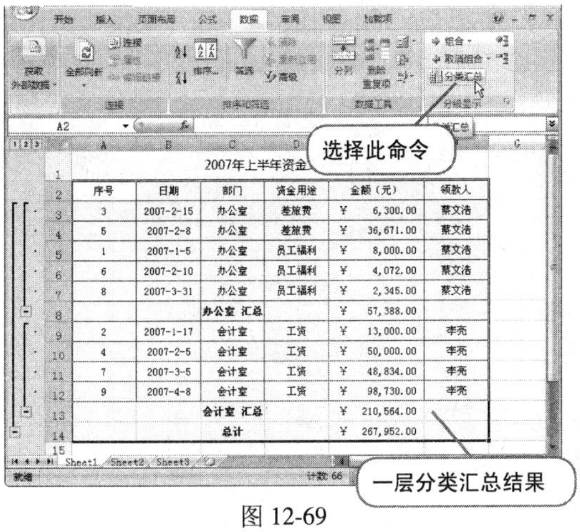

图 12-69

⑧ 弹出"分类汇总"对话框,选择"分类字段"为"资金用途","汇总方式"为"求和",勾选"选定汇总项"选项框为"金额(元)",并取消勾选"替换当前分类汇总"复选框,如图 12-70 所示,单击"确定"按钮。

图 12-70

⑨ 数据嵌套分类汇总的结果,如图 12-71 所示。选择"数据"选项卡"分级显示"选项组中的"隐藏明细数据"命令。

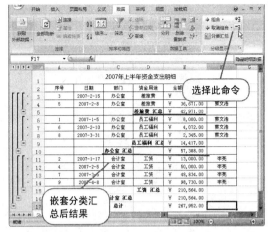

图 12-71

⑩ 隐藏明细数据后的嵌套分类汇总结果,如图 12-72 所示。

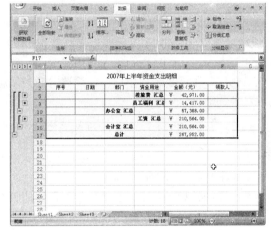

图 12-72

经验揭晓

继续设置"分类汇总"对话框,还可以再次添加嵌套分类汇总。

6 删除分类汇总

在使用分类汇总功能统计完数据后,需要对数据进行取消分类汇总。

素材文件:CDROM \12\12.2\素材 7.xlsx

在 Excel 2007 中,删除分类汇总的步骤如下:

① 选取素材中需要删除分类汇总的区域,在 Excel 2007 功能区选择"数据"选项卡中"分级显

示"选项组的"分类汇总"命令。

2 弹出"分类汇总"对话框，单击对话框左下角的"全部删除"按钮，即可删除选定区域的分类汇总，如图 12-73 所示。

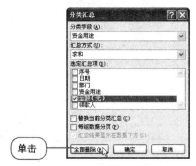

图 12-73

 温馨提示

若选取的应用分类汇总的单元格区域不完全，则不能全部删除分类汇总，只能删除选定区域的分类汇总。

12.3 职业应用——考勤统计

考勤统计主要是想利用排序、筛选、分类汇总功能对考勤数据进行分析、统计。

12.3.1 案例分析

为了方便对职工的考勤进行管理，每个公司都会有员工考勤表，每个月末对员工的考勤进行统计是每个公司的常规工作，考勤数据与工资挂钩。而针对于员工的因公外出，必须单独统计，不与员工工资挂钩。所以下面我们对 2008 年 1 月的考勤中的公假数据进行统计。

12.3.2 应用知识点拨

本案例应用的知识点概括如下：
1. 多关键字排序
2. 使用自动筛选
3. 创建简单分类汇总

12.3.3 案例效果

素材文件	CDROM\12\12.3\素材 1.xlsx
结果文件	CDROM\12\12.3\职业应用 1.xlsx
视频文件	CDROM\视频\第 12 章职业应用.exe

效果图

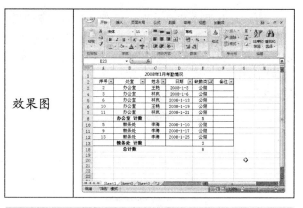

12.3.4 制作步骤

1 选取单元格

启动 Excel 2007，打开"素材 1.xlsx"，选取单元格区域 A2:D15。

2 对数据排序

● 选择"排序"按钮

从功能区选择"数据>排序和筛选>排序"命令，如图 12-74 所示。

图 12-74

● 设置主要关键字

弹出"排序"对话框，设置"主要关键字"为"处室"，"排序依据"为"数值"，"次序"为"升序"，并勾选"数据包含标题"复选框，如图 12-75 所示，单击对话框左上角的"添加条件"按钮。

● 设置次要关键字

"排序"对话框中增加一条"次要关键字"记录，设置"次要关键字"为"缺勤类型"，"排序依据"为"数值"，"次序"为"升序"，如图 12-76 所示，单击"确定"按钮。

图 12-75

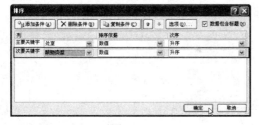

图 12-76

3 筛选数据

● 选择"筛选"命令

数据排序结果如图 12-77 所示，从功能区选择"数据>排序和筛选>筛选"命令。

图 12-77

● 设置筛选字段

此时，选取标题栏区域单元格的右下角出现自动筛选图标 ▼。单击"缺勤类型"列右下角的自动筛选图标，在弹出的下拉菜单中先取消勾选"全选"选项，再勾选"公假"选项，如图 12-78 所示，单击"确定"按钮。

4 分类汇总数据

● 选择"分类汇总"命令

"缺勤类型"为"公假"的数据筛选结果如图 12-79 所示，选取单元格区域 A2:F11，从功能区选择"数据>分级显示>分类汇总"命令。

图 12-78

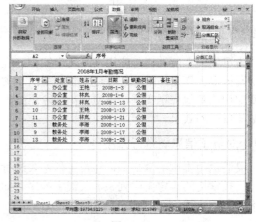

图 12-79

● 设置分类汇总字段

弹出"分类汇总"对话框，选择"分类字段"为"处室"，"汇总方式"为"计数"，勾选"选定汇总项"选项框为"缺勤类型"，并勾选"替换当前分类汇总"以及"汇总结果显示在数据下方"复选框，如图 12-80 所示，单击"确定"按钮。

图 12-80

5 数据结果

对考勤情况中"公假"记录，按部门进行"计数"分类汇总的结果，如图 12-81 所示。

2008年1月考勤情况					
序号	处室	姓名	日期	缺勤类型	备注
2	办公室	王艳	2008-1-3	公假	
3	办公室	林岚	2008-1-6	公假	
6	办公室	林岚	2008-1-13	公假	
10	办公室	王艳	2008-1-19	公假	
11	办公室	林岚	2008-1-21	公假	
	办公室 计数			5	
5	教务处	李海	2008-1-10	公假	
9	教务处	李海	2008-1-17	公假	
13	教务处	李海	2008-1-25	公假	
	教务处 计数			3	
	总计数			8	

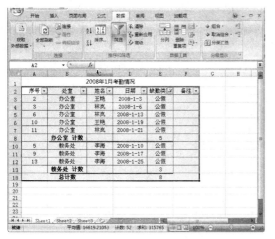

图 12-81

12.3.5 拓展练习

为了使读者能够充分应用本章所学知识，在工作中发挥更大作用，因此，在这里将列举两个关于本章知识的其他应用实例，以便开拓读者思路，起到举一反三的效果。

1 对员工信息表进行排序

灵活运用本章所学知识，对员工信息表进行按部门、按学历的自定义序列、多关键字排序，如图 12-82 所示。

员工信息表					
序号	姓名	性别	年龄	学历	部门
6	杨国旗	女	31	本科	行政部
8	赵童	女	35	研究生	行政部
11	陈孟	男	20	研究生	行政部
1	隗曦	男	23	本科	市场部
3	武珊珊	女	36	本科	市场部
2	魏思加	女	41	专科	技术部
4	徐晨	男	27	专科	技术部
7	杨苗苗	男	24	专科	技术部
9	赵一迪	男	28	本科	技术部
12	崔双双	女	33	本科	技术部
10	周陈	女	44	专科	外联部
13	段晨迪	男	26	专科	外联部
5	许洋洋	女	49	研究生	外联部

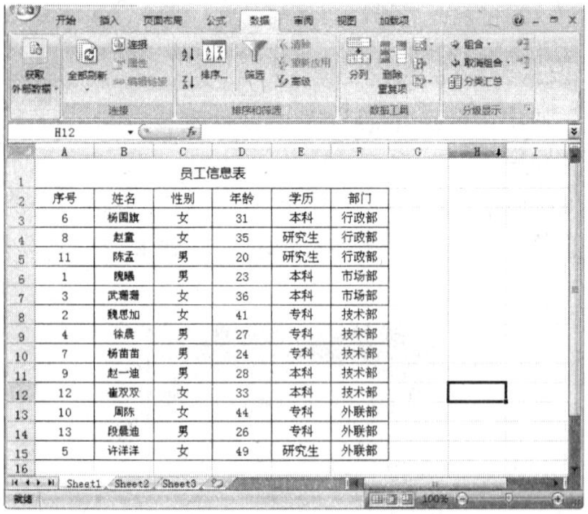

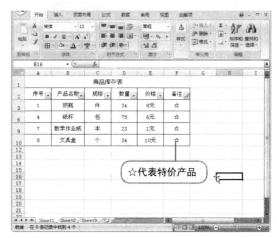

图 12-82

结果文件：CDROM\12\12.3\职业应用 2.xlsx

在制作本例的过程中，需要注意以下几点：

（1）选定排序数据区域时，应包含标题行，并在“排序”对话框中，勾选“数据包含标题”复选框。

（2）添加第 2 条数据系列时，单击“排序”对话框中的“添加条件”按钮。

（3）添加自定义序列时，注意用【Enter】键分隔列表条目。

（4）由于本例中添加了两条自定义序列，注意关键字和自定义序列之间的对应。

2 对商品库存表进行筛选

灵活运用本章所学知识，对商品库存表进行自动筛选，如图 12-83 所示。

结果文件：CDROM\12\12.3\职业应用 3.xlsx

商品库存表					
序号	产品名称	规格	数量	价格	备注
1	奶瓶	件	34	8元	☆
4	纸杯	包	75	6元	☆
7	数学作业纸	本	23	1元	☆
8	文具盒	个	34	10元	☆

图 12-83

在制作本例的过程中，需要注意：选取筛选数据区域时，除了要选取数据区域外，还要选取标题行。

12.4 温故知新

本章对 Excel 2007 中对数据进行排序、筛选和分类汇总的各种操作进行了详细讲解。同时，通过大量的实例让读者充分参与练习。读者要重点掌握的知识点如下：

- 对数据进行排序的方法
- 设置多关键字排序
- 添加自定义序列
- 对数据进行筛选的方法
- 使用高级筛选
- 对数据进行分类汇总的方法
- 显示分类汇总的方法
- 如何删除分类汇总

学习笔记

第 13 章
图表与数据透视表

【知识概要】

图表和数据透视表作为 Excel 2007 的专业功能，只需轻轻松松的几步就可以创建。通过选择图表类型、图表布局和图表样式，具有专业效果的图表即刻呈现在您面前。数据透视表可以在汇总、分析、浏览数据时提供摘要数据；使用数据透视图可以实现可视化摘要数据、方便观察数据。

本章将讲解在 Excel 2007 中如何创建和修改图表，如何创建和编辑数据透视表、数据透视图以及如何使用分析工具。在本章最后，将前面的知识再结合职业应用版块，您将快速并牢固地掌握本章知识点。

13.1 答疑解惑

从未接触过图表和数据透视图、数据透视表的您，对于它们的一些基本概念可能还不是很清楚，本节将着重解答您在学习前的常见疑问，使您以最轻松的心情投入到后续的学习中。

13.1.1 Excel 2007 中有哪些图表类型

打开 Excel 2007，单击"插入"选项卡"图表"选项组，显示出常用的图表类型，单击"其他图表"命令，即显示出剩余的不常用的图表类型，如图 13-1 所示。

图 13-1

由此可见，在 Excel 2007 中图表类型分别为：

柱形图、折线图、饼图、条形图、面积图、散点图（X Y）、股价图、曲面图、圆环图、气泡图和雷达图 11 种。

13.1.2 Excel 图表的组成结构

在 Excel 2007 中，Excel 图表的组成结构分为：图表区、绘图区、数据系列、坐标轴、标题、数据标签或图例，详细说明见表 13-1。

表 13-1

组成结构	说　　明
图表区	整个图表及其全部元素
绘图区	在二维图表中，是指通过轴来界定的区域，包括所有数据系列。在三维图表中，同样是通过轴来界定的区域，包括所有数据系列、分类名、刻度线标志和坐标轴标题
数据系列	在图表中绘制的相关数据点，这些数据源自数据表的行或列。图表中的每个数据系列具有唯一的颜色或图案并且在图表的图例中表示。可以在图表中绘制一个或多个数据系列。饼图只有一个数据系列
坐标轴	界定图表绘图区的线条，用作度量的参照框架。y 轴通常为垂直坐标轴并包含数据。x 轴通常为水平轴并包含分类
标题	图表标题是说明性的文本，可以自动与坐标轴对齐或在图表顶部居中
数据标签	为数据标记提供附加信息的标签，数据标签代表源于数据表单元格的单个数据点或值
图例	图例是一个方框，用于标识图表中的数据系列或分类指定的图案或颜色

各个图表组成项在具体图表中的位置如图 13-2 所示。

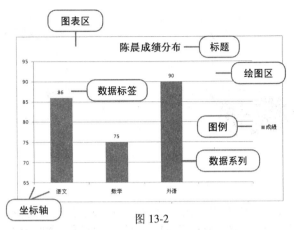

图 13-2

13.1.3 数据透视表的特点

数据透视表的定义是一种对大量数据快速汇总和建立交叉列表的交互式表格。数据透视表能帮助您快速地分析、组织数据，还可以很快地从不同角度对数据进行分类汇总。

正是基于数据透视表的以下特点，使得您非常愿意使用透视表来分析数据。

- 数据透视表内置了筛选功能，使您能够只浏览关心的内容。
- 具有动态布局功能的数据透视表，通过拖放数据透视表中的字段，就能够便利地改变数据的显示格式。
- 能够对任何字段进行数据汇总，支持改变数据汇总的计算类型。
- 可以根据各种数据源创建数据透视表。

13.1.4 数据透视表和数据透视图的关系

数据透视表是一种对大量数据快速汇总和建立交叉列表的交互式格式表格，使用数据透视表可以准确计算和分析数据，但有时候很难从字面上把握数据的全部含义。Excel 2007 中的数据透视图功能，可以方便地将数据透视表的分析结果以更直观的图表方式提交。与数据透视表相比，数据透视图可以用一种更加可视化和易于理解的方式来展示数据和数据之间的关系。

13.1.5 什么是 Excel 分析工具

分析工具是 Excel 2007 推出的一项高效的数据统计功能。统计人员使用分析工具可以从繁杂的统计数据中逃脱出来，实现更加便捷、高效地进行统计。统计人员只需为分析工具库提供数据和参数，此工具就会根据统计人员的要求生成统计结果。

Excel 分析工具主要有以下几种：方差分析、相关系数、协方差、描述统计、指数平滑、F-检验双样本方差、傅立叶分析、直方图、移动平均、随机数发生器、排位与百分比排位、回归分析、抽样分析、t-检验和 z-检验。

13.2 实例进阶

本节将用实例讲解在 Excel 2007 中图表的创建、修改，数据透视表、数据透视图的创建、编辑以及使用分析工具的相关操作及知识点。

13.2.1 创建与设置图表结构

图表是显示数据以及数据规律的一种很好的表现形式。在 Excel 2007 中有多达 11 种的图表类型，每一种图表类型又有二维、三维等多种表现形式，组合成专业、丰富的图表类型库。

下面我们从创建图表、调整图表大小、移动图表位置、更改图表类型和更改图表源数据几个方面来介绍创建和设置图表结构。

素材文件：CDROM\13\13.2\素材 1.xlsx

1 创建图表

在 Excel 2007 中，创建图表有如下 2 种途径：

- 使用"插入"选项卡的图表选项组；
- 使用"插入图表"对话框。

无论用哪种方法创建图表，只是选择图表类型这一步不同，其余的选择数据、图表行列坐标等以下几步都是相同的。

创建图表的步骤如下：

① 启动 Excel 2007，打开素材文件。

② 选择图表类型。

● **使用"插入"选项卡的"图表"选项组**

在功能区选择"插入"选项卡中"图表"选项组的"柱形图"命令，弹出下拉菜单，选择三维柱形图中的第 1 个图表形状"三维簇状柱形图"，如图 13-3 所示。

● **使用"插入图表"对话框**

在功能区单击"插入"选项卡中"图表"选项组的对话框启动器 ，弹出"插入图表"对话框。在对话框左侧选择"柱形图"图表类型，并选择对话框右侧的"三维簇状柱形图"图表形状，如图 13-4 所示。

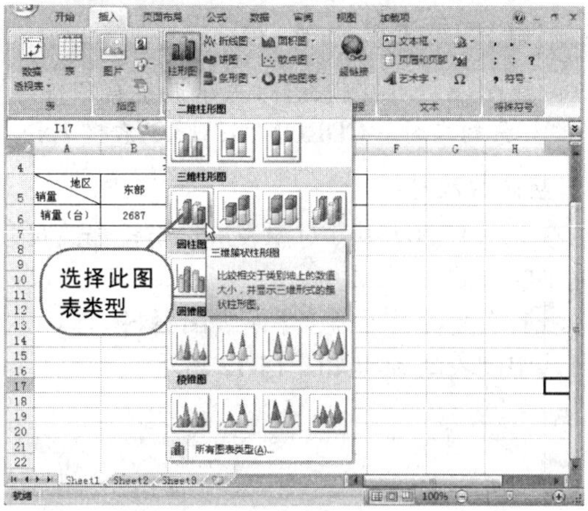

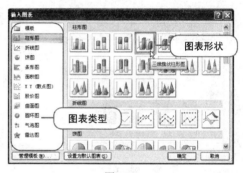

图 13-3

图 13-4

选择完成后，单击"确定"按钮。

高手支招

如果在创建图表时，您经常使用同一种图表类型，则可以通过单击"插入图表"对话框中的"设置为默认图表"按钮，设置默认图表类型。

(3) 在"图表工具"选项卡，单击"设计"选项卡中"选择数据"命令，如图 13-5 所示。

图 13-5

(4) 弹出"选择数据源"对话框，单击"图表数据区域"文本框右侧的扩展图标 ，选择图表数据区域 B6:E6，如图 13-6 所示。选择完成后，单击"选择数据源"对话框中的扩展图标 。

图 13-6

(5) 返回到"选择数据源"对话框，单击"图例项（系列）"区域中的"编辑"按钮，如图 13-7 所示。弹出"编辑数据系列"对话框，在"系列名称"文本框内输入"销量"，输入完成后，单击"确定"按钮。

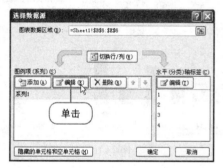

图 13-7

(6) 在"选择数据源"对话框中，单击"水平（分类）轴标签"区域中的"编辑"按钮，如图 13-8 所示。弹出"轴标签"对话框，单击"轴标签区域"文本框右侧的扩展按钮 。

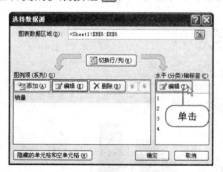

图 13-8

(7) 选择轴标签区域为 B5:E5，单击对话框中的扩展按钮 ，返回到"轴标签"对话框，单击"确定"按钮，如图 13-9 所示。

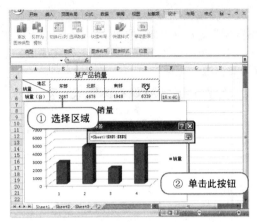

图 13-9

8 返回"选择数据源"对话框,单击"确定"按钮,显示出创建的图表,如图 13-10 所示。

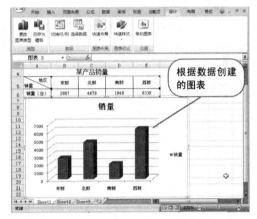

图 13-10

温馨提示

单击"选择数据源"对话框中的"切换行/列"按钮,可以对横、纵坐标进行互换,数据互换后,所创建图表如图 13-11 所示。

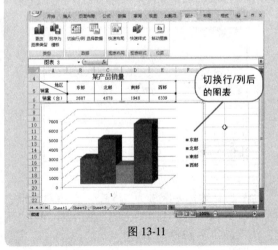

图 13-11

2 调整图表大小

创建图表后,对图表进行大小调整有 2 种方法:
素材文件:CDROM \13\13.2\素材 1.xlsx

● 直接修改尺寸

在 Excel 2007 中,对图表进行直接修改尺寸调整大小的步骤如下。

1 当光标显示为"十字"图标 时,单击,即可选中图表区域,如图 13-12 所示。

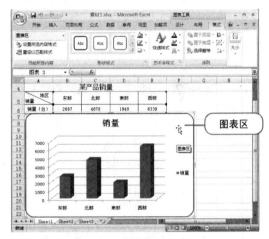

图 13-12

2 在图表工具"格式"选项卡的"大小"选项组中,直接在高度和宽度的右侧数值框中,修改图表的高度和宽度,如图 13-13 所示。

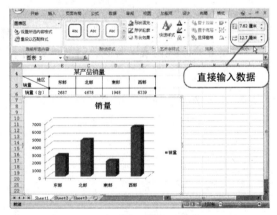

图 13-13

● 按百分比修改

在 Excel 2007 中,对图表进行按百分比调整大小的步骤如下。

1 当光标显示为"十字"图标 时,单击,即可选中图表区域,如图 13-14 所示。

2 单击功能区中"格式"选项卡"大小"选项组的对话框启动器按钮 ,弹出"大小和属性"

对话框，勾选"锁定横纵比"复选框，在"高度"和"宽度"数值框中修改图表百分比，如图 13-15 所示。

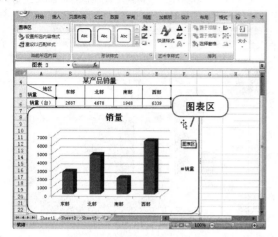

图 13-14

图 13-15

3　移动图表位置

调整完图表大小后，您还会对图表的位置进行调整，移动图表位置主要有以下 2 种方法。

　素材文件：CDROM \13\13.2\素材 1.xlsx

● 可视拖动法

可视拖动法适用于对图表在本工作表内的移动，步骤如下。

(1)　当光标显示为"十字"图标 时，单击，即可选中图表区域，如图 13-16 所示。

(2)　选中图表区后，单击，将图表拖曳至所需位置，松开鼠标。在拖动过程中，您可以看到图表区以半透明状态随着鼠标移动，如图 13-17 所示。

● 使用"移动图表"命令

使用"移动"图表命令，适用于将图表移动至其他工作表或工作簿，具体步骤如下。

(1)　当光标显示为"十字"图标 时，单击，即可选中图表区域。

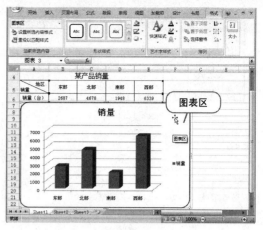

图 13-16

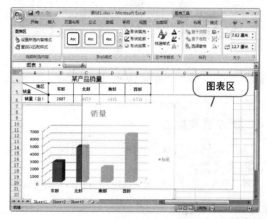

图 13-17

(2)　单击图表工具"设计"选项卡中"位置"组中的"移动图表"命令，如图 13-18 所示。

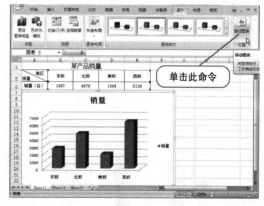

图 13-18

(3)　弹出"移动图表"对话框，勾选"对象位于"单选框，并选择下拉列表中选择"Sheet2"工作表，如图 13-19 所示，选择完成后，单击"确定"按钮。

(4)　如图 13-20 所示，选中图表移动至 Sheet2 工作表。

图 13-19

图 13-20

4 更改图表类型

当图表创建完成后，您可以使用以下 2 种方法更改图表类型。

素材文件：CDROM \13\13.2\素材 1.xlsx

● 使用"更改图表类型"命令

在 Excel 2007 中，使用"更改图表类型"命令，更改图表类型的步骤如下。

① 当光标显示为"十字"图标 时，单击，即可选中图表区域，如图 13-21 所示。

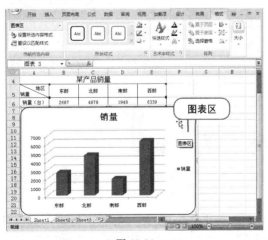

图 13-21

② 单击图表工具"设计"选项卡中"类型"选项组的"更改图表类型"命令，如图 13-22 所示。

③ 弹出"更改图表类型"对话框，在对话框

左侧选择"饼图"图表类型，选择"三维饼图"图表形式，如图 13-23 所示，单击"确定"按钮。

图 13-22

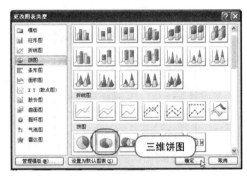

图 13-23

④ 如图 13-24 所示，图表类型变为三维饼图。

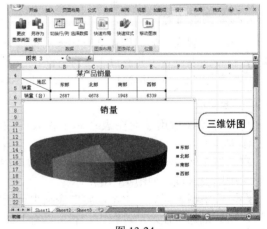

图 13-24

● 使用快捷菜单

在 Excel 2007 中，使用快捷菜单也更改图表类型的步骤为。

① 当光标显示为"十字"图标 时，单击，即可选中图表区域。

② 右击，在弹出的快捷菜单，选择"更改图表类型"命令，如图 13-25 所示。

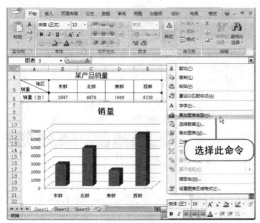

图 13-25

③ 弹出"更改图表类型"对话框，在对话框左侧选择"条形图"图表类型，选择"簇状水平圆柱图"图表形式，如图 13-26 所示，单击"确定"按钮。

图 13-26

④ 如图 13-27 所示，图表类型变为簇状水平圆柱图。

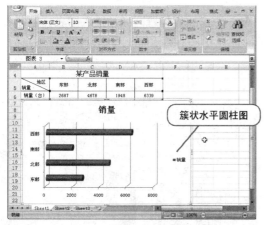

图 13-27

5　更改图表源数据

素材文件：CDROM \13\13.2\素材 1.xlsx

图表创建成功了，但您可能会有这样的疑问，如果图表源数据有变化怎么办呢？在 Excel 2007 中，这一功能的实现是非常简便的。

只需将创建图表的数据区域的数据修改为正确的即可，图表会根据修改后的数据自动修改图表。

如图 13-28 所示，这是修改后的数据表，图表自动根据数值修改图形的高矮。

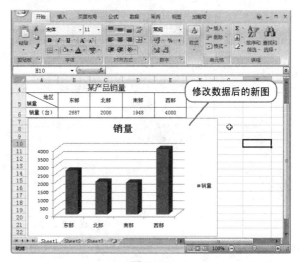

图 13-28

13.2.2　修改图表内容

在答疑解惑中，您已经了解到在 Excel 2007 中，Excel 图表的组成结构分为：图表区、绘图区、数据系列、坐标轴、标题、数据标签或图例几种。上一小节主要讲述了如何对图表结构进行设置，本小节从设置图表布局、外观样式、标题、坐标轴标题等方面介绍如何修改图表的内容。

素材文件：CDROM\13\13.2\素材 2.xlsx

1　设置图表布局

图表布局主要是指在 Excel 图表区域中，标题、图例以及坐标轴等图表元素的布局位置。Excel 2007 中提供了多种图表布局，使您能够快速、美观地修改图表布局。

素材文件：CDROM \13\13.2\素材 2.xlsx

在 Excel 2007 中，设置图表布局的步骤如下。

① 启动 Excel 2007，打开素材文件。

② 选中图表区域。当光标显示为"十字"图标 时，单击，即可选中图表区域，如图 13-29 所示。

③ 在图表工具"设计"选项卡中，选择"图表布局"组中的"快速布局"命令，在弹出的下拉菜单中选择"布局 6"，图表布局变为如图 13-30 所示。

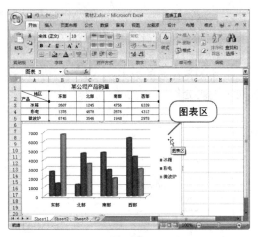

图 13-29

图 13-30

2 设置图表外观样式

图表外观样式主要是指 Excel 图表区域中数据系列、背景以及图形等的样式。Excel 2007 中提供了多种图表外观样式,可供您自由选择。

💿 素材文件:CDROM \13\13.2\素材 2.xlsx

在 Excel 2007 中,设置图表外观样式的步骤如下。

① 选中图表区域。当光标显示为"十字"图标 ✛ 时,单击,即可选中图表区域。

② 在图表工具"设计"选项卡中,选择"图表样式"组中的"快速样式"命令,在弹出的下拉菜单中选择"样式 17",图表外观样式变为如图13-31 所示。

3 修改图表标题

图表标题能够明了地显示图表信息,在 Excel 2007 中有 2 种修改图表标题的方法,在下面分别介绍。

💿 素材文件:CDROM \13\13.2\素材 2.xlsx

● 双击修改

① 选中图表区域。当光标显示为"十字"图

标 ✛ 时,单击,即可选中图表区域。

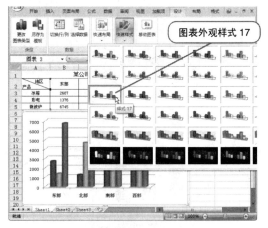

图 13-31

② 添加图表标题。在图表工具"布局"选项卡,选择"标题"选项组的"图表标题"命令,在弹出的下拉菜单中选择"图表上方"命令,如图 13-32 所示。

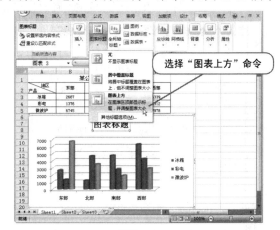

图 13-32

③ 双击图表标题区域,输入图表标题即可,如图 13-33 所示。

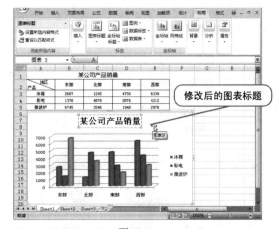

图 13-33

● **使用快捷菜单**

这种修改图表标题的方法是，选中图表标题，右击，弹出快捷菜单，选择"编辑文本"命令，如图 13-34 所示，输入文字修改图表标题即可。

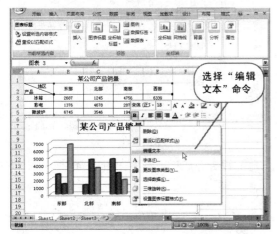

图 13-34

4 设置坐标轴标题

在 Excel 图表中，坐标轴是以横坐标轴和纵坐标轴来区分的。在设置坐标轴标题时，要对横/纵坐标轴进行分别设置。

💿 素材文件：CDROM \13\13.2\素材 2.xlsx

● **设置横坐标轴标题**

① 选中图表区域，在图表工具"布局"选项卡中，选择"标签"选项组的"坐标轴标题"命令。在下拉菜单中选择"主要横坐标轴标题"的"坐标轴下方标题"命令，如图 13-35 所示。

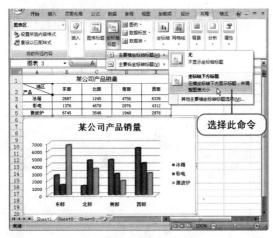

图 13-35

② 双击横坐标轴标题区域，修改横坐标轴标题，如图 13-36 所示。

图 13-36

● **设置纵坐标轴标题**

① 选中图表区域，在图表工具"布局"选项卡中，选择"标签"选项组的"坐标轴标题"命令。在下拉菜单中选择"主要纵坐标轴标题"的"竖排标题"命令，如图 13-37 所示。

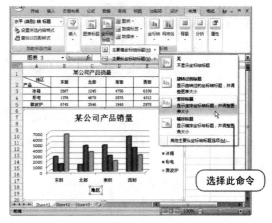

图 13-37

② 双击纵坐标轴标题区域，修改纵坐标轴标题，如图 13-38 所示。

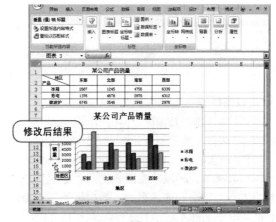

图 13-38

5 设置图例、数据标签和数据表

素材文件：CDROM\13\13.2\素材 2.xlsx

● 设置图例

在上文的讲述中，您已经知道图例是一个方框，用于标识图表中的数据系列或分类指定的图案或颜色。

在 Excel 2007 中，设置图例的方法如下。

① 选择图表区域，在图表工具"布局"选项卡中，选择"标题"选项组的"图例"命令，在下拉菜单中选择"在顶部显示图例"命令，如图 13-39 所示。

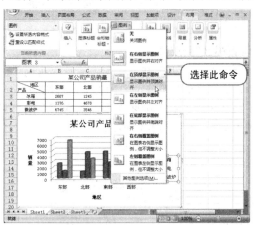

图 13-39

② 设置完成后，结果如图 13-40 所示。

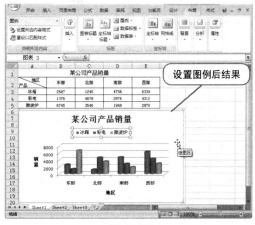

图 13-40

● 设置数据标签

数据标签就是为数据标记提供附加信息的标签，数据标签代表源于数据表单元格的单个数据点或值。

在 Excel 2007 中，设置数据标签的方法如下。

① 选择图表区域，在图表工具"布局"选项卡中，选择"标题"选项组的"数据标签"命令，在下拉菜单中选择"显示"命令，如图 13-41 所示。

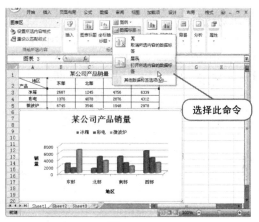

图 13-41

② 设置完成后，结果如图 13-42 所示。

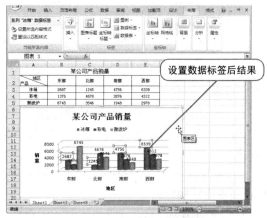

图 13-42

● 设置数据表

数据表就是指生成图表时的数据依据。

在 Excel 2007 中，设置数据表的方法如下。

① 选择图表区域，在图表工具"布局"选项卡中，选择"标题"选项组的"数据表"命令，在下拉菜单中选择"显示数据表"命令，如图 13-43 所示。

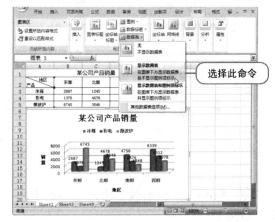

图 13-43

② 设置完成后，结果如图 13-44 所示。

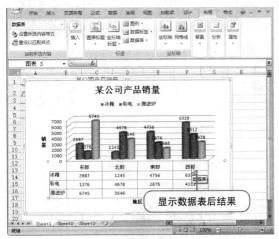

图 13-44

6　设置图表元素的显示方式

细心的您可以发现，每当单击不同的图表元素时，在图表工具"布局"选项卡的"当前所选内容"选项组中都会显示出您当前所选取的内容。单击选项组中"设置所选内容格式"命令，即可对当前所选择的图表元素进行设置。

素材文件：CDROM \13\13.2\素材 2.xlsx

下面以设置"图例"的显示方式为例。

① 选择图表区域，单击图表中的图例，选择"当前所选内容"选项组中的"设置所选内容格式"命令，如图 13-45 所示。

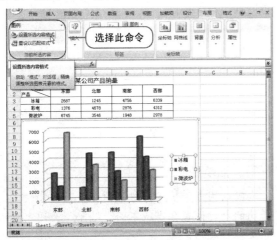

图 13-45

② 弹出"设置图例格式"对话框，选择"填充"选项卡，在对话框右侧勾选"纯色填充"单选框，并设置颜色为"黄色"，如图 13-46 所示。

③ 设置完成后，单击"关闭"按钮，图例显示结果如图 13-47 所示。

图 13-46

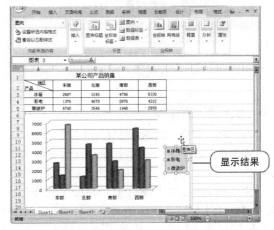

图 13-47

7　设置图表背景

在 Excel 2007 中，图表背景分为两部分：图表背景墙和图表基底。

素材文件：CDROM \13\13.2\素材 2.xlsx

通过图表工具"布局"选项卡中的"背景"命令，可以设置图表背景墙和图表基底是否显示，如图 13-48 所示。

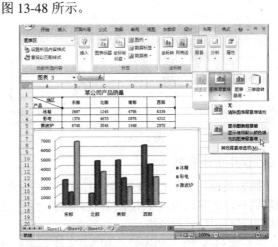

图 13-48

通过图表工具"布局"选项卡中"当前所选内容"选项组中的"设置所选内容格式"命令,可以设置图表背景墙和图表基底的显示形式,如图 13-49 所示。

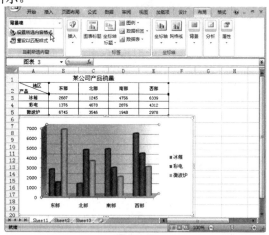

图 13-49

8 设置图表中的文字效果

💿 素材文件:CDROM \13\13.2\素材 2.xlsx

在 Excel 2007 中,设置图表中文字效果的方法如下。

选中图表区,在图表工具"格式"选项卡中,选择"艺术字样式"选项组"快速样式"选项中的"填充-强调文字颜色 1,内部阴影-强调文字颜色 1"命令。设置完成后,文字效果如图 13-50 所示。

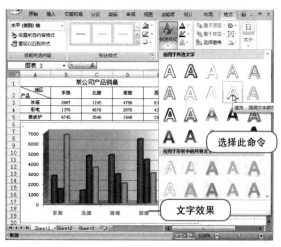

图 13-50

9 使用图表模板

图表模板功能是 Excel 2007 人性化、个性化的表现之一。您可以通过使用图表模板功能,使自己的图表具有个性化的风格。

💿 素材文件:CDROM \13\13.2\素材 2.xlsx

● 保存图表模板

① 选中图表区域,在图表工具"设计"选项卡中,选择"类型"选项组中的"另存为模板"命令,如图 13-51 所示。

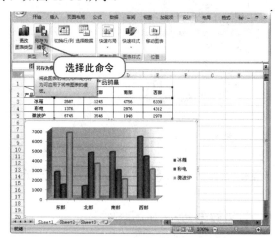

图 13-51

② 弹出"保存图表模板"对话框,将图表模板保存到 Excel 2007 的默认图表模板保存路径"C:/Documents and Settings/ruirui/Application Data/Microsoft/Templates/Charts"下,并将图表模板命名为"图表 1.crtx",单击"保存"按钮,如图 13-52 所示。

图 13-52

💗 **温馨提示**

默认图表模板保存路径中 ruirui 为用户名,不同的电脑设置会有所不同。".crtx"为图表模板文件扩展名。

💿 素材文件:CDROM \13\13.2\素材 1.xlsx

● 使用图表模板

① 打开素材文件,选中图表区域,在图表工具"设计"选项卡中,选择"类型"选项组的"更改图表类型"命令,如图 13-53 所示。

② 弹出"更改图表类型"对话框，单击"模板"选项卡，选择"我的模板"图表类型，如图 13-54 所示。

图 13-53

图 13-54

③ 选择完成后，单击"确定"按钮，图表变为"我的模板"图表类型，如图 13-55 所示。

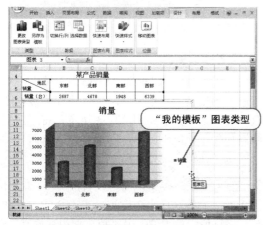

图 13-55

13.2.3　创建与编辑数据透视表

数据透视表采用交互式的方法，快速地汇总大量数据。使用数据透视表不仅能够深度分析数据，还能回答一些意想不到的问题。

下面从创建数据透视表、添加和删除字段、查看的明细数据、改变数据的汇总方式、更新数据透视表数据、设置数据透视表格式、删除数据透视表几方面来介绍数据透视表。

1　创建数据透视表

在 Excel 2007 中，创建数据透视表有 2 种途径，下面分别讲述。

素材文件：CDROM\13\13.2\素材 3.xlsx

● 使用"插入数据透视表"命令

选取创建数据透视表的单元格区域，在功能区选择"插入"选项卡"表"选项组中的"插入数据透视表"命令 🔲，如图 13-56 所示。

图 13-56

● 使用"数据透视表"命令

选取创建数据透视表的单元格区域，在功能区选择"插入"选项卡"表"选项组中的"数据透视表" 数据透视表 下拉选项中的"数据透视表"命令，如图 13-57 所示。

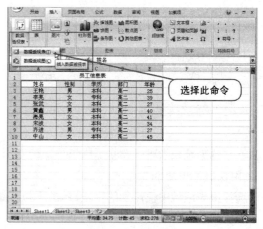

图 13-57

2 添加和删除字段

素材文件：CDROM\13\13.2\素材 3.xlsx

创建数据透视表时，添加字段有以下 2 种方法，下面分别讲述。

● 使用快捷菜单命令

在"数据透视表字段列表"任务窗格中，选取要添加到报表的字段，右击，弹出快捷菜单，选择字段要添加到的区域，如图 13-58 所示。

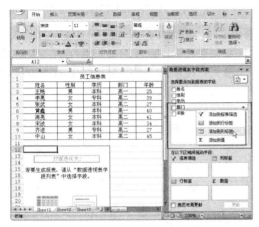

图 13-58

● 直接拖曳法

在"数据透视表字段列表"任务窗格中，选取要添加到报表的字段，单击，拖曳至字段要添加到的区域后，松开鼠标，如图 13-59 所示，即可使用拖曳法添加字段。

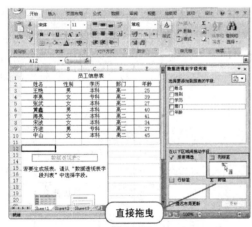

图 13-59

创建数据透视表时，删除字段也有 2 种方法。

● 使用快捷菜单命令

选择报表区域中已添加的字段，单击下拉按钮，显示出快捷菜单，选择"删除字段"命令，如图 13-60 所示。

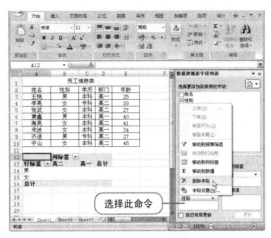

图 13-60

● 直接拖曳法

选择已添加到报表区域的字段，单击，直接拖曳至"选择要添加到报表的字段"选项区，松开鼠标，即可删除数据透视表字段，如图 13-61 所示。

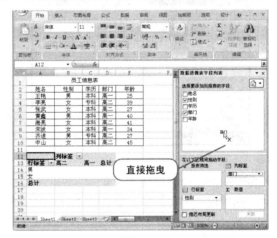

图 13-61

3 查看数据明细

素材文件：CDROM\13\13.2\素材 3.xlsx

添加到报表"数值"区域的字段即为数据透视图查看的明细数据。如图 13-62 所示，将"性别"字段添加到"数值"区域，左面数据区域的数据透视表即按"性别"进行计数。

4 改变数据的汇总方式

在 Excel 2007 中，值字段的汇总方式有求和、计数、平均值、最大值、最小值、乘积、数值计数、标准偏差、总体标准偏差、方差和总体方差 11 种计算类型。而针对值字段的显示方式，又分为普通、差异、百分比、差异百分比、按某一字段汇总、占同行数据总和的百分比、占同列数据总和的百分比、占总数的百分比和指数 9 种显示方式。

　素材文件：CDROM\13\13.2\素材 3.xlsx

图 13-62

下面以对"性别"值字段设置汇总方式和显示方式为例，操作步骤如下。

① 单击报表"数值"区域的"性别"字段的下拉按钮，在弹出的菜单中选择"值字段设置"命令，如图 13-63 所示。

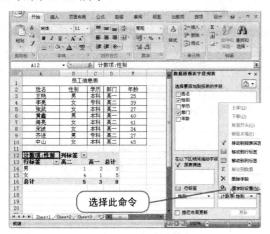

图 13-63

② 弹出"值字段设置"对话框，在"汇总方式"选项卡中选择"计数"计算类型，如图 13-64 所示。

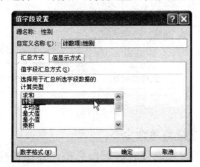

图 13-64

③ 单击"值显示方式"选项卡，在"值显示方式"下拉列表中选择"占总和的百分比"方式，如图 13-65 所示，单击"确定"按钮。

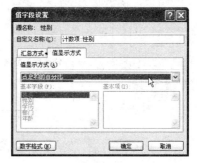

图 13-65

④ 设置完成后，数据透视图的修改结果如图 13-66 所示。

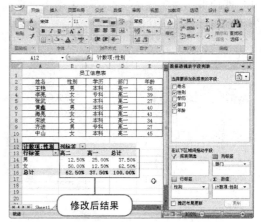

图 13-66

　　经验揭晓

　　在 Excel 2007 中，数值类型字段的默认汇总方式为"求和"，数值类型以外的字段的默认汇总方式为"计数"。

5　更新数据透视表数据

当在创建完数据透视表后，如果数据有变化，就需要更新数据透视表数据。

　素材文件：CDROM\13\13.2\素材 3.xlsx

在 Excel 2007 中，更新数据透视表数据的步骤如下。

① 修改数据。将"部门"列中的"高一"修改为"高三"；除"黄鑫"外，其余性别均为"女"，如图 13-67 所示。

② 选择"刷新"命令。下面用 2 种方法进行介绍。

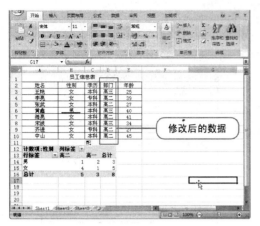

图 13-67

● 使用"数据透视表工具"选项卡

单击数据透视表区域，即显示出"数据透视表工具"选项卡，在"选项"选项卡中选择"数据"组的"刷新"命令，如图 13-68 所示。

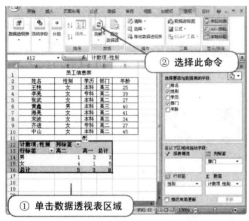

图 13-68

● 使用快捷菜单命令

(1) 单击数据透视表区域，右击，在弹出快捷菜单选择"刷新"命令，如图 13-69 所示。

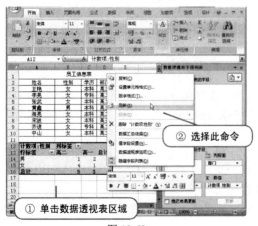

图 13-69

高手支招

单击数据透视表区域，使用【Alt+F5】组合键也可更新数据透视表数据。

(2) 更新数据透视表数据后的结果如图 13-70 所示。

图 13-70

6 设置数据透视表格式

素材文件：CDROM\13\13.2\素材 3.xlsx

在 Excel 2007 中，数据透视表也像表格和图表一样能够设置格式。设置数据透视表格式的 4 种方法如下。

● 使用"设计"选项卡

单击数据透视表区域，即显示出"数据透视表工具"选项卡。单击"设计"选项卡"数据透视表样式"下拉按钮，在"中等深浅"选项中选择"数据透视表样式中等深浅 2"样式，如图 13-71 所示。

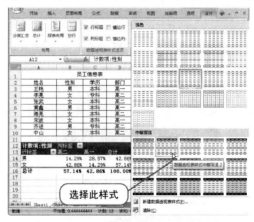

图 13-71

● 使用快捷菜单命令

选择数据透视表区域，右击，弹出快捷菜单选择"数据透视表选项"命令，如图 13-72 所示。

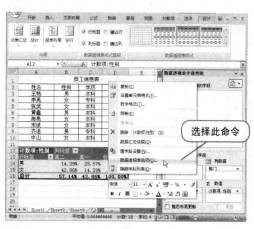

图 13-72

弹出"数据透视表选项"对话框，通过修改"布局和格式"、"汇总和筛选"、"显示"、"打印"、"数据"选项卡中的各个命令，可以设置数据透视表格式，如图 13-73 所示。

图 13-73

高手支招

除以上介绍的 2 种方法外，还可以通过"设计"选项卡中"数据透视表样式选项"选项组的"行标题"、"列标题"、"镶边行"和"镶边列"命令设置数据透视表格式，如图 13-74 所示。

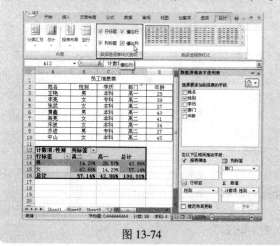

图 13-74

也可以通过"设计"选项卡中"布局"选项组的"分类汇总"、"总计"、"报表布局"和"空行"命令设置数据透视表格式，如图 13-75 所示。

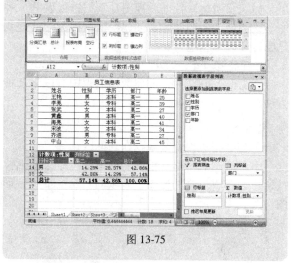

图 13-75

7 删除数据透视表

素材文件：CDROM\13\13.2\素材 3.xlsx

在 Excel 2007 中，删除数据透视表的步骤如下。

① 单击数据透视表区域，即显示出"数据透视表工具"选项卡。单击"选项"选项卡"操作"下拉按钮，在弹出的下拉列表中选择"整个数据透视表"命令，如图 13-76 所示。

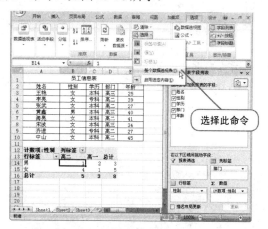

图 13-76

② 选中整个数据透视表后，按【Delete】键删除数据透视表。

13.2.4 创建与编辑数据透视图

数据透视图就是以图形形式表示数据透视表中的数据，是一种动态图表。如果数据透视表中的数据有更改，那么数据透视图也会随之更改。

下面将从创建、编辑、美化数据透视图以及利用数据透视表创建标准图表几方面来介绍数据透视图。

1 创建数据透视图

如上面所述，数据透视图是数据透视表的一种图形化的体现，由此可见创建数据透视图的前提就是要创建好数据透视表。

素材文件：CDROM\13\13.2\素材 4.xlsx

在 Excel 2007 中，创建数据透视图有以下 2 种方法。

● 使用“插入”选项卡

单击数据透视表区域，在功能区选择“插入”选项卡中“图表”选项组的“柱形图”命令的下拉按钮，选择“三维柱形图”区域的“三维堆积柱形图”图表类型，如图 13-77 所示。

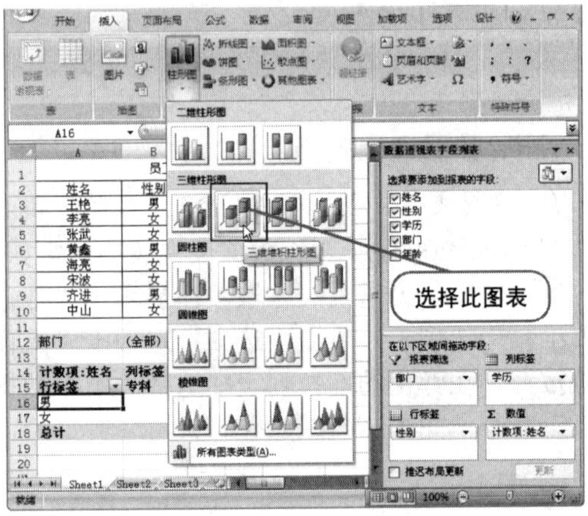

图 13-77

● 使用“数据透视表工具”选项卡

① 单击数据透视表区域，选择“选项”选项卡中“工具”选项组的“数据透视图”命令，如图 13-78 所示。

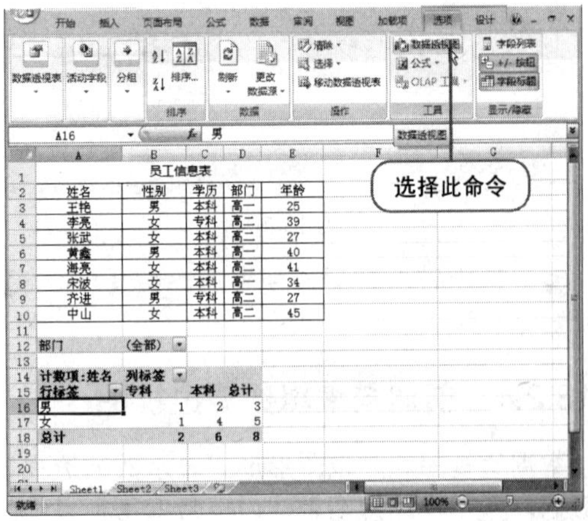

图 13-78

② 弹出“插入图表”对话框，单击“柱形图”选项卡，在右部“柱形图”区域选择“三维堆积柱形图”图表类型，如图 13-79 所示，单击“确定”按钮。

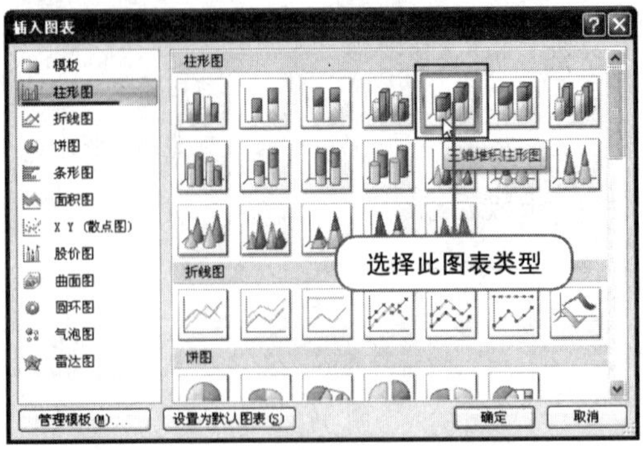

图 13-79

③ 选择图表类型后，创建出的数据透视图如图 13-80 所示。

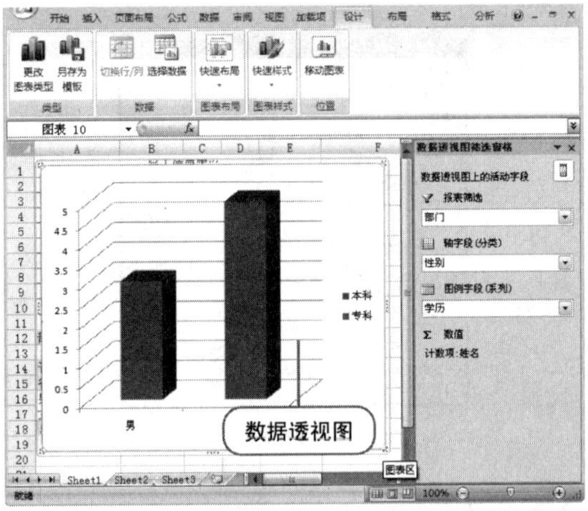

图 13-80

2 编辑数据透视图

数据透视图是一种动态的图表，下面将以设置数据标签和筛选报表字段为例，讲述如何编辑数据透视图。

素材文件：CDROM\13\13.2\素材 4.xlsx

● 设置数据标签

在 Excel 2007 中，设置数据透视图数据标签的步骤如下。

① 单击数据透视图，即鼠标指针变为图标时，单击，则可以选中数据透视图。

② 在功能区选择“布局”选项卡中“标签”选项组的“数据标签”命令，在弹出的下拉菜单中选择“显示”命令，如图 13-81 所示。

③ 选择完成后，显示数据标签的数据透视图如图 13-82 所示。

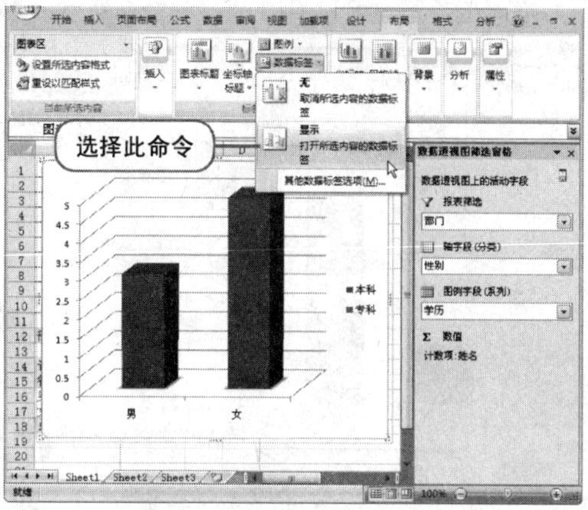

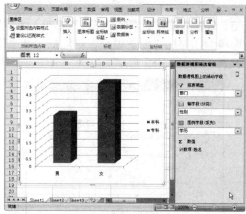

图 13-81

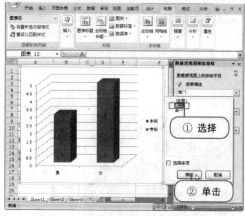

图 13-83

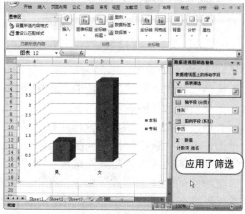

图 13-82

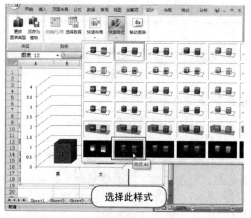

图 13-84

温馨提示

选中数据透视图中的数据标签，右击，在弹出快捷菜单中选择"设置数据标签格式"命令，可以对数据标签进行进一步的设置。

● **筛选报表字段**

在 Excel 2007 中，筛选数据透视图中报表字段的步骤如下。

① 单击数据透视图，即鼠标指针变为图标时，单击则可以选中数据透视图。

② 在右侧的数据透视图筛选窗格中，单击"报表筛选"下拉列表，选择"高二"字段，如图 13-83 所示，单击"确定"按钮。

③ 选择完成后，高二年级本、专科学历中男女所占人数，如图 13-84 所示。

3　美化数据透视图

素材文件：CDROM\13\13.2\素材 4.xlsx

在 Excel 2007 中，美化数据透视图主要有以下 3 种途径。

● **使用"设计"选项卡**

本实例以使用"设计"选项卡中"快速样式"为例，美化数据透视图，步骤如下。

① 单击数据透视图，即鼠标指针变为图标时，单击，则可以选中数据透视图。

② 在功能区选择"设计"选项卡中"图表样式"选项组的"快速样式"命令，在下拉列表中选择"样式 42"命令，如图 13-85 所示。

图 13-85

③ 应用样式后的数据透视图，如图 13-86 所示。

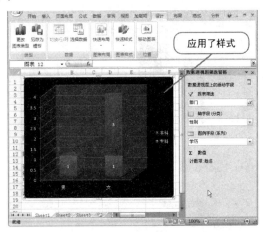

图 13-86

● 使用"格式"选项卡

本实例以使用"格式"选项卡中"快速样式"为例，美化数据透视图，步骤如下。

① 单击数据透视图，即鼠标指针变为 图标时，单击，则可以选中数据透视图。

② 在功能区选择"格式"选项卡中"艺术字样式"选项组的"快速样式"命令，在下拉列表中选择"渐变填充-强调文字颜色 6，内部阴影"命令，美化后的数据透视图如图 13-87 所示。

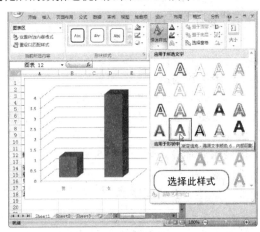

图 13-87

● 使用快捷菜单命令

本实例以使用快捷菜单命令为例，美化数据透视图，步骤如下。

① 单击数据透视图，即鼠标指针变为 图标时，单击，则可以选中数据透视图。

② 右击，弹出快捷菜单，选择"设置图表区域格式"命令，如图 13-88 所示。

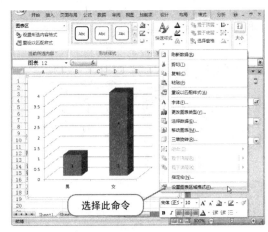

图 13-88

③ 弹出"设置图表区格式"对话框，选择"填充"选项卡，勾选"渐变填充"单选框，其余均为默认设置，如图 13-89 所示，单击"关闭"按钮。

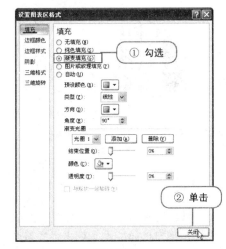

图 13-89

④ 设置完成后，美化后的数据透视表如图 13-90 所示。

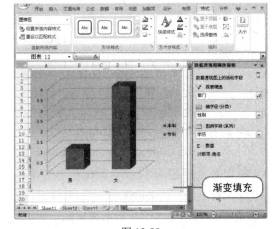

图 13-90

4　利用数据透视表创建标准图表

利用数据透视表不仅仅能够创建数据透视图，还能够创建出常规、非交互式图表。

素材文件：CDROM\13\13.2\素材 4.xlsx

在 Excel 2007 中，利用数据透视表创建标准图表的步骤如下：

① 启动 Excel 2007，打开素材文件。

② 选取数据透视表中 A15:C17 单元格区域，在功能区选择"开始"选项卡中"剪贴板"选项组的"复制"命令，如图 13-91 所示。

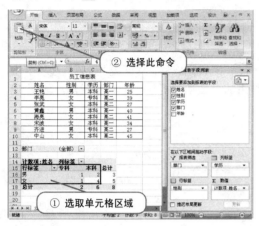

图 13-91

③ 粘贴数据。在功能区单击"开始"选项卡中"剪贴板"选项组"粘贴"命令的下拉按钮，在下拉菜单中选择"粘贴值"命令，如图 13-92 所示。

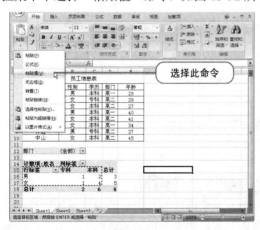

图 13-92

④ 数据粘贴完成后，单击粘帖数据区域，在功能区选择"插入"选项卡中"图表"选项组的"柱形图"命令，弹出下拉菜单，选择圆柱图中的第 2 个图表形状"堆积圆柱图"，如图 13-93 所示。

⑤ 选择完成后，利用数据透视表创建的标准图表，如图 13-94 所示。

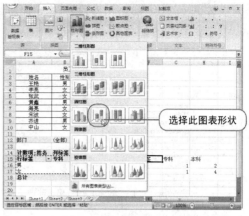

图 13-93

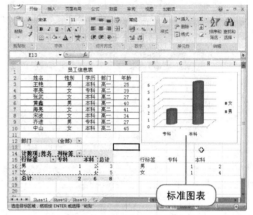

图 13-94

13.2.5　使用分析工具

当您需要开发复杂的统计或工程分析时，可以使用分析工具库节省步骤和时间。您只需为每一个分析工具提供数据和参数，该工具就会使用适当的统计或工程宏函数计算相应的结果并将它们显示在输出表格中。其中有些工具在生成输出表格时还能同时生成图表。

下文将从安装 Excel 分析工具、使用单变量求解、单/双变量数据表、方案管理器、分析工具库等方面来介绍使用分析工具。

1　安装 Excel 分析工具

分析工具库是在安装 Microsoft Office 或 Excel 后可用的 Microsoft Office Excel 加载项程序。当您要在 Excel 中使用它时，需要先进行安装。

在 Excel 2007 中，安装 Excel 分析工具的步骤如下：

① 打开 Excel 2007，单击"Office"按钮，在弹出的菜单中单击"Excel 选项"按钮，如图 13-95 所示。

② 弹出"Excel 选项"对话框，单击"加载项"

选项卡，在"管理"列表框中选择"Excel 加载项"，单击"转到"按钮，如图 13-96 所示。

图 13-95

图 13-96

③ 弹出"加载宏"对话框，勾选"分析工具库"、"分析工具库-VBA"复选框，单击"确定"按钮如图 13-97 所示。

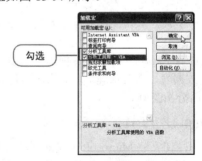

图 13-97

④ 弹出"Microsoft Office Excel"信息提示对话框，单击"是"按钮，继续安装，如图 13-98 所示。

图 13-98

⑤ 弹出"Microsoft Office Professional Plus 2007"对话框，显示配置进度，如图 13-99 所示。

图 13-99

⑥ 配置完成后，功能区"数据"选项卡中"分析"组的"数据分析"命令添加成功，如图 13-100 所示。

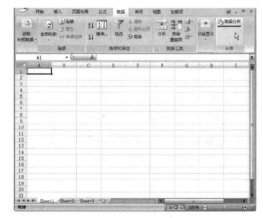

图 13-100

温馨提示

若"可用加载宏"选项框中没有"分析工具库"等加载宏，则需要单击"浏览"按钮进行查找。

2 使用单变量求解

单变量求解功能，简单地说就是知道要从公式获得的结果，但不知道公式获取该结果所需的输入值。下面举例说明如何使用单变量求解功能。

素材文件：CDROM\13\13.2\素材 5.xlsx

李小姐想向银行贷一笔款，分 5 年还清，现今年贷款利率为 4.5%，她可以承受的最大年偿还金额为 5000 元，试算最高可以从银行贷得多少钱。

在 Excel 2007 中，使用单变量求解功能计算此实例的步骤如下。

① 启动 Excel 2007，打开素材文件。

② 在表格中分别输入年利率，贷款年限，并在 B5 单元格内输入公式"=PMT（B4,B6,-B2）"，按 Enter 键后，如图 13-101 所示。

图 13-101

温馨提示

财务函数 PMT 的定义：基于固定利率及等额分期付款方式，返回贷款的每期付款额。

③ 在功能区单击"数据"选项卡中"数据工具"选项组的"假设分析" 在下拉菜单中，选择"单变量求解"命令，如图 13-102 所示。

图 13-102

④ 弹出"单变量求解"对话框，分别选择"目标单元格"为"B5"单元格，"目标值"输入"5000"，并选择"可变单元格"为"B2"，如图 13-103 所示，单击"确定"按钮。

图 13-103

⑤ 设置完成后，Excel 中的单变量求解功能自动计算，完成后，显示"单变量求解状态"对话框，并计算出本实例的最高贷款金额，如图 13-104 所示，单击"确定"按钮。

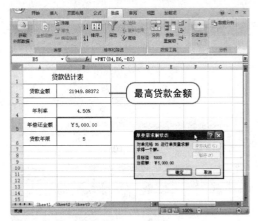

图 13-104

3 使用单/双变量数据表

数据表是假设分析中的一种工具。通俗地说，数据表是一个单元格区域，用于显示公式中某些值的更改对公式结果的影响。使用单变量数据表可以快捷地通过一步操作计算出多种情况下的值；使用双变量数据表可以有效地查看和比较由工作表中不同变化所引起的各种结果。

在 Excel 2007 中，创建单变量数据表还是双变量数据表，取决于需要测试的变量数。下面分别从使用单变量、双变量数据表两方面来介绍使用数据表。

素材文件：CDROM\13\13.2\素材 6.xlsx

● 使用单变量数据表

单变量数据表，一般应用于查看不同利率对购房贷款月还款的影响。

张先生从银行贷 5000 元，分 3 年还清，计算在不同的银行利率下的月还款额。

在 Excel 2007 中使用单变量数据表计算此实例的步骤如下。

① 启动 Excel 2007，打开素材文件。

② 在表格中分别输入总贷款金额，贷款年限，贷款年利率，并在 B5 单元格内输入公式"=PMT（B4/12,B3*12,-B2）"，按【Enter】键后，如图 13-105 所示，在 B5 单元格内计算出了此利率下的月还款额。

③ 选择单元格区域 B4:F5，在功能区单击"数据"选项卡中"数据工具"选项组的"假设分析"命令在其下拉菜单中选择"数据表"命令，如图 13-106 所示。

图 13-105

图 13-106

④ 弹出"数据表"对话框，单击"输入引用行的单元格"文本框右侧的扩展按钮 ▦，如图 13-107 所示。

图 13-107

⑤ 弹出"数据表—输入引用行的单元格："对话框，如图 13-108 所示，选取 B4 单元格后，单击对话框右下角的扩展按钮 ▦，返回到"数据表"对话框，单击"确定"按钮。

图 13-108

⑥ 设置完成后，计算出数据结果如图 13-109 所示。

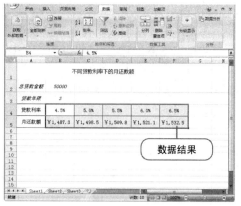

图 13-109

素材文件：CDROM\13\13.2\素材 7.xlsx

● 使用双变量数据表

双变量数据表，一般应用于查看不同利率和贷款期限对购房贷款分期付款的影响。

王小姐准备从银行贷 10000 元，试计算在不同的银行利率、不同的贷款年限下的月还款额。

在 Excel 2007 中使用双变量数据表计算此实例的步骤如下。

① 启动 Excel 2007，打开素材文件。

② 在表格中分别输入总贷款金额，贷款年限，贷款年利率，并在 A5 单元格内输入公式"=PMT（B3/12,B4*12,-B2）"，按【Enter】键后，如图 13-110 所示，在 A5 单元格内计算出了此利率和此贷款年限下的月还款额。

图 13-110

③ 选择单元格区域 A5:F10，在功能区单击"数据"选项卡中"数据工具"选项组的"假设分析"下拉按钮，在弹出的下拉菜单中选择"数据表"命令，如图 13-111 所示。

④ 弹出"数据表"对话框，选择"输入引用行的单元格"为 B3 单元格，并选择"输入引用列的单元格"为 B4 单元格，如图 13-112 所示，单击

"确定"按钮。

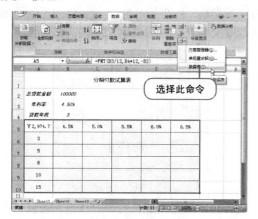

图 13-111

图 13-112

⑤　设置完成后，计算出数据结果如图 13-113 所示。

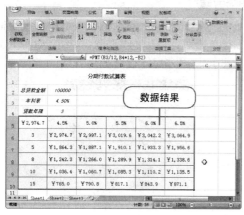

图 13-113

4　使用方案管理器

方案管理器是假设分析工具的一种，一组命令的组成部分。方案是一组由 Microsoft Office Excel 保存在工作表中并可进行自动替换的值。方案管理器可以很好地分析企业在生产经营活动中，由于市场波动而使企业的生产销售受到影响的各种方案以及方便地切换查看不同方案的结果。

下面将从添加方案、显示方案、编辑方案和删除方案 4 个部分来介绍方案管理器。

💿　素材文件：CDROM\13\13.2\素材 8.xlsx

● 添加方案

在 Excel 2007 中，使用方案管理器添加方案的步骤如下。

①　启动 Excel 2007，打开素材文件。

②　在功能区单击"数据"选项卡中"数据工具"选项组的"假设分析"下拉按钮在弹出的下拉菜单中选择"方案管理器"命令，如图 13-114 所示。

图 13-114

③　弹出"方案管理器"对话框，单击"添加"按钮，如图 13-115 所示。

图 13-115

④　弹出"编辑方案"对话框，输入"方案名"为"2008 年销售数据_销量好"，并选择单元格区域 B4:B5 为"可变单元格"，如图 13-116 所示，单击"确定"按钮。

图 13-116

　温馨提示

按住【Ctrl】键并单击鼠标可选定非相邻可变单元格。

⑤　弹出"方案变量值"对话框，输入每个可变单元格的值，即 B4 单元格的值为"10000"，B5 单元格的

值为"5300",如图 13-117 所示,单击"确定"按钮。

图 13-117

⑥ 返回至"方案管理器"对话框,如图 13-118 所示,继续添加"2008 年销售数据_销量中"、"2008 年销售数据_销量差"两个方案,销售额和销售成本分别为"8500,4600"、"6000,3200"。

图 13-118

● 显示方案

在"方案管理器"对话框中,选中要显示的方案名称,单击对话框右下角的"显示"按钮,如图 13-119 所示,即可使用方案管理器显示方案。

图 13-119

● 编辑方案

在 Excel 2007 中,使用方案管理器编辑方案的步骤如下。

① 在"方案管理器"对话框中,选中要编辑的方案名称,单击对话框中的"编辑"按钮,如图 13-120 所示。

图 13-120

② 弹出"编辑方案"对话框,修改方案名以及可变单元格,如图 13-121 所示,备注栏中增加一条修改方案记录,单击"确定"按钮。

图 13-121

③ 弹出"方案变量值"对话框,可以修改每个可变单元格的值,如图 13-122 所示,单击"确定"按钮后,即可完成对选定方案的修改。

图 13-122

● 删除方案

在"方案管理器"对话框中,选中要删除的方案名称,单击对话框中的"删除"按钮,如图 13-123 所示,即可使用方案管理器删除方案。

图 13-123

5 使用分析工具库

如答疑解惑中所述,分析工具是 Excel 2007 推出的一项高效的数据统计功能。统计人员使用分析工具可以从繁杂的统计数据中逃脱出来,实现更加便捷、高效地进行统计。

Excel 2007 包含多达 15 种分析工具,下文将以使用单因素方差分析和排位与百分比排位工具为例,介绍如何使用分析工具库。

💿 素材文件:CDROM\13\13.2\素材 9.xlsx

● 单因素方差分析

方差分析工具可以对 2 个或更多样本的数据执行简单的方差分析。单因素方差分析即为对多个样本进行单一因素的方差分析。

下面以实例的形式介绍如何使用单因素方差分析工具。

在 Excel 2007 中，使用单因素方差分析工具的步骤如下。

① 启动 Excel 2007，打开素材文件。在功能区选择"数据"选项卡中"分析"选项组的"数据分析"命令，如图 13-124 所示。

图 13-124

② 弹出"数据分析"对话框，选择分析工具为"方差分析：单因素方差分析"，单击"确定"按钮，如图 13-125。

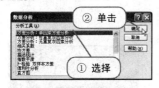

图 13-125

③ 弹出"方差分析：单因素方差分析"对话框，选择输入区域为"A3:D5"，勾选"分组方式"选项组的"行"单选框，并勾选"标志位于第一列"复选框，最后选择输出区域为"A8"，如图 13-126 所示，单击"确定"按钮。

图 13-126

温馨提示

α 为置信度参数，表示输入区域中的数据的可信度，本实例使用默认设置，即 α =0.05 表示数据有95%的可信度。

④ 设置完成后，方差分析结果如图 13-127 所示，比较 F 与 F crit 的值，得出班级对学生成绩有影响。

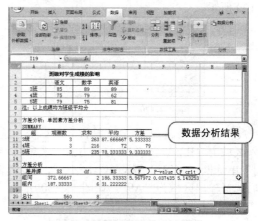

图 13-127

经验揭晓

在单因素方差分析中，若 F>F crit，则说明各组数据间差异显著；若 F<F crit，则说明各组数据间差异不显著。

素材文件：CDROM\13\13.2\素材 10.xlsx

● **排位与百分比排位工具**

排位与百分比排位分析工具可以产生一个包含数据集中各个数值的顺序排位和百分比排位的数据表。该工具经常用来分析数值在数据集中的相对位置关系。

下面以实例的形式介绍如何使用排位与百分比排位分析工具。

在 Excel 2007 中，使用排位与百分比排位分析工具的步骤如下。

① 启动 Excel 2007，打开素材文件。在功能区选择"数据"选项卡中"分析"选项组的"数据分析"命令，如图 13-128 所示。

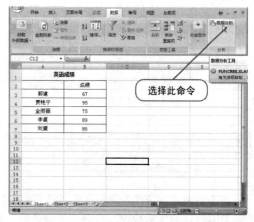

图 13-128

② 弹出"数据分析"对话框，选择分析工具为"排位与百分比排位"，单击"确定"按钮如图13-129 所示。

图 13-129

③ 弹出"排位与百分比排位"对话框，选择输入区域为"B2:B7"，在"分组方式"选项组勾选"列"单选框，并勾选"标志位于第一行"复选框，最后选择输出区域为"A9"，如图13-130 所示，单击"确定"按钮。

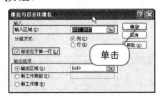

图 13-130

 温馨提示

勾选"标志位于第一行"复选框，表示输入区域中数据的第一行为标题行。

④ 设置完成后，数据分析结果如图 13-131 所示。

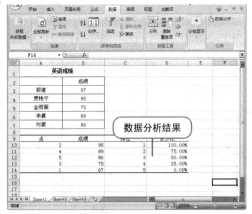

图 13-131

13.3 职业应用——分析企业财政支出情况

分析企业财政支出情况，主要是利用 Excel 中的图表功能图形化的显示数据，有利于企业进行分析。

13.3.1 案例分析

作为一家大型的企业，每年的财政支出情况是一份很重要的数据，通过分析这组数据能够使企业明晰财政支出的组成部分，也能了解财政支出的变化趋势。

13.3.2 应用知识点拨

本案例应用的知识点概括如下：
1. 创建图表
2. 添加图表标题
3. 设置图表样式
4. 更改字体格式
5. 插入文本框
6. 调整图表

13.3.3 案例效果

素材文件	CDROM\13\13.3\素材 1.xlsx
结果文件	CDROM\13\13.3\职业应用.xlsx
视频文件	CDROM\13\视频\第 13 章职业应用.exe
效果图	

13.3.4 制作步骤

1 选取单元格

启动 Excel 2007，打开素材文件，选取单元格区域 A3:E6。

2 插入图表

● **选择图表类型**

在功能区选择"插入>图表>柱形图"命令，弹出下拉菜单，选择三维柱形图中的第一个图表形状"三维簇状柱形图"，如图13-132 所示。

● **切换行/列**

选择完成后，图表创建成功。单击图表区域，选择图表工具"设计>数据>切换行/列"命令，如图13-133 所示。

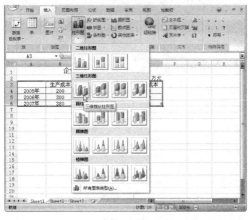

图 13-132

图 13-133

3　设置图表

● 添加图表标题

如图 13-134 所示，切换行/列后，"年份"变为横坐标，"金额"变为纵坐标。选择图表区域，单击图表工具"布局>标签>图表标题"下拉按钮，在下拉菜单中选择"图表上方"命令。

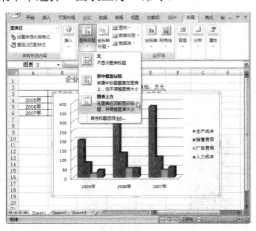

图 13-134

● 修改图表标题

如图 13-135 所示，双击图表标题区域，将图表标题修改为"企业财政收支情况"。

图 13-135

4　添加单位

● 插入文本框

在图表工具"布局"选项卡中，单击"插入>文本框"命令下拉按钮，在弹出下拉菜单中单击"横排文本框"命令，如图 13-136 所示。

图 13-136

● 输入文字

在图表区域右上角单击，拖曳出文本框区域，并输入"单位：万元"文字，如图 13-137 所示。

● 设置文本框

选取文本框，在功能区的"开始"选项卡"字体"选项组中修改文本框内的字体格式为黑体、字体颜色为红色，并调整位置如图 13-138 所示。

5　调整图表

● 调整图表大小

单击图表区域，将鼠标放置于图表右下角，光

标显示为 ↖ 形状时，单击向图表内侧拖曳至合适大小为止，如图 13-139 所示。

图 13-137

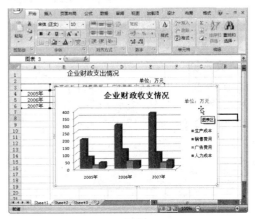

图 13-138

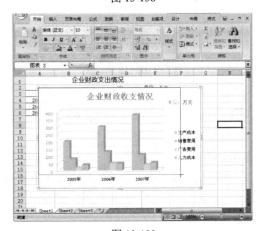

图 13-139

● 调整图表位置

选中图表区域，当光标显示为"十字"形状 ✛ 时将图表拖曳至所需位置，松开鼠标。在拖曳过程中，可以看到图表区以半透明状态随着鼠标移动，如图 13-140 所示。

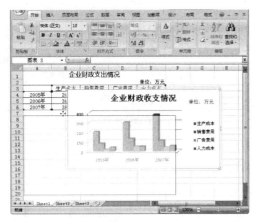

图 13-140

● 设置图表样式

选中图表区域，从图表工具中，单击"设计>快速样式"下拉按钮在弹出的下拉列表中选择"样式 42"图表样式，图表变为如图 13-141 所示。

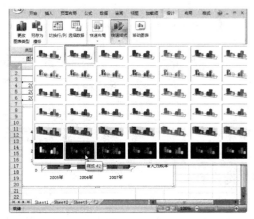

图 13-141

● 设置图表字体

选中图表区域，从图表工具中，单击"格式>文本效果"下拉按钮在弹出的菜单中选择"发光>强调文字颜色 6，18pt 发光"文本效果，如图 13-142 所示。

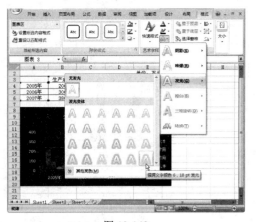

图 13-142

6　完成后效果

对图表设置完成后，效果如图 13-143 所示。

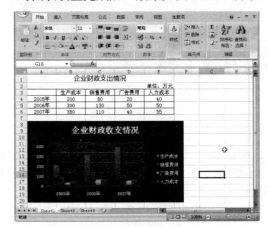

图 13-143

13.3.5　拓展练习

为了使读者能够充分应用本章所学知识，在工作中发挥更大作用，因此，在这里将列举 2 个关于本章知识的其他应用实例，以便开拓读者思路，起到举一反三的效果。

1　对员工工资进行数据透视

灵活运用本章所学知识，对员工工资表按部门、按性别进行工资额的数据透视，如图 13-144 所示。

结果文件：CDROM\13\13.3\职业应用 2.xlsx

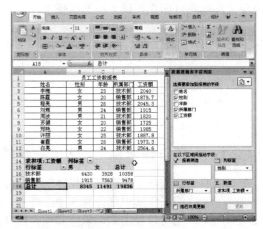

图 13-144

在制作本例的过程中，需要注意以下几点：

（1）选定排序数据区域时，应包含标题行，并选择放置数据透视表的位置为现有工作表。

（2）选择列标签为"性别"，行标签为"所属部门"，并设置数值列为工资额，且进行求和汇总。

（3）应用数据透视表样式。

2　学生毕业去向分析

灵活运用本章所学知识，对学生毕业去向数据创建饼型图表，如图 13-145 所示。

结果文件：CDROM\13\13.3\职业应用 3.xlsx

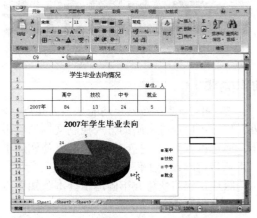

图 13-145

在制作本例的过程中，需要注意以下几点：

（1）选定排序数据区域时，应包含标题行。

（2）本实例用饼型图最能有效地说明数据分布。

（3）双击图表标题区域，即可修改图表标题。

（4）添加数据标签时，选择的是数据标签外。

13.4　温故知新

本章对 Excel 2007 中使用图表、数据透视表以及分析工具中各种操作进行了详细讲解。同时，通过大量的实例让读者充分参与练习。读者要重点掌握的知识点如下：

- 创建图表的方法
- 调整图表以及修改图表类型的方法
- 修改图表内容
- 使用图表模板
- 创建数据透视表
- 编辑数据透视表
- 创建数据透视图
- 编辑数据透视图
- 使用分析工具

 学习笔记

第 14 章
工作表的安全与打印

【知识概要】

在 Excel 2007 中，安全功能是一大亮点。Excel 提供了多层的安全保护，让您可以放心地使用。除此之外，您还可以通过密码的方式控制文档的使用权限。打印工作表，应该说是整个 Excel 使用过程的最后一步，通过设置页面与打印选项，可以使您的工作表更加美观。

本章将讲解设置工作簿和工作表的安全性，以及页面设置和打印输出两大内容。在本章后面，结合职业应用版块，您将快速并牢固地掌握本章知识点。

14.1　答疑解惑

从未接触过 Excel 安全和打印功能的您，对于它们的一些基本概念可能还不是很清楚，本节将着重解答您在学习前的常见疑问，使您以最轻松的心情投入到后续的学习中。

14.1.1　怎么理解密码

密码是一种限制访问工作簿、工作表或部分工作表的方法。Excel 密码最多可有 255 个字母、数字、空格和符号。在设置和输入密码时，必须输入正确的大小写字母。

您在设置密码时，应使用由大写字母、小写字母、数字和符号混合组合而成的强密码。弱密码不混合使用这些元素。例如，li34!er 是强密码；life23 是弱密码。建议密码长度应大于或等于 8 个字符，最好使用包括 14 个或更多个字符的密码。

当您设置了密码后，必须记住密码。如果忘了密码，将无法找回。

14.1.2　保护工作簿与保护工作簿、工作表元素

在 Excel 2007 中，有两个层面的保护。一种是针对于工作簿的安全级别的保护，即通过设置密码，控制工作簿的打开与修改。此种情况下，如果使用者无法输入正确的打开工作簿密码，则无法查看工作簿中的数据内容。

另一种是针对于工作簿和工作表元素的保护，主要是通过设置密码防止用户意外或故意更改、移动或删除重要数据。

所以您在使用中，不应将工作簿和工作表元素保护与工作簿级别的密码安全相混淆。元素保护无法保护工作簿不受恶意用户的破坏。

14.1.3　如何限制打印纸张大小

在您需要打印 Excel 工作表时，打印纸张的大小是受打印机限制的。即许多打印机有上层和下层纸盒，分别放置不同尺寸的纸张。当您设置工作表打印的纸张大小时，Excel 自动与纸张来源进行匹配以确保文件始终打印在正确大小的纸张上。

14.2　实例进阶

本节将用实例讲解在 Excel 2007 中设置工作簿、工作表的安全性，以及页面设置和打印输出的相关操作和知识点。

14.2.1　设置工作簿和工作表的安全性

正如您所了解的，工作表是工作簿的一部分，一般情况下新建的工作簿中都含有 3 个工作表。在 Excel 2007 中，您可以使用密码阻止其他人打开或修改工作簿。还可以设置密码保护工作簿或工作表的重要元素。

下面我们从检查工作簿的安全性，设置工作表、工作簿的密码和设置工作表中允许用户编辑的区域几个方面来介绍本节知识点。

1　设置工作表密码

◎ 素材文件：CDROM \14\14.2\素材 1.xlsx

设置工作表密码可以防止用户意外或故意更改、移动或删除重要数据。

在 Excel 2007 中，设置工作表密码的步骤如下。

① 在功能区选择"审阅"选项卡中"更改"选项组的"保护工作表"命令，如图 14-1 所示。

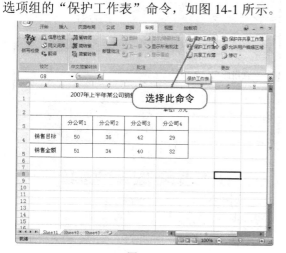

图 14-1

② 弹出"保护工作表"对话框，勾选"保护工作表及锁定的单元格内容"复选框，设置"取消工作表保护时使用的密码"为"123456"，并勾选"允许此工作表的所有用户进行"选项组中的"选定锁定单元格"和"选定为锁定的单元格"复选框，如图 14-2 所示，单击"确定"按钮。

温馨提示

在 Excel 2007 中，无论您输入什么字符作为密码，在文本框内显示的都为星号（＊）。

③ 弹出"确认密码"对话框，在"重新输入密码"文本框内，再输入一遍刚才设置的密码，即"123456"，如图 14-3 所示，单击"确定"按钮。

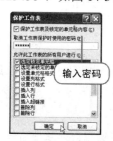

图 14-2

图 14-3

④ 设置完成后，本工作表已经被保护起来。双击工作表内任意单元格，将弹出如图 14-4 所示"Microsoft Office Excel"对话框，提示您试图更改的单元格或图表受保护，因而是只读的。

图 14-4

高手支招

下面讲解如何撤销工作表密码保护。

（1）在功能区选择"审阅"选项卡中"更改"选项组的"撤销工作表保护"命令，如图 14-5 所示。

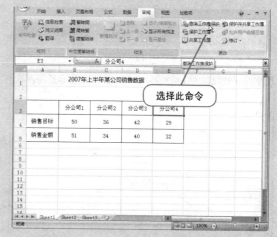

图 14-5

（2）弹出"撤销工作表保护"对话框，输入设置工作表保护时的密码，即"123456"，如图 14-6 所示，单击"确定"按钮。

图 14-6

2　设置工作簿密码

设置工作簿密码，可以实现只允许授权的审阅者查看或修改您的数据的功能，以达到使用密码来保护整个工作簿文件。

素材文件：CDROM \14\14.2\素材 1.xlsx

在 Excel 2007 中，设置工作簿密码的步骤如下。

① 单击"Office"按钮，选择"另存为"选项扩展菜单中的"Excel 工作簿"命令，如图 14-7 所示。

② 弹出"另存为"对话框，单击左下角的"工具"按钮，在弹出的菜单中选择"常规选项"命令，如图 14-8 所示。

③ 弹出"常规选项"对话框，分别输入"打开权限密码"为"123456"，"修改权限密码"为"12345678"，如图 14-9 所示，单击"确定"按钮。

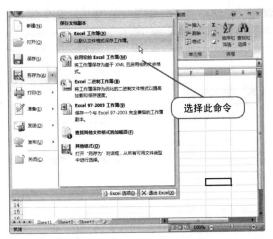

图 14-7

图 14-8

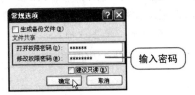

图 14-9

④ 弹出"确认密码"对话框，重新输入密码，即打开权限密码"123456"，如图 14-10 所示，单击"确定"按钮。

⑤ 再次弹出"确认密码"对话框，重新输入修改权限密码，即"12345678"，如图 14-11 所示，单击"确定"按钮。

图 14-10

图 14-11

⑥ 返回至"另存为"对话框，继续使用"素材 1.xlsx"作为文件名，如图 14-12 所示，单击"保存"按钮。

⑦ 弹出"Microsoft Office Excel"对话框，提

示您文件"素材 1.xlsx"已经存在，是否替换现有文件，如图 14-13 所示，单击"是"按钮。

图 14-12

图 14-13

⑧ 关闭"素材 1.xlsx"后，重新打开"素材 1.xlsx"，弹出如图 14-14 所示"密码"对话框，提示您"素材 1.xlsx"有密码保护，输入打开权限密码，即"123456"，单击"OK"按钮。

图 14-14

⑨ 再次弹出"密码"对话框，提示您输入修改权限密码，如图 14-15 所示，单击对话框左下角的"只读"按钮，文件将以只读方式打开。

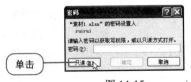

图 14-15

⑩ 以"只读"方式打开"素材 1.xlsx"工作簿后，界面如图 14-16 所示，在标题栏中显示【只读】。

温馨提示

在上图所示"密码"对话框内，正确输入修改权限密码，即"12345678"，单击"确定"按钮后，即可正常打开工作簿进行编辑。

3 设置工作表中允许用户编辑的区域

在您设置了保护工作表后，Excel 会锁定所有单

元格。而 Excel 2007 中"允许在受保护的工作表中编辑单元格"功能，实现了在受保护的工作表中可以编辑部分单元格的功能。顾名思义，允许用户编辑区域功能必须与保护工作表一起使用才能达到允许在受保护的工作表中编辑单元格的功能。

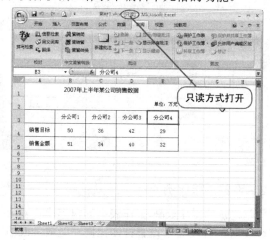

图 14-16

◎ 素材文件：CDROM\14\14.2\素材 1.xlsx

在 Excel 2007 中，设置工作表允许用户编辑区域的步骤如下。

① 在功能区选择"审阅"选项卡中"更改"选项组的"允许用户编辑区域"命令，如图 14-17 所示。

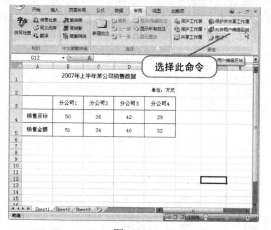

图 14-17

② 弹出"允许用户编辑区域"对话框，单击"新建"按钮，如图 14-18 所示。

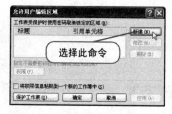

图 14-18

③ 弹出"新区域"对话框，输入标题为"销售金额"，选择引用单元格为"B5:E5"，如图 14-19 所示，单击"确定"按钮。

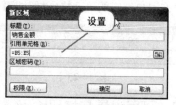

图 14-19

④ 返回到"允许用户编辑区域"对话框，显示出工作表受保护时使用密码取消锁定的区域，如图 14-20 所示，单击对话框左下角的"保护工作表"按钮。

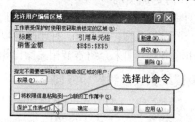

图 14-20

温馨提示

在上图的对话框中，不设置区域密码，当用户单击可编辑区域时即可直接编辑。若设置了区域密码，用户单击可编辑区域时，需要正确输入区域密码后方可编辑。

⑤ 弹出"保护工作表"对话框，勾选"保护工作表及锁定的单元格内容"选项，设置"取消工作表保护时使用的密码"为"123456"，并勾选"允许此工作表的所有用户进行"组中的"选定锁定单元格"和"选定为锁定的单元格"复选框，如图 14-21 所示，单击"确定"按钮。

⑥ 弹出"确认密码"对话框，在"重新输入密码"文本框内，再输入一遍刚才设置的密码，即"123456"，如图 14-22 所示，单击"确定"按钮。

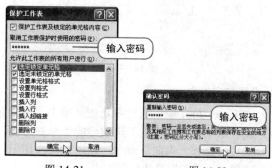

图 14-21　　　　图 14-22

⑦ 设置完成后，单击受保护的单元格，即显示如图 14-23 所示"Microsoft Office Excel"对话框，提示您试图更改的单元格或图表受保护，因而是只读的；单击允许用户编辑的单元格区域，即可直接编辑。

图 14-23

14.2.2 页面设置与打印输出

在 Excel 工作簿制作完成后，页面设置与打印输出也是很关键的一步。通过页面设置可以使您的 Excel 工作簿更加美观。

下面将从设置纸张大小和方向、打印比例、页面边距、页眉和页脚、分页符、打印区域以及打印预览与打印输出几方面来介绍本节相关操作和知识点。

1 设置纸张大小和打印方向

素材文件：CDROM \14\14.2\素材 2.xlsx

打印输出 Excel 工作表的第一步就是设置打印工作表所需的纸张大小。针对于横向列数据比较多的工作表还需要设置打印方向，下文分别讲述。

● 设置纸张大小

在 Excel 2007 中，通过在功能区单击"页面布局"选项卡中"页面设置"选项组的"纸张大小"下拉选项，选择"A4"命令，如图 14-24 所示，即可修改 Excel 工作簿的纸张大小。

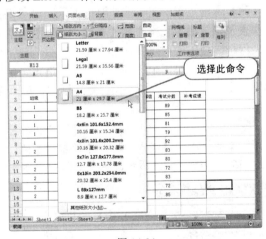

图 14-24

● 设置打印方向

在 Excel 2007 中，通过在功能区单击"页面布局"选项卡中"页面设置"选项组的"纸张方向"下拉选项，选择"纵向"命令，如图 14-25 所示，即可设置 Excel 工作簿的打印方向。

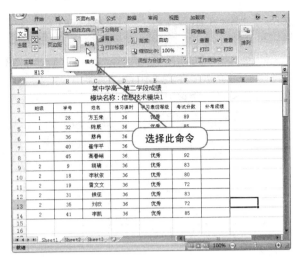

图 14-25

2 设置打印比例

当您编辑的 Excel 工作表中的内容比较多或者比较少时，可以通过设置打印比例功能放大或缩小 Excel 工作表。

素材文件：CDROM\14\14.2\素材 2.xlsx

在 Excel 2007 中，可以通过两种方法调整打印比例，下面分别讲述。

● 调整宽度、高度

通过在功能区修改"页面布局"选项卡中"调整为合适大小"选项组的"高度"和"宽度"数值设置，如图 14-26 所示，即可设置 Excel 工作表的打印比例。

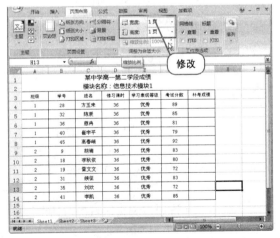

图 14-26

 温馨提示

在 Excel 2007 中，通过调整高度和宽度来设置打印比例时，打印比例是以"页"的形式体现的。

● 调整缩放比例

通过在功能区修改"页面布局"选项卡中"调整为合适大小"选项组的"缩放比例"设置,如图14-27所示,即可设置 Excel 工作表的打印比例。

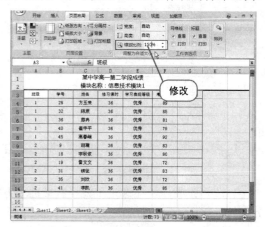

图 14-27

温馨提示

在 Excel 2007 中,通过调整缩放比例的途径设置打印比例时,是以调整整个数据区域的显示百分比的形式来体现的。

3　设置页面边距

在 Excel 2007 中,还可以通过设置页面边距的方法来对 Excel 工作表进行页面设置。

💿 素材文件:CDROM \14\14.2\素材 2.xlsx

● 快速设置

通过在功能区单击"页面布局"选项卡中"页面"选项组的"页边距"的下拉选项,选择"窄"页边距命令,如图14-28所示,即可快速设置 Excel 工作表的页边距。

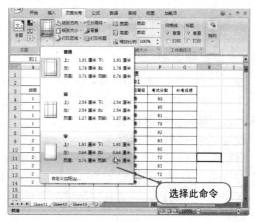

图 14-28

● 自定义设置

① 在功能区单击"页面布局"选项卡中"页面设置"选项组的"页边距"下拉选项,选择"自定义边距"命令,如图14-29所示。

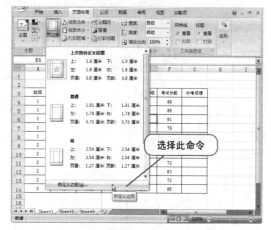

图 14-29

② 弹出"页面设置"对话框,在"页边距"选项页中分别设置"上"、"下"、"左"、"右"页边距,如图 14-30 所示,并勾选"居中方式"选项组中的"水平"选项。

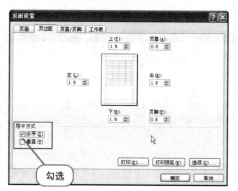

图 14-30

经验揭晓

在"页面设置"中"居中方式"选项组的各个选项的作用如下:

◇　"水平"表示整个数据区域打印时,左右处于纸张中心;

◇　"垂直"表示整个数据区域打印时,左右、上下均处于纸张中心;

4　设置页眉和页脚

添加上页眉和页脚的 Excel 工作表会显得很规范。一般情况下,页眉用于添加一些有关工作表的信息，页脚用于添加页码。

💿 素材文件：CDROM \14\14.2\素材 2.xlsx

在 Excel 2007 中，设置页眉和页脚的步骤如下。

① 在功能区单击"页面布局"选项卡中"页面设置"选项组的对话框启动器按钮 ▣，如图 14-31 所示。

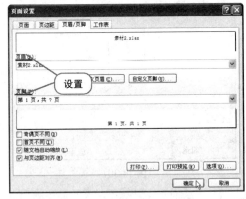

图 14-31

② 弹出"页面设置"对话框，单击"页眉"选项的下拉列表，选择"素材 2.xlsx"选项，并单击"页脚"下拉列表，选择"第 1 页，共 1 页"选项，如图 14-32 所示，单击"确定"按钮。

图 14-32

③ 设置完成后，通过打印预览可以查看页眉和页脚。

5 设置分页符

💿 素材文件：CDROM \14\14.2\素材 2.xlsx

Excel 2007 提供了一种手动添加分页符的方法，通过使用此功能，可以实现自定义分页打印工作表。

① 选取 A9:G9 单元格区域，在功能区单击"页面布局"选项卡中"页面"选项组的"分隔符"下拉选项，选择"插入分页符"命令，如图 14-33 所示。

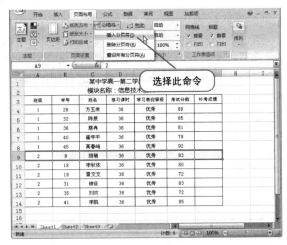

图 14-33

② 选择完成后，在选定单元格区域的上方插入分页符，如图 14-34 所示。

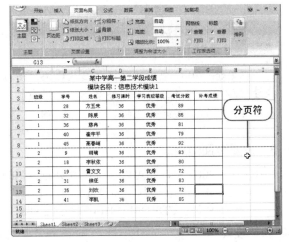

图 14-34

高手支招

通过在功能区单击"页面布局"选项卡中"页面"选项组的"分隔符"下拉选项，选择"删除分页符"命令，可以删除工作表中的分页符。

6 设置打印区域

💿 素材文件：CDROM \14\14.2\素材 2.xlsx

在 Excel 2007 中，通过设置打印区域，可以实现选择打印所需数据区域的命令。

设置打印区域的步骤如下。

① 选取 A1:G8 单元格区域，在功能区单击"页面布局"选项卡中"页面设置"选项组的"打印区域"下拉选项，选择"设置打印区域"命令，如图 14-35 所示。

图 14-35

(2) 设置完成后，在 Excel 工作表中用虚线包围住的区域为打印区域。继续选取 A11:G12 单元格区域，在功能区单击"页面布局"选项卡中"页面设置"选项组的"打印区域"下拉选项，选择"添加到打印区域"命令，如图 14-36 所示。

图 14-36

(3) 设置完成后，如图 14-37 所示，Excel 工作表中有两个打印区域。

图 14-37

7　打印预览与打印输出

素材文件：CDROM \14\14.2\素材 2.xlsx

高手支招

在功能区单击"页面布局"选项卡中"页面设置"选项组的"打印区域"下拉选项，选择"取消打印区域"命令，即可实现对打印区域的取消。

当您对 Excel 工作表设置完成后，通过打印预览功能，可以可视化地看到工作表打印输出的样子。

在 Excel 2007 中，通过以下几种方法可以实现对工作表的打印预览。

● 使用"Office"按钮

单击"Office"按钮，选择"打印"选项扩展菜单中的"打印预览"命令，如图 14-38 所示。

图 14-38

● 使用快速访问工具栏

如图 14-39 所示，单击"快速访问工具栏"下拉按钮，选择"打印预览"命令，即可将"打印预览"按钮添加至快速访问工具栏。

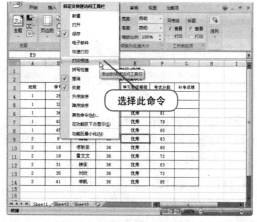

图 14-39

设置完成后，即可通过单击"快速访问工具栏"中的"打印预览"按钮，查看打印预览。

高手支招

通过单击"打印预览"工作区的"关闭打印预览"按钮，即可关闭打印预览，返回至工作表，如图 14-40 所示。

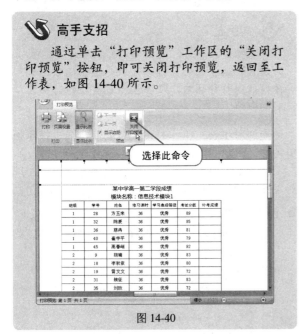

图 14-40

在 Excel 2007 中，打印输出 Excel 工作表有如下两种方法，下面分别讲述。

● 使用"Office"按钮

① 单击"Office"按钮，选择"打印"选项扩展菜单中的"打印"命令，如图 14-41 所示。

图 14-41

② 弹出"打印内容"对话框，可以设置工作表的打印份数、打印范围以及打印内容，如图 14-42 所示，设置完成后，单击"确定"按钮。

● 通过打印预览打印

在前文的讲述中，当您打印预览 Excel 工作表时，通过单击"打印预览"选项卡中"打印"按钮，

也可以实现对工作表的打印。

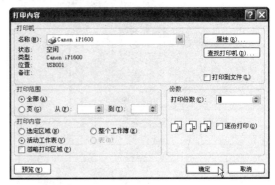

图 14-42

高手支招

在功能区单击"页面布局"选项卡中"页面设置"选项组的对话框启动器按钮 ，弹出如图 14-43 所示"页面设置"对话框，通过分别设置"页面"、"页边距"、"页眉/页脚"和"工作表"选项页中的各个选项，可以实现上文讲述的所有对页面设置的功能。

图 14-43

14.3 职业应用——值班表数据的保护与打印

值班表主要是想利用 Excel 的安全与打印功能对值班数据进行保护与输出。

14.3.1 案例分析

值班表由于涉及私人的信息，例如住宅电话，所以对值班表工作簿设置密码显得非常有必要。而只有对值班表进行页面设置与打印输出后，才能分发给每位值班人员。下面将讲述如何进行上述操作。

14.3.2 应用知识点拨

本案例应用的知识点概括如下：
1. 对工作簿加密
2. 允许用户编辑区域
3. 设置页边距、页眉、页脚
4. 设置打印比例
5. 打印预览及打印

14.3.3 案例效果

素材文件	CDROM \14\14.4\素材 1.xlsx
结果文件	CDROM \14\14.4\职业应用 1.xlsx
视频文件	CDROM \14\视频\第 14 章职业应用.exe
效果图	

	A	B	C	D	E
1	值班表				
2	日期	值班人员	联系电话	手机	备注
3	2007.5.13	王艳	84958378	13345672385	
4	2007.5.21	李洛	84734596	13543286954	
5	2007.5.28	罗菲	84095834	13985734598	
6	2007.6.11	李浪	84596748	13875934859	
7	2007.6.23	黄鑫	84234508	13785749503	
8					
9					

14.3.4 制作思路

先对值班表工作簿进行加密，这样可以控制不必要的人查看工作表；其次对工作表设置允许用户编辑区域，从而在满足增加新的值班人员记录的情况下，又不会导致误删重要数据；接着对值班表设置纸张方向以及页边距，使其达到美观的效果；再次对值班表设置页眉、页脚，使值班表页眉处显示公司名称；最后对值班表进行打印比例设置以及打印预览和输出。

14.3.5 制作步骤

1 打开文件

启动 Excel 2007，打开素材文件。

2 对工作簿加密

① 单击"Office"按钮，选择"另存为"选项扩展菜单中的"Excel 工作簿"命令，如图 14-44 所示。

② 弹出"另存为"对话框，单击左下角的"工具"按钮，在弹出的菜单中选择"常规选项"命令，如图 14-45 所示。

③ 弹出"常规选项"对话框，分别输入"打开权限密码"为"123456"，"修改权限密码"为"12345678"，如图 14-46 所示，单击"确定"按钮。

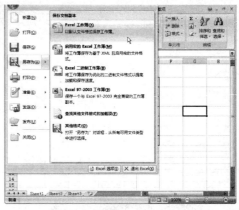

图 14-44

图 14-45

④ 弹出"确认密码"对话框，重新输入密码，即打开权限密码"123456"，如图 14-47 所示，单击"确定"按钮。

⑤ 再次弹出"确认密码"对话框，重新输入修改权限密码，即"12345678"，如图 14-48 所示，单击"确定"按钮。

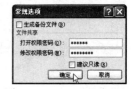

图 14-46

图 14-47

图 14-48

⑥ 返回至"另存为"对话框，继续使用"素材 1.xlsx"作为文件名，如图 14-49 所示，单击"保存"按钮。

⑦ 弹出"Microsoft Office Excel"对话框，提示您文件"素材 1.xlsx"已经存在，是否替换现有文件，如图 14-50 所示，单击"是"按钮。

3 设置允许用户编辑区域

① 从功能区选择"审阅>更改>允许用户编辑区域"命令，如图 14-51 所示。

图 14-49

图 14-50

图 14-51

② 弹出"允许用户编辑区域"对话框，单击"新建"按钮，如图 14-52 所示。

图 14-52

③ 弹出"新区域"对话框，输入标题为"输入新人"，选择引用单元格为"A8:E8"，如图 14-53 所示，单击"确定"按钮。

④ 返回到"允许用户编辑区域"对话框，显示出"工作表受保护时使用密码取消锁定的区域"，如图 14-54 所示，单击对话框左下角的"保护工作表"按钮。

⑤ 弹出"保护工作表"对话框，勾选"保护工作表及锁定的单元格内容"复选框，设置"取消

工作表保护时使用的密码"为"654321"，并勾选"允许此工作表的所有用户进行"组中的"选定锁定单元格"和"选定为锁定的单元格"选项，如图 14-55 所示，单击"确定"按钮。

弹出"确认密码"对话框，在"重新输入密码"文本框内，再输入一遍刚才设置的密码，即"654321"，如图 14-56 所示，单击"确定"按钮。

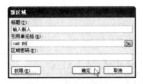

图 14-53

图 14-54

图 14-55

图 14-56

4 设置打印方向

从功能区选择"页面布局>纸张方向"下拉选项，选择"横向"命令，如图 14-57 所示。

图 14-57

5 设置页边距

从功能区选择"页面布局>页边距"的下拉选项，选择"宽"页边距命令，如图 14-58 所示。

6 设置页眉、页脚

① 从功能区单击"页面布局"选项卡中"页面设置"选项组的对话框启动器按钮，如图 14-59 所示。

② 弹出"页面设置"对话框，单击"自定义

页眉"按钮，如图 14-60 所示。

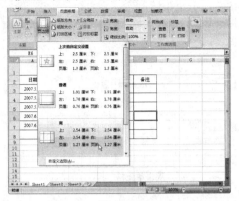

图 14-58

图 14-59

图 14-60

③ 弹出"页眉"对话框，在"中"区域内输入"北京新航发展有限公司"文本，如图 14-61 所示，单击"确定"按钮。

图 14-61

④ 返回至"页面设置"对话框，单击"页脚"下拉列表，选择"第 1 页"选项，如图 14-62 所示，

单击"确定"按钮。

图 14-62

7　设置打印比例

从功能区修改"页面布局>缩放比例"设置为"200%"，如图 14-63 所示。

图 14-63

8　打印预览

单击"Office"按钮，选择"打印"选项扩展菜单中的"打印预览"命令，如图 14-64 所示。

图 14-64

9　打印输出

① 如图 14-65 所示，显示打印预览界面，单击"打印预览"选项卡中的"打印"按钮。

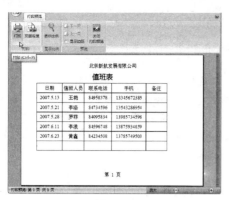

图 14-65

② 弹出"打印内容"对话框，修改"打印份数"为"20"，如图 14-66 所示，单击"确定"按钮。

图 14-66

14.3.6 拓展练习

为了使读者能够充分应用本章所学知识，在工作中发挥更大作用，因此，在这里将列举两个关于本章知识的其他应用实例，以便开拓读者思路，起到举一反三的效果。

1 内部调货单工作表保护

灵活运用本章所学知识，对内部调货单进行工作表保护，如图 14-67 和 14-68 所示。

结果文件：CDROM\14\14.3\职业应用 2.xlsx

在制作本例的过程中，在设置工作表密码时需要注意使用高强度的密码，并且一定要牢记。为方便您的记忆，本实例密码为"123456"。

2 对年度考勤表进行页面设置

灵活运用本章所学知识，对年度考勤表进行页面设置，如图 14-69 所示。

结果文件：CDROM\14\14.3\职业应用 3.xlsx

在制作本例的过程中，需要注意以下几点：

（1）设置自定义页眉为"天津大通公司"；页脚选择"制作人：XX，X 年 X 月 X 日，第 X 页"选项。

（2）设置上下左右页边距均为"1.5"，勾选"水平"选项。

（3）设置打印方向为"横向"，纸张大小为"B5"。

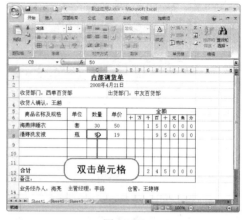

图 14-67

图 14-68

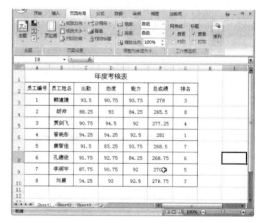

图 14-69

（3）设置打印方向为"横向"纸张大小为"B5"。

14.4 温故知新

本章对 Excel 2007 中工作表的安全和打印的各种操作进行了详细讲解。同时，通过大量的实例和案例让读者充分参与练习。读者要重点掌握的知识点如下：

- 保护工作表、工作簿元素
- 设置工作簿密码
- 编辑允许用户编辑区域
- 设置纸张大小、打印方向
- 设置打印比例
- 设置页边距
- 设置页眉、页脚
- 插入分页符和设置打印区域
- 打印预览和打印输出

第 15 章
Excel 高效办公

【知识概要】

在 Excel 2007 中，还有很多高级功能。通过使用这些高级功能，使您能够更高效地办公。本章将讲解在 Excel 2007 中如何制作统一格式的工作表、使用宏以及共享工作簿相关操作。在本章后面，结合职业应用版块，您将快速并牢固地掌握本章知识点。

15.1　答疑解惑

从未接触过 Excel 安全和打印功能的您，对于它们的一些基本概念可能还不是很清楚，本节将着重解答您在学习前的常见疑问，使您以最轻松的心情投入到后续的学习中。

15.1.1　工作表包含哪些元素

在 Excel 2007 中，设置工作表的样式时，应分别对工作表元素进行设置。工作表元素包含：整个表、第一列条纹、第二列条纹、第一行条纹、第二行条纹、最后一列、第一列、标题行、汇总行、第一个标题单元格、最后一个标题单元格、第一个汇总单元格和最后一个汇总单元格 13 种。

15.1.2　宏的安全级别

在 Excel 2007 中，可以通过在信任中心设置宏的安全级别，达到控制包含宏文件的使用目的。表 15-1 中将说明相关宏设置的含义与目的。

表 15-1

宏设置	目的说明
禁用所有宏，并且不通知	如果您不信任宏，请使用此设置。文档中的所有宏以及有关宏的安全警报都被禁用
禁用所有宏，并发出通知	这是默认设置。如果您想禁用宏，但又希望在存在宏的时候收到安全警报，则应使用此选项。这样，您可以根据具体情况选择何时启用这些宏
禁用无数字签署的所有宏	此设置与"禁用所有宏，并发出通知"选项相同，但您可以选择启用那些签名的宏或信任发行者，则所有未签名的宏都被禁用，且不发出通知

续表

宏设置	目的说明
启用所有宏（不推荐，可能会运行有潜在危险的代码）	您可以暂时使用此设置，以便允许运行所有宏。因为此设置会使您的计算机容易受到可能是恶意的代码的攻击，所以我们不建议您永久使用此设置
信任对 VBA 工程对象模型的访问	此设置仅适用于开发人员

15.1.3　工作簿中怎样隐藏数据和个人信息

在 Excel 2007 中，Excel 工作簿可以包含下列类型的隐藏数据和个人信息，见表 15-2。

表 15-2

项　目	解　释
批注和墨迹注释	如果您与其他人协作创建工作簿，则工作簿可能包含诸如批注或墨迹注释这样的项目
文档属性和个人信息	文档属性也称为元数据，它包括有关工作簿的详细信息、Office 程序自动维护的信息、个人身份信息（PII）
页眉和页脚	Excel 工作簿可能在页眉和页脚中包含信息
隐藏行、列和工作表	在 Excel 工作簿中，行、列和整个工作表都可以隐藏
文档服务器属性	如果您的工作簿被保存到文档管理服务器上的某个位置，工作簿可能会包含与此服务器位置相关的其他文档属性或信息
自定义 XML 数据	工作簿可能包含在文档本身中不可见的自定义 XML 数据。"文档检查器"可以查找并删除这些 XML 数据
不可见的内容	工作簿可能包含因设置为不可见格式而看不到的对象

通过运行文档检查器，可以查找这些隐藏数据，并清除。

15.2 实例进阶

本节将用实例讲解在 Excel 2007 中制作统一格式的工作表、使用宏以及共享工作簿的操作方法和相关知识点。

15.2.1 制作统一格式的工作表

统一格式的工作表会给人一种美观、整齐和专业的感觉。在 Excel 2007 中，通过设置工作表的样式就可以实现这一功能。

下面我们从创建、修改、复制、合并、删除样式以及创建模板和套用模板几个方面来介绍制作统一格式的工作表。

1 创建样式

素材文件：CDROM\15\15.2\素材 1.xlsx

在 Excel 2007 中，创建样式的步骤如下。

① 启动 Excel 2007，打开素材文件，选取单元格区域 A3:C9。

② 在功能区选择表工具"设计"选项卡中"样式"下拉菜单中"套用表格样式"下拉菜单的"新建表样式"命令，如图 15-1 所示。

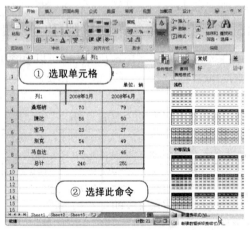

图 15-1

③ 弹出"新建表快速样式"对话框，在此对话框中可以设置样式的名称，以及表元素的格式。选中"整个表"元素，单击"格式"按钮，如图 15-2 所示。

④ 弹出"设置单元格格式"对话框，选择"边框"选项卡，设置线条颜色为"深蓝，文字 2，深色 25%"，并设置上下边框为粗实线线条，中间十字边框为细实线线条，如图 15-3 所示。

⑤ 单击"填充"选项卡，选择"背景色"为淡蓝色，如图 15-4 所示，并单击"填充效果"按钮。

图 15-2

图 15-3

图 15-4

⑥ 弹出"填充效果"对话框，选择"变形"选项组的第二种变形方式，如图 15-5 所示，单击"确定"按钮。

图 15-5

⑦ 返回至"设置单元格格式"对话框，单击"确定"按钮，返回至"新建表快速样式"对话框，

对整个表元素格式设置的预览结果如图 15-6 所示。

图 15-6

⑧ 选中"标题行"表元素，单击"格式"按钮，按照第⑤步介绍的内容设置"标题行"的背景颜色为"深蓝"，单击"确定"按钮，完成表格样式的设置。

⑨ 在功能区选择表工具"设计"选项卡中"样式"下拉菜单中"套用表格样式"下拉菜单的"自定义样式"命令，表格应用样式结果，如图 15-7 所示。

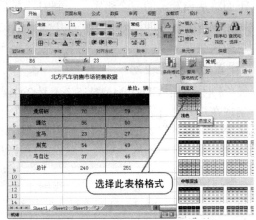

图 15-7

2　修改样式

🔘 素材文件：CDROM\15\15.2\素材 1.xlsx

在功能区选择表工具"设计"选项卡中"样式"下拉菜单中"套用表格样式"下拉菜单的"自定义样式"命令，右击，在快捷菜单中选择"修改"命令，如图 15-8 所示，即可修改表格样式。

3　复制样式

🔘 素材文件：CDROM\15\15.2\素材 1.xlsx

在功能区选择表工具"设计"选项卡中"样式"下拉菜单中"套用表格样式"下拉菜单的"表样式浅色 8"命令，右击，在快捷菜单中选择"复制"命令，如图 15-9 所示，即可复制表格样式。

4　删除样式

🔘 素材文件：CDROM\15\15.2\素材 1.xlsx

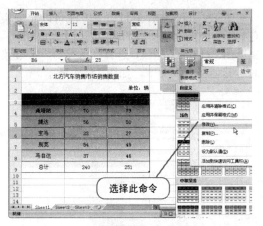

图 15-8

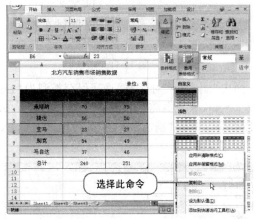

图 15-9

在功能区选择表工具"设计"选项卡中"样式"下拉菜单中"套用表格样式"下拉菜单的"自定义样式"命令，右击，在快捷菜单中选择"删除"命令，如图 15-10 所示，即可删除表格样式。

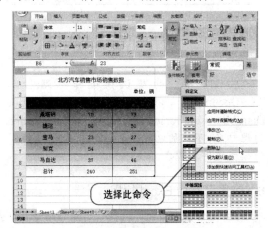

图 15-10

5　根据现有 Excel 文档创建模板

🔘 素材文件：CDROM\15\15.2\素材 1.xlsx

在 Excel 2007 中，通过以下方法可以实现根据现有 Excel 文档创建模板的功能。

单击"Office"按钮，选择"另存为"扩展菜单中的"其他格式"命令，如图 15-11 所示。

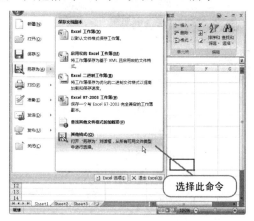

图 15-11

弹出"另存为"对话框，选择保存类型为"Excel 模板（*.xltx）"，并将模板保存至默认路径，如图 15-12 所示，单击"确定"按钮，即可根据现有 Excel 文档创建模板。

图 15-12

 温馨提示

Excel 2007 的默认模板保存路径为 "C:/Documents and Settings/ruirui/Application Data/Microsoft/Templates"，保存路径中 ruirui 为用户名，不同的电脑设置会有所不同。".xltx" 为模板文件扩展名。

6 套用已有的 Excel 模板

单击"Office"按钮，选择"新建"命令，在弹出的"新建工作表"对话框内，选择"已安装的模板"选项卡，在右侧选择"账单"模板，如图 15-13 所示，单击"创建"按钮，即可套用已有的 Excel 模板创建文件。

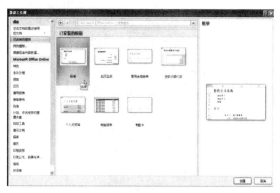

图 15-13

15.2.2 在工作表中使用宏的自动化功能

在 Excel 2007 中，宏的用途是使常用任务自动化。通过录制宏，可以记录鼠标单击、设置等相关操作，而且开发人员还可以使用代码编写功能更强大的 VBA 宏。

下面将从设置宏的安全级别，录制宏，查看并运行宏，编辑宏几方面来介绍如何在工作表中使用宏的自动化功能。

1 设置宏的安全级别

素材文件：CDROM \15\15.2\素材 2.xlsx

当您在打开带有宏的工作簿时，Excel 也许会弹出安全警告，提示您宏已被禁用。如果您确认宏的来源安全，可以选择宏安全设置，以控制打开包含宏的工作簿时的行为。

在 Excel 2007 中，设置宏的安全级别如下。

① 启动 Excel 2007，打开素材文件。

② 单击"Office"按钮，选择右下角的"Excel 选项"按钮，如图 15-14 所示。

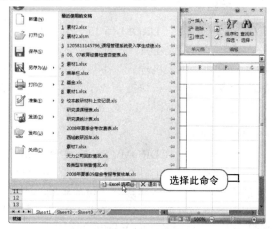

图 15-14

③ 弹出"Excel 选项"对话框，在对话框左侧单击"信任中心"选项卡，选择右下角的"信任中

心设置"按钮,如图 15-15 所示。

图 15-15

④ 弹出"信任中心"对话框,在对话框左部单击"宏设置"选项卡,勾选右侧宏设置区域"启用所有宏(不推荐;可能会运行有潜在危险的代码)"单选框,如图 15-16 所示,单击"确定"按钮。

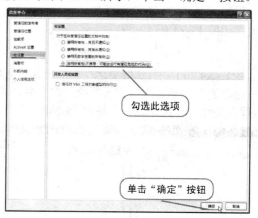

图 15-16

⑤ 返回 Excel 选项对话框,单击"确定"按钮,即可完成设置宏的安全级别。

 温馨提示

在 Excel 的"宏设置"类中所做的任何宏设置更改只适用于 Excel,而不会影响任何其他 Office 程序。

2 录制宏

素材文件:CDROM\15\15.2\素材 2.xlsx

当您要重复自动执行一些任务时,您就需要在 Excel 中录制宏。

在 Excel 2007 中,录制宏的步骤如下。

① 在功能区选择"视图"选项卡中"宏"选项组的下拉菜单,单击"录制宏"命令,如图 15-17 所示。

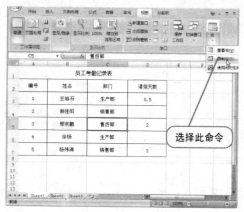

图 15-17

② 弹出"录制新宏"对话框,输入"宏名"为"缺勤人标记",设置"快捷键"为【Ctrl+B】,并选择保存宏在"当前工作簿",添加说明文字为"将缺勤人的姓名标记为黄色、加粗",如图 15-18 所示,单击"确定"按钮。

图 15-18

③ 此时,宏录制器会记录下您的每一步操作,但记录的步骤中不包括在功能区上导航的步骤。

④ 选中 B3 单元格,在"开始"选项卡"字体"选项组中设置单元格填充为黄色,字体加粗,如图 15-19 所示。设置完成后,在功能区选择"视图"选项卡中"宏"选项组的下拉菜单,单击"停止录制"命令。

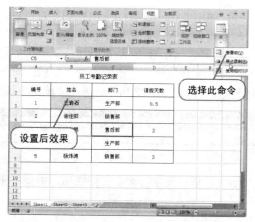

图 15-19

⑤ 至此,宏已经录制完成,为了以后也能够在"素材 2.xlsx"中使用该宏,我们需要将该文档保存成带有宏的工作簿。单击"Office"按钮,选择

"另存为"扩展菜单中的"启用宏的 Excel 工作簿"命令，如图 15-20 所示。

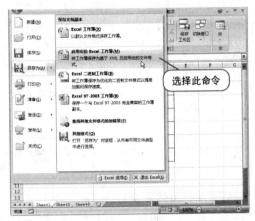

图 15-20

⑥ 弹出"另存为"对话框，我们可以看到文件的保存类型为"Excel 启用宏的工作簿（*.xlsm）"，如图 15-21 所示，单击"保存"按钮。

图 15-21

⑦ 弹出"Microsoft Office Excel"对话框，提示"隐私问题警告：此文档中包含宏、ActiveX 控件、XML 扩展包信息或 Web 组建，其中可能包含个人信息，并且这些信息不能通过'文档检查器'进行删除。"，如图 15-22 所示，单击"确定"按钮。

图 15-22

⑧ 录制并保存包含宏文件成功，关闭"素材 2.xlsm"。

3 查看并运行宏

◎ 素材文件：CDROM\15\15.2\素材 2.xlsx

录制好新宏以后，如何在 Excel 中查看和运行宏，就是下一步要学习的内容。

● 查看宏

在 Excel 2007 中，查看宏的步骤如下。

① 在功能区选择"视图"选项卡中"宏"选项组的下拉菜单，单击"查看宏"命令，如图 15-23 所示。

图 15-23

② 弹出"宏"对话框，显示出当前工作簿中的宏，如图 15-24 所示。

● 运行宏

在 Excel 2007 中，选取要运行宏的单元格区域，通过在"宏"对话框中，选择要执行的宏名，单击"执行"按钮，即可运行宏，如图 15-25 所示。

图 15-24　　　　　　　图 15-25

高手支招

还可以通过使用【Ctrl+B】组合键的方法来运行宏。

4 编辑宏

◎ 素材文件：CDROM\15\15.2\素材 2.xlsx

在 Excel 2007 中，您可以对通过录制宏创建的新宏进行编辑、修改，操作步骤如下。

① 在"宏"对话框中选中要编辑的宏，单击"编辑"按钮，如图 15-26 所示。

② 弹出"Microsoft Visual Basic"编辑器，如图 15-27 所示，您可以在代码区域通过修改代码的

方式来编辑宏。

图 15-26

图 15-27

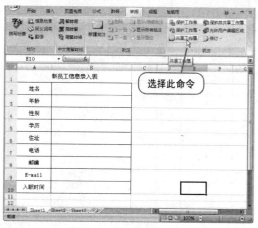

图 15-28

图 15-29

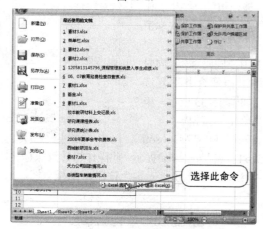

图 15-30

15.2.3　多人共同处理 Excel 工作簿

在 Excel 中，您可以通过创建共享工作簿的方式允许网络上的多位用户同时查看和修订的工作簿。当每位用户保存工作簿时可以看到其他用户所做的修订。

下面将从创建、编辑共享工作簿、从共享工作簿中删除用户信息、停止共享工作簿几方面来介绍多人共同处理 Excel 工作簿。

1　创建共享工作簿

素材文件：CDROM\15\15.2\素材 3.xlsx

在 Excel 2007 中，创建共享工作簿的步骤如下。

（1）启动 Excel 2007，打开素材文件。

（2）在功能区选择"审阅"选项卡中"更改"选项组的"共享工作簿"命令，如图 15-28 所示。

（3）弹出"Microsoft Office Excel"提示对话框，如图 15-29 所示，单击"确定"按钮。

（4）单击"Office"按钮，选择右下角的"Excel选项"按钮，如图 15-30 所示。

（5）弹出"Excel 选项"对话框，在对话框左部单击"信任中心"选项卡，选择右下角的"信任中心设置"按钮，如图 15-31 所示。

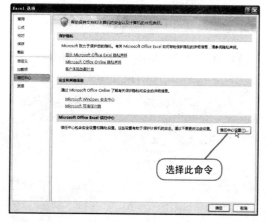

图 15-31

（6）弹出"信任中心"对话框，在对话框左部单击"个人信息选项"选项卡，取消勾选右侧文档特定设置区域的"保存时从文件属性中删除个人信息"复选框，如图 15-32 所示，单击"确定"按钮。

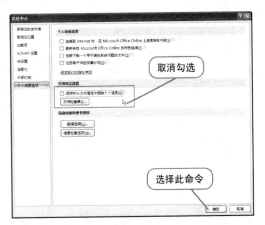

图 15-32

⑦ 返回至"Excel 选项"对话框，单击"确定"按钮后，再次在功能区选择"审阅"选项卡中"更改"选项组的"共享工作簿"命令，弹出"共享工作簿"对话框，勾选"允许多用户同时编辑，同时允许工作簿合并"复选框，如图 15-33 所示，单击"确定"按钮。

图 15-33

⑧ 弹出"Microsoft Office Excel"对话框，提示"此操作将导致保存文档，是否继续？"，单击"确定"按钮，保存文档，如图 15-34 所示。

图 15-34

⑨ 如图 15-35 所示，此工作簿被共享。

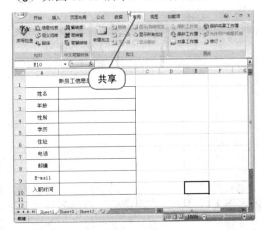

图 15-35

经验揭晓

由于工作簿中可能包含个人信息或隐私，一般在共享工作簿前，运行文档检查器，删除个人信息，步骤如下：

1 单击"Office"按钮，选择"准备"扩展菜单中的"检查文档"命令，如图 15-36 所示。

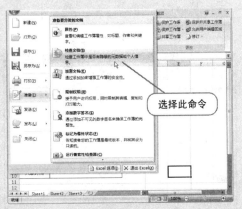

图 15-36

2 弹出"文档检查器"对话框，单击右下角的"检查"按钮，如图 15-37 所示。

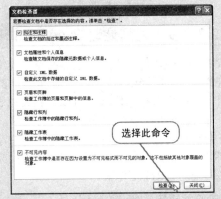

图 15-37

3 弹出"Microsoft Office Excel"对话框，提示"此文件包含尚未保存的更改"，单击"是"按钮，如图 15-38 所示。

图 15-38

4 返回至"文档检查器"对话框，检查个人信息，结果如图 15-39 所示，单击"全部删除"按钮。

5 文档属性和个人信息删除后，确认没有任何个人信息后，如图 15-40 所示，单击"关闭"按钮。

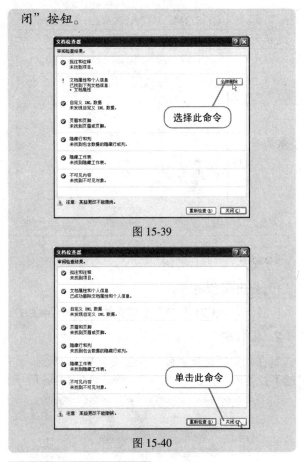

图 15-39

图 15-40

2　编辑共享工作簿

　　素材文件：CDROM\15\15.2\素材 3.xlsx

　　在 Excel 2007 中，编辑共享工作簿和操作普通工作簿没有什么区别，如图 15-41 所示，在共享工作簿中可以添加新员工信息。

图 15-41

温馨提示

　　编辑共享工作簿时，您不能添加或更改以

下内容：合并单元格、条件格式、数据验证、图表、图片、对象（包括图形对象）、超链接、方案、大纲、分类汇总、数据表、数据透视表、工作簿和工作表保护以及宏，所以如果需要使用这些操作，应在共享工作簿之前完成。

3　从共享工作簿中删除用户

　　素材文件：CDROM\15\15.2\素材 3.xlsx

　　在 Excel 2007 中，从共享工作簿中删除用户的步骤如下。

　　① 在功能区选择"审阅"选项卡中"更改"选项组的"共享工作簿"命令，如图 15-42 所示。

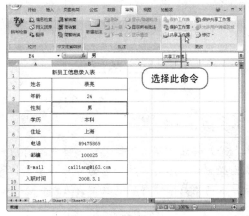

图 15-42

　　② 弹出"共享工作簿"对话框，显示正在编辑本工作簿的用户，选择用户名后，如图 15-43 所示，单击"删除"按钮，即可删除使用本工作簿的用户。

图 15-43

温馨提示

　　删除用户时，不能对自身进行删除。并在删除正在使用本工作簿用户之前，请确保他们已经在工作簿上完成了自己的工作。如果删除某位活动用户，则该用户所有未做保存的工作都将丢失。

4 停止共享工作簿

一旦共享工作簿使用完成后，应该立即停止共享工作簿，这样有利于保护数据不被意外更改。

在 Excel 2007 中，通过在"共享工作簿"对话框，取消勾选"允许多用户同时编辑，同时允许工作簿合并"复选框，即可取消对工作簿的共享，如图 15-44 所示，单击"确定"按钮。

图 15-44

> **温馨提示**
>
> 请在停止共享工作簿之前，确保所有用户都已经完成了各自工作，因为停止共享工作簿后，任何用户未保存的更改都将丢失。

15.3 职业应用——区域销量汇总

区域销量汇总，主要是使用宏功能自动化地进行分地区的销量汇总。

15.3.1 案例分析

针对于大型的企业而言，他们在统计销售额的时候，一般不会单独地看每个店的销量，因为这样的数据不具有代表意义。他们经常的做法是对某个地区的销量进行总计，分别看地区间的差异，从而指导企业更加合理的配置资源，增加销量。本案例就从这个出发点出发，使用宏统计区域销售额。

15.3.2 应用知识点拨

本案例应用的知识点概括如下：
1. 录制宏
2. 使用宏
3. 求和函数
4. 共享工作簿

15.3.3 案例效果

素材文件	CDROM\15\15.3\素材 1.xlsx

结果文件	CDROM\15\15.3\职业应用 1.xlsx
视频文件	CDROM\视频\第 15 章职业应用.exe
效果图	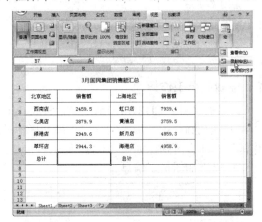

15.3.4 制作步骤

1 打开工作簿

启动 Excel 2007，打开素材文件，选中单元格 B7。

2 操作宏

在功能区选择"视图"选项卡中"宏"选项组的下拉菜单，单击"录制宏"命令，如图 15-45 所示。

图 15-45

● 设置宏

弹出"录制新宏"对话框，输入"宏名"为"销售额汇总"，设置"快捷键"为【Ctrl+C】，并选择保存宏在"当前工作簿"，添加说明文字为"分地区销售额汇总"，如图 15-46 所示，单击"确定"按钮。

图 15-46

● 录制宏

①　此时，宏录制器会记录下您的每一步操作，但记录的步骤中不包括在功能区上导航的步骤。双击单元格 B7，输入公式"=SUM（B3:B6)"，如图 15-47 所示，按【Enter】键。

图 15-47

②　设置完成后，在功能区选择"视图"选项卡中"宏"选项组的下拉菜单，单击"停止录制"命令；如图 15-48 所示。

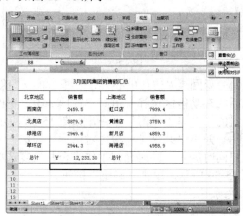

图 15-48

● 使用宏

①　选中单元格 D7，在功能区选择"视图"选项卡中"宏"选项组的下拉菜单，单击"查看宏"命令，如图 15-49 所示。

②　弹出"宏"对话框，显示出当前工作簿中的宏，选择"销售额汇总"宏，单击"执行"按钮，即可运行宏，如图 15-50 所示。

③　运行完成后，在单元格 D7 显示销售额汇总宏的结果，如图 15-51 所示。

3　保存包含宏的工作簿

①　单击"Office"按钮，选择"另存为"扩展菜单中的"启用宏的 Excel 工作簿"命令，如图 15-52

所示。

图 15-49

图 15-50

图 15-51

图 15-52

② 弹出"另存为"对话框，我们可以看到文件的保存类型为"Excel 启用宏的工作簿（*.xlsm）"，将文件命名为"职业应用 1.xlsm"，如图 15-53 所示，单击"保存"按钮。

图 15-53

③ 弹出"Microsoft Office Excel"对话框，提示"隐私问题警告：此文档中包含宏、ActiveX 控件、XML 扩展包信息或 Web 组建，其中肯能包含个人信息，并且这些信息不能通过'文档检查器'进行删除。"，如图 15-54 所示，单击"确定"按钮。

图 15-54

4 共享工作簿

① 单击"Office"按钮，选择右下角的"Excel 选项"按钮，如图 15-55 所示。

图 15-55

② 弹出"Excel 选项"对话框，在对话框左部单击"信任中心"选项卡，再单击右下角的"信任中心设置"按钮，如图 15-56 所示。

③ 弹出"信任中心"对话框，在对话框左部单击"个人信息选项"选项卡，取消勾选右侧文档特定设置区域的"保存时从文件属性中删除个人信息"复选框，如图 15-57 所示，单击"确定"按钮。

图 15-56

图 15-57

④ 返回至"信任中心"对话框，单击"确定"按钮后，在功能区选择"审阅"选项卡中"更改"选项组的"共享工作簿"命令，如图 15-58 所示。

⑤ 弹出"共享工作簿"对话框，勾选"允许多用户同时编辑，同时允许工作簿合并"复选框，如图 15-59 所示，单击"确定"按钮。

图 15-58

⑥ 弹出"Microsoft Office Excel"对话框，提示"此操作将导致保存文档，是否继续？"，单击"确

定"按钮，如图 15-60 所示。

图 15-59　　　　　　图 15-60

(7) 弹出"Microsoft Office Excel"对话框，提示"此工作簿包含 VBA 宏程序。VBA 代码不能在共享模式下编辑"，单击"确定"按钮，保存文档，如图 15-61 所示。

图 15-61

5　显示结果

设置完共享工作簿后，在标题栏区域显示【共享】。

15.3.5　拓展练习

1　设置学生成绩表

灵活运用本章所学知识，对学生成绩表应用统一样式，如图 15-62 所示。

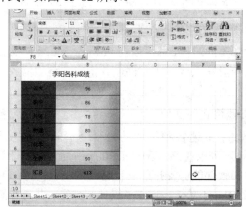

图 15-62

结果文件：CDROM\15\15.3\职业应用 2.xlsx

在制作本例的过程中，需要注意以下几点。

(1) 添加完自定义样式后，选中单元格区域 A2:B7，应用样式。

(2) 在原始数据表中，没有第 8 行，汇总行。单击数据表区域，显示表工具"设计"选项卡，勾选"表样式选项"组的"汇总行"选项，数据表中即显示汇总行。

(3) 单击数据表区域，显示表工具"设计"选项卡，勾选"表样式选项"组的"第一列"选项，数据表中即显示第一列样式。

2　共享教师花名册

灵活运用本章所学知识，对教师花名册进行共享，如图 15-63 所示。

结果文件：CDROM\15\15.3\职业应用 3.xlsx

在制作本例的过程中，需要注意以下几点。

(1) 在共享工作簿之前，注意在"信任中心"中"个人信息"选项，取消勾选"保存时从文件属性中删除个人信息"选项。

图 15-63

(2) 运行文档检查器，清除个人信息。

(3) 当设置共享后，弹出信息提示框，单击"确定"按钮。

15.4　温故知新

本章对 Excel 2007 中设置统一样式的工作表、使用宏的自动化功能和共享工作簿的各种操作进行了详细讲解。同时，通过大量的实例和案例让读者充分参与练习。读者要重点掌握的知识点如下：

- 如何创建样式
- 使用模板创建文件
- 保存模板
- 如何设置宏的安全级别
- 使用宏
- 创建共享工作簿
- 使用共享工作簿

第 16 章
PowerPoint 2007 的基本操作

【知识概要】

作为 Microsoft Office 的重要组件，PowerPoint 可以让您快速方便地创建美观实用的电子演示文稿。除了插入文字之外，您还可以通过 PowerPoint 2007 在演示文稿中插入图片、剪切画、数据图表以及多媒体文件等内容，以达到良好的演示效果。

本章将讲解如何使用 PowerPoint 2007 创建演示文稿并进行基本的文字内容编辑，通过本章的学习，您将学会创建自己的第一个演示文稿。

16.1　答疑解惑

对于刚刚接触 PowerPoint 2007 的用户来说，可能对 PowerPoint 的功能以及工作环境并不是十分清楚。这里，我们先向您简要介绍 PowerPoint 2007 的用途、文档格式以及工作区域，以便您能够对 PowerPoint 有一个整体性的认识，为后面的学习打下基础。

16.1.1　PowerPoint 2007 能做什么

作为微软 Office 2007 套件中的重要组成部分，PowerPoint 2007 的主要功能是创建演示文稿。演示文稿既可以用于配合演讲者进行演说，将其演说的内容简明扼要或形象生动地呈现给观众，亦可用于单独的展示性播放，还可以将演示文稿发布为网页供用户查看。

在 PowerPoint 2007 演示文稿中，可以包含以下多种内容对象。

● **文本内容**

文本是 PowerPoint 文档中最基本的内容。最简单的文本形式就是在任一占位符或文本框中输入并设置了字体、字号、颜色等格式属性的文字。除此以外，在 PowerPoint 2007 中还可以插入艺术字、日期和页码等自动文本，也可以设置给定文本或图片等其他对象的超链接。

● **表格**

为了能够直观有力地展示必要的数据，您可以在 PowerPoint 2007 演示文稿中插入数据表格。

● **插图**

在 PowerPoint 2007 演示文稿中，您可以插入以下各种插图。

- 用于增强演示文稿的展示效果的来自本地或网络的图片；
- Office 自带的剪贴画以及 Office 在线网站上免费提供的剪切画；
- 用于在示意图中作组合的各种线条和形状；
- 用于给文本和数据添加颜色、形状和强调效果的 SmartArt 图形；
- 用于增强数据直观性的图表，该图表的样式和您在 Excel 2007 中创建的图表大致相同，但免除了单独创建 Excel 文件的麻烦。

● **多媒体文件**

必要的时候，您可以在 PowerPoint 2007 文档中插入一段视频或音频文件，并指定它自动播放、循环播放或在您需要时播放。

● **其他格式的文档**

如果上述各种类型的内容仍不能满足您的需求，您还可以在 PowerPoint 2007 中插入您的计算机硬件和软件能够支持的其他格式的文档，比如 PDF 文档、Word 文档、其他多媒体文件等，并可设置它们是否显示为图标。

16.1.2　PowerPoint 2007 文档的格式

PowerPoint 2007 能打开和存储多种格式的文档，其中最常用的包括以下几类：

● PowerPoint 演示文稿

默认情况下，使用 PowerPoint 2007 创建的演示文稿文件使用的文件扩展名为.pptx，这一格式也是自微软发布 Office 2007 起使用的新格式，支持 PowerPoint 2007 的各种最新功能和特性。如果展示演示文稿的计算机上安装了 PowerPoint 2007，我们推荐您优先使用该格式。

您还可以将 PowerPoint 演示文稿存储为"PowerPoint 放映"格式，这类格式的扩展名为.ppsx，在打开文档时会自动使用幻灯片放映视图，进入幻灯片放映状态。

● PowerPoint 97-2003 演示文稿

使用 PowerPoint 2007，仍然可以创建能够使用 PowerPoint 97-2003 打开的演示文稿。这类文件的扩展名一般是.ppt，您可以使用较老版本的 PowerPoint 打开，免除了版本兼容的困扰。

您还可以将 PowerPoint 演示文稿存储为"PowerPoint 97-2003 放映"格式，这类格式的扩展名为.pps。

● 演示文稿模板

将演示文稿存储为模板，以方便快捷地创建具有类似外观和样式的新演示文稿。能够支持 PowerPoint 2007 新特性的演示文稿模板的扩展名是.potx，而与 PowerPoint 97-2003 兼容的演示文稿模板的扩展名是.pot。

● PDF 格式

PDF 格式是 Adobe 公司创建的便携式文档格式，由于其能够完整地保留原始文档的格式状态，因此被广泛应用于文档的最终发布、存档以及付梓印刷。

XPS 格式是新的 Microsoft 电子纸张格式，可以用于文档的最终交换格式。如果您在 Office 2007 中安装了将文档存储为 PDF 格式和 XPS 格式文档的加载项，那么在创建演示文稿后您就可以将文稿另存为 PDF 格式或 XPS 格式文档。

● 其他格式

除上述几类之外，PowerPoint 2007 能够保存的其他文件类型如表 16-1 所示。

表 16-1

文件扩展名	文件类型说明
.pptm	PowerPoint 启用宏的演示文稿。在演示文稿中可以包含 VBA 代码
.potm	PowerPoint 启用宏的设计模板。这类模板中可以包含预先批准的宏以供演示文稿使用
.thmx	包含了颜色主题、字体主题和效果主题定义的样式表

续表

文件扩展名	文件类型说明
.ppsm	包含宏的幻灯片放映
.ppam	PowerPoint 加载宏。用于存储自定义命令、VBA 代码等功能的加载宏
.ppm	PowerPoint 97-2003 加载宏。可以在早期版本的 PowerPoint 中打开的加载宏
.mht; .mhtml	包含了演示文稿中所有内容的单个网页文件。适用于通过电子邮件发送演示文稿
.htm; .html	作为文件夹的网页。其中包含了一个.htm 文件和所有的支持文件。适用于发布到网站，或用于其他 HTML 编辑器的后续编辑
.rtf	RTF 格式的 PowerPoint 大纲文件。可以用于保留 PowerPoint 文档中除备注外的所有文字内容，并与使用其他版本 PowerPoint 的用户交换文档内容
.sldx	独立的 PowerPoint 幻灯片文件

高手支招

默认情况下，Windows 操作系统中已知格式的文件不显示其文件名后缀（即扩展名）。如需查看文件的扩展名，请在 Windows 中打开任意文件夹后，单击"工具"菜单中的"文件夹选项"，然后在"查看"选项卡的"高级设置"组中找到"隐藏已知文件类型的扩展名"这一项，取消对该项复选框的选择，即可在浏览文件时显示文件的扩展名。

16.1.3　演示文稿与幻灯片之间的区别与联系

PowerPoint 保存文件的主要格式是演示文稿文件。在早期，计算机并不普及的时候，演讲者使用印刷在胶片上的一张张幻灯片来向观众展示内容配合自己的演说，在 PowerPoint 中，最基本的展示单位依然是幻灯片，每一张幻灯片是一页，表现一定的内容。

把若干张幻灯片组织起来完成一个主题的，就是演示文稿。简而言之，演示文稿可以看做一系列幻灯片按照一定次序的排列组合。

但演示文稿又不同于简单地将一系列幻灯片罗列起来。在演示文稿中，还包含了幻灯片中不能包含的信息：

- 对演示文稿中所有幻灯片样式的定义。您可以在编辑演示文稿时通过设置页面布局、选择模板和样式、编辑幻灯片的母板、选择演示文稿的外观主题信息等操作来整体性地改变演示文稿中幻灯片的外观样式。
- 幻灯片放映相关的信息。在演示文稿中，可以设置幻灯片播放时彼此之间的过渡效果、幻灯片自动放映的计时信息、幻灯片之间以及幻灯片和外部程序之间的链接等信息，甚至可以录制旁白，这样在演示文稿自动播放时，旁白随之播放，其效果如同有人在解说一样。

- 批注等信息。为了方便演示者面对演示文稿进行解说，您可以在演示文稿中为每一张幻灯片添加批注信息。在幻灯片播放时，您可以使用打印的备注页，或启用 PowerPoint 的演示者视图，用来帮助演示者更好地完成演示。

16.2 实例进阶

现在您已经对 PowerPoint 2007 有一个初步的了解了。下面我们将与您一起学习使用 PowerPoint 2007，亲自动手操作来创建您的第一个 PowerPoint 演示文稿。

16.2.1 PowerPoint 2007 的界面

为了增强软件的可用性，Office 2007 采用了与以往 Office 版本不同的界面，作为其中的重要组件，PowerPoint 2007 也不例外。默认情况下，当您启动 PowerPoint 2007 时，打开的视图为"普通"视图，如图 16-1 所示。

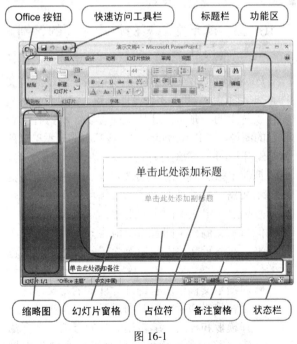

图 16-1

● **Office 按钮**

单击"Office"按钮，在弹出的菜单中可以打

开、保存、打印演示文稿，并可进行文件相关的其他操作。

● **快速访问工具栏**

您可以设置在快速访问工具栏中显示最常用的操作，以便能够在需要的时候使用。

● **标题栏**

如同大多数 Windows 下的软件一样，这一栏会显示程序名和打开的文件名，如图 16-1 显示的是"演示文稿 4 - Microsoft PowerPoint"。

● **功能区**

PowerPoint 2007 的大多数操作都可以在功能区完成。功能区的各项操作使用选项卡的形式来分类组合。

● **缩略图**

在这个窗格中，以缩略图的形式显示所有幻灯片。您可以在这里对幻灯片进行预览、移动、添加和删除等操作。正在被编辑的一张幻灯片会被突出显示。

● **幻灯片窗格**

PowerPoint 2007 窗口中最大的区域是幻灯片窗格。您可以在这里查看和编辑幻灯片的内容。

● **占位符**

占位符是幻灯片上具有点线边框的框。您可以在占位符中输入文本，您也可以向占位符中添加图片、图表等非文本内容。

● **备注窗格**

您可以在备注窗格中添加当前幻灯片的备注，在演示时供参考。

● **状态栏**

窗口的最下方是状态栏，左侧用于显示演示文稿的页数、字数、当前语言等信息，右侧则可以查看和调整演示文稿的视图和显示比例。

> **统一思想**
>
> Office 2007 的操作界面与以前任意一个版本都有所不同，它抛弃了基于菜单和工具栏的传统界面，其主要功能都是通过功能区的选项卡来实现的。相关功能被归类为选项组后分布到各个选项卡中，而宽阔的功能区在高分辨率的显示器上显示足够丰富的内容，方便您快速定位所需的操作。如果您已经熟悉了传统的菜单式操作，不妨来换个思路，感受一下 Office 2007 新界面的设计，相信当您熟悉以后会发现这一界面的优点。

16.2.2 演示文稿与幻灯片的基本操作

下面，我们来使用 PowerPoint 2007 进行最基本的文件操作。

1 新建与保存演示文稿

新建演示文稿的方法不止一种，主要介绍如下 3 种方法。

- 启动 PowerPoint 时自动新建空白演示文稿
- 在 PowerPoint 2007 中新建演示文稿
- 在操作系统中直接创建演示文稿

下面分别介绍这几种方法的操作步骤。

● 启动 PowerPoint 2007 时自动新建空白演示文稿

在启动后，PowerPoint 2007 会自动为您创建一个新的演示文稿。您只需要在这个演示文稿上进行编辑操作即可。

● 在 PowerPoint 2007 中新建演示文稿

（1）启动 PowerPoint 2007，单击"Office"按钮 ，在下拉菜单中选择"新建"命令。

（2）在弹出的"新建演示文稿"对话框中，选择合适的"模板"类型后，单击选中。

（3）单击"创建"按钮，即可按照选定模板的样式创建一个新的演示文稿，如图 16-2 所示。

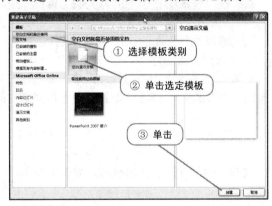

图 16-2

 温馨提示

如果您需要在 PowerPoint 2007 中快速创建一个空白的演示文稿，您可以按快捷键【Ctrl+N】组合键。

● 在操作系统中直接创建演示文稿

（1）如要在 Windows 操作系统中直接创建新的演示文稿，可在需要创建演示文稿的文件夹中右击，从快捷菜单选择"新建"命令，将鼠标指针移至

"Microsoft Office PowerPoint 演示文稿"并单击，即可创建一个新的空白演示文稿，其文件图标为 。

（2）此时，该文稿处于重命名状态，您可以直接输入文件名，按【Enter】键确认，即可完成新建文档。

● 保存演示文稿

一般通过单击快速访问工具栏上的"保存"按钮 或按下【Ctrl+S】组合键来保存演示文稿及保存对演示文稿所作的修改。

如果演示文稿是在 PowerPoint 2007 中创建并从未被保存过，系统将会弹出"另存为"对话框，您可以在这里选择保存文件的位置以及设置文件的名称和存储格式，如图 16-3 所示。

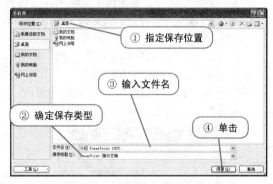

图 16-3

您也可以单击"Office"按钮 ，在下拉菜单中选择"保存"命令来保存演示文稿，也可选择"另存为"命令，在子菜单中选择所需格式保存。

 温馨提示

在编辑演示文稿时，请注意随时保存文件。虽然 Office 2007 具有一定的文档恢复功能，可以在程序或操作系统出错时恢复编辑中的文档，但养成勤保存的习惯还是不错的。

尤其要注意的是，如果文件是在 PowerPoint 2007 中创建的，那么只要您不主动进行保存操作，那么，这个文档就没有保存到您指定的位置，而在这样的情况下进行复杂的编辑操作，一旦程序或计算机出现问题，就可能造成损失。所以，请您在新建文档后首先按下【Ctrl+S】组合键来保存这个新建的文件，在编辑时也随着每一个阶段性进展随时保存文件。

2 打开与关闭演示文稿

● 打开演示文稿

如果需要打开一个演示文稿，可选用如下方法。

- 双击要打开的演示文稿图标，即可使用 PowerPoint 2007 打开这个文件。
- 启动 PowerPoint 2007 后，单击"Office"按钮 ，在下拉菜单中选择"打开"命令，在对话框中找到您要打开的文件并选择，单击对话框右下角的"打开"按钮即可。
- 单击快速访问工具栏的"打开"按钮 ，或使用【Ctrl+O】组合键，也可调出"打开"对话框。

● 关闭演示文稿

- 如果已经打开一个演示文稿，则可以单击 PowerPoint 2007 窗口右上方的"关闭"按钮 来关闭演示文稿及这个演示文稿所在的窗口。
- 如果想在关闭当前演示文稿后保留 PowerPoint 2007 的这个窗口，则单击"Office"按钮 ，在下拉菜单中选择"关闭"命令。

如果演示文稿在您关闭时仍有尚未保存的内容，那么您会被提示是否保存对该文档的更改，根据需要来选择，如图 16-4 所示。

图 16-4

3　新建幻灯片

启动 PowerPoint 2007 或打开一个空白的演示文稿时，演示文稿中只有一张幻灯片。您可以通过以下方法添加新的幻灯片。

● 通过菜单操作来添加幻灯片

最简单的方法是在"幻灯片"选项卡选中需要添加幻灯片位置处的上一张幻灯片，然后在功能区选择"开始"选项卡"幻灯片"选项组中的"新建幻灯片"命令来新建幻灯片。

 温馨提示

"新建幻灯片"按钮的两种用法：

如果您单击"新建幻灯片"命令的上部 ，则会立即在所选的幻灯片下面添加一张新的幻灯片。

如果您单击"新建幻灯片"命令的下部 ，则会打开幻灯片版式库的下拉列表。您在这里选择一个版式并单击，即可插入相应的幻灯片。

如果添加幻灯片时未选择板式，那么 PowerPoint 2007 会自动应用一种版式。更改幻灯片版式

的操作也很简单，我们会在后面予以说明。

● 在"幻灯片"选项卡中添加幻灯片

此外，在"幻灯片"选项卡中选择显示幻灯片缩略图。在其中找到需要新建幻灯片的位置，单击出现闪烁的光标后，每按一次【Enter】键，即可插入一张新的幻灯片，如图 16-5 所示。

图 16-5

4　选择幻灯片

选择幻灯片的操作如下。

① 在"普通"视图下的"大纲"窗格，选择"幻灯片"选项卡。

② 通过执行下面的操作之一来选择幻灯片：

- 要选择一张幻灯片，单击即可；
- 要选择多张连续的幻灯片，单击要选择的第一张幻灯片后按【Shift】键并单击要选择的最后一张幻灯片；
- 要选择多张不连续的幻灯片，按【Ctrl】键，并单击要选择的每一张幻灯片。

被选中的幻灯片会突出显示，如图 16-6 所示。

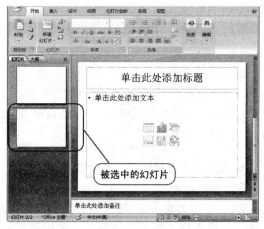

图 16-6

5　移动幻灯片

如需移动幻灯片，在"幻灯片"选项卡中选中需要移动的一张或多张幻灯片，将其拖曳到新的位置即可。

6　复制和粘贴幻灯片

如果您需要复制和粘贴幻灯片，请按照如下步骤操作。

① 切换到"幻灯片"选项卡下。

② 选中需要复制的幻灯片，在此幻灯片上右击，从快捷菜单选择"复制"命令。

③ 在"幻灯片"选项卡上找到幻灯片插入点前的那张幻灯片并右击，然后从快捷菜单选择"粘贴"命令。

经验揭晓

默认情况下，当同一个演示文稿中的幻灯片粘贴到演示文稿中的新位置时，都会继承前一张幻灯片的主题。但当粘贴的幻灯片来自使用其他不同主题的演示文稿时，如果需要保留原来的设计样式，可以在"普通"视图中，单击幻灯片缩略图或幻灯片窗格中的"粘贴选项"按钮，并勾选"保留源格式"选项，如图 16-7 所示。

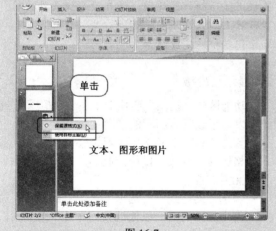

图 16-7

7　更改幻灯片的版式

幻灯片的版式包含不同类型的占位符以及占位符排列方式，用于排列幻灯片中的内容。所有类型的内容都可以放入这些占位符中。

在 PowerPoint 启动时，在演示文稿中的第一张幻灯片就是使用了"标题幻灯片"版式，这个版式一般应用于演示文稿中第一张幻灯片的版式。

如需更改幻灯片所使用的版式，按如下步骤操作。

① 在"幻灯片"选项卡，选中需要更改版式的幻灯片。

② 在功能区选择"开始"选项卡 "幻灯片"选项组中的"版式"命令 ，在下拉列表中显示了所有可用的幻灯片版式，如图 16-8 所示。

图 16-8

③ 单击选中自己喜欢的幻灯片版式即更改当前幻灯片版式为选中的版式。

8　删除幻灯片

如需删除幻灯片，只需在"幻灯片"选项卡选中需要删除的幻灯片，按下【Delete】键即可，或是右击该幻灯片，从弹出的快捷菜单选择"删除幻灯片"命令。

16.2.3　视图工具

1　切换演示文稿视图

PowerPoint 2007 提供了多种视图供用户编辑和查看。如果需要选择不同的视图，可在"视图"选项卡中找到"演示文稿视图"选项组，单击需要使用的视图命令，如图 16-9 所示。

图 16-9

各视图的特点和用途如下。

● 普通视图

普通视图是 PowerPoint 2007 的默认视图，其中包含了编辑、浏览演示文稿和幻灯片的大多数操作。我们前面的操作都是基于普通视图的，在此不做赘述。

● 幻灯片浏览

在"幻灯片浏览"视图中，所有的幻灯片缩小显示在同一窗口中，您可以方便地浏览幻灯片并选取以进行复制、移动、删除等操作。如图 16-10 所示为 PowerPoint 2007 自带模板中"PowerPoint 2007 简介"在"幻灯片浏览"视图下的效果。

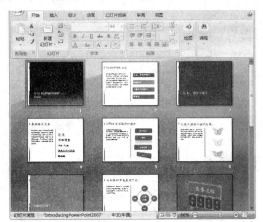

图 16-10

● 备注页

在"备注页"视图下，您可以同时查看幻灯片和幻灯片对应的备注。使用这一视图，您可以将备注页打印出来供演示者在演示时参考。图 16-11 所示为 PowerPoint 2007 自带模板中"PowerPoint 2007 简介"在"备注页"视图下的效果。

图 16-11

● 幻灯片放映

在使用演示文稿作演示时，单击"幻灯片放映"按钮，就会进入幻灯片放映状态以配合演示者进行展示。

 温馨提示

您还可以在 PowerPoint 2007 的状态栏进行一些视图操作。如图 16-12 所示，状态栏有普通视图 、幻灯片浏览 、幻灯片放映 3 个按钮，单击即可进入对应的视图。

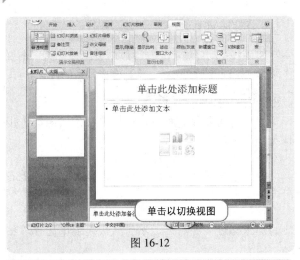

图 16-12

 经验揭晓

不要小瞧普通视图中"幻灯片"窗格下方的那个小小的"备注窗格"，在这里添加当前幻灯片的备注。此后，不仅可以使用"备注页"视图来同时查看幻灯片和对应的备注，还可以在播放演示文稿时通过在功能区选择"幻灯片放映"选项卡中的"监视器"选项组的"使用演示者视图"选项，设置 PowerPoint 在您的计算机上显示幻灯片备注，而在投影仪或外接的显示器上则只显示全屏的幻灯片。这样，更有助于您轻松地完成演示。

2 显示与隐藏

在功能区的"视图"选项卡中"显示/隐藏"选项组可以显示或隐藏相应的辅助项目。

● 勾选"标尺"复选框，可以在"幻灯片"窗格中显示标尺，以便控制和调整幻灯片中各元素的位置；
● 勾选"网格线"复选框，可在"幻灯片"窗格中显示网格，以便调整幻灯片中个元素，使之对齐。

图 16-13 所示的是一个显示了标尺和网格线的窗口。

3 显示比例

调整演示文稿显示比例 3 种常用方法如下：

● 从功能区选择"视图"选项卡中"显示比例"选项组的"显示比例"命令 。在图 16-14 所示的"显示比例"对话框中选择或输入适当的显示比例。
● 在功能区选择"视图"选项卡中"显示比例"选项组"适应窗口大小"命令 ，可以调整演示文稿的显示比例，使幻灯片充满窗口。

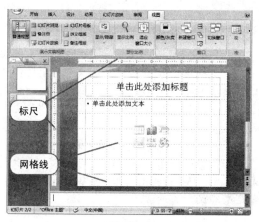

图 16-13

图 16-14

- 单击状态栏上的"显示比例"滑块，拖曳到所需的百分比显示比例设置，如图 16-15 所示。

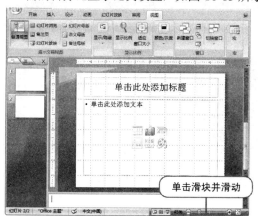

图 16-15

4　颜色与灰度

在功能区"视图"选项卡中"颜色/灰度"选项组，可以更改显示演示文稿的颜色模式。

- 单击"颜色"命令，可以全色模式显示演示文稿。这也是默认的显示模式，演示文稿中的各种对象均保留原有的色彩。
- 单击"灰度"或"纯黑白"命令，可以以灰度模式或纯黑白模式显示演示文稿。

选择"灰度"或"纯黑白"命令后，会自动激活如图 16-16 所示的"灰度"或"纯黑白"选项卡，可以在这里选择将演示文稿中的彩色转换

为灰度或纯黑白的模式。

图 16-16

16.2.4　输入演示文稿内容

了解了 PowerPoint 2007 的界面后，下面讲解如何在演示文稿中输入内容。

1　在幻灯片中输入文字

① 首先，创建并打开一个空白的 PowerPoint 2007 演示文稿。在第一张幻灯片中的标题占位符中输入标题文字，如图 16-17 所示。

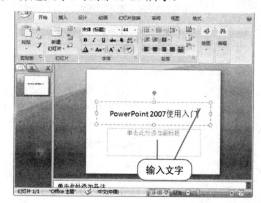

图 16-17

② 您可以选中文本内容，使用功能区"开始"选项卡中"字体"选项组中的命令设置文本的相关属性，例如字体、字号、颜色等，在"段落"选项组中设置文本的对齐方式、编号、行距等段落相关属性。其操作与在 Word 中类似，在此不加赘述。在这里，我们选中标题文字内容，单击"字体"选项组中的"加粗"命令 **B**，使标题字体加粗。

③ 在副标题占位符中输入副标题内容。第一张幻灯片的效果如图 16-18 所示。

④ 从功能区选择"开始"选项卡中"幻灯片"选项组的"新建幻灯片"命令，在第一张幻灯片后添加一张新的幻灯片。这张新的幻灯片自动使用了"标题和内容"版式。如图 16-19 所示，这张幻灯片中包含两个占位符：上方的占位符用于输入标题文本；下方的通用占位符用于输入文本、图片和图表等各种内容。

⑤ 在标题占位符中输入这张幻灯片的标题，在通用占位符中输入幻灯片的正文文字。然后选中正文文字的第 2～5 段，在功能区选择"开始"选项

卡中"段落"选项组的"编号"命令 ≣，为这四段文字添加编号；在功能区选择"开始"选项卡中"段落"选项组的"提高列表级别"命令 ≣，增加文本的缩进距离。第二张幻灯片的效果如图 16-20 所示。

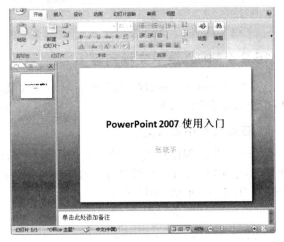

图 16-18

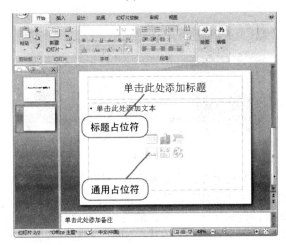

图 16-19

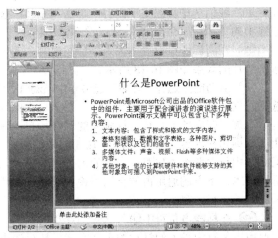

图 16-20

温馨提示

在 PowerPoint 2007 演示文稿中，文本的默认格式是项目符号列表。您可以在功能区"开始"选项卡的"段落"选项组中使用"增加缩进量"命令或"减少缩进量"命令来调整文本的所尽量，与此同时，文本的级别也会随之改变。一般缩进量越小的文本，其所属级别越高。

如果在一个占位符中输入的文本太多以致无法容纳，PowerPoint 2007 会自动缩小字号和行距来容纳所有的文本。

2 输入符号和特殊符号

在演示文稿中输入符号或特殊符号，首先新建一张幻灯片，然后按如下步骤操作。

① 选择功能区"插入"选项卡中的"特殊符号"选项组，单击需要插入的符号。

② 如果所需要的符号在该选项组上没有列出，单击"符号"命令，在下拉列表中选择需要输入的符号，如图 16-21 所示。

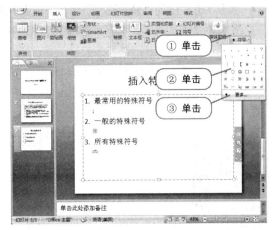

图 16-21

③ 如果这个列表中不包含您需要输入的特殊符号，则在下拉列表底部单击"更多"命令，在弹出的"插入特殊符号"对话框中选择您需要的特殊符号，如图 16-22 所示。

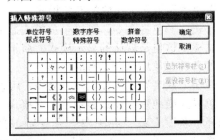

图 16-22

3　输入数学公式

如果需要在幻灯片中输入数学公式，请按照以下步骤操作。

① 首先，在"插入"选项卡的"文本"选项组中单击"对象"命令。

② 在弹出的"插入对象"对话框的"对象类型"列表中选择"Microsoft Equation 3.0"，单击"确定"按钮，如图 16-23 所示。

图 16-23

③ 这时，系统会启用公式编辑器。在公式编辑器中使用键盘输入并结合菜单上的各种符号按钮来输入所需要的公式，如图 16-24 所示。

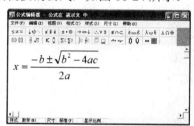

图 16-24

④ 公式输入完毕无误后，在公式编辑器中选择"文件"菜单下的"退出并返回到演示文稿"命令。公式编辑器自动关闭，并激活演示文稿编辑窗口。

⑤ 如需调整公式，将光标移动到演示文稿中公式对象的右下角，在光标变成 ↘ 时拖曳鼠标以改变公式的大小，在光标变成 ✛ 时拖曳鼠标以移动公式，如图 16-25 所示。

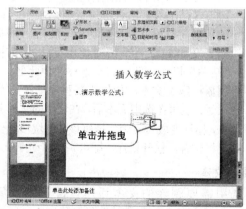

图 16-25

⑥ 调整后的包含公式的幻灯片如图 16-26 所示。

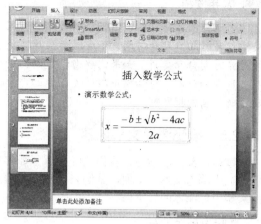

图 16-26

⑦ 如需进一步修改这个公式，可在演示文稿的幻灯片窗格中双击该公式，重新激活公式编辑器，对公式编辑后保存退出。

4　输入日期和时间

如果需要在演示文稿中输入当前的日期和时间，可按照以下步骤操作。

① 在功能区选择"插入"选项卡下"文本"选项组的"日期和时间"命令，此时弹出"日期和时间"对话框，如图 16-27 所示。

图 16-27

② 在弹出的"日期和时间"对话框中，首先选择日期和时间的语言，然后在选取可用格式中的一种后单击"确定"按钮，即可在演示文稿中输入当前的日期和时间。其效果如图 16-28 所示。

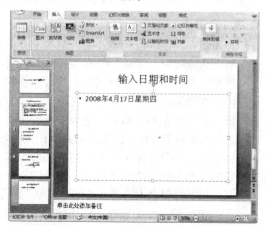

图 16-28

高手支招

用这样的方法插入演示文稿的日期和时间是操作当时的日期和时间，不会随着演示文稿的开启时间自动更新。如果需要自动更新，则在"日期和时间"对话框中勾选左下角的"自动更新"复选框即可。

16.2.5 编辑演示文稿内容

通过前一部分的学习，我们已经了解了如何在演示文稿中输入文本。下面，我们来讲解如何编辑演示文稿中已输入的文本内容。

1 复制与粘贴文本

在演示文稿中复制和粘贴文本的操作步骤如下。

① 首先要选中需要复制的文本。在需要复制的文本的起始处拖曳鼠标至需复制文本的末尾处，该段文本即被选中。如图 16-29 所示，被选中的文本呈高亮显示。

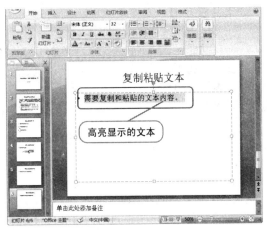

图 16-29

② 接下来的复制和粘贴操作有 3 种方法：

● **使用菜单操作**

- 您可以在功能区选择"开始"选项卡"剪切板"选项组中"复制"命令 来复制文本，然后，在演示文稿中复制文本的目标位置单击，在功能区选择"开始"选项卡的"剪切板"选项组中的"粘贴"命令按钮的上半部 ，即可将带有格式的文本粘贴到指定区域。
- 如果您希望只粘贴纯文本内容，则可以在上述粘贴操作时，单击"粘贴"命令的下拉按钮，在下拉列表中选择"选择性粘贴"命令，在弹出的对话框中选择粘贴类型为"无格式文本"，单击"确定"按钮即可。

● **使用鼠标操作**

您亦可在选中需要复制的文本后，在选中的文本上右击，在弹出的菜单中选择"复制"命令，然后在复制文本的目标位置右击，在弹出的菜单中选择"粘贴"命令即可完成操作。

● **使用快捷键操作**

复制和粘贴的最简单方式莫过于使用快捷键。在选中文本后，按【Ctrl+C】组合键，即可完成复制。然后在复制文本的目标位置单击，按【Ctrl+V】组合键，即可完成粘贴。

复制粘贴后的效果如图 16-30 所示。

2 移动和删除文本

与复制和粘贴文本类似，首先，选中需要移动或删除的文本，使之呈高亮显示，并进行以下操作。

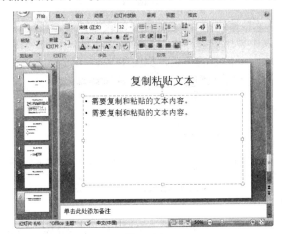

图 16-30

● **移动文本**

移动选中的文本有两类方法。

- 剪切文本。您可以在选中文本后在功能区选择"开始"选项卡下"剪切板"选项组的"剪切"命令 ，或右击选择"剪切"命令，或按下【Ctrl+X】组合键进行剪切操作，文字被从当前位置移动至剪切板。随后，在需要插入文本的位置单击，使用上一小节中的"粘贴"操作，即可将文本移动至此处。
- 用鼠标拖曳文本。如果需要移动的距离不是很远，也可在选中文本后，在选中的文本上单击，指针变成 形状，拖曳该文本块移动至的目标位置，松开鼠标，即可完成移动操作。

● **删除文本**

选中需要删除的文本后，按键盘右上角的【Delete】或【Backspace】键即可删除文本。也可以使用"剪切"命令来从当前位置移除选中的文本。

3　查找与替换文本

● 查找文本

① 在功能区选择"开始"选项卡右侧"编辑"选项区的"查找"命令。

② 在弹出的"查找"对话框中输入需要查找的文本，单击"查找下一个"按钮，找到当前位置后的第一个符合查找条件的文本，如图 16-31 所示。

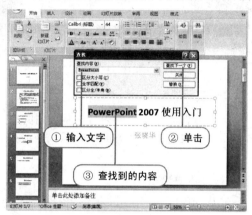

① 输入文字
② 单击
③ 查找到的内容

图 16-31

③ 继续单击"查找下一个"按钮，转到下一个符合查找条件的文本所在的幻灯片，直至 PowerPoint 2007 提示"PowerPoint 2007 已完成对演示文稿的搜索"，表明不再有其他符合查找条件的文字。

● 替换文本

① 在功能区选择"开始"选项卡右侧"编辑"选项区的"替换"命令。

② 在弹出的"替换"对话框中，依次输入需要查找的文字和替换为的文字，然后单击"查找下一个"按钮，将定位到第一个符合查找内容的位置，如图 16-32 所示。

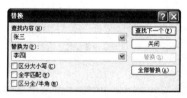

图 16-32

③ 如需替换，单击"替换"按钮；如果不需要替换，则继续单击"查找下一个"按钮继续查找。

④ 如需一次性全部替换，则单击"全部替换"按钮，将会替换演示文稿中所有符合查找内容的文字。

4　撤销与重复所操作的内容

如果需要撤销上一步操作，单击 PowerPoint

2007 窗口顶部快速访问工具栏上的"撤销操作"按钮；如果需要重复上一步操作，请单击快速访问工具栏上的"重复操作"按钮。

您也可以使用快捷键来完成上述操作。"撤销操作"命令的快捷键是【Ctrl+Z】，"重复操作"命令的快捷键是【Ctrl+Y】。

经验揭晓

在 Office 2007 的各个组件中，大多数文本和文件操作的快捷键是类似的。掌握了常用操作的快捷键，可以大大提高文字编辑的效率。本章中涉及的快捷键，是日常最常用也是最通用的，它们包括：

打开文件：【Ctrl+O】

保存文件：【Ctrl+S】

新建文件：【Ctrl+N】

复制选定内容到剪切板：【Ctrl+C】

粘贴剪切板内容到当前位置：【Ctrl+V】

剪切选定内容到剪切板：【Ctrl+X】

撤销上一步操作：【Ctrl+Z】

重复上一步操作：【Ctrl+Y】

如果条件允许，建议您熟记上述快捷键，以提高您使用 Office 系列软件的效率。

16.3　职业应用——公司简介

公司简介演示文稿主要是使用演示文稿来配合演说者，通过演说与演示文稿的文字相结合，让观众对被介绍的公司有所了解。限于本章所介绍的知识，我们在这一案例中仅采用文本内容，其他资料的添加以及演示文稿的美化将在后续章节中介绍。

16.3.1　案例分析

在日常的工作业务中，常常需要向合作伙伴介绍自己公司的情况。这个介绍要简明扼要，让对方在短时间内了解最必要的内容。我们使用每张幻灯片展示一个方面的情况，前后加上标题和致谢，就是一个最简单的介绍公司的演示文稿。

16.3.2　应用知识点拨

本案例应用的知识点概括如下：

1. 创建新演示文稿
2. 添加新幻灯片
3. 更改文本样式

4. 更改段落样式
5. 更改幻灯片版式
6. 插入日期和时间
7. 保存演示文稿

16.3.3 案例效果

结果文件	CDROM\16\16.3\职业应用 1.pptx
视频文件	CDROM\视频\第 16 章职业应用.exe
效果图	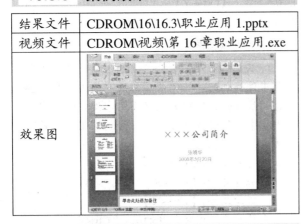

16.3.4 制作步骤

1 新建演示文稿

运行 PowerPoint 2007，自动新建一个演示文稿。单击快速访问工具栏上的"保存"按钮，将演示文稿保存到指定位置。

2 编辑标题页

● 输入文字内容

在新建演示文稿的第一张幻灯片中，在标题占位符中输入"×××公司简介"，在副标题占位符中输入演说者姓名"张晓华"，按【Enter】键确定，再输入演说时间"2008 年 3 月 20 日"。

● 调整文字格式

首先，更改标题文字的样式。

(1) 选中标题文字，在功能区的"开始>字体"选项组中，单击"字体"列表框右侧的下拉按钮，在下拉列表中选择"华文楷体"。

(2) 单击"字号"列表框右侧的下拉按钮，在下拉列表中选择 54 号。

(3) 单击"加粗"命令 **B**，使标题字体加粗。

(4) 单击"字体颜色"命令 **A** 右侧的下拉，在下拉列表中选择"标准色"中的蓝色。

然后，更改副标题的样式，选择字体为"华文细黑"，大小为 28 号。

这样，我们就完成了对标题页的修改。修改后的标题幻灯片效果如图 16-33 所示

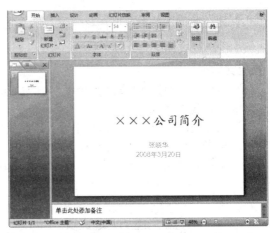

图 16-33

3 编辑演示文稿内容

接下来编辑演示文稿的内容。从公司的历史、业务范围、前景展望三个方面来介绍，分别对应一张幻灯片。

● 第一张：历史沿革

(1) 从功能区选择"开始>新建幻灯片"命令，在标题页后创建一张新的幻灯片。

(2) 在标题占位符中输入"历史沿革"。选中文字，使用功能区的"开始>字体"选项组中的命令，设置字体为"黑体"，字号为 48 号。

(3) 在标题下方的通用占位符中输入幻灯片的正文文字，按【Enter】键创建新段落。

第一张幻灯片的效果如图 16-34 所示。

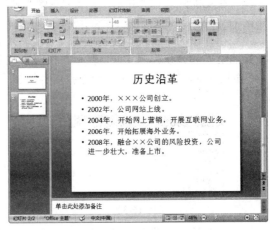

图 16-34

● 第二张：公司业务

我们准备从业务范围和营业收入两个方面予以介绍，因此，幻灯片的文字部分也要分为两栏。创建步骤如下。

(1) 从功能区选择"开始>新建幻灯片"命令，

创建一张新的幻灯片。

(2) 从功能区选择"开始>版式"命令，在下拉列表中选择"两栏内容"版式，如图 16-35 所示。

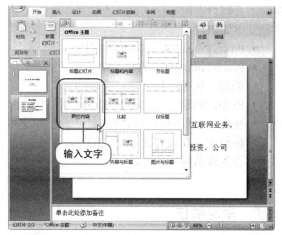

图 16-35

(3) 在标题占位符中输入"公司业务"。选中文字，使用功能区的"开始>字体"选项组中的命令，设置字体为"黑体"，字号为 48 号。

(4) 在标题下方左侧的通用占位符中输入"线上业务"。按【Enter】键创建新段落，在功能区选择"开始>提高列表级别"命令 📰，然后单击"编号"命令 📰，输入线上业务的内容。按【Enter】键创建新段落以输入更多内容。

(5) 从功能区选择"开始>字体>加粗"命令，使线上业务介绍中的"市场推广"、"线上营销"、"线上互动"使用加粗字体。

(6) 用类似的操作在右侧的占位符中输入线下业务的介绍文字，并设置其段落样式和文字样式。

第二张幻灯片的效果如图 16-36 所示。

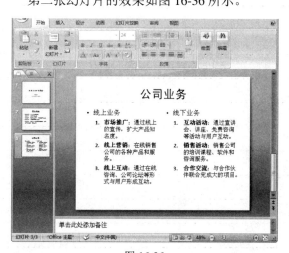

图 16-36

● 第三张：现状和前景

(1) 从功能区选择"开始>新建幻灯片"命令，创建一张新的幻灯片。选择"开始>版式"命令，在下拉列表中选择"标题和内容"版式。

(2) 在标题占位符中输入"现状和前景"，选中文字，使用功能区的"开始>字体"选项组中的命令，设置字体为"黑体"，字号为 48 号。

(3) 在标题下方的通用占位符中输入"公司现状"，按【Enter】键，在功能区选择"开始>提高列表级别"命令 📰，然后输入公司现状的内容。

(4) 按【Enter】键创建新段落，在功能区选择"开始>降低列表级别"命令 📰，输入"前景展望"，按【Enter】键确定，在功能区选择"开始>提高列表级别"命令 📰，然后输入前景展望的内容。按【Enter】键创建新段落以输入更多内容。

第三张幻灯片的效果如图 16-37 所示。

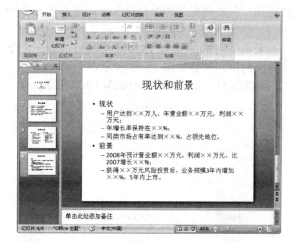

图 16-37

4　添加致谢页

(1) 从功能区选择"开始>新建幻灯片"命令，创建一张新的幻灯片。选择"开始>版式"命令，在下拉列表中选择"仅标题"版式。

(2) 在占位符中输入"谢谢大家！"，使用功能区"开始>字体"选项组中的命令，设置字体为"华文楷体"，字号为 48 号并加粗。

(3) 移动光标到占位符的边框处，光标将变成 ✛ 形状，向下拖曳鼠标，将标题占位符移动到幻灯片中部的合适位置。

编辑好的致谢页如图 16-38 所示。

5　保存演示文稿

最后，单击快速访问工具栏上的"保存"按钮 📄，保存演示文稿的编辑结果。

图 16-38

16.3.5　拓展练习

本章介绍了 PowerPoint 2007 最基本的操作，这些也是日常使用最为频繁的操作，请读者务必多加练习，熟练掌握。

灵活运用本章所学的知识，您可以创建一个个人简介的演示文稿如图 16-39 所示。

结果文件：CDROM\16\16.3\职业应用 2.pptx

图 16-39

在制作本例的过程中，需要注意以下几点：

（1）个人简介可以分为基本信息、教育情况、工作经历、兴趣爱好四个部分，您可以根据自己的需要和想法添加其他内容。

（2）可尝试使用功能区"开始"选项卡"字体"和"段落"选项组中的各个命令，了解它们各自对应的操作效果。

（3）适当的字体和段落样式能使重点突出、条目清晰，便于观众参看。请多尝试和体会不同的字体和样式的视觉效果。

16.4　温故知新

本章对 PowerPoint 2007 的基本功能作了详细讲解，并结合实例进行了大量的联系。读者应重点掌握以下知识点：

- PowerPoint 2007 的功能和用途
- PowerPoint 2007 的文件格式
- 创建、保存、打开演示文稿的方法
- 添加、删除、复制和移动幻灯片的方法
- 在演示文稿中查找和替换文字的方法
- 编辑文字和设置文字格式的方法
- 设置段落样式的方法

学习笔记

第 17 章
PowerPoint 2007 的初级编排

【知识概要】

在上一章，我们了解了 PowerPoint 2007 的用户界面和最简单的文字编排功能，并创建了第一个演示文稿。我们知道，PowerPoint 2007 演示文稿中可以包含文字、图片、表格等多种内容，为了达到良好的演示效果，通常需要在演示文稿中插入多种内容。本章主要讲解如何在演示文稿中插入上述对象并设置它们的样式。

17.1 答疑解惑

通过上一章的学习，我们已经知道在一个演示文稿中不仅仅可以包含文字，亦可包含图片、剪切画、图表等多种内容，而其中类型最为复杂多样、应用最为广泛的就是图表。PowerPoint 2007 将 Excel 2007 的图表功能完美嵌入，因此，在 PowerPoint 2007 中可以插入的图表类型与 Excel 2007 支持的图表类型完全一致。图 17-1 所示的是 PowerPoint 2007 中的"插入图表"对话框，所有的图表类型都显示在这个对话框中。

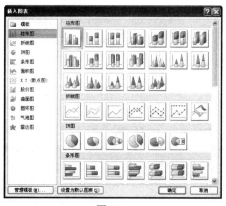

图 17-1

选用恰当的图表类型来展示数据，既能够让数据提供精确而有力的说明，又可以非常形象生动地突出数据之间的联系，这样的效果是使用单纯的语言和文字都难以达到的。因此，在需要的时候选用适当的图表就显得格外重要，这也是初学者使用图表功能的难点和重点所在。

下面我们便对 PowerPoint 2007 中的各种图表的外观、特点和主要用途简要地分类介绍一下。

1 柱形图

柱形图用于显示特定时间段内数据的变化或显示各个项目之间的比较情况，它使用工作表中的列或行中的数据来绘制图形。通常情况下，柱形图的水平轴（x 轴）用于组织类别，各类数据的数值大小沿垂直方向（y 轴）显示。图 17-2 所示的是一个简单的柱形图。

在图 17-2 中，产品产量的数据被按照季度分为四大组，每组中包含 A、B、C 三种产品的产量。在垂直方向上，这些产品产量的多少以柱形的长短来表示。这样就可以形象地展现出各个数据之间的对比关系了。

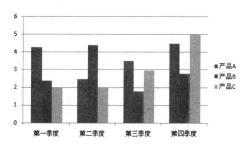

图 17-2

柱形图可以分为几种子类型，它们对应的功能如下。

● 簇状柱形图、三维簇状柱形图

多数情况下您需要使用的是簇状柱形图。数据分为不同的类别，每个类别中包含了一个或多个子类。各个类别沿水平轴展开，并沿垂直轴方向显示大小。簇状柱形图适合同时对比各类别中所有子类数据的大小。

图 17-3 所示的是一个三维簇状柱形图。

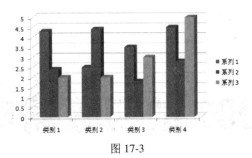

图 17-3

- 堆积柱形图、三维堆积柱形图

堆积柱形图突出各个类别中每个子类的数值与整体之间的对比关系。因此，当每个类别中有多个系列而又希望强调每一类别的总数值时，可以使用堆积柱形图。

图 17-4 所示的是一个三维堆积柱形图。

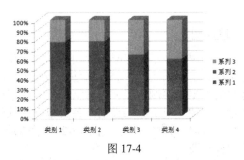

图 17-4

- 百分比堆积柱形图、三维百分比堆积柱形图

比较每一类中的每一数值所占该类总数值的百分比大小。当有多个数据系列并要强调每个数值所占总数值的大小时，可以使用百分比堆积柱形图。

图 17-5 所示的是一个百分比堆积柱形图。

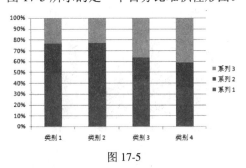

图 17-5

- 三维柱形图

与簇状柱形图类似，但每一类中的各个子类或系列的数据被沿着深度轴分布，而不是并列成簇。三维柱形图可以同时对比均匀分布在各个类别和各系列中的数据。

图 17-6 所示的是一个三维柱形图。

- 圆柱图、圆锥图、棱锥图

工作方式和前面讲述的几类图表示一致的，唯一不同的是它们使用圆柱、圆锥、棱锥而不是矩形

来显示数据。

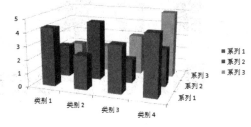

图 17-6

2 折线图

折线图非常适合展示连续的数据随时间而变化的趋势。如果分类标签是均匀分布的数值或代表均匀分布数值的文本（例如均匀分布的月份、季度、年度等），您就可以使用折线图来显示数据的变化情况。折线图也适用于包含多个系列的数据。在折线图中，类别数据沿水平轴均匀分布，所有值数据沿垂直轴均匀分布。图 17-7 所示的是一个简单的折线图。

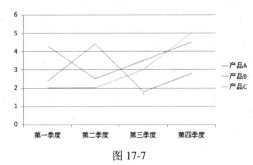

图 17-7

折线图包含的图表子类型及其功能如下。

- 折线图、带数据标记的折线图

用于显示数据随着时间或其他类别顺序变化的趋势。在带数据标记的折线图中，数据点会被标记突出显示。图 17-7 所示的就是一个普通的折线图。

- 堆积折线图、带数据标记的堆积折线图

用于显示每个数值所占的大小随时间或其他类别顺序变化的趋势。在带数据标记的堆积折线图中，数据点会被标记突出显示。

图 17-8 所示的是一个带数据标记的堆积折线图。

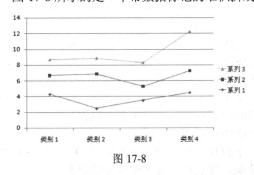

图 17-8

- 百分比堆积折线图、带数据标记的百分比堆积折线图

用于显示每一数值所占百分比随时间或其他类别顺序变化的趋势。在带数据标记的百分比堆积折线图中，数据点会被标记突出显示。

图 17-9 所示的是一个百分比堆积折线图。

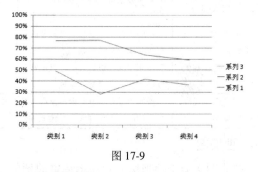

图 17-9

- 三维折线图

三维折线图将每一行或列的数据显示为三维标记。图 17-10 是一个三维折线图的示例。

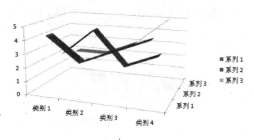

图 17-10

3　饼图

饼图绘制工作表中的一列或一行数据，它显示这一系列数据之间的大小对比关系以及它们在综合中所占的百分比。在饼图中，每个数据具有唯一的颜色或图案，并在图例中表示。

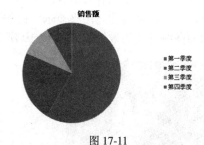

图 17-11

在满足如下条件时可以使用饼图：

- 只有一个需要绘制的数据系列；
- 需要绘制的数值中没有负数，几乎没有零；
- 需要绘制的数值不太多（最好不要超过七个），它们分别代表饼图的一部分。

4　条形图

条形图的工作原理和柱形图类似，用于显示各个条目之间的对比情况。与柱形图不同的是，在条形图中数据类别沿垂直方向组织，而数值大小沿水平方向比较。当轴标签过长或显示的数值是持续型时，可以使用条形图如图 17-12 所示。

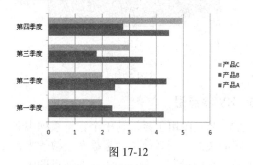

图 17-12

条形图的分类和用途可以参照前面柱状图的分类，但条形图中不包含三维分布。

5　面积图

面积图绘制排列在工作表的列或行中的数据，它强调的是数据随着时间而变化的程度，并且可以引起人们对总值变化的注意。例如在图 17-13 中，我们可以清晰地看到利润 A 和利润 B 的变化，以及在这段时间中 A 和 B 的累计利润的变化趋势。

图 17-13

如果使用堆积面积图，还可以显示出不同系列的数据在总数据中所占的比例关系随时间或类别而变化的情况，其效果如图 17-14 所示。

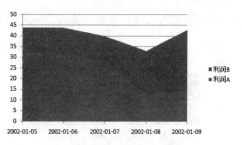

图 17-14

此外，百分比堆积面积图可以用于显示各个数

值所占的百分比随着时间或类别而变化的情况，其效果如图 17-15 所示。

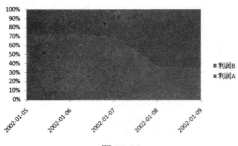

图 17-15

6 XY 散点图

XY 散点图用于显示若干个数据系列中各个数值之间的关系，或者简单地根据两组数值来在平面直角坐标系中绘制一系列的点。在散点图中，一组数据沿水平轴（x 轴）方向显示，另一组数据沿垂直轴（y 轴）方向显示，每一对数据可以在图中确定一个点，如图 17-16 所示。

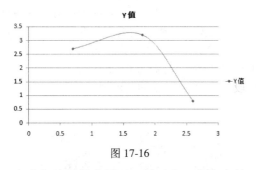

图 17-16

在准备绘制散点图时，需要在工作表中的一行或一列中输入 x 值，并在相邻的行或列中输入对应的 y 值。选择散点图的类型时，可以选择带有数据标记的，也可以选择无数据标记的；数据标记之间可以没有任何连接，也可以使用直线或平滑线连接各个数据点。

7 股价图

股价图用于显示股价的波动，也可以用于科学数据，例如显示每天或每年空气湿度的波动状况。

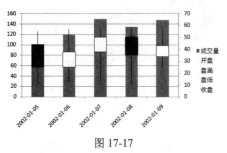

图 17-17

在股价图中，您需要按照特定的顺序排列各个数值系列。表 17-1 显示的是不同的股价图以及对应的数值系列。

表 17-1

子　类	用途以及数值系列
盘高-盘低-收盘图	显示股票价格。需要按照"盘高、盘低、收盘"的顺序来排列 3 个数值系列
开盘-盘高-盘低-收盘图	按照"开盘、盘高、盘低和收盘"的顺序排列 4 个数值系列
成交量-盘高-盘低-收盘图	按照"成交量、盘高、盘低和收盘"的顺序来排列 4 个数值系列
成交量-开盘-盘高-盘低-收盘图	按照"成交量、开盘、盘高、盘低和收盘"的顺序来排列 5 个数值系列

8 曲面图

曲面图类似于地形图，它使用特定的颜色和图案来表示具有相同数值范围的区域。您可以尝试使用曲面图来找到两组数据之间的最佳组合。绘制曲面图要求类别和数据都是数值。

一个简单的三维曲面图如图 17-18 所示。

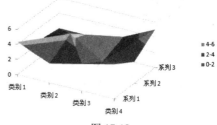

图 17-18

图 17-18 中，使用水平和纵深方向分别来排列类别和系列，在垂直方向排列数值大小，不同的颜色代表了不同的数值范围。

由于图形形状的限制，三维曲面图可能无法达到很好的视觉效果，比如有些位置的图形可能被遮挡。这时，您可以使用曲面图来显示，这相当于俯视一张曲面图时看到的效果，如图 17-19 所示。

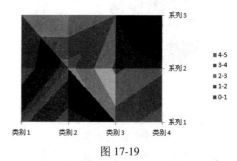

图 17-19

此外，您还可以使用三维框架图和框架图，但它们的显示效果有些不易理解，如图 17-20 所示。

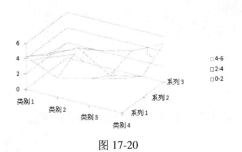

图 17-20

9　圆环图

与饼图类似，圆环图可以用于显示工作表中的一列或一行数据之间的大小对比关系以及它们在综合中所占的百分比。不同的是，圆环图中可以包含多个数据系列，如图 17-21 所示。

图 17-21

需要注意的是，圆环图在表示这种对比关系的时候效果并非十分直观，您可以尝试使用堆积柱形图或堆积条形图来代替。

10　气泡图

气泡图与 XY 散点图类似，但它每组包含了三个数值而非两个：前两个数值用于确定坐标的位置，第三个数值则确定气泡数据点的大小。气泡图的效果如图 17-22 所示。

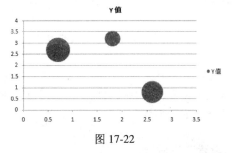

图 17-22

您还可以使用三维气泡图，使气泡具有三维效果。

11　雷达图

雷达图用于比较若干数据系列的聚合值。其显示效果如图 17-23 所示。

您还可以使用填充雷达图，使用一种颜色来填充一个数据系列所覆盖的区域。其效果如图 17-24 所示。

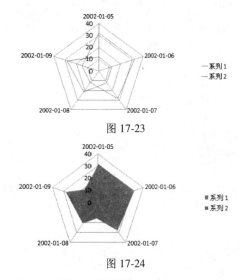

图 17-23

图 17-24

通过上述讲述，相信您对 PowerPoint 2007 中可以使用的图表类型已经有了一个初步的认识。您可以随时查阅这部分的内容，以选择适当的图表类型。在后续的章节中，我们将结合实例来体会上述图表的功能和使用方法。

17.2　实例进阶

下面，我们来结合实例，学习如何在 PowerPoint 2007 中编排文字、段落、表格和图表。

17.2.1　设置字体格式

在前面一章，我们已经接触了一些简单的字体格式操作。下面我们将系统地讲解这些相关操作。我们运行 PowerPoint 2007，在自动创建的空白演示文稿中开始编辑内容。

1　设置字体基本格式

　素材文件：CDROM\17\17.2\素材 1.pptx

● 使用功能区"开始"选项卡"字体"选项组中的命令

设置字体基本样式，最简单便捷的方法是使用功能区"开始"选项卡"字体"选项组中的命令，如图 17-25 所示。

首先，选中需要修改格式的文字，然后按如下操作来完成对文字格式的修改：

① 单击"字体"列表框右侧的下拉按钮，在下拉列表中选择需要使用的字体。

② 单击"字号"列表框右侧的按钮，在下拉列表中选择字号的大小，或直接在"字号"数值框中输入数字来表示字号大小。

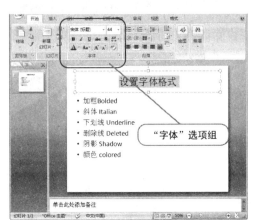

图 17-25

③ 单击"加粗"命令 **B**，或按【Ctrl+B】组合键，使字体加粗。

④ 单击"倾斜"命令 *I*，或按【Ctrl+I】组合键，使字体倾斜。

⑤ 单击"下画线"命令 U，或按【Ctrl+U】组合键，为文字添加下画线。

⑥ 单击"删除线"命令 abc，为文字添加删除线。

⑦ 单击"文字阴影"命令 S，为文字添加阴影效果，使之更加醒目。

⑧ 单击"字体颜色"命令 A 右侧的按钮，在下拉列表中选择，设置文字的颜色。

⑨ 单击"增大字号"命令 A，可以增大文字的字号；单击"减小字号"命令 A，可以减小文字的字号。

⑩ 单击"清除所有格式"命令，可以清除文字所有的格式。

上述操作的效果示例如图 17-26 所示。

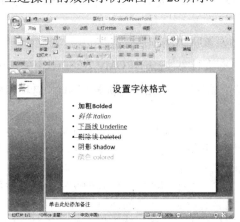

图 17-26

● 使用"字体"对话框

如果需要一次性地对一些文字设置特定的格式，或需要对文字设置较为复杂的字体属性，您可

以使用"字体"对话框。具体操作如下。

① 选中需要修改字体属性的文字。

② 在功能区"开始"选项卡中的"字体"选项组中，单击选项组右下角的"字体"对话框启动器按钮，调出"字体"对话框如图 11-27 所示。

图 17-27

③ 在该对话框的"字体"选项卡中设置字体相关的属性后，单击"确定"按钮，完成对字体的修改。

温馨提示

上述两种方法的功能并非完全一致。具体区别如下：

在"开始"选项卡的"字体"选项组中，可以为文字添加阴影效果，这是在"字体"对话框中没有提供的。

在"字体"对话框中，可以为文字添加双删除线，设置文字为上标或下标，设置英文字母为小型大写字母、全部大写字母、等高字符等特殊格式，还可以在"下画线类型"下拉列表中指定下画线的样式，在"下画线颜色"下拉列表中指定下画线的颜色。这些都是无法在功能区"开始"选项卡的"字体"选项组中完成的操作。

此外，可以在"字体"对话框中为中文和英文文字分别指定字体，这可以避免使用中文字体显示英文，多数情况下，中文字体中的英文字符并不是那么美观。

2 设置字符间距

选中文字后，单击功能区"开始"选项卡中"字体"选项组的"字符间距"命令，可以设置字符间距。您可以选择 5 种预设的字符间距，或选择"其他间距"，在弹出的"字体"对话框的"字符间距"选项卡中设置字符之间的间距。

素材文件：CDROM\17\17.2\素材 2.pptx

不同字符间距的示例如图 17-28 所示。

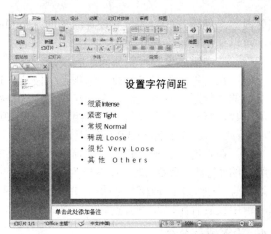

图 17-28

可以看到，不同的字符间距之间的差别在英文字母中尤其明显。

17.2.2　设置段落格式

学习完字体格式的设置后，接下来我们学习如何设置演示文稿的段落格式。

与设置字体样式相似，PowerPoint 2007 中对段落格式的设置也可以通过功能区或对话框两种途径来完成。选中需要设置格式的段落后，通过单击功能区"开始"选项卡"段落"选项组右下方的"段落"对话框启动器按钮 ，可以调出如图 17-29 所示的"段落"对话框，在选项卡中设置段落格式。

图 17-29

经验揭晓

在设置段落格式时，如果只需要设置一段的格式，无须选中该段，只要在该段中单击鼠标，将光标插入该段的任意位置即可。但若需要设置多个连续段落的格式，则需要将这些段落都选中后进行操作。

但"段落"对话框中的选项有时候并不能够满足我们的需求，相比之下，功能区"开始"选项卡的"段落"选项组中的操作要更加全面和快捷。

1　设置段落对齐方式

素材文件：CDROM\17\17.2\素材 3.pptx

在功能区选择"开始"选项卡的"段落"选项组中的相关命令，可以设置段落的对齐方式。具体如下：

① 选中需要修改对齐方式的段落。

② 设置段落对齐方式的操作如下。

- 单击"文本左对齐"命令 ，可以使段落左端对齐；
- 单击"居中"命令 ，可以使段落居中对齐；
- 单击"文本右对齐"命令 ，可以使段落右端对齐；
- 单击"两端对齐"命令 ，可以根据需要调整字符间距，使段落左右两端对齐，如果最后一行不满整行，那么这一行会靠左对齐；
- 单击"分散对齐"命令 ，可以根据需要调整字符间距，使段落两端同时对齐。如果最后一行不满整行，那么这一行的文字之间会被插入额外的空隙，使文字充满整行。

上述五种对齐方式的效果如图 17-30 所示。

2　设置段落缩进方式

● 使用"段落"对话框设置段落的缩进方式

素材文件：CDROM\17\17.2\素材 4.pptx

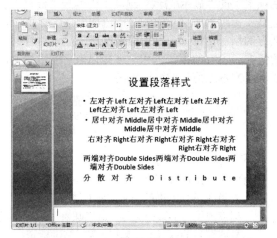

图 17-30

在功能区选择"开始"选项卡"段落"选项组右下方的"段落"对话框启动器按钮 ，调出"段落"对话框，在"缩进和间距"选项卡的"缩进"选项组中，设置"文本之前"的缩进值和特殊缩进方式。

"文本之前"用于设定段落中各行文字前的缩进值，也就是左缩进值。特殊缩进方式包括首行缩进和悬挂缩进。

在 PowerPoint 2007 中，如果段落使用了项目符号列表或编号，那么首行缩进的位置就是项目符号或编号的位置，"文本之前"的缩进值，也就是左缩进值，是段落中各行文字的起始位置。

如果段落没有使用项目符号列表或编号，则段落的第一行从首行缩进的位置开始，其他各行依然使用左缩进值。两者的对比如图 17-31 所示。

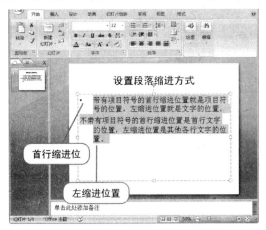

图 17-31

● 使用标尺设置段落缩进

也可以使用标尺上的滑块来设置段落缩进。操作步骤如下。

① 如果未显示标尺，可在功能区的"视图"选项卡上的"显示/隐藏"选项组中勾选"标尺"复选框。标尺上所显示的缩进标记如图 17-32 所示，上方的倒三角标记为首行缩进标记，显示首行缩进的情况；下方的正三角和矩形标记为左缩进标记，显示"文本之前"的缩进距离。

图 17-32

② 选择需要设置缩进的段落。

③ 具体操作步骤如下。

● 要更改首行缩进的位置（对于使用了项目符号列表或编号的段落来说，这意味着更改项目符号或编号的位置），请拖曳首行缩进标记；

● 要更改段落中文本的左缩进位置，拖曳左缩进标记的正三角部分；

● 要同时移动首行缩进和左缩进并使它们的相对位置保持不变，拖曳左缩进标记底部的矩形部分。

通过操作标尺上的缩进标记来更改缩进是方便快捷地更改段落缩进值的方法。

3 设置行距和间距

行距是指各行文字之间的距离，段落间距是指相邻段落之间隔开的距离。要设置段落的行距和间距，可以使用如下操作。

① 选中需要设置行距和间距的段落。

② 在功能区选择"开始"选项卡"段落"选项组中的"行距"命令 ，在下拉列表中选择行距的倍数，默认的选项包括 1 倍行距、1.5 倍行距、2.0 倍行距、2.5 倍行距和 3.0 倍行距。

③ 在功能区选择"开始"选项卡"段落"选项组中的"行距"命令 ，在下拉列表中选择"行距选项"，在弹出的"段落"对话框的"缩进和间距"选项卡中设置行距以及段前段后的距离。

4 设置段落分栏

素材文件：CDROM\17\17.2\素材 5.pptx

在功能区选择"开始"选项卡"段落"选项组中的"分栏"命令 ，可以设置分栏。默认情况下，可以设置为 1 栏、2 栏和 3 栏，如果需要其他选择，或需要设置栏与栏的间距，则可以在"分栏"命令下拉菜单中选择"更多栏"命令，在弹出的分栏对话框中，分别设置栏数和栏间距如图 17-33 所示。

图 17-33

与 Word 2007 中的分栏不同，在 PowerPoint 2007 中只能针对占位符而无法针对特定段落设置分栏。因此，只需将光标插入需要设置分栏的占位符中的任意位置，即可设置分栏格式。分栏的效果如图 17-34 所示。

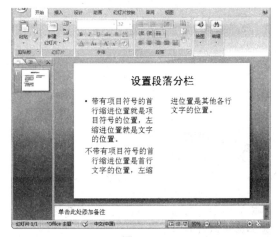

图 17-34

5 设置段落文字方向

素材文件：CDROM\17\17.2\素材 6.pptx

如需设置占位符中文字的方向，只需在该占位符中插入光标，然后在功能区选择"开始"选项卡的"段落"选项组中的"文字方向"命令 ⅢⅢ▾，在下拉列表中选择文字的排列方向即可如图 17-35 所示。

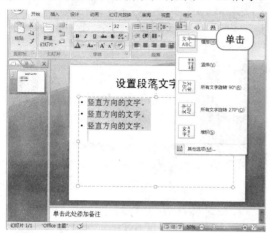

图 17-35

6 设置制表位

选中段落后，可以为段落设置制表位。

● 通过标尺设置制表位

① 如果尚未显示标尺，可在功能区的"视图"选项卡上的"显示/隐藏"选项组中选择"标尺"命令。

② 单击标尺左端的制表符选择器，直至显示出所需要的制表符类型。各种制表符的作用如下：

- ∟ "左对齐式制表符"：设置文本的起始位置。在输入制表符时（按 Tab 键），随后输入的文本移动到制表位的右侧；
- ⊥ "居中式制表符"：设置文本的中间位置。在输入制表符时，随后输入的文本以制表位为中心居中显示；
- ⌐ "右对齐式制表符"：设置文本的右端位置。在输入制表符时，随后输入的文本移动到制表位的左侧。
- ⊥ "小数点对齐式制表符"：使数字按照小数点对齐。无论位数如何，小数点始终位于相同位置。

● 通过"段落"对话框精确设置制表位

如果要设置制表位的精确位置，可按如下操作。

① 单击功能区"开始"选项卡"段落"选项组右下方的"段落"对话框启动器按钮 🔲。

② 在"段落"对话框中，单击"制表位"按钮，弹出如图 17-36 所示。

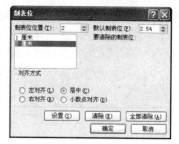

图 17-36

③ 在"制表位"对话框中，在"制表位位置"数值框中，输入新制表位的度量值（默认单位是厘米）。

④ 在"对齐方式"选项组中选择需要的对齐方式。

⑤ 单击"设置"按钮以保存这个制表位。

⑥ 重复上述步骤③和④以设置其他的制表位，然后单击"确定"按钮。

🔧 赠送两招

在功能区"开始"选项卡最左侧的"剪切板"选项组中的 ✍ 按钮叫做格式刷，使用此命令，可以快速地将文字和段落格式应用于其他文字。比如，将 A 处的文字格式应用于 B 处，首先选中 A 处文字，然后单击"格式刷"，这时，鼠标指针变成 🖌️ 形。将指针移动到 B 处的开始，用鼠标拖曳至 B 处末尾，放开鼠标左键，A 处文字的格式即被应用于 B 处，同时，格式刷自动失效，这样的格式刷可以说是"一次性"的。

如果希望将 A 处的格式应用于多处文字，可以在选中 A 处文字后双击"格式刷"命令，然后即可多次使用。如果需要取消格式刷，再次单击"开始"选项卡上的"格式刷"命令即可。

17.2.3 添加项目符号和编号

在演示文稿中，简明扼要的文字摘要通常会以项目或编号的形式出现，因此，项目符号和编号在 PowerPoint 2007 中显得尤为重要。

1 添加项目符号

💿 素材文件：CDROM\17\17.2\素材 7.pptx

当使用 PowerPoint 2007 建立一个空白演示文稿时，在通用占位符中输入的文本默认使用项目编号的样式。如果没有使用，可以选中需要设置项目符号的段落，然后在功能区选择"开始"选项卡"段落"选项组中的"项目符号"命令 ▤，即可为这些段落套用项目符号格式。

如果需要使用其他的项目符号样式,可单击"项目符号"命令右侧的下拉按钮 ,在下拉列表中选择适当的项目符号样式如图 17-37 所示。

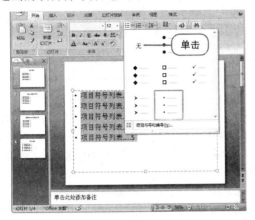

图 17-37

2 自定义项目符号

素材文件:CDROM\17\17.2\素材 7.pptx

如果默认的几类项目符号样式都无法满足需要,可以自定义项目符号。

① 选中需要设置项目符号的段落。

② 单击"开始"选项卡上"项目符号"命令右侧的下拉按钮 ,在下拉列表底部单击"项目符号和编号"命令。

③ 此时弹出"项目符号和编号"对话框右下方的"自定义"按钮如图 17-38 所示。

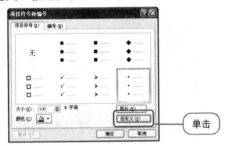

图 17-38

④ 在弹出的"符号"对话框中选择需要使用的符号,单击"确定"按钮,如图 17-39 所示。

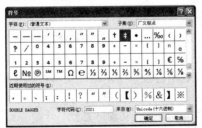

图 17-39

⑤ 在"项目符号和编号"对话框中,设置项

目符号的大小和颜色,单击"确定"按钮,即可为选中的段落设置自定义的项目符号,如图 17-40 所示。

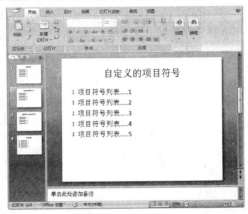

图 17-40

3 自定义图片项目符号

素材文件:CDROM\17\17.2\素材 7.pptx

除了使用字符之外,您还可以使用图片作为项目符号,操作步骤如下。

① 在前面的"项目符号和编号"对话框的"项目符号"选项卡中,单击右下方的"图片"按钮。

② 在"图片项目符号"对话框中选择适当的图片。如需使用自己的图片或其他支持的媒体文件,则单击"图片项目符号"对话框左下角的"导入"按钮,选择需要使用的图片或其他支持的文件,然后单击"确定",如图 17-41 所示。

图 17-41

③ 在"项目符号和编号"对话框中设置项目符号的大小,然后单击"确定"按钮,即可使用自定义的图片作为项目符号了。

使用图片作为项目编号的效果如图 17-42 所示。

4 添加编号

素材文件:CDROM\17\17.2\素材 7.pptx

① 为选定的段落添加编号,只需单击功能区"开始"选项卡上"段落"选项组中的"编号"命令 即可,这里选择使用阿拉伯数字编号。

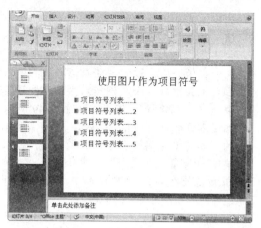

图 17-42

② 如果需要使用其他格式的数字编号，单击"编号"命令右侧的下拉按钮 ，在下拉列表中选择一种编号格式，如图 17-43 所示。

图 17-43

③ 如需设置编号的详细格式，单击下拉列表底部的"项目符号和编号"命令，在"项目符号和编号"对话框中选择"编号"选项卡中，可以设置编号的起始值、颜色、大小等属性，如图 17-44 所示。

图 17-44

17.2.4　在幻灯片中插入表格

接下来，我们来学习如何在幻灯片中插入表格。

1　创建表格

在 PowerPoint 2007 演示文稿中创建表格有两种常用方法，一种是直接在通用占位符中创建表格，另一种是使用功能区"插入"选项卡上的"表格"选项组中的相关功能。

● **直接在通用占位符中创建表格**

新建一个空白演示文稿，在标题幻灯片后创建一张新的幻灯片，在一个空白的通用占位符中，显示有 6 个图标，单击第一个图标 ，在弹出的对话框中设置表格的行数和列数，单击"确定"，即可插入一个表格如图 17-45 所示。

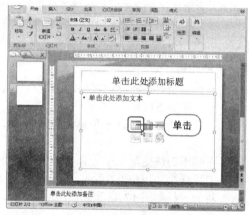

图 17-45

● **使用"表格"选项组中的功能**

如果上述的通用占位符中已有其他内容，则插入表格的图标不会显示。这时候，我们需要使用功能区的命令来插入表格，具体步骤如下。

① 选择要插入表格的幻灯片，然后在功能区选择"插入"选项卡"表格"选项组中的"表格"命令 。

② 移动鼠标指针的位置以选择需要的行数和列数。您可以在幻灯片视图中预览表格的效果如图 17-46 所示。

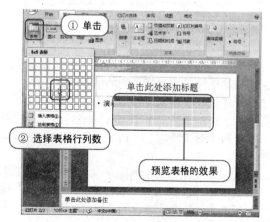

图 17-46

③ 如果您需要插入的表格大小无法使用上述操作来绘制，可以在单击第②步中的"表格"命令后，在下拉菜单中的"插入表格"命令 ▦，在弹出"插入表格"对话框中指定表格的行数和列数如图 17-47 所示。

图 17-47

2 调整表格结构

🔘 素材文件：CDROM\17\17.2\素材 8.pptx

在插入表格后，有时候需要对已经存在的表格的结构作调整，比如增减行列数，以完全匹配表格中需要输入的内容。下面我们来学习如何调整表格的结构。

● **添加或删除行、列**

例如，我们想要在素材中表格的第 7 行上方添加新的一行，按如下操作。

① 单击第 7 行的任意一个单元格，然后单击右键。

② 在弹出的快捷菜单中选择"插入"命令，在子菜单中选择"在上方插入行"，即可在第 7 行的上方插入新的一行如图 17-48 所示。

图 17-48

如果需要插入多行，则按照上面的操作重复进行。在表格中特定位置插入列的操作与此类似。

如果需要在表格末尾添加新的行，也可以单击表格最后一行的最后一个单元格，然后按【Tab】键。

在表格中删除特定的行或列，需要按如下步骤操作。

- 如果需要在表格中删除单独的行或列，单击需要删除的行或列中的任意一个单元格，然后右击，在快捷菜单中选择"删除行"或"删除列"命令即可。

- 如果需要在表格中删除连续的多行，先单击第一个需要删除的行中的任意一个单元格，向下拖曳鼠标至最后一个需要删除的行中的一个单元格，这时，所有需要删除的行中均有单元格被选中。然后右击，在快捷菜单中选择"删除行"即可，如图 17-49 所示。

- 如果需要删除连续的多个列，先使需要删除的列均有单元格被选中，然后右击，在快捷菜单中选择"删除列"命令即可。

- 如果需要在表格中删除多个不连续的行或列，逐一删除它们即可。

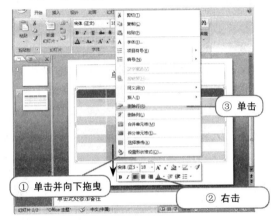

图 17-49

除此以外，还可以使用功能区"布局"选项卡中的命令来完成上述操作，读者可自行尝试。

● **合并和拆分单元格**

如果需要合并表格中的若干个单元格为一个单元格，请先选中这些单元格，然后右击，在弹出的菜单中选择"合并单元格"命令 ▦ 即可。

如果需要将合并产生的单元格拆分回原貌，单击这个单元格，然后右击，在快捷菜单中选择"拆分单元格"命令 ▦。

● **调整表格的行高和列宽**

调整表格的行高和列宽的操作如下。

- 如需调整表格中某一行的行高，请将鼠标指针移动到该行的分隔线处，这时，指针变成 ÷ 形，拖曳鼠标即可改变行的高度。

- 如需调整表格中某一列的列宽，请将鼠标指针移动到该列的分隔线出，指针变成 ╫ 形，拖曳鼠标即可改变列宽。

- 如需调整表格中连续的多行或多列的高度或宽度，按如下步骤操作。

① 单击需要调整的区域的左上角的单元格，然后沿对角线方向拖曳鼠标到该区域右下角的单元格，使需要调整的区域被选中如图 17-50 所示。

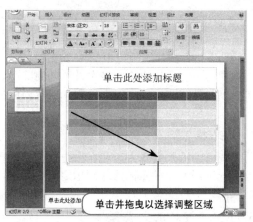

图 17-50

② 将鼠标指针移动到选中区域的边缘，待指针变成 ⇕ 形或 ⫴ 形时，拖曳鼠标即可改变这行高或列宽。

- 如需调整整个表格中所有行高或列宽，先单击表格中的任意位置，然后将鼠标指针移动到表格边缘，待指针变成 ⇕ 形或 ⫴ 形时，拖曳鼠标即可。

● **精确调整表格的行高和列宽**

如果需要精确地为特定单元格或表格设定高度和宽度，请选中需要调整的单元格或表格，然后在功能区"布局"选项卡中"单元格大小"选项组中输入单元格的高度和宽度，或在"表格尺寸"选项组中制定表格的高度和宽度。

如果需要设置一系列行或列有相同的行高或列宽，则选中这些行或列，在功能区选择下"布局"选项卡中"单元格大小"选项组中的"分布行"按钮 ⊞ 或"分布列"命令 ⊞ 即可。

> 🎀 **赠送两招**
>
> 选中表格中的特定行或列，也可以按如下方法操作：先单击表格中的任意位置，然后将鼠标指针移动到表格边框外侧，待指针变成 ➡ 形（或 ⬇ 等类似形状）时单击，即可选中箭头指向的行或列。如果把单击换成拖曳鼠标，则可以选中连续的多行或多列。

● **调整表格的大小或位置**

调整表格的大小，请先单击需要调整的表格中的任意位置，然后将指针移动到表格边缘处：

- 如果需要调整表格的宽度，可移动到表格左侧或右侧边框中部，待指针变成 ↔ 形时，按下鼠标左键并拖动即可。
- 如需调整表格的高度，请移动到表格上部或

下部边框的中间，待指针变成 ↕ 形时，拖曳鼠标即可。

- 如需同时调整表格的高度和宽度，请移动到表格的右下角（或其他三个角），待指针变成 ↖ 形（或 ↗ 形）时按下鼠标左键并拖动即可。如果需要保持表格中单元格的长宽比例，请按下 Shift 键，同时拖曳鼠标。

调整表格的位置，只需移动鼠标指针到表格边框处，待指针变成 ✛ 形时拖曳表格到适当位置。

3　设置表格外观样式

💿 素材文件：CDROM\17\17.2\素材 9.pptx

PowerPoint 2007 为表格提供了多种美观便捷的外观样式供选择，使用这一功能，可以快速地根据内容调整表格外观，使之符合使用要求并且外形美观。对表格外观样式的设置在"设计"选项卡中操作。

● **设置表格样式选项**

不同内容的表格会有不同的外观，通常情况下，我们会使用不同的字体或单元格的底纹来突出显示表格的标题行、汇总行等其他特殊行列。在 PowerPoint 2007 中单击表格，使功能区上方出现"表格工具"，在它下面的"设计"选项卡"表格样式选项"选项组中，您可以快速地设置这些内容。

表格样式选项中的各个选项的意义如下：

- 标题行：选中这个选项后，表格的第一行会突出显示。这可以用于多数使用第一行作为表头的表格。
- 第一列：选中这个选项后，表格的第一列会突出显示。
- 汇总行：选中这个选项后，表格的最后一行会突出显示。
- 最后一列：选中这个选项后，表格的最后一列会突出显示。
- 镶边行：选中这个选项后，表格中相邻的行会有不同的底纹颜色。这样可以避免混淆较长的邻接行，便于阅读。
- 镶边列：选中这个选项后，表格中相邻的列会有不同的底纹颜色。这样可以避免混淆邻接的列，便于阅读。

前 5 种样式选项的效果如图 17-51 所示。

● **选择表格样式**

您可以使用 PowerPoint 2007 内置的表格样式来快速地改变表格的外观。具体操作如下。

① 在需要改变样式的表格中的任意位置单击。

② 在功能区"设计"选项卡的"表格样式"选项组中，选择需要使用的表格样式的缩略图。如果需要从更多的表格样式选择，可单击"其他"命令

，在下拉列表中选择适当的样式如图 17-52 所示。

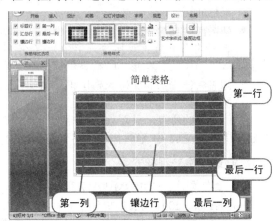

图 17-51

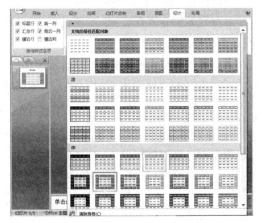

图 17-52

● 设定单元格的底纹

您可以在功能区选择"设计"选项卡"表格样式"选项组中的"底纹"命令 来为光标所在的单元格或当前选中的多个单元格设置底纹的颜色，操作如下：

- 如果需要为单个单元格设置底纹，可先单击此单元格，然后单击"底纹"按钮 。如果需要其他的底纹颜色，请单击它右侧的 按钮，在下拉列表中选择适当的颜色作为底纹。
- 如果需要为多个连续单元格设置底纹，请单击这些单元格中的起始位置，然后拖曳鼠标以选中这些单元格，然后再选择适当的底纹。
- 如果需要为整个表格设置一致的底纹，可单击表格的边框以选中整个表格，然后选择适当的底纹。

● 设置单元格边框

选中单个或多个单元格或整个表格后，单击"设计"选项卡的"表格样式"选项组中框线按钮右侧的下拉 按钮，可以设置这些单元格的边框样式。

● 设置表格效果

通过在功能区选择"表格工具"下"设计"选项卡的"表格样式"选项组中的"效果"命令 ，您可以为选中的表格或单元格设置不同的凹凸、阴影、映像等视觉效果。这一部分的操作较为简单，请读者自己结合练习多加体验。

4 在表格中输入文本内容

在表格中输入文本内容和在占位符中输入内容的方法一样，只要将光标插入到指定的单元格，即可输入需要输入的文字。

5 设置表格中的文本格式

素材文件：CDROM\17\17.2\素材 10.pptx

您可以像为正文中的文字设置格式一样为表格中的文字设置格式，具体操作方法请参见前面的相关章节。除此以外，您还可以为表格中的文字指定选择在单元格中的垂直位置。单击表格，然后在功能区选择"布局"选项卡中的"对齐方式"命令 ，在下拉菜单中选择相应的垂直对齐方式：

- 顶端对齐 ：表格的同一行中所有单元格的文字的第一行都处于单元格顶部。
- 垂直居中 ：表格中同一行的所有单元格的文字在垂直方向上居中对齐，并位于单元格中部。
- 底端对齐 ：表格的同一行中所有单元格的文字的最后一行都处于单元格底端。

当您的表格同一行中不同的单元格内的文字行数不尽相同时，这一选项对于保持表格文字的整齐尤其有效。三种对齐方式的效果如图 17-53 所示。

图 17-53

17.2.5 创建与调整图表

PowerPoint 2007 中，您可以调用 Excel 的强大功能，插入多种图表，以达到形象而有说服力的展示效果。关于不同的图表的功能，我们在本章的"答疑解惑"中已经详细地讲述过了，接下来我们学习如何在幻灯片中插入图表。

1 创建图表

在 PowerPoint 2007 中创建图表，在功能区选择"插入"选项卡 "插图"选项组中的"插入图表"命令 ，然后在弹出的对话框中选择适当的图表类型，然后单击"确定"按钮如图 17-54 所示。

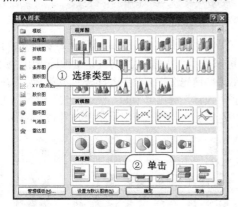

图 17-54

2　编辑图表中的数据

选择图表类型后，PowerPoint 2007 会自动调用 Excel 2007 作为数据编辑器，其中已经包含有预先输入的示例数据，如图 17-55 所示。

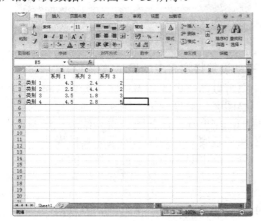

图 17-55

要创建属于自己的图表，您需要完成以下操作：

(1) 删除 Excel 表格中原有的数据，并输入自己的数据。

(2) 在原来的示例数据中，已经有诸如"系列1"、"类别1"这样的标记，您可以将它们替换为自己的标记，比如数据所属的年份、产品的类别等。

(3) 拖曳数据区域右下角来指定图表数据的区域。

(4) 关闭 Excel 2007 的窗口，您将回到 Power Point 2007 的窗口中，并得到自己的图表，如图 17-56 所示。

(5) 如果需要修改已有图表的数据，单击图表，这会使功能区上方出现"图表工具"，其中包含了"设计"、"布局"、"格式" 3 个选项卡，然后选择"图表工具"下"设计"选项卡中的"编辑数据"命令，将会重新启用 Excel 2007 来编辑图表的数据。

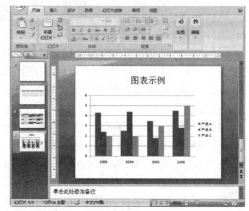

图 17-56

3　规划图表布局结构

● 使用预置的图表布局

创建图表后，您可以从功能区"设计"选项卡的"图表布局"选项组中选择适当的预置图表布局。在预置的图表布局中，图表的各种元素的显示方式都已经安排妥当，如图 17-57 所示。

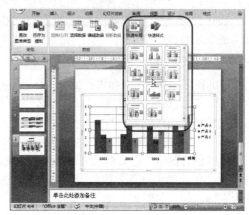

图 17-57

还可以使用功能区"布局"选项卡中的命令对图表中各元素的布局、显示进行调整，具体包括以下内容。

● 设置标签

您可以使用功能区"布局"选项卡"标签"选项组中的命令来设置图表中各个元素的标签，它们包括：

- 图表标题 ：单击此按钮，可以在下拉列表中选择是否显示图表的标题，并可以设置标题的显示方式是居中覆盖还是位于图表上方。单击后，图表标题会出现在指定位置，可以继续输入文字以编辑它的内容。还可以拖曳标题所在的文字框来移动它的位置。
- 坐标轴标题 ：单击此按钮可以设定是否显示横纵坐标轴标题以及显示方式。单击后，相应的坐标轴标题会出现在指定位置，可以继续输入文字以编辑它的内容。还可以拖曳坐标轴标题所在的文字框来移动它的位置。

- 图例 ：单击此按钮可以在下拉列表中设定是否显示图例，以及图例在图表中的位置和覆盖关系。还可以在图表中单击图例，然后拖曳包含图例的矩形框来移动图例的位置。
- 数据标签 ：数据标签可以在图表中标明各个图形所描述的数据，从而将直观的图形和准确的数字结合起来。单击此按钮可以在下拉列表中设定数据标签在图表中的显示方式。
- 数据表 ：单击此按钮，可以设置将绘制图表所使用的数据表显示在图表的下方。

● 设置坐标轴和网格线

可以使用功能区"布局"选项卡"坐标轴"选项组中的命令来设置图表中各个元素的标签，它们包括以下内容。

- 坐标轴 ：单击此按钮，可以设置坐标轴的显示方式。
- 网格线 ：单击此按钮，可以分别设置图表中纵横方向的主要网格线和次要网格线的显示样式。

● 手动调整图表中各元素的布局

如前面所述，对于图表标题和坐标轴标题，可以在单击它们之后，将鼠标指针移动到含有这些文字的文字框边缘处，当指针变成 ✛ 形时，即可拖曳来更改它们的位置。对于图例，您可以在图表中单击，然后通过拖曳包含图例的矩形框来更改图例的位置。甚至可以单击图表的主题部分然后用拖曳的方式来移动图表主体，但若非确实必要，并不建议这样操作，因为 PowerPoint 2007 已经把它们放置在了适当的位置，大量的手动调整反而可能会破坏美观的效果。

4　更改图表类型

在创建图表后，还可以更改图表的类型。具体的方法有。

① 单击图表，然后在功能区"设计"选项卡"类型"选项组中的"更改图表类型"命令 ，从弹出的"更改图表类型"对话框中选择新的图表类型。

② 在图表上单击右键，在快捷菜单中选择"更改图表类型"命令 ，然后再在"更改图表类型"对话框中选择新的图表类型。

17.2.6　设置图表的外观样式

与表格类似，在 PowerPoint 2007 中，同样可以为图表设置美观的效果。

1　设置图表元素的显示效果

● 使用"快速样式"

　　素材文件：CDROM\17\17.2\素材 11.pptx

可以使用"快速样式"方便地更改图表中各元素的显示效果。请先选择需要更改样式的图表，然后在功能区选择"设计"选项卡中的"快速样式"命令，在下拉菜单中选择适当的样式应用于图表如图 17-58 所示。

图 17-58

● 手动设置特定元素的显示效果

您可以随时更改图表中特定元素（例如图表区域、绘图区、数据标记、图表中的标题、网格线、坐标轴、刻度线、趋势线、误差线或三维图表中的背景墙和基底等）的显示效果，具体操作如下：

① 单击图表中需要设定效果的元素；

② 在功能区选择"格式"选项卡"当前所选内容"选项组中的"设置所选内容格式"命令 ，弹出相应的格式设置对话框，在对话框中设置所选对象的格式。图 17-59 所示的是"设置图例格式"的对话框。

图 17-59

对于图表中的数据系列，您还可以单击它对应的图形（例如柱形图中特点颜色的矩形），选择功能区"格式"选项卡"形状样式"选项组中的命令来便捷地改变数据系列的形状填充、轮廓和效果。

2　设置图表背景

您可以为图表指定背景。背景可以是纯色、渐变颜色、图片、纹理中的任意一种。我们以图片填充为例来讲解图表背景的设置。

①　在图表中的空白区域右击，选择"设置图表区域格式"命令🖼。

②　在弹出的对话框中，设置填充效果为"图片或纹理填充"。

③　然后单击"文件"按钮，选择适当的图片文件作为图表的背景如图 17-60 所示。

图 17-60

④　最后单击"关闭"按钮，即可为图表设置个性化的背景设置结果如图 17-61 所示。

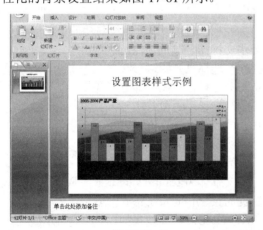

图 17-61

3　设置图表中的文字效果

您还可以为图表中的文字设置效果。单击图表中的文字，在功能区中选择"格式"选项卡"当前所选内容"选项组中的"设置所选内容格式"命令🖌，即可在相应的格式设置对话框中为文字设置边框、阴影、三维格式、对齐方式等效果。图 17-62 所示的是"设置图表标题格式"对话框。

图 17-62

4　重复利用现有图表的布局模式

当您对一个图表做过相应的设置之后，可以将它的布局模式存储为模板，以便重复利用。具体操作步骤如下。

①　单击要重复利用布局的图表。

②　在功能区中选择"设计"选项卡的"类型"选项组中，单击"另存为模板"命令🖿。

③　确认"保存图表模板"对话框中确认保存位置是"图表"文件夹（或名为"Charts"的文件夹）。在"文件名"文本框中输入适当的图表模板名，单击"保存"按钮。

这样，这个图表就被保存为可以重复套用的图表模板了。要使用它来创建新的图表，在功能区中选择"插入"选项卡"插图"选项组中的"图表"命令，在弹出的"插入图表"对话框中的左侧选择"模板"选项卡，在右侧选择自定义的模板后单击"确定"按钮，即可使用自定义的图表模板创建一个新的图表如图 17-63 所示。

图 17-63

17.3　职业应用——网站访问量年度报告

包含有数据的表格和根据数据绘制的图表可以

形象而准确地传达信息，这在商业、科研和教育等领域的演示中是十分重要的。这些也是相关的演示文稿中不可或缺的内容。

下面我们将制作一份网站访问量的年度报告，其中应用到较多的表格和图表。

17.3.1　案例分析

衡量一个网站的访问量，主要的指标包括访问人数、访问页面数等信息。同时，在一份年度统计报告中，也不可避免地要对比往年数据、分析当年趋势，用图表直观地展示网站的发展状况。

17.3.2　应用知识点拨

本案例应用的知识点包括如下：

1. 设置演示文稿中文字的格式
2. 修改幻灯片中的段落格式
3. 设置自定义的项目符号
4. 在幻灯片中插入表格，并设置表格的格式
5. 在幻灯片中插入图表，并设置图表的格式

17.3.3　案例效果

结果文件	CDROM\17\17.3\职业应用 1.pptx
视频文件	CDROM\视频\第 17 章职业应用.exe
效果图	

17.3.4　制作步骤

1　创建演示文稿并设计标题页

● 创建演示文稿

启动 PowerPoint 2007，软件自动新建一个空白的演示文稿。按【Ctrl+S】组合键，将这个演示文稿保存到指定位置。

● 输入标题内容并设置格式

① 在标题占位符中输入"××网站 2007 年访问年度报告"。

② 选中标题文字，单击功能区"开始"选项

卡"字体"选项组右下角的"字体"对话框启动器按钮，在"字体"对话框中设置标题的中文字体为黑体，英文字体为 Arial，字号为 44，颜色为深蓝色。

③ 使用"字体"选项组中的命令，设置标题字体加粗。

④ 在副标题的占位符中输入"张晓华"，设置字体为楷体，颜色为蓝色，字号 32。

⑤ 按【Enter】键换行后，在新的一行输入网站地址"http://www.pptx-for-example.com"，设置字体为 Palatino Linotype，文字颜色为蓝色，有下画线。

设置后的标题页如图 17-64 所示。

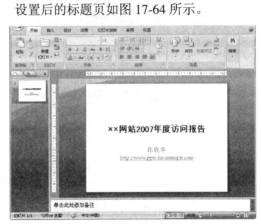

图 17-64

2　创建第一张幻灯片

① 在标题页后添加一张新的幻灯片。在幻灯片的标题栏中输入"网站结构与功能说明"，设置字体为华文楷体，颜色为深蓝。

② 选择"开始>段落>分栏"命令，设置通用占位符分 2 栏，栏间距为 0.5 厘米。

③ 在通用占位符中输入相关的介绍文字，并使用功能区"开始"选项卡中的命令，设置各段落的大纲级别，使它们按层次显示。

④ 设置第三级正文文字的中文字体为华文楷体，英文字体为 Calibri。设置的时候请注意格式刷能够提高设置相同文字格式的效率。

第一张幻灯片的效果如图 17-65 所示。

3　创建第二张幻灯片

① 添加一张新的幻灯片，在标题栏输入"2007年月度访问量统计结果"，并使用格式刷设置其格式与上一张幻灯片的标题相同。

② 使用功能区"插入>表格"命令，在标题下方插入一个 10 行 14 列的表格，然后在"设计"选项卡上选取"标题行"、"第一列"、"汇总行"和"镶边行"，如图 17-66 所示。

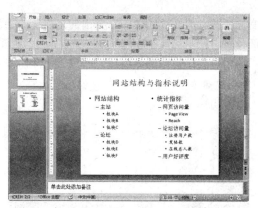

图 17-65

图 17-66

③ 选择"布局>合并>合并单元格"命令，合并第一行的前两个单元格，合并 2~5 行的第一个单元格，合并 6~9 行的第一个单元格，合并第 10 行的前两个单元格，如图 17-67 所示。

图 17-67

④ 在表格中输入数据和文字，设置字体为 Calibri，大小为 14 号。调整表格宽度和大小，然后使用"布局"选项卡上的"分布行"和"分布列"命令，使所有各行的行高相同，第 3~14 列的单元格宽度相同，表格效果如图 17-68 所示。

⑤ 选中整个表格，选择"布局"选项卡上"对齐方式"选项组中的命令，设置表格中的文字垂直居中。

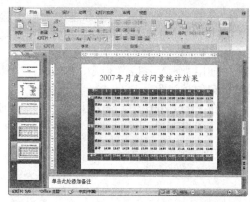

图 17-68

⑥ 选择"布局>对齐方式>文字方向"命令，设置"网站"、"论坛"两个单元格的文字方向为纵向，并设置它们居中对齐。

⑦ 分别选中第 5 行和第 9、10 行，设置其中的文字字体加粗，如图 17-69 所示。

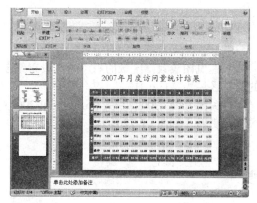

图 17-69

⑧ 选择整个表格，选择"设计>表格样式>效果"命令 ，设置表格的阴影效果为右下斜偏移，凹凸效果为十字形棱台。设置好的表格效果如图 17-70 所示。

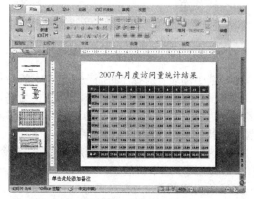

图 17-70

4　创建第三张幻灯片

完成上述操作后，接下来我们绘制图表。

① 新建一张幻灯片，在标题占位符中输入"2007 年月度访问量统计图"，设置其文字格式与前一张的标题相同。

② 使用"插入>图表"命令，在幻灯片中插入带数据标记的折线图。

③ 在 Excel 2007 中，输入上一页表格中的数据和标记，效果如图 17-71 所示。

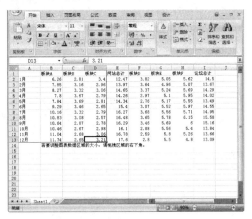

图 17-71

④ 拖曳图表数据区域的右下角，设置绘制图表的数据区域为 A1 至 I13。

⑤ 关闭 Excel 2007，回到 PowerPoint 2007 中，图表已经更新，如图 17-72 所示。

图 17-72

⑥ 选中图表，选择"布局"选项卡中的命令，为图表添加主要纵坐标轴的标题，标题格式为竖排，文字内容为"月访问人数（百万）"。移动纵坐标轴标题，使其位于纵坐标轴的顶部外侧。

⑦ 选择"设计>图表样式>快速样式"命令，将样式 34 应用于这个折线图。

完成的折线图如图 17-73 所示。

5 添加第四张幻灯片

下面我们来添加第四张幻灯片。在前一张幻灯片中，我们使用折线图来展示了网站各部门访问量

的变化情况。但在折线图中，突出的是变化的趋势，各部分所占比重的大小不够明显，所以，我们需要进一步使用百分比折线图来展示这些内容。操作如下：

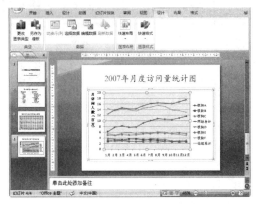

图 17-73

① 新建一张幻灯片。在标题栏中输入"2007 年各板块访问量权重示意图"，并依照前面标题的样式设置格式。

② 使用功能区"插入"选项卡中的命令，在幻灯片中插入一个三维饼图。

③ 在 Excel 2007 中输入网站和论坛总计 6 个板块的数据，如图 17-74 所示。

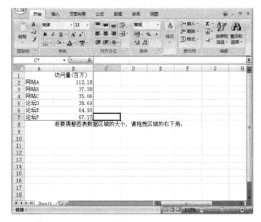

图 17-74

④ 关闭 Excel 2007，回到 PowerPoint 2007 中。使用"设计>快速样式"命令，选择饼图的样式为34，饼图的效果如图 17-75 所示。

⑤ 我们还希望能够在图上显示各部分的数值和比例，所以，单击饼图，使用"布局>标签>数据标签>其他标签选项"，在弹出的对话框中设置标签包括值和百分比，然后关闭这个对话框如图 17-76 所示。

⑥ 此时，数据标签系列处于选中状态。使用"格式"选项卡"形状样式"选项组中的命令，设置外观样式为"细微效果-强调颜色 1"，使用"形状

轮廓"命令，设置数据标签没有边框；使用"形状效果"命令，设置阴影为"右下斜偏移"。

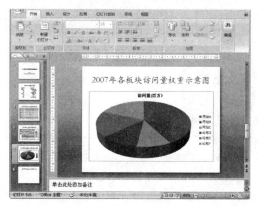

图 17-75

图 17-76

⑦　我们希望使饼图中所占比例最大的部分"网站 A"突出显示，为了达到这样的效果，单击饼图，使整个圆形的饼图被选中。然后单击饼图上代表网站 A 的数据的部分，这时，仅仅该部分被选中。用鼠标由饼图的圆心向外拖曳这一部分到适当的位置，即可将该部分分离。

⑧　为了能让这一部分处于重要的位置，我们还需要旋转饼图。在饼图上右击，在快捷菜单中选择"三维旋转"命令，此时弹出"设置图表区格式"对话框中设置旋转的 x 值为 50 度，如图 17-77 所示。

图 17-77

完成的饼图如图 17-78 所示。

图 17-78

6　第五张幻灯片

最后，我们再尝试展示论坛注册人数在 2007 年的变化趋势。在用户注册的时候，我们要求填写获悉本论坛的途径，因此，我们可以使用堆积柱图，既可以展示每月总注册人数的变化情况，也可以展示在每一个月的新注册用户中，不同途径吸引来的注册用户各自所占的比例。

①　新建一张幻灯片。在标题占位符中输入"2007 年论坛月注册用户数"，并设置与前面幻灯片标题一致的格式。

②　插入一个三维堆积柱形图。在 Excel 2007 中编辑数据和标签，如图 17-79 所示。

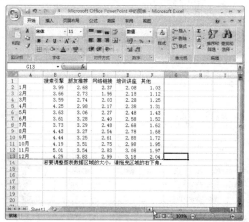

图 17-79

③　关闭 Excel 2007，回到 PowerPoint 2007 中，得到的三维堆积柱形图如图 17-80 所示。

④　进一步设置柱形图的格式，为其添加竖直坐标轴标题为"注册人数（万）"。

⑤　单击绘图区的数据系列（在柱形图中，就是竖直的柱体），右击，在快捷菜单中选择"设置数

据系列格式",然后在弹出的对话框中选择分类间距为50%,如图 17-81 所示。

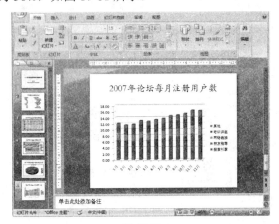

图 17-80

图 17-81

⑥ 完成的三维柱图如图 17-82 所示。

图 17-82

7 添加总结页

最后,添加一张新的幻灯片,在标题中输入"2007 年网站发展总结",并设置格式与前一张幻灯片一致。然后在通用占位符中输入幻灯片的正文内容。这张幻灯片的效果图如图 17-83 所示。

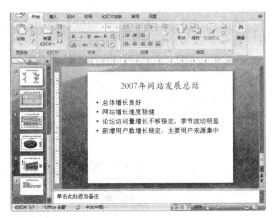

图 17-83

编辑完毕后,按下【Ctrl+S】组合键以保存演示文稿。

到此为止,我们完成了这份简单的网站访问量的年度报告。由于有了表格和图表的辅助,数据不再枯燥乏味,而是能够生动地展现在眼前,并且能够突出其中变化的重点内容。

17.3.5 拓展练习

请您灵活运用本章所学的知识,可以创建一个介绍您近年来书籍阅读量的演示文稿如图 17-84 所示。

结果文件:CDROM \17\17.3\职业应用 2.pptx

图 17-84

在制作这个演示文稿以及日常练习的时候,请注意以下几点:

(1)演示文稿中的多个图表和表格,它们的色调和风格应当尽量保持一致,否则容易产生凌乱的感觉。

(2)虽然可以加入很多内容,但演示文稿中并不需要很多细节化的文字,因为更多的时候,观众是要听您演说,而不是阅读演示文稿。同样地,如果只是准备十几分钟的演说，那么您的演示文稿的正文部分完全没有必要超过十页——否则很难有时间全部讲完。

（3）选择合适的图表类型，能够达到很好的效果，但如果选择不当，反而会把问题复杂化。所以请您注意熟悉不同的图表的特性，了解什么时候该使用什么类型的图表。

（4）PowerPoint 2007 的演示文稿中加入了很多新的视觉效果和功能，这使得演示文稿能够比以前更加美观，但同时这些也是全新的操作。请多加熟悉这些操作，因为大多数时候，完成一个任务的操作办法有多种，您多次尝试，可以找到最方便快捷的一种。

17.4　温故知新

本章重点讲述了 PowerPoint 2007 中的编排功能，涉及文字、段落、表格和图表，读者应当掌握以下重点内容：

- 设置文字的样式和格式
- 设置段落的格式
- PowerPoint 2007 中的项目符号
- 在演示文稿中插入表格
- 修改表格的结构
- 设置表格的外观
- 在演示文稿中插入图表
- 设置和修改图表中各个元素的样式
- PowerPoint 2007 中的图表类型以及各自的用途

 学习笔记

第 18 章
PowerPoint 2007 的美化设计

【知识概要】

在前面两章中，我们学习了 PowerPoint 2007 中的基本编排操作。经过这些学习，您已经能够自己动手制作基本的演示文稿了。但仅仅把所需要的内容填入演示文稿，这还不够，要想达到良好的演示效果，除了精心准备演示内容外，还需要在演示文稿的外观上下工夫，比如，在上一章我们已经提到，一个演示文稿中各种不同的表格、图表、文字，需要有前后一致和协调的外观样式，才能给人美观的感觉。

PowerPoint 一向能够提供很好的美化效果。在 PowerPoint 2007 中，除了继承以前版本中的功能外，还提供了前所未有的视觉效果，通过简单的设置，能够让您用便捷的操作创建出美观的演示文稿。下面让我们来开始学习这些激动人心的功能吧！

18.1 答疑解惑

PowerPoint 2007 提供了很多激动人心的新功能来帮助我们美化演示文稿，为了能让读者有一个比较全面的了解，我们先对这些功能作一个整体的介绍。

1 使用艺术字代替普通文本

您可以使用艺术字来代替 PowerPoint 中的普通文本内容。这一般可以用于强调某些特定的文字，因为仅仅使用设置了字号和字体的普通文本可能未必能够达到如此的效果。图 18-1 中所展示的，就是使用普通的文本和某种艺术字的效果对比。

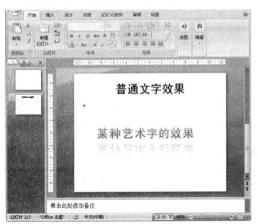

图 18-1

使用艺术字，不仅可以像普通文字一样设置文字的字体、颜色和字号，而且还可以设置各种特效。在 PowerPoint 2007 中，包含了让文字显得更加时尚的各种三维和光影效果。您既可以使用 PowerPoint 2007 内置的艺术字效果来快速设置艺术字的样式，也可以通过在相关的选项卡中单独设置艺术字的各种效果属性来定制自己的艺术字效果。比如在图 18-1 中，艺术字使用了快速样式中的一种样式，用到了文字的发光效果、描边和镜像，从而使文字显得美观而具有时尚感。

2 改变演示文稿的主题

在前面的两章中，我们制作的 PowerPoint 演示文稿都是使用了默认的空白文档模板创建的，您也可以在创建演示文稿的时候使用预先已经定义的模板或主题。而且，在创建了演示文稿之后，您还可以将已有的主题应用到演示文稿。在一个主题中，包含了对幻灯片的背景、文字等对象的颜色和样式等多种属性的定义，通过更改演示文稿的主题，可以快速地改变演示文稿的整体外观。图 18-2 显示的是新建演示文稿时浏览主题的对话框。

3 在幻灯片中使用多媒体对象

当仅仅简单的文字和图表无法表达您所要展示的内容时，您还可以在演示文稿中插入美观的图片、直观的形状，在需要表达诸如操作步骤、整体与局部的关系等内容时，您还可以使用 Office 2007 中独有的 SmartArt 图形，这些都能够使您的演示文稿既美观，又容易被理解和接受。

4 注意演示文稿中的协调性

最后，使用了上述诸多对象之后，您的演示文稿是不是就一定能够美观了呢？不，有时候，即使使用了这些诸多的内容和功能，也未必就能够制作出一个美观的演示文稿。

图 18-2

与其他设计一样，演示文稿的外观设计是要和它所要展示的内容相协调的。比如，如果您需要给学生来讲解相对论的原理，那么，演示文稿中就应当使用适当的公式、图表和动画内容来辅助；如果您是在商务场合向合作伙伴展示公司的经营状况，那么就可以适当地运用各种图表来表现这些内容，而且，演示文稿的外观也不能够做得太过花哨，以免让人觉得不够庄重。具体来说，您需要注意以下几点：

- 对于用于商务场合的演示文稿，使用的颜色不宜太多、太华丽，不宜加入太多过于炫目的视觉效果，因为这样的颜色容易让人感觉不够庄重，不会留下很好的印象。
- 对于用于教学等内容的演示文稿，您可以根据教授的对象来设计演示文稿的外观，或是生动活泼，或是简单直白，同时可以使用适当的图片、动画、公式等内容来增强展示的效果。
- 注意演示文稿的颜色搭配，尤其是前景色和背景色的搭配。搭配演示文稿中的颜色时，最需要注意的一点就是不要使前景色和背景色过于相似，以免影响分辨。比如，如果使用了青绿色作为背景色，那么就不要使用浅蓝色作为文字颜色，否则展示的时候会发现大多数观众都在努力地分辨屏幕上的文字，而不是在听您的讲说。一般来说，使用浅色的背景搭配深色的文字颜色，或者深色的背景色搭配白色、浅灰色这样的浅色文字，都可以达到良好的效果。除此之外，您还需要考虑到放映幻灯片的投影仪以及幻灯片放映场所的光线情况，因为实际放映的颜色效果常常会不如在计算机的显示器上的效果好。

- 最后，不必把过多的精力用到设计演示文稿的效果上——除非您认为确实有这个必要。演示文稿的样式是要为内容服务的，如果将演示文稿的外观设计得过于炫目，反而有可能会喧宾夺主，将观众的注意力过多地吸引到视觉效果上来了。您所需要做的，是尽可能从观众的角度考虑演示文稿的内容，使之容易理解和接受，然后再去使用适当的功能来表现这些内容，最后再考虑为之添加美观的视觉效果即可。

18.2　实例进阶

下面，让我们结合实例来学习能够美化演示文稿的几种方法。

18.2.1　艺术字和文本框

和 Word 文档中的操作类似，在 PowerPoint 2007 中，也可以插入艺术字和文本框。

1　在演示文稿中插入艺术字

您可以在演示文稿中直接插入艺术字，可按照如下步骤操作。

① 首先，新建一个演示文稿，保存这个演示文稿，并在演示文稿中根据需要创建若干张幻灯片。单击需要插入艺术字的幻灯片。

② 然后，在功能区选择"插入"选项卡"文本"选项组中，选择"艺术字"命令。

③ 在下拉菜单中，给出了预定义的艺术字样式，选择适当的艺术字样式如图 18-3 所示。

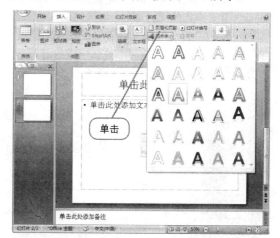

图 18-3

④ 选择艺术字样式后，在幻灯片中会出现一个新的文本框，您可以在这个框内输入文字内容。

⑤ 选中输入的文字内容，并为文字设置字体

和字号。

⑥ 将指针移动到包含有艺术字的文本框的边界处，可以在鼠标指针变成 ✛ 形时拖曳文本框到适当的位置，如此便完成了插入艺术字的操作，如图 18-4 所示。

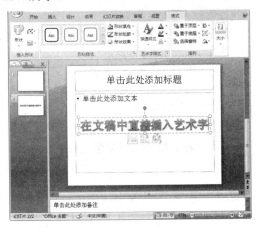

图 18-4

2 修改艺术字

在演示文稿中直接插入艺术字的时候，会随着艺术字产生一个额外的文本框，它既不是幻灯片中原有的标题占位符，也不是下方的通用占位符。在上图中，您需要手动调整通用占位符、艺术字的文本框的大小以及它们之间的相对位置，以避免文字的层叠，这样一来就显得有些麻烦了。

事实上，在 PowerPoint 2007 中，您可以直接为占位符中的文字设置艺术字效果，我们称之为"修改艺术字"。具体操作步骤如下。

① 首先，输入文字，并设置文字的字体、字号和其他段落相关的属性。

② 选中需要设置艺术字效果的文字。在功能区选择"格式"选项卡中"艺术字样式"选项组中的"快速样式"命令 A，如图 18-5 所示。

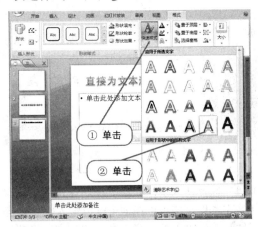

图 18-5

③ 在下拉列表中选择适当的艺术字样式，幻灯片中的艺术字效果如图 18-6 所示。

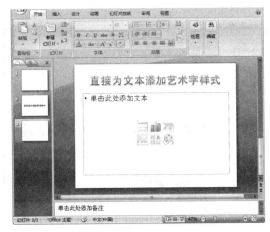

图 18-6

④ 您还可以使用功能区"开始"选项卡"字体"选项组和"段落"选项组中的相关命令来重新设置这部分文字的相关属性，也可以和编辑普通文字一样增减、修改这些文字的内容，这些都不会影响已经设置了的艺术字效果。但需要注意的是，由于 PowerPoint 2007 预定义的艺术字效果中包含了文字颜色，所以如果您这时使用"开始"选项卡"字体"选项组中的命令来修改文字的颜色，会改变艺术字的颜色。

如此操作，就可以直接为特定的文字设置艺术字效果了。这就免去了重新调整文本框的麻烦，可以为任意的文字添加艺术字的效果。

⑤ 如果需要将已经设置了艺术字效果的文字设置为普通文字效果，您只需要选中文字，在功能区选择"格式"选项卡中的"艺术字效果"选项组中"快速样式"命令 A，在下拉列表的底部选择"清除艺术字"命令 A，即可清除选中文字的艺术字效果如图 18-7 所示。

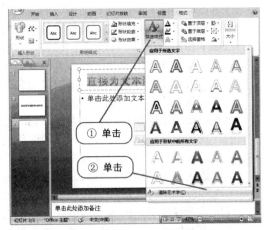

图 18-7

3 设置个性化艺术字

素材文件：CDROM\18\18.2\素材 1.pptx

通过前面的讲解，您已经可以在演示文稿中插入和修改艺术字了。PowerPoint 2007 中的艺术字的属性主要包括填充效果、阴影效果、文本边框和三维效果等设置，而前面使用的"快速样式"，其实就是这些特定设置的组合。您也可以自己动手来设置其属性，这样就可以创造出个性化的艺术字了。

要设置个性化艺术字，首先要在占位符中输入文字，并设置字体和段落相关属性。也可以在完成艺术字效果设置后再来设置这些属性，但提前设置有助于您选择适当的艺术字样式。

下面，您就可以设置文本效果的属性了。

● **设置文本的填充效果**

选中需要设置效果的文字，然后单击功能区"格式"选项卡"艺术字效果"选项组中的"文本填充"命令的下拉按钮，在如图 18-8 所示的下拉列表中有以下几个主要的项目。

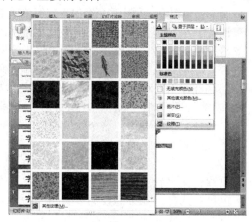

图 18-8

- 颜色：您可以从"主题颜色"和"标准色"中选择设置文字的颜色，这与使用"开始"选项卡"字体"选项组中的命令设置文字颜色的效果是一样的。如果您需要的颜色不在这个简单的列表中，可以单击"其他填充颜色"命令来从更多的颜色中选择，或单击"无填充颜色"命令 来将文字设置为透明。
- 图片：您可以单击"图片"命令，在对话框中选择特定的图片来填充文字。使用图片填充文字的效果类似于将图片放在文字背后，只有有文字笔画的位置才会露出图片来。如果图片较小，默认情况下会被拉伸以适应文字的大小。
- 渐变：您可以使用渐变颜色来填充文字。首先设置文字的颜色，然后单击"渐变"命令

，在下一级菜单中选择渐变的样式。如果需要对渐变样式作自定义设置，您可以单击菜单底部的"其他渐变"命令，在弹出的"设置文本效果格式"对话框中设置文字的渐变效果，如图 18-9 和图 18-10 所示。

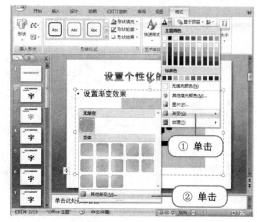

图 18-9

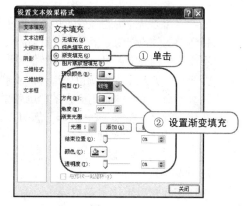

图 18-10

- 纹理：单击"纹理"命令，可以在下一级菜单中选择适当的纹理来填充文字。一个使用了纹理填充的文字效果如图 18-11 所示。

图 18-11

● 设置文本的轮廓效果

选中需要设置效果的文字，然后单击功能区"绘图工具"下"格式"选项卡"艺术字效果"选项组中的"文本轮廓"命令的下拉按钮，在下拉列表中选择文本轮廓的样式属性，如图 8-12 所示。

图 18-12

- 颜色：可以从"主题颜色"和"标准色"中选择适当的颜色作为轮廓颜色。如果需要的颜色不在这个列表中，可以单击"其他轮廓颜色"命令 来从更多的颜色中选择，或单击"无轮廓"命令 来取消文字的轮廓效果。
- 粗细：选择"粗细"命令 ≡，您可以在下一级菜单中选择轮廓线的粗细。
- 虚线：选择"虚线"命令 ≡，您可以在下一级菜单中选择轮廓线的样式。在这一级菜单中，您还可以单击"其他线条"命令 ≡，在弹出的"设置文本效果格式"对话框中选择更多的轮廓样式。

如图 18-13 使用了红色实线轮廓的淡蓝色文字效果。

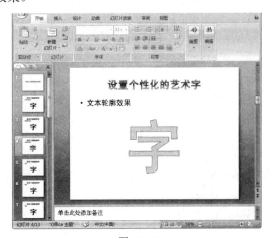

图 18-13

● 设置文本效果

选择需要设置效果的文字，然后在功能区选择"格式"选项卡"艺术字效果"选项组中的"文本效果"命令 ，您可以在下拉列表中选择文本的多种效果，如图 18-14 所示。

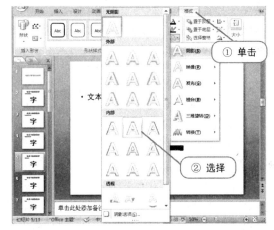

图 18-14

- 阴影：可以在"阴影"命令的下一级菜单中选择文字各个角度的无阴影、内阴影、外阴影和透视阴影效果。如果需要更多的阴影效果设置，您可以单击菜单底部的"阴影选项"命令 ，在弹出的对话框中进一步设置阴影效果。
- "映像"：可以在"映像"命令的下一级菜单中选择文字的映像，这个效果类似于将文字竖直放在镜子上的光影效果。
- "发光"：在"发光"的下一级菜单中，可以设置使文字看上去具有发光效果，发光的颜色可以选择。如果需要更多的颜色，您可以单击菜单底部的"其他亮色"命令 。
- 棱台：在"棱台"命令的下一级菜单中，您可以设置文字具有棱台一样的凸出或凹陷效果。还可以单击菜单底部的"三维选项"命令 ，在弹出菜单中进一步设置棱台效果。
- 三维旋转：可以在"三维旋转"命令的下一级菜单中设置文字的平行、透视、倾斜等三维旋转效果，以使文字看上去更加立体化。您还可以单击菜单底部的"三维旋转选项"命令 ，在弹出菜单中进一步设置三维旋转效果。
- 转换：还可以在"转换"命令的下一级菜单中设置文字沿着特定的路径展开。

以上是您能够为文字设置的各种效果，通过这些设置便可以创建个性化的艺术字。您也可以使用相同的命令，在菜单中取消各个文字效果。

此外，还可以单击功能区中"格式"选项卡"艺术字样式"选项组右下角的"设置文本效果格式"对话框启动器按钮 ⬜，在弹出的对话框中设置文字的效果。

请您结合上面的讲解自行练习，了解这些文字效果各自的特点。掌握了这些，就可以自己设计艺术字的效果了。

4　在演示文稿中插入文本框

前面讲到，使用功能区"插入"选项卡"文本"选项组中的"艺术字"命令，可以在幻灯片中插入一个包含有艺术字的文本框，文本框中的文字使用了您所选择的快速样式。同样，您可以使用功能区"插入"选项卡"文本"选项组中的"文本框"命令 🅰，在幻灯片中插入一个文本框。具体步骤如下：

① 单击"文本框"命令 🅰，您可以在幻灯片中插入一个横排文本框。单击"文本框"命令的下拉按钮半部分 ▾，您可以在下拉列表中选择插入横排文本框 🔳 或垂直文本框 🔳。

② 单击后，鼠标指针变成 ↓ 形状，在幻灯片中没有文本框或占位符的位置，沿对角线方向拖曳到适当大小后放开以绘制文本框，如图 18-15 所示。

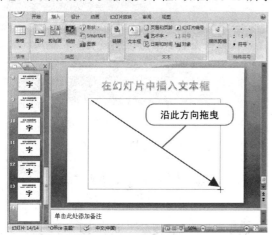

图 18-15

③ 插入文本框后，您可以单击其边框来选中文本框并使用鼠标调节它的大小和位置。

④ 在文本框中输入文字并设置样式和格式，操作方法与在标题占位符或通用占位符中操作一样。

5　设置文本框格式

● 快速设置文本框的外观

您可以使用预先定义好的外观样式来快速设置文本框的外观，具体操作如下：

① 单击文本框中的任意部位，这时文本框处于选中状态。

② 从功能区选择"格式"选项卡中"形状样式"选项组中的命令来设置文本框的格式。

③ 选项组中最大的部分是外观样式选择器，您可以单击右侧的 ▲ 或 ▼ 按钮来浏览，或单击"其他"按钮 ▾，在下拉列表中选择文本框的形状样式，如图 18-16 所示。

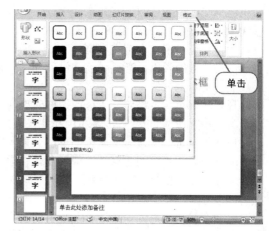

图 18-16

比如，在文本框中输入文字内容，然后使用"强烈效果-强调颜色 1"这个形状样式后，文本框的外观如图 18-17 所示。

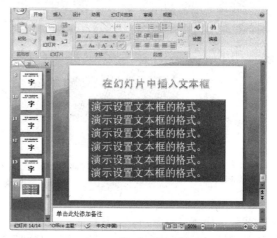

图 18-17

需要注意的是，在文本框的形状样式中，不仅包含文本框本身的形状、视觉效果，还包括了对文本框中文字颜色的定义。所以，当将一个形状样式应用于当前文本框时，这些文字的颜色也会有所变化（但如果曾使用"开始"选项卡"字体"选项组中的命令设置过所有或部分文字的颜色，则这个颜色会保留）。

● 自定义文本框的外观

除去上述的套用 PowerPoint 2007 内置外观样

式外，还可以自行设置文本框的外观。具体操作步骤如下。

① 单击文本框中的任意部位，这时文本框处于选中状态。

② 从功能区选择"格式"选项卡中"形状样式"选项组中的命令来设置文本框的格式。

在这个选项组的右侧，有3个命令按钮，依次为形状填充 、形状轮廓 和形状效果 。

- 形状填充可用于设置文本框的背景，您可以使用特定的颜色、渐变颜色、纹理和图片来填充文本框背景。
- 形状轮廓可用于设置文本框的边框效果，您可以设置边框的颜色、线条粗细和线条类型。
- 形状效果可用于设置文本框的形状效果，您可以设置文本框的阴影、映像、发光、柔化边缘、立体棱台形状等形状，也可以对文本框进行三维变换。

以上3个操作与前面所讲述的艺术字的效果设置基本一致，因此不再赘述，请读者参照前面的相关章节。图18-18所示的是使用了三维旋转和映像效果的一个文本框。

图 18-18

此外，您还可以单击"形状样式"选项组右下角的对话框启动器按钮 ，在"设置形状格式"对话框中详细设置文本框的样式，其操作方法与前面所述的对艺术字效果的设置类似。

 温馨提示

如上所述，"形状样式"选项组中的命令不仅可以应用于手动插入的文本框，也可以应用于幻灯片中的任意一个标题占位符或通用占位符以及其他手动绘制的形状。通过对这些对象进行类似的操作，你可以设置它们具有类似的

外观样式，从而使整个文档的色调、风格能够连续统一，这也是制作一份美观的演示文稿需要注意的。

18.2.2 通过主题美化演示文稿

您可以使用 PowerPoint 2007 中的主题功能来美化演示文稿。在以前版本的 PowerPoint 中，您可以使用模板来定义演示文稿的样式。在 PowerPoint 2007 中，使用了通用性更好的主题功能来代替模板。

主题是应用于一张或多张幻灯片或整个演示文稿的主题颜色、字体、效果和背景的组合。决定了幻灯片的外观以及版式，包括空白演示文稿在内的每一个演示文稿都会应用一个主题。如图18-19和图18-20所示，两个演示文稿都使用了类似的版式，有相同的内容，但它们的外观并不相同。

图 18-19

图 18-20

具体来讲，您可以看到，这两张幻灯片的背景图片很明显地不一样，颜色搭配也不同。另外，在幻灯片的第一页中，标题占位符的位置也不相同。

主题可以快速创建具有可重用性的独特外观的

演示文稿，可以保证幻灯片中的背景、文字、表格和形状等各部分始终保持协调一致，从而在很大程度上免除了您逐个设置样式的麻烦。

使用精美的主题，可以快速美化演示文稿。

温馨提示

在 Office 2007 中，您不仅可以将一个主题应用于 PowerPoint 2007，还可以将它应用于 Word 2007 文档、Excel 2007 工作簿、Outlook 2007 电子邮件，从而使它们具有统一风格的外观。

1 使用默认主题

素材文件：CDROM\18\18.2\素材 2.pptx

最简单的，您可以使用 PowerPoint 2007 中的默认主题来设置幻灯片的样式。为了方便读者的使用，我们在这里使用 PowerPoint 2007 中的默认模板来演示。在 PowerPoint 2007 中单击左上角的"Office"按钮，选择"新建"命令，在"新建演示文稿"对话框中，从"已安装的模板"中选择"PowerPoint 2007 简介"模板，单击对话框右下角"创建"按钮即可。如图 18-21 所示，下面的操作，我们使用这个演示文稿，也就是光盘中的素材文件演示文稿。

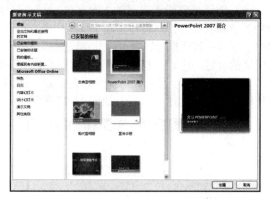

图 18-21

您可以从主题库中选择需要应用的主题。主题库显示在 PowerPoint 2007 功能区"设计"选项卡"主题"选项组中。

单击主题库右侧的上拉 或下拉 按钮，在主题库中浏览主题的缩略图，或单击主题库右侧的"其他"下拉 按钮，在下拉菜单中浏览需要应用的主题，然后单击想要使用的主题，即可将该主题应用于演示文稿。我们将"活力"这一主题应用于当前演示文稿，得到的效果如图 18-22 所示。

这样，我们就成功地更改了演示文稿的主题。

如果您需要为演示文稿中的特定几张幻灯片单独设置主题，您可以在 PowerPoint 2007 窗口左侧的缩略图中选中需要应用主题的幻灯片，然后再按照上述操作设置主题即可。需要注意的是，不同的主题的外观样式不一样，如非必要，请勿使一个演示文稿中前后主题外观相差太过悬殊，以免影响美观。

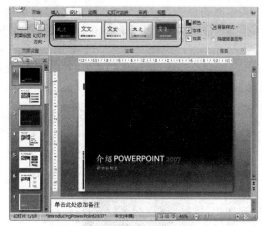

图 18-22

除去 PowerPoint 2007 内置的主题外，还可以单击主题库右侧的下拉按钮 后，在下拉菜单的底部选择"Microsoft Office Online 上的其他主题"，系统将会启动默认的 Internet 浏览器，在 Microsoft Office 的网站上浏览更多的主题。

图 18-23

统一思想

当您把鼠标指针悬停在"设计"选项卡"主题"选项组的主题库中主题的缩略图上时，可以看到下方的幻灯片的外观也随之改变（如果您的计算机配置比较低，那么可能需要较长的时间才能看到幻灯片外观的改变），这是 Office 2007 中提供的"实时预览"功能。使用此功能，您可以方便地找到最适合您的演示文稿的主题样式。在设置字体、艺术字、文本框等内容样式的类似位置，也都可以使用实时预览功能。

2 设置主题颜色

我们既可以使用已有的主题，也可以对这些主题作出修改。可以设置主题的颜色，具体操作如下：

① 在功能区选择"设计"选项卡"主题"选项组的"颜色"命令 ■，您可以在下拉列表中选择内置的主题颜色如图 18-24 所示。

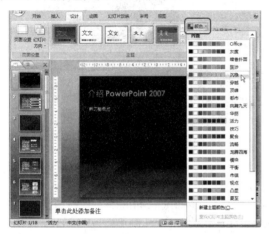

图 18-24

② 在内置主题颜色的列表中显示了 Office 内置的主题颜色库。除此之外，如果您希望能够设置自己的主题颜色，还可以在上述的下拉列表底部选择"新建主题颜色"命令，然后会出现如图 18-25 所示的对话框。

图 18-25

③ 在上面的对话框中，您可以设置应用于主题中各种内容的颜色，并在右侧预览幻灯片的效果，然后输入自定义主题颜色名称，最后单击"保存"按钮，这样您就可以在主题颜色库中看到并方便地使用自定义的主题颜色了。

3 设置主题字体

① 在功能区选择"设计"选项卡"主题"选项组右侧单击"字体"命令 ⚟，您可在下拉列表中选择内置的主题字体如图 18-26 所示。

图 18-26

② 在下拉列表中，每个缩略图右侧有三行文字，它们分别是主题字体的名称、主题字体中中文标题的字体和中文正文的字体。您可以实时预览应用了主题字体的演示文稿的外观。

③ 您还可以设置自己的主题字体。单击"字体"命令下拉列表底部的"新建主题字体"命令，在"新建主题字体"对话框中，您可以分别设置和预览西文和中文的标题、正文字体，然后输入主题字体的名称，单击"保存"按钮。这样，您就可以在主题字体列表中使用自定义的主题字体了，如图 18-27 所示。

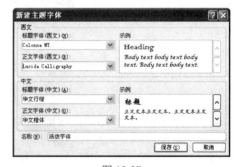

图 18-27

 经验揭晓

关于字体：规范的英文字体可以分为衬线字体和无衬线字体，所谓衬线，也叫装饰脚，是指在英文字符的笔画起始和末端带有的额外的线条，比如 Times New Roman 就是衬线字体。与此对应的，中文字体中的宋体属于衬线字体，而黑体属于无衬线字体。在选择文字的字体时，需要注意尽量将有衬线的英文字体与类似风格的中文字体搭配，以达到协调统一的效果。

4　设置主题效果

您也可以在功能区选择"设计"选项卡"主题"选项组右侧的"效果"命令，在下拉列表中为演示文稿选择主题效果如图 18-28 所示。

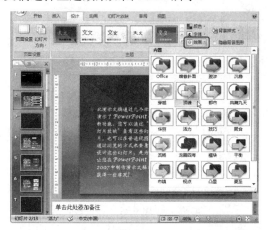

图 18-28

5　设置演示文稿的背景

① 在自定义演示文稿样式的操作中，设置了上述内容之后，您的演示文稿中的颜色、字体效果都已经更改了，但演示文稿的背景依然没有变化。您可以在功能区选择"设计"选项卡"背景"选项组中的"背景样式"命令，在下拉列表中选择演示文稿的背景如图 18-29 所示。

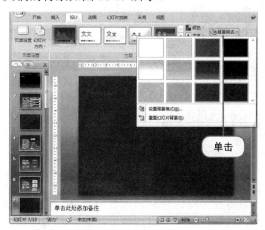

图 18-29

② 您可以在列表中选择背景的样式，除此以外，您还可以单击列表底部的"设置背景格式"命令，在弹出对话框的"填充"选择卡中，既可以设置演示文稿的背景是纯色、渐变色之类的颜色，也

可以设置为特定的底纹或图片如图 18-30 所示。

图 18-30

③ 如果使用了图片作为背景，在这个对话框的"图片"窗格中，可以使用灰度、褐色、充实、黑白等效果来为图片重新着色，这样可以生成更为丰富的图片效果。

需要注意的是，通过"设置背景格式"对话框设置演示文稿的背景后，如果单击"关闭"按钮，只会将背景效果应用于打开对话框前选中的幻灯片。如果您需要将它应用于演示文稿中的所有幻灯片，可单击对话框右下角的"全部应用"按钮。

图 18-31 所示的是应用了自定义的底纹背景的一张幻灯片。

图 18-31

温馨提示

当您使用图片作为幻灯片背景的时候，需要尤其注意的一个问题就是不要让图片的颜色和幻灯片中文字的颜色混淆。尤其在使用色彩和样式都比较复杂的图片时，更要注意这一点。为此，您可以在"设置背景格式"对话框的"图片"窗格中设置图片的灰度或褐色等效果，让图片的颜色变淡一些。

6 保存自定义主题

经过上述设置，您已经建立了自己的主题，现在单击主题库右侧的"其他"下拉按钮 ⊡，在下拉列表中选择"保存当前主题"命令，在弹出对话框中输入主题名称后保存。

此后，您单击主题库右侧的"其他"下拉按钮 ⊡，可以在"自定义"类别中选择这个主题，将它应用于其他演示文稿或 Word 文档、Excel 电子表格或 Outlook 电子邮件如图 18-32 所示。

图 18-32

18.2.3 插入与设置图片

前面我们学习了在 PowerPoint 2007 中设置幻灯片的外观。下面我们继续来学习如何在幻灯片中插入图片，以达到图文并茂的展示效果。首先，我们新建一个 PowerPoint 演示文稿，选择使用"龙腾四海"这个主题，然后保存这个文件。

1 插入剪贴画

在幻灯片中可以插入系统预置的剪切画，操作步骤如下。

① 在功能区"插入"选择选项卡"插图"选项组中的"剪切画"命令 🎨。如果是在一个空白的通用占位符中插入剪切画，您也可以在这个占位符的中间位置看到并单击这个按钮，如图 18-33 所示。

② 在右侧的"剪切画"任务窗格中的"搜索文字"文本框中输入适当的文字并单击"搜索"按钮，从搜索的结果中选择剪切画，单击以插入当前幻灯片。不输入文字直接单击"搜索"按钮，则会显示所有的剪切画。

2 插入外部图片文件

您也可以在幻灯片中插入外部的图片文件，具体方法如下。

图 18-33

① 在功能区选择"插入"选项卡"插图"选项组中的"图片"命令 🖼。如果是在一个空白的通用占位符中插入剪切画，您也可以在这个占位符的中间位置看到并单击这个按钮。

② 在弹出的对话框中浏览并选择需要插入的图片，单击"确定"，即可在幻灯片中插入一张图片，如图 18-34 所示。

图 18-34

3 设置图片大小和位置

插入剪切画或图片后，可以设置图片的大小。这有几种方法。

- 单击剪切画或图片后，会显示它们的边框。将鼠标指针移动到边框的边缘，当指针变成 ↘ 形、↔ 形或其他类似的双箭头形状时，沿双箭头方向拖曳鼠标，即可改变剪切画或图片的大小。当指针变成 ⬚ 形时，可拖曳鼠标来改变图片的位置。特别在指针变成 ↘ 或 ↗ 形时，按住【Shift】键并拖曳，可以在改变大小时保持图片的长宽比例。

- 在剪切画或图片上右击，在快捷菜单中选择"大小和位置"命令 ，即可在弹出对话框的"大小"选项卡中设置图片的大小，在"位置"选项卡中设置图片在幻灯片中的位置如图 18-35 所示。

图 18-35

- 单击图片后，在功能区 "格式"选项卡右侧的"大小"选项组中的"高度"和"宽度"数值框中设置图片的大小。单击这个选项组右下角的对话框启动器按钮，也可以启动上面的"大小和位置"对话框。

4　设置图片显示模式

使用功能区"格式"选项卡中的"调整"选项组中的命令，可以设置图片的显示模式。

- 单击"亮度"命令，可以在下拉列表中为图片选择亮度。
- 单击"对比度"命令，可以在下拉列表中为图片选择对比度。
- 单击"重新着色"命令，可以在下拉列表中选择灰度、褐色、冲蚀、黑白等颜色模式，也可以为图片设置其他变体。单击这个下拉列表底部的"设置透明色"命令，指针变成 形状，可以单击图片上的特定位置，以将图片上所有与这个位置的颜色一致的颜色变为透明色。

一个修改了亮度、对比度和着色效果的图片效果如图 18-36 所示。

5　选择图片样式

选中图片后，使用功能区"格式"选项卡中的"图片样式"选项组中的命令，可以设置图片的显示样式。您既可以使用快速样式中的选项来设置图片具有特定的边框、阴影等效果，也可以单独设置图片的属性。这些操作与前面艺术字的操作类似，请读者自行练习如图 18-37 所示。

图 18-36

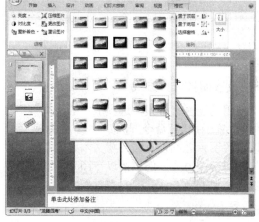

图 18-37

6　旋转与对齐图片

使用功能区"格式"选项卡中的"排列"选项组中的相关命令，可以设置图片的旋转和对齐。

选择单个或多个图片后，单击"对齐"命令，可以设置图片在幻灯片中的对齐。您可以设置图片在幻灯片中的水平、垂直对齐方式，还可以设置多个图片的分散状态。

选择单个图片后，单击"旋转"命令，可以设置图片的旋转。

另外，单击图片后，将指针移动到图片的旋转句柄处，指针将变成 形状，这时您也可以拖曳鼠标来旋转图片，如图 18-38 所示。

统一思想

在 PowerPoint 2007 中，文本框、图片框等能够放置内容的容器，它们都有类似的矩形外观。在矩形框的四条边的中点处，是调整它们的长度和宽度的控制点；四个直角处是同时调整长度和宽度的控制点。四边上的其他位置是用来调整容器位置的控制点。除此之外，突出的一个点是容器的旋转句柄，可以用来旋转容器以及容器中的内容。

图 18-38

7 设置图片堆叠方式

使用功能区"格式"选项卡中的"排列"选项组中的"置于顶层"命令 和"置于底层"命令，可以设置图片之间以及图片与文本框等其他对象之间的相对叠放方式。您也可以在图片上右击，从这里选择类似的命令。

8 创建相册

在 PowerPoint 2007 中，还提供了一个实用的相册创建的功能，使用这一功能，可以从一系列图片创建一个 PowerPoint 演示文稿，其中每张幻灯片上包含一张或多张图片。创建相册的具体操作步骤如下：

① 启动 PowerPoint 2007，创建一个空白的演示文稿。

② 在功能区选择"插入"选项卡中"插图"选项组的"相册"命令。在弹出的对话框中，选择相应的图片，结果如图 18-39 所示。

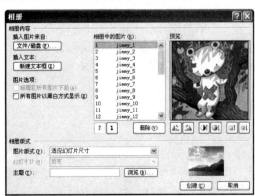

图 18-39

③ 调整图片顺序和效果，并设置相册的版式，然后单击"确定"按钮，即可创建一个相册。效果如图 18-40 所示。

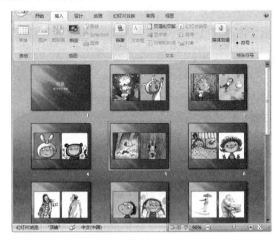

图 18-40

18.2.4 绘制图形

除了插入图形之外，您还可以自行绘制图形。新建一个 PowerPoint 演示文稿，保存文档，然后进行如下操作。

1 绘制图形

从功能区选择"插入"选项卡中"插图"选项组中的"形状"命令，可以在下拉列表中选择适当的形状，在幻灯片中绘制出来如图 18-41 所示。

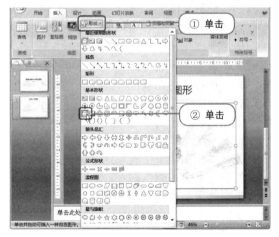

图 18-41

在图 18-42 中，我们绘制的是一个立方体。

2 设置图形外观

绘制图形后，我们可以使用功能区"格式"选项卡"形状样式"选项组中的命令来为图形设置外观样式，这与设置文本框的操作是类似的，既可以使用内置的快速样式，也可以单独设置边框、光影等效果。例如，套用"细微效果-深色 1"，得到如图 18-43 的效果。

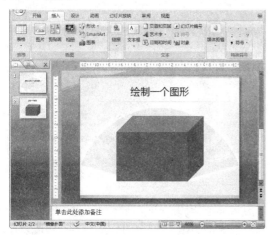

图 18-42

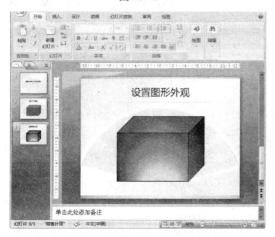

图 18-43

3　多个图形的排列与组合

当一张幻灯片中有多个图形的时候，我们可以对它们进行排列和组合。

按住【Ctrl】键，单击选中需要组合的每一个图形，然后在功能区选择"绘图工具"下"格式"选项卡"排列"选项组中的"组合"命令 ，在下一级菜单中选择"组合"命令 ，您可以将这些图形组合起来，使它们看上去是一个整体的图形。

对于组合而成的图形，也可以使用这个菜单中的"取消组合"命令 ，使它们重新成为一些独立的图形。

4　在图形中输入文字

在上面插入的图形中，您可以输入文字。在图形上右击，在快捷菜单中选择"编辑文字"命令，即可输入文字到图形中，并可以进一步设置这些文字的外观样式，如图 18-44 所示。

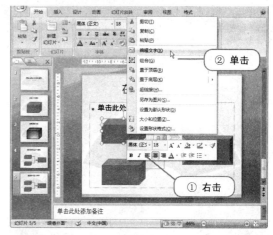

图 18-44

例如，我们在上图中的立方体和棱台中输入文本，得到的效果如图 18-45 所示。

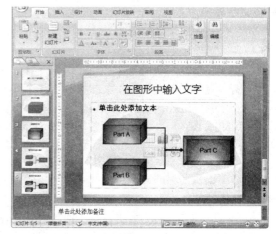

图 18-45

18.2.5　创建 SmartArt 图形

当您需要在 PowerPoint 演示文稿中创建如上面所示的流程图等具有逻辑关系的图示时，是否为组织它们彼此之间的顺序和位置关系以及设置它们的视觉效果而为难？在 PowerPoint 2007 中，您可以直接使用插入 SmartArt 图形的功能来完成这一工作，省掉了大量的劳动。

1　创建 SmartArt 图形

● 在演示文稿中插入 SmartArt 图形

在幻灯片中创建 SmartArt 的一般操作步骤如下。

① 首先，我们创建并保存一个新的演示文稿，然后选择功能区中"插入"选项卡"插图"选项组中的"SmartArt"命令 。

② 在弹出的"选择 SmartArt 图形"对话框中按照类别浏览并选择需要使用的 SmartArt。

例如，我们选用"循环"类别中的"块循环"，在演示文稿中插入的 SmartArt 如图 18-46 所示。

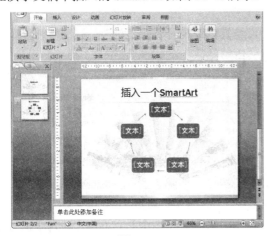

图 18-46

● 将文字转换为 SmartArt 图形

您还可以将演示文稿中的文字转换为 SmartArt 图形。具体操作步骤如下。

① 在演示文稿中输入文字。在这里，我们在演示文稿中键入了内燃机的 4 个冲程，这 4 个冲程构成了一个循环过程。我们为这些文字设置了样式。

② 如图 18-47 所示，选中需要转换为 SmartArt 的文字，在功能区中选择"开始"选项卡"段落"选项组中的"转换为 SmartArt 图形"命令 ，在下拉列表中选择适当的 SmartArt 图形。如果需要的图形不包含在这个列表中，则单击列表底部的"其他 SmartArt 图形"命令 来打开"选择 SmartArt 图形"对话框，从中选择。您也可以在选中的文字上右击，在快捷菜单中选择"转换为 SmartArt"命令。

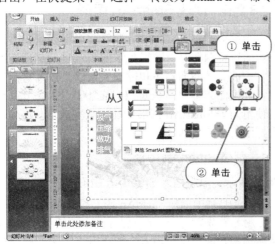

图 18-47

在这里，我们选择"基本循环"样式即可。转换后得到的效果如图 18-48 所示。

图 18-48

2　向 SmartArt 图形中添加或删除形状

单击 SmartArt 图形中的任意位置，您可以在功能区上方看到"SmartArt 工具"的字样。单击 SmartArt 中的一个形状，然后在 SmartArt 工具下选择"设计"选项卡中"创建图形"选项组中的"添加形状"命令 ，即可在 SmartArt 中添加一个新的形状。默认情况下，将会在您单击的形状后添加一个新的形状。您也可以单击"添加形状"命令下方的下拉按钮，在下拉列表中选择在当前形状的前方或后方添加新的形状。

3　设置 SmartArt 图形的格式

在添加了 SmartArt 图形之后，您可以通过"SmartArt 工具"下"设计"选项卡中"SmartArt 样式"选项组中的命令为 SmartArt 设置样式和格式。例如，您可以使用快速样式来更改 SmartArt 的外观，还可以使用"更改颜色"命令 来更改 SmartArt 的颜色。我们将前面创建的 SmartArt 的颜色和样式修改后，效果如图 18-49 所示。

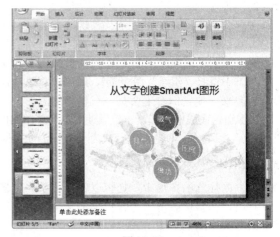

图 18-49

4　在 SmartArt 图形中输入文本内容

无论您是在幻灯片中插入新的 SmartArt 图形，还是从文字转换生成一个 SmartArt 图形，您都可以单击 SmartArt 的形状中的文字（对于空白的 SmartArt 图形，可单击图形中的"[文字]"）以输入文本内容。

输入文本内容后，您可以像设置普通文字的格式一样设置其格式和样式。如果需要一次性改变 SmartArt 图形中所有文字的样式，可选中 SmartArt 图形，然后使用"格式"选项卡"艺术字样式"选项组中的相关命令来完成。

18.3　职业应用——数据库简介

在某次公司安排的宣讲中，我们需要向以某高校中文系的学生介绍数据库的基本知识。要求我们在 30 分钟内将数据库的概念、类型和发展状况介绍清楚。

18.3.1　案例分析

在短时间内将数据库的基本知识讲解清楚，这需要精心安排讲述的内容，而听众主要是中文系的学生，他们之中可能只有极少数了解相关的概念，因此，我们要用图片、剪切画、SmartArt 等多种内容来生动地表现这些抽象的原理。按照 30 分钟的时间要求，我们大概需要准备不多于 10 页幻灯片。

18.3.2　应用知识点拨

在这个案例中，主要应用到以下知识：
- 从特定的主题创建演示文稿
- 在演示文稿中输入文本内容并设置文本样式
- 在演示文稿中插入图片和剪切画并设置样式
- 在演示文稿中插入形状和 SmartArt 图形，并设置样式
- 将选定的主题应用于演示文稿。

18.3.3　案例效果

结果文件	CDROM\18\18.3\职业应用 1.pptx
视频文件	CDROM\视频\第 18 章职业应用.exe
效果图	

18.3.4　制作步骤

这个演示文稿的制作步骤如下。

1　创建演示文稿

启动 PowerPoint 2007，单击"Office"按钮，选择"新建"命令，在弹出的对话框中浏览已安装的主题，选择"沉稳"主题，如图 18-50 所示。

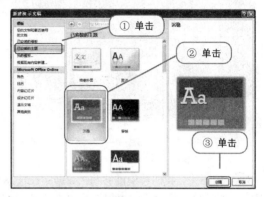

图 18-50

2　输入内容

● 标题页

在标题页的标题占位符中输入"数据库基础知识介绍"，在副标题占位符中输入"IT 知识普及讲座之一"如图 18-51 所示。

图 18-51

由于使用了内置的主题，我们无须再单独设置文字的样式，即可达到美观的效果。可以看到，深灰色的背景和方正姚体的字体搭配起来显得认真而不古板。

● 数据库的概念和它在 IT 系统中的地位

首先，我们来介绍数据库的概念。

① 先在演示文稿中新建一张幻灯片，然后在其中输入标题文字"什么是数据库"，在下方的通用

占位符中输入文字内容，这分为"数据库的概念"和"数据库在信息系统中的地位"两部分，结果如图 18-52 所示。

图 18-52

② 接下来，我们希望能够将"数据库在信息系统中的地位"这一部分的内容用形象直观的 SmartArt 图形表示出来。因此，我们插入一张新的幻灯片，在标题占位符中输入"数据库在信息系统中的地位"，在通用占位符中输入文字内容如图 18-53 所示。

图 18-53

③ 选中这部分文字，右击，在弹出的快捷菜单中选择"转换为 SmartArt>其他 SmartArt 图形"命令，在弹出的对话框中选择"流程"选项卡中的"重点流程"，设置结果如图 18-54 所示。

④ 在 SmartArt 图形中，右击每个环节中下方的形状，选择"编辑文字"命令，在其中输入相应的文字内容。

编辑完毕的这一张幻灯片如图 18-55 所示。

● 实例说明

接下来，我们使用一个实例来具体地解释上面所讲述的问题。

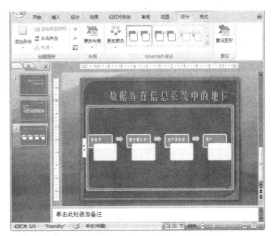

图 18-54

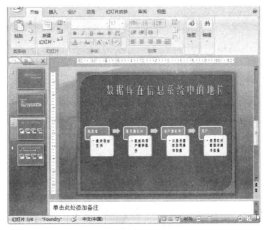

图 18-55

新建一张幻灯片，输入与前一张相同的标题，在通用占位符中输入"举例：数据库在 Web 服务中的应用"。

在功能区中选择"插入 SmartArt"命令插入一个新的 SmartArt，选择类型为"重点流程"。在其中输入文字，得到图 18-56 的幻灯片。

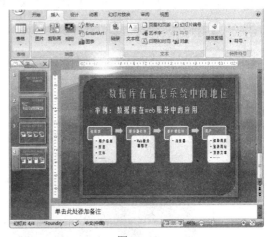

图 18-56

● **数据库的分类和演化**

接下来讲述数据库的分类和演化。我们依然使用 SmartArt 图形来展示这部分内容：

首先新建一张幻灯片，在标题栏输入"数据库的分类和演化"，然后使用"插入>SmartArt"命令插入一个新的 SmartArt 图形，选择类型为"垂直 V 形列表"，在其中输入文字，效果如图 18-57 所示。

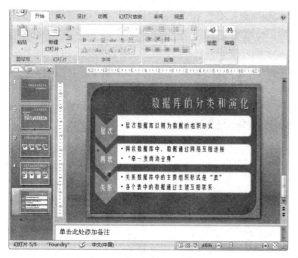

图 18-57

● **关系数据库中的重要概念**

最后，我们来介绍关系数据库中的重要概念。

① 首先创建一张新的幻灯片。然后输入标题为"关系数据库中的重要概念"。然后在正文中输入文字，得到幻灯片效果如图 18-58 所示。

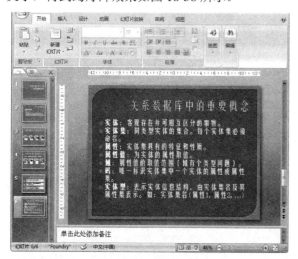

图 18-58

② 然后再创建一张新的幻灯片，使用和前一张幻灯片相同的标题。我们在这张幻灯片上对关系数据库做一个简单的图示。选择功能区中"插入>

图片"命令，在幻灯片中插入图片，得到如图 18-59 的效果。

● **致谢页**

最后，我们为演示文稿添加一张新的幻灯片，在标题占位符中输入"谢谢大家！"，然后删除下方的通用占位符，将标题占位符移动到适当的位置，得到如图 18-60 所示的致谢页。

图 18-59

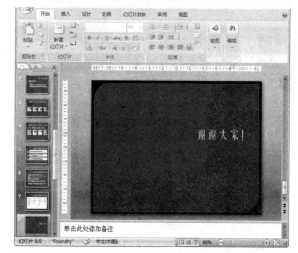

图 18-60

3　美化演示文稿

完成内容的编辑之后，我们继续对演示文稿作进一步的美化。

首先，我们发现，这个主题的颜色并不十分清晰，而如果我们在学校的教室中进行展示的话，由于教室内的避光条件有限，可能导致投影仪的放映效果不够理想。因此，使用色调相似的前景色和背景色就显得不太合适。

我们使用"设计"选项卡中的"背景样式"命

令，设置背景样式为"样式 4"。然后，我们使用同一选项卡中的"颜色"命令来设置演示文稿的主题颜色为"Office"。这样一来，演示文稿中的文字就显得清晰多了。

最后，我们再逐个选中演示文稿中的 SmartArt 图形，并设置它们的样式为"嵌入"，使它们具有水晶状的效果。

到此，我们便完成了这份演示文稿的制作。这个演示文稿一共有八页内容，其中使用了图片、SmartArt 等多种内容来辅助演说，只要演示者提前做好演说内容上的准备工作，就能够达到良好的效果。

18.3.5　拓展练习

请您参照 PowerPoint 2007 自带模板文件中的"PowerPoint 2007 简介"文件的部分内容，制作一份介绍 PowerPoint 2007 中文字和图形相关功能的演示文稿如图 18-61 所示。

结果文件：CDROM\17\17.3\职业应用 2.pptx

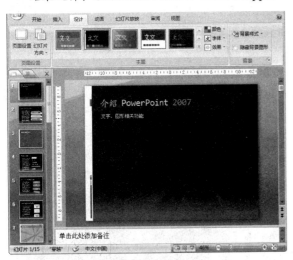

图 18-61

在制作的过程中，请注意以下几点：

- 选择适当的外观和主题样式。
- 在为图片、形状、SmartArt 图形设置效果时，要注意让它们的颜色和风格与整个演示文稿的主题风格协调一致。因此，建议您在制作完演示文稿后修改整个演示文稿主题相关的选项，最后再去修改其中的 SmartArt 图形等项目的效果，以使它们统一于整个演示文稿。
- 本章中学习到的各项设置虽然繁杂，但大多大同小异，多多熟悉它们各自的效果，以便灵活运用。

18.4　温故知新

在本章中，我们学习了美化 PowerPoint 2007 演示文稿的方法，具体地，读者需要掌握的内容包括：

- 为文字设置艺术字效果
- 插入文本框并设置文本框的效果
- 使用内置主题和自定义的主题美化演示文稿
- 插入图片并设置图片的样式和效果
- 插入图形和 SmartArt，并设置其样式和效果
- 综合运用上述功能来美化演示文稿

请您在平时练习和体会这些功能，以求能够制作出美观的演示文稿。

学习笔记

第 19 章
幻灯片动画效果

【知识概要】

PowerPoint 2007 为多媒体元素在演示文稿中的应用，提供了强大的设置编辑功能。丰富多彩的动画效果，生动形象的声音效果，都使得幻灯片的播放不再沉闷单调。设置添加动画效果可以使演示文稿更加生动、更加专业。

本章将详细讲解关于 PowerPoint 2007 中幻灯片动画效果的添加、设置、精确质量等方面知识。

19.1 答疑解惑

对于一个 PowerPoint 2007 的初学者来说，可能对动画的对象和动画效果的理解还不是很清楚，在本节中将解答读者在学习前的常见疑问，使读者以最轻松的心情投入到后续的学习中。

19.1.1 动画效果的对象

动画效果是指幻灯片中的元素，包括文字对象、图片对象、图表对象等的进入和退出方式，如图 19-1 所示为动画效果的常用对象——图片和声音。

图 19-1

19.1.2 动画效果的形式

在功能区选择"动画"选项卡中"切换到此幻灯片"选项组，单击"切换方案"命令下拉按钮，这里 PowerPoint 2007 为我们提供了丰富的预设动画方案，如图 19-2 所示，动画效果包括了淡出和溶解、擦除、推进和覆盖、条纹和横纹等。

图 19-2

19.1.3 动画效果的预览

在为幻灯片设置好动画效果后，在功能区选择"动画"选项卡中的"预览"选项组中的"预览"命令，通过"预览"命令，我们可以查看设置的动画效果，如图 19-3 所示。

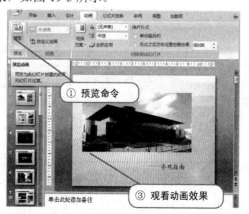

图 19-3

"动画"选项卡下各选项组的功能说明参见表 19-1。

表 19-1

选 项 组	功能说明
预览	通过预览命令可以观看设置的动画效果
动画	通过动画选项组，可以定义动画的淡入、淡出等，还可以自定义动画，添加效果
切换到此幻灯片	在预设动画方案里，系统为我们提供了大量的动画效果
	通过切换声音、切换速度的设置，可以精确地设置动画效果的质量，还可以把所设置的单个幻灯片的动画效果应用于全部幻灯片
	通过换片方式的设置可以有效控制演示文稿的播放速度，播放方式等

19.1.4 动画效果的优缺点

动画效果的设置，可以使演示文稿动起来，使幻灯片更加生动、活泼。同时，还可以自由地控制幻灯片的播放顺序和播放方式。

不过，凡事都有优点和缺点，添加动画效果也不例外。添加幻灯片的动画效果，会增加演示文稿的容量，太过臃肿的文件不利于在网络上的传输。

在设置声音文件时，也需要注意，如果观看演示文稿的对象没有音响设备，或是音响设备出现故障，那么就有可能影响到观看的质量。

这些问题在制作及美化幻灯片时，都需要注意。

19.2 实例进阶

本节将用"新首博简介"实例讲解 PowerPoint 2007 中动画效果的设置、添加以及如何精确设置动画效果的质量等操作知识。

19.2.1 设置幻灯片切换效果

幻灯片的切换是指从一张幻灯片过渡到另一张幻灯片的变化过程，这中间的替换过程可以是简单过渡，即直接以下一张代替上一张，也可以使用特殊效果。PowerPoint 2007 为幻灯片切换提供了大量效果，利用这些动画方案，我们可以对每一张幻灯片设置不同效果，也可以统一设置成同一个效果。

1 在幻灯片之间添加切换效果

前面提到幻灯片的切换效果很多，下面我们就具体事例，详细讲解如何在幻灯片里添加切换效果。

素材文件：CDROM \19\19.2\素材 1.pptx

打开演示文稿，在幻灯片之间添加切换效果。具体操作如下。

① 启动 PowerPoint 2007，在功能区选择"动画"选项卡中的"切换到此幻灯片"选项组，单击"切换方案"命令下拉按钮，如图 19-4 所示。

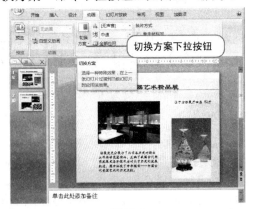

图 19-4

② 在幻灯片"切换方案"下拉列表中，罗列了多种切换效果。当鼠标放在命令按钮上时，可以在编辑区看到切换效果，单击"淡出和溶解"选项组中的"溶解"命令，如图 19-5 所示。

图 19-5

③ 单击"溶解"命令后，可以在工作区观看切换效果。

高手支招

如果需要设置多张幻灯片为同一种切换效果，可以按住【Ctrl】键，单击需要设置的幻灯片；如果幻灯片是连续的时候，也可以单击开始的一张幻灯片，按住【Shift】键，单击结束的那张幻灯片，这样中间的部分就都被选中。

2 设置幻灯片之间的切换音效

在设置幻灯片切换过程中，PowerPoint 2007 为我们提供了 19 种预置音效,添加音效可以使幻灯片的切换更具生动性和形象性。

💿 素材文件:CDROM \19\19.2 \素材 2.pptx

① 打开演示文稿,在功能区选择"动画"选项卡中的"切换到此幻灯片"选项组。

② 单击"切换声音"下拉按钮,在下拉列表中,选择"照相机"选项,如图 19-6 所示。

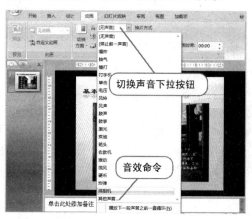

图 19-6

 经验揭晓

如果在"切换声音"的预设方案中,找不到需要的声音,可以在下拉列表选择"其他声音"命令,通过该选项,可以自定义音效,但需要注意的是自定义音效必须为.wav 格式。

3 设置幻灯片之间的切换速度

幻灯片的切换速度可以设置为快速、中速和慢速,并且可以把该设定应用到全部幻灯片中。

💿 素材文件:CDROM \19\19.2\素材 3.pptx

● **设置幻灯片的切换速度**

在功能区选择"动画"选项卡中的"切换到此幻灯片"选项组,单击"切换速度"命令下拉按钮,在下拉列表中,选择"慢速"选项,如图 19-7 所示。

● **应用到全部幻灯片**

如果需要对演示文稿中所有的幻灯片进行统一设置,单击"全部应用"命令,将当前幻灯片的设置应用到全部演示文稿中,如图 19-8 所示。

 统一思想

在制作商业用途的演示文稿,应尽量选择统一样式的切换效果,切忌过于花哨,也不要设置歌曲类的声音;如果是比较轻松的场合,

则可适当选择一些不同风格的切换效果,最好不多于 5 种。

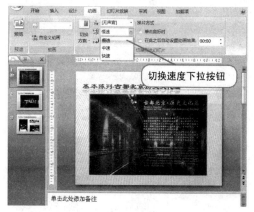

图 19-7

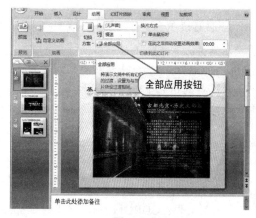

图 19-8

4 设置幻灯片之间的换片方式

PowerPoint 2007 为幻灯片的动画效果过渡提供了两种换片方式,即手动和自动,下面将就具体事例说明如何设置幻灯片之间的换片方式。

💿 素材文件:CDROM\19\19.2\素材 4.pptx

● **手动切换方式**

在功能区选择"动画"选项卡中的"切换到此幻灯片"选项组,勾选"单击鼠标时"复选框,幻灯片将会在单击鼠标后,开始切换,如图 19-9 所示。

图 19-9

● **自动切换方式**

在功能区选择"动画"选项卡中的"切换到此幻灯片"工具栏中,勾选"在此之后自动设置动画效

果"复选框,并在后面数值框设置好时间"03：00",幻灯片将在指定的时间自动切换,如图 19-10 所示。

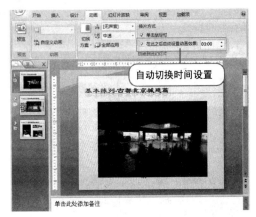

图 19-10

 温馨提示

在换片方式中,手动和自动选项是复选,也就是说可以同时选择手动和自动两种方式,在同时选择的情况下,不论是手动还是自动,都可以切换到下一张幻灯片上。

5 删除幻灯片之间的切换效果

如果对添加的切换效果不满意或不需要时,可以删除设置的切换效果。

素材文件：CDROM\19\19.2\素材 5.pptx

● 删除单个幻灯片切换效果

选择已添加切换效果的幻灯片,在功能区选择"动画"选项卡中的"切换到此幻灯片"选项组,在"切换方案"列表中,选择"无切换效果"命令如图 19-11 所示。

图 19-11

● 删除单个幻灯片切换声音

选择已添加切换效果的幻灯片,在功能区选择"动画"选项卡中的"切换到此幻灯片"选项组,在"切换声音"下拉列表中选择"无声音"命令如图 19-12 所示。

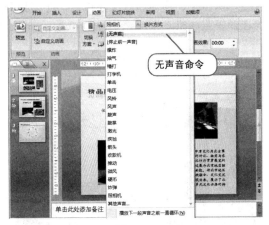

图 19-12

● 删除全部幻灯片切换效果

删除单个幻灯片的切换效果,单击"切换到此幻灯片"选项组中的"全部应用"命令,即可删除全部幻灯片的切换效果,如图 19-13 所示。

图 19-13

高手支招

在换片方式中,取消手动和自动选项前面的复选框,则恢复为系统默认的换片方式,用【Space】(空格键)或【Enter】(回车键)来切换。

19.2.2 为演示文稿添加动画效果

幻灯片的动画效果是指幻灯片中的指定对象,包括图片、文字、图表等添加动态效果,这些动态效果可以是视觉上的,也可以是听觉上的,动画效果的设置可以使演示文稿更具有观赏性,形式上更加丰富多彩。

1 使用 PowerPoint 默认动画效果

PowerPoint 2007 中,默认幻灯片的动画效果有淡出、擦除和飞入动画 3 种标准动画。下面我们就具体实例,讲解如何在幻灯片中添加默认动画效果。

素材文件：CDROM \19\19.2\素材 6.pptx

● 添加淡出动画效果

① 单击需要添加动画效果的对象，在功能区选择"动画"选项卡中的"动画"选项组，单击"动画"下拉按钮。

② 在"动画"下拉菜单中选择"淡出"选项，如图 19-14 所示。

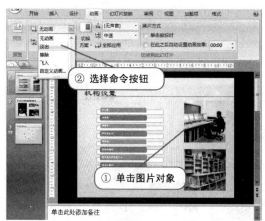

图 19-14

● 添加擦除动画效果

① 单击需要添加动画效果的对象，在功能区选择"动画"选项卡中的"动画"选项组，单击"动画"下拉按钮。

② 在"动画"下拉菜单中选择"擦除"命令，如图 19-15 所示。

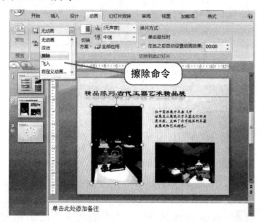

图 19-15

● 添加飞入动画效果

① 单击需要添加动画效果的对象，在功能区单击"动画"选项卡中的"动画"选项组"动画"命令下拉按钮。

② 在"动画"下拉菜单中选择"飞入"命令，如图 19-16 所示。

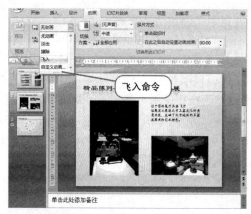

图 19-16

温馨提示

添加幻灯片动画效果，必须首先选中需要添加动画效果的对象，否则无法激活"动画"选项组命令。

选择添加效果的目标对象较为复杂时，默认动画效果也会相应改变。例如选择实例中的组织结构图，具体操作如下：

① 单击组织结构图，在功能区选择"动画"选项卡中的"动画"选项组，单击"动画"下拉按钮。

② 下拉菜单所列选项有所增加，在每个动画效果下面会增加一些选项，包括整批发送、作为一个对象、逐个等，这些选项的出现是随目标对象的不同而不同的。

③ 单击"淡出"选项组中的"整批发送"命令，预览观看效果，如图 19-17 所示。

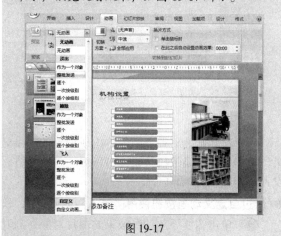

图 19-17

2 使用"进入"动画效果

除了系统默认的动画效果以外，我们还可以根据需要自定义添加动画效果。

素材文件：CDROM \19\19.2\素材 7.pptx

打开演示文稿，选择幻灯片中需要添加效果的对象。激活自定义动画任务窗口。具体操作如下。

● 通过动画按钮使用"进入"动画效果

① 在功能区单击"动画"选项卡中的"动画"选项组"动画"命令下拉按钮，在下拉列表中选择"自定义动画"命令，如图 19-18 所示。

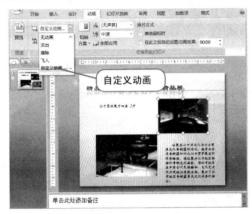

图 19-18

② 在"幻灯片编辑"窗口右侧打开的"自定义动画"任务窗格，单击"添加效果"下拉按钮，选择"进入"选项组中的"轮子"命令，如图 19-19 所示。

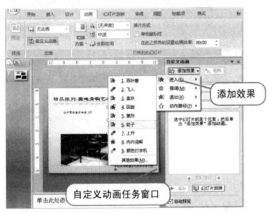

图 19-19

③ 在动画效果列表中，将出现设置的动画效果，单击动画效果下拉按钮，可以对动画效果进行设置，如图 19-20 所示。

● 通过自定义动画按钮使用"进入"动画效果

① 单击需要添加动画效果的图片对象，在功能区选择"动画"选项卡中的"动画"选项组"自定义动画"命令。

② 在"幻灯片编辑"窗口右侧同样会打开"自定义动画"任务窗格，如图 19-21 所示。

图 19-20

图 19-21

③ 在右侧打开的"自定义动画"窗格，单击"添加效果"下拉按钮，在下拉列表中选择"进入"选项组中的"百叶窗"命令，如图 19-22 所示。

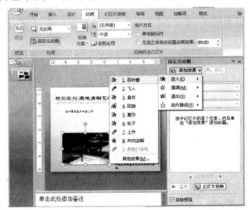

图 19-22

④ 设置动画效果后，"添加效果"按钮将变成"更改"按钮，单击"播放"按钮，可以观看动画效果。如图 19-23 所示。

高手支招

对于"进入"命令的子菜单，除了已有的几种选项外，单击其他效果，进入"添加进入效果"对话框，还可以看到更多的选项，分别为基本型、细微型、温和型和华丽型 4 类。

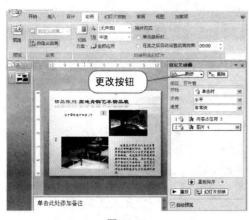

图 19-23

3 使用"强调"动画效果

在幻灯片中使用"强调"动画效果中可以通过动画按钮或自定义动画两种方式设置。

💿 素材文件：CDROM \19\19.2\素材 8.pptx

● 通过动画按钮使用"强调"动画效果

(1) 在功能区选择"动画"选项卡中的"动画"选项组，单击"动画"命令下拉按钮，在下拉列表中选择"自定义动画"命令，如图 19-24 所示。

图 19-24

(2) 在"幻灯片编辑"窗口右侧打开的"自定义动画"任务窗格，单击"添加效果"下拉按钮，选择"强调"选项组中的"垂直突出显示"命令，如图 19-25 所示。

(3) 在动画效果列表中，单击动画效果下拉按钮，可以对动画效果进行设置，单击"播放"按钮，预览效果。

● 通过自定义动画按钮使用"进入"动画效果

(1) 单击需要添加动画效果的图片对象，在功能区选择"动画"选项卡中"动画"选项组的"自定义动画"命令。

图 19-25

(2) 在"幻灯片编辑"窗口右侧打开"自定义动画"任务窗格。

(3) 在右侧打开的"自定义动画"窗格，单击"添加效果"下拉按钮，在下拉列表中选择"强调"选项组中的"螺旋形"命令，如图 19-26 所示。

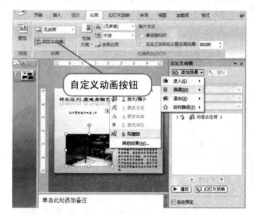

图 19-26

(4) 设置动画效果后，"添加效果"按钮将变成"更改"按钮，单击"播放"按钮，可以观看动画效果。

经验揭晓

在"其他效果"对话框中，如果设置了一种动画效果，当再次进入"自定义动画"任务窗格，添加效果的二级子菜单中就会出现刚刚选中的效果。

4 使用"退出"动画效果

幻灯片中的"退出"动画效果是指对象从幻灯片中退出时所采用的动画样式。

💿 素材文件：CDROM \19\19.2\素材 9.pptx

● 通过动画按钮使用"退出"动画效果

(1) 在功能区单击"动画"选项卡中的"动画"

选项组"动画"命令下拉按钮，在下拉列表中选择"自定义动画"命令，如图 19-27 所示。

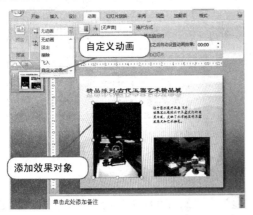

图 19-27

② 在"幻灯片编辑"窗口右侧打开的"自定义动画"任务窗格，单击"添加效果"下拉按钮，选择"退出"选项组中的"其他效果"命令，打开"添加退出效果"对话框，如图 19-28 所示。

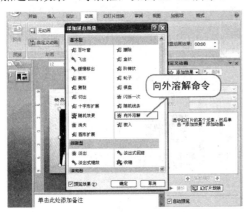

图 19-28

③ 在"添加退出效果"对话框中，单击"基本型"选项组中的"向外溶解"命令；单击"确定"按钮，在"自定义动画"窗格中，单击"播放"按钮，预览效果。

● 通过自定义动画按钮使用"退出"动画效果

① 单击需要添加动画效果的图片对象，在功能区选择"动画"选项卡中的"动画"选项组"自定义动画"命令。

② 在"幻灯片编辑"窗口右侧打开"自定义动画"任务窗格。

③ 在右侧打开的"自定义动画"窗格中，单击"添加效果"下拉按钮，在下拉列表中选择"退出"选项组中的"盒状"命令，如图 19-29 所示。

④ 单击"播放"按钮，观看动画效果。

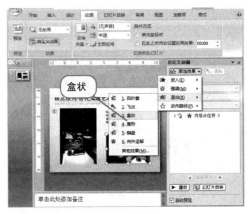

图 19-29

温馨提示

如果在"自定义动画"任务窗格中，添加效果的二级子菜单中找不到我们需要的选项，可以进入到"其他效果"对话框中找到。

5 使用"动作路径"动画效果

"运动路径"动画效果是指目标对象以动画的形式根据设置的运行轨迹运行，运动路径可以是线条或者图形，也可以是自己绘制的任意形状的路径。

🔘 素材文件：CDROM \19\19.2\素材 10.pptx

● 设置内置的线条路径

① 打开演示文稿幻灯片，选择标题为对象，在功能区选择"动画"选项卡中"动画"选项组的"自定义动画"命令。

② 在"幻灯片编辑"窗口右侧打开"自定义动画"任务窗格，单击"添加效果"下拉按钮。

③ 在下拉列表中选择"动作路径"命令选项，进入"动作路径"子菜单，选择"对角线向右下"选项，如图 19-30 所示。

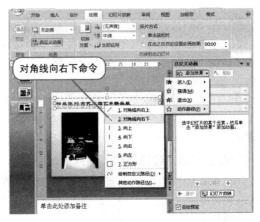

图 19-30

④ 在"幻灯片编辑"窗口出现了一个箭头，这是动作路径的初始轨迹，拖曳箭头到任意位置，设置动作路径的起始和终点位置，如图 19-31 所示。

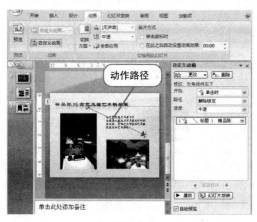

图 19-31

⑤ 单击"预览"按钮，可以观看目标对象按照指定的动画路径动作。

● 设置内置的图形路径

① 打开幻灯片，选择文本文字为对象，在功能区选择"动画"选项卡中"动画"选项组的"自定义动画"命令。

② 在"幻灯片编辑"窗口右侧打开"自定义动画"任务窗格，在"自定义动画"窗口，单击"添加效果"按钮。

③ 在下拉列表中选择"动作路径"命令选项，弹出"动作路径"子菜单，选择"其他动画路径"选项，打开"添加动作路径"对话框，如图 19-32 所示。

图 19-32

④ 在"添加动作路径"对话框中，选择"橄榄球形"命令，单击"确定"按钮，在"自定义动画"窗口，单击"播放"按钮，观看效果，目标对象将按照指定的橄榄球形的动画路径动作，如图 19-33 所示。

图 19-33

● 设置自定义的图形路径

① 打开幻灯片，选择图片为对象，在功能区选择"动画"选项卡中"动画"选项组的"自定义动画"命令。

② 在"幻灯片编辑"窗口右侧打开"自定义动画"任务窗格，在"自定义动画"任务窗格，单击"添加效果"按钮。

③ 在"添加效果"下拉列表中选择"动作路径"命令选项，在打开的"动作路径"子菜单，选择"绘制自定义路径>曲线"选项，如图 19-34 所示。

图 19-34

④ 光标将变成十字形状，拖曳鼠标，绘制动画路径，如图 19-35 所示。

⑤ 在"自定义动画"窗口，单击"播放"按钮，观看效果，目标对象将按照指定的自由绘画的动画路径动作。

高手支招

　　自定义动画路径绘制结束后，可以按【Esc】键结束。内置的路径中也提供了丰富的曲线线条图形和多边形图案供选择。

图 19-35

6 删除动画效果

在一个幻灯片中，可以为不同的对象设置多种动画效果，这些设置好的效果都会以列表的方式，按照添加的顺序罗列在"自定义动画"窗格中。想要删除某些不需要的动画效果，可以按一定的方法，具体操作如下。

素材文件：CDROM \19\19.2\素材 11.pptx

● 在自定义动画窗口列表中删除

① 打开需要删除动画效果的幻灯片，在功能区选择"动画"选项卡中"动画"选项组的"自定义动画"命令，右侧打开"自定义动画"任务窗格。

② 在"自定义动画"任务窗格编辑列表中，选择标题的设置动画效果，单击下拉按钮（或用鼠标右击），在下拉列表中选择"删除"命令，如图19-36 所示。

图 19-36

● 利用自定义动画中的删除按钮

① 打开需要删除动画效果的幻灯片，在功能区选择"动画"选项卡中"动画"选项组的"自定义动画"命令。

② 在"幻灯片编辑"窗口右侧打开"自定义

动画"任务窗格，在"自定义动画"任务窗格编辑列表中，单击需要删除的动画效果，单击"自定义动画"窗口中的"删除"按钮删除，如图 19-37 所示。

图 19-37

 经验揭晓

除了上述方法，直接按【Delete】键也可以删除命令。如果分不清动画效果对应的目标对象，可以直接单击幻灯片中的目标对象，或看目标对象边上的数字序号，都可以找到对应的动画效果。

19.2.3 精确设置动画效果的质量

在为幻灯片的目标对象设置了动画效果后，PowerPoint 2007 还为动画效果的播放提供了众多的设置，比如控制动画的开始方式、播放速度、声音效果等。在顺序播放幻灯片动画效果的过程中，对不满意的次序还可以进行调整。下面将从几方面详细讲解如何精确设置动画效果的质量。

1 设置动画开始的方式

在演示文稿中，可以对已经设置好动画效果的幻灯片对象进行精确设置，动画效果的开始方式的设置可以通过 3 种方法。下面将详细讲解 3 种方式的操作。

素材文件：CDROM \19\19.2\素材 12.pptx

● 通过修改栏设置开始方式

① 打开幻灯片，选择"动画"选项卡中"动画"选项组的"自定义动画"命令，打开"自定义动画"任务窗格。

② 选择需要设置开始方式的动画效果，在"自定义动画"修改栏中，单击"开始"列表框下拉按钮，在下拉菜单中选择"单击时"选项，该幻灯片对象将从鼠标单击时开始播放动画效果，如图 19-38 所示。

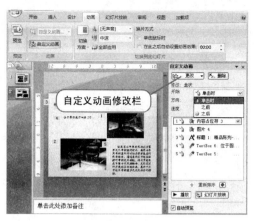

图 19-38

● **从编辑列表中设置开始方式**

① 打开幻灯片，选择"动画"选项卡中"动画"选项组的"自定义动画"命令，打开"自定义动画"任务窗格。

② 在"自定义动画"修改下方的动画效果编辑列表中，选择图片的动画效果，单击右边的下拉按钮，在下拉菜单中选择"单击开始"选项，如图 19-39 所示。

图 19-39

● **用鼠标右击设置开始方式**

① 打开幻灯片，选择"动画"选项卡中"动画"选项组的"自定义动画"命令，打开"自定义动画"任务窗格。

② 在"自定义动画"修改下方的动画效果编辑列表中，选择文本的动画效果，用鼠标右击，选择"单击开始"选项。

温馨提示

根据选择的方式不同，动画效果在编辑列表中的体现方式也不同，选择鼠标"单击时"，前面的符号是鼠标；选择"从上一项开始"，前

面没有符号，表示接着上一个对象的动画效果开始；选择"从上一项之后开始"，则出现一个时钟标识。

2 设置动画运动的方向

在演示文稿中，可以通过不同的途径，对幻灯片中的对象设置动画效果的运动方向，下面将详细讲解如何设置对象的飞入动画运动方向。

素材文件：CDROM \19\19.2\素材 13.pptx

● **通过修改栏设置运动的方向**

① 打开幻灯片，选择"动画"选项卡中"动画"选项组的"自定义动画"命令，打开"自定义动画"任务窗格。

② 选择文本对象，在"自定义动画"修改栏中，单击"方向"列表框下拉按钮，选择"自左上部"选项，文字将从幻灯片的左上部分飞入，如图 19-40 所示。

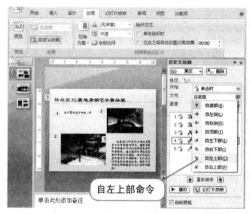

图 19-40

● **通过效果选项设置运动的方向**

① 打开幻灯片，选择"动画"选项卡中"动画"选项组的"自定义动画"命令，打开"自定义动画"任务窗格。

② 在"自定义动画"修改下方的动画效果编辑列表中，选择文本动画效果，单击右边的下拉按钮或用鼠标右击，在下拉菜单中选择"效果选项"命令，如图 19-41 所示。

③ 在打开的"飞入"效果对话框中，选择设置"方向"中的"自左上部"选项。勾选"平稳开始"和"平稳结束"前的复选框，如图 19-42 所示。

经验揭晓

在效果选项的设置中，可以更加精确地设置动画运动方向，"平稳开始"和"平稳结束"

是复选，可以同时选择两种方案。另外，设置动画的运动方向根据对象选择的动画效果不同而有差异，有些动画效果没有动画运动的方向。

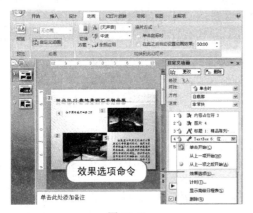

图 19-41

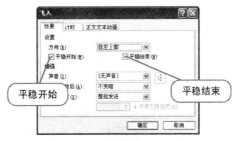

图 19-42

3 设置动画播放的速度

如果觉得幻灯片中的动画效果播放速度快，可以通过设置进行调解，控制动画效果的播放速度，下面将详细讲解如何设置动画播放的速度。

素材文件：CDROM \19\19.2\素材 14.pptx

● **通过修改栏设置动画播放速度**

① 打开幻灯片，选择"动画"选项卡中"动画"选项组的"自定义动画"命令，打开"自定义动画"任务窗格。

② 选择图片对象，在"自定义动画"修改栏中，单击"速度"列表框的下拉按钮，在弹出的下拉菜单选择"中速"命令，如图 19-43 所示。

③ 单击"播放"按钮，观看效果。

● **通过效果选项设置动画播放速度**

① 打开幻灯片，选择"动画"选项卡中"动画"选项组的"自定义动画"命令，打开"自定义动画"任务窗格。

② 在"自定义动画"修改下方的动画效果编辑列表中，选择图片的动画效果，单击右边的下拉按钮或用鼠标右击，在下拉菜单中选择"计时"命令，如图 19-44 所示。

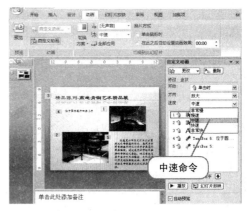

图 19-43

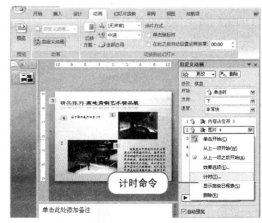

图 19-44

③ 在打开的"棋盘"对话框中，选择"计时"选项卡中的"速度"选项，单击下拉按钮，选择"中速 2 秒"命令，如图 19-45 所示。

图 19-45

高手支招

在"计时"设置中，可以精确设置动画播放速度的时间，在对话框中直接修改时间即可。在"延迟"选项中，也可以设定延迟开始播放动画的时间，达到控制动画播放的速度目的。

4 设置连续播放动画

对于需要重复演示的对象，可以设置为连续播放动画，下面将详细介绍如何设置连续播放动画。

◎ 素材文件：CDROM \19\19.2\素材 15.pptx

① 打开幻灯片，选择"动画"选项卡中"动画"选项组的"自定义动画"命令，打开"自定义动画"任务窗格。

② 在"自定义动画"修改下方的动画效果编辑列表中，选择图片动画效果，单击右边的下拉按钮或用鼠标右击，在下拉菜单中选择"计时"命令，如图 19-46 所示。

③ 在弹出的对话框中，单击"计时"标签下的"重复"下拉按钮，在下拉列表中选择"3"，对象将连续播放 3 次动画效果，如图 19-47 所示。

高手支招

如果不想重复播放动画效果，在重复选项中，选择"无"即可取消重复播放动画效果。

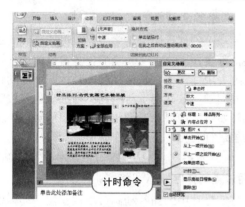

图 19-46

图 19-47

5 设置动画播放的声音效果

有时我们需要为对象的动画播放添加声音效果，使其更加生动形象。声音文件可以是系统内置的，也可以是本地电脑中的文件。下面将详细讲解如何设置动画播放的声音效果。

◎ 素材文件：CDROM \19\19.2\素材 16.pptx

设置动画播放的声音效果，具体操作如下。

① 打开幻灯片，选择"动画"选项卡中"动画"选项组的"自定义动画"命令，打开"自定义动画"任务窗格。

② 在"自定义动画"窗口修改下方的动画效果编辑列表中，选择图片对象的动画效果，单击下拉按钮或用鼠标右击，选择"效果选项"命令，如图 19-48 所示。

图 19-48

③ 在打开的对话框中，选择"效果"标签中的"增强"选项组，单击"声音"下拉按钮，在下拉菜单中选择"风铃"命令，为文字对象设置了动画播放的声音效果，单击"确定"按钮返回"自定义动画"任务窗格，如图 19-49 所示。

图 19-49

④ 在"自定义动画"任务窗格中单击"播放"按钮，预览效果。

温馨提示

在"声音"的预设音效中，如果找不到合适的效果，可以单击"其他声音"，在弹出的对话框中选择需要的音效，需要注意的是声音文件应为 WAV 格式。

6 设置动画播放的触发器

在演示文稿中，最令使用者感到麻烦的就是如何制作人机互动的交互式演示文稿。而恰好在 PowerPoint 2007 的自定义动画效果中，为使用者提供了"触发器"功能，利用此项功能，演示文稿中的互动问题可以迎刃而解。

素材文件：CDROM \19\19.2\素材 17.pptx

在演示文稿事例中，幻灯片内容是一个趣味知识问答页面，需要用户通过选择答案确定回答正确与否，这就需要用到动画播放的触发器了，具体操作如下。

① 打开幻灯片，选择"正确"文本框，在功能区选择"动画"选项卡中"动画"选项组的"自定义动画"命令。

② 在右侧的"自定义动画"窗格，为文本框添加效果，单击"进入"选项，在子菜单中选择"飞入"选项，如图 19-50 所示。

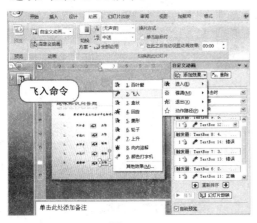

图 19-50

③ 在动画效果编辑列表中，选择设定的动画效果，单击下拉按钮，在下拉菜单中选择"计时"选项，如图 19-51 所示。

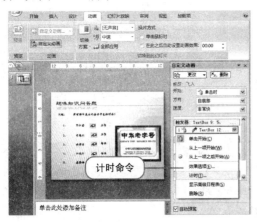

图 19-51

④ 在弹出的对话框中，单击"触发器"按钮，勾选"单击下列对象时启动效果"单选框，在下拉列表中找到前面对应的题目答案文字框，如图 19-52 所示。

⑤ 其他几个用于判断正确与错误的文字框同上述方式操作。通过幻灯片放映可以体验交互效果。

图 19-52

经验揭晓

在制作选择题时，要把选择答案和判断正误分别建立在不同的文本框中，这样才可以制作出不同的文本对象；另外，必须为文本对象添加自定义动画效果，才能激发"触发器"功能。

7　调整多个动画间的播放顺序

在一个幻灯片中，为多个对象设置不同的动画效果，都会在"自定义动画"任务窗格的动画效果编辑列表中体现出来。排列顺序是按照添加动画效果的时间顺序依次往下排列的。播放时也将按照这个顺序显示。如果想要调整动画的播放顺序，就要在这里进行变化，具体操作如下。

素材文件：CDROM \19\19.2\素材 18.pptx

● **通过重新排序按钮调整**

将幻灯片中的图片动画效果放在文字动画效果后面播放，具体操作如下。

① 打开幻灯片，在功能区选择"动画"选项卡中"动画"选项组的"自定义动画"命令。

② 在右侧的"自定义动画"窗口，单击"自定义动画"动画效果编辑列表中的图片动画效果，激活下面的"重新排序"按钮。

③ 单击"重新排序"按钮右侧的向下按钮，将图片动画效果移动到文字动画效果下面，如图 19-53 所示。

● **通过鼠标拖曳调整**

① 打开幻灯片，在功能区选择"动画"选项卡中"动画"选项组的"自定义动画"命令。

② 在右侧的"自定义动画"窗格，单击"自定义动画"动画效果编辑列表中的图片动画效果，拖曳对象到文字动画效果下方。

8　将 SmartArt 图形制作成动画

SmartArt 图形可以以整体形式制作成动画，也可以单个形式分别制作成动画。采用何种形式应根据图形布局而定。下面将详细讲解如何将 SmartArt 图形制作成动画。

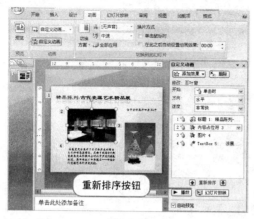

图 19-53

素材文件：CDROM \19\19.2\素材 19.pptx

● **作为一个对象添加动画效果**

单击图形对象，在功能区单击"动画"选项卡中"动画"选项组的"动画"命令下拉按钮，在下拉菜单中，选择"淡出"选项中的"作为一个对象"命令，单击"预览"按钮，观看效果。SmartArt 以整体形式即一张图片做淡出动画效果，如图 19-54 所示。

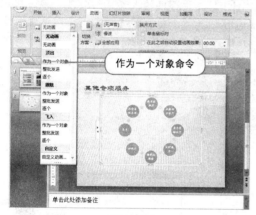

图 19-54

● **整批发送添加动画效果**

(1) 单击图形对象，在功能区选择"动画"选项卡中"动画"选项组的"自定义动画"命令。

(2) 在右侧打开的"自定义动画"窗格，单击"添加效果"按钮，选择"进入"选项下的"其他效果"命令。

(3) 在弹出的"添加进入效果"对话框内，选择"基本型"选项组中的"轮子"命令，如图 19-55 所示。

(4) 在动画效果编辑列表中，单击该动画效果下拉按钮，在下拉列表中选择"效果选项"命令，如图 19-56 所示。

图 19-55

图 19-56

(5) 打开"轮子"对话框，在"SmartArt 动画"选项卡中，单击"对图示分组"下拉按钮，在下拉菜单中选择"整批发送"命令，如图 19-57 所示。

图 19-57

(6) 单击"预览"按钮，观看效果。SmartArt 中的每一个形状将同时做轮状旋转。作为一个对象与其不同的是以整个图片做轮转。

● **逐个添加动画效果**

(1) 单击图形对象，在功能区选择"动画"选项卡中"动画"选项组的"自定义动画"命令。

(2) 在右侧打开的"自定义动画"窗口，单击"添加效果"按钮，选择"进入"选项下的"其他效果"命令。

(3) 在打开的"添加其他效果"对话框内，选择"基本型"选项组中的"菱形"命令。

(4) 在动画效果编辑列表中，单击该动画效果下拉按钮，在下拉菜单中选择"效果选项"，打开"菱形"对话框，单击"SmartArt 动画"选项卡中的"对图示分组"下拉按钮，在下拉菜单中选择"逐个"命令，如图 19-58 所示。

图 19-58

⑤ 单击"预览"按钮，观看效果。此时，SmartArt 图形中的每一个形状分别按顺序做轮状旋转。

● 调整动画播放顺序

① 打开幻灯片，单击设置好的逐个做轮状进入的 SmartArt 图形，此时的动画播放顺序的按顺时针播放的，如图 19-59 所示。

图 19-59

② 在功能区选择"动画"选项卡中"动画"选项组的"自定义动画"命令。

③ 在右侧打开的"自定义动画"任务窗格，用右击动画效果编辑列表中的效果。

④ 单击"展开内容"，SmartArt 图形中所有的动画效果都按照添加的顺序罗列在内，单击任意效果的下拉菜单，选择"效果选项"命令。

⑤ 打开"菱形"对话框，在"SmartArt 动画"选项卡中，勾选"倒序"复选框，图形将逆时针播放动画，如图 19-60 所示。

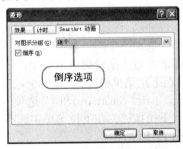

图 19-60

● 删除动画效果

① 单击不需要播放动画的 SmartArt 图形，在功能区选择"动画"选项卡中"动画"选项组，单击"动画"下拉按钮。

② 在下拉列表中选择"无动画"选项，即可删除动画效果，如图 19-61 所示。

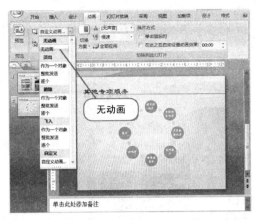

图 19-61

高手支招

当 SmartArt 图形为组织结构图或层次结构布局的分支时，在图示分组的"逐个"会变成"逐个按分支"下面会增加两个选项"一次按级别"和"逐个按级别"选项。"逐个按分支"是将同一分支内的全部图形作动画，其功能和"逐个"相近。下面将根据演示文稿中的第三张幻灯片中的机构设置，详细讲解一下"一次按级别"和"逐个按级别"的动画效果制作。

① 打开"机构设置"幻灯片，单击组织结构图形状，在功能区选择"动画"选项卡中"动画"选项组的"动画"命令。

② 单击"动画"命令下拉按钮，在下拉菜单中选择"擦除"选项组的"一次按级别"选项，如图 19-62 所示。

图 19-62

③ 单击"预览"按钮，观看效果。同一个级别的形状将被当做一个整体进行动画。

④ 如果选择"逐个按级别"类型，则是先把同一级别的形状做动画，再在各自的级别中分别做动画。

19.3　职业应用——网络推广及整合营销策划

市场营销是企业经营最重要的一个环节，是实现赢利的关键所在。策划方案是整个销售过程最核心的指导。产品营销策划需要有良好的渠道和推广方式，一般的营销方案都需要向广告主、销售团队以及媒体、渠道等展示，因此制作一份生动形象的营销策划方案在工作中能起到事半功倍的作用。

19.3.1　案例分析

一份创意的营销推广策划可以为企业带来上亿回报。2005 年蒙牛与"超级女生"的合作推广策划使蒙牛半年的业绩上涨了 34%，促成这次合作的原因正是当初策划人员的一份完美策划书打动了牛根生。所以，下面我们就某游戏公司 2007 年 3 月的整合营销和网络推广策划方案来讲解策划书的制作。

19.3.2　应用知识点拨

本案例应用的知识点概括如下：
1．设置幻灯片切换效果
2．设置幻灯片切换音效和速度
3．为演示文稿添加动画效果
4．精确设置动画开始的方式
5．精确设置动画运动的方向
6．设置动画播放的速度和音效
7．为演示文稿设置触发器
8．将 SmartArt 图形制作成动画

19.3.3　案例效果

素材文件	CDROM\19\19.3\素材 1.pptx
结果文件	CDROM\19\19.3\职业应用 1.pptx
视频文件	CDROM\视频\第 19 章职业应用.exe
效果图	

19.3.4　制作步骤

1　设置幻灯片切换效果

从功能区选择"动画>切换到此幻灯片"命令，

为幻灯片的目录页面添加"向下覆盖"切换效果。

① 单击"目录"幻灯片，选择"动画>切换到此幻灯片>切换效果方案"，单击下拉按钮，在下拉列表中选择"向下覆盖"命令。

② 单击"预览"按钮查看效果，如图 19-63 所示。

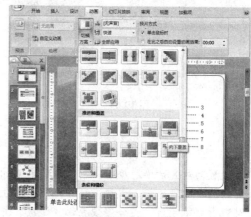

图 19-63

2　设置幻灯片切换音效和速度

● 设置幻灯片音效

（1）单击"整合营销概念"幻灯片，从功能区选择"动画>切换到此幻灯片"命令，在"切换效果方案"中选择"顺时针回旋 2 根轮辐"命令。

（2）单击"切换声音"下拉按钮，在下拉菜单中选择"风铃"命令，如图 19-64 所示。

图 19-64

● 设置幻灯片切换速度

① 单击"整合营销概念"幻灯片，从功能区选择"动画>切换到此幻灯片"命令，在"切换效果方案"中选择"顺时针回旋 2 根轮辐"选项。

② 单击"切换速度"命令下拉按钮，在下拉列表中选择"中速"命令，如图 19-65 所示。

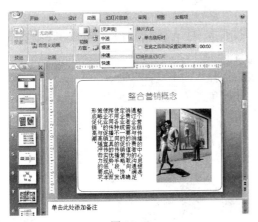

图 19-65

统一思想

设置幻灯片切换速度时，应注意观看者的反应时间和心理感觉，太快不利于记忆，太慢则对观看效果不好，应合理设置切换速度，并且尽量保证整个演示文稿的速度匀称和谐。

 3 为演示文稿添加动画效果

● **添加系统默认的动画效果**

① 单击"整合营销概念"幻灯片中的图片对象，从功能区选择"动画>动画"命令，在"动画"列表框下拉菜单中选择"淡出"选项。

② 单击"预览"按钮，查看效果，如图 19-66 所示。

图 19-66

● **添加自定义的动画效果**

① 单击"整合营销概念"幻灯片中的标题对象，从功能区选择"动画>动画自定义动画"命令。

② 在右侧的"自定义动画"任务窗格，单击"添加效果"下拉按钮，在下拉菜单中选择"进入"命令，进入子菜单，选择"其他效果"命令，如图 19-67 所示。

图 19-67

③ 在弹出的"添加进入效果"对话框中，单击"温和型"中的"上升"选项，如图 19-68 所示。

图 19-68

④ 单击"预览"按钮，查看效果，如图 19-69 所示。

图 19-69

 温馨提示

当幻灯片设置了幻灯片之间的切换效果后，设置的对象动画效果将在整个幻灯片切换效果演示完成后，按添加顺序继续演示对象的动画效果。

4　精确设置动画开始的方式

① 单击"主题活动"幻灯片中的表格对象，从功能区选择"动画>动画>自定义动画"命令。

② 在右侧的"自定义动画"任务窗格，单击"添加效果"下拉按钮，在下拉菜单中选择"进入"命令，进入子菜单，选择"百叶窗"命令。

③ 在修改栏处单击"开始"列表框下拉按钮，选择"单击时"命令，如图 19-70 所示。

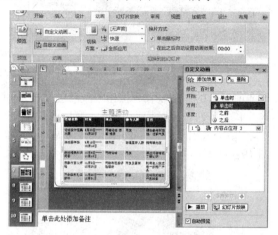

图 19-70

④ 单击"预览"按钮，查看效果。

5　精确设置动画运动的方向

① 单击"主题活动"幻灯片中的表格对象，从功能区选择"动画>动画>自定义动画"命令。

② 在右侧的"自定义动画"任务窗格，单击"添加效果"下拉按钮，在下拉菜单中选择"进入"命令，进入子菜单，选择"百叶窗"命令。

③ 在修改栏处单击"方向"右侧的下拉按钮，选择"垂直"命令，如图 19-71 所示。

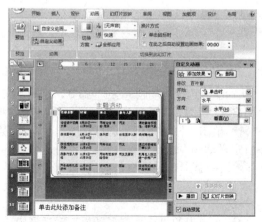

图 19-71

④ 单击"预览"按钮，查看效果。

经验揭晓

动画运动方向是根据对象设置的不同动画效果，而有所不同的。有些动画效果的运动方向比较多样，有些则比较单一。

6　设置动画播放的速度和音效

● 设置动画播放的速度

① 单击"主题活动"幻灯片中的表格对象，从功能区选择"动画>动画>自定义动画"命令。

② 在右侧的"自定义动画"任务窗口，单击"添加效果"下拉按钮，在下拉菜单中选择"进入"，进入子菜单，选择"百叶窗"命令。

③ 在修改栏处单击"速度"右侧的下拉按钮，选择"中速"命令，如图 19-72 所示。

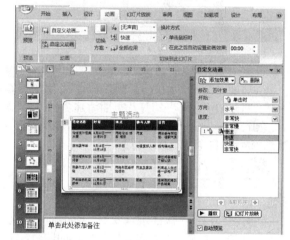

图 19-72

④ 单击"预览"按钮，查看效果。

● 设置动画播放的音效

① 单击"主题活动"幻灯片中的表格对象，从功能区选择"动画>动画>自定义动画"命令。

② 在右侧的"自定义动画"窗口，单击"添加效果"下拉按钮，在下拉菜单中选择"进入"命令，进入子菜单，选择"百叶窗"命令。

③ 在动画效果编辑列表中，选择表格的动画效果，单击右侧的下拉按钮，选择"效果选项"命令，如图 19-73 所示。

④ 在弹出的"百叶窗"效果窗口，单击"增强"选项组中"声音"的下拉按钮，选择"箭头"选项，如图 19-74 所示。

⑤ 单击"预览"按钮查看效果。

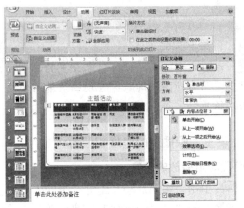

图 19-73

图 19-74

7 为演示文稿设置触发器

从功能区选择"动画>动画"命令，为演示文稿的"部分知识问答"幻灯片页面添加"触发器"。

1️⃣ 单击"部分知识问答"幻灯片的笑脸图形，选择"动画>自定义动画"命令。

2️⃣ 在右侧打开的"自定义动画"窗口，单击"添加效果"下拉按钮，在下拉菜单中选择"进入">"其他效果"命令。

3️⃣ 在弹出的"添加进入效果"对话框中，选择"基本型"中的"向内溶解"类型，如图 19-75 所示。

图 19-75

4️⃣ 在动画效果编辑列表中，单击该效果右侧下拉按钮，在下拉菜单中选择"计时"选项，如图 19-76 所示。

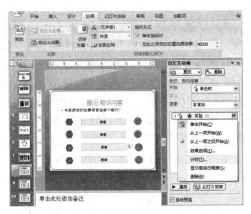

图 19-76

5️⃣ 在打开的"向内溶解"对话框中，单击"计时"选项卡中的"触发器"按钮，激活触发器选项，勾选"单击下列对象时启动效果"，在后面的下拉列表中，选择对应的"单圆角矩形 9：明朝"选项，如图 19-77 所示。

图 19-77

6️⃣ 依上述方法，将其他哭脸图形同样设置对应的触发器选项，单击"幻灯片放映"按钮，查看互动效果。

> **高手支招**
>
> 这里的答案没有包括序号，即鼠标单击序号，不会触发正确与否的判断出现；如果希望鼠标选中序号后，也能显示答案正确与否，就需要把序号和答案放在一个文本框中。

8 将 SmartArt 图形制作成动画

从功能区选择"动画>动画"命令，把演示文稿的"网络推广"幻灯片页面中的 SmartArt 制作成动画。

1️⃣ 单击"网络推广"幻灯片的形状，在"动画>自定义动画"命令。

2️⃣ 在右侧打开的"自定义动画"任务窗格，单击"添加效果"命令，选择"进入"选择"其他效果"选项。

3️⃣ 在弹出的"添加进入效果"对话框中，选择"温和型"中的"回旋"命令，如图 19-78 所示。

4️⃣ 在动画效果编辑列表中，单击该效果右侧下拉按钮，在下拉菜单中选择"效果选项"命令。

⑤ 在弹出的"回旋"对话框中，选择"SmartArt 动画"选项卡，单击"对图示分组"下拉按钮，在下拉菜单中选择"逐个"命令，单击"确定"按钮返回，如图 19-79 所示。

⑥ 单击"预览"按钮，查看效果。

图 19-78　　　　　　　　图 19-79

19.3.5　拓展练习

为了使读者能够充分应用本章所学知识，在工作中发挥更大作用，因此，在这里将列举两个关于本章知识的其他应用实例，以便开拓读者思路，起到举一反三的效果。

1　旅游行程策划

灵活运用本章所学知识，制作如图 19-80 所示的旅游行程策划。

结果文件：CDROM\19\19.3\职业应用 2.pptx

图 19-80

在制作本例的过程中，需要注意以下几点：

（1）在主要景点介绍中，设置图片和文字的动画效果，可以在设置进入效果后，再设置退出效果。

（2）由于文字内容叙述较多，应考虑到用户阅读速度，合理设置观赏的时间和切换方式，因为是休闲方案，可以适当添加些悦耳的音效。

（3）在设置动画播放的触发器时，可以考虑单击文字和单击背景图形有何不同。

（4）在将 SmartArt 图形制作成动画时，可以尝试不同选择，看看整体与逐个等的效果区别。

2　新员工入职培训方案

灵活运用本章所学知识，制作如图 19-81 所示的新员工入职培训方案。

结果文件：CDROM\19\19.3\职业应用 3.pptx

图 19-81

在制作本例的过程中，需要注意以下几点：

（1）由于新员工对环境和规定不熟悉，考虑设置连续播放提供服务性场所的图片和要求，加深记忆。

（2）注意幻灯片之间的切换方式，尽量保持一致。

（3）在设置动画播放的触发器时，考虑文本框与形状图形有何不同。

（4）组织结构图分级别层次，在设置动画效果的时候，应按不同级别分别设置效果。

19.4　温故知新

本章对 PowerPoint 2007 中动画效果设置的各种操作进行了详细讲解。同时，通过大量的实例和案例让读者充分参与练习。读者要重点掌握的知识点如下：

- 设置幻灯片之间切换效果的方法
- 为演示文稿添加动画效果的方法
- 设置切换效果和动画效果的音效与速度
- 如何删除添加效果
- 精确设置动画效果的质量
- 设置动画播放的触发器
- 将 SmartArt 图形制作成动画

第 20 章
演示文稿的放映设置

【知识概要】

演示文稿的放映是幻灯片直接呈现在观众面前的结果，是制作演示文稿的最终应用体现，演讲者可以根据自己演讲的需要，通过对演示文稿放映的设置，自由控制幻灯片的播放。

本章将详细讲解关于 PowerPoint 2007 中演示文稿的放映设置方面的知识。

20.1　答疑解惑

在为演示文稿的放映进行设置时，对于初学 PowerPoint 的人来说，可能对演示文稿放映的方式、类型或者如何启动演示文稿还不是很清楚，在本节中将解答读者在学习前的常见疑问，使读者以最轻松的心情投入到后续的学习中。

20.1.1　演示文稿中有哪些视图

演示文稿中的视图包括：普通视图、幻灯片浏览、大纲浏览（"大纲浏览"选项位于工作区左侧的"幻灯品/大纲"选项卡中）、备注页视图、幻灯片放映视图和幻灯片母板、讲义母板、备注模板，它们以不同方式显示幻灯片，如图 20-1 所示为幻灯片浏览视图。

图 20-1

20.1.2　演示文稿的放映方式

在打开的演示文稿中，观看幻灯片放映的方式有 3 种，在功能区选择"幻灯片放映"选项卡中"开始放映幻灯片"选项组，这里包含了"从头开始"、"从当前幻灯片开始"和"自定义幻灯片放映"3 种方式。

- "从头开始"：是指从第一张幻灯片开始播放。
- "从当前幻灯片开始"：是指从当前选择的幻灯片开始播放。
- "自定义幻灯片放映"：是可以指定从任意一张幻灯片开始，同时，幻灯片的播放顺序也可以更改，演示文稿可以按照自定义设置的顺序，放映演示文稿，如图 20-2 所示。

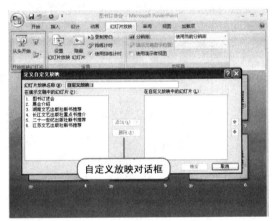

图 20-2

20.1.3　演示文稿的放映类型

演示文稿的放映类型包括：演讲者放映（全屏幕）、观众自行浏览（窗口）和在展台浏览（全屏幕），如图 20-3 所示。

系统默认的放映方式一般为"演讲者放映"方式，这种方式在会议上用途较多，可以通过投影仪全屏幕投影，手工控制的方式更便于演讲者在演讲过程中控制幻灯片的播放；"在展台浏览"的方式，由于无须人工操作，所以该选项在全屏环境下，自

第 20 章　演示文稿的放映设置

动循环运行放映，便于参观者反复观看。

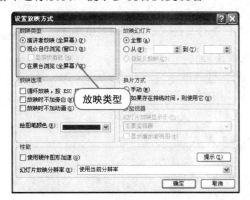

图 20-3

20.1.4　启动演示文稿放映的方式

启动演示文稿放映的方式有两种：一种是在演示文稿中启动；另一种是在演示文稿制作完成时保存其为自动放映类型文件，在需要放映时，直接打开该类型文件。

20.2　实例进阶

本节将用"图书订货会——新书推介"实例讲解 PowerPoint 2007 中演示文稿的放映设置，包括放映演示文稿前的准备工作和如何控制演示文稿的放映过程的操作知识。

20.2.1　放映演示文稿前的准备工作

根据演示文稿放映对象需求的差异，在不同的场合需要使用不同的放映方式，有时还需要提前录制好旁白录音、隐藏一些不需要展示的幻灯片。下面我们将详细介绍在放映演示文稿前需要做的准备工作。

1　设置放映方式

设置演示文稿的放映方式，根据选择的演示文稿放映类型略有差异，下面我们就具体事例，详细讲解演示文稿放映方式的设置。

视频文件：CDROM \20\20.2\素材 1.pptx

● 设置演讲者放映类型和方式

① 在功能区选择"幻灯片放映"选项卡中的"设置"选项组，"设置幻灯片放映"命令，在打开的"设置放映方式"对话框中，勾选"放映类型"中的"演讲者放映（全屏幕）"单选框。

② 在"放映选项"选项组选择"循环放映，按 Esc 键终止"复选框。

③ 在"换片方式"选项组勾选"手动"单选

框，其他选项为默认选项，如图 20-4 所示。

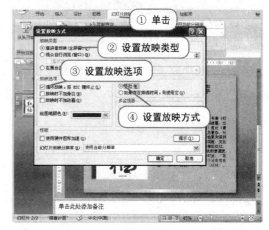

图 20-4

● 设置观众自行浏览类型和方式

① 打开素材文件，在功能区选择"幻灯片放映"选项卡中的"设置"选项组"设置幻灯片放映"命令，如图 20-5 所示。

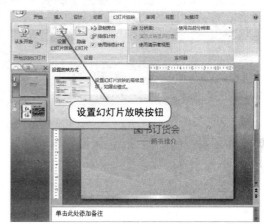

图 20-5

② 在打开的"设置放映方式"对话框中，选择"放映类型"选项组，勾选"观众自行浏览（窗口）"单选框。

③ 在"放映选项"选项组中，勾选"放映时不加动画"复选框。

④ 在"换片方式"选项组中，勾选"手动"单选框，其他选项为默认选项，单击"确定"按钮，如图 20-6 所示。

⑤ 在功能区选择"开始放映幻灯片"选项组中的"从头开始"命令，观看预览效果。幻灯片将以窗口的形式展现，不播放动画效果。

● 设置在展台浏览类型和方式

① 打开素材文件，在功能区选择"幻灯片放映"选项卡中的"设置"选项组"设置幻灯片放映"命令。

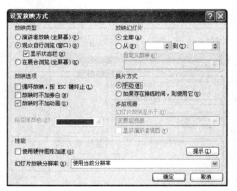

图 20-6

② 在打开的"设置放映方式"对话框中，选择"放映类型"选项组，勾选"在展台浏览（全屏幕）"单选框。

③ 在"放映选项"选项组中，勾选"放映时不加旁白"复选框。

④ 在"换片方式"选项组中，勾选"如果存在排练时间，则使用它"单选框，其他选项为默认选项，单击"确定"按钮，如图 20-7 所示。

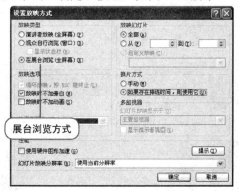

图 20-7

⑤ 单击"开始放映幻灯片"选项组中的"从头开始"命令，观看预览效果。幻灯片将以不加旁白的方式，按照排练时间循环播放。

 温馨提示

在选择"观众自行浏览"类型中，绘画笔功能是不能选择的；"在展台浏览"类型中，绘画笔功能和"循环放映时，按 Esc 键终止"功能都是不能选择的。

2　使用排练计时

在制作不需人工控制，就能够自动播放幻灯片的演示文稿时，合理控制好幻灯片的切换和动画效果的速度成为关键的问题，PowerPoint 2007 提供的排练计时功能，可以使系统自动记录下幻灯片的播

放时间，从而达到有效控制时间放映的目的。使用排练计时的具体操作如下。

　素材文件：CDROM \20\20.2 \素材 2.pptx

● **设置排练计时**

① 打开演示文稿，在功能区选择"幻灯片放映"选项卡中"设置"选项组的"排练计时"命令，进入放映排练状态，如图 20-8 所示。

图 20-8

② 在打开的"预演"工具栏中，开始计时，单击"预演"工具栏中的"下一项"按钮，切换幻灯片，"预演"工具栏中间的时间为每张幻灯片的排练时间，当切换到新的一张幻灯片时，计时都会从 0 开始统计时间。最右侧的时间显示为已播放的幻灯片的累计放映时间，如图 20-9 所示。

图 20-9

③ 如果需要重新记录当前幻灯片的放映时间，单击"预演"工具栏的"重复"按钮，中间的播放时间将自动归零，重新计时，右侧的累计时间也同时自动扣除重新计算。

④ 设置完成后，关闭"预演"工具栏，在打开的提示是否保留新的幻灯片排练时间的对话框中，选择"是"按钮，保存当前设置的排练计时，如图 20-10 所示。

图 20-10

⑤ 完成排练计时设置后，系统将自动转换到幻灯片浏览视图中，在每张幻灯片缩略图下方，都会显示其放映时间。

● 调整计时

① 打开已设置好的排练计时演示文稿，在功能区选择"幻灯片放映"选项卡中的"设置"选项组"设置幻灯片放映"命令，打开"设置放映方式"对话框，如图 20-11 所示。

图 20-11

② 在"设置放映方式"对话框中，勾选"如果存在排练时间，则使用它"单选框，如图 20-12 所示。

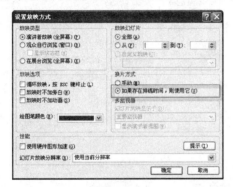

图 20-12

③ 在功能区选择"动画"选项卡中的"切换到此幻灯片"选项组，在"换片方式"组中的"在此之后自动设置动画效果"后面的数值框中输入需要调整的时间值，如图 20-13 所示。

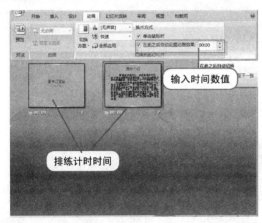

图 20-13

 高手支招

在设置"排练计时"时，除了单击"预演"工具栏中的"下一项"按钮，直接按【Enter】键也可以切换到下一张幻灯片上；在幻灯片预览视图中，单击【F5】键，可以放映幻灯片。

3　隐藏或显示幻灯片

在没有进行设置的状态下，系统将按照顺序依次播放所有的幻灯片，如果在实际放映中，有些幻灯片不需要展示，则可以选择隐藏起来，当需要放映它们时，也可以显示出来。

🌐 素材文件：CDROM \20\20.2\素材 3.pptx

● 设置幻灯片的隐藏

将演示文稿第 2 张的"展会介绍"隐藏起来，具体操作如下。

① 选择演示文稿第 2 张的"展会介绍"，在功能区选择"幻灯片放映"选项卡中的"设置"选项组。

② 单击"隐藏幻灯片"命令，如图 20-14 所示，观看预览效果，演示文稿将跳过第 2 页直接进入第 3 页。

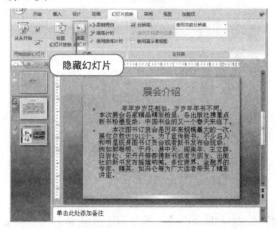

图 20-14

● 设置幻灯片的显示

① 选择已设置隐藏的演示文稿第 2 页的"展会介绍"，在功能区选择"幻灯片放映"选项卡中的"设置"选项组，如图 20-15 所示。

图 20-15

② 单击"隐藏幻灯片"命令，此时已被隐藏的幻灯片会重新显示出来。

📖 **经验揭晓**

在选择需要隐藏的幻灯片时，还可以通过用鼠标右击的方式，在打开的快捷菜单中，选择"隐藏幻灯片"命令或按快捷键【H】，也能达到隐藏和显示幻灯片的目的。

4 录制旁白

录制旁白就是将演讲者的讲解内容或其他声音通过音频输入工具,如麦克风等录制,插入到幻灯片中,和演示文稿放映同时播放,达到声形并茂的效果。

📀 素材文件:CDROM\20\20.2\素材 4.pptx

● 添加旁白

给演示文稿中的幻灯片添加旁白,具体步骤如下。

① 选择需要添加旁白的幻灯片,在功能区选择"幻灯片放映"选项卡中的"设置"选项组。

② 单击"录制旁白"命令,在打开的"录制旁白"对话框中,包括当前录制质量的设置和提示等内容,如图 20-16 所示。

图 20-16

③ 单击"设置话筒级别"按钮,打开"话筒检测"对话框,检测话筒是否工作正常,单击"确定"按钮返回。

④ 单击"更改质量"按钮,在打开的"声音选定"对话框中,设置录制声音的质量,单击"名称"下拉按钮,在下拉列表中选择"CD 音质"命令,其他默认值,单击"确定"按钮返回,如图 20-17 所示。

⑤ 单击"确定"按钮,打开"录制旁白"对话框,询问录制起始点,选择"当前幻灯片"按钮,开始录制声音;当录制旁白结束后,在打开的对话框中,询问是否保存,选择"保存"按钮,完成录制,如图 20-18 所示。

图 20-17

图 20-18

● 关闭旁白

有些旁白不需要播放,又不想删除的时候,需要用到关闭旁白功能,具体操作如下。

① 选择该幻灯片,在功能区选择"幻灯片播放"选项卡中的"设置"选项组,如图 20-19 所示。

图 20-19

② 单击"设置幻灯片放映"命令,在打开的"设置放映方式"对话框中,找到"放映选项",勾选"放映时不加旁白"复选框,如图 20-20 所示。

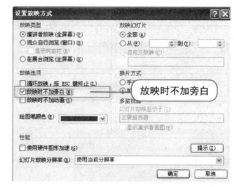

图 20-20

● 删除旁白

在已录制旁白的幻灯片右下角,会出现一个声音图标,单击声音图标,按下【Delete】键可以删除旁白,如图 20-21 所示。

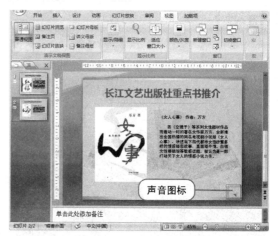

图 20-21

> **统一思想**
>
> 在演示文稿中,如果已经插入了自动播放的声音效果,就无法听到录制的旁白了。因此,在制作演示文稿过程中,应注意声音播放的单一性。

5 设置自定义放映

一部完整的演示文稿包含的内容比较全面，而在放映演示文稿时，可能因为观看对象的不同，从而有不同的要求，不同张数的幻灯片按不同的顺序放映，就需要用到自定义放映功能，具体操作如下。

💿 素材文件：CDROM\20\20.2\素材 5.pptx

以演示文稿为实例，将幻灯片"江苏文艺出版社新书推荐"设置在其他出版社新书推荐之前放映，具体步骤如下。

① 选择幻灯片"江苏文艺出版社新书推荐"，在功能区选择"幻灯片放映"选项卡中的"开始放映幻灯片"选项组。

② 单击"自定义放映"命令的下拉按钮中单击"自定义放映"命令，如图 20-22 所示。

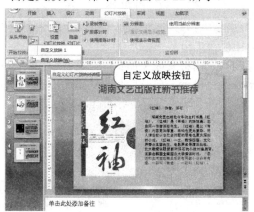

图 20-22

③ 在打开的"自定义放映"对话框中，单击"新建"按钮，打开"定义自定义放映"对话框。

④ "在演示文稿中的幻灯片"的列表中，罗列了全部幻灯片，选择需要放映的幻灯片，按照需要的顺序添加到右侧列表中，先添加需要提前的幻灯片，再添加其他幻灯片，这样就完成了自定义顺序设置，单击"确定"按钮，如图 20-23 所示。

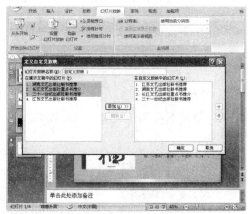

图 20-23

⑤ 返回"自定义放映"对话框，在"自定义放映"列表中，出现了"自定义放映 1"的方案，单击"放映"按钮，演示文稿将按照自定义放映 1 的顺序放映了。

经验揭晓

在"定义自定义放映"中，如果遇到较多幻灯片需要添加时，可先按住【Ctrl】键全部添加到右侧列表，再用"在自定义放映中的幻灯片"列表右侧的上下键调整放映顺序。

20.2.2 控制演示文稿的放映过程

在放映演示文稿的过程中，演讲者可以根据需要控制放映过程，可以为幻灯片添加注释，也可以设置屏幕和鼠标显示，还可以在放映状态下启动其他程序。下面我们将详细介绍如何控制演示文稿的放映过程。

1 启动与退出幻灯片放映

启动与退出幻灯片放映实际上就是观看和结束演示文稿放映，PowerPoint 2007 提供了两种启动幻灯片放映的方式——"从头开始"和"从当前幻灯片开始"。

💿 素材文件：CDROM \20\20.2\素材 6.pptx

● 从头开始启动幻灯片放映

打开素材文件，在功能区选择"幻灯片放映"选项卡中的"开始放映幻灯片"选项组的"从头开始"命令，演示文稿将从第一张幻灯片开始播放，如图 20-24 所示。

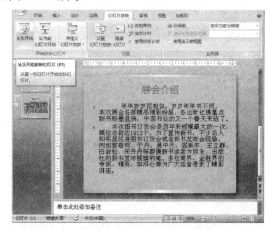

图 20-24

● 从当前幻灯片开始启动幻灯片放映

打开演示文稿，选择第二张幻灯片，在功能区选择"幻灯片放映"选项卡中的"开始放映幻灯片"选项组的"从当前幻灯片开始"命令，演示文稿将从当前选中的第二张幻灯片开始放映。

● 幻灯片放映按钮启动

打开演示文稿，选择第二张幻灯片，单击窗口右下方"视图按钮"右侧的"幻灯片放映"按钮，也可以启动幻灯片放映，演示文稿将从当前所在的第二张幻灯片开始放映，如图 20-25 所示。

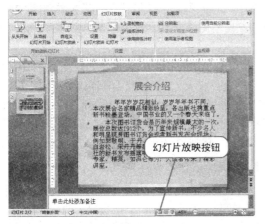

图 20-25

● 退出幻灯片放映

退出幻灯片放映有 3 种方法：第一种是按【Esc】键退出；第二种是右击，在下拉按钮中选择"结束放映"命令键退出；第三种是在放映结束时，单击"退出"按钮，如图 20-26 所示。

图 20-26

 温馨提示

当演示文稿在保存时被设置为自动放映类型，双击文件即可打开播放演示文稿。

2 控制幻灯片的放映

演示文稿放映过程中，如果不想退出放映，又需要控制幻灯片的切换，就要通过提前设定动作按钮，或是在播放中利用定位幻灯片功能来实现控制。

素材文件：CDROM \20\20.2\素材 7.pptx

● 通过动作按钮实现控制

在幻灯片中设置动作按钮，在演示文稿时，单击设置的动作按钮，就可以切换到需要的幻灯片，具体操作如下。

① 打开素材文件，选择第二张幻灯片，在功能区选择"插入"选项卡中的"插图"选项组，单击"形状"命令下拉按钮，如图 20-27 所示。

图 20-27

② 在打开的下拉菜单中选择"动作按钮"选项组中的"后退或前一项"命令。

③ 光标将变成十形状，在需要添加动作按钮的地方拖曳鼠标，放开后，自动添加出动作按钮图标，并打开"动作设置"对话框，如图 20-28 所示。

图 20-28

④ 勾选"超链接到"单选框，在下拉列表中选择"上一张幻灯片"选项。

⑤ 单击"确定"按钮完成，观看放映，在播放第二张幻灯片时，单击动作按钮，可以返回上一张幻灯片。

● 定位幻灯片实现控制

定位幻灯片时在演示文稿放映过程中实现的，具体操作如下。

① 放映演示文稿中，右击，在快捷菜单中选择"定位至幻灯片"命令。

② 在打开的子菜单中，选择需要切换的幻灯片，即可直接放映选择的幻灯片，如图 20-29 所示。

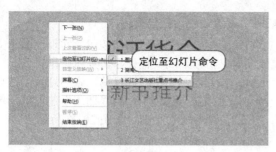

图 20-29

高手支招

在演示文稿放映过程中，幻灯片左下方有四个隐藏按钮，鼠标划过时可见，这 4 个按钮依次为：跳转到前一张幻灯片，指针选项菜单，功能菜单和跳转到后一张幻灯片。在功能菜单中，包括控制幻灯片的前后切换、定位命令以及结束放映等命令。

3 为幻灯片添加墨迹注释

演讲者放映演示文稿，有时需要在关键问题上添加注释或做标记，如何在放映幻灯片的屏幕上添加注释，PowerPoint 2007 为此提供了绘画笔功能。

💿 素材文件：CDROM \20\20.2\素材 8.pptx

为幻灯片添加墨迹注释需要在幻灯片放映过程中设置，具体操作如下。

①　在放映的演示文稿中，右击，在打开的快捷菜单中选择"指针选项"命令，如图 20-30 所示。

图 20-30

②　在子菜单中选择"荧光笔"效果。

③　在"墨迹颜色"子菜单中选择"蓝色"。

④　当鼠标变成 形状时，在需要添加注释的地方拖曳鼠标。

⑤　添加注释后，在"指针选项"子菜单中，选择"箭头"命令，即可恢复正常放映状态。

经验揭晓

在办公中，演示文稿被应用的频率较高，针对不同的观众，演讲者讲解的侧重点也不尽相同，因此在做墨迹注释后，尽量不要选择在演示文稿中保留该注释。

4 设置黑屏或白屏

在演示文稿放映中，有时需要通过设置白屏或黑屏来暂停播放内容。

💿 素材文件：CDROM \20\20.2\素材 9.pptx

为幻灯片设置黑屏或白屏需要在幻灯片放映过程中设置，具体操作如下。

①　在放映的演示文稿中，右击，在打开的快捷菜单中选择"屏幕"命令。

②　在子菜单中选择"黑屏"命令，如图 20-31 所示。

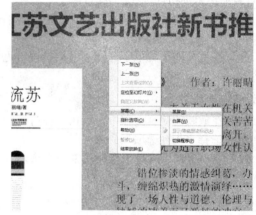

图 20-31

统一思想

办公中，设置演示文稿的白屏或黑屏应根据周围环境而定，在比较欢快的场合设置黑屏就不太适宜了；而在光线比较暗的会议室，白屏就显得比较刺眼，应尽量选择黑屏，给观众舒适的感觉。

5 隐藏或显示鼠标指针

在放映演示文稿时，有时为了美观，需要隐藏鼠标指针；有时为了讲解方便需要用到鼠标，在演示文稿的放映中，可以对鼠标指针进行隐藏或显示的设置，具体方法如下。

💿 素材文件：CDROM \20\20.2\素材 10.pptx

● 设置隐藏鼠标指针

①　在放映的演示文稿中，右击，在打开的快捷菜单中选择"指针选项"命令。

②　在打开的子菜单中选择"箭头选项">"永远隐藏"命令，如图 20-32 所示。

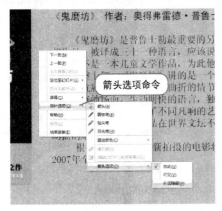

图 20-32

● 设置显示鼠标指针

①　在放映的演示文稿中，右击，在打开的快捷菜单中选择"指针选项"命令。

②　在打开的子菜单中选择"箭头选项可见"命令。

● 设置自动状态

①　在放映的演示文稿中，右击，在打开的快捷菜单中选择"指针选项"命令。

②　在打开的子菜单中选择"箭头选项>自动"命令。

　经验揭晓

　　演讲者在正式场合放映演示文稿，通常会选择激光指示笔或教鞭等，此时为了观看效果的美观，应设置鼠标指针为隐藏状态；在非正式场合，由于气氛比较轻松随意，则可以设置鼠标可见，直接用鼠标操作即可。

6　在放映状态下启动其他程序

　　在放映演示文稿过程中，有时需要切换到其他应用程序中，很多人在遇到这样的问题时，都会采取退出演示文稿放映的方法，这种方法既烦琐，又影响放映效果，其实，利用 PowerPoint 2007 本身的功能，不用退出放映，也可以切换到其他程序上，具体操作如下。

　　素材文件：CDROM \20\20.2\素材 11.pptx

● 通过设置动作按钮启动程序

　　通过在幻灯片中设置动作按钮，实现在演示文稿放映时，可以启动其他程序，具体操作如下。

①　打开演示文稿，选择第二张幻灯片，在功能区选择"插入"选项卡中的"插图"选项组，单击"形状"命令下拉按钮，如图 20-33 所示。

图 20-33

②　在打开下拉菜单中选择"动作按钮"栏下的"动作按钮"中"影片"选项，如图 20-34 所示。

③　光标将变成十形状，在需要添加动作按钮的地方拖曳鼠标，松开鼠标自动添加出动作按钮图标，并打开"动作设置"对话框。

④　勾选"运行程序"单选框，在下面的文本框中，输入需要运行的程序所在位置及文件名，如图 20-35 所示。

⑤　在放映幻灯片过程中，单击"动作"按钮，即可启动设置的程序。

图 20-34

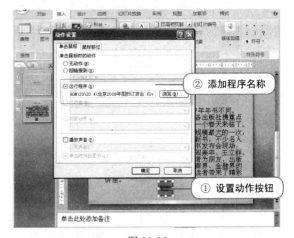

图 20-35

● 通过窗口放映模式启动程序

　　在演示文稿中，按住【Alt】键，依次按下【D】键和【V】键，打开窗口放映幻灯片模式，在放映幻灯片的同时，可以在 Windows 中方便的启动其他程序。

● 通过命令菜单启动程序

① 在全屏放映模式下，右击，在打开的快捷菜单中，选择"屏幕"命令。

② 在子菜单中选择"切换程序"命令，如图 20-36 所示，屏幕下方出现任务栏，通过任务栏可启动其他程序。

图 20-36

● 通过快捷键方式启动程序

在全屏放映幻灯片模式中，按【Ctrl+T】组合键，屏幕下方出现任务栏，通过任务栏可启动其他程序。

高手支招

在设置动作按钮，添加启动程序时，如果不知道启动程序的文件类型，可以找到该文件，单击窗口菜单栏中的"工具"中的"文件夹选项"命令，打开文件夹选项窗口，在"查看"标签中，找到"隐藏已知文件类型的扩展名"，取消前面的复选框，单击"确定"按钮，就可以看到该文件的后缀名了。

7 自定应放映

同一个演示文稿，可以根据不同的顺序放映幻灯片，这就用到了自定义放映功能。

素材文件：CDROM \20\20.2\素材 12.pptx

① 打开素材文件，在功能区选择"幻灯片放映"选项卡中的"开始放映幻灯片"选项组。

② 单击"自定义放映"命令，在下拉菜单中单击"自定义放映"命令。

③ 在打开的"自定义放映"对话框中，单击"新建"按钮，打开"定义自定义放映"对话框，如图 20-37 所示。

④ "在演示文稿中的幻灯片"的列表中，罗列

了全部幻灯片，选择需要放映的幻灯片，按照需要的顺序添加到右侧列表中，完成后在自定义放映列表中出现"自定义放映 1"的方案，以同样的方式设置"自定义放映 2"的顺序。

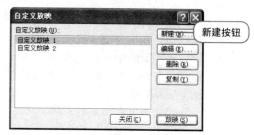

图 20-37

⑤ 在"开始放映幻灯片"选项组中，单击"自定义放映"命令下拉按钮，将出现"自定义放映 1"和"自定义放映 2"选项，根据需要选择放映的顺序，如图 20-38 所示。

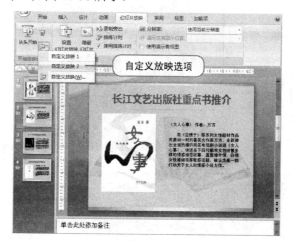

图 20-38

20.3　职业应用——新产品发布

大多数知名企业，在其新产品上市时，都会采用发布会的形式，向媒体和客户展示其新品。一份完整的新产品推介方案，包含的内容非常广泛，包括了产品的外观、形态、性能、功能、价格和定位人群等的介绍。

20.3.1　案例分析

新产品发布方案的应用范围广泛，针对不同的受众群体，在不同的发布场合，根据新产品推广的不同阶段，需要展示的内容也会略有不同。有些展示是由新产品发布方来讲解，有些则放在展会上以客户互动的方式展示，下面我们就某公司新产品推介方案来讲解如何设置和控制演示文稿的放映。

20.3.2 应用知识点拨

本案例应用的知识点概括如下：
1. 设置演示文稿的放映方式
2. 设置幻灯片放映时间
3. 录制旁白
4. 隐藏幻灯片和自定义放映
5. 启动和控制演示文稿的放映
6. 为演示文稿添加注释
7. 设置屏幕和隐藏鼠标指针
8. 在放映状态下启动其他程序

20.3.3 案例效果

素材文件	CDROM\20\20.3\素材 1.pptx
结果文件	CDROM\20\20.3\职业应用 1.pptx
视频文件	CDROM\视频\第 20 章职业应用.exe
效果图	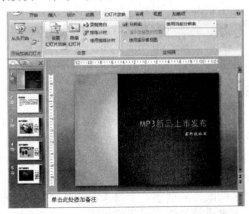

20.3.4 制作步骤

1 设置演示文稿的放映方式

为演示文稿设置"在展台浏览"的放映方式，放映时添加旁白不加动画，按照排练时间放映，具体操作如下。

① 在功能区选择"幻灯片放映>设置>设置幻灯片放映"命令，如图 20-39 所示。

图 20-39

② 在打开的"设置放映方式"对话框中，选择"放映类型"选项组，勾选"在展台浏览（全屏幕）"单选框。

③ 在"放映选项"选项组中，勾选"放映时不加动画"复选框。

④ 在"换片方式"选项组中，勾选"如果存在排练时间，则使用它"单选框。

⑤ 其他选项为默认选项，单击"确定"完成设置，如图 20-40 所示。

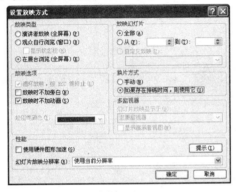

图 20-40

温馨提示

为了达到更好的观看效果，在"设置放映方式"对话框的"性能"中，可以通过设置"使用硬件图形加速"和"幻灯片放映分辨率"对放映画面进行调节。

2 设置演示文稿的放映时间

为演示文稿设置放映动画排练计时，具体操作如下。

① 在功能区选择"幻灯片放映>设置>排练计时"命令，进入放映排练状态，如图 20-41 所示。

图 20-41

② 在打开的"预演"工具栏中，开始计时，

一个动画演示完成后，单击"预演"工具栏中的"下一项"按钮，切换到下一张幻灯片，"预演"工具栏中间的时间也将从 0 开始从新计时。最右侧的时间显示为已播放的幻灯片的累计放映时间。

③ 如果需要重新记录当前幻灯片的放映时间，单击"预演"工具栏的"重复"按钮，中间的播放时间将自动归零，重新计时，右侧的累计时间也同时自动扣除重新计算，如图 20-42 所示。

图 20-42

④ 设置完成后，关闭"预演"工具栏，在打开的提示是否保留新的幻灯片排练时间提示对话框中，选择"是"按钮，保存当前设置的排练计时，如图 20-43 所示。

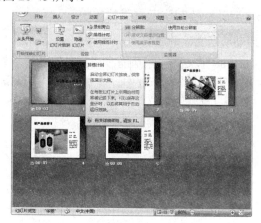

图 20-43

经验揭晓

在设置排练时间时，应从观众的角度审视演示文稿，留出充足的文字阅读时间和记忆反馈时间。

3 录制旁白

为演示文稿中的幻灯片"公司简介"添加旁白，具体步骤如下。

① 选择需要添加旁白的幻灯片，在功能区选择"幻灯片放映>设置>录制旁白"命令。

② 在打开的"录制旁白"对话框中，包括当前录制质量的设置和提示等内容，如图 20-44 所示。

图 20-44

③ 单击"设置话筒级别"按钮，打开"话筒检测"对话框，检测话筒是否工作正常，单击"确定"按钮返回。

④ 单击"更改质量"按钮，在打开的"声音选定"对话框中，设置录制声音的质量，单击"确定"按钮返回，如图 20-45 所示。

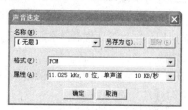

图 20-45

⑤ 单击"确定"按钮，打开"录制旁白"对话框，询问录制起始点，单击"当前幻灯片"按钮，开始录制声音；当录制旁白结束后，在打开的对话框中，询问是否保存，单击"保存"按钮，完成录制，如图 20-46 所示。

图 20-46

高手支招

如果实现已经录好旁白，可以在"录制旁白"对话框的最下面找到"链接旁白"选项，勾选前面的复选框，单击后面的"浏览"按钮，找到已经录制好的旁白，添加进来即可。

4 隐藏幻灯片和自定义放映

● 隐藏幻灯片

将演示文稿中的"新产品推荐 I"幻灯片隐藏起来，具体操作如下。

① 选择需要隐藏的幻灯片，在功能区选择"幻灯片放映>设置"命令。

② 单击"隐藏幻灯片"命令，观看预览效果，演示文稿将跳过该页直接进入下一张幻灯片，如图 20-47 所示。

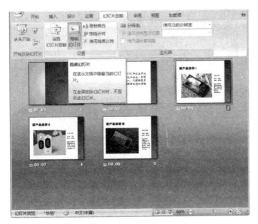

图 20-47

● 自定义幻灯片放映

设置自定义放映方式，把演示文稿中的"公司介绍"幻灯片放在"新品推荐"幻灯片最后放映，具体步骤如下。

① 在功能区选择"幻灯片放映"选项卡中的"开始放映幻灯片"选项组。

② 单击"自定义放映"命令，在下拉菜单中单击"自定义放映"命令。

③ 在打开的"自定义放映"对话框中，单击"新建"按钮，打开"定义自定义放映"对话框如图 20-48 所示。

图 20-48

④ "在演示文稿中的幻灯片"的列表中，从罗列的全部幻灯片中，选择需要放映的幻灯片，按照"封面→ 新产品推荐→ 公司介绍"的顺序添加到右侧列表中，单击"确定"按钮，如图 20-49 所示。

图 20-49

⑤ 返回"自定义放映"对话框，在"自定义放映"列表中，出现了"自定义放映 1"的方案，

单击"放映"按钮，演示文稿将按照"自定义放映1"的顺序放映，如图 20-50 所示。

图 20-50

 温馨提示

在视图中，被隐藏的幻灯片是可见的，只有在演示文稿放映的时候才被隐藏起来。

5 启动和控制演示文稿的放映

● 启动演示文稿的放映

打开演示文稿，在功能区选择"幻灯片放映>开始放映幻灯片>从头开始"命令，演示文稿将从第一张幻灯片开始播放，如图 20-51 所示。

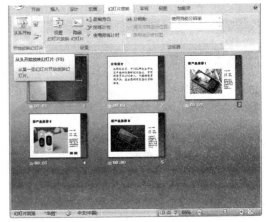

图 20-51

● 控制演示文稿的放映

在幻灯片中设置动作按钮，当演示文稿放映时，通过单击设置的动作按钮，以实现控制演示文稿的放映的目的，具体操作如下。

① 打开演示文稿，选择需要设置的幻灯片，在功能区选择"插入>插图"命令，单击"形状"命令下拉按钮，如图 20-52 所示。

图 20-52

（2）在打开的下拉菜单中选择"动作按钮"选项组中的"后退或前一项"按钮，如图 20-53 所示。

（3）光标将变成十形状，在需要添加动作按钮的地方拖曳鼠标，放开后，自动添加出动作按钮图标，并打开"动作设置"对话框，如图 20-54 所示。

图 20-53　　　　图 20-54

（4）勾选"超链接到"单选框，在下拉列表中选择"第一张幻灯片"选项。

（5）以同样的方式再为幻灯片添加一个"前进或下一项"按钮，链接到"下一张幻灯片"。

（6）单击"确定"按钮完成，在演示文稿放映中，可以通过单击添加的动作按钮，实现前后幻灯片的切换，从而控制演示文稿的放映。

经验揭晓

一般在应用中，利用屏幕下方的"启动幻灯片"按钮来启动演示文稿，更为便捷。在演示文稿的放映中通过菜单和快捷键来控制演示文稿的放映也是普遍采用的形式。

此外，添加动作按钮需在"普通视图"模式下，"幻灯片浏览视图"下，插入"形状"功能是没有激活的。

6　为演示文稿添加墨迹注释

（1）在放映的演示文稿中，右击，在打开的快捷菜单中选择"指针选项"命令。

（2）在子菜单中选择"毡尖笔"效果，如图 20-55 所示。

图 20-55

（3）在"墨迹颜色"子菜单中选择"橙色"。

（4）当鼠标变成 形状时，在需要添加注释的地方按住鼠标左键拖动。

（5）添加注释后，在"指针选项"子菜单中，选择"箭头"命令，即可恢复正常放映状态。

温馨提示

为演示文稿添加墨迹注释，只能在放映类型设置为"演讲者放映"时，才可以进行选择。

7　设置黑屏以及隐藏鼠标指针

● 设置黑屏

（1）在放映的演示文稿中，右击，在打开的快捷菜单中选择"屏幕"命令。

（2）在子菜单中选择"黑屏"命令，如图 20-56 所示。

图 20-56

● 设置鼠标指针隐藏

① 在放映的演示文稿中，右击，在打开的快捷菜单中选择"指针选项"命令。

② 在打开的子菜单中选择"箭头选项"命令下的"永远隐藏"命令，如图 20-57 所示。

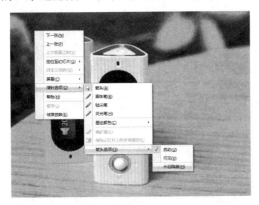

图 20-57

 温馨提示

设置屏幕和鼠标指针都需要在"演讲者放映"类型中，在演示文稿的放映过程中，通过菜单设置。

8　在放映状态下启动其他程序

在演示文稿中添加动作按钮，设定声音文件链接，在演示文稿放映时，通过单击动作按钮，启动程序，具体操作如下。

① 打开演示文稿，选择需要添加声音的幻灯片，在功能区选择"插入>插图"选项组，单击"形状"下拉按钮。

② 在打开下拉菜单中选择"动作按钮"栏下的"声音"选项，如图 20-58 所示。

③ 光标将变成十形状，在需要添加动作按钮的地方拖曳鼠标，放开后，自动添加出动作按钮图标，并打开"动作设置"对话框。

④ 勾选"运行程序"单选框，在下面的文本框中，输入需要运行的程序所在位置及文件名，如图 20-59 所示。

⑤ 在放映幻灯片过程中，单击动作按钮，即可启动设置的程序，如图 20-60 所示。

高手支招

如果在打开的"浏览"窗口找不到需要运行的程序，可单击"文件类型"下拉按钮，选择"所有文件"。

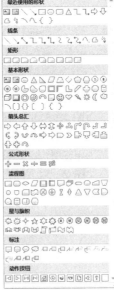

图 20-58　　　　　　图 20-59

图 20-60

20.3.5　拓展练习

为了使读者能够充分应用本章所学知识，在工作中发挥更大作用，因此，在这里将列举两个关于本章知识的其他应用实例，以便开拓读者思路，起到举一反三的效果。

1　商场购物导航

灵活运用本章所学知识，制作如图 20-61 所示的商场购物导航。

结果文件：CDROM\20\20.3\职业应用 2.pptx

在制作本例的过程中，需要注意以下几点：

（1）购物导航一般放置在商场门口供查询，"在展台浏览"的放映方式更适用于此类演示文稿。

（2）为不同的购物区，录制旁白注释，使顾客更清楚所需商品所处楼层情况。

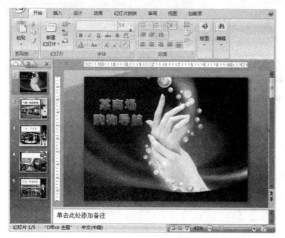

图 20-61

（3）购物导航一般都采用触摸屏方式，方便顾客自己查询。应在制作幻灯片时，设置相关的动作按钮，供顾客随意控制切换，查询所需信息。

（4）合理设置放映时间，在需要的地方设置应用程序的启动方式，为顾客提供全方位的服务。

2 新概念手机展示

灵活运用本章所学知识，制作如图 20-62 所示的新员工入职培训方案。

结果文件：CDROM\20\20.3\职业应用 3.pptx

图 20-62

在制作本例的过程中，需要注意以下几点：

（1）此类演示文稿多采用演讲者放映方式。

（2）在放映演示文稿过程中，要合理控制幻灯片的计时，给观众留下足够的时间。

（3）设置屏幕和鼠标指针隐藏，为演示文稿添加墨迹注释。

（4）添加演示视频，在放映状态下启动视频文件。

20.4　温故知新

本章对 PowerPoint 2007 中演示文稿的放映准备和设置的各种操作进行了详细讲解。同时，通过大量的实例和案例让读者充分参与练习。读者要重点掌握的知识点如下：

- 设置演示文稿的放映方式和放映时间
- 录制旁白
- 隐藏显示幻灯片
- 自定义放映
- 控制演示文稿的放映
- 为演示文稿添加注释
- 在放映状态下启动其他程序

学习笔记

第 21 章
演示文稿的安全和打印

【知识概要】

演示文稿是制作者的劳动成果，制作者可以根据需要添加或修改个人信息，设定演示文稿的使用权限，制作完成的演示文稿可以根据使用对象的不同选择输出方式，可以在异地电脑播放，也可打印成纸质文稿。

本章将详细讲解关于 PowerPoint 2007 中演示文稿的安全和打印设置方面的知识。

21.1 答疑解惑

谈到演示文稿的安全和打印，对于初学者而言，还有一些功能、权限比较陌生。在本节中将解答读者在学习前的常见疑问，使读者以最轻松的心情投入到后续的学习中。

21.1.1 什么是限制权限

为了保护演示文稿的版权，使其不被未经授权的人随意修改，PowerPoint 2007 为制作者提供了限制权限功能。限制权限的设置方式如下：选择"Office 按钮>准备>限制权限>限制访问"命令，如图 21-1 所示。

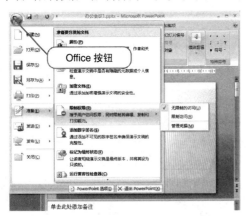

图 21-1

21.1.2 怎样发布模板

演示文稿制作完成后，用户对好的模板希望能够保存起来，方便下次再用。将演示文稿发布到幻灯片库的方式如下：选择"Office 按钮>发布>发布幻灯片"命令，如图 21-2 所示，在打开的"发布幻灯片"对话框中，选择需要发布的幻灯片。

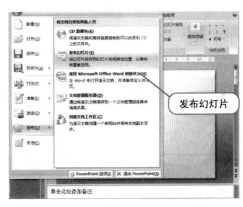

图 21-2

21.1.3 什么是数字签名

顾名思义，"数字签名"就像在合同上签字盖章一样，具有确认唯一性。数字签名通过使用计算机加密来验证信息的真实性、有效性和完整性。

PowerPoint 2007 为用户提供了设置数字签名功能，当数字签名出现问题时，系统会发出警报。设置数字签名的方式如下：选择"Office 按钮>准备>添加数字签名"命令，如图 21-3 所示。

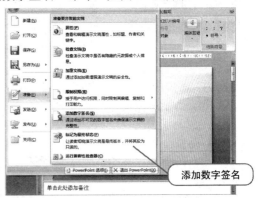

图 21-3

21.1.4　如何将演示文稿保存为 Word 格式

PowerPoint 2007 为演示文稿保存为 Word 格式文件，提供了多种版式。具体操作如下：选择"Office 按钮>发布>使用 Microsoft Office Word 创建讲义"命令，如图 21-4 所示，在打开的"发送到 Microsoft Office Word"的对话框中，选择版式。

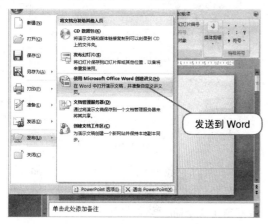

图 21-4

21.2　实例进阶

本节将用"办公室工作会议记录"实例讲解如何在 PowerPoint 2007 中设置演示文稿的安全性，并就如何打包、发布、设置打印演示文稿的操作知识进行详细讲解。

21.2.1　保护演示文稿的安全

在与他们共享 PowerPoint 文件时，演示文稿中所包含的重要信息和内容设置也被一览无余地展示出来，如果不希望被其他人看到或修改，就要进行必要的检查和设置。下面我们将详细介绍如何保护演示文稿的安全。

1　检查演示文稿

演示文稿的制作者为了方便对演示文稿的内容进行把握，有时会在幻灯片中添加备注信息，在制作和应用演示文稿过程中有时也会留下一些个人信息、隐藏数据等。这些信息如果在文稿共享时不希望被发现，就要对演示文稿进行检查。下面我们就具体事例，详细讲解如何检查演示文稿。

　📀　素材文件：CDROM \21\21.2\素材 1.pptx

● 检查演示文稿备注

　①　在演示文稿中，单击左上方中的"Office"

按钮，单击"准备"选项，进入子菜单，在"准备要分发的文档"列表中选择"检查文档"命令，如图 21-5 所示。

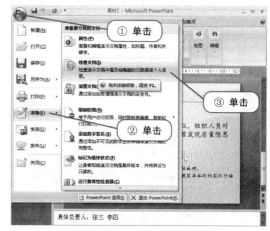

图 21-5

　②　在打开的"文档检查器"对话框中，勾选"演示文档备注"前的复选框，单击"检查"按钮，检查演示文档中演示者备注的信息，如图 21-6 所示。

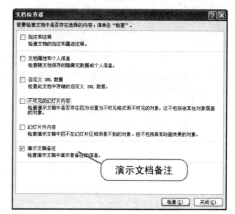

图 21-6

　③　在"文档检查器"对话框中，查阅检查结果。如果演示文稿中，存在备注，检查结果就会提示"演示文稿备注，已找到演示文稿备注"并在后面显示"全部删除"按钮。单击"全部删除"按钮删除全部备注信息，如图 21-7 所示。

● 检查批注与注释

　①　在演示文稿中，单击左上方中的"Office"按钮，单击"准备"选项，进入子菜单，在"准备要分发的文档"命令列表中选择"检查文档"命令，如图 21-8 所示。

　②　在打开的"文档检查器"对话框中，勾选"批注和注释"复选框，单击"检查"按钮，检查演示文档中批注和墨迹注释，如图 21-9 所示。

图 21-7

图 21-8

图 21-9

③ 在"文档检查器"对话框中，查阅检查结果。如果演示文稿中存在批注和注释，单击"全部删除"按钮，如果不存在，检查结果列表中会显示"未找到项目"。

● 检查文档属性和个人信息

① 在演示文稿中，单击左上方中的"Office"按钮。
② 单击"准备"选项，进入子菜单。
③ 在"准备要分发的文档"命令列表中选择"检查文档"命令。

④ 在打开的"文档检查器"对话框中，勾选"文档属性和个人信息"复选框，单击"检查"按钮，检查随文档保存的隐藏元数据和个人信息，如图21-10 所示。

图 21-10

⑤ 在"文档检查器"对话框中，查阅检查结果。单击"全部删除"按钮，可删除相关信息。

● 检查自定义 XML 数据

① 在演示文稿中，单击左上方中的"Office"按钮。
② 单击"准备"选项，进入子菜单。
③ 在"准备要分发的文档"命令列表中选择"检查文档"命令。

④ 在打开的"文档检查器"对话框中，勾选"自定义 XML 数据"复选框，单击"检查"按钮，检查文档中储存的自定义 XML 数据，如图21-11 所示。

图 21-11

⑤ 在"文档检查器"对话框中，查阅检查结果。单击"全部删除"按钮，可删除相关信息。

● 检查不可见的幻灯片内容

① 在演示文稿中，单击左上方中的"Office"按钮。

②　单击"准备"选项，进入子菜单。

③　在"准备要分发的文档"命令列表中选择"检查文档"命令。

④　在打开的"文档检查器"对话框中，勾选"不可见的幻灯片内容"复选框，单击"检查"按钮，检查演示文稿中是否存在因为设置为不可见格式而不可见的对象。这不包括被其他对象覆盖的对象，如图 21-12 所示。

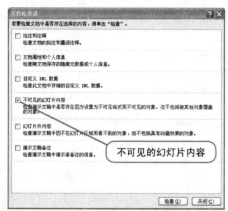

图 21-12

⑤　在"文档检查器"对话框中，查阅检查结果。单击"全部删除"按钮，可删除相关信息。

● 检查幻灯片外内容

①　在演示文稿中，单击左上方中的"Office"按钮。

②　单击"准备"选项，进入子菜单。

③　在"准备要分发的文档"命令列表中选择"检查文档"命令。

④　在打开的"文档检查器"对话框中，勾选"幻灯片外内容"复选框，单击"检查"按钮，检查演示文稿中因不在幻灯片区域而看不到的对象，但不包括具有动画效果的对象，如图 21-13 所示。

图 21-13

⑤　在"文档检查器"对话框中，查阅检查结果。单击"全部删除"按钮，可删除相关信息。

 经验揭晓

需要注意的是，有些更改是不能撤销的。

2　为演示文稿设置密码

在与他人共享的系统中，为了防止重要资料的泄漏，PowerPoint 2007 为演示文稿提供了设置密码的功能，具体操作如下。

素材文件：CDROM \21\21.2 \素材 2.pptx

● 设置密码

①　在素材演示文稿中，单击左上方中的"Office"按钮。

②　单击"准备"选项，进入子菜单。

③　在"准备要分发的文档"命令列表中选择"加密文档"命令，如图 21-14 所示。

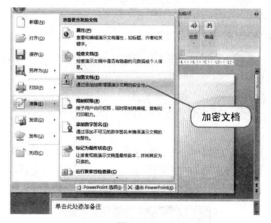

图 21-14

④　在打开的"加密文档"对话框中，如图 21-15 所示，输入密码"88888"，单击"确定"按钮。

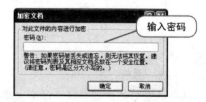

图 21-15

⑤　在打开的"确认密码"对话框中，重新输入一遍密码"88888"，单击"确定"按钮。

⑥　重新打开演示文稿，系统将会提示输入密码，如图 21-16 所示。

● 修改密码

①　在演示文稿中，单击左上方中的"Office"

按钮。

图 21-16

② 单击"准备"选项，进入子菜单。

③ 在"准备要分发的文档"命令列表中选择"加密文档"命令。

④ 在打开的"加密文档"对话框中，输入需要修改的密码，单击"确定"按钮，如图 21-17 所示。

图 21-17

⑤ 在打开的"确认密码"对话框中，重新输入新的密码，单击"确定"按钮。

● 删除密码

① 在演示文稿中，单击左上方中的"Office"按钮。

② 单击"准备"选项，进入子菜单。

③ 在"准备要分发的文档"命令列表中选择"加密文档"命令。

④ 在打开的"加密文档"对话框中，如图 21-18 所示。删除已输入的密码，单击"确定"按钮，即可删除密码。

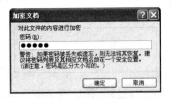

图 21-18

 统一思想

需要注意的是：密码设置区分大小写，如果文件不希望破解，可以设置复杂的密码。另外，如果遗忘了密码，是无法恢复找回的，所以应养成在备忘录中记下密码的习惯，以备不时之需。

3 为演示文稿添加标记

在与他人共享的环境下，为了防止其他人随意

修改演示文稿，可在 PowerPoint 2007 中对演示文稿进行"标记为最终状态"的设置，这样可以使其他人清楚地了解到此共享文件为已完成版本。

素材文件：CDROM \21\21.2\素材 3.pptx

● 添加文档标记

把演示文稿设置为"标记最终状态"。所有的输入、编辑、校对标记功能都将无法应用，演示文稿将处于只读状态，具体操作如下。

① 在演示文稿中，单击左上方中的"Office"按钮。

② 单击"准备"选项，进入子菜单。

③ 在"准备要分发的文档"选项列表中选择"标记为最终状态"选项，如图 21-19 所示。

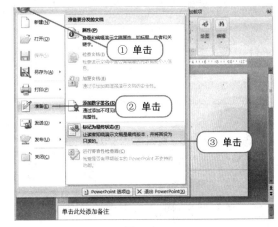

图 21-19

④ 在打开的对话框中，提示"该演示文稿将先被标记为最终版本，然后保存"。单击"确定"按钮。

● 取消文档标记

① 在演示文稿中，单击左上方中的"Office"按钮。

② 单击"准备"选项，进入子菜单。

③ 在"准备要分发的文档"选项列表中选择"标记为最终状态"选项。此时已被标记为最终版本的文件，将被再次打开，以供编辑。

 温馨提示

"标记为最终状态"命令无法实现安全保护文件功能，因为用户可以通过取消设置的"标记为最终状态"命令更改文件。在早期的版本中，打开设置新版本设置为"最终状态"的演示文稿时，演示文稿将不是只读模式。

21.2.2　打包演示文稿

没有安装 PowerPoint 2007 的用户在其他的播放器上也可以观看演示文稿，需要演示文稿的制作者将放映所需的文件打包，或是将其发布到网页上，便于传播。下面我们将详细介绍如何打包演示文稿和将演示文稿发布到网页的过程。

1　将演示文稿打包

把演示文稿打包成 CD，具体步骤如下。

🔵 素材文件：CDROM \21\21.2\素材 4.pptx

① 在演示文稿中，单击左上方中的"Office"按钮。

② 单击"发布"选项，进入子菜单。

③ 在"将文档分发给其他人员"选项列表中选择"CD 数据包"命令，如图 21-20 所示。

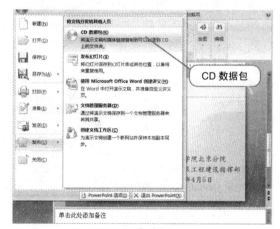

图 21-20

④ 在打开的"打包成 CD"对话框中，可以对 CD 进行命名，如果有多个演示文稿需要统一打包，单击"添加"按钮，添加需要打包的文件，在这里我们添加"素材 1"为首先播放，在播放顺序中调节演示文稿的次序，如图 21-21 所示。

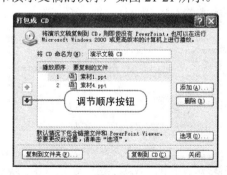

图 21-21

⑤ 单击"选项"按钮，在打开的"选项"对话框中，可以设置包类型、包含的文件、安全和隐私。

⑥ 在"选项"对话框中"程序包类型"选项组中，单击"选择演示文稿在播放器中的播放方式"列表框下拉按钮，选择"让用户选择要浏览的演示文稿"选项。

⑦ 在"包含这些文件"选项组中，勾选"嵌入的 TrueType 字体"复选框。

⑧ 在"增强安全性和隐私保护"选项组中，分别设置"打开每个演示文稿时所用密码"和"修改每个演示文稿时所用密码"为"888"和"666"，如图 21-22 所示。

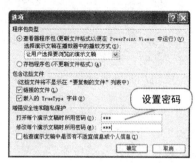

设置密码

图 21-22

⑨ 在打开的"确认密码"对话框中，重复输入设置的权限密码，完成密码设置。

⑩ 在返回的"打包成 CD"对话框中，单击"复制到文件夹"按钮，打包后的演示文稿将存放在本地电脑中；单击"复制到 CD"按钮，可将打包后的演示文稿复制到刻录光盘中，在此，将打包的文件放在"素材 5"的文件夹中。

⑪ 演示文稿打包后，单击"关闭"按钮，结束打包。

温馨提示

只有系统安装了光盘刻录机时，才能单击"复制到 CD"按钮，将打包的文件刻录到光盘中，此时打包文件中的所有链接文件和墨迹注释等可以选择包含在包中。

2　异地播放演示文稿

在其他的地方播放演示文稿时，需要将打包的演示文稿复制到其他电脑上，或是用其他播放器播放打包好的 CD 盘，想要播放演示文稿，首先要将打包的演示文稿解包。下面将详细讲解如何解包的过程。

🔵 素材文件：CDROM \21\21.2\素材 5

① 将演示文稿的打包文件复制到异地电脑上，并在网上下载"PPTVIEW.EXE"程序文件。

② 首次运行该程序时，会打开许可协议确认

页面，单击"接受"按钮，如图 21-23 所示。

图 21-23

（3） 在打开的"Microsoft Office PowerPoint Viewer"对话框中，选择需要播放的演示文稿，单击"打开"按钮，即可放映，如图 21-24 所示。

高手支招

设置了打开和修改密码的演示文稿，在解包的时候，输入打开密码即可。

PowerPoint Viewer 是一款软件，专门用于播放幻灯片文件。

图 21-24

3 将演示文稿发布为网页

PowerPoint 2007 提供了将演示文稿转换成网页的功能，不仅可以将演示文稿保存为 HTML 文件，在保存网页的同时，还可以保留演示文稿中设置的动画和声音文件。

素材文件：CDROM \21\21.2\素材 6.pptx
CDROM \21\21.2\素材 6.htm

将演示文稿发布为网页，具体操作如下。

（1） 在演示文稿中，单击左上方中的"Office"按钮。

（2） 在弹出的菜单中单击"另存为"命令，进入子菜单。

（3） 在"保存文本副本"选项列表中选择"其他格式"选项，如图 21-25 所示。

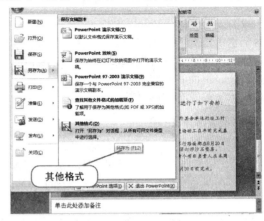

图 21-25

（4） 在打开的"另存为"对话框中，单击"保存类型"下拉列表，选择"网页"。

（5） 单击"更改标题"按钮，在打开的"设置页标题"对话框中输入标题，单击"确定"按钮，返回"另存为"对话框，如图 21-26 所示。

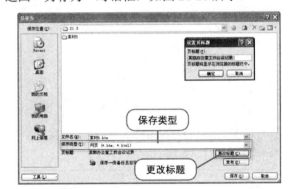

图 21-26

（6） 单击"发布"按钮，在打开的"发布为网页"对话框中，单击"Web 选项"按钮，如图 21-27 所示。

图 21-27

（7） 在打开的"Web 选项"对话框中，选择"常规"选项卡中的"外观"选项组，单击"颜色"列表框下拉按钮，选择"演示颜色（文字颜色）"选项，如图 21-28 所示。

图 21-28

⑧ 在"图片"选项卡中，选择"目标监视器"中的"屏幕尺寸"，在下拉列表中选择"800×600"选项。

⑨ 单击"确定"按钮，返回"发布为网页"对话框，单击"发布"按钮，系统自动生成网页文件。

📖 **经验揭晓**

在"发布为网页"对话框中，如果演示文稿设置了自定义放映，则该处的"自定义放映"单选按钮将被激活。

21.2.3　打印演示文稿

演示文稿的打印可以选择不同色彩，如彩色、黑白等，也可以选择不同形式如幻灯片、大纲、备注等，下面我们将详细介绍如何打印演示文稿。

1　设置幻灯片的页面属性

在打印演示文稿之前，首先需要设置幻灯片的大小、序号和方向等属性。

💿 素材文件：CDROM \21\21.2\素材 7.pptx

① 打开演示文稿，在功能选择区选择"设计"选项卡中的"页面设置"选项组的"页面设置"命令，如图 21-29 所示。

图 21-29

② 在打开的"页面设置"对话框中，单击"幻灯片大小"列表框下拉按钮，在下拉列表中，选择"自定义"命令。

③ 在"宽度"数值框中输入"25"，"高度"数值框中输入"19"，幻灯片编号起始值保持默认数值。

④ 在"幻灯片"栏中，选择"横向"，在"备注、讲义和大纲"栏中，选择"纵向"，单击"确定"按钮完成设置，如图 21-30 所示。

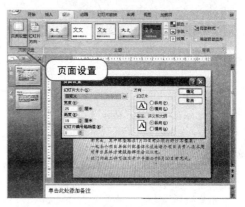

图 21-30

⑤ 单击左上方的"Office"按钮，选择"打印"选项组，在子菜单中选择"打印预览"命令，即可观看效果。

◆ **统一思想**

在实际应用中，为了保持演示文稿打印出来的页面美观，通常选择与纸张大小相同的宽度和高度，避免四周留白。

2　设置页眉和页脚

为了便于打印出来的演示文稿被识别和归档，可为演示文稿设置页眉和页脚。

💿 素材文件：CDROM \21\21.2\素材 8.pptx

① 打开演示文稿，在功能选择区选择"插入"选项卡中的"文本"选项组的"页眉和页脚"命令，如图 21-31 所示。

图 21-31

② 在打开的"页眉和页脚"对话框中，勾选"日期和时间"选项组中"固定"单选框，在文本框中输入"2008-4-2"。

③ 勾选"幻灯片编号"复选框。

④ 勾选"页脚"复选框，在文本框中输入"某商学院北京分院"字样。

⑤ 勾选"标题幻灯片中不显示"复选框按钮，单击"全部应用"按钮，如图 21-32 所示。

⑥ 单击左上方的"Office"按钮，选择"打印"选项组，在子菜单中选择"打印预览"命令，即可观看效果。

图 21-32

> **温馨提示**
>
> "备注和讲义"页眉页脚的设置与上述方法相同,在时间的设置上,系统提供了自动更新时间的功能。
>
> 在"打印预览"中,也可以设置"页眉和页脚"。

3 打印预览演示文稿

在打印预览中,不仅可以调整页眉和页脚,还可以对打印演示文稿的颜色和纸张大小等进行设置和调整。

📀 素材文件:CDROM \21\21.2\素材 9.pptx

对打印预览演示文稿中的选项进行设置,具体操作如下。

① 在演示文稿中,单击左上方的"Office"按钮,选择"打印"选项组,在子菜单中选择"打印预览"命令,如图 21-33 所示,进入打印预览页面。

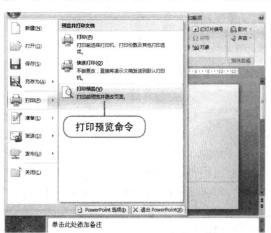

图 21-33

② 单击"打印"选项组中的"选项"命令。

③ 在打开的下拉列表中选择"颜色/灰度"选项,在子菜单中选择"纯黑白"命令,依次单击"根

据纸张调整大小"命令和单击"幻灯片加框"命令,如图 21-34 所示。

图 21-34

④ 在"页面设置"选项组中,单击"打印内容"下拉按钮,选择"讲义(每页 2 张幻灯片)",单击"纸张方向",选择"横向",效果如图 21-35 所示。

图 21-35

> **高手支招**
>
> 想要退出打印预览页面,单击"关闭打印预览"按钮即可退出;或者单击"Office"按钮中的"关闭"命令,也可以退出打印预览。退出后,在打印预览中设置的内容将被自动保存。

4 打印演示文稿

打印出来的演示文稿,可以装订成册,归档备案,也方便在没有电脑和播放器的地方观看幻灯片的内容。

📀 素材文件:CDROM \21\21.2\素材 10.pptx

① 打开演示文稿中,单击左上方中的"Office"按钮。

② 在弹出的菜单中单击"打印"选项,进入

子菜单。

③ 在"预览并打印文档"选项列表中选择"打印"选项，如图 21-36 所示。

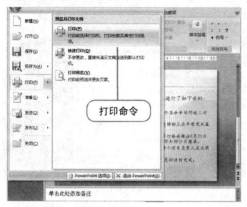

图 21-36

④ 在打开的"打印"对话框中，选择打印机名称，在"打印范围"选项中，勾选"当前幻灯片"单选框。

⑤ 在"打印内容"下拉列表中，选择"备注页"，在"颜色/灰度"下拉列表中，选择"灰度"。

⑥ 勾选"根据纸张调整大小"和"给幻灯片加框"前面的复选框。

⑦ 在"份数"选项组"打印份数"中，输入"2"，如图 21-37 所示。

图 21-37

⑧ 单击"属性"按钮，在"属性设置"对话框中，还可以对纸张大小、方向、图形、水印、字体等进行设置调整。完成设置后，单击"确定"按钮，设置的打印机将开始打印演示文稿。

 经验揭晓

与"打印"功能不同的是，在"打印"选项中选择"快速打印"命令，将不做任何更改，直接发送到默认打印机中打印。

21.3 职业应用——加盟招商方案

随着个人创业时代的来临，加盟创业的形式越来越受到时下青年的追捧，加盟商家鳞次栉比，如果想在众多竞争对手中脱颖而出，除了低廉的价格、优质的服务和畅通的渠道外，一份吸引人眼球的加盟招商方案更是敲开加盟者心门的一张名片。

21.3.1 案例分析

由于一个企业的工作人员众多，分配到各级工作人员手中的方案各有不同的需要，既要满足工作人员个人使用便捷，同时又要确保信息的真实性和完整性。下面我们就实例来讲解演示文稿的安全与打印在实践中的应用。

21.3.2 用知识点拨

本案例应用的知识点概括如下：
1. 检查演示文稿
2. 为演示文稿设置密码和标记
3. 将演示文稿打包
4. 异地播放演示文稿
5. 将演示文稿发布到网页
6. 设置幻灯片的页面属性
7. 设置页眉和页脚
8. 打印演示文稿

21.3.3 案例效果

素材文件	CDROM\21\21.3\素材 1.pptx
结果文件	CDROM\21\21.3\职业应用 1.pptx
视频文件	CDROM\视频\第 21 章职业应用.exe
效果图	

21.3.4 制作步骤

1 检查演示文稿

① 在演示文稿中，单击"Office"按钮。
② 单击"准备"选项，进入子菜单，如图 21-38

所示。

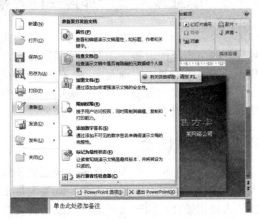

图 21-38

③ 在"准备要分发的文档"命令列表中选择
"检查文档"命令。

④ 在打开的"文档检查器"对话框中，勾选"演
示文档备注"、"批注和注释"和"文档属性和个人信
息"前的复选框，单击"检查"按钮，如图 21-39 所示。

图 21-39

⑤ 在"文档检查器"对话框中，查阅检查结
果。对于不需要的保留的信息，单击"全部删除"
按钮，删除全部备注信息。

 统一思想

由于加盟招商方案是直接面向客户的，有
些甚至直接送到客户手中，因此在检查演示文
稿信息的时候，一定要仔细认真，不要有纰漏，
涉及内部信息的应及时删除。

2 为演示文稿设置密码

● 修改密码

① 在演示文稿中，单击左上方中的"Office"
按钮，在弹出的菜单中单击"准备"选项，进入子

菜单，如图 21-40 所示。

图 21-40

② 在"准备要分发的文档"列表中选择"加
密文档"命令。

③ 在打开的"加密文档"对话框中，输入密
码"198242"，单击"确定"按钮，如图 21-41 所示。

④ 在打开的
"确认密码"对话框
中，重新输入一遍
密码，单击"确定"
按钮。

⑤ 重新打开
演示文稿，系统将
会提示，输入设置好的密码。

图 21-41

● 修改密码

① 打开演示文稿，输入设置好的密码，单击
左上方中的"Office"按钮。

② 在弹出的菜单中单击"准备"选项，进入
子菜单。

③ 在"准备要分发的文档"列表中选择"加
密文档"命令，如图 21-42 所示。

图 21-42

④ 在打开的"加密文档"对话框中，输入需要修改的密码，单击"确定"按钮，如图 21-43 所示。

图 21-43

⑤ 在打开的"确认密码"对话框中，重新输入新的密码，单击"确定"按钮。

 经验揭晓

办公提供的演示文稿一般设置为公用密码，除了对外保密，对内其实是大家都知晓的。个人应用文稿时，应及时修改密码为私人密码，对演示文稿的安全更有保障。

3 为演示文稿添加标识

● 添加文档标记

① 在演示文稿中，单击左上方中的"Office"按钮。

② 在弹出的菜单中单击"准备"选项，进入子菜单。

③ 在"准备要分发的文档"列表中选择"标记为最终状态"命令，如图 21-44 所示。

图 21-44

④ 在打开的对话框中，提示"该演示文稿将先被标记为最终版本，然后保存"。单击"确定"按钮，如图 21-45 所示。

图 21-45

● 取消文档标记

① 在演示文稿中，单击左上方中的"Office"按钮。

② 在弹出的菜单中单击"准备"选项，进入子菜单。

③ 在"准备要分发的文档"列表中选择"标记为最终状态"命令。此时已被标记为最终版本的文件，将被再次打开，以供编辑。

高手支招

在办公中，如果需要对他人设置为最终状态的演示文稿进行修改，只要取消标记即可。但是需要注意的是，在修改演示文稿前，一定先把文件复制在自己电脑上，不要随意在他人文件上直接修改。

4 将演示文稿打包

① 在演示文稿中，单击左上方中的"Office"按钮。

② 在弹出的菜单中单击"发布"选项，进入子菜单。

③ 在"将文档分发给其他人员"列表中选择"CD 数据包"命令，如图 21-46 所示。

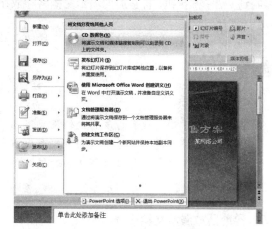

图 21-46

④ 在打开的"打包成 CD"对话框中，将 CD 命名为"职业应用 1"。

⑤ 单击"选项"按钮，在打开的"选项"对话框中，设置包类型、包含的文件、安全和隐私。

⑥ 在"选项"对话框中"程序包类型"选项组中，单击"选择演示文稿在播放器中的播放方式"下拉按钮，选择"仅自动播放第一个演示文稿"选项。

⑦ 在"包含这些文件"选项组中，勾选"嵌入的 TrueType 字体"复选框。

⑧ 在"增强安全性和隐私保护"选项组中，

分别设置"打开每个演示文稿时所用密码"和"修改每个演示文稿时所用密码"为"1982"和"42"。如图 21-47 所示。

图 21-47

⑨ 在打开的"确认密码"对话框中，重复输入设置的权限密码，完成密码设置，如图 21-48 所示。

图 21-48

⑩ 在返回的"打包成 CD"对话框中，单击"复制到文件夹"按钮，打包后的演示文稿将存放在本地电脑中。

⑪ 演示文稿打包后，单击"关闭"按钮，结束打包。

 温馨提示

当同时为演示文稿和打包的文件设置了不同密码时，系统会提示是否用新的密码取代旧的密码，如果选择是，那么再解包的时候就要用到新设置的密码了。

5 异地播放演示文稿

① 将演示文稿的打包文件复制到异地电脑上，并在网上下载"PPTVIEW.EXE"程序文件。

② 首次运行该程序时，会打开许可协议确认页面，单击"接受"按钮，如图 21-49 所示。

③ 在打开的"Microsoft Office PowerPoint Viewer"对话框中，选择需要播放的演示文稿，单击"打开"按钮，即可放映，如图 21-50 所示。

④ 选择打开"职业应用 1"演示文稿，系统打开"密码"对话框，需要输入之前设置好的"打开每个演示文稿时所用密码"，即"1982"，即可放映演示文稿。

图 21-49

图 21-50

⑤ 在文件夹中找到"职业应用 1"文件，双击对象两下打开，系统提示输入密码，这里的密码还是刚刚输入的密码，输入密码后，系统后继续打开要求输入"密码"的对话窗口，如图 21-51 所示。

图 21-51

⑥ 这里需要输入的就是"修改每个演示文稿时所用密码"，即之前设置的"42"，输入密码打开演示文稿后，可以浏览和修改演示文稿。

 经验揭晓

不输入"修改每个演示文稿时所用密码"，单击后面的"只读"按钮，也可以进入演示文稿，只是部分功能将不能被激活。

6 将演示文稿发布为网页

① 在演示文稿中，单击左上方中的"Office"按钮。

② 在弹出的菜单中单击"另存为"选项，进入子菜单。

③ 在"保存文本副本"选项列表中选择"其

他格式"命令，如图 21-52 所示。

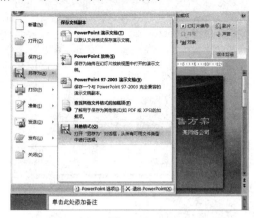

图 21-52

④ 在打开的"另存为"对话框中，单击"保存类型"下拉列表，选择"网页"选项。

⑤ 单击"更改标题"按钮，在打开的"设置页标题"中输入"职业应用 1"，单击"确定"按钮，返回"另存为"对话框。

⑥ 单击"发布"按钮，在打开的"发布为网页"对话框中，单击"Web 选项"按钮，如图 21-53 所示。

图 21-53

⑦ 在打开的"Web 选项"对话框中，选择"常规"标签中的"外观"选项组，单击"颜色"下拉按钮，选择"演示颜色（强调文字颜色）"选项。

⑧ 勾选"浏览时显示幻灯片动画"复选框。

⑨ 在"图片"标签中，选择"目标监视器"中的"屏幕尺寸"，在下拉列表中选择"1024×768"选项，如图 21-54 所示。

图 21-54

⑩ 单击"确定"按钮，返回"发布为网页"对话框，勾选最下面的"在浏览器中打开已发布的网页"复选框。

⑪ 单击"发布"按钮，系统自动生成网页文件，并同时在浏览器中打开已生成的网页，如图 21-55 所示。

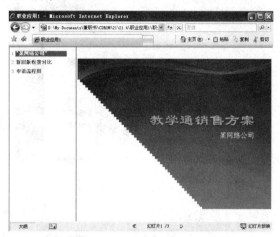

图 21-55

 统一思想

　　受到互联网络传输速度限制，建议以办公为目的的演示文稿发布成网页时，不包含动画效果切换方案。如果只是在内部局域网中使用，则可以为了美观，添加动画效果切换方案。

7　设置幻灯片的页面属性

① 打开演示文稿，在功能区选择"设计"选项卡中的"页面设置"选项组的"页面设置"命令。

② 在打开的"页面设置"对话框中，单击"幻灯片大小"的下拉按钮，在下拉列表中，选择"A4纸张"，如图 21-56 所示。

图 21-56

③ 在"宽度"和"高度"数值框中为 A4 纸张默认宽度和高度，幻灯片编号起始值保持默认数值。

④ 在"幻灯片"栏中，选择"横向"，在"备注、讲义和大纲"栏中，选择"纵向"，单击"确定"按钮完成设置。

⑤ 单击左上方的"Office"按钮，在弹出的菜单中选择"打印"选项组，在子菜单中选择"打印预览"命令，即可观看效果，如图 21-57 所示。

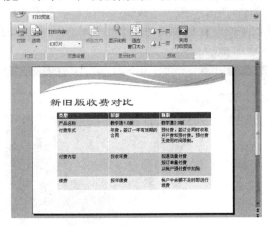

图 21-57

温馨提示

在幻灯片的页面设置中，设置"备注、讲义和大纲"的方向后，可以在功能区选择"视图>演示文稿视图"选项中，单击"备注页"按钮，观看设置效果。

8 设置页眉页脚

① 打开演示文稿，在功能区选择"插入>文本"选项组的"页眉和页脚"命令。

② 在打开的"页眉和页脚"对话框中，勾选"日期和时间"选项组中"自动更新"选项前面的单选框。

③ 在"自动更新"文本框下拉列表中选择带有"当前时间-星期"格式。

④ 勾选"幻灯片编号"复选框。

⑤ 勾选"页脚"复选框，在文本框中输入"高先生 联系电话 123456"字样。

⑥ 勾选"标题幻灯片中不显示"复选框，单击"全部应用"按钮。

⑦ 单击左上方的"Office"按钮，在弹出的菜单中选择"打印"选项组，在子菜单中选择"打印预览"命令，即可观看效果，如图 21-58 所示。

高手支招

销售人员大多在资料中以页眉页脚的方式加上自己的联系方式，越详细越好，让人信赖。当销售人员从他人手中得到演示文稿资料时，切记更换联系方式，否则就为他人做嫁衣了。

图 21-58

9 打印演示文稿

① 打开演示文稿中，单击左上方中的"Office"按钮。

② 在弹出的菜单中单击"打印"选项，进入子菜单。

③ 在"预览并打印文档"选项列表中选择"打印"选项。

④ 在打开的"打印"对话框中，选择打印机名称，在"打印范围"选项中，勾选"全部"单选框。

⑤ 在"打印内容"下拉列表中，选择"幻灯片"，在"颜色/灰度"下拉列表中，选择"纯黑白"命令，如图 21-59 所示。

图 21-59

⑥ 勾选"根据纸张调整大小"和"幻灯片加框"复选框。

⑦ 在"份数"选项组"打印份数"数值框中，设置默认数值"1"。

⑧ 单击"预览"按钮，可以切换到"打印预览"窗口，观看效果，如图 21-60 所示。

⑨ 在"打印预览"窗口，单击"打印"选项组中的"打印"命令，可以回到"打印"对话框。

⑩ 完成设置后，单击"确定"按钮，设置的打印机将开始打印演示文稿。

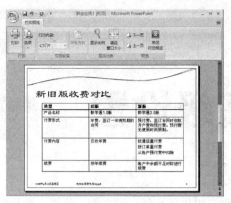

图 21-60

经验揭晓

除非是演示文稿对颜色要求较高，否则应尽量选择用灰度或纯黑白颜色打印演示文稿，这样可以减少打印消耗，降低成本。

21.3.5　拓展练习

为了使读者能够充分应用本章所学知识，在工作中发挥更大作用，因此，在这里将列举两个关于本章知识的其他应用实例，以便开拓读者思路，起到举一反三的效果。

1　美容产品展示

灵活运用本章所学知识，制作如图 21-61 所示的美容展品展示演示文稿。

图 21-61

结果文件：CDROM\21\21.3\职业应用 2.pptx

在制作本例的过程中，需要注意以下几点：

（1）新产品对外发布，需保证演示文稿的安全性，应检查演示文稿，不泄露隐秘信息。

（2）将演示文稿建立打包，将图片和相关宣传资料放在一起，可以在任何电脑上或播放器上播放展示。

（3）将演示文稿制作成网页形式，需要美观，

并且要保存动画效果。

（4）设置页眉页脚为公司宣传推广，以便加深顾客印象。

2　展会流程

灵活运用本章所学知识，制作如图 21-62 所示的展会流程演示文稿。

结果文件：CDROM\21\21.3\职业应用 3.pptx

图 21-62

在制作本例的过程中，需要注意以下几点：

（1）参展人员不一定每场活动都会参加，这就需要他们有一定的权限可以选择是否修改手中的演示文稿，利于自己观看。

（2）因为展会流程类似会议通知，因此要保证发送到展会人员的电脑上，即使对方没有安装程序系统，也可以顺利观看演示文稿。

（3）将演示文稿制作成可以在网上发布的网页形式。

（4）设置页面属性，充分利用页眉页脚的宣传功能。

21.4　温故知新

本章对 PowerPoint 2007 中演示文稿的放映准备和设置的各种操作进行了详细讲解。同时，通过大量的实例和案例让读者充分参与练习。读者要重点掌握的知识点如下：

- 检查演示文稿
- 为演示文稿设置密码和标记
- 将演示文稿打包
- 异地播放演示文稿
- 将演示文稿发布到网页
- 设置幻灯片的页面属性
- 设置页眉和页脚
- 打印演示文稿

第 22 章
演示文稿中的高级设置

【知识概要】

除了演示文稿的基本设置外，PowerPoint 2007 还为专业用户提供了高级设置功能，包括：设计制作母版、插入包括声音和视频在内的多媒体文件、设置超级链接、设置动作路径和动作按钮等功能。

本章将详细讲解关于 PowerPoint 2007 中演示文稿的高级设置方面知识。

22.1 答疑解惑

在讲解演示文稿的高级设置时，对于初学者来说，可能对某些高级功能的概念还不是很清楚，在本节中将解答读者在学习前的常见疑问，使读者以最轻松的心情投入到后续的学习中。

22.1.1 PowerPoint 2007 中母版的种类

母版是指预先为对象设置统一的背景、文本样式、字体格式等的幻灯片，完成设置的母版可以应用到每一张幻灯片中，使演示文稿具有统一的外观。PowerPoint 2007 提供了 3 种类别的母版，包括：幻灯片母版、讲义母版和备注母版。其中应用最多的是幻灯片母版，如图 22-1 所示。

图 22-1

22.1.2 PowerPoint 2007 中可以加入的媒体文件

为了使幻灯片更加形象生动，除了在幻灯片中添加图片和列表等对象外，还可以为演示文稿添加声音和影像类的媒体文件。

声音文件除了可以插入剪辑管理器中的声音，还可以插入其他来源的声音。影片文件除了可以插入剪辑管理器中的文件，也可以插入电脑中的文件，如图 22-2 所示。

22.1.3 什么是超级链接

超级链接是一种指示命令，以特殊编码的文本

或图形来实现对象间的关联。通过超级链接，可以从当前所在的网页转到其他网页，或转到同一网页的不同位置，或打开图片、文件对象，运行邮件系统或其他应用程序等。

图 22-2

根据设置的对象不同，超级链接分为：文本超级链接、图像超级链接、电子邮件链接、多媒体文件超级链接等，如图 22-3 所示。

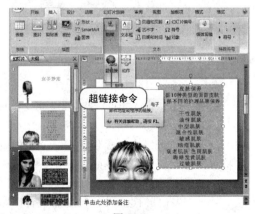

图 22-3

22.1.4 动作路径是指什么

PowerPoint 2007 中的"动作路径"类似 Flash 动画功能，可以为幻灯片中的对象设置一条移动路线，对象会根据设定的路径做动作变化，"动作路径"功能使演示文稿增添了动态效果，也使幻灯片中的对象在观众面前呈现动感和突出效果。

在 PowerPoint 2007 的自定义动画中，提供了大量的预设动作路径。制作者也可以根据需要，自行设计动作路径，如图 22-4 所示。

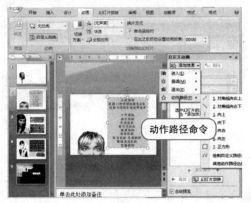

图 22-4

22.2 实例进阶

本节将用"女子沙龙"为实例讲解 PowerPoint 2007 中演示文稿的高级设置，包括母版的基本操作、设计和使用母版、在演示文稿中插入多媒体文件和超级连接、设置按钮的交互动作等操作知识。

22.2.1 母版的基本操作

母版就是具有统一样式的特殊幻灯片，对母版可以进行基本的操作，包括添加、复制、重命名和删除等。下面我们将详细介绍关于幻灯片母版的基本操作知识。

1 添加幻灯片母版和版式

PowerPoint 2007 提供了 3 种母版，包括幻灯片母版、讲义母版和备注母版。幻灯片母版是最为常用的一种类型，下面我们就具体事例，详细讲解如何添加幻灯片母版和版式。

⊙ 素材文件：CDROM \22\22.2\素材 1.pptx

● **选项组按钮添加幻灯片母版**

在 3 类母版中，幻灯片母版被应用得最为广泛，母版的设置可以应用到每张幻灯片中。

① 在功能区选择"视图"选项卡中"演示文

稿视图"选项组"幻灯片母版"命令，打开"幻灯片母版"视图。

② 在"幻灯片母版"选项卡中，选择"编辑母版"选项组，单击"插入幻灯片母版"按钮，在演示文稿中插入了一组幻灯片母版，如图 22-5 所示。

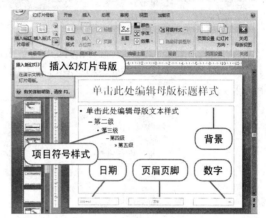

图 22-5

③ 在编辑区包括了几个部分的占位符，对不需要的占位符，单击占位符的边框，按【Delete】键删除，如需要添加占位符，选择需要添加占位符的幻灯片母版，在"幻灯片母版"选项卡中选择"母版版式"选项组，单击"插入占位符"下拉按钮，在下拉列表中选择需要添加的对象占位符，如图 22-6 所示。

④ 在选择了一个对象占位符后，光标将变成十字形状，在需要添加占位符的位置拖曳鼠标，即完成添加占位符。

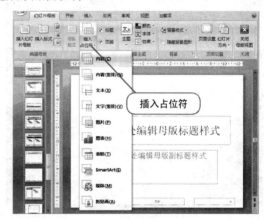

图 22-6

⑤ 单击"Office"按钮，在弹出的菜单中选择"另存为"选项下的"其他格式"命令，输入母版名称，在"保存类型"列表中选择"PowerPoint 模板"选项，单击"保存"按钮完成母版的添加。

● **快捷菜单添加幻灯片母版**

① 在功能区选择"视图"选项卡中的"演示

文稿视图"选项组"幻灯片母版"命令，打开"幻灯片母版"视图，如图 22-7 所示。

图 22-7

② 选择需要添加幻灯片母版的位置，右击，在打开的快捷菜单中选择"插入幻灯片母版"命令，如图 22-8 所示。

图 22-8

● 选项组按钮添加版式

① 在功能区选择"视图"选项卡中的"演示文稿视图"选项组"幻灯片母版"命令，打开"幻灯片母版"视图。

② 在"幻灯片母版"选项卡中，选择"编辑母版"选项组"插入版式"命令，在演示文稿中插入了一张自定义版式的幻灯片母版，如图 22-9 所示。

图 22-9

● 快捷菜单添加版式

① 在功能区选择"视图"选项卡中的"演示文稿视图"选项组"幻灯片母版"命令，打开"幻灯片母版"视图。

② 选择需要添加版式的位置，右击，在打开的快捷菜单中选择"插入版式"命令，如图 22-10 所示。

高手支招

如果需要调整占位符的大小，单击占位符边框，拖曳边框即可。

图 22-10

2 复制母版或版式

在幻灯片母版视图中，可以对母版或版式进行复制。具体操作如下。

素材文件：CDROM \22\22.2 \素材 2.pptx

● 复制母版

① 在功能区选择"视图"选项卡中的"演示文稿视图"选项组"幻灯片母版"命令，打开"幻灯片母版"视图。

② 在"幻灯片母版"选项卡中，选择需要复制的幻灯片母版，右击，在打开的快捷菜单中选择"复制幻灯片母版"命令，如图 22-11 所示。

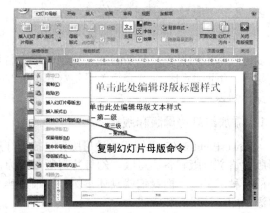

图 22-11

● 复制版式

① 在功能区选择"视图"选项卡中的"演示文稿视图"选项组"幻灯片母版"命令，打开"幻灯片母版"视图。

② 在"幻灯片母版"选项卡中，选择需要复制的版式，右击，在打开的快捷菜单中选择"复制版式"命令，如图 22-12 所示。

图 22-12

 温馨提示

重复单击"插入幻灯片母版"按钮，也可以复制母版。如果需要退出"幻灯片母版"视图，单击"关闭"选项组中的"关闭母版视图"命令，即可退出幻灯片母版视图。

3　重命名母版或版式

在幻灯片母版视图中，可以对幻灯片母版或版式进行重命名。

💿 素材文件：CDROM \22\22.2\素材 3.pptx

● **选项组按钮重命名版式**

① 在功能区选择"视图"选项卡中的"演示文稿视图"选项组"幻灯片母版"命令，打开"幻灯片母版"视图。

② 选择需要重命名的幻灯片母版，在功能区选择"幻灯片母版"选项卡中"编辑母版"选项组"重命名"命令，如图 22-13 所示，在打开的"重命名版式"对话框中输入名称"素材 3"，单击"重命名"按钮，如图 22-14 所示。

图 22-13

图 22-14

● **快捷菜单重命名母版**

① 在功能区选择"视图"选项卡中"演示文稿视图"选项组的"幻灯片母版"命令，打开"幻灯片母版"视图。

② 选择需要重命名的幻灯片母版，右击，在打开的快捷菜单中选择"重命名母版"命令，在打开的"重命名母版"对话框中输入名称"素材 3"，如图 22-15 所示。

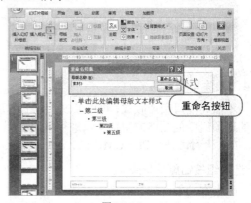

图 22-15

● **选项组按钮重命名版式**

① 在功能区选择"视图"选项卡中"演示文稿视图"选项组的"幻灯片母版"命令，打开"幻灯片母版"视图，如图 22-16 所示。

图 22-16

② 选择需要重命名的版式，在"幻灯片母版"选项卡中，选择"编辑母版"选项组，单击"重命名"按钮，在打开的"重命名版式"对话框中输入名称"素材 3"。

● **快捷菜单重命名版式**

① 在功能区选择"视图"选项卡中的"演示文稿视图"选项组"幻灯片母版"命令，打开"幻灯片母版"视图。

② 选择需要重命名的版式，右击，在打开的快捷菜单中选择"重命名版式"命令，如图 22-17 所示，在打开的"重命名母版"对话框中输入名称"素材 3"，单击"重命名"按钮。

 经验揭晓

在命名幻灯片母版时，应选择方便记忆的名字，这样在以后的应用中，可以根据命名直接从库中快速找到所需要的母版。

图 22-17

4 删除母版或版式

不需要的母版或版式,可以通过"幻灯片母版"中的选项组中的功能或快捷菜单进行删除。

素材文件:CDROM\22\22.2\素材 4.pptx

● **选项组按钮删除母版**

(1) 在功能区选择"视图"选项卡中的"演示文稿视图"选项组"幻灯片母版"命令,打开"幻灯片母版"视图。

(2) 选择不需要的幻灯片母版,在功能区选择"幻灯片母版"选项卡中"编辑母版"选项组"删除"命令,删除整个幻灯片母版,如图 22-18 所示。

图 22-18

● **快捷菜单删除母版**

(1) 在功能区选择"视图"选项卡中的"演示文稿视图"选项组"幻灯片母版"命令,打开"幻灯片母版"视图。

(2) 选择不需要的幻灯片母版,右击,在打开的快捷菜单中选择"删除母版"命令,如图 22-19 所示。

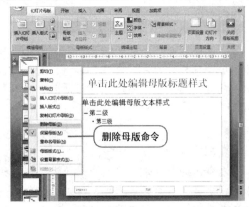

图 22-19

● **选项组按钮删除版式**

(1) 在功能区选择"视图"选项卡中的"演示文稿视图"选项组"幻灯片母版"命令,打开"幻灯片母版"视图,如图 22-20 所示。

图 22-20

(2) 选择不需要的版式,在功能区选择"幻灯片母版"选项卡中"编辑母版"选项组 "删除"命令,删除版式,如图 22-21 所示。

图 22-21

● **快捷菜单删除版式**

(1) 在功能区选择"视图"选项卡中的"演示文稿视图"选项组"幻灯片母版"命令,打开"幻灯片母版"视图。

(2) 选择不需要的版式,右击,在打开的快捷菜单中选择"删除版式"命令,如图 22-22 所示。

图 22-22

温馨提示

演示文稿中只有一个幻灯片母版时,"删除"幻灯片母版功能不可用。删除幻灯片母版或版式还可以通过快捷键方式,选中不需要的母版或版式,按【Delete】键也可删除。

22.2.2 设计母版内容

幻灯片母版可以根据需要进行统一的设置,包括修改版式，设置背景和设置文本、项目符号、日期编号页眉页脚。下面我们将详细介绍如何设计母版内容。

1 修改母版版式

修改母版版式是指修改幻灯片母版中每个占位符的位置，以及是否保留或删除占位符的操作。

📀 素材文件：CDROM \22\22.2\素材 5.pptx

● 插入占位符

① 在功能区选择"视图"选项卡中的"演示文稿视图"选项组"幻灯片母版"命令，打开"幻灯片母版"视图。

② 在"母版版式"中单击"插入占位符"命令，在下拉列表中，选择"图片"选项，如图 22-23 所示。

图 22-23

③ 单击"图片"选项，光标将变成十字形状，在需要添加图片的地方拖曳鼠标，松开鼠标后，将出现一个图片占位符，如图 22-24 所示。

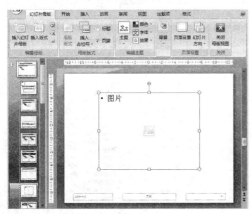

图 22-24

● 删除占位符

① 在功能区选择"视图"选项卡中的"演示文稿视图"选项组"幻灯片母版"命令，打开"幻灯片母版"视图。

② 单击需要删除的占位符边框，按【Delete】键删除。

● 删除页脚

在功能区选择"视图"选项卡中的"演示文稿视图"选项组"幻灯片母版"命令，打开"幻灯片母版"视图，在"母版版式"中取消勾选"页脚"复选框，如图 22-25 所示。

图 22-25

> **统一思想**
>
> 在制作具有统一标识的演示文稿时，可在母版中统一插入标识或图标占位符。

2 设置母版背景

为了美化演示文稿，在设置母版时，可为母版添加统一的背景样式。

📀 素材文件：CDROM \22\22.2\素材 6.pptx

● 设置填充背景

① 在功能区选择"视图"选项卡中的"演示文稿视图"选项组"幻灯片母版"命令，打开"幻灯片母版"视图。

② 单击"背景"选项组中的"背景样式"下拉按钮，在下拉列表中选择"设置背景格式"命令，如图 22-26 所示。

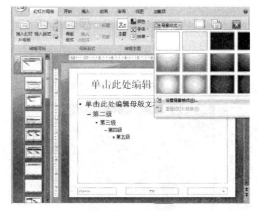

图 22-26

③ 在打开的"设置背景格式"对话框中，选择"填充"选项卡中的"填充"选项组，勾选"纯色填充"单选框，单击"颜色"下拉按钮，在列表中选择"橙色"命令，如图 22-27 所示。

图 22-27

● 设置图片背景

① 在功能区选择"视图"选项卡中"演示文稿视图"选项组"幻灯片母版"命令，打开"幻灯片母版"视图。

② 选择"背景"选项组中的"背景样式"命令。

③ 在打开的下拉列表中选择"设置背景格式"命令，如图 22-28 所示。

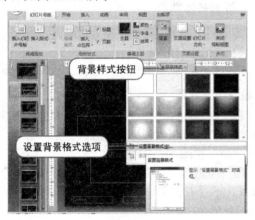

图 22-28

④ 在打开的"设置背景格式"对话框中，选择"填充"选项卡中的"填充"选项组，勾选"图片或纹理填充"单选框，单击"文件"按钮，选择电脑中的一张图片插入，如图 22-29 所示。

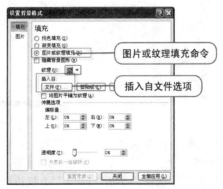

图 22-29

高手支招

通过"编辑主题"选项组中的"主题"命令，也可以设置母版背景，这里提供的都是 PowerPoint 2007 自带的主题模式。

3 设置母版文本

在母版的设置中，可以对文本进行主题化设置，并对文本格式进行编辑，如设置文本的样式、字体和颜色等。

素材文件：CDROM \22\22.2\素材 7.pptx

① 在功能区选择"视图"选项卡中"演示文稿视图"选项组"幻灯片母版"命令，打开"幻灯片母版"视图。

② 选择标题文本的占位符，单击"编辑主题"选项组中的"主题"下拉按钮，选择"聚合"命令，如图 22-30 所示。

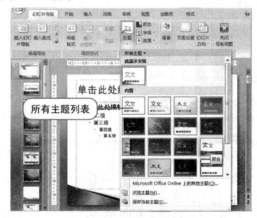

图 22-30

③ 单击"字体"下拉按钮，选择"幼圆"，单击"颜色"下拉按钮，选择"都市"，如图 22-31 所示。

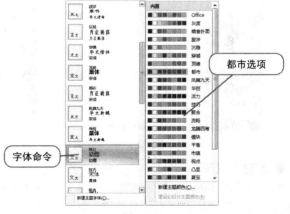

图 22-31

高手支招

在功能区选择"开始"选项卡中的"字体"选项组,也可以对母版的字体进行更多的设置。

4　设置母版项目符号

在设置幻灯片母版时,可以统一设置各级文本的项目符号样式。

素材文件:CDROM \22\22.2\素材 8.pptx

① 选择需要插入项目符号的占位符,将光标置于需要插入项目符号的位置,在功能区选择"开始"选项卡中的"段落"选项组。

② 单击"项目符号和编号"命令的下拉按钮,在列表中选择"●"项目符号,如图 22-32 所示。

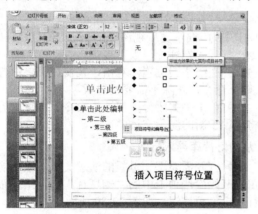

图 22-32

温馨提示

通过"项目符号和编号"下面的"项目符号和编号"按钮,打开"项目符号和编号"对话框,可以为项目符号添加自定义图片或特殊符号,如图 22-33 所示。

图 22-33

5　设置日期、编号和页眉页脚

在幻灯片母版中,最下方的位置一般是日期、页眉页脚和编号的占位符。如何设置日期、页眉页脚和编号,具体方法如下。

素材文件:CDROM \22\22.2\素材 9.pptx

● 设置日期

① 选择需要设置的幻灯片母版,在功能区选择"插入"选项卡中的"文本"选项组"页眉和页脚"命令。

② 在打开的"页眉和页脚"对话框中,选择"幻灯片"选项卡下的"幻灯片包含内容"选项组。

③ 勾选"日期和时间"复选框,勾选"固定"单选框,在文本框中输入日期"2008-4-12",如图 22-34 所示。

图 22-34

④ 单击"全部应用"按钮,设置的日期将应用于全部幻灯片母版。

● 设置编号

① 选择需要设置的幻灯片母版,在功能区选择"插入"选项卡中"文本"选项组"页眉和页脚"命令,如图 22-35 所示。

图 22-35

② 在打开的"页眉和页脚"对话框中,选择"幻灯片"选项卡下的"幻灯片包含内容"选项组,勾选"幻灯片编号"复选框,单击"全部应用"按钮,如图 22-36 所示。

● 设置页眉页脚

① 选择需要设置的幻灯片母版,在功能区选择"插入"选项卡中的"文本"选项组"页眉和页脚"命令。

② 在打开的"页眉和页脚"对话框中,选择"幻灯片"标签下的"幻灯片包含内容",勾选"页脚"复选框,在文本框中输入"专业女子美容中心",单击"全部应用"按钮,如图 22-37 所示。

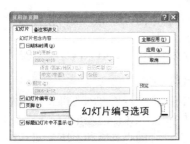

图 22-36

图 22-37

 经验揭晓

　　如果不希望在标题幻灯片中出现页眉页脚等设置，在"页眉和页脚"对话框中勾选"标题幻灯片中不显示"复选框；对页眉页脚的文本格式也可以如同普通文本格式一样，设置字体、字号和颜色等。

22.2.3　使用母版与模板

　　幻灯片母版包括了占位符、文本格式、背景和配色等信息，应用母版到新的或现有的演示文稿中，可以方便对演示文稿的操作，PowerPoint 2007 提供了丰富的包括主题、版式和其他元素在内的内置模板，也可以从 Microsoft Office Online 或其他来源获取模板应用到演示文稿中。

1　使用母版

　　幻灯片的母版获取途径很多，可以是系统提供的母版，也可以是幻灯片库中存放的已有的母版，还可以是从其他幻灯片中得来的。使用统一的母版可以节省对每张幻灯片分别进行设置的麻烦。下面将详细介绍如何使用母版。

　　📀 素材文件：CDROM \22\22.2\素材 10.pptx

● **直接复制母版**

　　从已有的幻灯片母版复制到新的演示文稿中。具体操作如下。

　　① 打开包含设置好母版的演示文稿，在功能区选择"视图"选项卡中"演示文稿视图"选项组"幻灯片母版"命令，打开"幻灯片母版"视图。

　　② 选择需要复制的幻灯片母版，右击，在快捷菜单中选择"复制"命令，如图 22-38 所示。

图 22-38

　　③ 打开新的演示文稿，在功能区选择"视图"选项卡中的"演示文稿视图"选项组"幻灯片母版"命令，打开"幻灯片母版"视图。

　　④ 在缩略图位置，右击，在快捷菜单中选择"粘贴"命令，删除不需要的母版。

　　⑤ 单击"关闭母版视图"命令，设置好的母版将应用于新的演示文稿中。

● **从幻灯片库导入母版**

　　① 打开需要添加母版的演示文稿，在功能区单击"开始"选项卡中的"幻灯片"选项组"新建幻灯片"下拉按钮，如图 22-39 所示。

图 22-39

　　② 在打开的下拉列表中，单击"重用幻灯片"命令，如图 22-40 所示。在右侧打开"重用幻灯片"任务窗格。

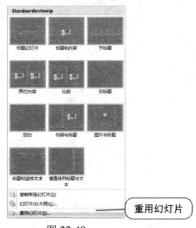

图 22-40

③ 在"重用幻灯片"任务窗格，在"从以下源插入幻灯片"列表框右侧单击"浏览"按钮，在下拉列表中选择"浏览幻灯片库"命令，如图 22-41 所示。

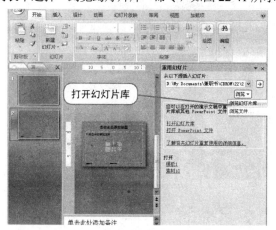

图 22-41

④ 在打开的"打开"对话框中，选择需要的母版应用，如图 22-42 所示。

图 22-42

● 从文件中导入母版

① 打开需要添加母版的演示文稿，在功能区选择"开始"选项卡中的"幻灯片"选项组 "新建幻灯片"下拉按钮。

② 在打开的下拉列表中，单击"重用幻灯片"命令，在右侧打开"重用幻灯片"任务窗格，如图 22-43 所示。

图 22-43

③ 在"重用幻灯片"任务窗格，"从以下源插入幻灯片"下的文本框下，单击"浏览"按钮，在下拉列表中选择"浏览文件"命令。

④ 在打开的"浏览"窗口，选择文件中的母版所在位置，插入母版。

⑤ 在下面的幻灯片数列表中，显示母版所在幻灯片的篇数，如果希望导入的幻灯片保留原始格式，则勾选"保留源格式"复选框，如图 22-44 所示。

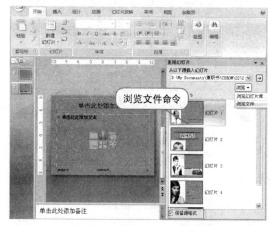

图 22-44

温馨提示

从幻灯片库导入幻灯片母版，首先需要创建幻灯片库，在以后的积累中，不断丰富幻灯片库。

2　使用模板

模板是包括了幻灯片母版、版式和主题统一设置的后缀名为".potx"的文件，可以将模板应用于演示文稿中，使演示文稿统一成模板设置。每个模板都有一个幻灯片母版，且至少包含一个版式。模板可以是系统内置的，也可以自行创建。

素材文件：CDROM \22\22.2\素材 11.pptx

使用模板具体操作如下：

① 单击"Office"按钮，单击"新建"命令，如图 22-45 所示，打开"新建演示文稿"对话框。

② 在"模板"选项组中，单击"已安装的模板"，选择内置的模板"宣传手册"，单击"创建"按钮，如图 22-46 所示。

③ 演示文稿将套用"宣传手册"模板。

高手支招

在"新建"模板选项中，可以自己创建自定义模板，同时也可以在 Microsoft Office Online 中，下载网站提供的其他模板。

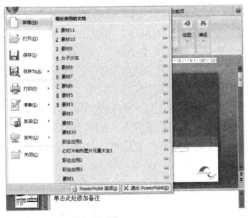

图 22-45

图 22-46

22.2.4 在演示文稿中插入声音

除了图片、表格、图形外，演示文稿中还可以插入声音文件，加入适量的声音文件，可以使演示文稿更加生动，下面将详细介绍如何在演示文稿中插入声音文件、如何播放 CD 音乐和录制音效。

1 插入剪辑管理器中的声音

系统在剪辑管理器中预置了部分声音文件，类似剪贴画的功能。

🔘 素材文件：CDROM \22\22.2\素材 12.pptx

插入剪辑管理器中的声音，具体操作如下。

① 选择需要插入声音的幻灯片，在功能区选择"插入"选项卡中的"媒体剪辑"选项组，如图 22-47 所示。

图 22-47

② 单击"声音"下拉按钮，在下拉菜单中选

择"剪辑管理器中的声音"命令，如图 22-48 所示。

图 22-48

③ 在打开的"剪贴画"任务窗格，声音文件列表中，选择"鼓掌欢迎"选项，如图 22-49 所示。

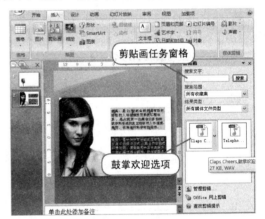

图 22-49

④ 系统弹出提示框，"您希望在幻灯片放映时如何开始播放声音？"，单击"在单击时"按钮，如图 22-50 所示。

图 22-50

⑤ 幻灯片中将出现一个喇叭的图标，拖动图标可以改变其位置或大小，如图 22-51 所示。

🔧 高手支招

应用剪贴画功能，必须在安装 Office 的时候，选择安装此项功能，否则系统将会此功能不可用。如需要再次安装此功能，运行安装程序，在添加和删除功能中选择"从本机运行"。

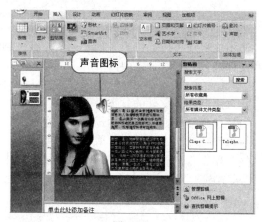

图 22-51

2　插入外部的声音文件

如果剪辑管理器中的声音文件不能满足需求，还可以自行插入电脑中的声音文件。

素材文件：CDROM \22\22.2\素材 13.pptx

插入外部声音文件的具体操作如下。

① 选择需要插入声音的幻灯片，在功能区选择"插入"选项卡中的"媒体剪辑"选项组。

② 单击"声音"下拉按钮，在下拉菜单中选择 "文件中的声音"命令，如图 22-52 所示。

图 22-52

③ 在打开的"插入声音"对话框中，添加需要插入的声音文件，单击"确定"按钮。

④ 在系统弹出的提示框"您希望在幻灯片放映时如何开始播放声音？"，单击"自动"按钮，如图 22-53 所示。

⑤ 幻灯片中将出现一个喇叭的图标，拖动图标可以改变其位置或大小。设置好声音文件，当切换到此幻灯片时，将自动播放声音文件，如图 22-54 所示。

3　直接播放 CD 音乐

PowerPoint 2007 不仅能插入一般的声音文件，还可以从 CD 音轨中，直接抓取 CD 音乐。当演示

文稿放映时，幻灯片将自动从光驱中的 CD 光盘中读取设置好的 CD 音乐。

素材文件：CDROM \22\22.2\素材 14.pptx

图 22-53

图 22-54

设置直接播放 CD 音乐的具体操作如下。

① 选择需要插入声音的幻灯片，在功能区选择"插入"选项卡中的"媒体剪辑"选项组。

② 单击"声音"下拉按钮，在下拉菜单中选择 "播放 CD 乐曲"命令，如图 22-55 所示。

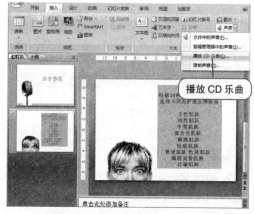

图 22-55

③ 在打开的"插入 CD 乐曲"对话框中，在"剪辑选择"中设置开始曲目为"2"，设置"结束曲目"为"4"，表示播放的音乐从 CD 中的第 2 首开始到第 4 首结束。

④ 在"播放选项"中，勾选"循环播放，直到停止"复选框。在"显示选项"中，勾选"幻灯片放映时隐藏声音图标"复选框，如图 22-56 所示。

图 22-56

⑤ 设置完毕后，单击"确定"按钮，在系统弹出的提示框"您希望在幻灯片放映时如何开始播放声音？"，单击"自动"按钮，如图 22-57 所示。

图 22-57

⑥ 幻灯片中将出现一个 CD 的图标，拖动图标可以改变其位置或大小，如图 22-58 所示。

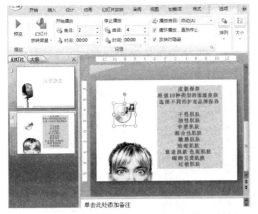

图 22-58

 温馨提示

必须注意的是，插入 CD 音乐并非把音乐放在演示文稿中，在演示文稿时，必须将相应的 CD 放入光驱中，才可以正常播放乐曲。

4 录制声音效果

演示文稿还可以通过声音输入设备，将录制的声音文件插入到幻灯片之中。

素材文件：CDROM \22\22.2\素材 15.pptx

插入录制声音文件的具体操作如下。

① 选择需要插入声音的幻灯片，在功能区选择"插入"选项卡中的"媒体剪辑"选项组。

② 单击"声音"下拉按钮，在下拉菜单中选择"录制声音"命令，如图 22-59 所示。

图 22-59

③ 在打开的"录音"对话框中，输入录音名称，开始录音，如图 22-60 所示。

图 22-60

④ 录音完毕后幻灯片中将出现一个喇叭的图标，拖动图标可以改变其位置或大小，如图 22-61 所示。

图 22-61

高手支招

单击录制的声音图标，在功能区选择"选项"选项卡中的"声音选项"选项组，在这里可以调节声音的音量、图标是否隐藏、是否循环播放、播放的方式等，如图 22-62 所示。

图 22-62

22.2.5　在演示文稿中插入视频短片

在演示文稿中，不仅能够插入声音文件，还可以插入视频短片。使演示文稿更加形象鲜活，给人更加直观深刻的印象，插入视频短片的方式和插入声音文件的方式类似。

1　插入剪辑管理器中的影片

在剪辑管理器中，不仅包括了图片、声音文件，也包括一些动画剪辑和其他影片文件。

🔘 素材文件：CDROM \22\22.2\素材 16.pptx

在演示文稿中插入剪辑管理器中的影片，具体操作如下。

① 选择需要插入影片的幻灯片，在功能区选择"插入"选项卡中的"媒体剪辑"选项组，如图 22-63 所示。

图 22-63

② 单击"影片"下拉按钮，在下拉菜单中选择"剪辑管理器中的影片"命令，如图 22-64 所示。

③ 在打开的"剪贴画"任务窗格中，在列表窗口选择一个影片插入，如图 22-65 所示。

④ 选中插入的影片图标，拖动图标可以改变其位置或大小，如图 22-66 所示。

图 22-64

图 22-65

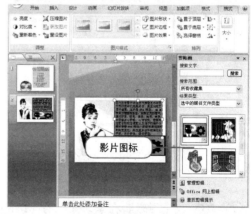

图 22-66

统一思想

如果需要在演示文稿中统一添加相同的动画或影片，在每张幻灯片应保持添加对象的大小和位置保持不变。

2　插入外部影片文件

在演示文稿中，不仅可以插入剪辑管理器中制作好的影片文件，还可以根据需要插入电脑中其他来源的影片文件。

素材文件：CDROM \22\22.2\素材 17.pptx

在演示文稿中插入外部影片文件，具体操作如下。

① 选择需要插入影片的幻灯片，在功能区选择"插入"选项卡中的"媒体剪辑"选项组。

② 单击"影片"下拉按钮，在下拉菜单中选择"文件中的影片"命令，如图 22-67 所示。

图 22-67

③ 在打开的"插入影片"对话框中，选择影片文件插入，单击"确定"按钮，如图 22-68 所示。

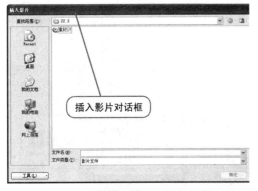

图 22-68

④ 单击"确定"按钮，在系统弹出的"Microsoft Office PowerPoint"提示框，单击"在单击时"按钮，如图 22-69 所示。

图 22-69

⑤ 选中插入的影片图标，拖动图标可以改变其位置或大小，如图 22-70 所示。

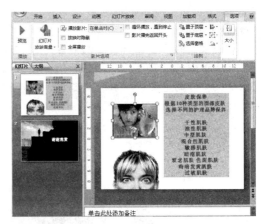

图 22-70

💡 **高手支招**

在新建的演示文稿中，通过占位符中的"插入媒体剪辑"按钮，也可以达到插入影片的目的。

3 设置与播放影片

为幻灯片添加影片后，为了保证影片的播放效果和质量，可以对影片进行大小、位置等调节，还可以对影片的播放选项进行设置，包括：设置影片的播放时间、音量等。

素材文件：CDROM \22\22.2\素材 18.pptx

● **设置影片播放效果**

以上一个添加影片的素材为例，介绍如何设置影片的播放效果，具体操作如下。

① 在幻灯片中单击插入的影片文件，在功能区选择"影片工具"中的"选项"选项卡，在"大小"选项组中，单击"显示大小和位置"对话框启动器按钮，如图 22-71 所示。

② 在打开的"大小和位置"对话框中，在"大小"标签中，设置"尺寸和旋转"中的"高度"为"6.35 厘米"，"宽度"为"8.47 厘米"。

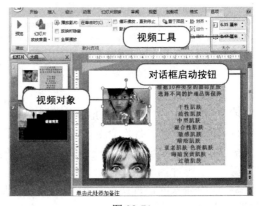

图 22-71

③ 在"缩放比例"选项组中，勾选"锁定纵横比"复选框和"相对于图片原始尺寸"复选框，如图 22-72 所示。

图 22-72

④ 关闭"大小和位置"对话框，在"影片选项"选项组中，单击"影片选项"对话框启动器按钮。

⑤ 在打开的"影片选项"对话框"播放选项"选项组中，勾选"影片播完返回开头"复选框，单击"声音音量"按钮，设置为"中等"音量。

⑥ 在"显示选项"选项组中，勾选"不播放时隐藏"复选框，单击"确定"完成设置，如图 22-73 所示。

图 22-73

● 设置播放影片

① 在幻灯片中单击插入的影片文件，在功能区选择"影片工具"中的"选项"选项卡，在"影片选项"选项组中，单击"播放影片"下拉按钮，从列表中选择"自动"命令，如图 22-74 所示。

图 22-74

② 在功能区选择"动画"选项卡中的"动画"选项组，单击"自定义动画"按钮。

③ 在右侧打开的"自定义动画"任务窗格中，在动作效果列表中，列出了两个动作效果，包括了影片的"播放"动画效果和"暂停"动画效果。

④ 单击影片的"播放"动画效果，在下拉菜单中，选择"效果选项"命令，如图 22-75 所示。

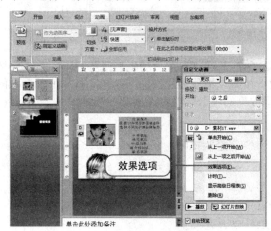

图 22-75

⑤ 在打开的"播放影片"对话框中，选择"效果"标签下的"开始播放"选项组，勾选"从头开始"单选框。

⑥ 在"停止播放"选项组中，勾选"单击时"单选框。

⑦ 在"增强"选项组中，单击"动画播放后"下拉按钮，在下拉列表中选择"播放动画后隐藏"命令。单击"确定"按钮，如图 22-76 所示。

图 22-76

⑧ 返回"自定义动画"任务窗格，选择"暂停"动画效果，单击下拉按钮，在下拉菜单中选择"效果选项"命令。

⑨ 在打开的"暂停影片"对话框中，选择"效果"标签下的"增强"选项组，单击"动画播放后"下拉按钮，在下拉列表中选择"播放动画后隐藏"命令，单击"确定"按钮，如图 22-77 所示。

图 22-77

⑩ 返回"自定义动画"任务窗格，单击"播放"按钮，播放影片。也可返回"影片工具"中的"播放"选项卡，单击"预览"按钮。

 经验揭晓

如果"播放影片"设置的是"在单击时"，那么在"自定义动画"任务窗格，动画效果列表中，将出现"触发器"动画效果，而没有"播放"动画效果了。

22.2.6 设置演示文稿的超链接

有时为了方便演示文稿放映，增强互动性，会在幻灯片中加入超链接，通过超链接，可以从这张幻灯片转移到另一张幻灯片中，也可以打开网页、电子邮件或其他文档。下面我们将详细介绍如何设置演示文稿超链接的操作。

1 链接到同一演示文稿中的其他幻灯片

在演示文稿中，可以创建链接，指向同一演示文稿中的其他幻灯片。

💿 素材文件：CDROM \22\22.2 \素材 19.pptx

链接到同一演示文稿中的其他幻灯片，具体操作如下。

① 选择需要添加链接的幻灯片文本，在功能区选择"插入"选项卡中"链接"选项组，单击"超链接"命令，如图 22-78 所示。打开"插入超链接"对话框。

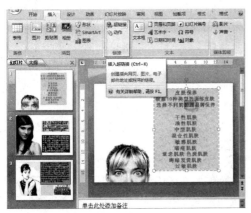

图 22-78

② 在"插入超链接"对话框中，选择"链接到"选项组中的"本文档中的位置"选项卡，在"请选择文档中的位置"列表中，选择"幻灯片标题"下的"幻灯片 3"选项，如图 22-79 所示。

图 22-79

③ 单击"确定"按钮，插入超链接。在预览中单击带有下划线的超链接文本，可打开链接的幻灯片 3，如图 22-80 所示。

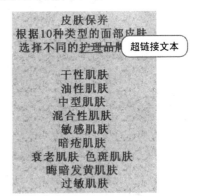

图 22-80

 统一思想

在设置超链接时，应尽量对应相关的信息，需要注意的是，当用户单击超链接文本后，幻灯片会切换到新的幻灯片中，如果想要返回之前观看的幻灯片，还需设置返回的操作。

2 链接到其他演示文稿中的幻灯片

幻灯片不仅可以链接同一演示文稿中的幻灯片，还可以链接到不同演示文稿中的其他幻灯片。

💿 素材文件：CDROM \22\22.2 \素材 20.pptx

链接到其他演示文稿中的幻灯片，具体操作如下。

① 选择需要添加链接的幻灯片文本，在功能区选择"插入"选项卡中的"链接"选项组"超链接"命令，如图 22-81 所示。打开"插入超链接"对话框。

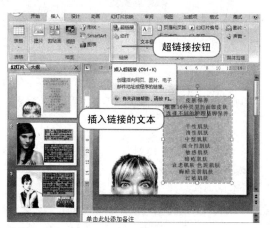

图 22-81

② 在"插入超链接"对话框中,选择"链接到"选项组中的"原有文件或网页",单击"查找范围"下拉按钮,选择需要链接到的演示文稿所在位置,在"当前文件夹"列表中,选择"素材 19",如图 22-82 所示。

图 22-82

③ 单击"屏幕提示"按钮,打开"设置超链接屏幕提示"对话框,在屏幕提示文字下的文本框中输入"素材 19",单击"确定"按钮,如图 22-83 所示。

图 22-83

④ 在"插入超链接"对话框中单击"书签"按钮,打开"在文档中选择位置"对话框,在"请选择文档中原有的位置"列表中选择"幻灯片 3",单击"确定"按钮。返回到"插入超链接"对话框中,如图 22-84 所示。

⑤ 单击"确定"按钮,在预览中观看效果,单击设置超链接的文本,将打开素材 19 中的第 3 张幻灯片。

图 22-84

温馨提示

设置超链接屏幕提示的好处是当鼠标移动到设置了超链接的对象上时,将会自动显示提示文字,方便用户知道此处链接的对象是什么。

3 链接到新建文档

在演示文稿中插入的超链接,还可以指向新建文档,新文档可以当时编辑也可以以后再编辑。

素材文件:CDROM \22\22.2 \素材 21.pptx

链接到新建文档,具体操作如下。

① 选择需要添加链接的幻灯片文本,在功能区选择"插入"选项卡中的"链接"选项组"超链接"命令,如图 22-85 所示。打开"插入超链接"对话框。

图 22-85

② 在"插入超链接"对话框中,选择"链接到"选项组中的"新建文档"选项卡,在"新建文档名称"文本框中,输入文档名称,勾选"以后再编辑新文档"单选框,如图 22-86 所示。

③ 单击"确定"按钮,完成链接新建文档。

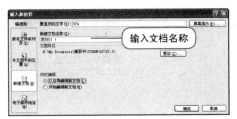

图 22-86

 统一思想

在"完整路径"中，可以更改新建文档的保存位置，一般为了方便应用，都会将新建文档保存在和演示文稿同一目录下，或与演示文稿其他素材放在同一文件夹中。

4　链接到网页或电子邮件

为了方便演示文稿在网络中的应用，加强演示文稿的互动性，PowerPoint 2007 为演示文稿提供了链接到网页或电子邮件的功能。

　素材文件：CDROM \22\22.2 \素材 22.pptx

● **链接到网页**

① 选择需要添加链接的幻灯片文本，在功能区选择"插入"选项卡中的"链接"选项组"超链接"命令，打开"插入超链接"对话框，如图 22-87 所示。

图 22-87

② 在"插入超链接"对话框中，选择"链接到"选项组中的"原有文件或网页"，在"地址"文本框中输入网页地址"www.meirong.com.cn"，单击"确定"按钮，如图 22-88 所示。

图 22-88

 **高手支招**

通过动作设置功能也可以添加网页超链接，具体操作如下：

① 选择需要添加链接的幻灯片文本，在功能区选择"插入"选项卡中的"链接"选项组。

② 单击"动作"命令，打开"动作设置"对话框，勾选"超链接到"单选框。

③ 在"超链接到"列表框中的下拉菜单中选择"URL"命令，打开"超链接到 URL"对话框，如图 22-89 所示。

图 22-89

④ 在"URL"下的文本框中输入网址，单击"确定"按钮，返回"动作设置"对话框，单击"确定"完成链接设置。

● **链接到电子邮件**

① 选择需要添加链接的幻灯片文本，在功能区选择"插入"选项卡中的"链接"选项组"超链接"命令，打开"插入超链接"对话框。

② 在"插入超链接"对话框中，选择"链接到"中的"电子邮件地址"；在"要显示的文字"文本框中，输入"联系我们"；在电子邮件地址处输入邮件地址"meirong@126.com.cn"，在主题中输入"关于演示文稿……"，单击"确定"按钮，如图 22-90 所示。

图 22-90

 经验揭晓

在商业演示文稿中，链接网页和电子邮件，一般被应用到链接到公司的网页、产品的网页、公司邮箱和联系人的邮箱中，这是宣传公司和公司产品的一个好途径。

5　更改超链接

对添加的超链接可以进行修改，下面将详细讲解修改已添加的网页超链接。

素材文件：CDROM \22\22.2 \素材 23.pptx

● **在插入超链接中更改超链接**

① 选择需要更改超链接的幻灯片文本，在功能区选择"插入"选项卡中的"链接"选项组，如图 22-91 所示。

图 22-91

② 单击"超链接"命令，打开"编辑超链接"对话框，如图 22-92 所示。

图 22-92

③ 在"编辑超链接"对话框中，选择"链接到"选项组中的"原有文件或网页"，在"地址"文本框中，输入新的网页地址"www.nzsl.com.cn"，单击"确定"按钮。

● **在动作设置中更改超链接**

① 选择需要更改超链接的幻灯片文本，在功能区选择"插入"选项卡中的"链接"选项组。

② 单击"动作"命令打开"动作设置"对话框，勾选"超链接到"单选框，如图 22-93 所示。

③ 单击文本框后的下拉按钮，在下拉菜单中选择"URL"命令，打开"超链接到 URL"对话框。

④ 在"URL"下的文本框中输入新的网站地址"www.nzsl.com.cn"，单击"确定"按钮，返回"动作设置"对话框，单击"确定"完成链接设置，如图 22-94 所示。

图 22-93

图 2-94

🎷 **高手支招**

选择需要更改超链接的文本，右击，在弹出的快捷菜单中选择"编辑超链接"命令，也可以打开"编辑超链接"对话框。

6　删除超链接

不需要的超链接可以删除，下面将以删除添加的网页超链接进行详细讲解。

素材文件：CDROM \22\22.2 \素材 24.pptx

● **删除超链接**

① 选择需要删除超链接的幻灯片文本，在功能区选择"插入"选项卡中的"链接"选项组"超链接"命令，如图 22-95 所示，打开"编辑超链接"对话框。

图 22-95

② 在"编辑超链接"对话框中，选择"链接到"选项组中的"原有文件或网页"，在"地址"文本框后，单击"删除链接"按钮，单击"确定"按钮，如图 22-96 所示。

图 22-96

● 在动作设置中删除超链接

① 选择需要删除超链接的幻灯片文本，在功能区选择"插入"选项卡中的"链接"选项组，如图 22-97 所示。

图 22-97

② 单击"动作"命令，打开"动作设置"对话框，勾选"无动作"单选框，就取消了设置的超链接，如图 22-98 所示。

> **高手支招**
>
> 选择需要删除的超链接文本，右击，在快捷菜单中选择"取消超链接"命令，也可以删除超链接。

图 22-98

22.2.7 设置按钮的交互动作

在 PowerPoint 2007 的插入形状命令中，提供了一些动作按钮样式，在演示文稿中设置动作按钮，可以实现在幻灯片中间切换，可以通过动作按钮实现启动其他程序或打开链接等操作，动作按钮的设置增强了演示文稿的互动性。

1 添加动作按钮

要实现对演示文稿的交互式管理，可以通过设置动作按钮来实现，下面我们就具体事例来讲解如何添加动作按钮。

🌐 素材文件：CDROM \22\22.2 \素材 25.pptx

添加动作按钮的具体操作如下。

① 选择需要添加动作按钮的幻灯片，在功能区单击"插入"选项卡中的"插图"选项组"形状"下拉按钮，如图 22-99 所示。

图 22-99

② 在下拉列表中选择"动作按钮"选项中的"动作按钮：前进或下一项"命令。

③ 光标将变成十字形状，拖曳鼠标移动到适合的大小和位置，在幻灯片中将添加一个图标按钮，同时打开"动作设置"对话框，如图 22-100 所示。

图 22-100

④ 在"动作设置"对话框中，"单击鼠标"选项卡中，勾选"超链接到"单选框，在下拉列表中选择"下一张幻灯片"命令，单击"确定"按钮，完成添加动作按钮。

> **温馨提示**
>
> 添加动作按钮时，鼠标放在形状的图形上，会提示该动作按钮名称，根据需要的信息选择相应的按钮。

2 设置动作按钮的外观

在演示文稿中设置动作按钮,可以对动作按钮的外观进行设置调解。

素材文件:CDROM \22\22.2 \素材 26.pptx

● 通过格式选项卡设置

① 选中动作按钮,在功能区打开"格式"选项卡,如图 22-101 所示。

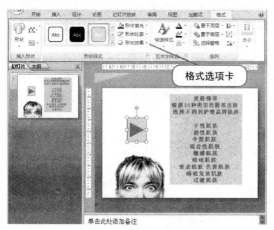

图 22-101

② 在"格式"选项卡中的"形状样式"中,单击"形状样式"下拉按钮,在下拉列表中,选择填充颜色"细微效果—强调颜色 2"命令,如图 22-102 所示。

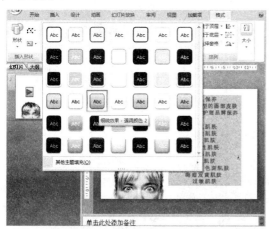

图 22-102

③ 单击"形状轮廓"下拉按钮,在列表中选择"蓝色"命令。

④ 单击"形状效果"下拉按钮,在列表中选择"柔化边缘"选项下的"1 磅"命令,如图 22-103 所示。

● 通过快捷菜单设置

① 右击需要设置外观的动作按钮,在快捷菜

单中选择"设置形状格式"命令,打开"设置形状格式"对话框,如图 2-104 所示。

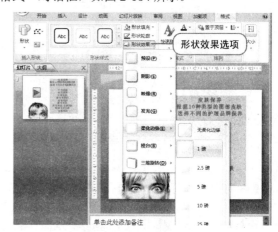

图 22-103

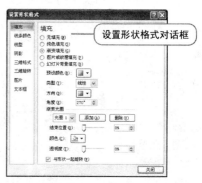

图 22-104

② 在"填充"选项卡中,勾选"图片或纹理填充"单选框,在纹理中选择"水滴"选项,在"线条颜色"选项卡中,勾选"实线"单选框,颜色选择"蓝色",其他选择为默认选项。单击"关闭"按钮,完成设置。

经验揭晓

在"彩色填充"选项组中,只提供了常用的一些颜色填充和轮廓填充。"形状填充"和"形状轮廓"设置更详细,"颜色填充"还提供了图片和纹理等填充,"形状轮廓"还提供了线条粗细的设置。

3 为动作按钮添加文字

在演示文稿中,可以为设置的动作按钮添加文字说明,给观众以提醒的作用。

素材文件:CDROM \22\22.2 \素材 27.pptx

为动作按钮添加文字的具体操作如下。

① 右击需要添加文字的动作按钮,在快捷菜单中选择"编辑文字"命令,如图 22-105 所示。

图 22-105

② 在动作按钮上出现光标，输入文字"SPA"，选中文字，在功能区选择"开始"选项卡中的"字体"选项组，设置字体为"24"号字，设置字体颜色为"红色"，如图 22-106 所示。

图 22-106

温馨提示

为动作按钮添加的文字，同文本相同，不仅可以设置字体，还可以对其进行其他文本格式的操作。

4 **设置单击动作按钮的链接位置**

通过单击动作按钮，可以实现打开超链接，指向对象可以是幻灯片，也可以是网页或电子邮件等。

素材文件：CDROM \22\22.2 \素材 28.pptx

设置单击动作按钮的链接位置，具体操作如下。

① 选择需要添加动作按钮的幻灯片，在功能区选择"插入"选项卡中的"插图"选项组，单击"形状"下拉按钮。

② 单击"形状"下拉按钮，在下拉列表中选择"动作按钮"选项组中的"动作按钮：信息"命令，如图 22-107 所示。

③ 光标将变成十字形状，拖曳鼠标移动到适合的大小和位置，在幻灯片中将添加一个图标按钮，

同时打开"动作设置"对话框，如图 22-108 所示。

④ 在"动作设置"对话框选择"单击鼠标"选项卡，勾选"超链接到"单选框，在下拉列表中选择"下一张幻灯片"命令，单击"确定"按钮，完成设置动作按钮的链接位置。

高手支招

选中动作按钮，右击，在快捷菜单中选择"超链接"命令，或者在功能区选择"插入"选项卡中的"链接"选项组中的"超链接"按钮，都可以打开"动作设置"对话框。

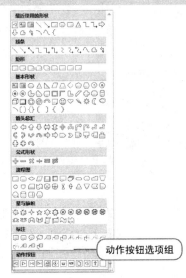

图 22-107

图 22-108

5 **设置单击动作按钮的可运行程序**

在演示文稿中，通过单击动作按钮，可以启动本地电脑中的可运行程序。

素材文件：CDROM \22\22.2 \素材 29.pptx

设置单击动作按钮的可运行程序，具体操作如下。

① 选择需要添加动作按钮的幻灯片，在功能

区单击"插入"选项卡中的"插图"选项组"形状"下拉按钮，如图 22-109 所示。

图 22-109

② 在下拉列表中选择"动作按钮"选项组中的"动作按钮：影片"命令。

③ 光标将变成十字形状，拖动光标移动到适合的大小和位置，在幻灯片中将添加一个图标按钮，同时打开"动作设置"对话框。

④ 在"动作设置"对话框选择"单击鼠标"选项卡，勾选"运行程序"单选框，单击"浏览"按钮，在"选择一个要运行的程序"对话框中，选择需要添加的影片文件"素材 29"，单击"确定"按钮，返回"动作设置"对话框，如图 22-110 所示。

图 22-110

⑤ 在"运行程序"下的文本框中，出现可运行程序地址，单击"确定"按钮，完成设置。

高手支招

在添加运行程序时，如果在"选择一个要运行的程序"对话框中，找不到需要添加的文件，在"文件类型"中选择"所有文件"，就可以显示出文件夹中所有的文件了。

6 设置单击动作按钮运行嵌入对象动作

在演示文稿中，通过单击动作按钮，可以运行嵌入对象。

素材文件：CDROM \22\22.2 \素材 30.pptx

设置单击动作按钮运行嵌入对象动作，具体操作如下。

① 选择需要添加动作按钮的幻灯片，在功能区单击"插入"选项卡中的"插图"选项组"形状"

下拉按钮，如图 22-111 所示。

图 22-111

② 单击"形状"下拉按钮，在下拉列表中选择"动作按钮"选项组中的"动作按钮：帮助"命令。

③ 光标将变成十字形状，拖曳鼠标到适合的大小和位置，在幻灯片中将添加一个图标按钮，同时打开"动作设置"对话框，如图 22-112 所示。

图 22-112

④ 在"动作设置"对话框选择"单击鼠标"选项卡，勾选"对象动作"单选框，在列表框中选择"打开"选项，如图 22-113 所示。

图 22-113

经验揭晓

只有当演示文稿中包含 OLE 对象时，"对象动作"才可以激活，OLE 是一种程序集成技术，用于程序间的信息共享，Office 程序都支持 OLE，当有需要共享信息时，可通过链接和嵌入对象实现共享。

7 设置单击动作按钮播放声音效果

在演示文稿中，通过单击动作按钮，可以播放声音文件。

🌐 素材文件：CDROM \22\22.2 \素材 31.pptx

设置单击动作按钮播放声音效果，具体操作如下。

① 选择需要添加动作按钮的幻灯片，在功能区单击"插入"选项卡中的"插图"选项组"形状"下拉按钮，如图 22-114 所示。

图 22-114

② 单击"形状"下拉按钮，在下拉列表中选择"动作按钮"选项组中的"动作按钮：声音"命令。

③ 光标将变成十字形状，拖曳鼠标到适合的大小和位置，在幻灯片中将添加一个图标按钮，同时打开"动作设置"对话框。

④ 在"动作设置"对话框选择"单击鼠标"选项卡，勾选"播放声音"复选框，在下拉列表中选择"风铃"命令，单击"确定"按钮，完成设置，如图 22-115 所示。

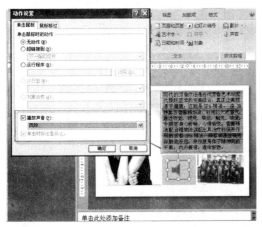

图 22-115

🐾 高手支招

预置的声音无法满足需要时，在"播放声音"下拉列表中，可选择"其他声音"选项，在打开的"添加声音"对话框中选择需要的声音。

22.3 职业应用——公司宣传片

利用演示文稿制作公司的宣传片，可以使公司

的宣传资料更丰富多彩，由于公司的业务范围推陈更新，在不同的发展阶段和应用范围中，制作有统一样式的演示文稿就需要用到母版，设计一份精致的母版，对公司形象的宣传事半功倍。同时还可以在宣传片中插入视频、声音和链接等文件信息。

22.3.1 案例分析

公司的宣传片首先需要有一个统一的母版，符合公司的 CI 设计，所谓 CI 是指"企业形象规范体系"，它包含了企业的宗旨和理念内涵等。在宣传片中插入公司声音影像资料，建立互动访问链接，是达到宣传效果的好方法。下面我们将就某印刷公司宣传片来讲解演示文稿中的高级设置功能。

22.3.2 应用知识点拨

本案例应用的知识点概括如下：

1. 添加幻灯片母版
2. 设计母版内容
3. 使用母版
4. 在演示文稿中插入声音文件
5. 在演示文稿中插入视频短片
6. 为演示文稿设置超链接
7. 设置演示文稿中的交互式动作按钮

22.3.3 案例效果

素材文件	CDROM\22\22.3\素材 1.pptx
结果文件	CDROM\22\22.3\职业应用 1.pptx
视频文件	CDROM\视频\第 22 章职业应用.exe
效果图	

22.3.4 制作步骤

1 添加幻灯片母版

下面将以"公司宣传片"为实例，详细讲解如何在演示文稿中添加、复制、重命名和删除幻灯片母版，具体操作如下。

① 在功能区选择"视图>演示文稿视图>幻灯片母版"命令，如图 22-116 所示。

图 22-116

② 在打开的"幻灯片母版"选项卡，选择"幻灯片母版>编辑母版>插入幻灯片母版"命令，如图 22-117 所示。

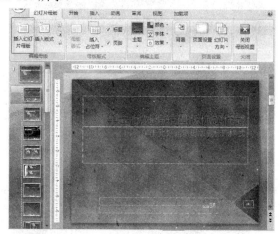

图 22-117

③ 在演示文稿中插入了一张新的幻灯片母版，如图 22-118 所示。

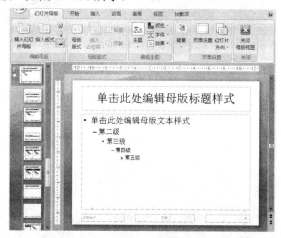

图 22-118

④ 选中当前的幻灯片母版，右击，打开快捷菜单，选择"复制幻灯片模板"命令，如图 22-119 所示。

⑤ 选择第一组幻灯片母版，在功能区选择"幻灯片母版>编辑母版>重命名"命令，打开"重命名母版"对话框，在"母版名称"文本框中输入"公司宣传片"字样，单击"重命名"按钮，如图 22-120 所示。

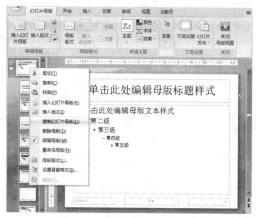

图 22-119

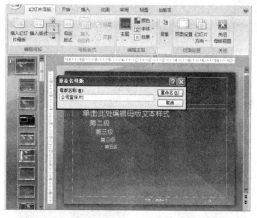

图 22-120

⑥ 选择第二组幻灯片母版，在功能区选择"幻灯片母版>编辑母版>删除幻灯片"命令，删除幻灯片母版，如图 22-121 所示。

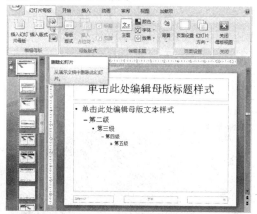

图 22-121

 温馨提示

　　在初始状态下，重复单击"插入幻灯片母版"命令，也可以实现复制幻灯片母版的作用。

2 设计母版内容

设计母版的内容包括修改母版的版式，设置母版的背景，设置母版中的字体样式和项目符号，设置日期、编号以及页眉页脚等，具体操作如下。

① 打开演示文稿，在功能区选择"视图>演示文稿视图>幻灯片母版"命令，如图 22-122 所示，进入"幻灯片母版"视图。

图 22-122

② 选择空白的母版版式，选择"幻灯片母版>母版版式"选项组中，单击"插入占位符"下拉按钮，在下拉菜单中选择"文本"命令，如图 22-123 所示。

图 22-123

③ 当鼠标指针变成十字形状，拖动对象，调节占位符的大小和位置，母版版式中将出现一个文本占位符，如图 22-124 所示。

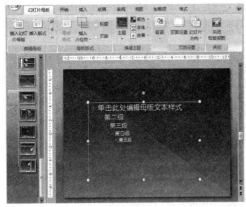

图 22-124

④ 选择"幻灯片母版>背景"选项组，单击"背景样式"下拉按钮，在下拉列表中选择"样式 11"

命令，如图 22-125 所示。

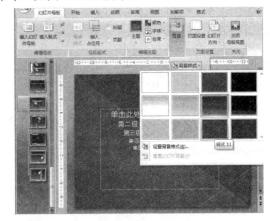

图 22-125

⑤ 单击文本占位符边框，选择"幻灯片母版>编辑主题"选项组，单击"字体"下拉按钮，在下拉列表中选择"华文楷体 隶书"命令，如图 22-126 所示。

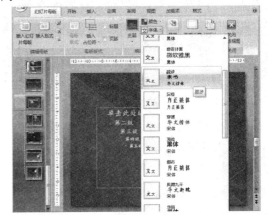

图 22-126

⑥ 单击"开始"选项卡，在"开始>字体"选项组中，单击"字号"下拉按钮，选择"28"命令，如图 22-127 所示。

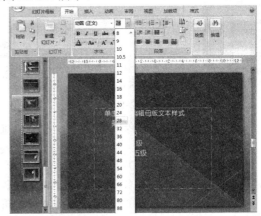

图 22-127

⑦　将光标置于"第二级"文本前，选择"开始>段落"选项组，单击"项目符号"下拉按钮，在下拉列表中选择"●"形项目符号，如图 22-128 所示。

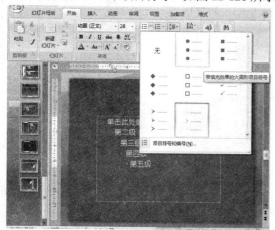

图 22-128

⑧　返回"幻灯片母版"视图，在"幻灯片母版>母版版式"选项组中，勾选"标题"和"页脚"复选框，将在母版版式中插入标题和页脚的占位符，如图 22-129 所示。

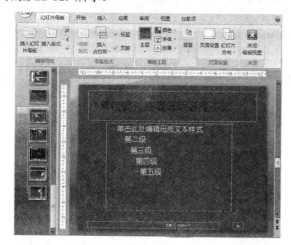

图 22-129

⑨　单击"插入"选项卡，选择"插入>文本"选项组"页眉和页脚"命令，打开"页眉和页脚"对话框。

⑩　在"页眉和页脚"对话框选择"幻灯片"选项卡，在"幻灯片包含内容"选项组中，勾选"日期和时间"复选框，勾选"自动更新"单选框，单击下拉按钮，在下拉列表中选择带有年、月、日和星期格式，勾选"幻灯片编号"和"页脚"复选框，在页脚文本框中输入"某印刷公司"字样，单击"全部应用"按钮，如图 22-130 所示。

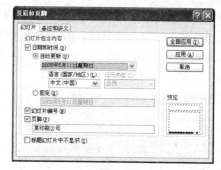

图 22-130

经验揭晓

如果对母版提供的字体颜色不满意，可以在"编辑主题"中更改颜色，或者选择其他主题样式，都可以更改字体颜色。

3　使用母版和模板

为演示文稿中，可以使用幻灯片库或从其他途径得来的幻灯片母版，具体步骤如下。

①　打开需要添加添加母版的演示文稿，在功能区选择"开始>幻灯片"选项组，单击"新建幻灯片"下拉按钮，如图 22-131 所示。

图 22-131

②　在"新建幻灯片"下拉列表中，选择"重用幻灯片"命令如图 22-132 所示，打开"重用幻灯片"任务窗格。

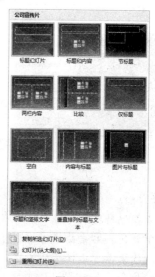

图 22-132

③ 在"重用幻灯片"任务窗格，在"从以下源插入幻灯片"中输入需要插入的母版所在位置，可以插入幻灯片库中的母版，也可以插入其他演示文稿文件，如图 22-133 所示。

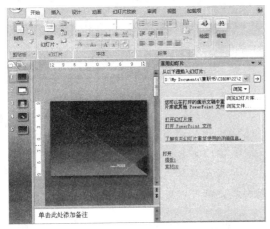

图 22-133

④ 单击"浏览"下拉按钮，在下拉菜单中选择"浏览文件"命令，在"浏览"对话框中选择母版所在位置，我们选择插入素材中提供的"模板 1"，单击"打开"按钮，在"重用幻灯片"任务窗格下的幻灯片列表中，将显示模板中所有的幻灯片。

⑤ 当鼠标划过幻灯片母版时，将自动放大幻灯片母版，观看效果，单击幻灯片母版，幻灯片母版将以当前演示文稿的配色方案添加到新的演示文稿中，如图 22-134 所示。

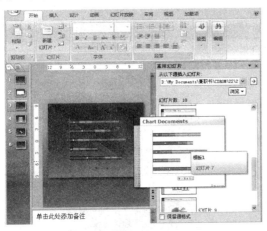

图 22-134

高手支招

如果希望保持插入母版中的所有设置，包括配色方案在内，右击要插入的幻灯片母版，在打开的快捷菜单中选择"将主题应用于选定的幻灯片"命令，如图 22-135 所示。

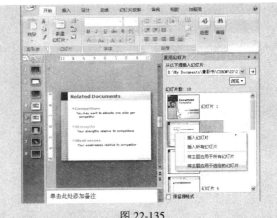

图 22-135

插入的幻灯片母版将保持原有的设置，如果要全部应用到新的演示文稿中，单击"将主题应用于所有的幻灯片"命令。

4　在演示文稿中插入声音文件

● 添加剪辑管理器中的声音

① 选择"公司简介"幻灯片，在功能区选择"插入>媒体剪辑"选项组，单击"声音"下拉按钮，在下拉菜单中选择"剪辑管理器中的声音"命令，如图 22-136 所示。

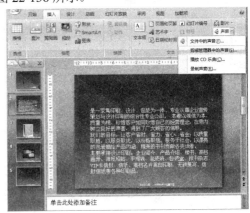

图 22-136

② 打开"剪贴画"任务窗格，在声音文件列表中，选择"鼓掌"选项，系统弹出提示框"您希望在幻灯片放映时如何开始播放声音？"，单击"在单击时"按钮，如图 22-137 所示。

图 22-137

③ 幻灯片中将出现一个喇叭的图标，拖动图标可以改变其位置或大小；当鼠标放置于图标上方，

单击图标可播放插入的声音效果。

● **插入外部的声音文件**

①　选择"产品图册"幻灯片，在功能区选择"插入"选项卡中的"媒体剪辑"选项组。

②　单击"媒体剪辑"下拉按钮，在下拉菜单中选择"文件中的声音"命令，如图 22-138 所示。

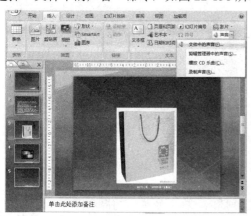

图 22-138

③　在打开的"插入声音"对话框中，添加需要插入的声音文件，单击"确定"按钮。

④　在系统弹出的提示框"您希望在幻灯片放映时如何开始播放声音？"，单击"自动"按钮，如图 22-139 所示。

图 22-139

⑤　幻灯片中将出现一个喇叭的图标，拖动图标可以改变其位置或大小；设置好声音文件，当切换到此幻灯片时，将自动播放声音文件如图 22-140。

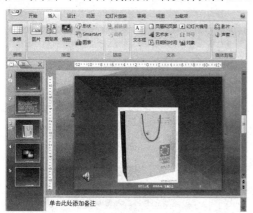

图 22-140

● **直接播放 CD 音乐**

①　选择"公司宣传片"幻灯片，在功能区选择"插入>媒体剪辑"选项组。

②　单击"声音"下拉按钮，在下拉菜单中选择"播放 CD 乐曲"命令，如图 22-141 所示。

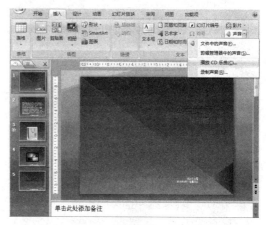

图 22-141

③　在打开的"插入 CD 乐曲"对话框中，在"剪辑选择"中设置开始曲目为"1"，设置"结束曲目"为"3"，表示播放的音乐从 CD 中的第 1 首开始到第 3 首结束。

④　在"播放选项"中，勾选"循环播放，直到停止"复选框；在"显示选项"中，勾选"幻灯片放映时隐藏声音图标"复选框，如图 22-142 所示。

图 22-142

⑤　设置完毕后，单击"确定"按钮，在系统弹出的提示框"您希望在幻灯片放映时如何开始播放声音？"，单击"自动"按钮，如图 22-143 所示。

图 22-143

⑥　幻灯片中将出现一个音乐图标，拖动图标可以改变其位置或大小；设置好声音文件，当切换到此幻灯片时，将自动播放声音文件，如图 22-144 所示。

● **录制声音效果**

①　选择"公司人员"幻灯片，在功能区选择"插入>媒体剪辑"选项组。

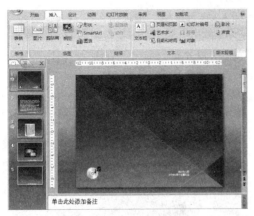

图 22-144

②　单击"声音"下拉按钮，在下拉菜单中选择"录制声音"命令，如图 22-145 所示。

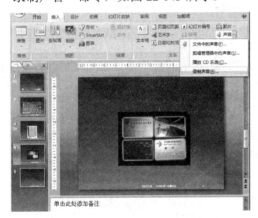

图 22-145

③　在打开的"录音"对话框中，命名录音名称"我们的声音"，开始录音，如图 22-146 所示。

图 22-146

④　录音结束后，幻灯片中将出现一个喇叭的图标，拖动图标可以改变其位置或大小。设置好声音文件，单击图标，播放录制的声音。

 温馨提示

只有在系统安装了剪贴画功能后，才可以使用声音剪辑库功能。

5　在演示文稿中插入视频短片

● 插入剪辑管理器中的影片

①　选择"产品图册"幻灯片，在功能区选择

"插入>媒体剪辑"选项组。

②　单击"影片"下拉按钮，在下拉菜单中选择"剪辑管理器中的影片"命令，如图 22-147 所示。

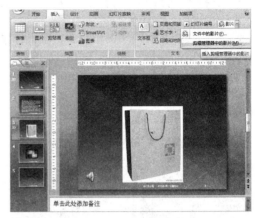

图 22-147

③　在打开的"剪贴画"任务窗格中，选择一个影片插入，在系统弹出的提示框"您希望在幻灯片放映时如何开始播放影片？"，单击"在单击时"按钮，如图 22-148 所示。

图 22-148

④　选中插入的影片图标，拖动图标可以改变其位置或大小。

● 插入外部影片文件

①　选择"公司人员"幻灯片，在功能区选择"插入>媒体剪辑"选项组。

②　单击"影片"下拉按钮，在下拉菜单中选择"文件中的影片"命令，如图 22-149 所示。

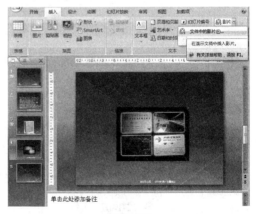

图 22-149

③　在打开的"插入影片"窗口中，选择一个

影片插入，单击"确定"按钮，在系统弹出的提示框"您希望在幻灯片放映时如何开始播放影片？"单击"在单击时"按钮，如图 22-150 所示。

图 22-150

④ 选中插入的影片图标，拖动图标可以改变其位置或大小。

● 设置与播放影片

① 在幻灯片中单击插入的影片文件，在功能区选择"影片工具"中的"选项"选项卡，如图 22-151 所示。

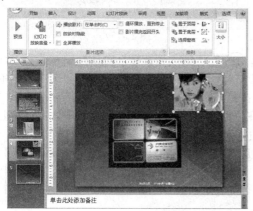

图 22-151

② 在打开的"影片工具"选项卡中选择"影片选项"选项组，勾选"影片播完返回开头"复选框，单击"播放影片"下拉按钮，在下拉菜单中，选择"自动"命令，如图 22-152 所示。

图 22-152

③ 在功能区选择"动画"选项卡中的"动画"选项组"自定义动画"命令。

④ 在右侧打开的"自定义动画"任务窗格中，在动作效果列表中，列出了两个动作效果，包括了影片的"播放"动画效果和"暂停"动画效果，如图 22-153 所示。

⑤ 单击影片的"播放"动画效果，在下拉菜单中，选择"效果选项"命令。

⑥ 在打开的"播放影片"对话框中，选择"效果"选项卡下的"开始播放"选项组，勾选"从头开始"单选框。

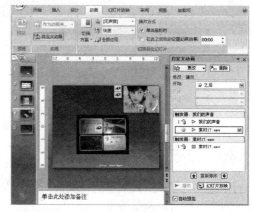

图 22-153

⑦ 在"停止播放"选项组中，勾选"单击时"单选框。

⑧ 在"增强"选项组中，单击"动画播放后"下拉按钮，在下拉列表中选择"播放动画后隐藏"命令。单击"确定"按钮，如图 22-154 所示。

图 22-154

⑨ 返回"自定义动画"任务窗格，选择"暂停"动画效果，单击下拉按钮，在下拉菜单中选择"效果选项"命令，如图 22-155 所示。

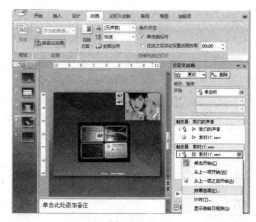

图 22-155

⑩ 在打开的"暂停影片"对话框中，选择"效果"选项卡下的"增强"选项组，单击"动画播放

后"下拉按钮,在下拉列表中选择"播放动画后隐藏"命令,单击"确定"按钮,如图22-156所示。

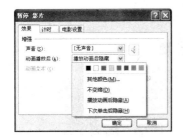

图 22-156

⑪ 返回"影片工具"中的"播放"选项卡,单击"预览"按钮,预览效果。

 经验揭晓

在"自定义动画"任务窗格,单击"幻灯片放映"按钮,也可以预览影片播放效果。

6 为演示文稿设置超链接

● 链接到同一演示文稿中的其他幻灯片

① 选择"公司简介"幻灯片中的文本"产品",在功能区选择"插入>链接"选项组"超链接"命令,打开"插入超链接"对话框,如图22-157所示。

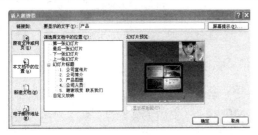

图 22-157

② 在"插入超链接"对话框中,选择"链接到"选项中的"本文档中的位置"选项卡,在"请选择文档中的位置"列表中,选择"幻灯片标题"下的"公司人员"选项,如图22-158所示。

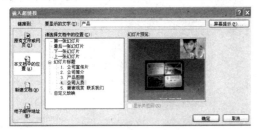

图 22-158

③ 单击"确定"按钮,插入超链接。在预览中出现带有下画线的超链接文本。

● 链接到其他演示文稿中的幻灯片

① 选择"产品图册"幻灯片文本,在功能区选择"插入>链接"选项组的"超链接"命令,如图22-159所示,打开"插入超链接"对话框。

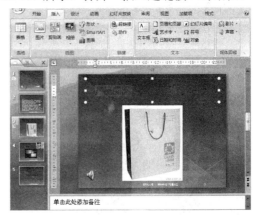

图 22-159

② 在"插入超链接"对话框中,选择"链接到"选项组中的"原有文件或网页"选项卡,单击"查找范围"下拉按钮,选择需要链接到的演示文稿所在位置,在"当前文件夹"列表中,选择需要的文件,如图22-160所示。

图 22-160

③ 单击"书签"按钮,打开的"在文档中选择位置"对话框中,在"请选择文档中原有的位置"列表中选择"幻灯片3",单击"确定"按钮。返回到"插入超链接"对话框中,如图22-161所示。

图 22-161

④ 单击"确定"按钮,在预览中观看效果。

● 链接到网页

①　选择"公司简介"幻灯片标题文本，在功能区选择"插入>链接"选项组"超链接"命令，如图 22-162 所示，打开"插入超链接"对话框。

图 22-162

②　在"插入超链接"对话框中，选择"链接到"选项组中的"原有文件或网页"，在"地址"文本框中，输入网页地址"www.yinshua.com"，单击"确定"按钮，如图 22-163 所示。

图 22-163

● 链接到电子邮件

①　选择"联系我们"幻灯片文本，在功能区选择"插入>链接"选项组"超链接"命令，如图 22-164 所示，打开"插入超链接"对话框。

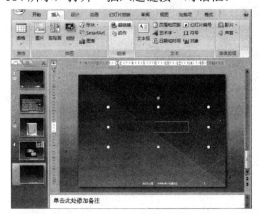

图 22-164

②　在"插入超链接"对话框中，选择"链接到"选项组中的"电子邮件地址"选项卡，在电子邮件地址处输入邮件地址，在主题中输入"关于印刷的问题……"，单击"确定"按钮，如图 22-165 所示。

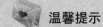

温馨提示

在设置链接到其他幻灯片功能时，应注意把相关的演示文稿和当前演示文稿保存在一起，否则将无法打开超链接。

图 22-165

7　设置演示文稿中的交互式动作按钮

①　选择"公司简介"幻灯片，在功能区选择"插入>插图"选项组，单击"形状"下拉按钮，如图 22-166 所示。

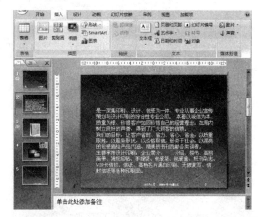

图 22-166

②　单击"形状"下拉按钮，在下拉列表中选择"动作按钮"选项组中的"动作按钮：信息"命令。

③　光标将变成十字形状，拖曳鼠标移动到适合的大小和位置，在幻灯片中将添加一个图标按钮，同时打开"动作设置"对话框，如图 22-167 所示。

④　在"动作设置"对话框中，"单击鼠标"选项卡中，勾选"超链接到"单选框，在下拉列表中选择"URL"命令，打开"超链接到 URL"对话框。

⑤　在"超链接到 URL"对话框中，在 URL 文本框中输入网址"www.yinshua.com"，单击"确定"按钮，返回"动作设置"对话框，如图 22-168 所示。

图 22-167　　　　　　图 22-168

⑥ 在"动作设置"对话框 "单击鼠标"选项卡中，勾选"播放声音"复选框，在下拉列表中选择"照相机"命令，单击"确定"按钮，完成设置，如图 22-169 所示。

图 22-169

⑦ 选中动作按钮，在功能区打开"格式"选项卡，如图 22-170 所示。

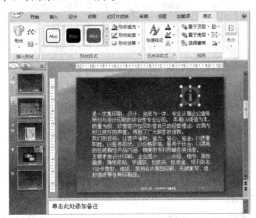

图 22-170

⑧ 在"格式"选项卡中的"形状样式"中，单击"形状样式"下拉按钮，在下拉列表中，选择填充颜色"细微效果 — 强调颜色 4"命令，如图 22-171 所示。

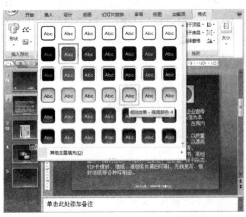

图 22-171

⑨ 单击"形状轮廓"下拉按钮，在列表中选择"蓝色"命令。

⑩ 单击"形状效果"下拉按钮，在列表中选择"棱台"选项下的"圆"命令，如图 22-172 所示。

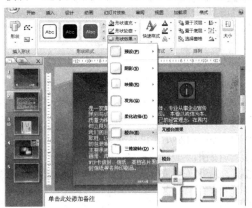

图 22-172

⑪ 单击"预览"按钮，观看效果。

经验揭晓

系统所提供的动作按钮选项不多，如果预置的选项无法满足需要，可以通过改变动作按钮样式和添加文字等方式，提醒观众动作按钮的用途，或指向对象。

22.3.5 拓展练习

为了使读者能够充分应用本章所学知识，在工作中发挥更大作用，因此，在这里将列举两个关于本章知识的其他应用实例，以便开拓读者思路，起到举一反三的效果。

1 产品宣传电子相册

灵活运用本章所学知识，为图 22-173 所示的电子相册演示文稿设置高级功能。

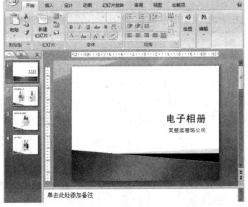

图 22-173

结果文件：CDROM\22\22.3\职业应用 2.pptx

在制作本例的过程中，需要注意以下几点：

（1）由于展示产品的电子相册内容非常丰富多彩，在设计母版和版式时，应注意尽量选择简洁的背景，不要喧宾夺主。

（2）考虑在卖场放映演示文稿，可添加直接播放 CD 音乐的功能，播放一些欢快悦耳的音乐，可以刺激人群消费。

（3）在演示文稿中添加视频文件，可以让观众更直接感受产品的真实性。

（4）添加超链接关联的公司主页或是卖场地址等信息，可以更有效地起到宣传作用。

2 公司人事制度

灵活运用本章所学知识，为图 22-174 所示的公司人事制度演示文稿设置高级功能。

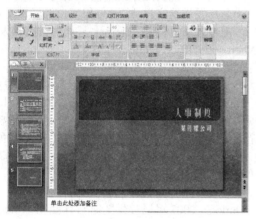

图 22-174

结果文件：CDROM\22\22.3\职业应用 3.pptx

在制作本例的过程中，需要注意以下几点：

（1）为了方便制度的修订增补，设计母版时应注意添加项目符号和日期编号等设置，设置的母版和版式应及时归入库中，方便以后的使用。

（2）添加适量的声音和影像文件，有助于新入职员工的学习，更快地熟悉工作环境。

（3）设置超链接，方便在学习中随时链接到相关的其他幻灯片，或其他演示文稿中。

（4）添加交互动作按钮，通过单击动作按钮，可以运行其他程序。

22.4 温故知新

本章对 PowerPoint 2007 中演示文稿的高级设置功能进行了详细讲解。同时，通过大量的实例和

案例让读者充分参与练习。读者要重点掌握的知识点如下：

- 添加幻灯片母版和版式
- 设计母版内容
- 使用母版和模板
- 在演示文稿中插入声音文件
- 在演示文稿中插入视频短片
- 为演示文稿设置超链接
- 设置演示文稿中的交互式动作按钮

学习笔记

第 23 章
Outlook 2007 的邮件管理

【知识概要】

Outlook 不是电子邮箱的提供者，而是 Windows 操作系统的一个收、发、写和管理电子邮件的自带软件，即收、发、写和管理电子邮件的工具，使用其收发电子邮件十分方便。

在 Outlook 2007 中，收发电子邮件是最常见的一项任务，Outlook 2007 的许多选项和配置都是以电子邮件为基础的。

23.1 答疑解惑

在开始使用 Outlook 2007 之前，我们有必要了解一下 Outlook 2007 的性能和基础知识。

23.1.1 Outlook 2007 的新特性

Outlook 2007 可以帮助用户更好地管理邮件、时间和信息，进行跨边界连接，保持处于安全和可控的状态。

（1）随心所欲即时搜索。

使用 Outlook 2007 可以进行关键词、日期或其他灵活条件搜索，查找电子邮件、日历或任务中的项目，可节省用户宝贵的时间。Outlook 2007 中的即时搜索与界面充分集成，简单操作就可以查找所需信息。

（2）轻松管理日常优先选项和信息。

查找结果将清楚地列出带标志邮件与任务的待办事项栏，并检查当天的优先事项。待办事项栏还可以连接用户可能存储在 OneNote 和 SharePoint Services 技术等 Office 2007 程序中的任务。最后，将待办事项栏项目集成到日历上，帮助用户轻松安排日程，并节省跟踪项目的时间。

（3）更加友好的用户界面。

Outlook 2007 重新设计了消息传递界面的外观，让编写、设置和处理信息成为一种更轻松和更直观的体验。在 Outlook 2007 中，用户可以在一个可访问和简化过的位置找到丰富特性和功能，简化了寻找选项的过程。

（4）与人联系更加轻松、高效。

Outlook 2007 的日历处理功能为用户与组织内外的其他用户共享日历提供一条轻松途径。重要的

联系人可以立即访问用户的信息，用户可以将自定义电子名片发送给客户，实现与任何人的轻松交流。此外，用户还可以创建 Internet 日历，并将其发布到 Microsoft Office Online，添加并共享 Internet 日历订阅、电子邮件、日历快照等。

（5）通过 Exchange Server 2007 获得改进协作。

Outlook 2007 和 Exchange Server 2007 一起共同实现了更高水平的安全协作，带来了一个具有增强安全性的消息传递方案，这些方案易于使用，而且可以让用户对其邮件安全性感到放心，为用户提供了丰富而全面的 Outlook 体验。

（6）在一个界面管理共享信息和内容。

Outlook 2007 可以提供随时与存储在 Windows SharePoint Services 中的信息进行交互的丰富功能。用户可以将 Windows SharePoint Services 文档、日历、联系人、任务和其他信息连接到 Outlook 2007，为用户提供一个管理信息的中央位置。

（7）安全防范垃圾邮件和恶意站点。

Outlook 2007 采取了新措施来帮助用户防范垃圾邮件和"仿冒"Web 站点。为了防止用户在不知情的情况下向威胁性的 Web 站点泄露个人信息，Outlook 2007 具有改进垃圾邮件过滤器，并增加了可以"禁用链接"和通过电子邮件向您通知威胁性内容的新功能。

（8）通过众多新方式组织信息。

用户可以使用 Outlook 2007 中的颜色类别，轻松对任何类型的信息（电子邮件、日历项目、联系人或任务）进行个性化设置，并添加范围。颜色类别为区分项目提供了一种简便的视觉方式，实现了轻松地组织数据和搜索信息。

（9）在一个界面中管理所有通信。

通过 Outlook 2007，用户可以在 Outlook 2007

内，阅读并管理 RSS（整合数据源）和博客。Outlook 2007 是管理这类信息的最便捷的方式。使用 Outlook 2007 中的集成 RSS 数据源支持，用户再也不需要离开 Outlook，就可以阅读最新的世界新闻，跟踪最喜爱的篮球节目，或了解有趣博客的最新情况。使用 Outlook 2007 中由 Office Online 提供的内置主页，可以轻松地开始增加这些订阅。

（10）轻松点击即可访问信息。

访问电子邮件的过程常常有多个步骤，无法轻松地立即看到内容。通过"附件预览"按钮，用户可以直接在阅读窗格单击，便可以预览 Outlook 2007 附件，节省时间。

23.1.2　数据文件指什么

我们在使用 Outlook 2007 时，可以在脱机状态下打开邮件，也可以在接收邮件时备份邮件，这些都是数据文件在系统中所起的所用。

当 Outlook 将项目保存到计算机上时，使用的是一种称为 Outlook 个人文件夹文件（.pst）格式的数据文件作为默认电子邮件的存储位置，在计算机上存储邮件和其他项目以保护邮件和其他项目。为了让用户能在无法连接邮件服务器时使用邮件，Outlook 提供了脱机文件夹，这些文件夹保存在计算机上称为脱机文件夹文件（.ost）格式的另一种数据文件中。它可以在安装 Outlook 时，或者在第一次使某个文件夹脱机可用时自动创建该文件。

这两种 Outlook 数据文件的主要区别如下：

只有当用户具有 Exchange Server 账户并选择脱机工作或使用"缓存 Exchange 模式"时，才会使用 Outlook .ost 文件。

Outlook .pst 文件用于 POP3、IMAP 和 HTTP 账户。如果用户要为计算机上的 Outlook 文件夹和项目（包括 Exchange Server 账户）创建存档或备份时，就必须创建和使用.pst 文件。

23.1.3　电子邮件的账户类型

电子邮件类型主要有以下几种：

（1）POP3 访问类型，即邮局通信协定第 3 版（Post Office Protocol 3，POP3），是网际网路上主要的电子邮件账户类型。透过 POP3 电子邮件账户，您的电子邮件信息就会下载至电脑，然后通常会从邮件服务器删除这些邮件。POP3 账户的主要缺点是难以在多部电脑上储存并检视邮件。此外，从某部电脑传送的邮件就无法复制到其他电脑的寄件备份资料夹。国内的几个主要电子邮件供应商都使用这种方式，图 23-1 所示就是采用的 POP3 访问类型。

图 23-1

（2）IMAP 访问类型，透过网际网路信息存取通信协定（Internet Message Access Protocol，IMAP）账户，您就可以存取邮件服务器上的邮件资料夹，而且可以储存并处理邮件，而不需要下载至您正在使用的电脑。因此，不论您在何处，都可以使用不同的电脑来读取邮件。IMAP 可以节省时间，因为您可以检视电子邮件的标题，然后选择下载您想要读取的邮件。您的邮件会储存在通常比较安全的邮件服务器上，而且会由邮件管理员或 ISP 进行备份，此类邮箱不常见，典型代表是 AOL。

（3）HTTP 访问类型，这些账户会使用 Web 通信协定来检视并传送电子邮件。HTTP 账户包括 Windows Live Mail。Outlook 原本不支援 HTTP 账户，不过有一些增益集可让您使用 Outlook 搭配特定提供者。例如，Microsoft Outlook Live 包括 MSN Connector for Outlook，可让您在 Outlook 中存取 Windows Live Mail 账户，典型的有 hotmail、yahoo 等邮箱。

23.2　实例进阶

下面通过一些简单的实例向您讲解如何创建账户、收发邮件、设置邮件和管理联系人。

23.2.1　创建账户与邮件收发

在使用 Outlook 2007 之前，创建账户是必需的操作，而邮件收发也是最常见的一项任务。

1　创建新账户

以邮箱"msoutlook@sina.com"为例，在第一次启动 Outlook 2007 时，创建新账户的具体操作步骤如下。

① 在 Windows 操作系统下，单击"开始"按钮，启动 Microsoft Office 下的 Outlook 2007，将出现如图 23-2 所示的配置向导。

② 单击"下一步"按钮，打开"账户配置"

对话框，勾选"是"单选框，如图 23-3 所示。

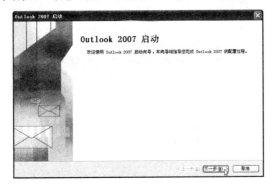

图 23-2

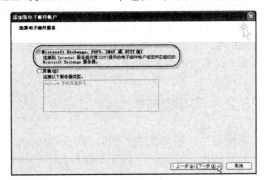

图 23-3

③ 单击"下一步"按钮，打开"添加新电子邮件账户"对话框 1，勾选"Microsoft Exchange、POP3、IMAP 或 HTTP（M）"单选框，如图 23-4 所示。

图 23-5

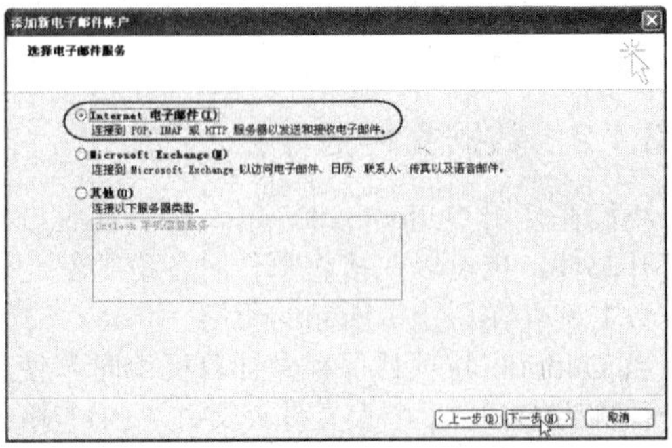

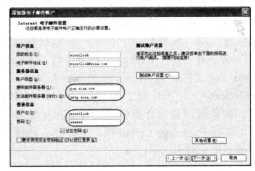

图 23-6

⑥ 单击"下一步"按钮，打开"添加新电子邮件账户"对话框 4，在"服务器信息"下的"接收邮件服务器"文本框中输入"pop.sina.com"，"发送邮件服务器（STMP）"文本框中输入"smtp.sina. com"，在"登录信息"下输入用户名和密码，如图 23-7 所示。

图 23-4

④ 单击"下一步"按钮，打开"添加新电子邮件账户"对话框 2，在"您的姓名"文本框中输入姓名，在"电子邮件地址"文本框中输入需要设置账户的邮件地址，然后输入邮箱密码，该密码应该与在 Internet 网络登录时的密码一致，最后勾选"手动配置服务器设置或其他服务器类型"单选框，对话框上填写的信息变成灰色，如图 23-5 所示。

⑤ 单击"下一步"按钮，打开"添加新电子邮件账户"对话框 3，勾选"Internet 电子邮件"单选框，如图 23-6 所示。

图 23-7

⑦ 单击"其他设置"按钮，打开"Internet 电子邮件设置"对话框，勾选"发送服务器"选项卡下"我的发送服务器（SMTP）要求验证"复选框，然后单击"确定"按钮，如图 23-8 所示。

⑧ 在返回的对话框中单击"测试账

图 23-8

户设置"按钮，打开"测试账户设置"对话框，测试完成后单击"关闭"按钮，如图 23-9 所示。

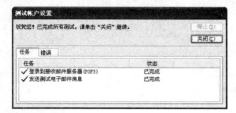

图 23-9

⑨ 在返回的"添加新电子邮件账户"对话框 4 中单击"下一步"按钮，打开"添加新电子邮件账户"对话框 5，提示创建完成，单击"完成"按钮即可，如图 23-10 所示。

图 23-10

2 创建邮件

账户设置好后，用户现在可以开始创建邮件了。Outlook 2007 为用户提供了强大的创建邮件功能，用户根据工作需要可以创建出形式多样的邮件，具体操作步骤如下。

● 创建邮件

① 在 Outlook 2007 窗口中，单击左侧导航窗格中的"邮件"；然后在工具栏单击"新建"命令下拉按钮，从打开的下拉菜单中单击"邮件"命令，或按【Ctrl+N】组合键打开新邮件窗口，如图 23-11 所示。

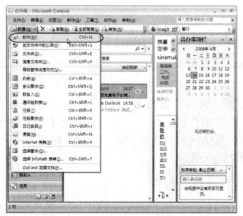

图 23-11

② 在新建邮件窗口的"收件人"文本框中输入收件人的电子邮件地址，在"主题"文本框中输入所发邮件的主题，在最下面的文本框中输入邮件的内容。必要的时候可以在"抄送"文本框中输入抄送人的电子邮件地址，如图 23-12 所示。

图 23-12

温馨提示

用户可以同时向多人发送和抄送邮件，为了减轻重复输入大量邮件地址带来的工作量，用户可以单击"收件人"按钮和"抄送"按钮，在"联系人"对话框中选择"收件人"和"抄送人"的邮件地址，不过联系人需要用户自行添加设置。

● 邮件的高级设置

在邮件编辑区输入内容后，用户可以像在 Word 2007 中一样对文档的字体、颜色、字号等格式进行高级设置，还可以右击为文档添加样式和设置项目符号。

① 在新建邮件窗口功能区的"插入"选项卡中，用户可以向邮件中插入表格、插图、链接、文本和符号等内容，如图 23-13 所示。

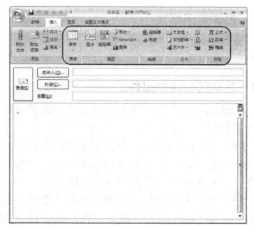

图 23-13

Office 2007 典型应用四合一

在新建邮件窗口功能区的"选项"选项卡中，用户可以设置邮件的主题、页面颜色等，为邮件增添个性化风格，如图 23-14 所示。

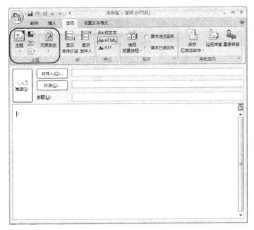

图 23-14

在新建邮件窗口功能区的"设置文本格式"选项卡中，用户可以为邮件设置丰富的文本格式，如图 23-15 所示。

图 23-15

3 发送电子邮件

将创建好的电子邮件发送出去，只需单击"发送"按钮即可，如图 23-16 所示。

4 发送带附件的邮件

Outlook 2007 除了能发送纯文本的邮件外，还支持通过附件发送邮件。

在 Outlook 2007 窗口的工具栏单击"新建"命令下拉按钮，从打开的下拉菜单中单击"邮件"命令打开新邮件窗口，如图 23-17 所示。

在新邮件窗口的功能区选择"邮件"选项卡中"添加"选项组的"附加文件"按钮，弹出"插入文件"对话框，选择要作为附件发送的文件，

单击"插入"按钮即可，如图 23-18 所示。

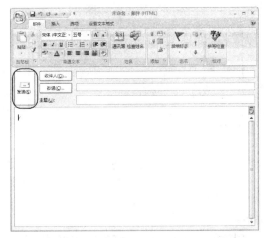

图 23-16

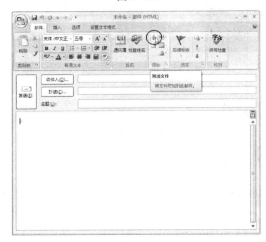

图 23-17

图 23-18

插入的文件将以附件的形式出现在邮件中，插入附件后，用户还可以在新邮件窗口的编辑区输入其他内容，然后单击"发送"按钮发送邮件，如图 23-19 所示。

5 接收电子邮件

用户每次启动 Outlook 2007 时，系统会自动接收用户邮箱的信件。此外，在打开的 Outlook 2007

窗口中也可以接收电子邮件，在菜单栏的"工具"下拉菜单中，选择"发送和接收"下的"全部发送/接收"命令，如图 23-20 所示。

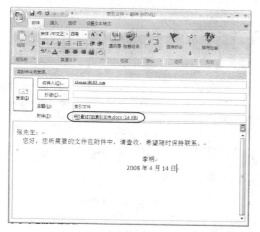

图 23-19

图 23-20

如果用户希望显示邮件接收和发送的进度，还可以在"发送/接收设置"子菜单中单击"显示进度"命令，图 23-21 是"Outlook 发送/接收进度"对话框。

图 23-21

6　查看电子邮件

电子邮件接收完毕后，即可在 Outlook 窗口中查看接收的电子邮件，窗口中部显示收件箱的邮件，窗口右侧可以预览邮件内容，如图 23-22 所示。

图 23-22

若希望阅读电子邮件的全文，可以单击"收件箱"下的电子邮件，打开接收邮件新窗口，如图 23-23 所示。

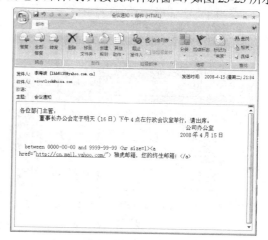

图 23-23

高手支招

在 Outlook 窗口中可以按【F9】键方便快捷地接收邮件。

7　搜索电子邮件

如果在用户设置的邮箱中，"收件箱"或"已发送邮件"中的邮件太多，会给日常的工作带来很多麻烦，尤其是当用户要查找某一个文件，但是又不知道该文件是何时发送的时候，使用 Outlook 2007 提供的搜索功能将给我们的工作带来更多的帮助。

① 在窗口左侧的"邮件"导航窗格选择要在其中搜索的文件夹，如选择"收件箱"。

② 在"收件箱"下的搜索文本框中输入搜索关键字，如输入"董事长"，单击"搜索"按钮 🔍 即可开始搜索带有"董事长"文本的邮件，如图 23-24 所示。

③ 搜索完成后，凡是包括搜索文本的邮件将会显示在"搜索结果中"，用户可以任意查看这些邮

件，如图 23-25 所示。

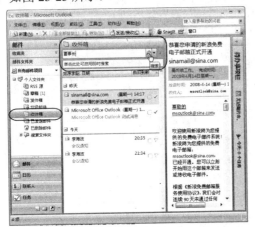

图 23-24

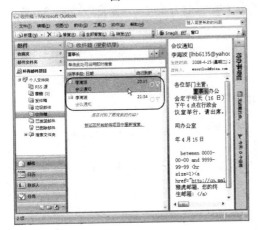

图 23-25

温馨提示

若用户希望增强 Outlook 2007 的搜索性能和功能，可以单击搜索文本框下的"单击此处可启用即时搜索"，启用"即时搜索"功能，此时系统将提示用户下载安装桌面搜索组件的对话框，如图 23-26 所示。

安装完成后用户可以在"即时搜索"窗格中添加更多搜索条件搜索邮件，如图 23-27 所示。

图 23-26　　　　　图 23-27

8　答复电子邮件

当用户收到电子邮件后，可以回复对方，具体操作步骤如下。

● 使用功能区命令回复

① 阅读邮件时，在功能区选择"邮件"选项卡中"响应"选项组的"答复"命令，如图 23-28 所示。

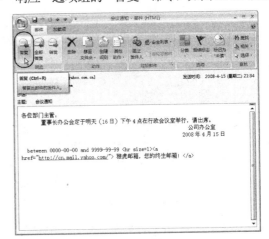

图 23-28

② 弹出答复邮件窗口，在邮件文本框中输入回复邮件的内容，单击"发送"按钮即可，如图 23-29 所示。

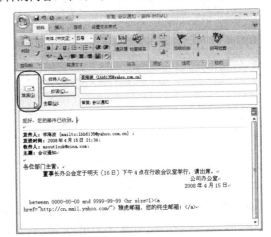

图 23-29

● 使用快捷菜单回复

在 Outlook 窗口的预览框可以预览邮件，因此用户可以预览完邮件后直接回复。

在"收件箱"右击该邮件，从弹出的快捷菜单中单击"答复"命令即可，如图 23-30 所示。

温馨提示

在回复邮件时，若选择"全部答复"命令，则将回复给此邮件的发件人和所有收件人。

9　转发电子邮件

转发电子邮件也有两种方法，具体步骤如下。

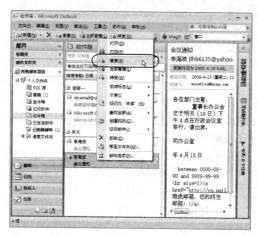

图 23-30

● 使用功能区命令转发邮件

阅读邮件时，在功能区选择"邮件"选项卡中"响应"选项组的"转发"命令，如图 23-31 所示。

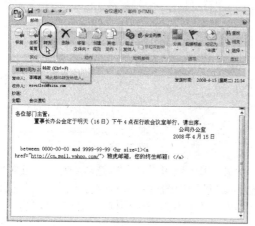

图 23-31

● 使用快捷菜单命令转发邮件

在"收件箱"右击该邮件，从弹出的快捷菜单中单击"转发"命令即可，如图 23-32 所示。

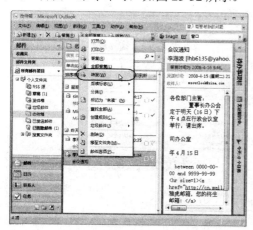

图 23-32

23.2.2　设置个性邮件

在 Outlook 2007 中，支持用户更多的个性化设置，使 Outlook 的功能更具人性化。

1　设置邮件签名

邮件签名是由文本、图片或者名片组成的，签名会自动添加到传出电子邮件的末尾。用户可以根据需要创建任意多个签名，以便拥有适用于如业务通信或个人通信等各种目的的签名。例如，对寄给亲友的邮件使用名字，对寄给业务联系人的邮件使用职务、联系方式和电子邮件地址等。也可使用签名添加自定义文本，例如对收件人如何答复邮件的说明。

● 创建邮件签名

① 在新邮件窗口的功能区选择"邮件"选项卡中"添加"选项组的"签名"命令 ，如图 23-33 所示。

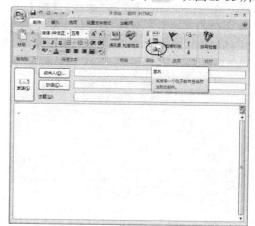

图 23-33

② 弹出"签名和信纸"对话框，在对话框的"电子邮件签名"选项卡下单击"新建"按钮，弹出"新签名"对话框，在对话框中输入该签名的名称，单击"确定"按钮，如图 23-34 所示。

图 23-34

③ 在"签名和信纸"对话框的"编辑签名"文本框中输入要包含在签名中的文本，用户还可以简单编辑文本的格式，然后单击"确定"按钮，这样，一个签名就创建完成了，如图 23-35 所示。

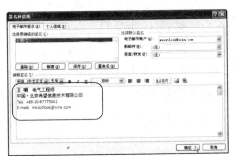

图 23-35

此外，用户还可以在电子签名中插入名片、图片和超链接。

● 向邮件中添加签名

用户在编写完邮件后，可以在邮件的末尾添加创建好的邮件签名，具体操作如下。

① 将光标定位在邮件末尾。

② 在窗口的功能区选择"邮件"选项卡中"添加"选项组的"签名"命令 📝，在弹出的下拉列表中选择创建好的签名即可，如图 23-36 所示。

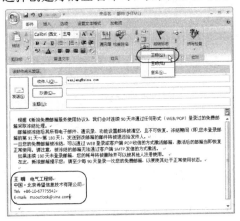

图 23-36

此外用户若希望在新邮件、邮件答复和转发邮件中包含签名，可设置系统自动插入签名。在"签名和信纸"对话框的"电子邮件签名"选项卡上，从"选择默认签名"选项区的"新邮件"和"答复/转发"列表中选择签名。若不需要，请选择"无"，如图 23-37 所示。

图 23-37

2 设置邮件跟踪

在我们的工作中，常常会遇到这样的困惑，担心刚发送出去的电子邮件对方是否收到？Microsoft Outlook 的邮件跟踪功能可以方便地解决这一问题。当用户希望发送邮件后确认邮件是否寄到目的地以及是否被阅读时，可以通过设置邮件跟踪选项来实现对发送邮件的跟踪。

在发送新邮件时，勾选窗口功能区"选项"选项卡下"跟踪"选项组中"请求送达回执"或"请求已读回执"复选框，即可跟踪邮件的送达情况和阅读情况，如图 23-38 所示。

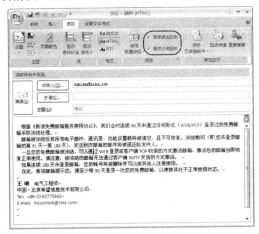

图 23-38

此外，用户还可以在跟踪选项组中，通过对"使用投票按钮"选项的设置来对收件人进行意见征询，此功能对于有反馈需求的用户是很有帮助的，如图 23-39 所示。

3 标记重点邮件

用户在发送邮件时，可以为邮件标记重要性和敏感度。

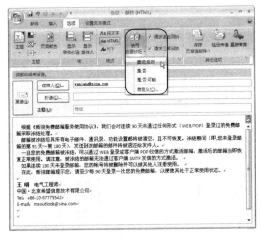

图 23-39

在发送新邮件时，单击窗口功能区"选项"选项卡下"跟踪"选项组的对话框启动器按钮 ⊡，弹出"邮件选项"对话框，在对话框的"邮件设置"选项区，从"重要性"和"敏感度"的下拉列表中为邮件设置不同的级别，如图 23-40 所示。

图 23-40

4　更改邮件收件人的显示名称

如果首次设置电子邮件账户时没有输入全名，则邮件可能只显示发件人的部分姓名。在发送邮件后，如果收件人只能看到发件人的部分姓名，而发件人（用户）希望收件人可以看到全名，用户可以方便地进行更改，具体操作步骤如下。

①　Outlook 2007 窗口的菜单栏中，单击打开"工具"下拉菜单，选择"账户设置"命令，打开"账户设置"对话框，在对话框中选择您的 Internet 服务提供商账户，单击"更改"按钮，如图 23-41 所示。

图 23-41

②　弹出"更改电子邮件账户"对话框，如图 23-42 所示。

③　在对话框中"用户信息"下的"您的姓名"文本框中输入您想要显示给邮件收件人的姓名。单击"下一步"按钮，然后单击"完成"按钮即可。

5　使用"密件抄送"功能

"密件抄送"是由 Blind Carbon Copy 翻译得来的。如果通过"密件抄送"方式发送一封电子邮件，该邮件将会以一个邮件副本的形式发送给此收件人，该邮件的其他收件人则看不到此收件人的姓名。

图 23-42

使用"密件抄送"可以帮助发件人（用户）尊重他人的隐私，将其保持在邮件循环中，而不暴露他们的身份。例如，如果您向多人发送一封招聘信息时，可以使用"密件抄送"来对潜在的求职者的身份进行保密。

在新邮件窗口功能区选择"选项"选项卡"域"选项组中的"显示密件抄送"命令，在"密件抄送"文本框中输入收件人邮箱地址，如图 23-43 所示。

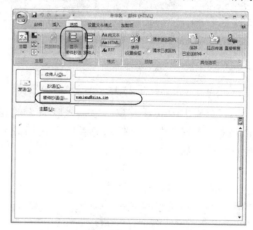

图 23-43

　温馨提示

在通过"密件抄送"方式给某一收件人发送邮件之前需要做一些必要的准备工作。

请用户确保该收件人希望收到您的邮件，并且需要收件人采取一些步骤来将您的姓名设置为安全发件人，因为许多垃圾电子邮件筛选将使用"密件抄送"框的邮件都标记为垃圾邮件。因此，如果您的预定收件人没有将您的姓名添加到安全发件人列表中，您的邮件可能会直接前往"垃圾邮件"文件夹中。

23.2.3 管理联系人

在 Outlook 2007 中管理联系人能给工作带来很大的帮助。

1 创建联系人

在 Outlook 2007 中,有多种创建联系人的方法,最常用的有两种,分别是直接输入联系人和从接收到的邮件中创建联系人。

● 使用功能区命令创建联系人

① 在 Outlook 2007 窗口的工具栏单击"新建"命令下拉按钮,从打开的下拉菜单中单击"联系人"命令,或按【Ctrl+Shift+C】组合键打开联系人窗口,如图 23-44 所示。

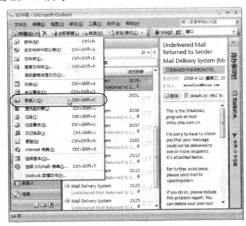

图 23-44

② 在弹出的联系人窗口中输入联系人的相关信息,输入完毕后单击"保存并关闭"按钮联系人即添加成功,如图 23-45 所示。

图 23-45

● 从快捷菜单中创建联系人

① 在阅读接收的邮件时,右击发件人地址,在弹出的快捷菜单中选择"添加到 Outlook 联系人"命令,如图 23-46 所示。

图 23-46

② 在弹出的联系人窗口中输入联系人的相关信息,输入完毕后单击"保存并关闭"按钮联系人即添加成功。

③ 创建完成后,在 Outlook 2007 窗口的左侧列表框中单击"联系人"选项,将以卡片的形式显示所有联系人的信息,如图 23-47 所示。

图 23-47

2 创建联系人文件夹

Outlook 2007 中的默认"联系人"文件夹是在各个 Outlook 配置文件中创建的,无法重命名或删除该文件夹,但用户可以自行创建联系人文件夹来更好地管理联系人,具体操作步骤如下。

① 在"联系人"导航窗格中,右击"联系人"文件夹,在弹出的快捷菜单中选择"新建文件夹"命令,如图 23-48 所示。

② 在打开的"新建文件夹"对话框中,在"名称"文本框中输入新建联系人文件夹的名称,单击"确定"按钮即可,如图 23-49 所示。

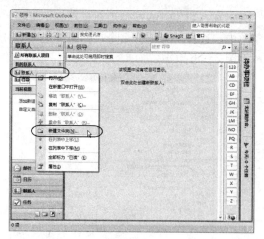

图 23-48

图 23-49

高手支招

若要向新建的联系人文件夹中添加联系人，可以在选定该文件夹后，双击窗口中部的空白处，打开联系人新窗口，添加联系人的相关信息。

用户还可以将一个联系人文件夹（如同事）中的联系人移动到另一个文件夹（如领导）中，具体做法是：选定"同事"文件夹中的某一联系人，拖曳鼠标将其直接拖到"领导"文件夹上即可，这样该联系人就出现在"领导"文件夹中，如图 23-50 所示。

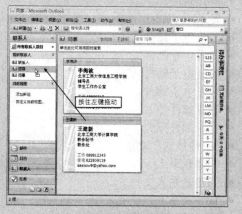

图 23-50

3　查找联系人

当用户创建的联系人过多时，Outlook 2007 提供的查找联系人使得这项原本很困难的工作变得简单。查找联系人有多种方法，具体操作方法如下。

● 使用工具栏搜索框

① 在工具栏上的"搜索通讯部"搜索框中输入要查找的联系人姓名或其他信息，如名字、姓氏、电子邮件、显示名称或单位名称等，如图 23-51 所示。

图 23-51

② 按【Enter】键，弹出"选择联系人"对话框，选择需要的联系人，单击"确定"按钮即可。不过，在输入搜索框中的信息比较精确的情况下将直接打开联系人窗口，不会出现该对话框，如图 23-52 所示。

图 23-52

● 使用"搜索联系人"搜索框

在"搜索联系人"搜索框中输入要查找的联系人的任何信息，然后单击"搜索"按钮 即可，如图 23-53 所示。

● 使用字母排序索引

在联系人窗口的任一卡片视图（如"名片"或者"地址卡"）中，单击卡片右侧显示的按字母顺序排列的索引中的某个字母，查找相应的联系人，如图 23-54 所示。

4　共享联系人文件夹

共享联系人文件夹这一功能要求用户使用 Microsoft Exchange 账户，那么何为 Microsoft Exchange 账户呢？Exchange 是一种供企业使用的、基于电子邮件的协作通信服务器，用户的所在企业单位可以从 Microsoft 及其经销商处购买 Exchange 许可证，家庭用户通常没有 Exchange 账户。

图 23-53

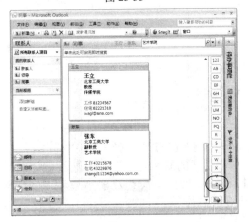

图 23-54

5 检测重复联系人

用户在添加联系人或电子名片时，Outlook 将自动检测联系人是否有重复。如果要添加的联系人与原有联系人的姓名或电子邮件地址相同，则将弹出一个对话框，需要用户选择是将重复的联系人作为新联系人添加，还是使用该重复联系人的新信息更新现有联系人，如图 23-55 所示。

图 23-55

在向 Outlook 中添加多个联系人时，如果不使用"重复检测"功能，可以取消此功能，则保存过程将更快。

① 在 Outlook 2007 窗口菜单栏的"工具"下拉菜单中，选择"选项"命令，弹出"选项"对话框，如图 23-56 所示。

图 23-56

② 在"选项"对话框中单击"首选参数"选项卡"联系人和便签"下的"联系人选项"按钮，打开"联系人选项"对话框，取消勾选"检查重复的联系人"复选框，然后单击"确定"按钮，如图 23-57 所示。

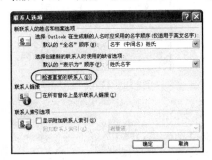

图 23-57

23.3 温故知新

本章对 Outlook 2007 邮件管理的各种操作进行了详细讲解。同时，通过大量的实例让读者充分学习。读者要重点掌握的知识点如下：

- 创建新账户
- 发送电子邮件
- 接收电子邮件
- 查看电子邮件
- 答复电子邮件
- 转发电子邮件
- 设置邮件签名
- 设置邮件跟踪
- "密件抄送"功能
- 创建联系人
- 创建联系人文件夹
- 查找联系人
- 检测重复联系人

第 24 章
Outlook 2007 的商务管理

【知识概要】

Outlook 2007 能够有效地管理时间和信息，更好地组织信息，帮助您节省时间，提高工作效率。在商务办公中，Outlook 2007 提供日历、近期约会和任务的整合视图，使用户能够轻松地对信息做出反应。

本章将向读者介绍约会、日历、事件以及会议等商务办公方面的应用。

24.1 答疑解惑

在开始之前，先对 Outlook 2007 在商务管理中的基本知识作简单的了解。

24.1.1 约会

约会是在预定的时间发生的活动，只涉及用户一个人，不涉及邀请其他人或保留资源。用户可以计划定期约会；并按天、周或月等方式查看约会和设置约会的提醒。

通过将约会的时间指定为忙、闲、暂定或外出，用户可以指定其他同事所看到的用户自己的日历中的约会状况。另外，其他同事也可以授权让用户计划或更改他们日历中的约会。

24.1.2 事件

事件是一种持续一天 24 小时或更长时间的活动，如一个公司的展览会、差旅、年终会议和假期都是属于事件的范畴。通常，一个事件会发生一次且有可能持续一天或数天，但诸如生日或公司周年纪念日这样的年度事件每年仅在特定的日期发生一次。

24.1.3 日历

使用"日历"功能可及时了解即将举行的约会、会议、时间期限和其他重要事件。

Outlook 2007 日历是 Office Outlook 2007 的日历和计划组件，并与电子邮件、联系人和其他功能完全集成。使用"日历"功能可及时了解即将举行的约会、会议、时间期限和其他重要事件。

① 创建约会和事件

就像在日记本中书写一样，您可以单击 Outlook 日历中的任何时间段并开始输入。新增的渐变颜色更方便了快速查看当前日期和时间。当前时间仅在"日"和"工作周"视图中以彩色突出显示。可以选择使用声音或消息提醒您的约会、会议和事件，并且可以给项目上颜色以便快速识别。

② 组织会议

选择日历上的某个时间，创建会议要求，并选择要邀请的人。Outlook 会帮助您找到所有应邀者都有空的最早时间。当您通过电子邮件发送会议要求时，应邀者会在他们的收件箱中收到该要求。当应邀者打开该要求时，他们可以通过单击单个按钮接受、暂时接受或拒绝您的会议。如果会议要求与应邀者的日历上的项目冲突，Outlook 会显示通知。如果您（作为会议组织者）允许，应邀者可以建议一个备选的会议时间。作为组织者，您可以通过打开该要求来跟踪某人是接受还是拒绝了该要求，或者某人建议了另外的会议时间。

③ 查看小组日程

可以创建这样的日历，其中同时显示一组人员或资源的日程。例如，您可以查看本部门中所有人员或本建筑中的所有资源（如会议室）的日程。这样有助于快速安排会议。

④ 并排查看日历

可以并排查看自己创建的多个日历以及由其他 Outlook 用户共享的日历。例如，可以为个人约会创建单独的日历，然后并排同时查看工作和个人日历。

⑤ 复制或移动约会

还可以在所显示的日历间复制或移动约会。使用导航窗格可快速共享自己的日历和打开其他共享日历。根据日历所有者授予的权限，您可以创建或修改共享日历上的约会。

Office 2007 典型应用四合一

⑥ 在一个日历之上查看另一个日历

可以使用重叠视图显示自己创建的多个日历以及由其他 Outlook 用户共享的日历。例如，可以为个人约会创建单独的日历，并重叠工作和个人日历以快速查看看有冲突或有空闲时间的地方。

⑦ 指向 Microsoft Windows SharePoint Services 3.0 网站上的日历的链接

如果用户有访问 Windows SharePoint Services 3.0 网站的权限，可以在 Outlook 日历中查看来自该网站的事件列表。即使是在脱机工作的时候，也可以在 Outlook 中对该列表做出更改。所做的更改会在您重新连接到 Internet 时自动进行同步。而且，您可以与其他个人和共享日历一起并排查看 Windows SharePoint Services 3.0 日历。

⑧ 通过电子邮件将日历发送给任何人

可以将日历作为 Internet 日历发送给邮件收件人，同时对要共享的信息量保持控制。您的日历信息作为 Internet 日历附件出现在电子邮件正文中，收件人可以在 Outlook 中打开该附件。

⑨ 将日历发布到 Microsoft Office Online

可以将日历发布到 Office Online 网站并控制谁能够查看它们。

⑩ 订阅 Internet 日历

Internet 日历订阅与 Internet 日历类似，只不过下载的日历会定期与 Internet 日历同步并被更新。

⑪ 管理另一个用户的日历

使用代理访问功能，一个人可以使用他或她自己的 Outlook 副本容易地管理另一个人的日历。例如，行政助理可以管理经理的日历。当经理将助理指定为代理人后，助理可以创建、移动或删除约会，并且可以代表经理组织会议。

24.2 实例进阶

本节将向读者讲解通过 Outlook 2007 如何安排约会、添加提醒、安排会议、设置事件以及定制任务等方面的商务应用。

24.2.1 安排约会

通过设置约会，可以安排一天中需要提醒的活动，使用起来非常方便，而且还可以定义提醒时间、日期等。安排约会的具体操作步骤如下。

1 安排约会

① 在 Outlook 2007 窗口中，单击左侧导航窗格中的"日历"；然后在工具栏单击"新建"按钮，

从打开的下拉菜单中单击"约会"命令，或按【Ctrl+N】组合键打开新建约会窗口，如图 24-1 所示。

图 24-1

② 在新建约会窗口中，向"主题"文本框中输入约会主题，如"邮寄资料"，在"地点"文本框中输入约会地点，如"西城区邮局"，在"开始时间"下拉列表中分别选择约会的开始日期和时间，在"结束时间"下拉列表中分别选择约会的结束日期和结束时间，然后在下面的文本框中输入约会内容，最后单击"保存并关闭"按钮，如图 24-2 所示。

> **温馨提示**
>
> 一般地，约会只是发生在一天中的某一段时间的事情，所以系统默认开始和结束时间间隔 30 分钟，用户可以自行调整约会时长。

图 24-2

2 约会的高级设置

Outlook 2007 为用户设置个性化约会提供了较多的功能。

478

用户可以设置约会时段的"忙/闲"状态，设置好状态以后其他同事是可以看到的，会议组织者可以通过与会者的时间和资源的"忙/闲"信息来安排会议。系统提供 4 种状态，分别是闲、暂定、忙和外出，例如用户选择"外出"状态后，如果部门计划一个会议，而您是作为重要与会者，那么会议的组织者在跟踪到您在这一时段外出后，将会更改会议时间，如图 24-3 所示。

图 24-3

用户可以将一些特殊的约会安排为定期约会，例如生日宴会、公司周年纪念日等。具体操作步骤是：在新建约会窗口，单击"约会"选项卡"选项"选项组的"重复周期"命令 ，弹出"约会周期"对话框，如图 24-4 所示。

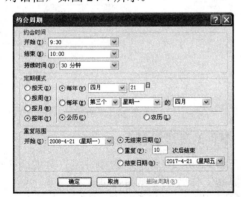

图 24-4

Outlook 2007 为用户设置重复周期提供了多种选择，用户可以设置重复约会的时间、日期和重复范围，还可以删除周期。

在新建约会窗口功能区的"插入"选项卡中，用户可以在编辑约会内容时插入名片、附件、表格、插图、链接、文本和符号等内容，如图 24-5 所示。

图 24-5

在新建约会窗口功能区的"设置文本格式"选项卡中，用户可以为约会内容设置丰富的文本格式，如图 24-6 所示。

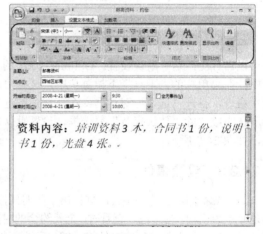

图 24-6

24.2.2　添加提醒

虽然用户可以安排自己的约会，但是往往会由于繁忙的事务而忘掉某一次重要约会，Outlook 2007 的提醒功能给用户的工作带来了极大的便捷。添加提醒功能的具体操作如下。

在新建约会窗口功能区的"约会"选项卡中，单击"选项"选项组"提醒"列表框的下拉按钮 ，从下拉列表中选择在约会开始前提前多长时间提醒用户，用户也可以在"提醒"文本框中输入时间，如图 24-7 所示。

在"提醒"下拉列表的底端单击"声音"按钮 ，打开"提醒声音"对话框，可以设置个性化的提醒声音，当然，用户也可以取消勾选"播放该声音"复选框取消提醒声音，如图 24-8 所示。

图 24-7

图 24-8

③ 系统默认约会开始前 15 分钟提醒用户，用户可以自行更改这一默认设置。Outlook 2007 的窗口中，在菜单栏的"工具"下拉菜单中，选择"选项"命令，打开"选项"对话框，在首选参数选项卡下选中或清除"默认提醒"复选框，设置默认时间，如图 24-9 所示。

24.2.3 设置事件

与约会不同，事件并不会占据日历中的时间段，而是显示为横幅。当其他人查看时，全天约会的时间将显示为忙，但事件或年度事件将时间显示为空闲。

图 24-9

1 创建事件

① 在 Outlook 2007 窗口中，单击左侧导航窗格中的"日历"选项卡在菜单栏的"动作"下拉菜单中，选择"新建全天事件"命令，如图 24-10 所示。

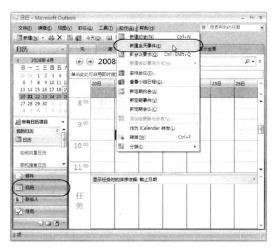

图 24-10

② 在新建事件窗口中，向"主题"文本框中输入事件主题，在"地点"文本框中输入事件地点，在"开始时间"下拉列表中分别选择事件的开始日期，在"结束时间"下拉列表中分别选择事件的结束日期，然后在下面的文本框中输入事件内容，最后单击"保存并关闭"按钮，如图 24-11 所示。

图 24-11

2 事件的高级设置

在 Outlook 2007 中，为事件进行其他必要的设置对提高工作效率非常有帮助。

① 用户可以设置"忙/闲"状态，部门的会议组织者可以通过该用户的"忙/闲"信息来安排会议。系统提供闲、暂定、忙和外出 4 种状态，若全天事件需要外出办理，用户可以选择"外出"状态，在这种情况下，如果部门计划一个会议，而您是作为重要与会者，那么会议的组织者在跟踪到您在这一时段外出后，将会更改会议时间，如图 24-12 所示。

图 24-12

2 用户可以将一些特殊的事件安排为定期事件。具体操作步骤是：在新建事件窗口，单击"事件"选项卡"选项"选项组的"重复周期"命令 🔄，弹出"约会周期"对话框，方法与设置约会一样，如图 24-13 所示。

图 24-13

3 用户可以将事件设置为私有，一般情况下，其他同事将无法读取事件的详细信息。在新建事件窗口功能区的"事件"选项卡中，单击"选项"选项组的"私密"命令，如图 24-14 所示。

图 24-14

温馨提示

通常，用户要依赖"私密"功能来禁止其他人查看事件、联系人或任务的详细信息。拒绝授予他们对"日历"、"联系人"和"任务"文件夹的读取权限是确保其他人无法读取私密项目的前提。如果授予某用户读取权限以使其能够访问用户的文件夹，则该用户可以使用其他方法来查看私密项目中的详细信息。仅当与可信用户共享文件夹时才使用"私密"功能。

4 同样地，用户可以为事件设置提醒，确保用户不会因为工作忙碌而忘掉重要的事件，其方法与为设置约会的提醒一样，如图 24-15 所示。

图 24-15

5 创建好的事件会出现在日历列表中，由于事件临时有变，用户可以更改甚至删除事件。右击需要更改的事件，在下拉列表中选择"删除"命令删除事件，或者选择"打开"命令，打开该事件的窗口，在事件窗口中更改内容并保存即可，如图 24-16 所示。

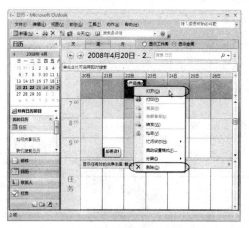

图 24-16

481

24.2.4 安排会议

如果用户是会议的组织者，那么使用 Outlook 2007 的会议功能将是一个不错的选择。会议是邀请人员参加会议或为会议预定资源的约会。会议组织者可以安排并发送会议要求，并为面对面的会议或联机会议预定资源。安排会议时，需要会议组织者标识要邀请的人员和要预订的资源，并选出会议时间。参会人在收到会议通知后对会议发出响应，均显示在"收件箱"中。

1 安排会议

① 在 Outlook 2007 的窗口中，从菜单栏的"动作"下拉菜单中，选择"安排会议"命令，如图 24-17 所示，打开"安排会议"对话框。

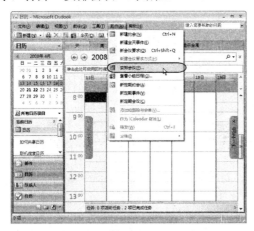

图 24-17

② 在"安排会议"对话框中，可以添加参会者以及会议资源（如会议室等），然后根据参会者的忙/闲状态选定会议事件，一般选择参会者的"无信息"或"暂定"状态。最后单击"安排会议"按钮，如图 24-18 所示。

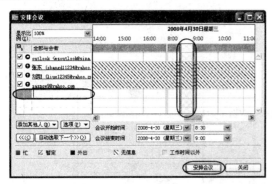

图 24-18

③ 在弹出的新建会议窗口中，参会者的电子邮件地址自动显示在"收件人"文本框中，向"主题"文本框中输入会议主题，在"地点"文本框中输入会议地点，如果是 Exchange Server 用户，可通过 Exchange Server 自动安排房间，如果会议是全天召开，勾选"全天事件"复选框，然后在下面的文本框中输入约会内容，最后单击"发送"按钮，会议通知将发送到参会者邮箱中，如图 24-19 所示。

图 24-19

2 会议的高级设置

① 会议通知发送后，组织者可以要求参会者的响应并征求参会者对时间的建议。在会议窗口功能区的"会议"选项卡中，单击"与会"选项组的"回复"按钮，在下拉列表中有"请求响应"和"允许建议新的时间"选项，如图 24-20 所示。

图 24-20

温馨提示

如果关闭"请求响应"选项，则不会接收参会者任何指示是否计划参加会议的答复。

如果关闭"允许建议新的时间"选项，则参会者将不能为此会议建议新的时间。

② 同样地，用户可以为会议设置提醒，确保即使用户在工作非常忙碌的情况下也不忘掉重要的会议，其方法与为设置约会的提醒一样，如图 24-21 所示。

图 24-21

③ 用户还可以将一些特殊的会议安排为定期会议，例如"季度安全生产会议"在每季度都要开。具体操作步骤是：在会议窗口，单击"会议"选项卡"选项"选项组的"重复周期"命令 ↻，弹出"约会周期"对话框，方法与设置约会一样，如图 24-22 所示。

④ 设置会议的级别。会议组织者可以就会议的级别进行设置，在会议窗口，单击"会议"选项卡"选项"选项组的会议级别"高" 或"低" 按钮，如图 24-23 所示。

图 24-22

24.2.5　更改时区

任何时候，用户都可以在 Outlook 2007 中更改时区，使其与用户当前所在的地理位置匹配。事实上，在 Outlook 2007 中更改时区与在 Windows 控制面板中更改时区是等效的，并且所做的更改会反映在其他

所有基于 Microsoft Windows 的程序中的时间显示中。

图 24-23

当您在一个时区向另一个时区中的参会者发送会议邀请函时，该会议项将会在每个参会者的日历上以各自的当地时间显示。

举个简单例子：如果位于首尔（首尔所在的时区）的会议组织者向位于新加坡（新加坡所在的时区）的参会者发出关于从首尔时间下午 4:00 开始的会议的要求，则该参会者会看到会议从新加坡时间下午 3:00 开始。

若当前时区改变后，所有日历视图都会相应地更新以显示新的时区，所有日历项都会移动以反映出新的时区。例如，当从首尔所在的时区移到新加坡所在的时区时，所有的约会都会显示为提前一个小时，具体操作步骤如下。

① Outlook 2007 的窗口中，在菜单栏的"工具"下拉菜单中，选择"选项"命令，打开"选项"对话框，在首选参数选项卡中单击"日历"选项区的"日历选项"按钮，如图 24-24 所示。

图 24-24

② 在打开的"日历选项"对话框中单击"高

级选项"选项区的"时区"按钮,如图 24-25 所示。

图 24-25

③ 在打开的"时区"对话框中,在"当前 Windows 时区"的"标签"文本框中输入当前时区的名称,从"时区"下拉列表中单击要使用的时区,然后单击"确定"按钮即可,如图 24-26 所示。

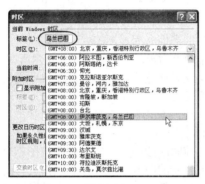

图 24-26

24.2.6 使用日历

当用户希望跟踪和管理私人约会,甚至是家庭活动日时,又不希望将这些事件输入到工作日历中,用户可以通过 Outlook 2007 在不会给主日历造成混乱的情况下跟踪多个日程和监视重要的事件,来建立多个日历,更为奇妙的是用户可以独立于主日历来保留多个日程,并且仍然能够同时查看这些日程。

在导航窗格中单击"日历"选项卡时,在"我的日历"下面的日历是默认主日历,此日历的名称始终为"日历"。除此之外,用户还可以创建其他日历,如图 24-27 所示。

① 在 Outlook 2007 窗口中,单击左侧导航窗格中的"日历",然后在工具栏单击"新建"命令下拉按钮,从打开的下拉菜单中单击"日历"命令,打开"新建文件夹"对话框,在"名称"文本框中输入日历名称,如图 24-28 所示。

② 新日历创建好后将会显示在"我的日历"下面,每个日历都有自己的名称,如"日历"和"家

庭",并且名称都将显示在日历左上方的选项卡上,如图 24-29 所示。

图 24-27

图 24-28

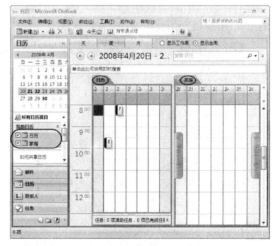

图 24-29

③ Outlook 2007 按照用户在"导航窗格"中选中日历复选框的次序指定日历的颜色,用户可以以此辨别不同的日历。如果用户希望确保工作日历和家用日历之间没有冲突,可以使用重叠模式。单

击日历上方的 按钮，将在并排和重叠模式之间切换，如图 24-30 所示。

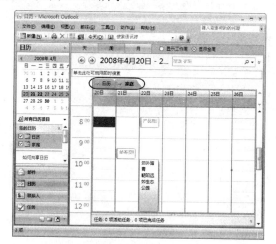

图 24-30

温馨提示

前面讲到的管理多个日历只是日历应用的一方面，除此之外，用户还可以与同事共享日历、发布 Internet 日历、联机搜索日历等，不过大多数功能都要求使用 Exchange 账户。

24.2.7　定制任务

用户可以为自己创建约会、安排会议之外，还可以创建自己的任务，并将任务分配给其他人。

创建任务并将其分配给其他人后，往往需要任务策划者执行一些必要的管理职责，以便随时跟踪任务。例如，可能需要状态报告和有关任务进度的更新。此外，如果任务所分配到的人拒绝该任务，任务策划者可能需要将该任务重新分配给其他人。

1　创建任务

在分配任务之前，要创建任务，然后将其作为任务要求发送给某人，创建任务的具体操作步骤如下。

① 在 Outlook 2007 窗口中，单击左侧导航窗格中的"任务"选项卡，然后在工具栏单击"新建"命令，从打开的下拉菜单中单击"任务要求"命令，如图 24-31 所示。

② 在打开的新建任务窗口中，在"收件人"文本框中输入任务参与者的人的姓名或电子邮件地址，亦可单击"收件人"按钮打开"任务收件人"对话框从列表中选择，如图 24-32 所示。

③ 在"主题"文本框中输入任务的主题，并

为任务设置开始日期和截止日期，在"状态"下拉列表中为任务设置状态，还可以设置任务的优先级，如图 24-33 所示。

图 24-31

图 24-32

图 24-33

④ 用户可以选中或清除"在我的任务列表中保存此任务的更新副本"复选框和"此任务完成后给我发送状态报告"复选框，任务创建好后单击"发送"按钮将任务分配给参与者，如图 24-34 所示。

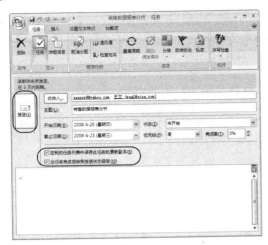

图 24-34

2 转发任务

如果其他管理者希望对这一任务进行跟踪，任务策划者可以将任务转发，以便于掌握任务进展。

① 打开要转发的任务。

② 在任务窗口功能区的"任务"选项卡中，单击"管理任务"选项组的"转发"命令，如图 24-35 所示。

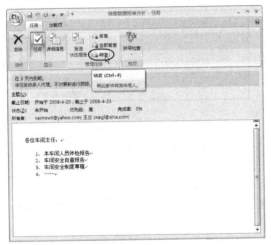

图 24-35

③ 在弹出的邮件窗口中，在"收件人"文本框中输入电子邮件地址，单击"发送"按钮即可，如图 24-36 所示。

 高手支招

收到任务要求的人成为该任务的临时所有者，假如您是任务的参与者，您可以拒绝任务，接受任务或将任务分配给其他人。

假如您是任务的策划者，参与者在拒绝任务后，您还可以收回被拒绝的任务进行再次分配。

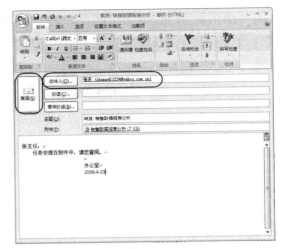

图 24-36

24.3 温故知新

本章对 Outlook 2007 商务管理的各种操作进行了详细讲解。同时，通过大量的实例让读者充分学习。读者要重点掌握的知识点如下：

- 安排约会
- 添加提醒
- 创建事件
- 安排会议
- 更改时区
- 使用日历
- 定制任务
- 创建任务
- 转发任务

学习笔记

第 25 章
Outlook 2007 的安全与规则

【知识概要】

Outlook 的邮件管理和商务管理为用户提供便利同时,在使用 Outlook 的过程中也给用户带来一些烦恼,例如,不希望阅读的垃圾邮件越来越多,收件箱中邮件杂乱无章;而且一些重要的信息总是不放心通过邮件传输。现在 Outlook 2007 的安全与规则功能给上述问题带来了极大的便利和安全感。

本章将主要向读者介绍如何处理垃圾邮件、如何处理邮件传输中的安全问题以及如何通过创建规则来更有条理的管理邮件。

25.1 答疑解惑

25.1.1 数字签名

所谓数字签名就是附加在数据单元上的一些数据,或是对数据单元所作的密码变换。这种数据或变换允许数据单元的接收者用以确认数据单元的来源和数据单元的完整性并保护数据,防止被人(例如接收者)进行伪造。

数字签名通过使用计算机不对称加密技术对数字信息(如文档、电子邮件和宏)进行身份验证,例如,通过验证数字签名来确认软件发行商的代码来源和完整性。

数字签名的主要功能:

- 真实性,数字签名有助于确保签名人是他们所要求的人。
- 完整性,数字签名有助于确保内容在经过数字签名之后未经更改或篡改。
- 不可否认,数字签名有助于向所有方证明签署内容的有效性,签名人不可否认任何与签署内容有关系的行为。

25.1.2 桌面通知

桌面通知是指接收电子邮件、会议要求、任务要求等邮件项目时显示在桌面上的通知,但不显示加密邮件或数字签名邮件的内容。

用户可以使用"桌面通知"来对接收的邮件进行预先处理,而不需要首先打开"收件箱"。当"桌面通知"出现时,可以执行一些操作。例如可以在邮件上设置标志,可以将邮件标记为已读或删除邮件,所有这些操作都可以在没有打开"收件箱"的情况下操作。

用户可以自定义"桌面通知"的外观。可以设置最短显示 3 秒钟,或者最长显示 30 秒钟,也可以调整透明度,以使其更明显或不让其妨碍用户查看桌面上的文档和其他邮件,还可以通过将其拖放至桌面上更适宜的位置来更改"桌面通知"的显示位置。

25.1.3 规则指什么

规则,即针对是否符合特定条件,对电子邮件和会议要求分别进行的一个或多个自动操作,也称为筛选器,使用规则能够帮助用户更有条理的管理电子邮件。

用户创建规则后,当邮件到达"收件箱"或用户发送邮件时,通过对与规则的特定条件进行匹配来应用此规则,协助用户完成邮件管理工作。例如当用户收到来自 Outlook2007sc@sina.com 地址的邮件时邮件自动转移到"Outlook"文件夹,当用户只要发送"主题"文本框中含有"会议"字样的任何邮件时,所有邮件将归入"办公室"文件夹。

25.2 实例进阶

25.2.1 筛选垃圾邮件

Outlook 2007 的垃圾电子邮件筛选功能会根据多种因素(包括邮件发送时间和邮件内容)评估每个传入的邮件,系统根据邮件内容和结构来分析每个邮件以确定该邮件是否有可能是垃圾电子邮件。默认情况下,垃圾电子邮件筛选功能处于打开状态,并且保护级别设置为"低",此级别专为捕获最明显的垃圾邮件而设计。用户可以通过更改保护级别来进行更为严格的筛选。此外，垃圾邮件筛选还可以定期更新以防止垃圾邮件制造者使用最新技术向用户的"收件箱"中发送垃圾邮件。

1 垃圾邮件文件夹

系统筛选到的任何垃圾邮件将被移到专门的"垃圾邮件"文件夹中，建议经常查看"垃圾邮件"文件夹中的邮件以确保对用户有用的邮件被筛选到其中。如果它们是用户需要阅读的正常邮件，则可以通过标记为"非垃圾邮件"将其移回"收件箱"或其他任何文件夹中，如图 25-1 所示。

图 25-1

若垃圾邮件文件夹中垃圾邮件太多，用户可以清空垃圾邮件。在 Outlook 2007 窗口中，单击导航窗格中的"邮件"，然后右击"邮件文件夹"下的"垃圾邮件"文件夹，在快捷菜单中选择"清空'垃圾邮件'文件夹"命令，如图 25-2 所示，弹出询问是否永久删除"垃圾邮件"文件夹中的邮件的对话框，单击"是"按钮。

图 25-2

温馨提示

清空"垃圾邮件"文件夹中的邮件只是将邮件转移到"已删除邮件"文件夹中，若是希望永久删除邮件，则对"已删除邮件"文件夹执行清空操作，方法和清空"垃圾邮件"文件夹一样。

2 更改垃圾邮件保护级别

Outlook 2007 默认将垃圾电子邮件筛选器启用，保护级别设置为"低"，用户可以改变级别来满足对邮件的保护。

① 在 Outlook 2007 的窗口中，从菜单栏的"工具"下拉菜单中，选择"选项"命令，打开"选项"对话框，如图 25-3 所示。

图 25-3

② 在"选项"对话框"首选参数"选项卡的"电子邮件"选项区下，单击"垃圾电子邮件"按钮，打开"垃圾邮件选项"对话框，选择需要的保护级别，如图 25-4 所示。

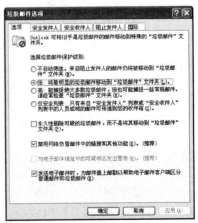

图 25-4

温馨提示

在"垃圾邮件选项"对话框中,有 4 个可供选择的保护级别,其中选择"不自动筛选"将会关闭自动垃圾电子邮件筛选器,但 Outlook 2007 会继续使用"阻止发件人"列表中的域名和电子邮件地址来评估邮件是否垃圾电子邮件。

用户还可以通过勾选"永久性删除可疑的垃圾电子邮件,而不是将其移动到'垃圾电子邮件'文件夹"复选框的设置来直接删除垃圾邮件,而不是移动到"已删除邮件"文件夹中。

3 自定义垃圾邮件筛选列表

虽然 Outlook 2007 具有自动筛选功能,然而在实际应用中依然会遇到这样的情况:用户需要阅读的邮件被捕获到"垃圾邮件"文件夹中,用户不需要阅读的垃圾邮件出现在"收件箱"文件夹中。因此用户需要自定义垃圾邮件筛选列表来满足需求。

● 将姓名添加到"安全发件人"

如果垃圾邮件筛选误将用户希望阅读的某发件人发来的邮件标记为垃圾邮件,用户可以将该收件人添加到"安全发件人"名单,此后该发件人发来的邮件将永远不被标记为垃圾邮件。

① 打开"垃圾邮件选项"对话框,并单击"安全发件人"选项卡,如图 25-5 所示。

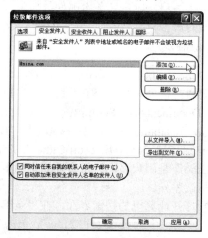

图 25-5

② 单击对话框中的"添加"按钮,打开"添加地址或域"对话框,在"输入要添加到该列表的电子邮件地址或 Internet 域名"文本框中输入希望添加的姓名或地址,如"sina.com"、"@sina.com"、

"lizh@sina.com"等,单击"确定"按钮即可,如图 25-6 所示。

图 25-6

③ 添加完成后,用户还可以选定列表中某一姓名,然后单击"编辑"或"删除"按钮对其进行编辑或删除。

温馨提示

在"垃圾邮件选项"对话框中勾选不同复选框作用不同。

如果勾选"同时信任来自我的联系人的电子邮件"复选框,所有"联系人"都将被视为安全发件人。

如果勾选"自动添加来自安全发件人名单的发件人"复选框,所有与用户进行电子邮件通信的人添加将被添加到安全发件人名单。

● 将姓名添加到"安全收件人"

用户如果希望自己发送到其他收件人的邮件不被标记为垃圾邮件,可以将这些邮件地址或域添加为安全收件人。

① 打开"垃圾邮件选项"对话框,并单击"安全收件人"选项卡,如图 25-7 所示。

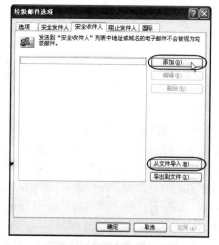

图 25-7

② 单击对话框中的"添加"按钮,打开"添加地址或域"对话框,在"输入要添加到该列表的电子邮件地址或 Internet 域名"文本框中输入希望

添加的姓名或地址，如"yahoo.com"、"@yahoo.com"、"lizh@yahoo.com"等，单击"确定"按钮即可，如图 25-8 所示。

图 25-8

③ 如果用户有现成的安全姓名和地址的列表，则可将这些信息移入 Outlook 中。具体操作方法是将此列表另存为一个文本（.txt）文件，每行一个条目，然后导入该列表。

● 将姓名添加到"阻止发件人"

如果用户不希望收到来自某一特定发件人的电子邮件，可以将其地址或域名添加到阻止发件人名单，系统将把来自该发件人的任何邮件移到"垃圾电子邮件"文件夹中，而不会考虑该邮件的内容。

① 打开"垃圾邮件选项"对话框，并单击"阻止发件人"选项卡，如图 25-9 所示。

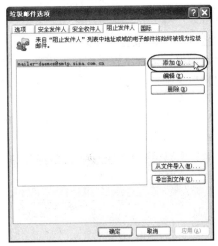

图 25-9

② 单击对话框中的"添加"按钮，打开"添加地址或域"对话框，在"输入要添加到该列表的电子邮件地址或 Internet 域名"文本框中输入希望添加的姓名或地址，如"hcl.com"、"@hcl.com"、"lizh@hcl.com"等，单击"确定"按钮即可，如图 25-10 所示。

图 25-10

● 其他自定义选项

有时候收到的电子邮件可能是用户不熟悉且不便于阅读的语言，可以将这些邮件标记为垃圾邮件并移动到"垃圾邮件"文件夹中。

不同国家或地区发送的电子邮件地址有不同的顶级域代码，而且不同的语言字符都包含在一个特殊的编码集中，用户可以通过对顶级域代码和编码进行阻止来阻止电子邮件，如图 25-11 所示。

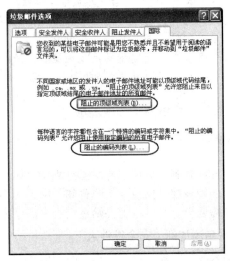

图 25-11

25.2.2 备份邮件数据

当计算机发生故障时，有可能会造成数据丢失，给我们的工作带来巨大的损失，为了防止该类型的事故发生，用户可以定期备份邮件数据来减少这类事故造成的伤害。

1 备份邮件

在 Outlook 2007 中，邮件一般存放在收件箱里，而收件箱通常在 Windows XP 系统的计算机中的位置是：C:\Documents and Settings\Hibo\Local Settings\Application Data\Identities\{1376C147-9FEB-4D5F-97FE-5E2383DFD745}\Microsoft\Outlook Express，其中"Hibo"是用户名，因每台计算机的用户名不同而有稍微差异。

① 打开计算机的搜索界面，在"全部或部分文件名"搜索框中输入"收件箱.dbx"，单击"搜索"按钮，如图 25-12 所示。

② 搜索结束后进入"收件箱.dbx"所在的文件夹，用户将该文件夹或其中的文件复制到别的文件夹即可。在重新安装系统后，将该文件导入到 Outlook 2007 中即可，如图 25-13 所示。

图 25-12

图 25-13

2　备份地址簿

Outlook 2007 中 的 地 址 簿 一 般 存 放 在，"C:\Documents and Settings\Hibo\Application Data\Microsoft\Address Book"中，其中"Hibo"是用户名，因每台计算机的用户名不同而有稍微差异。

用户只需找到"Address Book"文件夹，将其复制到别的地方即可备份地址簿，如图 25-14 所示。

图 25-14

25.2.3　压缩邮件数据

压缩文件能够创建文件的压缩版本，而且比原文件要小得多。压缩邮件数据的具体操作方法是：

① 在 Outlook 2007 的窗口中，从菜单栏的"文件"下拉菜单中，选择"数据文件管理"命令，打开"账户设置"对话框，如图 25-15 所示。

图 25-15

② 在"账户设置"对话框中，单击"数据文件"选项卡下的"设置"按钮，打开"个人文件夹"对话框，单击"开始压缩"按钮即可，如图 25-16 所示。

图 25-16

25.2.4　加密邮件数据

为了确保邮件数据的安全性，用户可以对邮件数据进行加密，主要有两种方式，分别是加密邮件和数字签名。

在对邮件进行加密之前，必须从权威认证机构获得数字证书，那么在哪里才能得到数字证书呢？目前，有 Thawte Certification、BT、GlobalSign、VeriSign 等权威认证机构提供数字证书。

1　加密邮件

加密是对数据和邮件进行编码的一组标准和协议，以便它们能够更安全地存储和传输。

● 为单个邮件加密

① 在邮件窗口功能区的"邮件"选项卡中，单击"选项"选项组的对话框启动器按钮，打开"邮件选项"对话框如图 25-17 所示。

图 25-17

② 在"邮件选项"对话框中单击"安全设置"按钮，打开如图 25-18 所示的"安全属性"对话框，然后勾选"加密邮件内容和附件"复选框。

图 25-18

③ 回到邮件窗口，继续撰写并发送邮件。

● 加密所有邮件

① 在 Outlook 2007 的窗口中，从菜单栏的"工具"下拉菜单中，选择"信任中心"命令，如图 25-19 所示。

② 在打开的"信任中心"对话框，勾选"加密电子邮件"选项卡下的"加密待发邮件的内容和附件"复选框，然后单击"确定"按钮，如图 25-20 所示。

2 数字签名

用户可以为邮件添加数字签名，其操作方法与加密一样。

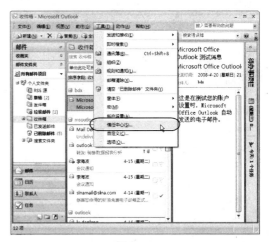

图 25-19

图 25-20

● 为单个邮件添加数字签名

① 在邮件窗口功能区的"邮件"选项卡中，单击"选项"选项组的对话框启动器按钮，打开"邮件选项"对话框如图 25-21 所示。

图 25-21

② 在"邮件选项"对话框中单击"安全设置"按钮，打开如图 25-22 所示的"安全属性"对话框，然后勾选"为此邮件添加数字签名"复选框。

图 25-22

③ 回到邮件窗口，继续撰写并发送邮件。

● 为所有邮件添加数字签名

① 在 Outlook 2007 的窗口中，从菜单栏的"工具"下拉菜单中，选择"信任中心"命令，如图 25-23 所示。

图 25-23

② 在打开的"信任中心"对话框，选择"邮件安全性"选项组，勾选"加密电子邮件"下的"给待发邮件添加数字签名"复选框，然后单击"确定"按钮，如图 25-24 所示。

图 25-24

25.2.5　设置"桌面通知"

若有数个邮件同时到达"收件箱"，无须接收每个邮件的"桌面通知"。如果在一段特定的时间接收了大量的邮件，Outlook 2007 将显示一个"桌面通知"以表明已接收一些新邮件。这样可以避免桌面突然被大量的通知占满而干扰用户的工作。

用户可以自定义设置桌面通知，如移动桌面通知的位置和更改外观等。

1　移动桌面通知的位置

① 在 Outlook 2007 的窗口中，从菜单栏的"工具"下拉菜单中，选择"选项"命令，打开"选项"对话框，如图 25-25 所示。

图 25-25

② 单击"首选参数"选项卡下"电子邮件"选项区的"电子邮件选项"按钮，弹出"电子邮件选项"对话框，如图 25-26 所示。

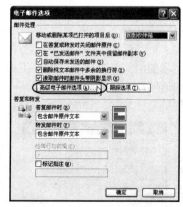

图 25-26

③ 在弹出的对话框中单击"新邮件到达我的收件箱时"选项区下的"高级电子邮件选项"按钮，

弹出"高级电子邮件选项"对话框，单击"桌面通知设置"按钮，如图 25-27 所示。

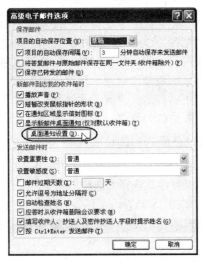

图 25-27

④ 在打开"桌面通知设置"对话框，单击"预览"按钮，在桌面上将显示桌面通知示例，单击该示例，将其拖动到合适的位置，如图 25-28 所示。

图 25-28

2 更改外观

① 如同上面的方法打开"桌面通知设置"对话框。

② 在"持续时间"下单击滚动条拖动您希望在桌面上显示的时间，在"透明度"下拖动滚动条到所需要的透明值，若需要检查设置，可以单击"预览"按钮预览桌面通知，如图 25-29 所示。

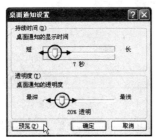

图 25-29

25.2.6 创建规则

规则为用户的邮件管理工作带来了极大的方便，创建规则的方法有很多种，具体介绍如下所示。

1 基于模板创建规则

① 在 Outlook 2007 的窗口中，单击导航窗格中的"邮件"，从菜单栏的"工具"下拉菜单中，选择"规则和通知"命令，如图 25-30 所示。

图 25-30

② 在打开的"通知和规则"对话框中，单击"新建规则"命令，如图 25-31 所示。

图 25-31

③ 打开"规则向导"对话框，根据向导对规则进行设置，以"将某人发来的文件移至文件夹"（即是将某人发送来的邮件转移至某一特定文件夹）为例，单击"下一步"按钮，如图 25-32 所示。

④ 在"规则向导"对话框中为规则设置检测条件，首先勾选"通过指定账户"复选框，然后在步骤 2 下单击前两个"指定"链接分别为规则指定账户和发件人，单击"下一步"按钮，如图 25-33 所示。

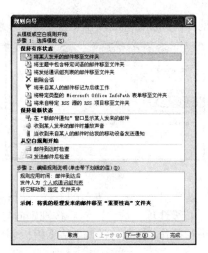

图 25-32

图 25-33

⑤ 在接下来的窗口中，单击"指定"链接为规则指定文件夹，即是当邮件满足规则后将邮件存放到什么位置，当然用户可以新建一个文件夹，然后单击"下一步"按钮，如图 25-34 所示。

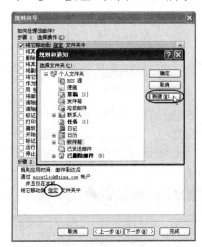

图 25-34

⑥ 接下来的窗口中，将询问用户是否会有例外，并为例外进行设置，若没有直接单击"下一步"按钮，如图 25-35 所示。

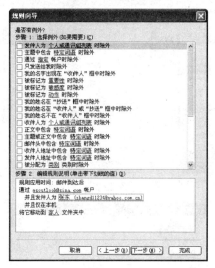

图 25-35

⑦ 最后一步完成规则向导，勾选"立即对已有'收件箱'中的邮件运行此规则"复选框，则该规则将立刻运用到收件箱中，用户可以再次检查规则说明，并可单击链接进行编辑修改，若检查后无误，单击"完成"按钮即创建完规则，如图 25-36 所示。

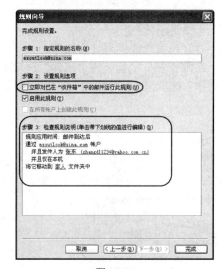

图 25-36

2　基于文件夹中的邮件创建规则

① 打开包含有需要创建规则的邮件的文件夹。

② 右击要作为规则基础的邮件，在快捷菜单中单击"创建规则"命令，如图 25-37 所示。

③ 在"创建规则"对话框中，选择要应用的条件和动作，如图 25-38 所示。

图 25-37

图 25-38

④ 若要对规则添加更多的条件、动作和例外，请单击"高级选项"，然后按规则向导中的其他说明进行操作，操作方法与"基于模板创建规则"一样。

3 基于撰写的邮件创建规则

① 打开已发送或撰写好的邮件。

② 在邮件窗口功能区的"邮件"选项卡中，单击"动作"选项组"创建规则"按钮，如图 25-39 所示。

图 25-39

③ 在"创建规则"对话框中，选择要应用的

条件和动作，如图 25-40 所示。

图 25-40

④ 若要对规则添加更多的条件、动作和例外，可单击"高级选项"按钮，然后按规则向导中的其他说明进行操作，操作方法与"基于模板创建规则"一样。

25.2.7 使用规则

完成创建规则后，用户可以执行打开或关闭规则、更改规则应用顺序、复制规则、导入或导出规则等操作。

1 打开或关闭规则

① 在 Outlook 2007 的窗口中，单击导航窗格中的"邮件"，从菜单栏的"工具"下拉菜单中，选择"规则和通知"命令，如图 25-41 所示。

图 25-41

② 在打开的"规则和通知"对话框中，通过选中或清除选中"电子邮件规则"选项卡下规则列表中某一规则复选框来打开或关闭该规则，如图 25-42 所示。

2 更改规则应用于邮件的顺序

当收到一个邮件同时满足两个规则时，用户可以预先设置规则应用顺序来管理邮件。

① 打开"规则和通知"对话框。

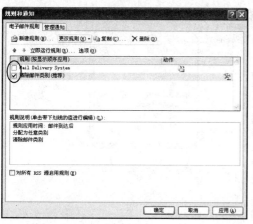

图 25-42

② 在"电子邮件规则"选项卡下的规则列表中，单击要移动的规则，然后单击 ⬆ 按钮或 ⬇ 按钮，如图 25-43 所示。

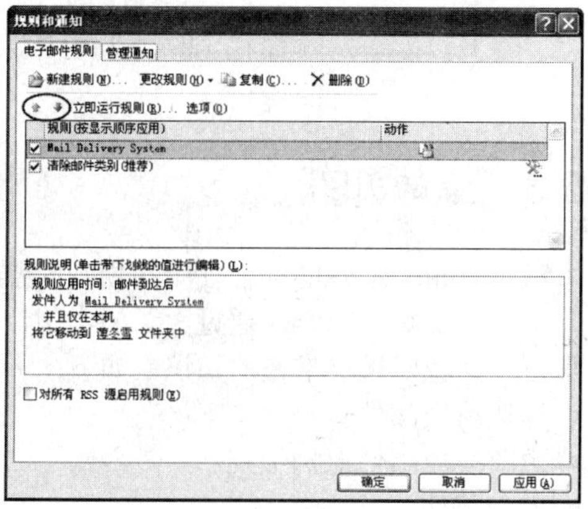

图 25-43

3　复制规则

① 打开"规则和通知"对话框。
② 在"电子邮件规则"选项卡下的规则列表中，单击要复制的规则，然后单击"复制"按钮，如图 25-44 所示。

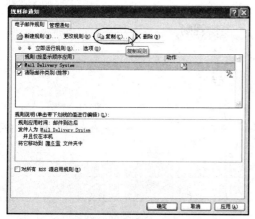

图 25-44

③ 在弹出的"复制规则到…"对话框的"文件夹"下拉列表中选择文件夹，单击"确定"按钮，如图 25-45 所示。

图 25-45

4　导入或导出规则

每一次只能导入或导出一组规则。
① 打开"规则和通知"对话框。
② 在"电子邮件规则"选项卡下的规则列表中，单击要导入或导出的规则，然后单击"选项"按钮，如图 25-46 所示。

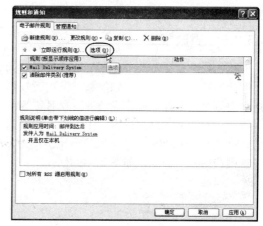

图 25-46

③ 在打开的"选项"对话框中，单击"导入规则"或"导出规则"按钮，打开"导入规则来源"或"导出规则另存为"对话框，为规则选择规则来源或存储路径，如图 25-47 所示。

图 25-47

5　删除规则

当然，用户在使用一段时间规则后，也可以删除规则，删除规则很简单，只需打开"规则和通知"对话框，在"电子邮件规则"选项卡下的规则列表中单击要删除的规则，然后单击"删除"按钮，弹出对话框，选择"是"按钮即可，如图 25-48 所示。

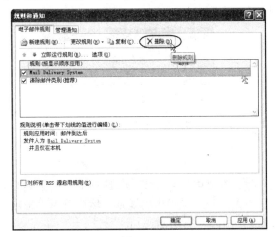

图 25-48

25.2.8　更改规则

创建的规则往往不能一步到位地满足用户的要求，因此用户可以在创建规则的基础上更改规则，包括更改规则的条件、操作、例外以及名称等。

① 在 Outlook 2007 的窗口中，单击导航窗格中的"邮件"，从菜单栏的"工具"下拉菜单中，选择"规则和通知"命令，如图 25-49 所示。

图 25-49

② 在"电子邮件规则"选项卡下的规则列表中，单击要更改的规则，然后单击"更改规则"按钮，在弹出的下拉菜单中选择需要更改的项目，如图 25-50 所示。

③ 若单击"重命名规则"命令，在弹出的"重命令"对话框中的"规则新名称"文本框中输入名称即可，如图 25-51 所示。若更改条件、操作或例外，则操作方法与创建规则时使用"规则向导"一样。

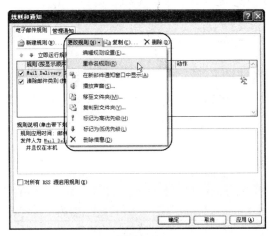

图 25-50

图 25-51

25.3　温故知新

本章对 Outlook 2007 邮件安全与规则的各种操作进行了详细讲解。同时，通过大量的实例让读者充分学习。读者要重点掌握的知识点如下：

- 筛选垃圾邮件
- 更改垃圾邮件保护级别
- 备份邮件
- 备份地址簿
- 加密邮件
- 设置"桌面通知"
- 更改"桌面通知"外观
- 基于模板创建规则
- 基于文件夹中的邮件创建规则
- 基于撰写的邮件创建规则
- 复制规则

学习笔记

《Office 2007 典型应用四合一》读者交流区

尊敬的读者：

感谢您选择我们出版的图书，您的支持与信任是我们持续上升的动力。为了使您能通过本书更透彻地了解相关领域，更深入的学习相关技术，我们将特别为您提供一系列后续的服务，包括：

1. 提供本书的修订和升级内容、相关配套资料；

2. 本书作者的见面会信息或网络视频的沟通活动；

3. 相关领域的培训优惠等。

请您抽出宝贵的时间将您的个人信息和需求反馈给我们，以便我们及时与您取得联系。

您可以任意选择以下三种方式与我们联系，我们都将记录和保存您的信息，并给您提供不定期的信息反馈。

1．短信

您只需编写如下短信：B07462+您的需求+您的建议

发送到1066 6666 789（本服务免费，短信资费按照相应电信运营商正常标准收取，无其他信息收费）

为保证我们对您的服务质量，如果您在发送短信24小时后，尚未收到我们的回复信息，请直接拨打电话（010）88254369。

2．电子邮件

您可以发邮件至jsj@phei.com.cn或editor@broadview.com.cn。

3．信件

您可以写信至如下地址：北京万寿路173信箱博文视点，邮编：100036。

如果您选择第2种或第3种方式，您还可以告诉我们更多有关您个人的情况，及您对本书的意见、评论等，内容可以包括：

（1）您的姓名、职业、您关注的领域、您的电话、E-mail地址或通信地址；

（2）您了解新书信息的途径、影响您购买图书的因素；

（3）您对本书的意见、您读过的同领域的图书、您还希望增加的图书、您希望参加的培训等。

如果您在后期想退出读者俱乐部，停止接收后续资讯，只需发送"B07462+退订"至10666666789即可，或者编写邮件"B07462+退订+手机号码+需退订的邮箱地址"发送至邮箱：market@broadview.com.cn 亦可取消该项服务。

同时，我们非常欢迎您为本书撰写书评，将您的切身感受变成文字与广大书友共享。我们将挑选特别优秀的作品转载在我们的网站（www.broadview.com.cn）上，或推荐至CSDN.NET等专业网站上发表，被发表的书评的作者将获得价值50元的博文视点图书奖励。

我们期待您的消息！

博文视点愿与所有爱书的人一起，共同学习，共同进步！

通信地址：北京万寿路 173 信箱　博文视点（100036）　　电话：010-51260888

E-mail：jsj@phei.com.cn，editor@broadview.com.cn

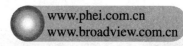
www.phei.com.cn
www.broadview.com.cn

反侵权盗版声明

　　电子工业出版社依法对本作品享有专有出版权。任何未经权利人书面许可，复制、销售或通过信息网络传播本作品的行为；歪曲、篡改、剽窃本作品的行为，均违反《中华人民共和国著作权法》，其行为人应承担相应的民事责任和行政责任，构成犯罪的，将被依法追究刑事责任。

　　为了维护市场秩序，保护权利人的合法权益，我社将依法查处和打击侵权盗版的单位和个人。欢迎社会各界人士积极举报侵权盗版行为，本社将奖励举报有功人员，并保证举报人的信息不被泄露。

举报电话：（010）88254396；（010）88258888

传　　真：（010）88254397

E-mail：　　dbqq@phei.com.cn

通信地址：北京市万寿路 173 信箱

　　　　　电子工业出版社总编办公室

邮　　编：100036